航天科工出版基金资助出版

弹道导弹发射车结构原理与设计、试验验证技术

主　编　郑旺辉

副主编　於　彤　邹　冰　陈治国　冀弘帅　伍少雄

中国宇航出版社

·北京·

图书在版编目（CIP）数据

弹道导弹发射车结构原理与设计、试验验证技术 /
郑旺辉主编 . -- 北京：中国宇航出版社，2022.1

ISBN 978 - 7 - 5159 - 2035 - 1

Ⅰ.①弹… Ⅱ.①郑… Ⅲ.①弹道导弹－导弹发射车
－介绍 Ⅳ.①TJ768.2

中国版本图书馆 CIP 数据核字（2022）第 021687 号

责任编辑 朱琳琳　汪秀明　　**封面设计** 宇星文化

出 版 **发 行**	**中国宇航出版社**		
社 址	北京市阜成路 8 号 **邮 编** 100830 (010)68768548	**版 次**	2022 年 1 月第 1 版 2022 年 1 月第 1 次印刷
网 址	www.caphbook.com	**规 格**	787×1092
经 销	新华书店	**开 本**	1/16
发行部	(010)68767386　(010)68371900 (010)68767382　(010)88100613（传真）	**印 张**	38
		字 数	925 千字　**彩 插** 4 面
零售店	读者服务部　(010)68371105	**书 号**	ISBN 978 - 7 - 5159 - 2035 - 1
承 印	天津画中画印刷有限公司	**定 价**	168.00 元

本书如有印装质量问题，可与发行部联系调换

前　言

从 20 世纪 80 年代末开始，由原航天工业部组织航天系统各研究院所的技术专家编著，宇航出版社出版的《导弹与航天丛书》全面总结了 20 世纪中国航天与导弹技术领域的技术成果，实现了航天老前辈们技术诀窍的传承，揭开了航天科技的神秘面纱，对 21 世纪航天与导弹技术的迅猛发展起到了非常重要的促进作用。

进入 21 世纪以来，先进电子与计算机技术、新材料技术和先进仿真技术等在各行各业得到广泛应用，中国航天科技水平也因此得到迅速提高。同时，面临着西方大国严峻的安全威胁和台海形势的剧烈变化，我国采取了经济建设和国防建设并重的政策，大量先进导弹武器型号立项研制，多种新型导弹武器在国庆阅兵、"纪念中国人民抗日战争暨世界反法西斯战争胜利 70 周年"阅兵等重大活动中震撼登场亮相，展示了国威军威，增强了中国人民的民族自豪感和凝聚力。各种先进弹道导弹的技术水平和装备数量从一个侧面反映出了国家的科学技术发展水平和综合国力。

弹道导弹发射车是弹道导弹武器系统的重要组成部分，是最重要的作战装备之一，直接影响武器系统的作战效能和生存能力。弹道导弹发射车技术是研究导弹贮存、运输、发射方法及产品设计、制造的综合性专业技术，其研究内容包括发射车方案设计与产品工程技术设计技术（发射流程规划、技术设计、导弹内弹道运动规律与流场仿真、发射动力学分析等）、发射测试（导弹测试、状态监测）试验技术，涉及的专业包括定位定向、特种车辆、供配电、隐身防护、运输转载和作战运筹等，以及与此相关的机、电、液、气、材料、仿真、制造工艺等专业技术，其所对应的最终成果是交付部队的导弹发射车装备。

随着大量新型导弹武器装备交付部队形成战斗力，部队官兵不满足于本岗位知识和技能，还想学习更多弹道导弹发射装备的技术原理和设计方法。本书的初衷之一是帮助部队指战员全面掌握弹道导弹发射车的基本构造和原理，以利于部队用好装备、提升战斗力。军队装备主管部门、研究院所相关人员可通过本书了解掌握导弹发射装备的组成、研制规律与有关技术方法，进一步提高装备规划水平和军地沟通的效率。本书对导弹系统武器总体、导弹地面设备分系统研制单位也有较强的参考作用，尤其对参加导弹发射车研制的工程技术人员和管理人员具有直接参考作用。

　　本书第1章首先简要介绍弹道导弹武器系统和导弹的组成和原理，为后续章节的介绍做基本知识铺垫，然后结合大量图片介绍弹道导弹发射车的发展历史，从德国的 V2 导弹发射装置到苏联（俄罗斯）的各种弹道导弹发射车，以及美国、中国、印度、朝鲜等国家的弹道导弹发射车，通过本章介绍，读者可对弹道导弹武器系统的概念和导弹发射车的发展历史有一个基本的了解。第2章介绍导弹发射车的分类、功能，各种类型导弹发射车的工作原理和组成，并简要介绍电磁发射、共架发射等新型发射技术及原理。第3章介绍导弹发射车研制第一阶段的工作依据、任务与目标、主要技术工作内容以及完成标志。第4章首先简要介绍弹道导弹发射车方案设计阶段的设计依据、任务与目标、设计原则、设计程序、完成标志，然后详细介绍导弹发射车的组成、功能要求、主要技术指标要求、发射方式选择、战位安排、使用流程、导弹装填方案、设备配套、总重量估算、总体布置及尺寸选择和主要的计算等。第5章在介绍设计技术要求的基础上，按机械传动底盘和混合动力传动底盘两种技术路线详细介绍底盘分系统的组成、原理、设计方案和有关的计算。第6章在介绍设计技术要求的基础上，详细介绍发射装置总体结构方案、载荷及内力计算、发射箱（筒）方案设计、适配器方案设计、筒车接口方案设计、弹射动力装置方案设计和机构方案设计。第7章介绍发射车电气系统基本要求、设备组成、信息交互关系、供电体制设计、电气接口设计、电缆网设计、车显终端设计以及故障诊断总体方案设计。第8章在介绍液压系统特点、设计流程和基本要求的基础上，详细介绍其主要工况、液压原理图和回路设计、液压元件选型设计和通用质量特性设计方法。第9章在介绍设计技术要求的基础上，详细介绍车控总体方案设计、电气接口设计、车控组合设计方案、传感器设计与选型、硬件与软件设计、通用质量特性设计等。第10章在介绍设计技术要求的基础上，详细介绍供配电总体方案设计（包括供配电需求分析、供电体制、一次电源选型、二次电源配置方案、配电方案选择）、组合与单机详细方案设计和通用质量特性设计。第11章在介绍设计技术要求的基础上，详细介绍调温系统总体方案设计（包括冷热负荷计算、制冷方案设计、加热方案设计、送风方式设计）、主要部件设计及选型、结构布局设计、控制方案设计、接口设计和通用质量特性设计。第12章在介绍设计技术要求的基础上，介绍发射车隐身伪装设计方案（包括内在式结构隐身设计、外在式伪装器材设计、外形民车化变形伪装设计）。第13章按仿真试验与实物样机试验两大类介绍发射车研制过程中的验证试验方法与有关技术，重点介绍仿真验证项目和方法。

　　北京机械设备研究所是我国航天领域导弹发射发控与地舰面系统和装备专业研究所。本书的作者是北京机械设备研究所的一线科研工作者，长期从事弹道导弹发射系统设计与技术研发。其中，郑旺辉对本书进行了总体策划和全书合稿，并撰写了第 1、2、3、4、5、6、12、13 章；伍少雄撰写了第 7 章和 2.4.8 节、2.4.9 节；冀弘帅撰写了第 8 章和第 13 章中液压仿真方法相关内容；陈治国撰写了第 9 章和第 2.5.3 节、2.5.4 节和 2.6.2.6 节；於彤撰写了第 10 章和第 2.4.10 节；邹冰撰写了第 11 章、2.4.11 节和第 13 章中高温仿真方法相关内容。

本书介绍了新型弹道导弹发射车研究的大量新技术、新成果，其中既有作者的技术总结，也引用了有关书籍和论文文献（含本单位自培研究生李金平、班峙等的论文），在此谨向文献的作者表示衷心感谢。本书得到了航天科工出版基金和衡阳泰豪通信车辆有限公司的支持，编写过程中得到了北京机械设备研究所有关领导和同事的大力支持，在此一并表示感谢。

由于作者水平有限，书中难免存在一些不妥和错漏之处，敬请谅解和批评指正。

编　者

2021 年 10 月

目　录

第1章　概　论

导弹武器是兵器技术在 20 世纪最伟大的发明之一，导弹技术的发展颠覆了传统战争模式，将人类真正带进了宇航时代。导弹研制技术的水平和装备数量能反映出一个国家的技术发展水平和综合国力。

现代先进的弹道导弹发射车是一种技术密集的机电液一体化的信息化平台，并且随着新材料、微电子、先进制造、数字化设计等技术的发展，产品更新换代周期越来越短，实战化、信息化、智能化水平越来越高。本书全面介绍了弹道导弹发射车的组成、原理和设计、检验方法，为读者解开这一"战争机器"的神秘面纱。

由于发射车与导弹密切相关，为便于读者理解发射车的总体设计思想，本章先介绍弹道导弹武器的一些基本知识，在此基础上再介绍有关国家弹道导弹及发射技术的发展历史及现状，为后续章节的介绍打好基础。

1.1　导弹武器系统的功能与组成

导弹是依靠自身动力装置推进，载有战斗部的自动控制飞行器。弹道导弹是指发动机推力终止后部分弹道符合自由抛物体轨迹的导弹，是导弹家族中重要的一员。

导弹武器系统是导弹及其配套装备、设施的总称。导弹武器系统一般由导弹、发射阵地设备、技术阵地设备、运输和通信指挥设备等组成，导弹是武器系统的核心，导弹的功能决定了武器系统的主要功能。

弹道导弹的功能主要是打击陆地固定目标和水面固定或慢速移动目标。

技术阵地设备是完成导弹转载起吊、装填、分解再装、测试的所有设备。

运输设备是完成导弹或弹头公路、铁路运输功能的车辆。导弹从总装厂到铁路站台、从铁路站台到技术阵地、从技术阵地到发射区域，都需要导弹运输车。

发射阵地设备是武器系统中完成导弹发射功能的设备。早期液体弹道导弹发射阵地设备很庞大，包括导弹推进剂运输和准备车辆设备、推进剂加注设备、发电设备、配电设备、导弹转载起竖设备、瞄准设备、测试与发射控制设备、通信指挥设备等。固体弹道导弹武器系统发射阵地设备大幅简化，发射阵地车辆数量大幅减少，由于新元器件、新材料的应用，发射车可以实现设备高度集成，实现单车发射，因此导弹发射车是固体弹道导弹武器系统的关键设备之一。

1.2　弹道导弹

弹道导弹按作战使命，可分为战略弹道导弹、战术弹道导弹；按弹头是否有核战斗部，分为核弹道导弹和常规弹道导弹；按射程大小，分为近程弹道导弹（射程小于 1000 km）、中程弹道导弹（射程 1000 ～ 3000 km）、远程弹道导弹（射程 3000 ～ 8000 km）、洲际弹道导弹（射程大于 8000 km）。美国弹道导弹按作战区域划分为战地弹道导弹（射程小于等于 200 km）、战区弹道导弹（射程 200～3500 km）；按射程大小，分为短程导弹（射程小于等于 1000 km）、中程导弹（射程 1000～3500 km）、远程导弹（射程 3500～5500 km）、洲际弹道导弹（射程大于 5500 km）。

弹道导弹外形一般如图 1-1 所示，典型内部结构如图 1-2 所示。主要由动力系统、弹头（导引头、战斗部等）、控制系统、突防系统、弹体结构件（尾段、级间段等）、测控系统等组成。短程或近程战术弹道导弹动力系统只有一级发动机，中远程和洲际导弹一般有二到三级发动机，各级发动机轴向串联。弹道导弹典型组成如图 1-3 所示。

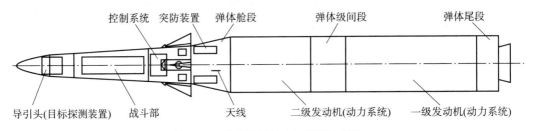

图 1-1　弹道导弹组成与外形示意图

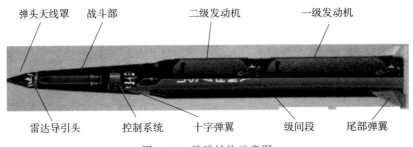

图 1-2　导弹结构示意图

1.2.1　工作原理

弹道导弹的飞行动力源自其动力系统（导弹发动机），现在车载机动的弹道导弹动力系统一般为固体发动机。导弹武器系统工作原理（流程）为：导弹发射车载弹进入发射点，指挥系统向经过测试的导弹控制系统输入打击目标的坐标和有关信息后，发射车将导弹起竖至发射状态。接到点火命令后弹从发射架上直接点火或通过发射动力将导弹弹射到空中后发动机点火，发动机内部的装药剧烈燃烧产生高温高压气体，气体冲破发动机喷管的堵片，通过喷管后形成后向高压高速气流，由此产生导弹飞行推力。导弹在控制系统控制下完成发动机点火、姿态控制、一级/二级关机、级间分离、头体分离（短程导弹也可不分离）、探测目标，按照预设的弹道飞行到达目标点并攻击目标。导弹飞行期间控制

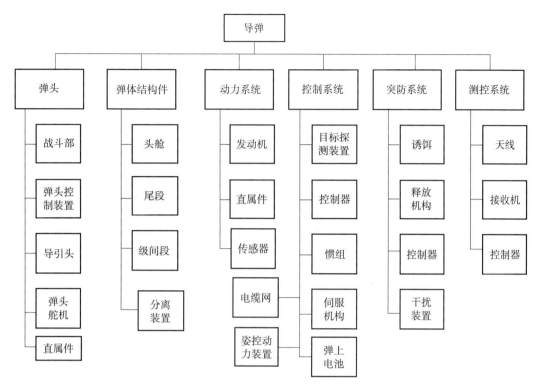

图 1 - 3 弹道导弹典型组成示意图

系统利用加速度计测量飞行中弹体的 3 个相互垂直坐标轴的加速度，经过弹上计算机计算出导弹质心的速度和飞行距离、飞行高度、飞行姿态，然后与预定参数比对，发生偏差时制导系统发出校正信号，控制空气舵或发动机喷管摆动，通过推力或气动力使导弹回归到预定轨道继续飞行。

导弹主动段飞行运动方程与火箭运动方程相同，简化成质点运动，运动方程为

$$\begin{cases} M\dfrac{\mathrm{d}v}{\mathrm{d}t} = -\dfrac{\mathrm{d}M}{\mathrm{d}t}u_e + \sum F_i \\ M = M_0 - \displaystyle\int_0^t m\,\mathrm{d}t \end{cases} \tag{1-1}$$

式中 M ——导弹在时刻 t 的质量；

     $\dfrac{\mathrm{d}M}{\mathrm{d}t}$ ——质量变化率；

     M_0 ——导弹起飞时的质量；

     m ——发动机单位时间喷出的质量；

     v ——导弹在时刻 t 的飞行速度；

     $\dfrac{\mathrm{d}v}{\mathrm{d}t}$ ——导弹加速度；

     u_e ——发动机燃气射流相对导弹的速度；

$\sum F_i$ ——作用在导弹上的其他外力的合力。

由式（1-1）可知，导弹是在推力作用下克服阻力不断加速飞行。考虑导弹是一个有 6 个自由度的弹性体，并且有机动动作，因此实际弹道计算运动方程比上式复杂。常见飞行弹道如图 1-4 所示。

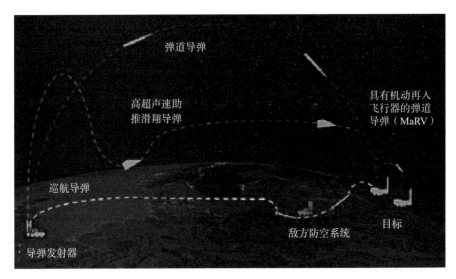

图 1-4　弹道导弹飞行轨迹示意图

1.2.2　固体发动机

除地下井和部分潜射的弹道导弹采用液体发动机外，基本上都采用固体发动机。固体发动机具有结构简单、可靠性高、可长期贮存、无发射辅助设备等特点，因此现在车载机动发射的弹道导弹都采用固体发动机，其结构如图 1-5 所示。其组成主要包括药柱、燃烧室、喷管及堵盖、作动器、点火装置、自毁装置（针对较大型发动机）等。固体发动机实物如图 1-6 所示。

固体发动机的燃烧室由壳体及内隔热层、前盖、后盖等组成，为减轻重量，壳体经常采用碳纤维和玻璃纤维复合材料结构，如图 1-7 所示。

燃烧室的功能是燃烧内装的含能药柱产生高温高压燃气。燃烧室壳体为圆柱形，由外壳体、内隔热层、衬层组成，两端有端框，壳体材料一般为高强度低碳合金钢（如 30CrMnSi）、钛合金、铝合金或碳纤维环氧复合材料。内装药柱，前端装点火装置，后端装喷管和伺服机构。发动机的支承位置一般为端框。

药柱也称推进剂，一般为复合推进剂，即由两种以上化学材料混合而成，主要由高氯酸铵（AP）（氧化剂）/端羟基聚丁二烯（HTPB）、铝粉（或镁粉等）和其他添加剂等混合浇注而成。美国 MX 导弹采用 NEPE 推进剂（硝酸酯增塑的聚醚聚氨酯推进剂），其中聚醚聚氨酯和乙酸纤维素作为黏合剂，液态硝酸酯或混合硝酸只作为含能增塑剂，添加奥克托金（HMX）、高氯酸铵（AP）和铝粉等。为控制燃烧速度，药柱内芯设计成不同形状。

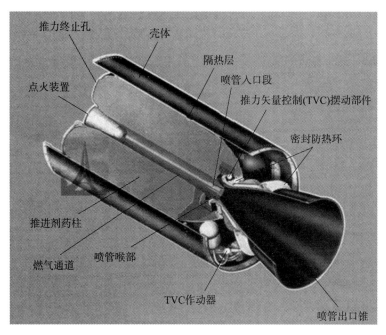

图 1-5 固体发动机结构示意图

俄罗斯"白杨"导弹二级发动机　　　　中国某型火箭固体发动机

图 1-6 固体发动机实物照片

图 1-7 碳纤维复合材料固体发动机壳体示意图

喷管是发动机的能量转换装置，将发动机的热能转换为动能，由收敛段、喉部和扩张段组成。燃烧室的燃气从喷管喷出过程中速度从亚声速升高到声速、超声速，压力和温度随之不断降低。

点火装置用于点燃燃烧室内的药柱，包括保险机构、电点火装置、点火药盒（一般内装黑火药）。保险机构用于接通或断开电点火装置与点火药盒之间的通道，防止误点火。

描述固体发动机的主要参数：推力、总冲量、比冲、燃速、工作时间。典型 HTPB 推进剂的比冲为 2591 N·s/kg，密度为 1.8 g/cm³，NEPE 推进剂的比冲为 2661 N·s/kg，密度为 1.82 g/cm³。

发动机出口面的排气速度为

$$u_e = \sqrt{\frac{2\gamma}{\gamma-1} R_c T_c \left[1 - \left(\frac{p_e}{p_c}\right)^{\frac{\gamma-1}{\gamma}}\right]} \qquad (1-2)$$

式中 p_e ——喷管出口面压强；

γ ——比热比；

R_c ——燃气气体常数；

T_c ——燃烧室燃气温度；

p_c ——燃烧室燃气压强。

发动机的推力简化公式为

$$F = C_F p_c A_t \qquad (1-3)$$

式中 C_F ——推力系数；

A_t ——喉部面积。

1.2.3 弹头

弹头的功能是有效地摧毁目标或使其失去效能。主要包括导引头、壳体、弹翼及舵机（针对机动弹头）、战斗部、引信、控制器、电池等，一般由导引头舱、战斗部舱、伺服控制舱三个舱段对接组成。

战斗部主要分三大类：核战斗部、常规战斗部和特种战斗部。洲际导弹一般采用核战斗部，常规导弹一般采用常规战斗部和特种战斗部。

机动弹头常采用十字空气舵，弹翼一般为三角形弹翼，通过弹头舵机的作动筒或电机控制弹翼的偏转产生机动气动力。常规机动弹头结构如图 1-8 所示。

一种携载诱饵和多个子弹的机动弹头如图 1-9 所示（外蒙皮未示出）。

弹头壳体一般为圆锥形的蒙皮加筋结构，只能在端框位置支承弹头。

1.2.4 飞行控制系统

飞行控制系统也称制导与控制系统，其功能包括控制导弹起飞、飞行、突防及探测目标等。一般由制导系统、姿态控制系统、时序-配电系统、通信网络等组成，各组合的布置根据导弹总体布置方案确定，是一个分布式控制系统。

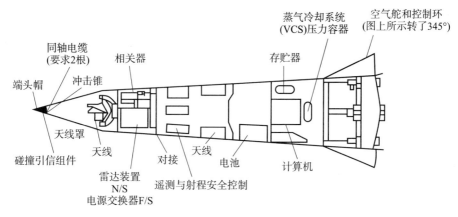

图 1-8 常规机动弹头结构示意图

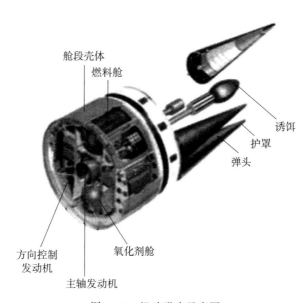

图 1-9 机动弹头示意图

制导系统的组成与所选择的制导方案有关，主要分两大类：纯惯性制导和复合制导。纯惯性制导包括平台惯性制导和捷联惯性制导。纯惯性制导系统主要由测量装置和计算机组成。测量装置探测导弹的运动参数。平台惯性制导采用陀螺稳定平台测量导弹在惯性坐标系中的视加速度和三个方向的姿态角信息，经计算得到每个时刻导弹的位置和姿态参数，并与预设值比较，进行弹道修正，发出发动机关机、分离等指令。

复合制导一般包括卫星/惯性复合制导、导引头/惯性复合制导，以及星光/惯性复合制导等。

导引头的功能是探测目标，按探测目标的工作原理和功能一般分为合成孔径雷达导引头、红外导引头和主被动导引头。雷达导引头一般由天线、发射、接收、信号处理、通信电缆等模块组成。弹道导弹的导引头一般安装在弹头前端壳体内部。

制导系统进入导航工作状态前，导航计算模型需要确定的初始计算条件包括初始速度和初始位置。对于弹道导弹，发射时的初始速度为零，初始位置为发射点的经纬度，需要通过测试与发射控制（简称测发控）系统导入弹上导航计算机。同时必须对陀螺稳定平台进行姿态校准（初始定向），由于平台初始对准的精度影响导弹的落点偏差，初始对准的时间影响导弹发射准备时间，因此制导系统的惯导平台是导弹的核心和关键组合级产品。

初始定向是导弹发射前必须完成的工作，其内容是为制导系统测量装置的测量轴（陀螺稳定平台的台体）定向，以建立制导计算的初始基准。初始定向相对发射坐标系进行，包括水平（或垂直轴）对准和方位瞄准两部分，实现制导系统的三个测量轴与发射坐标系的三个轴同向。初始对准步骤一般如下：

1）利用发射车起竖导弹，将其纵轴 X_1 调整到垂直于大地；测量方法：观测发射台或导弹上的水准仪，直接读取绕 Y、Z 轴角度偏差。过去老型号也常常采用两个经纬仪测量。方法：在导弹发射点水平地面呈 $90°$ 布置两台经纬仪（如按射向布置一台，与射向垂直方位布置一台），经纬仪调平，分别观测与导弹轴线 X_1 平行的参考线上的两个点之间的角度偏差，两台经纬仪测算出两个坐标轴的偏差角。

2）转动发射台调整导弹方位，使导弹 Ⅰ、Ⅲ 对称面与射面重合。

3）制导系统水平对准，参考基准为地面垂线。捷联制导系统的水平对准也称为陀螺仪零位修正，是将横向和法向加速度计的测量轴调整到水平面内，并使此时的俯仰和偏航姿态角传感器位于零位。

4）进行制导系统方位瞄准，将制导系统的方位调整到射击方向或确定其相对角度。

采用星光/惯性制导、GPS制导/末制导等复合制导的导弹，可以放宽初始对准的精度，利用飞行中弹上测量装置和导引头的探测结果进行纠偏。采用弹上自瞄的方式，可以大大简化发射流程。

姿态控制系统一般由测量装置、中间装置和执行机构组成。其功能是按要求控制导弹的飞行姿态。测量装置一般不与制导系统的测量装置复用。中间装置的输入为测量装置的输出，其输出为伺服机构的指令电流，功能包括信号变换、放大、校正、综合等。伺服机构提供姿态控制所需的控制力或力矩，驱动对象一般包括空气舵、燃气舵、摆动喷管、姿控发动机、二次喷射等。

时序系统由时间基准和输出电路组成。功能是按预设的顺序和时间接通或断开相应电路的时间控制指令串。时序系统控制的动作指令包括各级发动机的开/关机、级间分离、头体分离、分离时的反推或加速火箭的点火、程序转弯、释放突防诱饵等。

弹上配电系统由电池、二次电源、配电器等组成，为弹上控制系统提供电能。弹上电池一般包括银-锌电池、镉-镍电池。射前测试时一般由发射车供电，不用弹上电池，配电器"转电"后改由弹上电池供电。

1.2.5 测发控系统

为了降低导弹飞行任务失败的风险，对导弹进行发射前的测试是一个常用的环节。但是测试环节太多，反而降低系统的可靠性，增加测试时间，因此不同类型导弹的测试项目是不同的。按测试地点可分为技术阵地测试、发射阵地测试，按测发控电缆是否与导弹相连分为等效器模拟测试和实际飞行测试。为缩短测试时间，测发控系统一般采用计算机控制总线手动/自动冗余的测试、发控技术。典型测发控系统组成如图 1-10 所示。

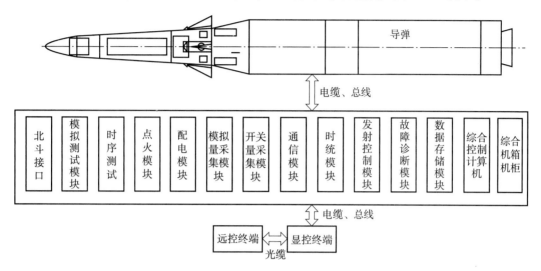

图 1-10 测发控系统组成框图

测发控系统的工作项目一般包括：

1）作为测试、发射流程控制的人机操作界面（显控终端）。

2）对各控制组合（如陀螺仪、加速度计、姿控动力装置、弹上计算机等）进行静态参数测试、动态参数测试，也称单元测试，一般在总装厂或技术阵地进行。

3）对弹上配电系统、姿控系统、制导系统、火工品阻值、弹头控制器、导引头等进行分系统静态、动态测试和综合测试，包括分系统测试、综合测试、紧急关机、紧急断电、模拟飞行总检查等。

4）对关键参数、发射流程、时序信号进行检查测试，也称总检查。

5）临射前对导弹惯测装置进行调平和方位瞄准并装定。

6）临射前诸元计算和弹道参数的装定和检查。

7）贮存测试结果信息，进行故障诊断与发射辅助决策。

1.3 弹道导弹发射车的发展历史与现状

导弹发射车是导弹发射装置或设备的一种，指可在陆地（公路、越野、铁路）机动的导弹发射装置，具有导弹贮运、测试、发射的功能。由于导弹种类不同，导弹发射设备也有所不同。本书介绍的是弹道导弹发射车，但是与其他导弹发射车的组成和技术原理也是相通的。需要说明的是，本书有关导弹或发射车的性能参数，都是从公开文献中获得的，所列数据与其他相关文献可能略有差异，但是不影响本书阐述的原理与技术方法的正确性。

1.3.1　导弹发射车的起源

　　现代导弹的鼻祖公认是纳粹德国的 V1 导弹，这种类似无人机的飞航式导弹，其发射装置是一种带活塞助推功能的 35 m 长发射导轨，活塞最大加速度可达 21g，如图 1-11 所示。V1 导弹首次投入战斗是在第二次世界大战末期（1944 年 6 月 13 日），从德国占领区向英国发射，导弹发射装置不能自行机动，只能隐蔽发射，容易成为盟军空袭的目标。

图 1-11　V1 导弹发射装置

　　继 V1 导弹之后，1944 年 9 月 8 日，纳粹德国向英国伦敦发射的第一枚 V2 导弹在英国伦敦市区爆炸，这是德国在 A5 液体火箭基础上发展而来的真正意义上的弹道导弹。至 1945 年 3 月 27 日，德国共发射了 3745 枚 V2 导弹，其中有 1115 枚击中英国本土。初期的 V2 导弹发射阵地经常遭到盟军的空袭，德军于是将 V2 导弹装到军用卡车上实施机动发射，由此诞生了世界上第一种陆基机动液体弹道导弹系统，一种 V2 导弹发射车如图 1-12 所示。这是一种全挂汽车列车的发射装置，发射车由牵引卡车、挂车、发射臂、起竖系统等组成。完成导弹的发射准备工作还需要其他车辆配合：吊车、推进剂加注车等。

　　第二次世界大战结束德国被占领后，德国的 V2 导弹、火箭技术、生产设备甚至技术人才被美苏瓜分。随着冷战大幕的开启，火箭与导弹技术迅速成为美苏争霸的一个重要领域，在德国技术基础上迅速研发出了更大威力、更远射程、更高精度的弹道导弹武器系统。

图 1-12　V2 导弹发射车

1.3.2　国外弹道导弹发射车的历史与现状

1.3.2.1　简单实用的美式导弹发射车

　　美国现役的陆基战略弹道导弹为"民兵Ⅱ"（LGM-30F）、"民兵Ⅲ"（LGM-30G）、"和平卫士"（MX，LGM-118 A）。美国的战略核威慑采用所谓的潜射、地下井发射和远程战略轰炸机投射"三位一体"模式，没有实际部署陆基机动战略弹道导弹武器系统。

　　在 20 世纪 80 年代中期美国空军为对抗苏联 SS-20 等陆基机动弹道导弹，曾经计划装备陆基机动小型洲际弹道导弹 MGM-134 Midgetman（"侏儒"），研究了多种地面机动作战模式，如图 1-13、图 1-14 所示，采用冷发射方式，具有抗核冲击波能力，及一定越野机动能力，后于 1992 年宣布下马，没有正式部署。"侏儒"导弹轮式机动发射车由四轴（8×8）牵引车和三轴（6×6）挂车组成，主要性能与参数如下：

　　1）导弹长 16.15 m，弹径 1.17 m，起飞质量 16.8 t，射程 10000～12000 km。

　　2）列车总长 30.48 m、宽 3.7 m、高 2.7 m，满载总质量约 90 t。

　　3）装有两台功率为 552 kW 的康明斯 KTA-1150 型水冷柴油发动机，一台在牵引车上，一台在挂车上。

　　4）采用直径为 1.37 m、宽 0.61 m 的钢丝子午线轮胎，轮胎具有中央充放系统。

　　5）最高车速为 80 km/h。

　　6）可经受 0.13～0.34 MPa 的核冲击波超压。为了防止核爆炸冲击波损害导弹，导弹待发射时，挂车先降至离地面约 0.38 m 的位置，然后控制让其自由下落到地面，挂车下部边缘的尖棱插入地下，然后靠近尖棱的折叠式围裙下翻，以加强密封。

图 1-13   重卡轮式牵引 Midgetman（"侏儒"）导弹试验发射车

图 1-14   履带牵引车方案的 Midgetman（"侏儒"）导弹试验发射车

　　除战略核弹道导弹，美国还先后研制发展了三代十几种型号的战术弹道导弹，其中，第一代主要有"诚实约翰""红石""下士""中士"等型号，第二代主要有"潘兴Ⅰ""潘兴ⅠA""长矛"等型号，第三代主要有"潘兴Ⅱ""潘兴Ⅲ""陆军战术导弹系统"（ATACMS）。随着《美苏中导条约》的实施以及 20 世纪 90 年代初美军用"陆军战术导弹系统"全部替换"长矛导弹"工作的完成，"陆军战术导弹系统"成为美军唯一在役的战术弹道导弹武器系统。下面做简单介绍。

　　潘兴Ⅰ导弹（图 1-15）是美国陆军主持研发的固体机动地对地战术导弹，用于取代红石液体导弹。马丁·玛丽埃塔航空航天公司为主承包商，1960 年 2 月 25 日首飞，共进行了 15 次飞试，于 1962 年 6 月交付使用。整个导弹系统装在四辆履带车上运输和发射，履带发射车的特点是越野机动性能好，缺点是不便于公路机动。主要参数如下：

1）潘兴 I 导弹重 9.2 t，直径 1 m。

2）发射准备时间 5 min（注：估计不包含导弹瞄准、起竖等时间）。

图 1 - 15　潘兴 I 导弹及发射车

潘兴 II 导弹是美国陆军第三代地对地战术导弹，项目始于 1974 年，1982 年开始工程研制，经过 18 次飞行试验于 1983 年年底开始装备部队。1987 年 12 月 8 日苏联和美国签订的《美苏消除两国中程导弹和中短程导弹条约》中，将该型号导弹列入销毁之列。发射车为 M757 牵引起竖发射车（图 1 - 16～图 1 - 18），从图片可以看出该半挂式发射车结构简单，只是一个移动式发射台架，还需与之配套的其他通用化模块化设备（车辆）共同完成导弹测试与发射任务，这样设计估计是为了降低成本、便于空运。有关的主要性能参数如下：

1）导弹长约 10 m，弹径约 1.1 m，发射质量 7200 kg。

2）机动方式：半挂轮式车载，发射车为牵引车 M757。

3）运动速度（公路）：60 km/h。

4）公路续驶里程：800 km。

5）作战反应时间 5 min。

图 1-16　部署中的潘兴 II 导弹及其发射车

图 1-17　展览中的潘兴 II 导弹发射车

图 1-18　潘兴 II 半挂式发射车及导弹后视图

"长矛"是美陆军研制的第二代地地战术短/中程导弹系统,用于取代 MGM-29 中士导弹和 MGR-1 诚实约翰导弹武器系统。导弹由 M-113 履带运输车运载发射。于 1972 年装备部队,1992 年退役,总计生产了 2100 枚该型导弹。海湾战争后改型为"长矛 I"(又称 T-22)。"长矛"家族几种发射车如图 1-19、图 1-20 所示。多种载车形式适应于不同作战模式:挂车式发射车比较适宜于公路机动、水泥发射地面,便于公路快速机动。而履带式发射车能适应各种路面和发射阵地,但是不便于长距离公路机动。

主要参数如下:

1)导弹长 6.1 m,弹径 0.56 m,弹重 1290 kg。

2)发射准备时间不大于 15 min。

图 1-19 长矛导弹拖车

图 1-20 履带式长矛导弹发射车

　　MGM - 140 陆军战术导弹系统是美国陆军最先进的短程、单弹头弹道导弹。1991 年开始装备 "Block l" 型,弹重 1670 kg,弹头质量 450 kg,最大射程 150 km。1999 年开始装备 "Block 1A",1A 型弹头质量减至 160 kg,最大射程为 300 km,采用惯性加 GPS 复合制导,导弹由 M270 系列履带式发射平台发射,如图 1 - 21 所示,1 发导弹占 6 发火箭弹的空间,即一辆发射车可以装载两枚导弹,也可以装 12 枚火箭弹,或装 1 枚导弹、6 枚火箭弹。洛克希德·马丁导弹与火控系统公司于 2001 年 11 月 26 日向美国陆军交付改进型导弹 "Block - Ⅱ"(TACMS)。

图 1 - 21　美国 MGM - 140 型陆军战术导弹系统

主要参数:

1)弹长 3.96 m,直径 0.61 m(弹翼 1.4 m),弹重 1672 kg。

2)发射方式:多管火箭炮/箱式导弹发射车。

3)外形尺寸(长×宽×高):6.9 m×2.9 m×2.5 m。

4)乘员:3 名。

5)战斗全重:25.9 t。

6)发动机:一台 VTA903 型 8 缸水冷涡轮增压柴油机,功率 368 kW。

7)最大速度:64 km/h。

8)最大行驶里程:480 km。

9)最大爬坡度:60°。

10)越障高:0.914 m。

11)越壕宽:2.54 m。

12)涉水深 1.02 m。

13)发射箱射界:高低 0°~+60°,左右 194°。

14)发射箱转动速度:5 (°)/s。

15)发射箱俯仰速度:0.9 (°)/s。

16)再装填时间为 5 min,能自装填,如图 1 - 22 所示。

图 1 - 22　发射箱自装填过程

据 2016 年有关报道，美国陆军已经开始研制新型战术导弹取代 MGM - 140，新导弹射程近 500 km，展示的产品模型如图 1 - 23 所示。该导弹能与 M270 系列发射平台兼容，但是发射车改为越野轮式车辆，因此车速更快、成本更低。

图 1 - 23　美国陆军"远程精确火力导弹"（LRPF）模型

概括美国弹道导弹发射车的技术特点如下：

1）实战部署的均为陆军战术短、近程弹道导弹发射车。

2）发射装置结构简单实用。

3）均采用热发射方式，既有裸弹垂直热发射，也有倾斜热发射。

4）采用通用底盘，一弹多平台、一平台多弹共架。

5）现役导弹型号系列少，标准化、系列化滚动升级发展。

1.3.2.2　种类繁多的苏联/俄罗斯弹道导弹家族及发射车

（1）总体情况

苏联/俄罗斯非常重视弹道导弹的研发，自 20 世纪 50 年代开始研制弹道导弹，至苏联解体，研制了近 30 种陆基弹道导弹，从 SS-1 讨厌者/飞毛腿（Scunner/Scud）战术弹道导弹到 SS-25 白杨（镰刀）洲际弹道导弹。由于各种因素，也导致导弹型号繁多，通用化、标准化程度较低。俄罗斯在继承苏联技术的基础上，逐步恢复了武器配套体系，形成了新一代精简、高效、系列化产品，先后研制了 SS-26～SS-30，其中 SS-26、SS-27、SS-29 为车载发射方式。各型号主要参数见表 1-1。

表 1-1　苏联/俄罗斯的地地导弹武器一览表

序号	导弹代号名称	导弹长度/m	导弹直径/m	导弹质量/t	发射方式	备注
1	SS-1a/R-1 讨厌者战术弹道导弹	14.6	1.65	13.4	固定阵地发射	1950 年列装,液体火箭发动机
2	SS-1b/P-11 飞毛腿 A 系列战术弹道导弹	10.2	0.85	5.5	履带底盘陆基机动发射	1955 年列装
3	SS-1b/P-11 M 飞毛腿 A 战术弹道导弹	10.5	0.88	5.39	履带底盘机动发射	1958 年列装
4	SS-1c/P-17 飞毛腿 B 战术弹道导弹	10.5	0.88	5.39	履带式或轮式机动	1962 年列装,单级液体导弹
5	SS-2/P-2 同胞（Sibling）战术弹道导弹	17.7	1.65	20.4	固定阵地发射	液体火箭发动机,1951 年列装
6	SS-3/R-5 讼棍	20.75	1.65	28.4	固定阵地发射架	单级液体弹,1954 年列装
7	SS-4 凉鞋	21	1.65	27.2	发射架/地下井	1959—1977 年列装,单级液体弹
8	SS-5 短剑	24.5	2.44	55	地下井	1961 年列装
9	SS-6 警棍	31.4	4.5	254	发射架	1957 年列装,发射准备时间 12 h,世界上第一代洲际导弹
10	SS-7 鞍工	34.3	3	140.6	发射架/地下井	1960 年列装,第一代地面发射的洲际导弹
11	SS-8 黑羚羊	24.18～24.227	2.68	80～81	发射架/地下井	1961 年列装,第一代洲际导弹
12	SS-9 Ⅰ、Ⅱ、Ⅲ、Ⅳ黑羚羊	32.2	3.05	185	地下井	1963 年列装

续表

序号	导弹代号名称	导弹长度/m	导弹直径/m	导弹质量/t	发射方式	备注
13	SS-10 瘦子	38.5	3		地下井	
14	SS-11 Ⅰ、Ⅱ 赛果	16.93/18.9	2.0	42.3/50.1	地下井	1963 年列装,洲际导弹
15	SS-12 薄板	11.25	1.01	9.7	MAZ543 公路机动	1969 年,近中程液体单级弹,发射准备时间 20 min,飞毛腿 B 的改进型
16	SS-13 野人	21.1	1.84	51	地下井	第二代固体洲际导弹
17	SS-X-14 替罪羊	12.6	1.4	20	履带底盘机动发射	19 次试验后于 1970 年停止
18	SS-14 替罪羊	11.93	1.9	20	轮式机动发射	
19	SS-15 齐徒	17.8	1.8	30.2	履带底盘机动发射	二级战略固体弹
20	SS-X-16 无赖	18.5	1.8	41.5	MAZ547A 六轴轮式机动发射	第三代陆基发射的固体洲际导弹
21	SS-16 罪人	20	2	36	轮式机动发射	20 s 发射,未列装
22	SS-17 Ⅰ、Ⅱ 飞马	17	2.25	71	地下井	1963 年列装
23	SS-18 Ⅰ、Ⅱ、Ⅲ、Ⅳ、Ⅴ、Ⅵ 撒旦	34.3	3	211.1	地下井	1973—1988 年列装
24	SS-19 Ⅰ、Ⅱ、Ⅲ匕首	24	2.5	105.6	地下井	1973—1980 年列装
25	SS-20 长剑	16.5	1.79	37	MAZ547A 六轴轮式底盘机动发射	1976 年列装,第三代陆基发射的中程弹道导弹
26	SS-21 圣甲虫	6.4	0.65	2	轮式机动发射	1989 年列装,车重 18 t,MAZ5921 三轴底盘
27	SS-22 薄板-B	12.38	1.01	8.8		20 世纪 70 年代研制的单级战术弹道导弹,也称 SS-12B
28	SS-23 蜘蛛、奥卡	7.5	0.97	4.7	四轴轮式机动发射	1980 年列装,可单车作战
29	SS-24 手术刀	23.4	2.35	65	铁路/地下井,冷发射	第四代井下和铁路发射洲际导弹
30	SS-25 白杨(镰刀)	22.3	1.8	45.1	MAZ7917 轮式底盘机动	20 世纪 70 年代研制,1985 年开始服役,第四代陆基发射的核洲际导弹
31	SS-26 蜘蛛-B(伊斯坎德尔)	7.52	0.97	3.99	四轴轮式机动发射	4 min 展开、发射,3 人操作,2005 年开始在陆军列装
32	SS-27 白杨-M	22.7	1.86	47.2	地下井发射/MZKT-79221 轮式发射	1994 年首飞,2006 年陆基机动型服役,第五代陆基机动三级固体洲际导弹。MZKT-79221 运输/起竖/发射车(TEL)于 1995 年 6 月交付

续表

序号	导弹代号名称	导弹长度/m	导弹直径/m	导弹质量/t	发射方式	备注
33	RS-29 亚尔斯	20.9	1.85	49	公路机动	白杨-M 的升级版,2007 年首飞,2010 年开始服役。有机动发射和地下井发射。机动型采用 YaMz-847 型 12 缸 V 型柴油发动机,588 kW。两个独立的驾驶室采用玻璃纤维制作,左边的驾驶室有两个座位,右边的驾驶室有一个座位。车长 19.56 m,车宽 3.45 m,涉水深 1.1 m
34	SS-X-30 萨尔玛特			150～200	地下井发射	取代 SS-18 撒旦洲际弹道导弹,液体发动机

注:R-1,2,…是苏联为导弹编制的代号,SS-1,2,…是北约给苏联导弹取的代号。

苏联的四个导弹研究机构承担着弹道导弹武器系统研制抓总任务:莫斯科热技术研究所研制的型号包括 SS-12、SS-20、SS-25、SS-27,能源火箭航天公司研制的型号包括 SS-1a、SS-1b、SS-2、SS-3、SS-6、SS-8、SS-13,南方设计局研制的型号有 SS-4、SS-5、SS-7、SS-9、SS-16、SS-17、SS-18、SS-24,机械制造科研生产联合体研制的型号为 SS-11、SS-19。

(2)几种著名的战术(短近程)弹道导弹及发射车简介

具体型号如下:

①SS-1、SS-2 讨厌者/飞毛腿系列短程战术弹道导弹

其系列化型号有 SS-1a、SS-1b、SS-1c、SS-1e、SS-2,属于第一代陆基机动液体火箭弹道导弹武器系统。其发射方式演变:由台式发射→履带车载发射→8×8 轮式(MAZ543 底盘)车载发射,通过系列化升级,性能不断提高,出口很多国家(中国进口 SS-2 导弹)。

SS-1a、SS-1b 导弹发射装置是苏联在德国 V2 导弹基础上研制的第一代产品,1947 年开始研制,1948 年 10 月第一次发射成功,在完成近 30 枚导弹发射后于 1952 年开始交付部队。采用固定场坪上可搬移式发射台,在其他车辆(竖弹车、推进剂运输加注车、电源车、瞄准车等)配合下完成导弹发射,准备时间长,操作环节多,发射程序复杂,如图 1-24 所示。

SS-1c 导弹(苏联代号 P-17)发射车是第一代自行式陆基机动战术弹道导弹发射车,1958 年开始研制,飞行试验 39 次后于 1962 年列装陆军。开始为履带车 2Π19 底盘(整车重 39.6 t),1967 年改为 MAZ543 底盘,如图 1-25 所示。后续改进、批产到 1985 年,曾经出口到很多国家,伊拉克曾在两伊战争期间使用过该型号导弹,如图 1-25、图 1-26 所示。

图 1-24 SS-1（左，苏联代号 P-2）、SS-1b（右，苏联代号 P-11）导弹及发射装置

图 1-25 SS-1c 履带式、轮式发射车

图 1-26 SS-2 同胞（Sibling）战术弹道导弹（飞毛腿）发射车

② SS-21 圣甲虫 B（北约代号地堡-U）战术弹道导弹发射车

SS-21 导弹发射车如图 1-27 所示，1989 年列装，车重 18 t，采用 MAZ5921 三轴 6×6 底盘，为车载无台垂直热发射。主要指标：

1）最高车速 70 km/h，最大续驶里程 650 km。

2）具有两栖作战能力，水中喷水推进机动速度 10 km/h。

3）从机动转入作战状态时间 16 min，发射后撤收时间 1.5 min。

图 1-27　SS-21 导弹发射车各种工作状态示意图

③ SS-23 导弹及发射车

SS-23 导弹是苏联于 20 世纪 80 年代为陆军研制的第三代地地战术导弹，1980 年通过鉴定，1985 年开始部署。SS-23 导弹武器系统采用的发射车为四轴 8×8 越野车，由 BAZ6944 底盘改造的 9P71 发射车，与 SS-21 的 9P129 一样具备两栖机动能力，无发射台，如图 1-28 所示。导弹直径 0.8 m，重 715 kg，发射车指标如下：

1）发动机：400 马力 УТД-25/Д-144 柴油发动机。

2）驱动：8×8，车长：11.7 m。

3）车宽：3.12 m；车高：3 m（导弹运输状态）。

4）导弹起竖时高度：10.1 m（发射仰角 82°）。

5）发射车质量：空载 24070 kg（无导弹）；装载导弹：29100 kg；战斗全重：29985 kg；底盘有效载荷：12000 kg；乘员：3 人（战斗状态）。

6）公路最大速度：65 km/h（底盘可达 70 km/h）。

7）越野速度：20～40 km/h。

8）水上速度：8～10 km/h。

9）最大行程：1000 km（战斗行程 700 km）。

该发射车采用轻量化设计思路，底盘自重轻，上装尽量简化设计。不足是最大车速偏小，底盘 400 马力发动机的最大车速才 70 km/h，估计是公路标准等级低或其传动系统拖后腿所致。

图 1-28 SS-23 导弹及其发射车

④ SS-26 蜘蛛-B（伊斯坎德尔）导弹及发射车

伊斯坎德尔导弹武器系统是苏联解体后俄罗斯研制的替代奥卡导弹的新一代地地战术导弹，也是目前俄罗斯现役导弹武器。发射作战人员为 3 人，一车两弹无台热发射，发射车外形如图 1-29～图 1-31 所示。一个作战单元由发射车（一般 3 辆）、运输装填车（一般 3 辆）、指挥控制车（1 辆）、信息处理车（1 辆）以及生活保障车若干组成。该发射车的最大亮点是可以在车上直接换弹头和一车发射不同导弹。

图 1-29　伊斯坎德尔导弹发射车侧视图

图 1-30　装载不同弹头的伊斯坎德尔发射车

图 1-31　伊斯坎德尔导弹发射车单发起竖状态

伊斯坎德尔-E 主要技术指标如下：

1）导弹长度：7.28 m，最大直径：0.92 m，导弹质量：3800 kg。

2）导弹发射车长 13.07 m，宽 3.07 m，高 3.29 m，自重 21 t。

3）弹车总重 40~43.2 t。

4）底盘最大功率 373 kW，最大车速：70 km/h。

5）发射车采用 BAZ6909 越野汽车底盘（8×8）。导弹发射车和导弹装填运输车各装 2 枚导弹。

6）发射准备时间 4 min；由行军状态转入发射状态时间 15 min，发射间隔不大于 1 min。

7）导弹使用温度范围－50～50 ℃。

8）使用寿命：10 年（野外待机 3 年）。

（3）战略（中远程及洲际）核弹道导弹发射系统

著名型号如下：

① SS-20 导弹发射车

SS-20 导弹为苏联固体机动第三代中程弹道导弹，为两级固体推进剂分导多弹头机动中程弹道导弹，北约代号军刀，用于取代 SS-4 和 SS-5 导弹。1966 年开始研制，1975 年开始试射，1977 年开始部署。SS-20 创造了全部发射成功的纪录。《美苏中导条约》后被销毁。

SS-20 导弹采用两种部署发射方式：地下井冷发射和车载机动冷发射。地下井发射准备时间约 15 min，反应时间约 30 s。SS-20 导弹主要采用公路机动、预有准备阵地的发射方式，发射区的机动范围为 50～80 km。机动发射车采用 MAZ547A 型轮式自行底盘，每车配备两发弹（其中一发在发射车上，另一发在运输车上，为备份弹），发射筒采用玻璃钢复合材料以减小质量，发射时筒底部接地，将大部分后坐力传递到地面，因此可以降低发射点承压力。导弹的指挥与控制系统装在另一辆车上。导弹系统可用火车、飞机等工具进行远距离运输和快速部署。SS-20 导弹发射车是苏联/俄罗斯中远程、洲际核导弹发射车的经典型号产品，后续产品都是在此基础上发展而来的，外形如图 1-32 所示。

图 1-32 SS-20 弹道导弹发射车

发射车主要性能参数如下：

1）驱动形式 12×8，车长约 16～17 m，载弹时总重 60000～70000 kg。

2）最高车速为 40 km/h。

3）反应时间 15 min（地面机动）。

4）导弹发射准备时间约 1 h。

5）当要求导弹改变打击目标时，如果新目标是在原来发射方位角的 1°～2°内，只需要几秒钟重新瞄准目标的时间。如果新目标偏离原定目标较远，则需要 20～30 min 进行重新瞄准。

②白杨（SS-25）与白杨-M（SS-27）导弹武器系统

SS-25 洲际导弹又称白杨导弹，苏联代号 RS-12，北约代号 SS-25，是世界上第一种投入现役的车载洲际弹道导弹，俄罗斯改进后，代号为白杨-M。发射车底盘为白俄罗斯明斯克拖拉机重工联合体的 7900 系列 79221 型，功率 710 马力（522 kW）。发射车外形如图 1-33、图 1-34 所示。主要参数如下：

1）底盘驱动形式：白杨为七轴 14×14（或 12），白杨-M 为 16×16（或 14）。

2）发射准备时间：白杨为 8 min，白杨-M 为 5 min。

3）筒内温度：5～15 ℃。

4）贮存期：白杨为 8 年，白杨-M 为 15 年。

图 1-33　苏联的白杨导弹发射车

③亚尔斯（RS-29）洲际弹道导弹发射车

亚尔斯导弹是俄罗斯在白杨-M 基础上研制的多弹头核洲际弹道导弹。2007 年 5 月首次试射成功，2010 年 7 月装备部队，2015 年阅兵公开亮相。发射车技术方案与白杨-M 基本相同。因为亚尔斯导弹的直径和起飞质量比白杨-M 的大，导致整车质量增大，整车

(a) 延伸底部未落地　　　　　　　(b) 延伸底部已落地

图 1 - 34　白杨导弹发射车尾部

重心前移，从外形看，在白杨-M发射车的底盘基础上增加了1个轴。同时对筒顶盖、设备舱、腿盘、瞄准设备等进行了调整。亚尔斯导弹发射车外形如图1-35所示。

图 1 - 35　正在涉水的俄罗斯亚尔斯导弹发射车

1.3.2.3　其他发展中国家的弹道导弹发射车

虽然受到美国等西方国家的限制，但中国周边的朝鲜、印度、巴基斯坦以及伊朗等国家也在大力发展弹道导弹技术，并且技术水平提高较快。

（1）朝鲜和韩国的弹道导弹发射车

由于朝鲜半岛复杂的安全环境，朝鲜不顾国际制裁，极力发展陆基机动弹道导弹技术，成为少数拥有中远程导弹机动发射能力的国家。

图 1 - 36～图 1 - 40 为朝鲜国庆阅兵展示的几种短程、近程和中程弹道导弹发射车，均采用多轴越野底盘车载热发射技术。

（a）阅兵状态　　　　　　　　　　　　　（b）发射试验状态

图 1 - 36　KN - 08/火星 - 13 远程导弹发射车

图 1 - 37　源于苏制飞毛腿导弹的化城 6 号近程弹道导弹

图 1 - 38　朝鲜自行研发的芦洞中程弹道导弹

图 1 - 39　源于苏制 SS - N - 6 潜射导弹的舞水端中程弹道导弹

图 1-40 类似苏制 SS-21 圣甲虫导弹的 KN-02 短程弹道导弹

图 1-41 为 2017 年新闻报道曝光的朝鲜北极星-2 履带式导弹发射车发射电视画面。该导弹发射车的最大亮点是发射地点为非固定场坪，采用了垂直冷发射、发射筒接地缓冲技术，朝鲜是继俄罗斯和中国之后采用此技术的国家，标志着朝鲜的弹道导弹发射技术取得了巨大的进步。

图 1-41 朝鲜北极星-2 履带式导弹发射车

美国出于战略需要对韩国弹道导弹研制放松了限制，韩国已成为武器研制和出口强国，如图 1-42 所示为韩国研制的玄武-2 弹道导弹及其发射车。

（2）印度的弹道导弹发射车

印度是南亚地区大国，从 20 世纪 80 年代开始一直在不遗余力地开发各种射程的弹道导弹，随着其综合国力的迅速增强和航天技术的发展，加上对外技术合作，火箭与弹道导弹技术发展迅速，已发展出具有核洲际射程的烈火-Ⅵ。印度的弹道导弹包括使用液体发动机的大地（prithvi）-Ⅰ和大地-Ⅱ，使用固体发动机的烈火-Ⅰ～Ⅴ等，中远程导弹均

图 1-42　韩国的玄武-2 导弹发射车

采用半挂车载固定场坪热发射方式，起竖系统为液压双缸起竖。战术短程导弹采用自行式越野底盘机动发射方式。几种印度展示的导弹及其发射车如图 1-43～图 1-47 所示。

图 1-43　印度的烈火-Ⅳ导弹及其半挂牵引式发射车（注：为提高展示效果抬高了导弹位置）

图 1-44　印度烈火-Ⅲ中远程导弹（弹径 2 m）及其运输发射车

　　2000 年印度的地地导弹发射车基本还是采用半挂车运载、热发射方式。通过技术合作和学习国外导弹发射车技术，印度出现了箱式发射的导弹发射车，图 1-46 为其展示的一种出口型短程地地导弹（火箭）及其发射车，其特点是首次采用了六轴重型汽车底盘，其作战机动能力大幅提高。

图 1-45　阅兵展示的大地（普利特维）战术导弹及其发射车

图 1-46　印度出口型多联装（火箭）导弹发射车

　　2020 年印度电视台首次对外展示了最新的烈火-Ⅴ导弹发射车试验情况，其特点是采用了半挂车机动、双缸起竖、垂直冷发射技术，相当于中国 20 世纪 80 年代 DF - 21 导弹发射车的技术水平，如图 1 - 47 所示。考虑到印度有六轴底盘的基础，烈火-Ⅴ导弹已经具有采用自行汽车底盘机动发射的技术条件。

图 1 - 47　印度烈火-Ⅴ导弹冷发射试验情况

1.3.3　中国弹道导弹发射车

　　经过几代航天人的努力，中国已经建立起一个射程齐全、独立自主的弹道导弹工业体系，不仅满足了国防需要，成为战略战术杀手锏，而且部分短程战术导弹还出口国外。表1 - 2 是从公开文献收集的中国弹道导弹主要型号资料（表中"—"表示未查到相关数据；表中参数来源为互联网，不是官方数据，仅供参考），导弹及发射车外形如图 1 - 48～图 1 - 62 所示。

表 1-2 中国的弹道导弹及发射平台

序号	代号	导弹长度/m	导弹直径/m	导弹质量/t	发射方式	备注
1	DF-1	17.68	1.65	20.4	固定台架	引进苏联 P-2 导弹仿制,单级液体弹,未列装
2	DF-2	20.9	1.65	29.8	固定台架热发射	1964 年 6 月 29 日首飞成功,中国自行研制的第一代地地战术导弹,单级液体弹,1966 年列装
3	DF-3、DF-3A	24	2.25	64	机动台式垂直热发射	1965 年立项研制,1966 年首飞成功,1971 年服役,单级液体中程弹道导弹,后被 DF-21 取代
4	DF-4	28	2.25	82	发射井、发射台	1965 年立项研制,1971 年服役,两级液体中远程弹道导弹
5	DF-5/5A	32.6	3.35	183	地下井	1980 年 5 月首飞,1981 年服役,两级液体洲际弹道导弹,中国战略核力量的重器之一
6	DF-21/21A	10.7	1.4	14.7	半挂车公路机动垂直冷发射	1980 年 6 月 7 日批准立项,中国第一代固体战略核导弹。1983 年 6 月生产出第一台三用车及其配套设备,除发射车外,阵地还配备电源车、配电车和局部空调补气车、发射控制车、瞄准车和自动化测试车。1985 年 5 月 20 日首飞成功,1988 年定型。1991 年首批抽检交付。DF-21A 于 1988 年立项,1997 年定型
7	DF-11/11A	9.75	0.8	3.8	四轴越野机动发射车	1985 年开始研制,1992 年定型,一级固体弹,最大射程 300 km。采用 WS2400 四轴越野底盘车载台式热发射
8	DF-15/15A	9.1	1	6.2	四轴越野机动发射车	1984 年开始研制,1988 年定型,一级固体弹,最大射程 300 km。采用四轴越野底盘车载台式热发射
9	DF-21C	—	1.4	16	五轴越野底盘机动预设阵地冷发射	1998 年立项,中国第一个中程常规精确打击弹道导弹,第二代固体战略核弹武器。采用 WS2500 五轴自行越野底盘,垂直冷发射
10	DF-21D	—	1.4	16	五轴越野底盘机动无预设阵地冷发射	世界首创中程反航母弹道导弹,发射系统在 DF-21C 基础上改进,可任一点发射
11	DF-16	11	1.2	—	五轴越野机动台式裸弹热发射	战术导弹升级版
12	DF-17	—	1.2	—	五轴越野垂直热发射	世界第一代中程弹道滑翔导弹武器系统
13	DF-26	17	1.4	—	六轴越野车载垂直冷发射	中国新一代中远程导弹,射程超过 4000 km,是衔接 DF-21 与 DF-31 的主力中远程弹道导弹

续表

序号	代号	导弹长度/m	导弹直径/m	导弹质量/t	发射方式	备注
14	DF - 31/31 A/31 AG	13.4	2.2	—	半挂牵引公路机动式冷发射	中国第二代固体战略武器,采用 8×8 型 HY4330 牵引车,四轴半挂车运输发射。1999 年开始研制,2000 年 6 月完成试制。DF-31 AG 发射车改为七轴越野底盘,采用延伸底部垂直冷发射,进一步提高机动能力和无依托发射能力
15	DF - 41	—	2.0		八轴越野机动发射车	新一代固体洲际核导弹。采用八轴越野底盘,及延伸底部垂直冷发射
16	B611/B611 M		0.6		采用北奔三轴越野底盘。早期为导轨式单弹热发射,后改进为箱式双弹热发射	120 km 射程首次试飞在 2001 年,在 2003 年进行 152 km 射程飞试。在 2004 年珠海航展上首次展出。导弹的发射倾角在 52°～65°,方向射界为±45°,发射准备时间少于 25 min,两枚导弹的发射间隔为 20 s,重新装弹时间为 20 min

注:1. 表中导弹武器型号顺序基本按照研制时间的先后顺序。

2. 序号 16 为出口型导弹,由企业自己命名,不属于火箭军系列,因此没有"DF"代号。

图 1-48 军博一层大厅展出的 DF-1 导弹

图 1 - 49　军博门前展出的 DF - 2 导弹及起竖车

图 1 - 50　DF - 3 导弹运输起竖车

图 1 - 51　DF - 3 导弹起竖及阵地车辆

图 1 - 52　DF - 4 导弹及起竖车

（a）1999 年国庆阅兵首次展现 DF - 21 A 发射车

（b）在山区公路上行驶试验的 DF - 21 A 导弹发射车

图 1 - 53　DF - 21 A 导弹发射车

图 1-54 DF-11 导弹发射车

(a) 阅兵行驶中的DF-15导弹发射车

(b) DF-15导弹发射车起竖、待发射状态

图 1-55 DF-15 导弹发射车

图 1-56　央视军事栏目报道的 DF-21C 发射车

图 1-57　参加 2015 年阅兵的 DF-21D 导弹发射车

（a）国庆阅兵展示的 DF - 16 导弹发射车

（b）DF - 16 导弹发射车起竖状态

（c）DF - 16 导弹在发射车上发射

图 1 - 58　DF - 16 导弹发射车

图 1-59　DF-17 导弹发射车

图 1-60　DF-26 导弹发射车

图 1-61　参加阅兵活动的 DF-31 导弹发射车

图 1-62 DF-41 导弹发射车

除上述装备中国军队的弹道导弹发射车，中国航天军工集团也研制了多种出口型弹道导弹发射车，如双联装 B611 型导弹发射车，如图 1-63 所示。

图 1-63 出口型 B611 型导弹箱式发射车

总结中国弹道导弹发射车的技术发展历程具有以下特点：

1）技术独立自主，从 DF-3 到最新的 DF-41，完全独立研制。

2）从 20 世纪 80 年代以后，所有战术、战略导弹都实现了陆基机动发射，有效提高了导弹武器的生存能力和核反击能力。

3）短程战术弹道导弹采用自行式倾斜箱式热发射，近/中程战术弹道导弹采用自行式垂直裸弹热发射，中/远程及洲际弹道导弹采用半挂或自行式垂直冷发射技术。

4）自动化水平越来越高，实现从多车协同预设场坪发射到单车任一点随机快速发射。

参 考 文 献

［1］ 王铮，胡永强 . 固体火箭发动机 ［M］. 北京：宇航出版社，1993.
［2］ 韩祖南 . 国外著名导弹解析 ［M］. 北京：国防工业出版社，2013.

第 2 章   导弹发射车原理与构造

2.1   发射车的分类

弹道导弹发射车一般分为以下几种：

1）按发射角度分为倾斜发射车、垂直发射车。

2）按发射动力分为热发射车、弹射（或冷）发射车。

3）按机动方式分为半挂式、自行式发射车。

4）按导弹装车方式分为箱式、筒式、裸弹发射车。

5）按导弹性质分为战术、战略（核）导弹发射车。

还有其他分类方法，不一一叙述，在工程实践中经常是混合运用，如"自行车载箱式倾斜热发射式发射车"。

2.2   发射车的功能

发射车的主要功能如下：

1）载弹运输，能载弹地面行驶机动。

2）开关顶盖，转载导弹、射前开启顶盖，露出导弹。

3）起竖与回平，能将导弹从行军状态起竖到待发射角度（垂直发射时需起竖到 90°），或不发射时导弹回平。

4）供配电功能，能自行发电、配电，为车载设备和导弹测试提供电源。

5）瞄准功能，能对导弹进行方位基准对准。

6）导弹测试、发射，能在发射前对导弹进行简单测试，上传发射诸元等参数。

7）调温功能，能对装车导弹和载人舱或设备舱进行温度调节。

8）指挥通信功能，能实现与上级的无线、有线通信。

9）伪装功能，能实现光学、红外、雷达波隐身伪装。

10）铁路运输功能，能装铁路平板车进行铁路运输。

早期发射车不具备发电、瞄准、导弹测试等功能，进入 21 世纪后，单辆发射基本都具备上述全部功能。

2.3   发射车的工作原理

发射车的基本工作原理：部队接到导弹发射任务后，载弹机动运输至发射点，进行导弹方位瞄准（有的导弹不需要瞄准，或在起竖后瞄准），开顶盖，将导弹起竖至规定角度（有的导弹还需要调转至规定射向），向导弹控制系统上传弹道、目标点位等参数，经简单测试后启动弹上电源，松开导弹锁定机构，接通点火保险机构，发出导弹发动机点火或弹射指令，完成导弹热发射或冷发射，接到点火命令后导弹一级点火，在导弹发动机推力作用下克服阻力和导弹重力，导弹加速飞离发射车，同时导弹的燃气流由发射台排导离开发射车；冷发射方式，接到发射命令，筒内底部的弹射动力装置点火产生高压气体，高压气体形成的合力沿弹轴方向作用在导弹尾部并克服导弹重力和摩擦阻力，将装筒的导弹弹射出筒，导弹离筒口 20～40 m 后发动机点火，导弹在发动机推力作用下开始主动飞行。

热发射与冷发射方式的区别在于导弹离开地面的方式不同。热发射方式的导弹发动机点火后，喷管喷出大量的高温高压燃气流，利用喷管的反推力将导弹推离发射车，虽然时间很短，仍然对发射车及发射点周围环境造成严酷的影响，在设计中必须考虑这种影响并将危害降至最低。冷发射方式导弹出筒后延时 1 s 左右发动机点火工作，此时导弹喷管喷出的燃气尾流对发射车和地面的环境影响较热发射小很多。因此，中远程导弹为适应各种发射环境和实现快速隐蔽发射，一般采用冷发射方式。

不同类型发射车的工作原理和构造有所差异。下面分别进行介绍。

2.4　垂直裸弹发射车

2.4.1　车总体概述

垂直裸弹发射车的组成一般为：轮式或履带式底盘、起竖臂、调平车腿、起竖系统（含起竖缸和控制阀体）、车控系统、导弹保温舱、设备舱、空调系统和发射台（含导流锥）（个别的，如圆点、伊斯坎德尔导弹发射车无发射台）、导弹测试与发控设备、瞄准设备、指挥通信设备。由于早期发射车装车电子设备小型化困难，因此导弹测试与发射控制设备、瞄准设备单独装车配套使用。一般短近程导弹的垂直裸弹发射车结构组成如图 2-1 所示，这类发射车较多，典型产品如图 2-2 所示。

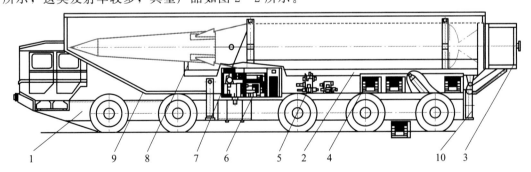

图 2-1　短近程导弹发射车典型结构

1—汽车底盘；2—起竖臂；3—发射台；4—测控设备；5—液压设备；6—柴油发电机组；
7—抱弹机构；8—弹头支承机构；9—保温舱；10—车腿

图 2-2 战术短程导弹发射车构造示意图

1—汽车底盘；2—起竖臂；3—发射台；4—设备舱；5—载人舱；6—液压系统；7—抱弹机构

裸弹热发射导弹发射车的发射流程一般为：

1）导弹发射车就位；

2）连接电缆（具有单车独立发射能力的发射车无电缆连接动作）；

3）伸车腿、车体调平；

4）开顶盖；

5）发射台翻转至台面水平并台腿落地（有的发射台无台腿）；

6）起竖导弹；

7）台体支撑导弹；

8）抱弹机构松弹；

9）起竖臂回平；

10）关闭顶盖和后盖；

11）发射台回转瞄准（具有水平自瞄功能的无此动作）；

12）向弹上计算机传递诸元参数；

13）进行导弹测试；

14）转弹上电源；

15）导弹控制系统开机工作；

16）展开发射远控盒；

17）打开导弹发动机点火保险机构；

18）发点火控制命令；

19）导弹点火后起飞。

由上可见，发射车执行的命令和动作较多，除了可采用手动控制发射，也可通过测发控系统实现"一键式"发射。

下面介绍发射车主要分系统。

2.4.2　底盘

车辆底盘是发射车的重要组成部分，决定着发射车的机动能力，并可为发射流程提供动力，在发射车的使用环节，是维护保养的重点项目，也是故障率较高的部分。在发射车的总体设计中，底盘的结构与发射车的总体设计关系密切，因此本节进行较详细的说明。考虑到电驱底盘是在传统底盘基础上发展而来的，先介绍传统机械传动底盘。

2.4.2.1　机械传动底盘

国内生产军用重型汽车底盘的公司主要有中国重汽集团公司、航天泰安特种车有限公司和万山特种车辆有限公司等，其中 DF - 11 导弹发射车的底盘 WS2400 由万山特种车辆有限公司生产，如图 2 - 3 所示。

图 2 - 3　WS2400 汽车底盘

重型汽车底盘一般由动力系统（由发动机及附属系统组成）、传动系统（由变速器及附属系统、分动器及附属系统、车桥、传动轴组成）、行驶系统（由悬架系统、车轮、车架组成）、转向系统、制动系统、轮胎中央充放气系统、驾驶室、电气系统、辅助驾驶系统等组成。

（1）动力系统

底盘动力系统指发动机及与之配套的进油、进气、排气、冷却、控制等部分，如图 2 - 4、图 2 - 5 所示，重型车底盘考虑续驶里程及左右载荷均衡一般采用两个油箱左右对称分布。

动力系统决定发射车的最高车速、最大爬坡度、加速性能、高海拔机动性能。对导弹发射车设计，要求发动机功率大、质量小、尺寸小。

发动机通过减振器安装在驾驶室下方，因此在需要从发动机取力输出时，需要考虑发动机的运动，一般采用带万向节的传动轴取力。

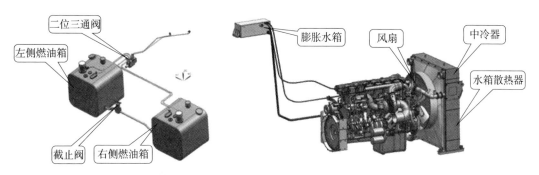

图 2-4　动力系统

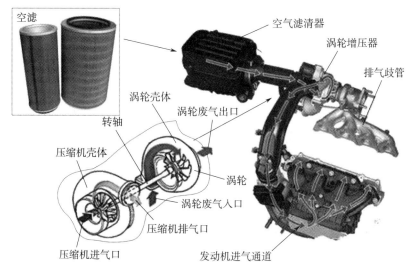

图 2-5　发动机进气系统示意图

目前国内应用较普遍的有陕西北方动力生产的 BF12L513C 系列大功率风冷柴油机和潍柴动力股份有限公司生产的水冷柴油发动机等。BF12L513C 柴油机主要性能见表 2-1，外形如图 2-6 所示。

表 2-1　BF12L513C（增强型）发动机技术参数表

序号	内容	参数
1	型号	KHD BF12L513C
2	形式	四冲程 V 型 12 缸涡轮增压中冷风冷
3	最大功率/[kW/(r/min)]	406/2300
4	最大扭矩/[N·m/(r/min)]	2040/1500
5	工作容积/L	19.144
6	额定转速/(r/min)	2300
7	最低燃油消耗率/(g/kW·h)	203
8	质量/kg	1300

图 2-6　BF12L513C 柴油机

山东潍柴的 WP13 系列发动机功率基本覆盖导弹发射车动力要求，其中 WP13.605 水冷电控发动机（图 2-7）主要性能见表 2-2。

图 2-7　潍柴 WP13.605 水冷电控发动机外形

表 2-2　WP13.605 发动机技术参数表

序号	内容	参数
1	型号	WP13.605E301
2	形式	四冲程 6 缸涡轮增压中冷水冷
3	最大功率/[kW/(r/min)]	445/2100
4	最大扭矩/[N·m/(r/min)]	2500/(1200～1600)
5	排量/L	12.54
6	最大扭矩转速/(r/min)	2500
7	燃油消耗率/(g/kW·h)	203～212
8	质量/kg	1300

（2）传动系统

传动系统由变速器及其附属系统、分动器及其附属系统、车桥（主减速器、轮边减速器）、传动轴等组成。以二轴汽车后驱传动系为例，其基本组成如图 2-8 所示。

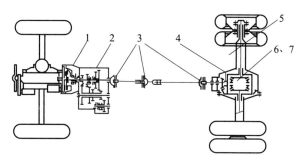

图 2-8　汽车传动系基本组成示意图

1—离合器；2—变速器；3—万向节；4—驱动桥；5—半轴；6、7—差速器、主减速器

对多轴重型汽车底盘，从发动机输出的动力需分配到各驱动轴，因此传动系统比二轴汽车复杂，增加了液力变矩器、分动器（带差速锁）、轴间差速器、轮边减速器等。一种四轴越野底盘传动系统结构如图 2-9 所示。

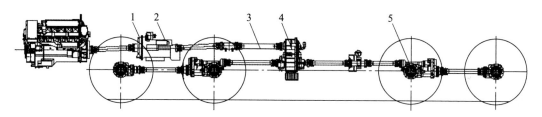

图 2-9　四轴越野底盘传动系统结构

1—液力变矩器；2—变速器；3—传动轴；4—分动器；5—车桥减速器

液力变矩器是多轴重型汽车底盘必备的一个非常重要的部件，安装在发动机和变速器之间，以液压油为工作介质，具有传递扭矩、变矩、变速、缓冲及离合的作用。

图 2-10 为液力变矩器原理图，图 2-11 为其结构模型，主要由泵轮、涡轮、导轮、密封圈、输入输出轴、壳体等组成，泵轮、涡轮和导轮分别与输入轴、输出轴和壳体相连。

液力变矩器工作原理：发动机输出轴带动泵轮旋转，泵轮的叶片带动油液转动，油液在离心力作用下由内缘向外缘流动，泵轮外缘的油液压力高、内缘压力低。由于泵轮与涡轮半径相同且油路连通，泵轮外缘油液压力比涡轮外缘压力高，因此油液从离心式泵轮流入涡轮外缘，顺次经过涡轮、导轮再返回泵轮，周而复始地循环流动。泵轮将输入轴的机械能转化为流体的动能，高速高压流体推动涡轮旋转转化为旋转机械能，将能量传给输出轴。导轮对液体的导流作用使液力变矩器的输出扭矩可高于或低于输入扭矩，因而称为变矩器。输出扭矩与输入扭矩的比值称为变矩系数，输出转速为零时的零速变矩系数通常约为 2～6。变矩系数随输出转速的上升而下降。液力变矩器的输入轴与输出轴间靠液体联系，避免了发动机输出轴与传动系统扭转刚性连接，可以减轻车辆行驶中由于紧急制动等冲击对发动机的影响。

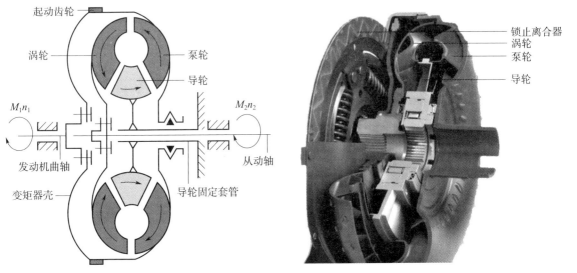

图 2-10　液力变矩器原理图　　　　　图 2-11　液力变矩器结构模型图

　　变速器是底盘传动系统的关键设备，主要功能：增大扭矩、改变传动速比、倒车、空档。自动变速器同时具有离合器功能，控制器根据油门、车速自动控制变速滑动套结合到新档位。变速器工作原理如图 2-12 所示。

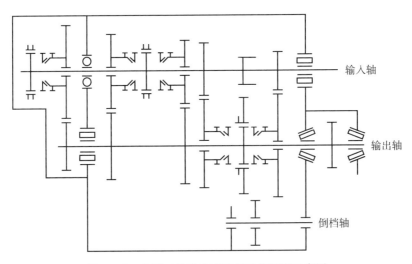

图 2-12　典型三轴手动变速器工作原理示意图

　　国内外重型军用车底盘普遍采用液力机械变速器或自动变速器，自动变速器操作简单，可以减轻操作疲劳程度。ZF 公司的 5HP902 型自动变速器主要参数见表 2-3，实物如图 2-13 所示。

表 2 - 3 5HP902 变速器技术参数

序号	内容			参数
1	最大输入功率/kW			450
2	最大输入转速/(r/min)			2500
3	最大输入扭矩/(N·m)			2000
4	速比		1 档	5.6
			2 档	3.43
			3 档	2.01
			4 档	1.42
			5 档	1.00
			R 档	4.84
5	取力口		扭矩/(N·m)	950
			转速/(r/min)	$0.97n_{eng}$
			旋向	一逆时针、一顺时针
6	质量/kg			356

图 2 - 13 载重汽车用 5HP902 变速器

　　变速器悬置方式为四点支撑，采用橡胶减振块和螺栓将变速器弹性地固定在车架的支点上。了解这点很重要，发射车总体设计中需要从变速器取力时，需要考虑变速器相对车架的运动，避免导致取力装置的损坏。

　　多轴驱动重型底盘涉及轴间动力分配问题，理论上各轴驱动力应与轴荷匹配，但是工程上一般按平均分配或分组组内平均分配动力，例如四轴底盘采用前二后二平均分配，五轴底盘可以按前二轴与后三轴中间设置分动器进行驱动力分配。有的分动器还有变速功能，在变速器档位基础上，增加 1 个高速档。操作中必须注意，分动器的高、低档位变换必须在驻车状态操作。

　　分动器的最大扭矩、转速等性能指标应与变速器匹配。东风 EQ2080 分动器结构原理如图 2-14 所示。

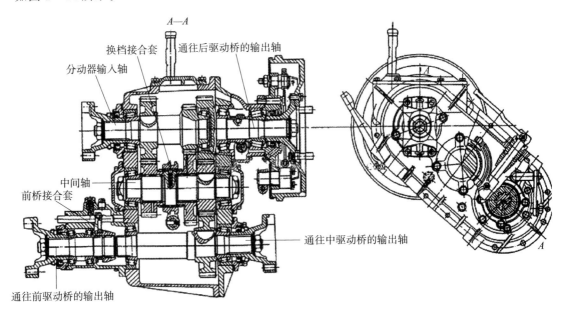

图 2-14　东风 EQ2080 越野汽车分动器

　　ZF 公司的载重汽车用 VG2000/396 分动器，主要参数见表 2-4。

表 2-4　VG2000/396 分动器技术参数表

序号	内容		参数
1	最大输入扭矩/(N·m)		25000
2	最大输入转速/(r/min)		2800
3	速比	高档	1∶0.89
		低档	1∶1.536
4	外形尺寸		861 mm×440 mm×843 mm
5	质量/kg		380

续表

序号	内容		参数
6	输入、输出轴中心距/mm		396
7	取力口	扭矩/(N·m)	2000
		旋向(面向法兰盘)	逆时针

白俄罗斯 MZKT 厂生产的分动器 K8007 - 1800020 - 30（三轴齿轮传动，差速器为行星齿轮式，采用气控操纵）主要特征参数：

a）最大输入扭矩：25000 N·m；

b）传动比：高档 1，低档 1.601；

c）扭矩分配比：1∶1。

主减速器功能是将来自变速器或者分动器的扭矩增大，同时降低转速并改变扭矩的传递方向。

主减速器的种类：按齿轮副数量分为单级式、双级式；按传动比档数分为单速式、双速式。按齿轮类型分为圆柱齿轮式（又分为轴线固定式和轴线旋转式即行星齿轮式）、圆锥齿轮式和准双曲面齿轮式。一种双级行星齿轮双速主减速器原理图如图 2 - 15 所示，货车双级主减速器结构如图 2 - 16 所示。

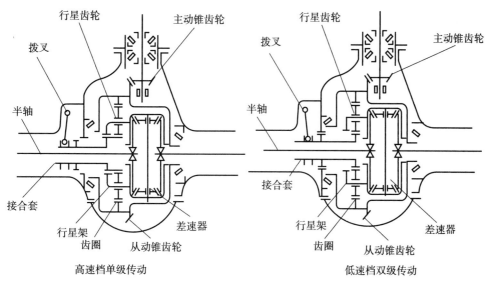

图 2 - 15　行星齿轮双速主减速器原理图

轮边减速器用来进一步降低发动机转速，提高扭矩，减小变速器、传动轴和主减速器的扭矩和尺寸。轮边减速器一般采用行星齿轮式，斯太尔载重货车的轮边减速器如图 2 - 17 所示。

除同一个驱动桥左右轮之间的差速器，越野底盘还设置有轴间差速器。

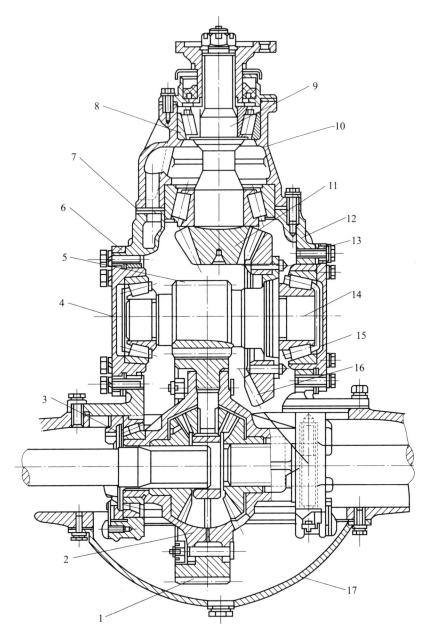

图 2-16　货车双级主减速器结构

1—第二级从动齿轮；2—差速器壳；3—调整螺母；4、15—轴承盖；5—第二级主动齿轮；
6、7、8、13—调整垫片；9—第一级主动锥齿轮轴；10—轴承座；11—第一级主动锥齿轮；
12—主减速器壳；14—中间轴；16—第一级从动锥齿轮；17—后盖

　　差速器的功能是允许同一个驱动桥两边（如弯道内外侧车轮转速不同）或不同车桥的车轮转速不同，否则在弯道或不平路面上会出现一边车轮打滑现象，或出现某个轴打滑的现象，因此驱动桥必须设计轮间差速器，多轴驱动汽车必须设计轴间差速器。

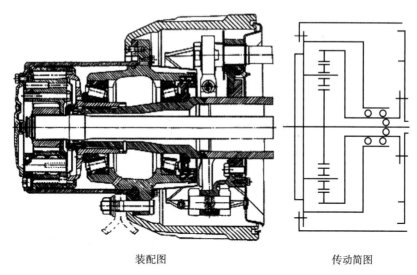

装配图 传动简图

图 2-17 斯太尔载重货车后驱桥的轮边减速器原理与结构

差速器分为强制锁止式齿轮差速器、高摩擦自锁差速器、自由轮式差速器。按差速器两边输出的扭矩是否相同分为对称式（等扭矩）和不对称式（不等扭矩），对称式一般用在轮间或相连的平衡悬架轮组间。

对称式差速器由行星锥齿轮、行星轮架（差速器壳）、半轴锥齿轮等零件组成。变速器输出的动力经传动轴进入差速器，直接驱动行星轮架，再由行星轮带动左、右两条半轴，分别驱动左、右车轮。差速器的设计要求：（左半轴转速）＋（右半轴转速）＝2（行星轮架转速）。一种轮间差速器与主减速器一体化设计方案如图 2-18 所示。

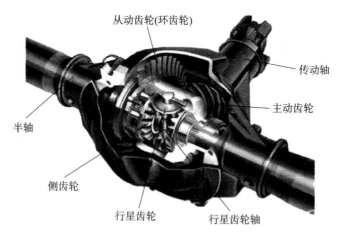

从动齿轮(环齿轮)

传动轴

主动齿轮

半轴

侧齿轮

行星齿轮 行星齿轮轴

图 2-18 主减速器与轮间差速器结构

为了防止车轮打滑而无法脱困的弱点，在重型车上普遍采用差速器锁死装置，在出现轮胎悬空打滑时通过气液控制系统锁止差速功能，如图 2-19 所示。一种带摩擦片的轴间差速器如图 2-20 所示。牙嵌式自由轮差速器是自锁式差速器的一种。

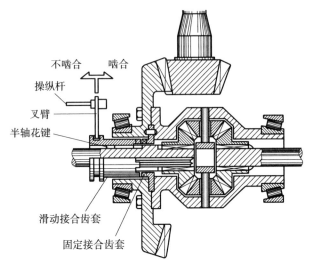

图 2-19 带锁止机构（差速锁）的差速器原理图

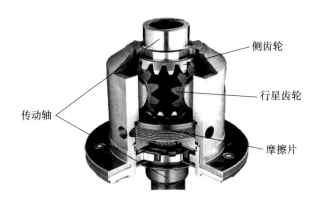

图 2-20 带摩擦片的轴间限滑差速器结构原理图

由于差速锁的特殊使用要求，正常良好路面行驶时禁止锁止轴间差速锁、轮间差速锁。只有当底盘在泥泞、坑洼不平的道路行驶或车轮打滑时，才可以短时锁止差速锁。

（3）行驶系统

车辆行驶系统的基本组成为车架、车桥、车轮、悬架。行驶系统的功能是实现车辆驱动和载荷传递、提供设备安装接口和减振。一种汽车的钢板弹簧悬架行驶系统如图 2-21 所示。

车桥分为整体式和断开式，整体式车桥对应非独立悬架，断开式车桥对应独立悬架。根据是否有驱动力分为驱动桥和非驱动桥（从动桥）。二轴货车大多数汽车采用前置后驱动，前桥为从动转向桥（图 2-22）。

导弹发射车底盘为提高越野能力和行驶平顺性一般采用双横臂油气弹簧独立悬架，驱动转向桥如图 2-23 所示，具有轴间载荷平衡与高度调节功能，同时行驶平顺性较好。

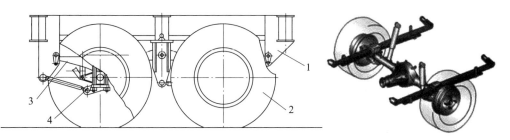

图 2 - 21　汽车行驶系统基本组成示意图

1—车架；2—车轮；3—板簧悬架；4—车轴

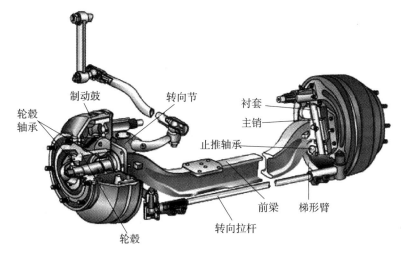

图 2 - 22　整体式转向非驱动桥

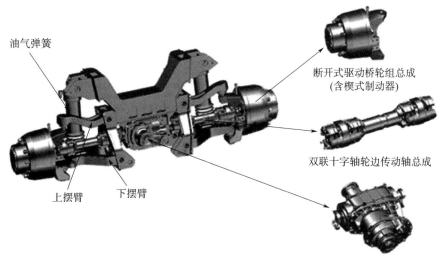

图 2 - 23　断开式独立悬架驱动桥

导弹发射车车架的设计需要兼顾底盘越野机动承载、导弹起竖等各种工况的载荷，在满足强度的前提下提高纵向刚度，一般采用边梁式车架。一般货车的边梁式车架如图 2-24 所示，考虑导弹起竖载荷，导弹发射车的车架刚度较大，因此纵梁截面高度较高，支承筒弹的横梁强度和刚度也较高，图 2-24 所示一般民用车辆的车架不满足此要求。

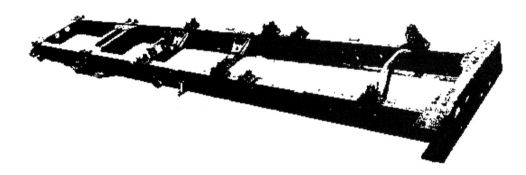

图 2-24　民用汽车边梁式车架

车轮总成一般分为转向驱动车轮、转向非驱动车轮及非转向驱动车轮。车轮总成主要由轮毂、轮辋、轮胎组成。车轮与轮胎结构如图 2-25 所示。

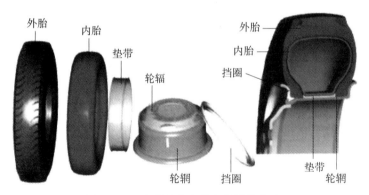

图 2-25　有内胎的车轮和轮胎的构造

为满足轮胎通用性、互换性要求，国家对轮辋的结构尺寸进行了规定，即 GB/T 3487—2015《汽车轮辋规格系列》，有 5°深槽轮辋、半深槽轮辋、Ⅰ 型平底轮辋、Ⅱ 型平底轮辋、15°深槽轮辋等类型，重型货车一般采用平底轮辋。标准对每种轮辋的轮廓尺寸进行了规定。考虑到导弹发射车的轴荷大，因此一般采用按标准尺寸设计的专用轮辋。

轮胎按结构分为普通斜交轮胎和子午线轮胎，按有无内胎分为有内胎、无内胎、实心胎（载重汽车不用，一般限于低速、非道路车辆）等。

普通斜交轮胎的具体结构组成如图 2-26 所示。斜交轮胎主要由胎面、帘布层、缓冲层和胎圈组成。胎面又包括胎冠、胎肩和胎侧三部分。帘布层是外胎的骨架（胎体），其功能是承受载荷，保持轮胎形状。帘布层通常由多层挂胶帘线用橡胶粘合而成，普通斜交轮胎的帘布层和缓冲层各相邻层帘线交叉，且与胎面中心线呈小于 90°角排列，主要功能是提高轮胎耐压能力。

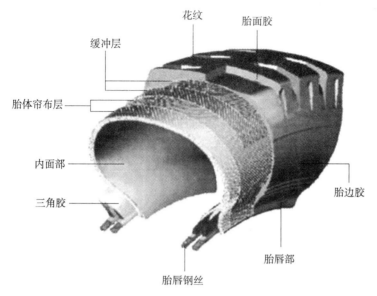

图 2 - 26　斜交轮胎的结构组成

子午线轮胎胎体材料（帘线层）呈径向排列，垂直于轮胎行驶方向，类似于经纬线，结构如图 2 - 27 所示。帘线层间加钢丝层，提高抗内压强度，胎面不易变形并保持外形稳定，适合高速行驶。重型汽车为提高载重车速度和载重能力也采用子午线轮胎。

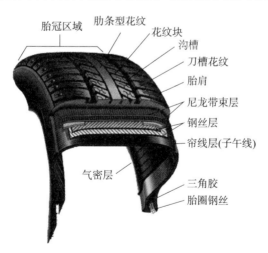

图 2 - 27　子午线轮胎的结构示意图

轮胎规格的表示方法参照 GB/T 2978—2014《轿车轮胎的规格、尺寸、气压与负荷》、GB/T 2977—2016《载重汽车轮胎规格、尺寸、气压与负荷》。

根据 GB/T 2977—2016，重型轮胎表示法如下：

表示法一：

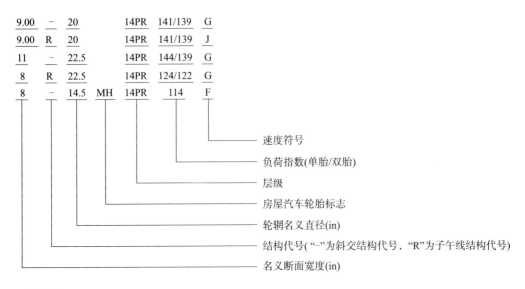

表示法二：

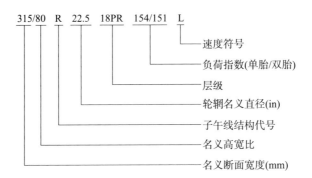

国军标 GJB 1260—91 中几种轮胎的参数见表 2-5。

表 2-5　GJB 1260—91 中几种重型车轮胎参数

规格	层级	轮辋	额定负荷/kg	压力/kPa	断面宽度/mm	外直径/mm	静负荷下半径/mm	备注
12.00-20	14	8.5	3175	621	315	1140	—	
12.00-20	16	7.33 V	2500	520	300	1120		
14.00-20	20	10.00 W	4980	755	375	1265	590	
15.5-20	18	12.00 W	4250	550	414	1254	—	
1310×560-533	16	17.00 W	5000	500	560	1310	—	
14.00R20	18	10.0	4525	686	375	1255	579	子午线
14.00R20	20	10.0	4980	794	375	1255	579	子午线

从表 2-5 可看出，轮胎层级数越多，承载能力就越强。子午线轮胎承载能力比普通斜交轮胎承载能力强且直径小。

　　轮胎的选择主要考虑底盘越野性能、承载能力、最高车速以及结构整体布置等要求。为提高越野能力，军用越野车一般采用超低压宽断面越野轮胎，比如贵阳轮胎股份公司生产的带内胎的 $1500 \times 600 - 635$ 轮胎（轮胎气压调节范围为 $0.20 \sim 0.49$ MPa），该轮胎额定载荷 6500 kg，充气外径 1500 mm。如果对越野性能要求不高，但是对高速性能要求高的，可选子午线轮胎 16.00R20，该轮胎额定载荷 6500 kg，充气外径 1320 mm，最大车速可达 100 km/h。

　　（4）制动系统

　　制动系统是底盘的重要组成之一，也是安全性设计的重要内容。底盘制动系统包括行车制动、驻车制动、应急制动、辅助制动。其功能分别为：

　　1）行车制动：实现行驶中的汽车降低速度甚至停车；

　　2）驻车制动：驾驶员离开后，使已停驶的汽车驻留原地不动；

　　3）应急制动：在行车制动系失效情况下实现汽车减速或停止；

　　4）辅助制动：在汽车下长坡时用以稳定车速，起辅助制动作用。

　　行车制动一般采用双管路制动（前、后车轮制动管路各自独立），驻车制动采用放气式弹簧中央制动，应急制动采用手动控制，辅助制动采用发动机排气制动、液力缓速器制动。制动系统组成如图 2-28 所示，前后轮组制动管路系统独立，实现制动功能冗余。

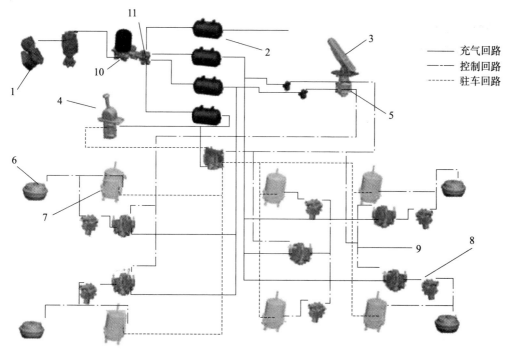

图 2-28　多轴载重车制动系统

1—空气压缩机；2—气瓶；3—脚踏板；4—手制动阀；5—制动总泵；6—制动气室；
7—储能弹簧制动气室；8—控制阀；9—气管；10—空气干燥器；11—四回路阀

载重汽车的行车制动和驻车制动均采用轮边制动，有轮毂制动和盘式制动。鼓式制动器是载重汽车常用的制动器，安装在轮辋内部，利用制动传动机构使制动蹄将制动摩擦片压紧在制动鼓内侧，从而产生制动摩擦力，使车轮减速或在最短的距离内停车。鼓式制动器根据制动蹄驱动装置（也称促动装置）的不同，分为轮缸式制动器和凸轮式制动器。轮缸式制动器以液压制动轮缸作为制动蹄促动装置，多为液压制动系统所采用；凸轮式制动器以凸轮作为促动装置，多为气压制动系统所采用，如图 2-29 所示，载重汽车底盘通常采用凸轮式气制动。

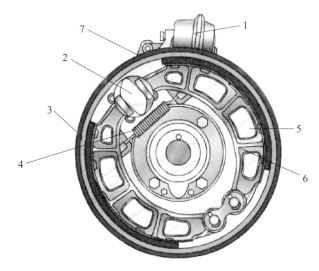

图 2-29　凸轮式制动器

1—气继动阀；2—凸轮；3—制动毂；4—回位弹簧；5—摩擦片；6—制动蹄片；7—摆臂

盘式制动器在小客车上普遍应用，由于其制动效能高，维护方便，因此在重型汽车中也开始应用，如图 2-30 所示。

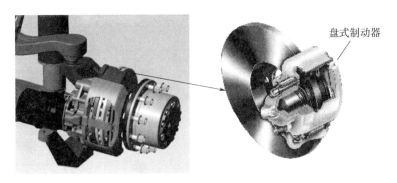

盘式制动器

图 2-30　盘式制动器及安装位置

排气制动是辅助制动之一，其工作原理是通过控制安装在排气通道中的阀门关闭发动机排气通道（图 2-31），使发动机活塞在排气行程时，受气体的反压力，阻碍发动机的运转而产生制动作用。在采用排气制动时，停止燃油供给，发动机实质上变为一台空压机消耗能量、降低车速。排气制动装置由排气制动按钮（安装在驾驶室）、废气工作缸、排气制动蝶阀、停油气缸等组成。排气制动一般在下长坡时使用。

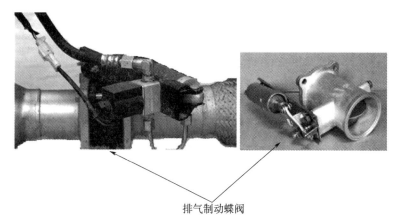

排气制动蝶阀

图 2-31 排气制动蝶阀及安装位置示意图

（5）转向系统

转向系统的功能是实现车辆的转向，减小车辆转弯半径和轮胎磨损。三轴及以下载重车辆一般只有前轮转向，后车轮不转向。对四轴及以上载重汽车除一、二轴车轮转向外，为减小转弯半径和轮胎磨损，后轮组也设计转向机构。为了减轻驾驶员操作难度，一般采用液压助力转向。

转向系统由方向盘、转向器、转向传动机构、转向液压系统等组成。传统二轴汽车转向系统结构组成如图 2-32 所示。

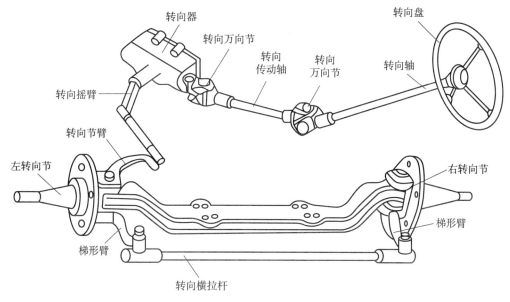

图 2-32 二轴汽车转向系统结构组成

多轴载重汽车的方向盘和转向器与二轴汽车基本相同。转向传动机构是指推拉杆机构。转向液压控制系统由转向油箱、齿轮泵、电磁阀、助力油缸和管路等组成。

对多轴载重汽车，是采用全轮转向还是中间某个轴不转向，取决于车轴数量及轴距的布置，需要进行转弯半径计算。总的来说，全轮转向车辆转弯半径小，轮胎磨损小。有的多轴车辆中间 1 个或 2 个车轴的轮组不转向，或者在高速公路行驶时锁定后转向车轮。

（6）驾驶室及底盘电气

驾驶室为操作人员提供较舒适的操作空间，同时安装有指挥通信、导弹发射操作显控终端等各种设备，因此驾驶室是导弹发射车总体设计中涉及接口最多的部分之一。总体设计必须考虑驾驶室座位布置、设备安装空间、电缆进出位置等。

传统底盘电气系统采用 24 V 电源，单线制负极搭铁，即一般只有正极电源线，车架为电源地线。由电源系统、起动系统、仪表及照明设备和辅助设备等组成。电源系统主要由蓄电池、发电机及其他辅助设备组成，并设有电源总开关。底盘电气系统除具备底盘自身行驶控制、灯光、报警等功能，还需满足发射车上装的部分供电和信息需求，主要包括：底盘蓄电池为上装供电、车两侧示宽灯供电、提供定位定向系统转速信号（传动轴转速脉冲信号）、其他状态信息等。

2.4.2.2　新能源电驱底盘有关技术

新能源电驱底盘汽车可分为混合动力电动汽车（HEV）、纯电动汽车（PEV）和燃料电池电动汽车（FCEV）三类，新能源汽车具有节能环保和动力性能好等优点，且摆脱了我国传统内燃机汽车发动机、变速器等关键部件技术落后于国外、受制于人的局面，因此新能源汽车得到国家的大力支持，采用电动和混合动力的电动汽车迅速进入千家万户，氢能源电动汽车正在某些场景下试运行，重型卡车行业也开始应用电动或混合动力技术并推出大量新型产品，包括比亚迪、陕汽等众多厂商推出纯电动、混合动力工程和公路运输专用车辆，很多汽车零部件制造商也研制出电动或混合动力汽车零部件和动力、传动总成。

图 2 - 33 为采用磷酸铁锂电池组（总容量 435 kW·h）的比亚迪 T10ZT8×4 渣土车，图 2 - 34 为 ZF 公司的电动汽车驱动桥。

混合动力电动汽车是指拥有至少两种不同动力源且其中有一种能提供电能的汽车。多种动力源可在汽车不同的工作状态（如驻车、起步、低中速、匀速、加速、高速、减速或者制动等）下分别工作，或者一起工作，通过不同工作模式的组合达到最少的燃油消耗、最少尾气排放或最高动力性能等目标。

由于混合动力电动汽车既有传统汽车能长距离行驶的优点，又有动力性强劲（加速和爬坡性能大幅提升）、运行模式多（如可关停燃油发动机继续行驶）、节能降耗等特点，将其应用于导弹发射车等武器发射平台也是必然趋势。因此本节对混合动力电动汽车底盘有关概念和技术进行简要介绍。

混合动力电动汽车按动力传输路线可分为串联式、并联式、混联式三大类，其中串联式和并联式技术较成熟。

(a) 比亚迪纯电动渣土运输车　　　　　　　　(b) 奔驰公司的Eactro电动重型卡车

图 2 - 33　电动重型卡车

图 2 - 34　ZF 公司生产的电动汽车驱动桥

（1）串联式混合动力汽车

串联式混合动力汽车动力传递模式如图 2 - 35 所示，其驱动电动机是轮组驱动力的唯一来源，没有电动机与内燃机输出动力的耦合。

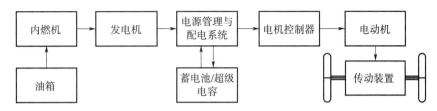

图 2 - 35　串联式混合动力系统

串联式混合动力汽车的组成：相比传统汽车，主要增加了交流发电机、AC/DC 和 DC/DC 电源变换器、大容量电池组、驱动电动机及其控制器和整车电控系统，典型结构组成如图 2 - 36 所示。

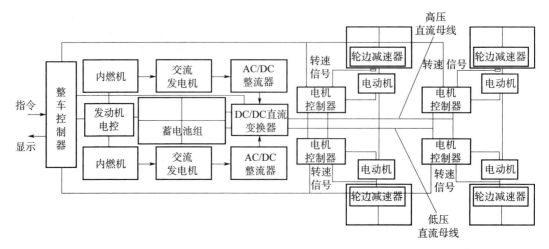

图 2-36　串联式混合动力系统典型组成示意图

图 2-36 中有 2 个内燃机，具体设计中，内燃机数量可根据车辆用途和动力性能需要配置。图中每个驱动桥设置 2 个驱动电动机及相应的电机控制器，驱动桥的数量也根据车辆动力要求设计。

对多轴串联式混合动力载重汽车，可以在图 2-36 基础上进行变形，如图 2-37 所示，每个驱动桥仅用 1 个电动机，保留了常规底盘驱动桥的行星减速器和轮边减速器。如果采用交流电动机，则需要配置直流-交流逆变器。

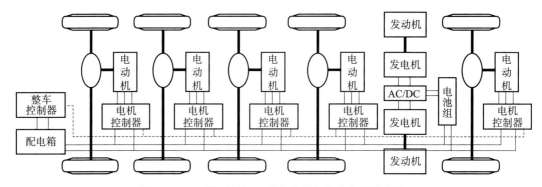

图 2-37　一种五轴混合动力载重汽车动力系统方案

串联式混合动力汽车的驱动力直接来源是电动机。因此，电动机的性能应满足车辆动力性能指标要求。

车辆驱动力和电动机扭矩的关系式如下

$$F_{ti} = \frac{T_m \eta_t i_t}{r}，i = 1 \sim N（驱动电动机数量），总驱动力为 \sum_{i=1}^{N} F_{ti}$$

车速为

$$V = \frac{\pi \cdot n_m r}{30 i_t}$$

式中　T_m ——电动机扭矩（N·m）；

　　　η_t ——从电动机到车轮的传动效率；

　　　i_t ——从电动机到车轮的减速比；

　　　r ——车轮滚动半径（m）；

　　　n_m ——电动机转速（r/min）。

按加速性能估算电动机的总的额定功率值

$$P_t = \frac{\delta M}{2\, t_a}(V_f^2 + V_b^2) + \frac{2}{3}Mg f_r V_f + \frac{1}{5}\rho_a C_D A_f V_f^3$$

式中　M ——车辆总质量（kg）；

　　　δ ——转动惯量系数；

　　　t_a ——技术要求或期望的加速时间（s）；

　　　V_b ——对应电动机基速的车速（m/s）；

　　　V_f ——对应加速后的车速（m/s）；

　　　g ——重力加速度，$g = 9.8$ m/s²；

　　　f_r ——轮胎的滚动阻力系数；

　　　ρ_a ——空气密度，取 1.202 kg/m³；

　　　A_f ——车辆迎风面积（m²）；

　　　C_D ——空气阻力系数积。

按爬坡性能估算电动机的总的额定功率值，爬坡时牵引功率计算公式如下

$$P_g = \left(Mg f_r \cos\alpha + \frac{1}{2}\rho_a C_D A_f V_f^2 + Mg \sin\alpha\right)V$$

式中　α ——坡度角；

　　　V ——爬坡要求的车速（m/s）。

在平坦的高速公路行驶时所需的输出功率为

$$P_f = \frac{V}{1000\eta_t\eta_m}\left(Mg f_r + \frac{1}{2}\rho_a C_D A_f V_f^2\right)$$

式中　η_t、η_m ——传动系统、电动机的效率。

电动机的额定功率应大于 $\min(P_t,\ P_g,\ P_f)$。

为保证电动机最大输出功率，峰值电源的功率容量应满足

$$P_p \geqslant \frac{P_{\max}}{\eta_m} - P_e$$

式中　P_p ——峰值电源的功率；

　　　$P_{\max}$ ——电动机的最大功率；

　　　P_e ——发动机/发电机设计的运行点处功率。

（2）并联式混合动力汽车

并联式混合动力汽车的驱动桥既可由内燃机输出力驱动，也可由电动机驱动，或者两者同时驱动，其动力传递方式如图 2 - 38 所示。

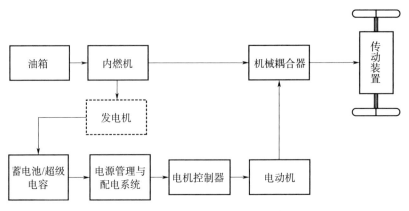

图 2 - 38 并联式混合动力系统

并联式混合动力汽车主要运行在内燃机驱动模式，电动机工作模式仅起到辅助作用（如爬坡、加速等），相比串联式减少了机械能-电能-机械能的转换，因此效率更高。同时可以取消大功率电动机和整流装置，减小质量。

并联式混合驱动系统中的机械耦合器可分为转矩耦合和转速耦合。

常见的机械转矩耦合器就是一个齿轮变速器，传动原理如图 2 - 39 所示。

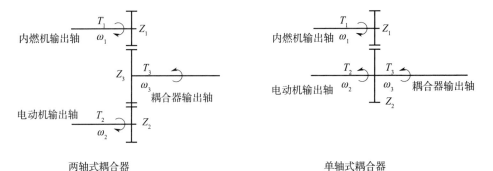

两轴式耦合器   单轴式耦合器

图 2 - 39 机械转矩耦合器原理
注：图中方向箭头表示旋转方向

转矩耦合器的转矩存在关系式

$$T_3 = K_1 \times T_1 + K_2 \times T_2$$

根据功率平衡关系式

$$T_3 \times \omega_3 = T_1 \times \omega_1 + T_2 \times \omega_2$$

可得出转矩耦合器的转速关系式

$$\omega_3 = \omega_1 / K_1 = \omega_2 / K_2$$

三个转速不是各自独立的。

$$K_1 = Z_3 / Z_1, K_2 = Z_3 / Z_2$$

其中，Z_1、Z_2、Z_3 分别为输入轴 1、输入轴 2 和输出轴 3 的齿轮齿数。

机械转速耦合与转矩耦合原理不同，一种转速耦合器传动原理如图 2 - 40 所示，转速

耦合器的转速具有如下关系

$$\omega_3 = K_1 \times \omega_1 + K_2 \times \omega_2$$

根据功率守恒，转矩存在关系式

$$T_3 = T_1 / K_1 = T_2 / K_2$$

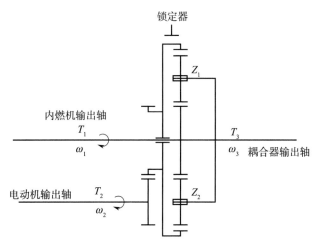

图 2-40　转速耦合器原理图

当耦合器不同的部件被锁定时其转矩和转速关系见表 2-6。

表 2-6　耦合器状态与转速关系

被固定的部件	转速	转矩
中心齿轮	$\omega_3 = \dfrac{i_g}{1+i_g}\omega_2$	$T_3 = \dfrac{1+i_g}{i_g} T_2$
齿圈	$\omega_3 = \dfrac{1}{1+i_g}\omega_1$	$T_3 = -(1+i_g) T_1$
行星齿轮支架	$\omega_3 = -i_g \omega_2$	$T_3 = \dfrac{1}{i_g} T_2$

注：表中 $i_g = R_2 / R_1 = Z_2 / Z_1$

转速耦合和转矩耦合组合运用，会产生更多的转矩和转速组合，具体可参见文献
[9]。丰田并联式混合动力小客车混合动力系统如图 2-41 所示。

（3）混联式混合动力电驱系统

混联式综合了串联式和并联式的优点，既可以使发动机工作在最佳区域，也可以有部
分能量直接转化为驱动力提高效率。一种混联式混合动力电驱系统框图如图 2-42 所示，
动力耦合装置为行星齿轮机构，通过控制离合器、锁定器、发动机、电动机/发电机，可
以组合出多种驱动模式（转矩耦合、转速耦合和再生制动），但是结构和控制模式复杂。
混联式混合动力驱动原理图如图 2-43 所示。

从可靠性和技术成熟度角度考虑，导弹发射车底盘采用串联式混合动力模式较合理。
下面介绍与传统底盘不同的混合动力汽车的关键技术和系统。

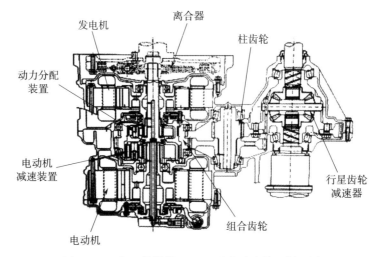

图 2-41 丰田普锐斯 RX400 混合动力单元剖面图

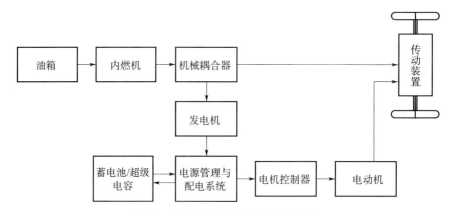

图 2-42 混联式混合动力电驱系统

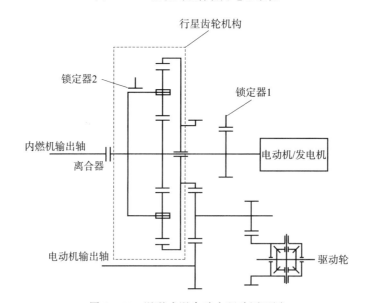

图 2-43 混联式混合动力驱动原理图

混合动力汽车的关键技术包括整车总体设计技术、高能电池及能量管理技术、驱动电动机及其控制技术、整车控制技术。核心关键零部件包括动力电池组及电池管理系统、电机及电机控制器、整车控制器及直流高压电子器件。

①动力电池及能量管理系统

汽车动力电池经历了铅酸电池、镍氢电池到目前的锂电池。锂电池单体的电压为 3.7 V，是镍氢电池的 3 倍、铅酸电池的近 2 倍。由于汽车启动和加速时需要大电流工作，现在的纯电动和混合动力电动汽车都采用了高压动力电池包结构，由 N 个单体电池串联构成电压为 $3.7N$（V）的电池包（或模组），由 M 个电池包并联构成大容量电池组。单动体电池加上电池管理系统、散热系统、结构安装等功能部件构成了动力电池组，某品牌电动汽车电池组结构如图 2 - 44 所示。

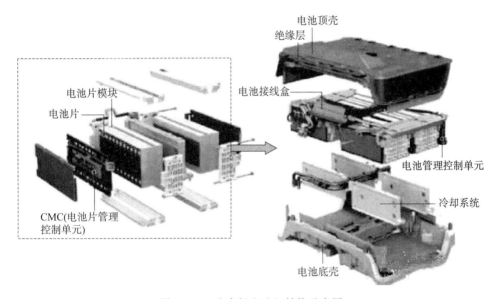

图 2 - 44　汽车锂电池组结构示意图

锂电池种类很多，根据正极材料和制造工艺的不同，锂电池的分类如下。

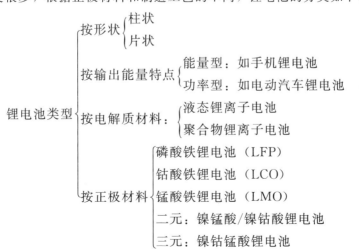

锂离子电池单体由正极、负极和电解质三部分组成。正极材料有钴酸铁锂、锰酸铁锂、三元材料（Ni＋Mn＋Co）等，负极材料多为石墨。电解质种类也很多，常采用有机溶剂如乙烯碳酸酯、丙烯碳酸酯、二乙基碳酸酯等。

锂离子电池化学反应方程式（以钴酸锂电池为例）：

正极反应

$$\text{LiCoO}_2 \underset{\text{放电}}{\overset{\text{充电}}{\rightleftharpoons}} \text{Li}_{(1-x)}\text{CoO}_2 + x\text{Li}^+ + x\text{e}^- \text{（电子）}$$

负极反应

$$\text{C} + x\text{Li}^+ + x\text{e}^- \underset{\text{放电}}{\overset{\text{充电}}{\rightleftharpoons}} \text{Li}_x\text{C}$$

由于锂电池的使用性能、寿命与安全性能等与电池的状态关系密切，因此须对电池进行精确控制与检测，这就是电池管理系统的作用。电池管理系统（BMS）的主要功能包括：对电池单体的参数（电压、电流、温度、电量等）实时监测、电池状态估计、在线诊断与预警、充放电与预充控制均衡管理、热管理等。

电池管理系统一般由中央处理单元、数据采集模块、显示模块、控制部件、总线等构成，电池管理系统的结构组成框图以及与电池的连接关系如图 2-45 所示。

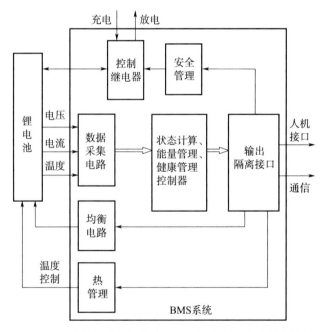

图 2-45　电池管理系统的结构组成框图及与锂电池的连接关系

对多轴电驱底盘，涉及多个发电机组、多组电池充放电和 N 个轮边电机的驱动、为上装设备供电，为统筹电能分配、降低线路损耗、提高动力系统的可靠性，需要有合理的高压配电和能量管理方案。目前常用的主要有集中式和分布式高压智能配电方案，具体根据总体布置方案确定。一种典型集中式高压配电方案如图 2-46 所示。

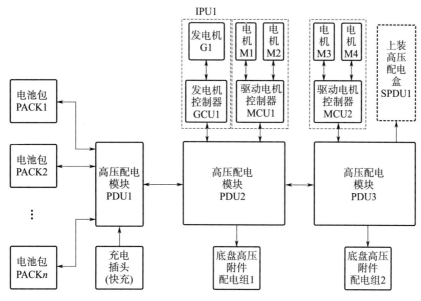

图 2 - 46　集中式高压配电结构框图

图 2 - 46 所示高压配电系统由配电模块 PDU1 集中控制电池包，配电模块 PDU2 控制发电机组 GCU1，并为电机 M1、M2 供配电，配电模块 PDU3 为电机 M3、M4 和上装供配电。

图 2 - 47 为分布式高压配电结构示意图，与集中式的最大区别是电池包分别由不同 PDUA 模块控制，同时发电和市电充电模块由单独配电模块控制，每个驱动桥由单独的配电模块进行配电。这种构型方式便于设备布置，一个电机配电模块故障不影响整车的运行。

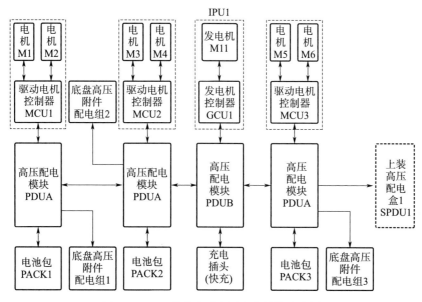

图 2 - 47　一种分布式高压配电结构示意图

文献［47］还介绍了一种六轴（12×10）混合动力越野底盘高压配电系统方案，如图2-48所示。

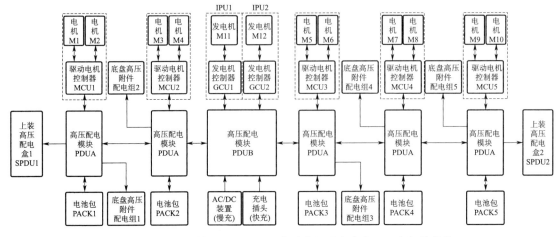

图 2-48　一种六轴（12×10）混合动力越野底盘高压配电拓扑结构

上述高压配电系统包括电池组（多个电池包）、高压配电模块、高压配电盒、电机驱动器、智能动力系统 IPU、底盘高压附件和充电系统等，高压直流母线电压为 600 V。该智能配电系统还采用了多种总线通信实现各模块控制信息采集和控制命令传递。

②电动机

电动机是电动汽车的能量转换装置，也是电动汽车的核心部件，既可用来将电能转化为驱动汽车运动的机械能，又可将制动时的机械能转化为电能。与工农业生产中的电动机不同，混合动力汽车电动机要求体积小、质量小、高可靠、高电压、频繁启动/停机、加速/减速、大扭矩低速爬坡、小扭矩高车速行驶，且转速范围宽、使用环境恶劣（高温、低温、振动、沙尘、雨水等），因此不是普通电动机拿来就能用的。

电动汽车电动机的类型包括：直流电动机（DCM）、感应电动机（IM）、永磁电动机（PM）、开关磁阻电动机（SRM）四类。

直流电动机的工作原理：转子（或电枢）的线圈在定子磁场中通电后，转子线圈产生垂直于线圈和磁场的磁场力，线圈两边的磁力形成力矩 T 。

$$T = BIL\cos\alpha$$

式中　B ——磁场强度；

　　　I ——电流；

　　　L ——导线长度；

　　　α ——线圈平面与磁场的夹角。

磁场可由通电的绕组或永磁体产生，由绕组产生磁场的称为线绕式励磁直流电动机，由永磁体产生磁场的为永磁直流电动机。直流电动机的扭矩 T 、转速 n 的计算公式为

$$T = \frac{K_e \Phi}{R_a} V - \frac{(K_e \Phi)^2}{R_a} \omega_m$$

$$n = \frac{U}{C_E \Phi} - \frac{R_a}{C_E \Phi} I_a \text{（注：励磁模式为他励）}$$

式中 T —— 电动机扭矩 （N·m）;

Φ —— 每极磁通 （Wb）;

K_e —— 常数;

R_a —— 电枢回路电阻 （Ω）;

V —— 电枢回路电压 （V）;

ω_m —— 电枢转速 （rad/s）;

U —— 电网电压 （V）;

I_a —— 电枢的电流 （A）。

励磁直流电动机的结构组成如图 2 - 49 所示，一般由定子、转子（电枢）、出线盒、接线板等组成，而定子由主磁极、换向磁极、机座、电刷装置组成，转子由电枢铁芯、电枢绕组、换向器组成。

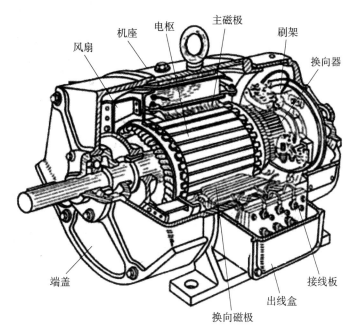

图 2 - 49 励磁直流电动机结构示意图

因为励磁直流有刷电动机需要电流换向器给电枢变换电流方向，换向器的碳刷需要维护，电枢的热损耗大，影响效率，因此发展出永磁无刷电动机技术。永磁无刷电动机类似用电子换向装置（固态逆变器和轴位置检测器）取代机械换向器、用装有永磁体的转子取代定子磁极的直流电动机，其基本组成包括同步电动机本体、电力电子逆变器、转子位置检测器和控制器。同步电动机本体由转子和定子组成，转子主要由永磁体和导磁体等构成，定子主要由定子本体和多组绕组组成，永磁电动机结构示意图如图 2 - 50 所示。

永磁无刷电动机的工作原理：根据转子位置检测传感器检测转子磁极，控制器据此控

铝端盖

定子组件

安装螺栓

球轴承

后转子铁芯

前转子铁芯

球轴承弹簧

铝前端盖

图 2 - 50　永磁电动机结构示意图

制电子换向器将方波电流按一定的相序输入到定子的相应电枢绕组中，当定子绕组的某相通电时，该相电流产生的磁场与转子永久磁铁所产生的磁场相互垂直且产生磁场力，电磁力进而产生力矩，驱动转子旋转。

无刷直流电动机在质量和体积上要比有刷直流电动机小。由于目前永磁材料本身特性限制，致使无刷直流电动机的容量一般都在 100 kW 以下，但是用在公路和越野行驶的混合动力汽车上功率基本够用。一种国产额定功率 90 kW、540 V 的直流电动机如图 2 - 51 所示。

③整车控制系统

电驱底盘与传统底盘的最大不同之一是增加了底盘整车控制系统。底盘整车控制系统一般由整车控制器、通信总线网络、部组件或单元控制器、各种传感器、显控终端及操纵手柄、开关等组成，主要功能是实现电能管理、档位控制、转向制动、转速和力矩分配等功能控制。整车控制是电动底盘的关键技术，涉及面广，与底盘方案关系紧密，控制规律复杂，这里不做详细介绍。图 2 - 52 为吉林工业大学某博士论文提到的电动汽车分层控制架构示意图，从中可看出电动底盘控制系统的复杂性。

图 2-51　一种国产混合动力汽车用永磁同步直流电动机

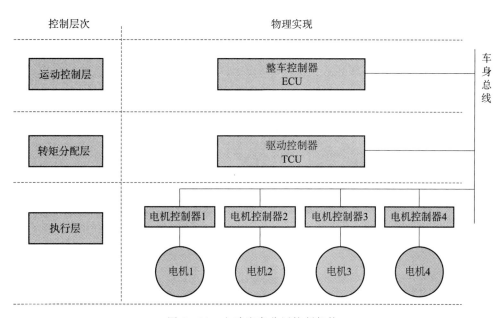

图 2-52　电动汽车分层控制架构

2.4.3　起竖臂

起竖臂是发射车上的重要承载结构件，其功能是行驶状态支承、固定导弹，发射前起竖导弹，采用倾斜裸弹热发射方式时，起竖臂同时是导弹起飞前定向滑动导轨。

起竖臂按构件结构形式分为箱型梁式和桁架式（图 1-50），箱型梁式又可分为单臂梁式和双边梁式，单臂梁式又可分为固定梁式（图 1-43、图 1-44）和折叠梁式。

一般情况下一辆发射车只有 1 个起竖臂。多联装短程导弹发射车也有 2 个起竖臂的，如俄罗斯的一种伊斯坎德尔导弹发射车，可以在一枚导弹发射时另一枚导弹处于行军状态。

起竖臂的基本组成一般为结构本体、回转耳轴、起竖缸安装支耳、导弹托座、抱弹机构、挡弹机构，倾斜发射单臂梁上一般还有滑轨、电连接器分离机构。具体结构形式与导弹和起飞方式等因素有关。一种单臂梁起竖臂结构如图 2 - 53 所示，抱弹环的下部是固定在起竖臂上的导弹支承环，导弹起竖到位后、发射前松开抱弹环，抱弹环通过油缸（或电动缸）伸缩实现机构的闭合或开启。

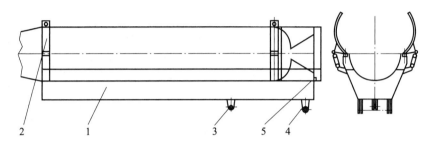

图 2 - 53　一种起竖臂结构示意图

1—箱型梁；2—抱弹环；3—起竖缸安装支耳；4—回转耳轴；5—挡弹机构

在新中国成立 70 周年阅兵式上展示的 DF - 17 导弹发射车为裸弹热发射方式，其起竖臂（箱梁结构）和抱弹机构如图 2 - 54 所示。

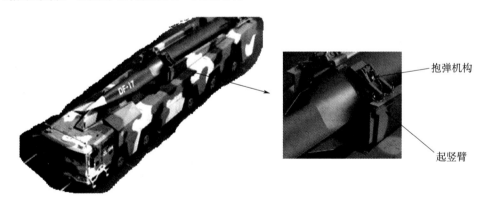

图 2 - 54　DF - 17 导弹发射车的起竖臂和抱弹机构

裸弹倾斜发射的起竖臂有滑轨，导弹的支脚可在导轨中滑动，行军状态通过挡弹机构锁定导弹的支脚进行定位。

抱弹环一般采用四连杆结构，同时设置松弹和抱弹到位开关，抱弹到位后应能锁定，抱紧力应设置上限值。

挡弹机构在导弹一级发动机后部，要实现对导弹径向、轴向的限位和锁定，并设置锁定和解锁到位传感器。

2.4.4　发射台

　　发射台是裸弹垂直发射车的重要组件，安装在发射车尾部。其主要功能是支承起竖到位的导弹、连接弹地电缆、调整方位角度、排导导弹的燃气流。发射台的主要组成部分：台本体、弹台对接装置、导流器、方位回转装置、锁定机构、支腿、液压管路、台面水平度传感器、电缆等，组成部分根据不同总体方案有增减。一种发射台结构示意图如图 2－55 所示。

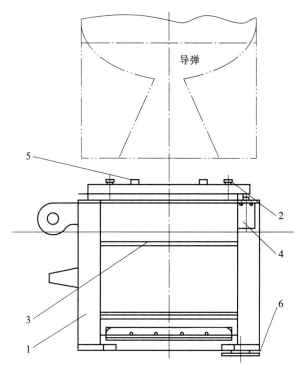

图 2-55　发射台结构示意图

1—台本体；2—弹台对接装置；3—导流器；4—方位回转装置；5—锁定机构；6—支腿

　　台本体是发射台的主体承载和设备安装结构件，弹台对接装置、导流器、方位回转装置、锁定机构、支腿、液压管路、电缆等都安装在台本体上。台本体有 2 个回转支耳可以绕发射车后部的回转轴翻转，有 1～2 个翻转油缸安装支耳连接发射台翻转油缸。台上部安装回转轴承和回转支承环，液压马达（或电动机）驱动回转支承环转动。支承环上安装弹台对接装置和锁定机构，弹台对接装置在导弹起竖到位后上升接触导弹下支点承担导弹重力，锁定机构用于锁定导弹防止倾翻。台本体中央安装导流器，导流器一般设计为两侧导流的装置。台本体下部安装液压支腿，在发射台翻转到台面相对大地水平时伸出支腿增加发射台的稳定性或用于调整导弹的垂直度。

　　图 2－56 所示是一种具有垂直度调整功能的发射台结构，该发射台有四个可伸缩落地的支腿，通过支腿可调整导弹的垂直度。

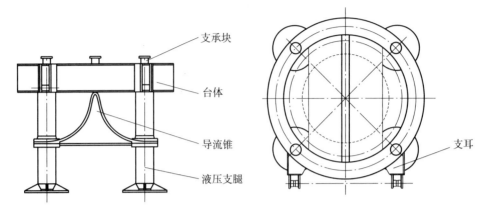

图 2-56　具有垂直度调整功能的发射台

弹台对接装置的作用是在导弹起竖至 90°后支承导弹。在发射台上的布置形式一般为 4 点支承,结构形式有手动螺旋传动结构、电动螺旋传动结构,要求必须具有自锁定功能。这种对接装置在运载火箭发射台上应用很普遍,结构原理示意图如图 2-57 所示。

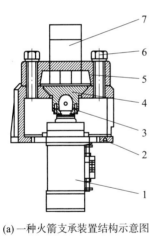

(a)一种火箭支承装置结构示意图

1—顶升缸；2—支承装置本体；3—箍环；
4—顶托；5—防风压板；6—压板螺栓；7—火箭尾段支承

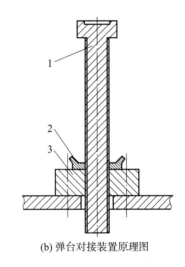

(b)弹台对接装置原理图

1—对接螺杆；2—锁定螺母；3—固定螺母

图 2-57　弹台对接装置示意图

方位回转机构的功能是调整导弹绕其轴线角度,并承受导弹重量。方位回转机构的组成一般为:上支承环、下支承环、水平轴承、齿圈、传动装置(液压马达及加速器、电动机及减速器等)、锁紧装置。

上支承环用于安装弹台支承装置并与水平轴承连接,下支承环用于连接发射台本体和水平轴承固定环固定座。齿圈和上支承环、水平轴承动圈连接一体。一般水平轴承、齿圈作为一个部件出厂,如图 2-58 所示,广泛应用于起重机行业。

图 2-58　旋转齿圈结构

方位回转机构传动系统根据导弹总体方案对回转精度的需求、发射车控制方案和发射准备时间要求等确定，采用液压调平、起竖系统的发射车最好选用液压马达驱动的传动装置，采用电驱调平和起竖的发射车最好选用电动机驱动的传动装置，同时设计手柄传动作为应急手段。典型方位回转装置传动系统原理图如图 2-59 所示。

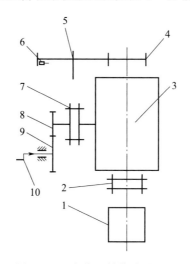

图 2-59　方位回转传动原理图

1—液压马达或电动机；2—联轴器；3—减速器；4—齿轮 Z_1；5—大齿轮 Z_2；6—角位移传感器；
7—手动输入联轴器；8—手动减速齿轮 Z_4；9—手动输出齿轮 Z_3；10—手柄

设减速器减速比为 i_1，小齿轮 Z_1 和大齿轮 Z_2 的减速比为 $i_2 = Z_2/Z_1$，手动减速齿轮减速比 $i_3 = Z_4/Z_3$，传动系的总减速比为 $i_1 \times i_2$，手动总减速比为 $i_1 \times i_2 \times i_3$。

上述传动系中减速器可根据传动比方案选择，一般要求减速比大、体积尺寸小，例如谐波齿轮减速器。

锁定机构的作用是发射前锁定导弹防止倾倒，一般在发射台台面上按导弹的四个象限各设置一个，结构形式一般采用杠杆锁定结构，该机构也可用于锁定方位回转机构。工作原理如图 2-60 所示。

导流器是发射台的重要部件，起到燃气排导作用。其主要组成为两面锥形结构部件（也有的导弹发射车采用左、右、后三方向导流的三面锥结构）、可更换防烧蚀板，如图 2-61 所示。为减小质量，两面锥形结构部件为采用高强度钢板焊接的锥形面板加筋板的

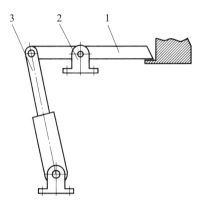

图 2-60　杠杆式锁定机构

1—压杆；2—支座；3—作动缸

盒型结构。由于导弹发动机的燃气流中包含不完全燃烧的颗粒物，会对导流器造成冲刷烧蚀效果，影响燃气排导效果和导流器的使用寿命，因此在导流器的锥形面板上螺接安装可更换非金属耐烧蚀板，耐烧蚀板的材料有高硅氧纤维树脂结构、高硅氧＋碳纤维＋酚醛树脂、二氧化硅纤维树脂等，经模压成型。

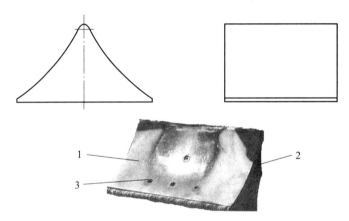

图 2-61　导流器结构外形示意图

1—防烧蚀板；2—两面锥形结构部件；3—安装螺钉

2.4.5　车体调平系统

车体调平系统的功能是适应各种不平地面进行导弹发射或做发射准备工作，为发射车瞄准、起竖导弹、发射导弹提供稳定的平台。有的发射车要求车架前后、左右都调平，有的仅要求左右调平，与导弹的发射控制方案有关。调平车腿及其控制组合构成发射车车体调平系统。

发射车车体调平的重点部位一般指发射车后横梁左右调平，左右调平后，通过控制起竖角度，满足导弹与大地的垂直精度要求。通过发射台回转，满足导弹射向角度调整要求，在瞄准系统控制下实现导弹精确瞄准。

前后调平车腿布置方式主要有 3 种：

方式 1：4 车腿调平，前后左右各 2 个，左右对称布置。

方式 2：3 车腿调平，前 1 后 2，左右对称布置。

方式 3：2 车腿调平，前面无车腿，后面左右对称布置 2 个车腿。

一般地，4 车腿布置形式稳定性最好。3 种布置形式如图 2-62～图 2-64 所示。4 车腿安装形式如图 2-65 所示。

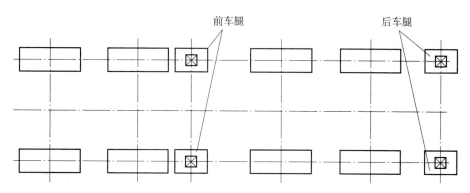

图 2-62　4 车腿布置示意图

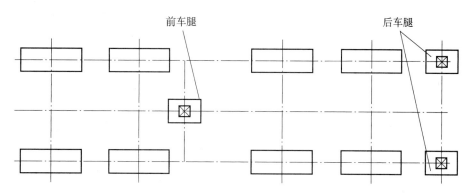

图 2-63　3 车腿布置示意图

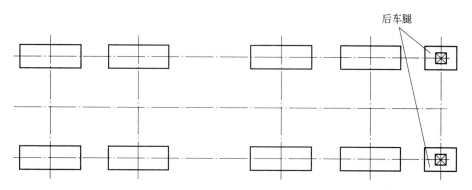

图 2-64　2 车腿布置示意图

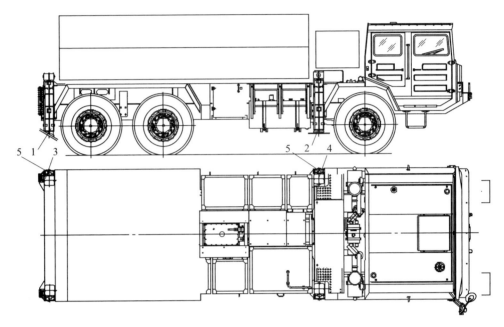

图 2-65　4 车腿安装方案示意图

1—后车腿；2—前车腿；3、5—前、后车腿伸到位传感器；4—前车腿收到位传感器

对调平车腿的基本要求是：锁定可靠及调平精度、调平时间满足要求。

调平控制方法一般是通过控制各车腿伸出长度尺寸、检测车架水平面精度参数的闭环控制实现。车腿伸出长度可通过行程到位开关信号、位移传感器或液压油缸正腔压力值判断，水平面精度通过安装在后车腿横梁上平面的倾角传感器输出的角度值检测。发射车调平步骤：车腿伸出落地→同时伸前、后车腿，并判断车腿油缸压力、后横梁左右不平度和车腿行程（或到位信号）→当不平度、行程信号都满足要求后停止升车。

调平车腿一般分两大类：液压车腿、电动车腿。

液压车腿又分液压油缸车腿、液压马达-螺杆车腿。液压马达-螺杆车腿与电动车腿机构的工作原理基本相同，区别在于动力源，液压马达的动力来源于液压系统的高压油介质驱动液压马达，电动缸的动力来源于电动机。液压油缸车腿、电动车腿、液压马达-螺杆车腿都是工程上常用的方案。

2.4.5.1　液压车腿调平技术

液压 4 车腿升车调平系统原理如图 2-66 所示，液压车腿调平系统由车腿、液压油源、升车调平控制组合和管路、油滤、压力表等组成。主要液压元件包括压力表、电磁换向阀、调速阀、单向锁、安全阀、油缸、到位传感器、压力传感器、水平角度传感器等。节流阀的功能是对正腔的进油、出油流量进行限制，调节油缸的运动速度，如果将该节流阀换成比例阀，则可实现油缸无级调速。

与此类似，液压马达驱动车腿工作原理如图 2-67 所示。

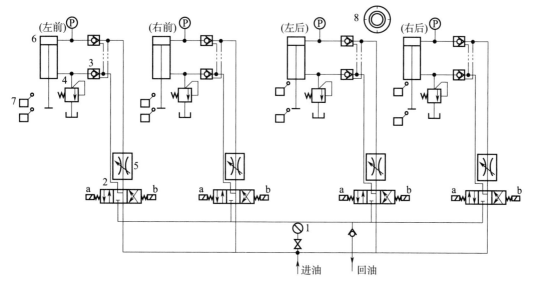

图 2-66　液压车腿调平工作原理图

1—压力表（或压力传感器）；2—三位四通电磁换向阀；3—液压锁；4—安全阀；

5—调速阀；6—油缸；7—到位开关；8—水平角度传感器

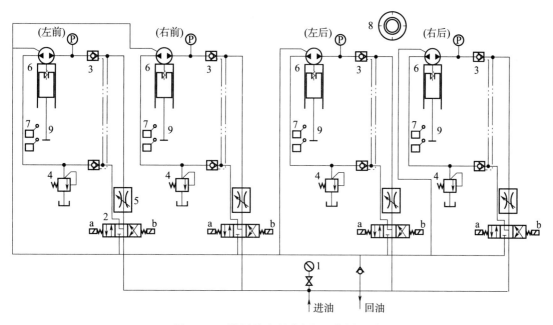

图 2-67　液压马达驱动车腿工作原理图

1—液压表；2—电磁换向阀；3—双向液压锁；4—溢流阀；5—调速阀；6—液压马达；

7—到位开关；8—水平角度传感器；9—车腿

　　液压油源是发射车调平和导弹起竖的动力源，液压油源为调平和起竖系统提供一定压力和流量的油液介质推动油缸工作。

　　液压油源的基本指标是压力和流量，这两个指标决定了所采用的回路技术方案。

　　常用的油源调压回路一般由液压泵、油滤、调压回路、溢流回路组成。

　　简单的油源溢流阀调压原理如图 2 - 68 所示，设定溢流阀的压力值后，系统工作压力 P_1 超过设定压力 P_2 就溢流，因此油源的最大输出压力值为 P_2，P_2 值一般大于系统最大工作压力。

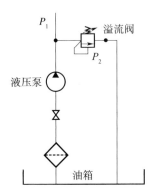

图 2 - 68　溢流阀调压原理图

　　发射车上众多的油缸的工作压力各不相同，可通过多级调压回路实现。一种三级调压回路原理如图 2 - 69 所示，通过控制三级调压阀的三位四通电磁阀可得到三种油源压力，如果将三位四通电磁阀改为二位二通电磁阀并两个溢流阀则可得到两级调压阀（图 2 - 70），如果将溢流阀改为比例溢流阀则可实现无级调压。

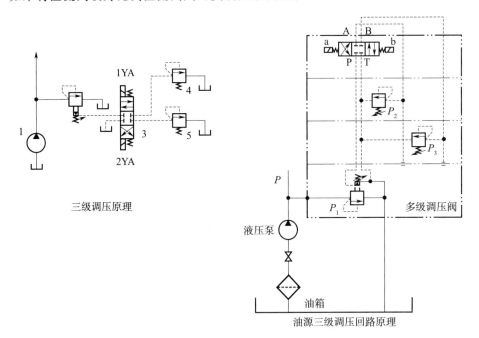

图 2 - 69　三级调压回路

　　如果油源的压力不能满足要求或负载压力远低于油源压力，如抱弹机构的压力，可采用减压阀保压回路，如图 2 - 71 所示。

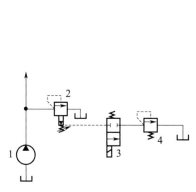
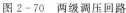

图 2-70　两级调压回路

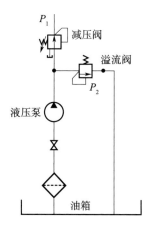

图 2-71　减压阀保压回路

一种发射车定压双联齿轮泵液压油源回路原理图如图 2-72 所示，二位二通阀 6 得电、二位二通阀 7 断电则小泵卸荷只有大泵供油，二位二通阀 6 断电、二位二通阀 7 得电则大泵卸荷小泵供油，二位二通阀 6、7 同时断电则油源压力为"0"、油源无油输出，二位二通阀 6、7 同时得电则大小泵同时供油。通过控制调压阀 14 可得到油源不同的压力。

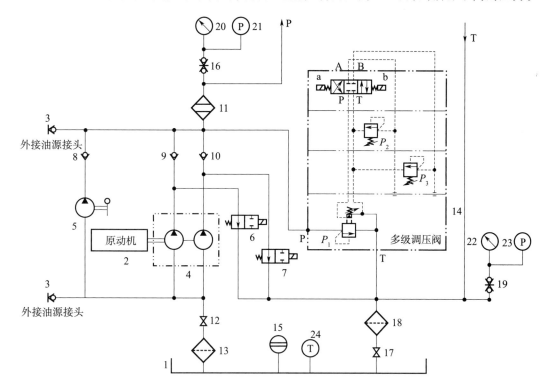

图 2-72　一种发射车液压油源回路原理图

1—油箱；2—底盘发动机或电动机；3—外接油源接头；4—双联齿轮泵；5—手动泵；6、7—二位二通阀；
8、9、10—单向阀；11—高压油滤；12—接头；13—吸油滤；14—调压阀；15—液位计；
16、17、19—接头；18—回油滤；20、22—压力表；21、23—压力传感器；24—温度传感器

油源液压泵的驱动力可以是底盘发动机输出的动力或电动机的动力，一般采用底盘发动机或变速器取力方案。同时油源系统一般还配备手动泵或电池泵作为主泵故障时的应急泵。

下面对所涉及的主要液压元件原理和组成做一下简单介绍。

（1）液压泵

液压泵的种类很多，可分为定量泵和变量泵，发射车常用的定量泵为齿轮泵，常用的变量泵为柱塞泵。衡量液压泵性能的参数为工作温度、排量 V、压力 p、转速 n、功率 P 和效率 η，几个参数计算公式如下：

理论流量

$$q_0 = Vn/1000 \text{（L/min）}$$

实际流量

$$q = Vn\eta_v/1000 \text{（L/min）}$$

输出功率

$$P_0 = pq/60 \text{（kW）}$$

输入功率

$$P_i = 2\pi Mn/60000 \text{（kW）}$$

容积效率

$$\eta_v = q/q_0 \times 100\%$$

机械效率

$$\eta_m = \frac{1000pq_0}{2\pi Mn} \times 100\%$$

总效率

$$\eta = P_0/P_i \times 100\%$$

式中　V——排量（mL/r）；

　　　n——转速（r/min）；

　　　p——输出压力（MPa）；

　　　M——输入扭矩（N·m）。

齿轮泵可分为内啮合齿轮泵、外啮合齿轮泵，由于外啮合齿轮泵结构简单、体积小、可靠性高、价格较低，因此使用较普遍。结构原理如图 2-73 所示，通过一对齿轮的啮合完成低压油的吸入和高压油的排出。齿轮泵由壳体、主动齿轮、从动齿轮、齿轮轴以及端盖、密封圈等组成。一种齿轮泵结构示例如图 2-74 所示。

有的发射车液压油箱采用柱塞泵，可实现油量"按需分配"，可降低油源系统的温升。柱塞泵基本工作原理：柱塞在柱塞孔内往复运动，不断吸入低压油、排出高压油。柱塞泵种类很多，可分为径向、轴向柱塞泵，其中轴向柱塞泵又分为斜盘式和斜轴式两大类。以轴向斜盘式柱塞泵为例，如图 2-75 所示，传动轴带动缸体和柱塞旋转，柱塞在旋转的同时因为压在斜盘上而做轴向往复运动，通过配流盘完成吸油、压油过程。柱塞的吸油行程与斜盘的角度 γ 有关，通过调整斜盘的角度 γ，就可以改变柱塞泵的排量。由于柱塞泵具

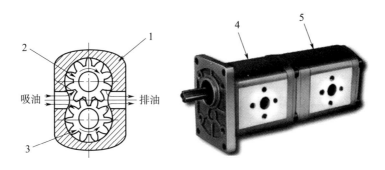

图 2-73 齿轮泵工作原理图

1—壳体；2—主动齿轮；3—从动齿轮；4—齿轮泵 1；5—齿轮泵 2

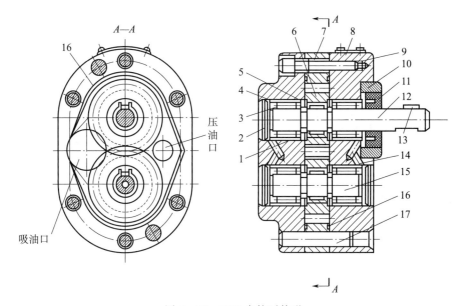

图 2-74 CBB 齿轮泵外形

1—轴承外环；2—堵头；3—滚子；4—后泵盖；5、13—键；6—齿轮；7—泵体；8—前泵盖；9—螺钉；10—压环；
11—密封环；12—主动轴；14—泄油孔；15—从动轴；16—泄油槽；17—定位销

有工作压力高、泄漏小、效率高、排量可调的特点，因此也得到广泛应用。

（2）液压马达

液压马达的功能是将液压流体的液压能转化为旋转机械能，类似电动机将电能转化为旋转机械能，用于驱动机械传动轴系或齿轮系做功。液压马达的种类很多，按转速分为常速马达和低速马达，如图 2-76 所示。常速马达又可分为定量式和变量式，定量式可分为齿轮式、叶片式、径向柱塞式和轴向柱塞式（可分为斜盘式、斜轴式）；低速马达可分为单作用式和多作用式，单作用式可分为径向柱塞式和轴向柱塞式。可根据方案要求选择。

液压马达的主要性能参数：排量、流量、压力和压差、转矩、功率、效率和转速。

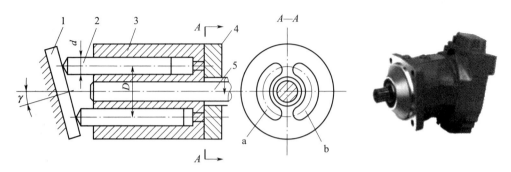

图 2 - 75　斜盘式柱塞泵工作原理及结构示意图

1—斜盘；2—柱塞；3—泵体；4—配流盘；5—传动轴；a—吸油窗口；b—压油窗口

图 2 - 76　两种液压马达

液压马达主要参数计算公式：

理论流量

$$q_0 = Vn/1000 \ (\mathrm{L/min})$$

实际流量

$$q = Vn\eta_v/1000 \ (\mathrm{L/min})$$

输出功率

$$P_0 = 2\pi Mn/60000 \ (\mathrm{kW})$$

输入功率

$$P_i = \Delta pq/60 \ (\mathrm{kW})$$

容积效率

$$\eta_v^m = q_0/q \times 100\%$$

机械效率

$$\eta_m^m = \frac{\eta_t^m}{\eta_v^m} \times 100\%$$

总效率

$$\eta_t^m = P_0 / P_i \times 100\%$$

式中　V ——排量（mL/r）；

　　　n ——转速（r/min）；

　　　Δp ——入口压力和出口压力之差（MPa）；

　　　M ——输出扭矩（N·m）。

（3）溢流阀（安全阀）

溢流阀是液压系统中最常用的阀件之一，其功能主要有两个：一个是保压，使回路的压力不超过设定值；第二个是过载保护，当系统压力超过设定的安全阈值时开启溢流。此外，还可以用作背压阀、制动阀、平衡阀、限速阀。溢流阀的主要指标是调压偏差、闭合比、开启比、压力稳定差、卸荷压力。

溢流阀分为直动型、先导型。直动型根据阀芯结构分为锥阀、球阀和滑阀型。

直动型溢流阀结构原理如图 2-77 所示。回路压力油经 P 口、阻尼孔进入阀芯底部空间，此底部压力大于弹簧的弹簧力时，阀芯上移，液压油从 T 口溢出。通过手柄旋转调压螺栓改变弹簧的压缩量控制弹簧压力，进而设置不同的溢流压力。

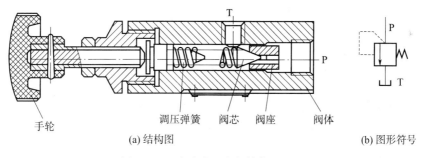

　　　　　　　　　　手轮　　　　　　调压弹簧　阀芯　阀座　　阀体

(a) 结构图　　　　　　　　　　　　　　　　　　　　(b) 图形符号

图 2-77　直动式溢流阀结构原理图

在中高压、大流量、对压力要求高的回路中，一般采用先导式溢流阀。先导式溢流阀由先导阀和主阀组成，当系统压力大于先导阀设定的压力时才能打开主溢流阀，一种先导式溢流阀结构原理如图 2-78 所示。

由单向阀和溢流阀可组合为卸荷溢流阀，用于油源系统中大流量低压泵的卸荷，如图 2-79 所示。

（4）减压阀

减压阀是用于控制回路压力的阀，一般是使出口压力低于入口压力且保持稳定。减压阀分定值、定差、定比减压阀，常用的是定值减压阀。定值减压阀也可分为直动型和先导型两种。

直动型减压阀结构原理如图 2-80 所示，出口油路通过旁路与阀芯底部空间连通，当

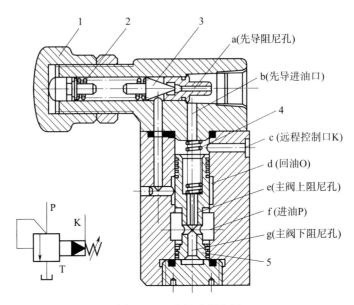

图 2-78　先导式溢流阀

1—调压手轮；2—调压弹簧；3—锥阀；4—主弹簧；5—主阀芯

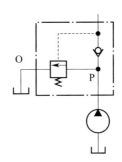

图 2-79　卸荷溢流阀应用原理图

出口压力 P_2 作用在阀芯底部的力小于弹簧力时，阀芯在最下方，出口压力基本等于入口压力。当作用在阀芯底部的力大于弹簧力时，阀芯上移压缩弹簧，此时的出油口减小甚至关闭，同时弹簧力增大，当出口压力 P_2 与弹簧力平衡时，阀芯停止运动，出口压力不随入口压力 P_1 变化。

减压阀与溢流阀的区别，除功能外，溢流阀与回路并联，控制油路为油源，而减压阀与回路串联，控制口为负载端。

（5）节流阀

节流阀是通过改变油路截面积以控制流量的阀，可分为单向节流阀、双向节流阀。图 2-81 为普通节流阀结构示意图，该阀由阀体、阀芯、调节手轮、锁紧螺母等组成。通过旋转手轮 1 带动阀芯上下移动，改变液压油通过阀芯的截面积实现流量控制。这种阀由于高压油直接作用在阀芯下面，形成向上的压力，因此低压状态调节。

双向节流阀是可以双向调节流量的节流阀。图 2-82 是力士乐公司的一种 MG 型双向

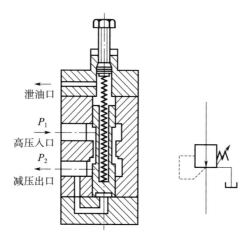

图 2-80 减压阀结构原理图

节流阀，通过旋转调节套筒 1 改变节流口 3 的大小实现流量控制，该阀一般用于在无压力时调节。

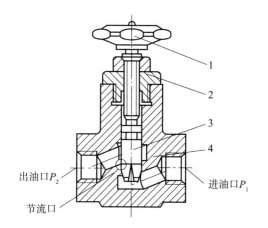

图 2-81 普通节流阀结构原理图

1—调节手轮；2—螺盖；3—阀芯；4—阀体

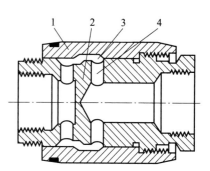

图 2-82 双向节流阀结构示意图

1—套筒；2—阀体；3—节流口；4—旁通孔

（6）调速阀

调速阀为通过控制流量，用于稳定调节液压执行机构运行速度的阀。有多种类型调速阀，根据系统调速需要选择。

一种减压节流型调速阀原理如图 2-83 所示。

其他常见类型，如单向调速阀及简化符号如图 2-84 所示。

（7）方向控制阀

方向控制阀用于控制油路的通断和方向，实现执行元件（如油缸）的启动、停止和换向，主要有单向阀和换向阀。

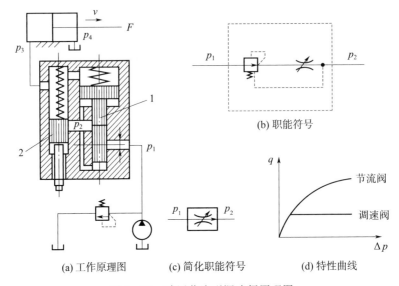

(a) 工作原理图　　(c) 简化职能符号　　　(d) 特性曲线

图 2 - 83　减压节流型调速阀原理图

1—减压阀；2—节流阀

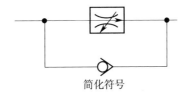

简化符号

图 2 - 84　单向调速阀原理简图

①单向阀

单向阀主要用于防止液流反向流通或与其他阀组成复合阀。单向阀的结构组成原理如图 2 - 85 所示。其工作原理是正向液压油克服阀芯（锥形阀芯或圆珠阀芯）的弹簧阻力、摩擦阻力后推动阀芯滑移，使进油口 P_1 和出油口 P_2 连通。单向阀正向开启压力较小，为 0.03～0.05 MPa。

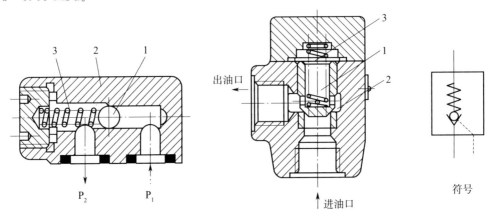

图 2 - 85　单向阀结构组成原理示意图

1—阀芯；2—阀体；3—弹簧

②液控单向阀

液控单向阀是一种可通过压力实现液流逆向流动的单向阀，结构如图 2-86 所示，控制口 K 不通油时，液压油只能从 P_1 口进 P_2 口出，当 K 口通油后，液压油推动顶杆，顶杆推动单向阀的阀芯滑移开启阀口，使 P_1、P_2 连通，同时 K 口的控制液压油可通过 L 口外泄回油箱（内泄式液控单向阀 K 口可与 P_1 口连通）。

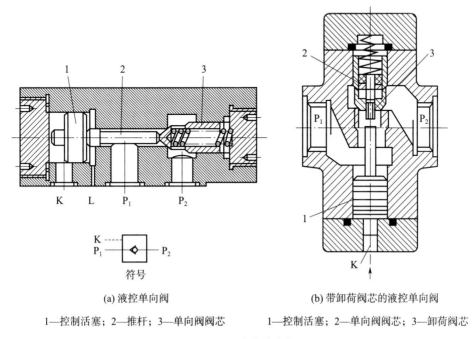

(a) 液控单向阀　　　　　　　　　　　(b) 带卸荷阀芯的液控单向阀

1—控制活塞；2—推杆；3—单向阀阀芯　　　1—控制活塞；2—单向阀阀芯；3—卸荷阀芯

图 2-86　液控单向阀

③双向液控单向阀（双向液压锁）

将两个液控单向阀集成到一个阀体内可组成双向液控单向阀，可实现油缸的双向锁定，只有油缸正或反腔接通高压油后才能双向解锁。其工作原理如图 2-87 所示。当 A 腔连通高压油源时，液压油开启左侧单向阀，同时推动中间的阀芯右移推动右侧单向阀阀芯移动，开启右侧单向阀，这样实现 A 和 A_1、B 和 B_1 口分别连通；当 A、B 口连通泄压通道或截止时，两个单向阀均截止。双向液控单向阀（液压锁）典型应用为对油缸的锁定，如图 2-88 所示。

④电磁换向阀

电磁换向阀是通过电流信号控制液压阀截止、开启和换向的阀件，工作原理是通过电磁铁通电驱动阀芯运动实现上述功能。电磁换向阀种类较多，根据系统功能需要选用。

一种二位四通单电磁铁弹簧复位电磁换向阀如图 2-89 所示。两端的对中弹簧使阀芯保持在初始位，不通电时，P 与 A 口通，B 与回油口 T 通；通电时，电磁铁吸合，阀芯移动，使 P 口与 B 口通，A 口与回油口 T 通。断电时，复位弹簧使阀芯回到初始位置。

电磁换向阀的典型结构如图 2-90 所示。

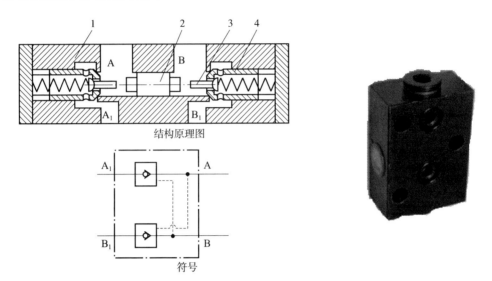

图 2-87　双向液控单向阀（液压锁）工作原理及结构示意图

1—阀体；2—控制活塞；3—卸荷阀芯；4—锥阀芯

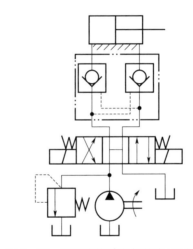

图 2-88　双向液控单向阀的应用原理图

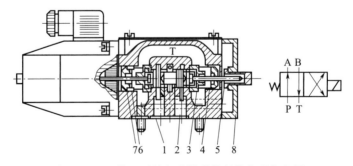

图 2-89　二位四通单电磁铁弹簧复位电磁换向阀

1—A 口；2—B 口；3—弹簧座；4—弹簧；5—推杆；6—"O"型密封圈座；7—油腔端盖；8—后盖板

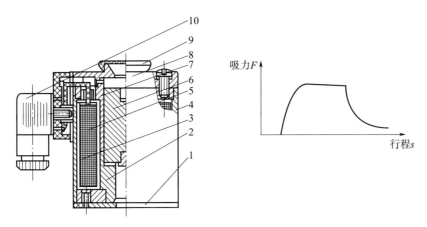

图 2-90　电磁换向阀的电磁铁结构

1—安装板；2—挡板；3—线圈护箔；4—外壳；5—线圈；6—衔铁；7—内套；8—后盖；9—防尘套；10—插头组件

　　一种与图 2-90 电磁换向阀功能相同的二位四通双向电磁铁钢珠定位式电磁换向阀如图 2-91 所示。区别在于在通电时，随着阀芯右移，推动钢珠右移并卡入定位套的卡槽，断电后阀芯被定位。当右侧电磁铁通电后，阀芯左移带动钢珠左移。

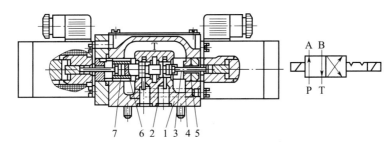

图 2-91　二位四通双向电磁铁钢珠定位式电磁换向阀

1—阀体；2—阀芯；3—推杆；4—弹簧；5—弹簧座；6—定位套；7—钢珠

　　发射车液压系统中常用的三位四通电磁换向阀结构原理如图 2-92、图 2-93 所示。

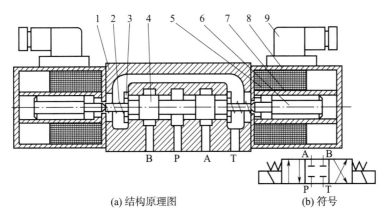

(a) 结构原理图　　　　　　(b) 符号

图 2-92　三位四通电磁换向阀

1—阀体；2—弹簧；3—弹簧座；4—阀芯；5—线圈；6—衔铁；7—隔套；8—壳体；9—插头组件

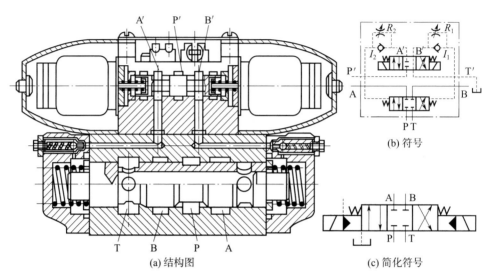

(a) 结构图　　　　　　　　　　　　(c) 简化符号

(b) 符号

图 2-93　带先导阀的三位四通电磁换向阀

其他换向阀结构原理图及符号见表 2-7。

表 2-7　几种换向阀原理图

位和通	结构原理	图形符号
二位二通	A B	B A
二位三通	A P B	AB P
二位四通	B P A T	A B P T

（8）液压车腿

调平车腿是执行部件，对应液压系统的车腿按驱动方式又可分为活塞式液压油缸车腿、液压马达＋螺纹丝杠车腿，下面分别介绍几种典型结构。

一种内外筒活塞式液压油缸车腿结构如图 2-94 所示，该液压车腿由液压油缸、外套筒、回收到位传感器、伸出到位传感器、内套筒、车腿盘组成。工作原理：当液压油缸无杆腔进油时，油缸活塞杆带动内方筒同时伸出，当收到伸出到位传感器发出的到位信号，控制系统关闭该车腿电磁阀停止进油。液压车腿结构简单，但是本身不具备自锁定功能，需要液压系统设置液压锁进行锁定，液压锁同时锁定油缸正反腔。

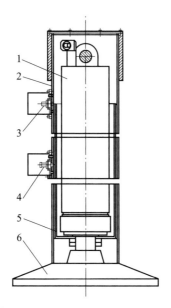

图 2-94　一种液压车腿结构示意图

1—油缸；2—外套筒；3—回收到位传感器；4—伸出到位传感器；5—内套筒；6—腿盘

　　图 2-94 中油缸 1 为车腿单活塞式油缸，具体结构如图 2-95 所示，主要由进油管、回油管、活塞、活塞杆、缸套筒、导向套、连接轴、球头等组成。其中端头通过销轴与发射车连接，球头用于安装车腿盘。

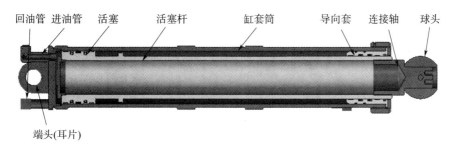

图 2-95　车腿油缸结构示意图

　　为了解决液压车腿的自锁定问题，有的发射车中采用机械锁紧式液压车腿，利用锁紧套锁紧活塞杆，一种机械自锁紧车腿方案如图 2-96 所示。在油缸内安装一个与活塞杆过盈配合的锁紧套，在液压系统中增加一路控制油路，通高压油时油缸解锁，不通高压油时锁紧活塞杆，由此实现油缸的机械自锁。这种方案的优点是可以在行程范围内任一点自锁，缺点是需要增加解锁回路，对锁紧套和活塞杆的材料和加工精度要求高。

　　图 2-97 所示为另一种机械自锁紧车腿方案示意图。油缸工作原理：伸车腿油缸时，钢球从收到位 C 定位槽滑出，伸到位后，钢球滑入伸到位 F 定位槽，由此实现油缸伸到位自锁。反之，在收到位 C 定位槽锁定，实现收到位自锁。该方案的优点是不需要额外的解锁油路，可靠性高，缺点是只能在两个固定位置自锁。

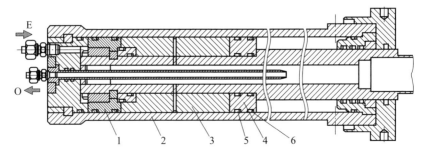

图 2-96　机械液压自锁定车腿油缸结构示意图

1—上活塞；2—外套筒；3—锁紧套；4—下活塞；5、6—"O"型密封圈

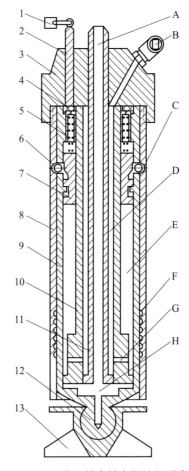

图 2-97　一种机械自锁车腿油缸示意图

1—行程开关；2—顶杆；3—端盖；4—弹簧座；5—锁紧弹簧；6—锁定钢珠；7—锁定套；8—外筒；

9—内筒；10—活塞导向筒；11—导管；12—球头；13—腿盘；

A—无杆腔油管接头；B—有杆腔油管接头；C—上定位槽；D—活塞杆腔；

E—锁腔；F—下定位槽；G—油孔；H—无杆腔

　　图 2-98 所示为液压马达驱动的车腿结构方案示意图。其主要组成为液压马达、轴承、轴承定位座、固定螺母、收到位开关、螺杆、伸到位开关、内筒、下端盖、腿盘。其工作原理是通过液压马达输出花键轴驱动螺杆旋转，螺杆驱动固定螺母上下运动，该固定螺母带动内筒伸出或回收。螺杆的螺纹本身具有自锁性能，为提高锁定可靠性和制动的及时性，还可以在马达输出轴上设置制动盘。

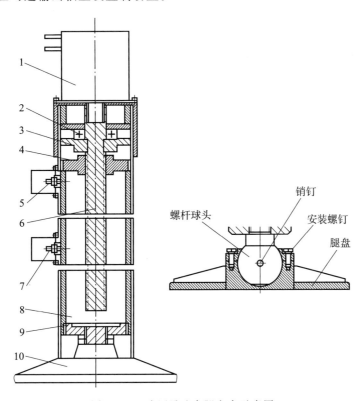

图 2-98　液压马达车腿方案示意图

1—液压马达；2—轴承；3—轴承定位座；4—固定螺母；5—收到位开关；

6—螺杆；7—伸到位开关；8—内筒；9—下端盖；10—腿盘

2.4.5.2　电动车腿调平技术

　　电动车腿也是导弹发射车常用的方案。车体调平原理与液压车腿调平基本相同，只是将液压元件改为电子元件，液压原理图变为电路原理图，执行元件改为电动缸。一种电动缸工作原理如图 2-99 所示，电动机的转动经两级齿轮减速器减速后驱动丝杠转动，丝杠驱动螺母直线运动，丝杠具有自锁性质。

　　图 2-100 所示为电动车腿方案示意图，将电动机的旋转运动转化为车腿的直线运动。电动车腿与液压马达车腿结构基本相同，主要区别是由电动机、减速器取代液压马达。

　　电动机可选用直流或交流电动机，根据发射车供配电系统方案统筹选择。

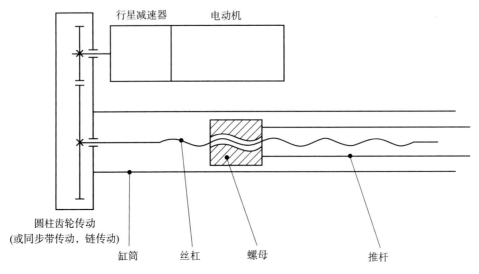

图 2 - 99　电动缸工作原理图

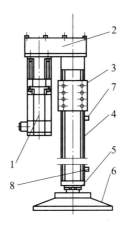

图 2 - 100　一种电动缸车腿

1—电动机；2—减速器；3—连接板；4—外套筒；5—轴；6—腿盘；7—回收到位传感器；8—到位传感器

2.4.6　导弹起竖系统

导弹起竖系统的功能是将起竖臂上的导弹起竖至垂直状态，发射台支承导弹，松弹后将起竖臂收回至行军状态。如果导弹未发射，按上述反程序将导弹恢复至行军状态。

导弹起竖系统一般由作动缸及其控制系统组成。作动缸一般为液压油缸或电动缸，起竖控制系统根据作动缸的不同而不同，下面分别介绍。

2.4.6.1　液压起竖系统

液压起竖系统是以液压油缸作为起竖作动器（执行元件）的起竖系统，一般对应每个起竖臂采用一个起竖油缸完成起竖功能即单缸起竖，采用两个起竖缸的为双缸起竖。发射车起竖系统安装位置如图 2 - 101 所示。

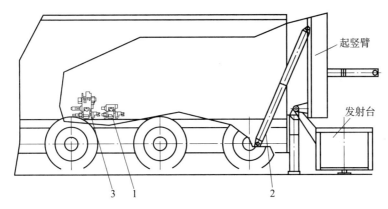

图 2-101　液压起竖系统安装位置示意图

1—起竖控制液压阀件组合；2—起竖油缸；3—油源控制组合

　　液压起竖系统一般由液压油源、液压起竖油缸、液压阀件组合、油管和起竖角度传感器等组成，液压阀件组合由通道体和阀件集成安装在设备舱内，油缸速度控制一般通过进油或回油节流调速实现，根据调速方案不同，有不同的液压起竖控制方案。早期液压起竖系统选用机械调速阀进行调速，凸轮轴与起竖回转轴同轴，凸轮轮廓的变化量控制调速阀的行程和油缸进油流量。这种方式的优点是流量控制方式简单可靠、不受负载和温度等影响，缺点是不能方便地改变流量和起竖、回平速度，不适于快速起竖系统，因此新型导弹发射车都采用电控比例或伺服调速阀进行起竖速度控制。

　　一种进油比例换向调速液压起竖系统原理如图 2-102 所示，其工作原理为：阀 1b 端得电时，来油经液压锁 2 进入油缸正腔，油缸伸出推动起竖臂，油缸反腔液压油经单向平衡阀 3、液压锁回油箱。起竖速度由比例换向阀根据电控系统输出电流控制 b 端电磁铁，进而控制阀芯开口和流量，改变油缸伸出速度，一般起竖前半段高速起竖，起竖后半段减速。平衡阀 3 的作用是起竖到导弹和起竖臂的组合重心越过起竖臂的回转轴线（也称外翻点）时稳定油缸正腔的压力，此时油缸轴向载荷由正变为负，液压锁 2 保证任何时刻停止动作或液压锁进油管路失效时锁定油缸。当电磁阀 1a 端得电时，来油经液压锁、平衡阀 3 后进入油缸反腔，推动油缸收缩，油缸正腔的油经液压锁 2、换向阀 1 回油箱，此过程中阀 3 不起平衡阀作用，液压油从内部单向阀旁通，速度由比例换向阀 1 控制。当与平衡阀并联一个二位二通电磁阀时，在起竖外翻点前使回油直接绕过平衡阀直接回油箱，可提高起竖速度，当油缸起竖至接近外翻点时二位二通电磁阀得电，平衡阀起作用。

　　一种进油比例调速液压起竖方案如图 2-103 所示，通过进油回路的比例调速阀进行速度控制。

　　文献［3］中列出了一种双缸起竖系统液压起竖方案，原理如图 2-104 所示。对双缸起竖系统，如果起竖臂刚度较好，可通过结构刚度达到双缸同步，如果起竖臂刚度不够，还需在此原理图基础上增加同步阀。

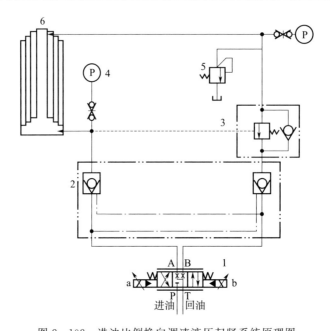

图 2-102　进油比例换向调速液压起竖系统原理图

1—三位四通比例换向阀；2—液压锁；3—单向平衡阀；4—压力表（传感器）；

5—溢流阀；6—多级液压油缸

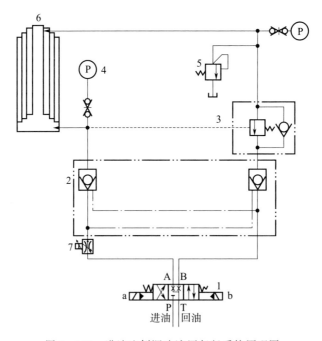

图 2-103　进油比例调速液压起竖系统原理图

1—三位四通换向阀；2—双向液压锁；3—单向平衡阀；4—压力表（传感器）；5—溢流阀；

6—多级液压油缸；7—比例调速阀

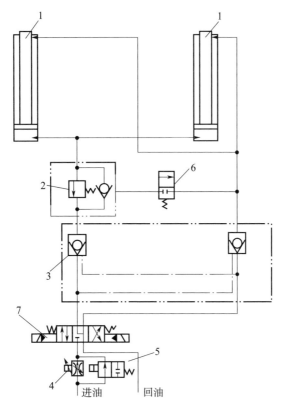

图 2 - 104 双缸液压起竖系统原理图

1—起竖油缸；2—单向平衡阀；3—双向液压锁；4—比例调速阀；5、6—二位二通阀；7—三位四通换向阀

由上述液压原理可看出，液压起竖系统的核心元件是起竖油缸、平衡阀、电液比例流量阀/换向阀、双向液压锁和起竖角度传感器。

（1）起竖油缸

裸弹发射的导弹发射车起竖油缸一般优先采用双作用单级缸，如果结构布置或生产工艺受限也可采用两级缸。油缸一般由带耳片端头、缸筒、活塞、活塞密封圈、活塞杆、活塞杆耳环（含球轴承）、导向套及密封件、有杆腔缸盖、油管等组成。进、出油管接头一般设在油缸同一端，通过旋转接头与车上油管连接。一种两级起竖油缸结构如图 2 - 105 所示。

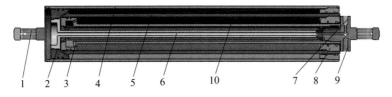

图 2 - 105 起竖油缸结构原理图

1—耳片端头；2——级缸活塞；3—二级缸活塞；4——级缸筒；5—二级缸筒（一级活塞杆）；
6—进油管；7—进油孔；8—导向套；9—回油孔；10—二级活塞杆

　　油缸缸筒内径、活塞杆外径、活塞行程一般按 GB/T 2348—2018 规定的直径系列选取。起竖油缸的参数包括：最大工作压力、最小启动压力、最大流量、运动速度、行程时间、推力/拉力、最小安装长度、最大展开长度等。

　　（2）电液比例流量阀

　　电液比例流量阀的功能是通过电压/电流控制电液比例流量阀的出口流量，实现对起竖回路流量和油缸运动速度的控制。电控部分输入信号为电压，由信号放大器成比例转化为电流，例如 1 V 输入电压转化为 100 mA 电流输出给阀的电磁铁，电磁铁控制阀芯位移，形成对应的阀口流量。电液比例流量阀又可分为直动式和先导式两种，发射车起竖系统一般采用先导式电液比例流量阀。电液比例流量阀基本组成为电液比例节流阀加压力补偿器或流量反馈元件，电液比例节流阀用于流量控制，压力补偿器使节流口前后压差基本不变从而使阀的通过流量仅取决于节流口的开度。电液比例流量阀结构原理如图 2-106 所示。

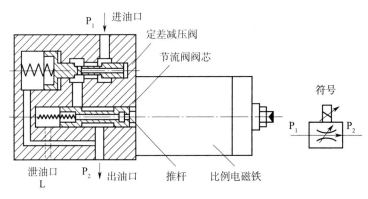

图 2-106　电液比例流量阀结构原理图

　　实际应用中，还可以采用二通或三通比例流量阀和比例换向阀，既能实现流量控制，也能进行油缸换向，简化控制电路。典型的比例方向阀控制信号与流量关系如图 2-107（b）所示，结构原理如图 2-107（a）所示，由电液比例减压阀和液动换向阀等组成。

　　应用比例流量阀需注意阀的死区、灵敏度（分辨率）、滞环、响应时间等特性。

　　（3）平衡阀

　　平衡阀的作用是使液压缸运动速度不受载荷变化的影响。通过设置平衡阀的开启压力使反腔背压略大于导弹外翻时产生的负载压力，可防止快速后倒。

　　（4）角度传感器

　　起竖系统所使用的角度传感器的功能是测量起竖臂的角度，间接测量导弹的起竖角度。根据使用传感器方案不同，一般有两种测角模式，一种是直接测量相对大地水平面的绝对角度，使用的角度传感器为倾角仪；另一种是先测起竖回转轴安装横梁的前后向绝对角度，再测量起竖臂相对该横梁的回转角度，两者相加得到相对水平面的起竖角度，使用的传感器为编码器。因此，起竖系统使用的角度传感器为两大类：倾角仪、编码器，下面分别介绍。

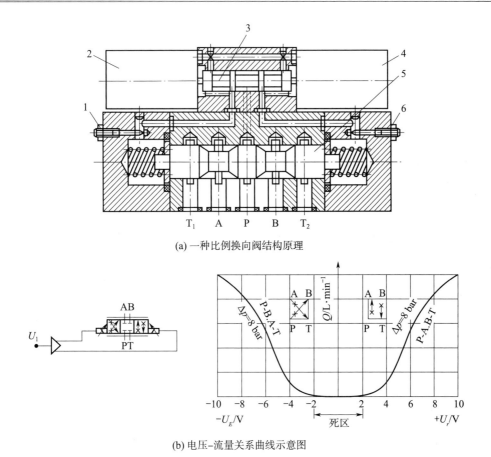

(a) 一种比例换向阀结构原理

(b) 电压-流量关系曲线示意图

图 2 - 107　比例换向阀的结构与控制电压-流量关系曲线

1、6—手动节流阀；2、4—比例电磁铁；3—电液比例减压阀芯；5—液动换向阀芯

倾角仪均为利用地球重力进行角度测量的仪器，分为摆式倾角仪和加速度计式倾角仪。根据测量轴数分单轴倾角仪、双轴倾角仪。两种倾角仪产品外形如图 2 - 108 所示。

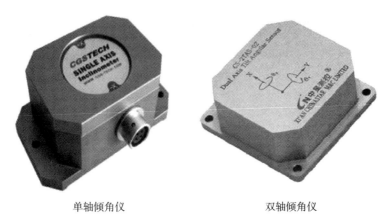

单轴倾角仪　　　　　　　　　　双轴倾角仪

图 2 - 108　倾角仪外形示意图

　　摆式倾角仪包括液体摆、气体摆、金属摆、石英摆等。这类倾角仪的特点是结构简单、精度高、重复性好、成本低、可靠性高，缺点是测角范围小，尤其是液体摆响应速度相对慢，不适于快速变化的角度测量。导弹发射车调平、起竖系统常采用液体摆。

　　液体摆原理如图 2‒109 所示，液体摆由桥路电阻、导电液体、容器和电极组成。在密闭容器上面对称布置四个相同的电阻 R_1、R_2、R_3、R_4 并浸泡在导电液中，如图 2‒109（a）所示，其中 R_1、R_3 与电阻 R_5、R_6 构成 X 方向桥路，R_2、R_4 与电阻 R_7、R_8 构成 Y 方向桥路，R_5、R_6、R_7、R_8 相同且等于 R_1，如图 2‒109（e）所示。当倾角仪安装面水平时，R_1、R_2、R_3、R_4 相等，桥路输出 V_x、V_y 均为零，表示 X、Y 平面倾角为零，如图 2‒109（c）所示。当倾角仪绕 Y 轴有倾角时〔图 2‒109（b）〕，$R_2=R_4$，$R_1<R_3$，$V_x\neq0$，$V_y=0$，通过电压 V_x、V_y 的大小及正负值反映倾角仪安装面的角度。

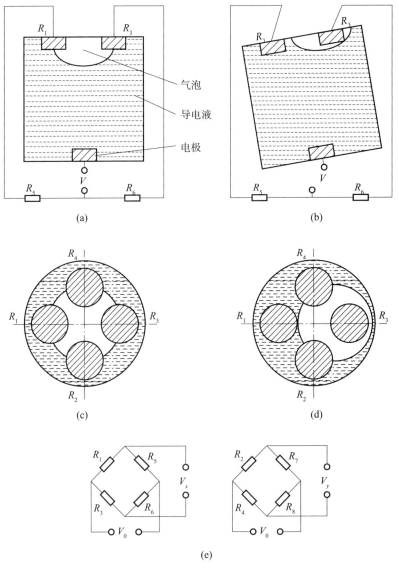

图 2‒109　液体摆原理示意图

　　加速度计式倾角仪的工作原理是利用倾角仪 X-Y-Z（前-右-下）三个方向上安装的加速度计测量重力在这三个方向的加速度分量，计算得出倾角仪坐标系相对地球坐标系的偏离角度，即滚转（绕 X）、俯仰（绕 Y）、偏航（绕 Z）角度。假设 X-Y-Z 三个方向测得的加速度值分别为 a_x、a_y、a_z，则俯仰角 θ、滚转角 γ 的关系式如下

$$\theta = \arcsin \frac{-a_x}{g}$$

$$\gamma = \arctan \frac{-a_y}{a_z}$$

　　由于技术的进步，出现了很多基于 MEMS 加速度计和集成电路信号处理器的倾角仪，如基于电容式 MEMS 加速度计、热电偶 MEMS 加速度计的倾角仪，其中 MEMS 加速度计已经芯片化，测角范围可达到 $\pm90°$。此类倾角仪一般由 MEMS 加速度计芯片及外围电路、A/D 转换电路、信号处理器及外围电路、电源电路、通信电路、软件以及安装结构件组成，电路原理如图 2-110 所示。

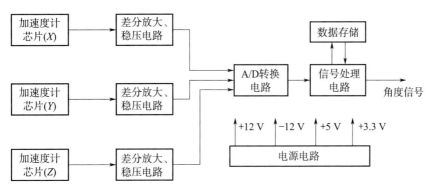

图 2-110　MEMS 加速度计式倾角仪电路原理图

（5）角度编码器

　　角度编码器是一种测量旋转轴的旋转角度的传感器，编码器种类很多，其中光电编码器和旋转变压器式编码器应用最广泛。

　　光电编码器又分绝对式和增量式，光电编码器由光栅盘、光电检测装置等组成。工作原理：码盘与转动轴固连随轴转动，光源发出的光线透过码盘和狭缝盘形成莫尔条纹，光信号经光电接收元件转换成电信号，经放大、A/D 转换后送入信号处理器，经数字处理后得到与旋转角度对应的二进制码输出。

　　旋转变压器编码器通过电磁感应将角度变化转换为电信号，编码器工作时，由激磁电路产生一定频率的正弦信号 $\sin\omega t$ 作为激磁信号，激磁通过环形线圈 R_1R_3 耦合到与旋转变压器轴相连的转子线圈 R_2R_4 上，定子线圈 S_1S_3 和 S_2S_4 相位相差 90°放置。根据变压器原理，在 S_1S_3 和 S_2S_4 上会产生频率与激磁频率相等，相位相差 90°的正弦信号 $\sin\omega t \times \sin\theta$ 和余弦信号 $\sin\omega t \times \cos\theta$。当转轴转动时，由于转子线圈 R_2R_4 产生的磁场发生变化，所以定子 S_1S_3 和 S_2S_4 上感应的正余弦信号的幅值随之变化，因此通过解算定子 S_1S_3 和 S_2S_4 上感应的正余弦信号的幅值即可获得转轴的绝对位置。解算电路通过求反正切的原理

将正余弦信号解算成数字量并传送给主控，主控对数字角度数据处理后通过 CAN 总线发送出去，实现转轴的绝对位置测量，电路原理如图 2-111 所示。

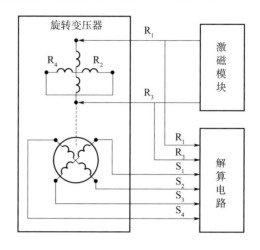

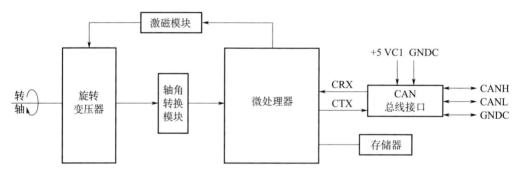

图 2-111　旋转编码器电路原理图

几种国内外小型编码器性能参数见表 2-8。

表 2-8　编码器参数

序号	型号(代号)	型式	外径/mm	长度/mm	精度	制造商
1	RCN2580	光电,绝对式	$\phi 85$	40	分辨率:28 位 精度:±2.5″	德国海德汉
2	RCN2580	光电,绝对式	$\phi 76$	40	分辨率:25 位 精度:±10″	德国海德汉
3	GBJ100TL	光电,绝对式	$\phi 100$	30	分辨率:21 位 精度:±5″	成都光电所
4	E1090BK25	光电,绝对式	$\phi 90$	30	分辨率:20 位 精度:5″	长春华特
5	78XFS1643 M	旋变,分装式	$\phi 78$	28	精度:±25″	西安微特电机所
6	DJC81	旋变,分装式	$\phi 81$	10	精度:±15″	北京控制仪器所
7	J60XFS001	旋变,分装式	$\phi 60$	16	精度:±30″	上海微特电机所

2.4.6.2　电动起竖系统

电动起竖系统与液压起竖系统的主要区别在于起竖作动缸由电动缸取代液压缸、起竖控制元件由电机控制器取代液压阀组，并省略液压油源。理论上电动起竖系统的组成相对简单，没有液压管路和阀件的渗漏类故障和维护保养工作，因此在起竖载荷不大的发射车中使用电动缸有一定的优势。

电动缸起竖系统主要包括起竖电动缸、起竖控制组合。其中起竖电动缸主要包括伺服电机、减速器、传动副、缸体、接近开关等。起竖控制组合主要包括控制器、伺服电机驱动器。起竖电动缸的外形一般如图 2 - 112 所示，电机轴线与电动缸轴线平行布置，一般电机端安装在下部，两端均为球轴承销轴孔连接。

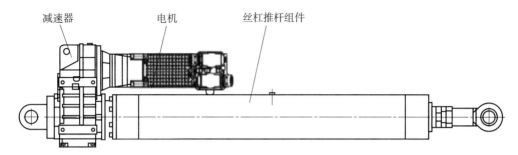

减速器　　　电机　　　丝杠推杆组件

图 2 - 112　起竖电动缸外形示意图

起竖电动缸的形式有滚珠丝杠电动缸和行星滚柱丝杠电动缸，这两种电动缸结构差异较大，如图 2 - 113 所示。

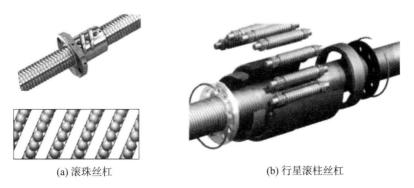

(a) 滚珠丝杠　　　　　　　　　(b) 行星滚柱丝杠

图 2 - 113　两种电动缸传动副结构原理示意图

（1）滚珠丝杠电动缸

滚珠丝杠传动是一种技术成熟的传动机构，一般用在机床和实验室环境工作平台，用到发射车上比较适用于单级缸起竖系统。重载、长行程电动缸加工难度较大、成本较高，而且丝杠的挠曲变形可能导致运动卡滞或异常磨损，目前处于试用阶段，图 2 - 114 为一种多级滚珠丝杠电动缸外形。

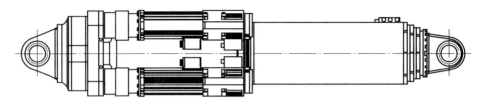

图 2-114　多级滚珠丝杠电动起竖缸

（2）行星滚柱丝杠电动缸

行星滚柱丝杠电动缸是一种新型电动缸，由于其传动副类似行星齿轮结构，因此承载大、速度快、效率高、可多级同步伸缩，国内已经有不少高校和企业开展了行星滚柱丝杠电动缸研制和应用研究。下面介绍文献 [8] 研究的一种导弹起竖机构用二级行星滚柱丝杠电动缸，该二级行星滚柱丝杠电动缸结构原理如图 2-115 所示。

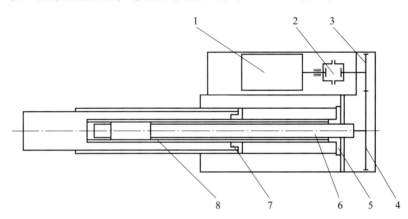

图 2-115　二级行星滚柱丝杠电动缸结构原理图

1—伺服电机；2—离合器；3—小齿轮；4—大齿轮；5——级螺母；6—主丝杆；7—二级空心螺母；8—二级丝杆

工作原理：伺服电机的功率通过离合器输出，带动小齿轮、大齿轮（一级减速）和一级主丝杠转动，主丝杠只能转动，与之配合的一级螺母（内装行星滚柱）只能直线运动（二级减速），因此一级螺母带动一级缸筒伸出，二级丝杆与一级丝杠的花键配合，一级丝杠带动二级丝杆旋转，二级丝杆与二级空心螺母配合（三级减速），二级空心螺母不转动只能直线运动，因此带动二级缸筒伸出。传动系的减速比和齿数比有关，承载能力与丝杆强度、所选轴承等有关。

该二级行星滚柱丝杠电动缸三维结构如图 2-116 所示。

2.4.7　瞄准系统

2.4.7.1　基本概念

瞄准设备是弹道导弹发射车上的重要设备之一，由弹上、车上瞄准设备共同组成。

根据导弹工作原理，弹道导弹控制系统需在发射前进行方位瞄准和标定射向，即弹上陀螺仪的敏感轴对发射面定向，方位瞄准就是将制导系统传感器的初始基准方位调整到射

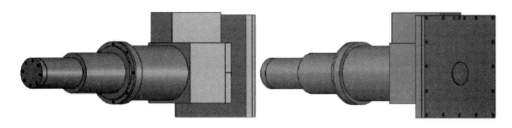

(a) 二级PRS电动缸三维装配图

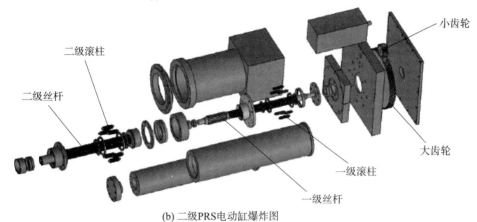

(b) 二级PRS电动缸爆炸图

图 2 - 116 二级电动缸三维装配图

击方位或确定出它们之间的相对关系。

表征瞄准系统的主要技术指标如下：

1) 瞄准精度，高精度要求不小于 $20''$，中精度 $20''\sim40''$，低精度 $40''\sim60''$。

2) 瞄准时间，地面机动发射一般小于 5 min。

3) 变射向角度，一般为 $0°\sim180°$。

4) 环境适应性指标：工作温度、高程等。

5) 可靠性指标：平均故障间隔时间等。

其中瞄准精度对导弹落点精度影响很大，很多文献介绍了下面这个算例。

对地面瞄准的导弹，方位瞄准误差与落点横向偏差的关系如下式

$$\sin\frac{\Delta\alpha}{2} = \sin b \sin\frac{\Delta A_N}{2}$$

式中 b ——导弹的球面射程角；

$\Delta\alpha$ ——落点的横向球面角偏差；

ΔA_N ——发射前方位瞄准误差。

如果将地球看作半径为 $R = 6371.1$ km 的近似圆球，则当 $b = 0.5\pi$（对应导弹射程为 10007.7 km）、瞄准偏差 $\Delta A_N = 1'$ 时，则对应的落点距离偏差为 1.85 km，由此可见瞄准角度偏离 $1'$ 所产生的落点误差。虽然现代先进末制导、星光制导等技术的应用使发射前的瞄准精度要求降低了，但瞄准精度高对弹上控制系统、末制导系统总归是有利的。

发射前的瞄准还对发射车的使用性能影响很大，直接影响发射流程和准备时间。打击时敏目标，需要快速发射确保打击目标在导弹经过飞行之后仍然在弹头落区探测范围、机动范围之内。核反击作战中，需要在接收到核反击指令后迅速完成导弹起竖和发射，一般需要在 1 min 之内完成导弹发射任务，因此瞄准时间要短。

导弹的瞄准工作一般包括定向（寻北）、导弹惯性基准平面对准射向或改变射向、向弹上计算机传输角度值等。

根据实现导弹瞄准方法的不同对瞄准系统分类：按是否需要借助导弹以外设备，可分为借助外部测量信息的光学瞄准系统、借助导弹平台本身的敏感元件测量平台坐标系与发射坐标系之间的失调角的自主式瞄准系统；按瞄准时导弹是否起竖，可分为垂直瞄准和水平瞄准；按瞄准仪器离发射车的距离又可分为垂直斜瞄和垂直近瞄。

据文献［38］，国外导弹瞄准技术发展历程为有依托的光学瞄准到无依托的机动瞄准，潘兴Ⅱ导弹的瞄准精度≤58″，SS‐20 水平近距瞄准精度≤30″，且实现了陀螺罗盘全自动瞄准（包括陀螺罗盘落地、调平、寻北、方位引出、垂直传递、水平瞄准等全过程的自动化）。

为便于介绍，先明确定瞄系统中经常提到的几个坐标系。弹道导弹初始对准过程中涉及四个坐标系：

（1）发射点地理坐标系

发射点位的大地坐标系，发射点为坐标原点，$O_d X_d$ 轴指向东，$O_d Y_d$ 轴指向北，$O_d Z_d$ 轴指向天空，按右手坐标系。

（2）发射坐标系

发射点 O 为坐标原点，$O_c X_c$ 轴与射向重合且处于水平面，$O_c X_c$ 轴与 $O_d Y_d$ 轴的夹角 α_0 为导弹发射方位角。$O_c Y_c$ 轴垂直向上且与地理坐标系 $O_d Z_d$ 轴重合，$O_c Z_c$ 轴由右手定则确定，如图 2‐117 所示，A 点为目标位置。A_H 为 X_c 与北向的夹角。

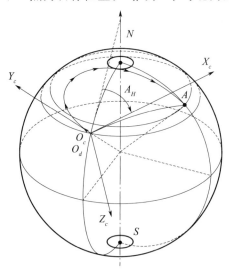

图 2‐117　导弹发射坐标系

（3）弹体坐标系

坐标原点为导弹质心，$O_m X_m$ 轴与弹轴线重合，$O_m Y_m$ 轴与 $O_m Z_m$ 轴一般取决于舵机位置，通过弹轴与 Ⅰ-Ⅲ 象限舵机轴的平面为对称面，$O_m Y_m$ 轴垂直于 $O_m X_m$ 轴且处于对称面内，$O_m Z_m$ 轴由右手定则确定。

（4）平台台体坐标系

坐标原点为平台三个轴的交点，三轴正交时 $O_p X_p$、$O_p Y_p$、$O_p Z_p$ 分别与外框架轴、内框架轴、台体轴重合，按右手定则。平台坐标系也称惯性坐标系，惯性制导一般分为捷联式和陀螺稳定平台式两种。

2.4.7.2　光学斜瞄技术原理

光学瞄准方法可分为有依托阵地的瞄准和无依托阵地的瞄准，两种方法所需设备和时间也不同。

据文献［39］，我国早期的××-3、××-4、××-5 导弹采用固定阵地裸弹热发射，采用有依托的光学斜瞄方式，瞄准设备安装在专用瞄准车或地下井中，瞄准系统主要由方位瞄准设备、基准标定设备、射向变换设备、寻北定向设备、水平检查设备和检测训练设备等组成。

导弹光学瞄准一般工作原理如图 2-118 所示。

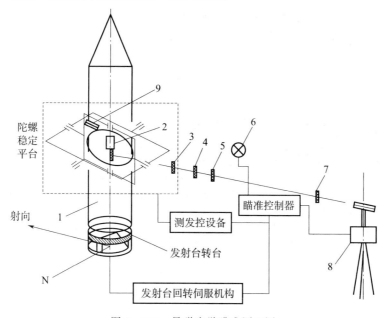

图 2-118　导弹光学瞄准原理图

1—弹体；2—Y 陀螺传感器；3—平台瞄准窗口玻璃；4—弹体瞄准窗口玻璃；5—发射筒瞄准玻璃；
6—发射筒瞄准照明指示灯；7—瞄准车瞄准窗口玻璃；8—准直经纬仪；9—Y 陀螺受感器

图 2-118 瞄准过程可分为粗瞄和精瞄，粗瞄指使导弹的对称基面与射击平面基本平行的过程，精瞄指使导弹的惯性平台坐标系的稳定基面与射击平面平行的过程。实现步骤如下：

1）导弹起竖，垂直度调整；

2）导弹旋转，方位调整，使其对称面（平台稳基面）与射击平面重合（粗对准）；

3）陀螺平台调平；

4）陀螺平台方位瞄准和锁定，使陀螺平台台体坐标系 $O_p X_p Y_p Z_p$ 与发射坐标系 $O_c X_c Y_c Z_c$ 重合（精对准）。

有依托阵地的瞄准方法的前提是发射点位和北向基准点已经确定，工作原理如图 2 - 119 所示，在发射场地已经知道发射点 O_c、基准点 O_j、瞄准点 O_m、北向基准以及瞄准点与基准点连线与北向的夹角 α_1，发射前已经收到射向角度为 α_{mz}（相对北向基准）。发射前，发射车按划线方向停车就位，导弹起竖至垂直大地，旋转发射台至导弹 I-III 象限平面与射向面重合，进行弹上陀螺平台调平，瞄准仪瞄准弹上棱镜，如果准直仪的发射光与入射光平行，则自动准直仪（瞄准仪）的指示角度差为零，表示陀螺平台方位角与瞄准角度一致，否则继续调整导弹或陀螺平台角度直至指示角差为零，也可不旋转导弹借助准直仪测出棱镜与准直仪的角度偏差 α_2（如果导弹旋转至棱镜准直角为 0，则 $\alpha_2 = 0$），则完成了方位瞄准。

瞄准时角度存在如下关系：

$$导弹初始方位角：\alpha_0 = \alpha_1 + \alpha_2 - (\beta + \varphi_0)\tan\theta - \alpha$$

$$导弹旋转角度差：\gamma_0 = \alpha_{mz} - \alpha_0$$

$$瞄准仪装定角：\alpha_{zd} = \alpha_{mz} - \alpha_1$$

式中　θ——瞄准仪的俯仰角，导弹瞄准距离一般为 20～40 m；

　　　φ_0——准直时惯性测量组合不水平度；

　　　α——弹上平台测出的方位敏感轴与棱镜棱线的夹角；

　　　β——惯性测量组合安装基准面的不平度。

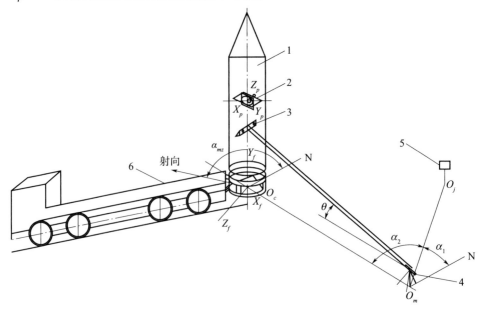

图 2 - 119　有依托发射点瞄准方法示意图

1—导弹；2—弹上陀螺稳定平台；3—弹上瞄准棱镜；4—瞄准仪；5—预设基准；6—发射车

　　无依托阵地的瞄准指在没有预先准备发射点位和北向基准点状态下进行瞄准，工作原理如图 2-120 所示。瞄准工作过程：发射车停车就位后，架设陀螺经纬仪和光学经纬仪，导弹起竖调直，由陀螺经纬仪寻北，然后将北向基准传递给光学经纬仪（两仪器准直），后续步骤同有依托瞄准。

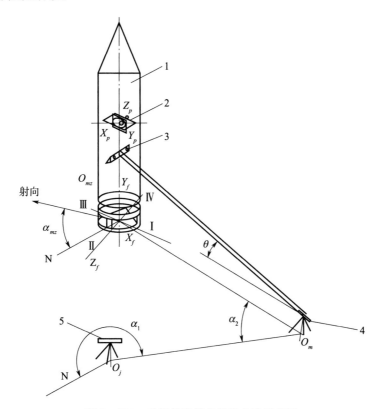

图 2-120　无依托发射点瞄准方法示意图

1—导弹；2—弹上陀螺稳定平台；3—弹上瞄准棱镜；4—瞄准仪；5—陀螺经纬仪

　　瞄准时角度存在如下关系：

　　导弹初始方位角：$\alpha_0 = \alpha_1 - \alpha_2 - (\beta + \varphi_0)\tan\theta - \alpha$

　　导弹旋转角度差：$\gamma_0 = \alpha_{mz} - \alpha_0$

　　除了上述斜瞄方法，还有垂直近瞄方法。其基本原理与垂直斜瞄相同，将导弹垂直陀螺仪马达转子轴的方向传递到导弹尾部，在导弹尾部水平位置进行瞄准，方位瞄准设备的光路传递一般通过折转光管或棱镜实现。这种瞄准方式瞄准点距离发射点近，有利于选择发射场地和瞄准操作。

　　上述光学瞄准方法的缺点是对场地要求高（需要 30～40 m 的瞄准距离），有的还需要人工搬运、架设仪器设备（或需要专用瞄准车）；易受风、沙、雨、雪、雾环境影响。因此我国导弹武器已经不采用该方法，目前使用的方法有水平近距全自动瞄准、车载无依托机动瞄准。

2.4.7.3　无依托水平近距瞄准

水平近距瞄准指在导弹起竖前利用发射车上安装在导弹惯组旁边的瞄准设备自动寻北、自动与导弹棱镜准直。俄罗斯的 SS‑20、SS‑25 等导弹均采用该技术。

文献［39］介绍的一种车载导弹无依托瞄准系统如图 2‑121 所示。该系统由激光自准直经纬仪、寻北仪、调平平台、平移导轨、液压平台等组成。其中激光自准直经纬仪和寻北仪按精度要求固定安装在一起，由寻北仪自动定向确定经纬仪零位的地理方位。该系统工作流程如下：

1）地面水平 3° 以内停车，发射车伸车腿、调平；

2）瞄准系统支撑平台的 3 个液压支腿落地、调平至水平面精度不大于 3′；

3）手动调节平移导轨对准瞄准窗口，再调平自准直仪，调平精度不大于 5″；

4）寻北仪工作，测量瞄准设备自身北向方位角；

5）调整自准直仪目镜（方位和俯仰），对准导弹棱镜；

6）接收到棱镜反射回来的激光光像，进行准直测量，得到导弹准直角度，结合北向角度，计算出棱镜与北向的角度偏差，将该角度信息发送至火控系统进行导弹诸元参数装定，即完成导弹瞄准。

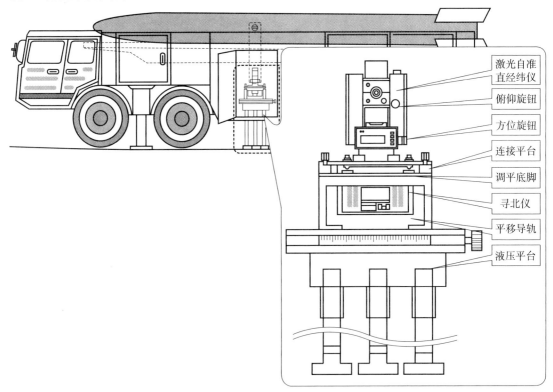

激光自准直经纬仪
俯仰旋钮
方位旋钮
连接平台
调平底脚
寻北仪
平移导轨
液压平台

图 2‑121　一种车载导弹水平近距无依托瞄准系统组成结构示意图

图 2‑121 所示方案需要人工操作完成瞄准工作。文献［39］提出了一种无依托瞄准设备与车体固连的车载自动无依托瞄准方案，如图 2‑122 所示。

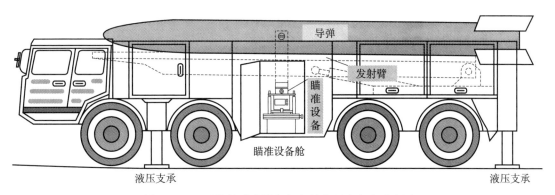

图 2 - 122　无依托瞄准设备与发射车固连方案示意图

图 2 - 122 所示固连无依托瞄准设备主要由自准直仪、多位置寻北仪、瞄准基座组成。瞄准设备安装方案如图 2 - 123 所示。

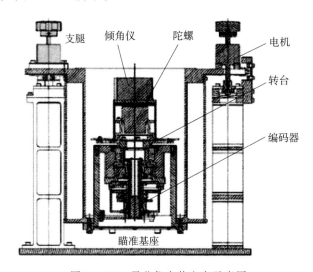

图 2 - 123　寻北仪安装方案示意图

该方案在发射车停车 3°地面升车调平到 1°，再对瞄准设备基座进行手动或电动调平（三支腿步进电机调平到 10″精度）后进行寻北和准直测量。瞄准过程中涉及瞄准设备的自动调平和瞄准后的回位工步。

文献［38］介绍了一种工作原理类似的车载垂直近距瞄准系统，其组成与原理如图 2 - 124 所示，可以实现自动瞄准。

图 2 - 124 中的上仪器布置在发射筒上或高度与导弹水平面基本重合的位置，通过方位垂直传递组合将准直仪与导弹棱镜的光路连通，测出导弹棱镜法向与陀螺经纬仪的偏差角，再通过陀螺经纬仪寻北角度计算出导弹棱镜相对北向基准的夹角，进而实现瞄准。

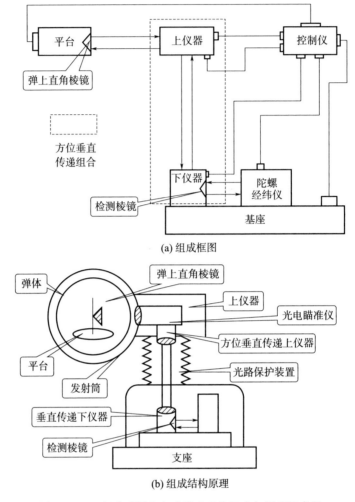

(a) 组成框图

(b) 组成结构原理

图 2-124　水平近距全自动瞄准系统组成与原理示意图

2.4.7.4　瞄准仪器

（1）自准直仪

自准直仪是一种利用光的自准直原理将角度测量转换为线性测量的测量仪器。它广泛用于小角度测量、平板的平面度测量、导轨的平直度与平行度测量等方面。用于测量导弹瞄准棱镜的角度，其工作原理如图 2-125 所示。

由光源发出的光经狭缝、半透反射镜和物镜后形成平行光照射到目标反射镜上，平行光被垂直于光轴的反射镜反射回来，再通过物镜后经分光镜照射在焦平面上形成分划板标线像。当反射镜倾斜一个微小角度 α 角时，反射回来的光束就倾斜 2α 角，标线像发生偏移，通过目镜读数，可算出反射镜对光轴垂直面的微小倾角。

图 2-126 为国产 HYQ-03 型自准直仪（平直度检查仪）的光路原理图。

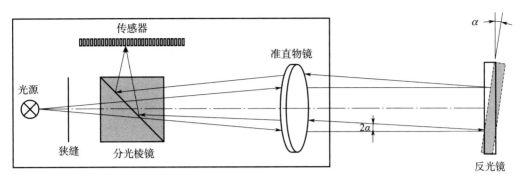

图 2 - 125　自准直仪工作原理示意图

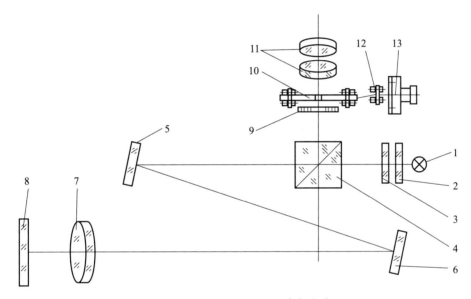

图 2 - 126　HYQ - 03 型自准直仪光路图

1—光源；2—滤光片；3—分划板；4—立方直角棱镜；5、6—反射镜；7—物镜；8—体外反射镜；

9—固定分划板；10—活动分划板；11—目镜；12—测微螺杆；13—测微鼓轮

（2）经纬仪

经纬仪是一种工程上常用的测角仪器，可以测量目标点相对于测量仪器所在位置的水平和垂直方向的角度。经纬仪的主要组成如图 2 - 127 所示，由经纬仪和三脚架组成。

经纬仪测角的工作原理：在测点 O 上方架设经纬仪并调平，旋转刻度盘，望远瞄准镜对准目标 A 点并读取水平刻度盘上的角度值 a ，瞄准镜对准目标 B 点并读取刻度盘上的角度值 b ，则 A 、 B 点在水平面内的投影点 A' 、 B' 与 O 点连线构成的水平夹角为： $\beta = b - a$ 。垂直角度测量原理与此相同。

在导弹发射阵地，已知地标点的坐标、北向基准和经纬仪测点坐标，就可以通过经纬仪精确测出发射点的坐标值，并测出弹上棱镜与北向基准的角度偏差。

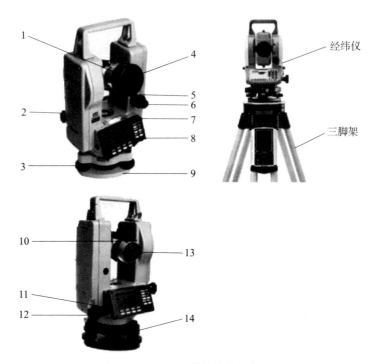

图 2-127　经纬仪的结构示意图

1—望远镜；2—下对点器；3—基座调整旋钮；4—物镜；5—竖直制动手轮；6—竖直微动手轮；

7—长水准器；8—功能按键；9—基座；10—调焦手轮；11—水平制动手轮；12—水平微动手轮；

13—目镜；14—基座连接旋钮

（3）陀螺经纬仪

陀螺经纬仪，是陀螺仪和经纬仪的组合体，具有准直、测相对角度和真北方位角的功能。这里的真北是地球经线的北，磁北与真北的关系如图 2-128 所示。

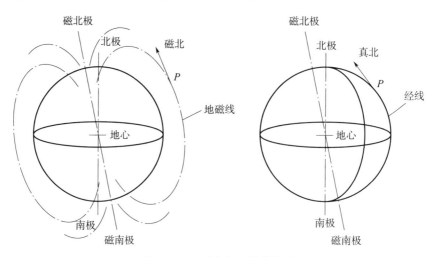

图 2-128　磁北与真北的关系

陀螺经纬仪由陀螺仪、经纬仪和三脚架组成。工程上常用的均为下挂式陀螺仪，陀螺仪主要由陀螺灵敏部件、电磁屏蔽机构、吊丝、导流丝、方位回转伺服驱动装置、阻尼装置、惯性敏感部锁紧装置、支承和调平装置、光电测角传感器、控制器及显示部分等组成。陀螺灵敏部件内有以恒定转速旋转的陀螺电机，该陀螺电机由吊丝悬挂于陀螺框架。

经纬仪带有自准直功能，可用于测量和标校。经纬仪同时设有串行通信接口，可与陀螺仪以及其他系统（如发射车的瞄准系统）进行串行数据通信。

寻北陀螺仪的工作原理是利用陀螺仪本身的定轴性和进动性，采用金属带悬挂重心下移的陀螺灵敏部件，在地球重力作用下，下垂的旋转陀螺产生一个向北进动的力矩，使陀螺仪主轴向北偏转，围绕地球子午面往复摆动，陀螺转轴东西摆动的最大振幅处称为逆转点，用经纬仪跟踪光标东西逆转点，读取水平刻度盘读数并取其平均值，从而求得真北方向。

几种国外机械摆式陀螺仪主要性能参数见表 2 - 9。

表 2 - 9　几种国外机械摆式陀螺仪参数

型号	产地国别	寻北精度/(″)	寻北时间/min	初始架设偏北角/(°)	陀螺悬挂方式
GyroMAT2000	德国	3.2	12	±180	悬带
GyroMAT5000	德国	2.5	9	±180	悬带
MARCS	美国	5	12	±180	悬带
GK - 30	乌克兰	30	9	±10	磁悬浮
GK - 3	乌克兰	3	37	±10	磁悬浮

德国 DMT 公司的 GyroMAT5000 陀螺经纬仪外形如图 2 - 129 所示。该仪器主要性能参数如下：

1）寻北定向精度：2.5″；

2）定向时间：6～9 min；

3）正常工作环境温度范围：−20～50 ℃；

4）工作区域：南纬 80°～北纬 80°；

5）质量：11.5 kg；

6）外径：215 mm。

陀螺经纬仪的寻北精度、定向时间、环境温度是最重要的指标。

2.4.8　定位定向系统

定位定向系统的主要功能是在车辆行驶过程中提供实时的位置、航向、姿态、速度、高程、行驶里程等导航信息，具备惯性定位和卫星定位两种定位功能，能接收北斗的时间信息作为时间基准。

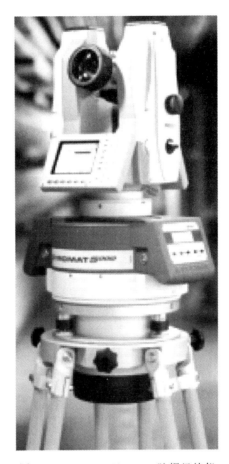

图 2 - 129　GyroMAT5000 陀螺经纬仪

　　定位定向系统的主要技术指标包括惯性定位误差、惯性寻北误差、方位保持误差、方位校准时间、姿态误差、高程精度、测速精度、启动时间、数据更新率等。

　　发射车定位定向系统常采用惯性＋北斗＋高程计＋里程计的技术体制实现定位、定向、导航，采用迭代时序提升对准精度和保证对准结果的稳定性，采用多观测量融合和自适应 Kalman 滤波技术提升组合导航性能。定位定向设备由惯性测量组合、北斗用户机和高程计组成。

　　定位定向设备工作状态主要分为寻北和导航两种。寻北过程用于建立初始姿态矩阵，为转入导航提供初始条件。寻北过程利用光纤陀螺测量载体相对惯性坐标系的角运动信息，由加速度计测量载体相对惯性坐标系的加速度信息，通过误差补偿模型将角速度和加速度信号转换为载体相对惯性系的测量信息，获取高精度的初始姿态矩阵，建立导航解算基准，可由初始位置坐标解算出载体的水平姿态和方位角（真北向夹角），以及载体的速度、距离和位置（经度、纬度、高度）。

　　定位定向设备一般在开机后等待惯性测量组合启动，在惯性器件启动过程中等待北斗数据定位结果，如北斗数据有效则自动给惯性测量组合装定北斗位置坐标，若北斗数据无效，则采用本地存储坐标进行寻北。定位定向设备在启动过程中，支持上级设备发送寻北模式设置指令立即进入寻北模式，对准结束后自动转入导航状态。

导航是在初始姿态矩阵的基础上，通过建立扰动误差数学模型，将惯性器件零偏、里程计误差等效为高斯白噪声，基于卡尔曼滤波多信息融合最优估计框架，实现 IMU 信息、卫星信息、里程计信息、车辆载体约束信息、高程计信息的最优组合，在北斗定位有效、能正确实现点对点匹配时进一步融合绝对位置信息，修正自主导航累积的位置误差。基于实时多任务程序设计和高速处理器保证实时快速计算输出，实现高可靠、长时间、连续精确的定位导航和航向保持。

定位定向设备的工作原理如图 2 – 130 所示。

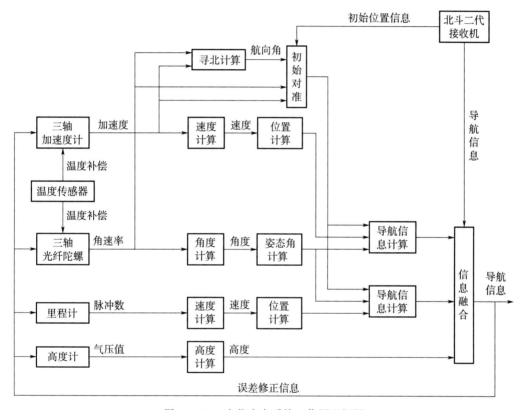

图 2 – 130　定位定向系统工作原理框图

国外有关产品性能参数见表 2 – 10。

表 2 – 10　国外车载定位定向系统性能参数

仪器名称	方位精度/mil(RMS)	水平定位精度 DT(CEP)	高程精度 DT(PE)	备注
SIGMA30 – 300	1	0.25%	0.15%	法国 sagem
SIGMA30 – 400	0.9	0.15%	0.10%	法国 sagem
SIGMA30 – 500	0.7	0.10%	0.05%	法国 sagem

续表

仪器名称	方位精度/mil(RMS)	水平定位精度 DT(CEP)	高程精度 DT(PE)	备注
SIGMA30－600	0.5	0.05%	0.02%	法国 sagem
KN－4051	10	1.0%	0.125%	美国 Kearfott
KN－4052	1.7	0.35%	0.10%	美国 Kearfott
KN－4053	1.67	0.25%	0.067%	美国 Kearfott
LN－270	0.3～1.0	0.25%～1%	0.067%～1%	美国 Northrop Grumman

2.4.9 测发控系统

测发控系统的主要功能是完成对导弹的测试、状态准备和发射流程控制，接收指控设备发射参数，完成诸元计算、数据装定、对时、守时等功能。多弹式测发控系统还需要完成导弹类型识别，管理导弹配置信息，自身维护和测试，发射协调管理、测试数据记录等任务。

测发控设备一般由发控计算机、发控执行组合、电缆网、发控软件组成。

测发控系统是导弹武器性能分析和指挥决策的重要依托，完成对弹上控制系统、安全系统及各个分系统的综合检查和测试；作为武器系统地面的核心，控制瞄准、定位定向、车控、遥测、外测等分系统工作在一个统一的时序内；协调各分系统共同完成导弹的射前准备工作，保证导弹的快速发射。

测发控系统通常采用 CAN 总线或以太网与地面车控、瞄准、定位定向、发控执行组合等互联，实现发射车各分系统之间的信息交互。

测发控系统通常采用 1553B 总线与弹上控制系统互联，通常采用以太网向弹上导引头传递参考图，完成对弹上控制系统的控制和状态检测，利用模拟接口实现对弹上各系统的供电和配合性信号检查，并对全系统配合信号的协调性进行全面的综合检查和测试，最终完成对导弹实施发射点火控制任务。

发控方式一般分为手动、程控、定时三种：

1）手动发控方式：在关键发射工步如系统唤醒、弹上瞄准、起竖、电池激活、导弹解锁、点火等关键工步中，通过人机交互实施控制。

2）程控发控方式：按照发射流程的约束，自动进行发射过程中的阈值和条件判定，按照预定流程自动完成导弹发射。

3）定时发控方式：按照发射流程的约束，自动进行发射过程中的阈值和条件判定，按照定时时间完成导弹发射。

测发控系统常用的工作模式包括：作战模式、训练模式、维护模式。

作战模式用于导弹实际发射，指挥系统发送作战命令，执行地面设备、弹上设备唤醒，发射导弹完成作战流程，分为发射准备、导弹发射、装备撤收阶段，各个阶段的工作内容主要如下：

1）发射准备：从待机状态转入正常战备状态，主要完成设备的加电自检、初始化、发控方式选择、导弹配置信息查询、导弹选择、类型检查、导弹从初始状态转入加电准备好的状态等。

2）导弹发射：在该阶段主要完成弹上瞄准、参数装定、起竖、筒弹解锁、电池激活和弹动点火等。

3）装备撤收：主要工作内容包括箱体回平、系统断电、返回值班待机状态等。

2.4.10　供配电系统

2.4.10.1　主要功能

供配电系统主要功能如下：

1）为发射车提供性能指标满足任务书要求的交流电能和直流电能；

2）完成交流电能和直流电能的输送、分配、变换及控制；

3）在系统所属设备电能参数超出任务书规定指标时实施供配电保护；

4）上传系统的状态信息。

供配电系统通常由一次电源、二次电源和配电设备等组成。

一次电源通常包含柴油发电机组、取力发电装置、蓄电池组等设备。系统应具备外供电接口，具备从发射车外部输入电能、向发射车外部输出电能的功能。

二次电源通常包括 AC/DC（交流/直流变换）电源和 DC/DC（直流/直流变换）电源，依据任务书要求还可配置 UPS（不间断供电）电源、AC/AC（交流/交流变换）电源。

配电设备通常包含交流配电电路、直流配电电路、过载保护电路及状态显示电路等部分。

供配电系统的典型功能组成如图 2-131 所示。

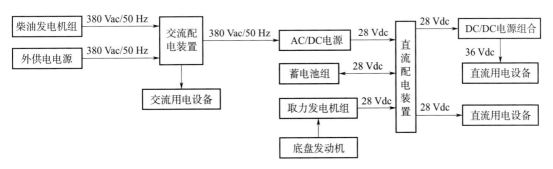

图 2-131　供配电系统典型功能组成图

发射车装备的用电设备按供电电能的频率分为交流、直流两类。交流用电设备通常包含温控系统通风装置中的电动机、压缩机组装置的电动机以及其他交流设备。直流用电设备通常包含车控系统中的控制器、驱动器、电动机，测发控、瞄准、指控等系统中的各类控制、通信设备及执行机构。

通常依据系统一次电源的技术方案及发射车底盘、上装用电设备的用电需求确定供电体制。目前机械底盘发射车通常采用 220 V/380 V/50 Hz 交流＋28 V 直流交直流混合供电体制，电驱底盘发射车通常采用 700 V 直流＋28 V 直流高低压混合供电体制。

2.4.10.2　主要设备组成与原理

（1）柴油发电机组

柴油发电机组的功能是将化学能转化为机械能，同时将柴油机自身曲柄连杆机构的往复直线运动转化为曲轴的旋转运动，驱动发电机输出交流电能。

柴油发电机组通常包含柴油机、发电机、联轴器、燃油加热器、控制装置、蓄电池组、油管、线缆、支撑底座、油箱及箱体等部分，机组可与载车底盘共用油箱及蓄电池组。

柴油发电机组的结构组成如图 2-132 所示。

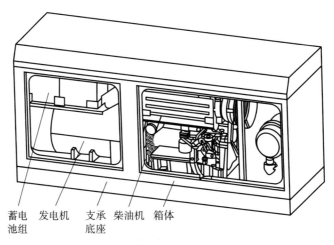

蓄电　发电机　支承　柴油机　箱体
池组　　　　　底座

图 2-132　柴油发电机组结构组成图

柴油发电机组的典型原理组成如图 2-133 所示。

①柴油机

发电机组中的柴油机与汽车底盘的柴油发动机组成原理基本相同，但是附件与主机集成度更高。柴油机本机主要由曲柄连杆机构、曲轴、缸体、缸盖、高压泵、启动电机、充电发电机以及冷却系统、进排气系统、润滑系统、柴油供给系统等组成。附件包括空气滤清器、排气消音器、油温表、预热控制器、预热继电器、电连接器、导线束等部分。为适应高原环境，在基本组成基础上通过配置增压系统，以提高进气压力，构成增压柴油机。曲柄连杆机构、进排气系统和柴油供给系统相互配合完成柴油机的工作循环、实现能量转换。

以德国 DEUTZ 公司的四缸增压风冷 BF4L2011 型柴油机为例进行介绍。图 2-134 是柴油机保养面（正面）结构图。

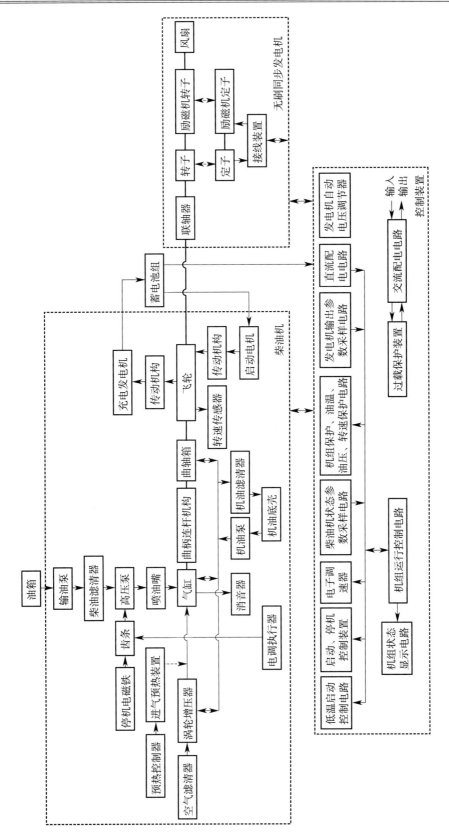

图 2 - 133　柴油发电机组典型原理组成图

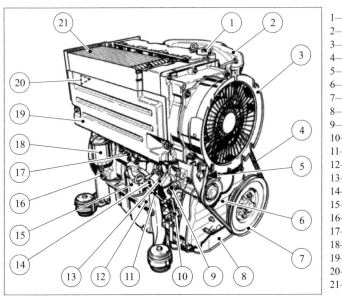

1—加机油口
2—增压空气管
3—冷却风扇和集成式发电机
4—V型皮带
5—停车电磁阀
6—齿形同步正时皮带护罩
7—曲轴皮带轮
8—油底壳
9—停车手柄
10—油门拉杆
11—机油标尺
12—曲轴箱
13—加机油口
14—输油泵
15—柴油滤芯
16—驾驶舱暖风接口
17—控制阀(CPD)
18—机油滤芯
19—护风罩
20—高压泵(在护风罩内)
21—机油散热器

图 2-134　柴油机保养面（右侧）结构图

图 2-135 是柴油机排气面（背面）结构图。

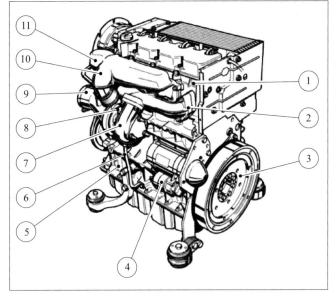

1—缸盖
2—排气歧管
3—飞轮
4—起动马达
5—曲轴箱
6—增压器润滑油进油管
7—增压器润滑油回油管
8—增压器进气口
9—增压器
10—增压器与增压空气管接头
11—增压空气管

图 2-135　柴油机排气面（左侧）结构图

　　供配电控制装置上"柴油机启动"开关闭合后，蓄电池组为柴油机自带的启动电机供电，启动电机通过传动机构驱动齿轮啮合入飞轮齿圈带动飞轮旋转，飞轮带动曲轴旋转，曲轴通过连杆机构驱动气缸内活塞工作，直至柴油机顺利启动，之后断开"柴油机启动"开关，使启动电机驱动齿轮脱离飞轮齿圈。

图 2 - 136 是该柴油机柴油油路图。

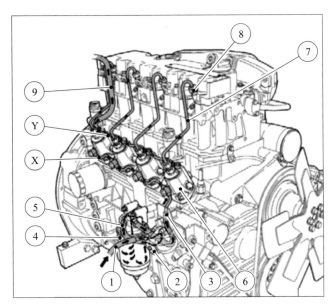

1—输油泵进油管(从油箱经
柴油粗滤器接入)
2—输油泵
3—柴油滤芯至高压泵油管
4—柴油滤芯
5—输油泵至柴油精滤芯
6—高压泵
7—高压油管
8—喷油管
9—低压油溢流管

X—低压油管
Y—回油管

图 2 - 136　柴油机柴油油路图

　　柴油通过输油泵驱动后经柴油滤清器过滤，按柴油机的运行工况和气缸工作顺序，经高压泵向喷油器输送高压燃油，在气缸内经空气滤清器过滤后的清洁空气与喷油器喷射出的高压雾化柴油充分混合，在活塞的挤压下油气混合体体积缩小、温度升高，柴油达到燃点后被点燃，油气混合体剧烈燃烧、体积快速膨胀，推动各气缸内活塞顺序运动做功。未进入高压泵的柴油经低压油溢流管返回油箱。

　　图 2 - 137 是柴油机机油油路图。

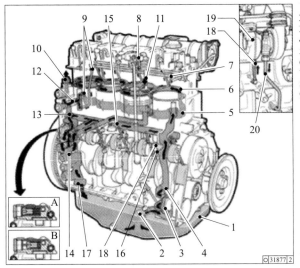

1—油底壳
2—吸油管
3—机油泵
4—主油道
5—气缸冷却油道
6—缸盖冷却油道
7—摇臂润滑油道
8—摇臂
9—节温器进油道
10—至机油散热器进油接口
11—从机油散热器出油接口
12—节温器
13—机油滤芯进油道
14—机油滤芯
15—凸轮轴、连杆及曲轴轴承润滑油道
16—活塞冷却喷油嘴
17—曲轴箱回油通道
18—增压器润滑油进油管
19—增压器
20—增压器润滑油回油管

液压挺柱集成在机油滤清器的支座上
A—发动机冷机状态时挺柱油缸位置
B—发动机热机状态时挺柱油缸位置

图 2 - 137　柴油机机油油路图

柴油机启动后，机油泵将机油从油底壳中抽出，先后进入气缸、缸盖、摇臂冷却油道以及凸轮轴、连杆、曲轴轴承、增压器等活动部件的润滑油道，最后经机油滤清器回到油底壳。

机油的作用是润滑、冷却、清洁、密封、防锈防腐和减振。机油能够在活塞与缸壁之间、曲轴与轴瓦等部位形成润滑油膜，实现流体润滑，减少柴油机零部件的摩擦和损耗。在柴油机运转过程中，循环流动的机油可以持续地将气缸、活塞、曲轴等部位产生的热量带走，保持气缸、活塞、曲轴等部件的正常温度。流动的机油可以清洁运动部件的表面，带走零件磨损、磨削产生的杂质和燃料燃烧形成的积碳。柴油机活塞与缸壁之间、活塞环与环槽之间都有一定间隙，具有黏性的机油填充在上述间隙处形成密封，可防止燃烧室窜气、维持缸压。机油能吸附在气缸、活塞、曲轴等部件表面，防止大气中水和酸性物质对金属的锈蚀和腐蚀。机油还能够帮助缓冲活塞、活塞销、连杆轴承等部件承受的冲击负荷。

柴油机的进排气系统主要包含空气滤清器、增压器、消声器和进气/排气道等部分。经滤清器过滤的清洁空气进入涡轮增压器后被压缩以提升进入气缸空气的压力、提高空气密度。在柴油供给系统的配合下，使气缸内燃料燃烧更充分，同时降低气缸排出的油气混合体燃烧后产生的废气浓度。

机组通过电调控制系统控制柴油机稳定运转，并使柴油机的转速指标即机组的频率指标满足任务书要求。机组输出交流电的频率线性对应于柴油机转速。发电机自带的自动电压调节器控制发电机输出稳定电压值的交流电，并使机组的电压性能指标满足任务书要求。

控制装置对机组的运行状态（包含机油温度、机油压力、输出电能频率、电能电压等参数）进行检测，完成对机组的启动、预热及停机操作，实现对柴油机恒频运行、发电机稳压输出的自动控制，对可能出现的各种故障分别实施保护。

转速传感器、电子调速器、电调执行器等部件构成了柴油机恒频运行的转速闭环控制系统，该系统的原理组成如图 2 - 138 所示。

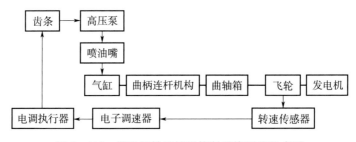

图 2 - 138　柴油机转速闭环控制系统原理组成图

转速传感器为电磁感应式传感器，当柴油机飞轮齿顶切割传感器磁力线时感应生成交流电，电压值与柴油机转速成正比。电子调速器接收转速传感器输出的电压信号，与设定的转速（额定转速）比较，发出脉宽调制信号控制电调执行器，电调执行器轴直线运动的距离与脉宽调制信号的占空比成正比。电调执行器带动齿条调节高压泵内燃油的流量，转速升高减少供油，转速降低增加供油，实现柴油机转速的负反馈自动控制。与 BF4L2011 型柴油机配套使用的转速传感器、电调执行器、ESD2241 型电子调速器外观如图 2 - 139 所示。

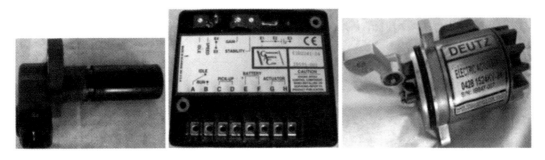

图 2 - 139　转速传感器、电调执行器、电子调速器外观图

电子调速器原理组成如图 2 - 140 所示。

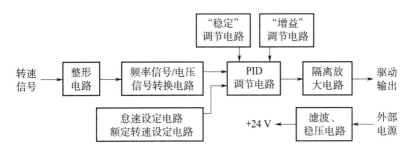

图 2 - 140　电子调速器原理组成图

电子调速器接收来自转速传感器的交流信号，经整型电路、频率/电压转换电路将交流信号转换为直流信号，该信号与转速设定值进行比较后经 PID 调节电路、隔离/放大电路输出驱动电调执行器的脉宽调制信号。PID 调节电路可分别实施稳定（STABILITY）调节和增益（GAIN）调节。

控制装置上"柴油机停机"开关闭合后，停机电磁铁线圈加电，电磁铁带动齿条动作将高压泵中供油通路关闭，柴油机转速下降直至停机。

BF4L2011 型柴油机的技术性能指标如图 2 - 141 所示。

若用户选择柴油机额定转速为 1500 r/min，则柴油机持续输出功率为 34.6 kW（按标准 DIN/ISO 3046 ICXN 定义）。

②发电机

发电原理：柴油机通过飞轮与无刷同步发电机连接，气缸活塞通过曲柄连杆机构推动曲轴转动，曲轴带动与其同轴连接的发电机转子旋转。依据电磁感应原理，发电机定子产生感应电动势，向与柴油发电机组连接的用电设备输出交流电能。

发电机通常包括无刷同步发电机、异步发电机两类。

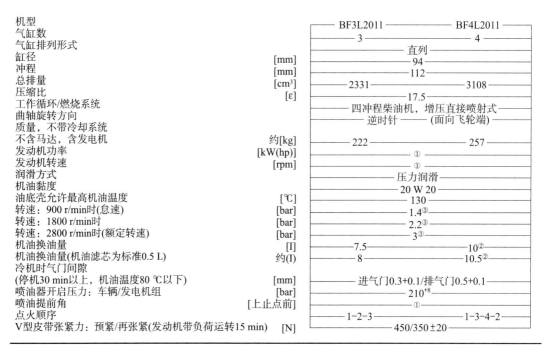

机型		BF3L2011	BF4L2011
气缸数		3	4
气缸排列形式		直列	
缸径	[mm]	94	
冲程	[mm]	112	
总排量	[cm³]	2331	3108
压缩比	[ε]	17.5	
工作循环/燃烧系统		四冲程柴油机，增压直接喷射式	
曲轴旋转方向		逆时针 (面向飞轮端)	
质量，不带冷却系统			
不含马达，含发电机	约[kg]	222	257
发动机功率	[kW(hp)]	①	
发动机转速	[rpm]	①	
润滑方式		压力润滑	
机油黏度		20 W 20	
油底壳允许最高机油温度	[℃]	130	
转速：900 r/min时(怠速)	[bar]	1.4③	
转速：1800 r/min时	[bar]	2.2③	
转速：2800 r/min时(额定转速)	[bar]	3③	
机油换油量	[l]	7.5	10②
机油换油量(机油滤芯为标准0.5 L)	约(l)	8	10.5②
冷机时气门间隙			
(停机30 min以上，机油温度80 ℃以下)	[mm]	进气门0.3+0.1/排气门0.5+0.1	
喷油器开启压力：车辆/发电机组	[bar]	210+8	
喷油提前角	[上止点前]	①	
点火顺序		1-2-3	1-3-4-2
V型皮带张紧力：预紧/再张紧(发动机带负荷运转15 min)	[N]	450/350±20	

①发动机功率、转速、供油提前角全部印在发动机标牌上。
②因油底壳形式不同，加油量有差异。实际加注量以机油尺上下限标记为准。
③机油加注量以冷机为准。

图 2-141　BF4L2011 型柴油机技术性能指标

　　无刷同步发电机的典型组成为前端盖、定子、转子、励磁机定子、励磁机转子、风扇、轴承、防护罩、后端盖、机座，如图 2-142 所示。发电机为轴向通风，风扇强制冷却。

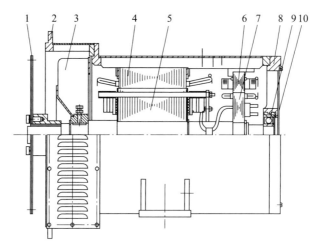

图 2-142　无刷同步发电机结构组成图

1—联轴器；2—前端盖；3—风扇；4—定子；5—转子；6—励磁机定子；

7—励磁机转子；8—后端盖；9—轴承；10—防护罩

发电机的励磁方式目前成熟应用的主要有基波可控励磁、基波相复励和谐波励磁。

基波可控励磁是采用可控硅整流器直接将发电机输出单相交流电源整流后送入励磁绕组，控制电路通过控制可控硅的导通角负反馈调节励磁电流大小，实现发电机输出端稳压。

基波相复励原理是应用相复励变压器、电抗器和电容器，电抗器将电枢绕组电压移相90°后接变压器电压绕组，变压器电流绕组串联在发电机输出线路中，变压器电压绕组、电流绕组在变压器主绕组中感应叠加后通过整流器输入发电机的励磁绕组。发电机负载增加、变压器电流绕组感应增大、励磁电流增加、发电机输出电压增大，形成负反馈闭环控制。在发电机启动过程中，电抗器和电容器发生谐振。电容器两端电压高于剩磁电压，电容器连接变压器电压绕组，电压绕组上的高电压感应到主绕组后经整流送入发电机励磁绕组，可使发电机可靠自激启动。发电机启动后电抗器和电容器谐振消失。

发电机带感性负载后定子绕组流过负载电流，负载电流产生电枢反应磁动势，该磁动势由基波及高次谐波组成，其中三次谐波最大。三次谐波的相位与励磁磁动势产生的三次谐波的相位相同。发电机带感性负载后电枢反应磁动势中的基波对励磁磁动势中的基波起去磁作用，使发电机输出端电压降低，而电枢反应磁动势中的三次谐波对励磁磁动势中的三次谐波起助磁作用，即发电机采用三次谐波励磁，将使谐波绕组中感应到的电动势上升，使励磁电流增加、发电机输出端电压升高。

无刷同步发电机及配套使用的自动电压调节器原理组成如图 2 - 143 所示。当发电机转速达到额定转速后，磁极剩磁磁场切割发电机主绕组和谐波绕组，感应出工频和谐波交流电源，谐波电源经电压调节器供给励磁机励磁绕组产生励磁磁场，励磁机电枢绕组切割励磁磁场产生三相交流励磁电源，三相交流励磁电源经旋转整流器整流成直流励磁电源，直流励磁电源供给发电机磁极绕组产生主磁场，发电机主绕组和谐波绕组切割主磁场，加强感应工频和谐波交流电压，谐波交流电再由电压调节器加强和调节励磁机励磁，使发电机输出稳定的工频交流电能。

发电机输出电压（U 相、W 相之间电压）输入自动电压调节器后，经隔离降压、整流、滤波后与发电机输出额定电压设定值进行比较，经 PI 调节电路、隔离/放大电路输出驱动发电机励磁绕组的脉宽调制信号。

发电机验收遵循的国家标准为 GB/T 2820.3—2009《往复式内燃机驱动的交流发电机组　第 3 部分：发电机组用交流发电机》。

无刷同步发电机典型输出技术性能指标包含额定功率、额定频率、额定电压、额定转速、励磁方式、绝缘等级、空载电压整定范围、稳态电压调整率、瞬态电压调整率、电压稳定时间、电压波动率、线电压波形正弦性畸变率、以额定输出功率运行时从冷态至热态的电压变化值、空载时直接启动异步电动机能力。

交流输出柴油发电机组典型输出技术性能指标包含额定功率、额定频率、额定电压、空载电压整定范围、稳态电压调整率、瞬态电压调整率、电压稳定时间、电压波动率、稳态频率调整率、瞬态频率调整率、频率稳定时间、频率波动率、线电压波形正弦性畸变率、空载时直接启动异步电动机能力。

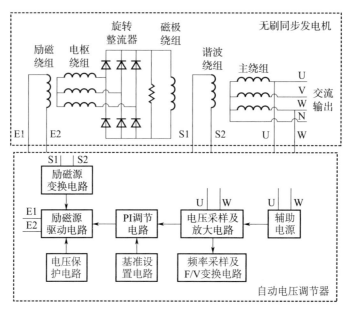

图 2-143　无刷同步发电机原理组成图

（2）取力发电机组

取力发电机组以载车底盘发动机为动力源，在载车行驶过程中或驻车时，从发动机或变速器的取力口取力，通过传动装置驱动发电机输出电能。

取力发电机组通常包含取力装置、传动装置、发电机、电机控制器等部分。

取力口通常有底盘发动机的取力口、变速器取力口、分动器取力口，依据发电机功率和取力发电机组各组成部分所处的空间位置选择传动链短的取力口，采用联轴器连接取力口与传动装置。

传动装置通常包括机械传动轴、液压装置两类，在底盘或变速器取力口的转速无法适应发电机转速，以及底盘或变速器取力口到发电机之间的传动部分无合适的安装位置时，需要安装齿轮箱。

①液压取力发电机组

液压取力发电机组通常由液压泵、泵出口阀块、液压油箱组件、冷却装置、恒速控制装置、液压马达、发电装置等部分组成。液压取力发电机组典型原理组成如图 2-144 所示。

液压泵为负载敏感变量泵，可根据轴负载大小自动调节输出液体流量。泵出口阀块内安装可调节流量的阻尼孔，阻尼孔前后设有压力检测装置用于检测液压泵出口压差。

液压油箱组件包含油箱、液位计、过滤器、空气滤清器、文丘里阀块，利用文丘里原理自动为液压泵补油，过滤器过滤液压油，液位计实时检测油箱液位，空气滤清器协助加注液压油并排出油箱内空气。

恒速控制装置由阀块内固定阻尼孔的阻尼器、阻尼孔、单向阀、背压阀、旁通阀、液压马达组成。背压阀控制系统背压，提供液压马达反馈压力，旁通阀控制液压马达运转或停转，阻尼孔实现系统流量控制。

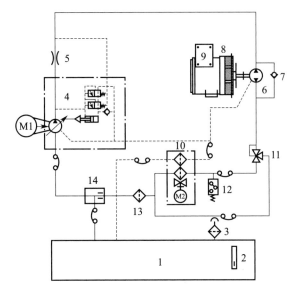

图 2 - 144　液压取力发电机组典型原理组成图

1—液压油箱；2—液位计；3—空气滤清器；4—液压泵；5—泵出口阀块（固定阻尼孔）；6—液压马达；7—单向阀；
8—发电机；9—发电机电气装置；10—冷却装置；11—温控阀；12—压力继电器；13—过滤器；14—文丘里阀块

冷却装置由冷却器、温控阀及温度开关组成，通过冷却器调节油液温度，同时分开主油路和泄油路。温控阀决定油液循环路径，当油液温度过低、油液黏度增大时，系统背压升高、温控阀打开，油液不经过冷却器返回油箱，当温度升高，系统背压下降时温控阀关闭，油液经过冷却器降温后返回油箱。

发电装置由发电机及控制装置组成。发电机通常选用无刷同步发电机，电气装置通常由发电机电压调节器、状态显示装置和接线装置组成。发电机输出电压输入自动电压调节器后，经隔离降压、整流、滤波与发电机输出额定电压设定值进行比较，经 PI 调节电路、隔离/放大电路输出驱动发电机励磁绕组的脉宽调制信号。为增加发电机运行稳定性，可与发电机同轴连接飞轮，增大转子转动惯量。

底盘发动机通过变速器带动液压泵运动，液压泵通过管路供油给液压马达，液压马达通过联轴器连接发电机。底盘发动机转速变化时，负载敏感装置使液压泵内的斜盘位置变化，维持固定阻尼孔两端压差恒定，使液压泵输出的流量保持恒定，进而控制液压马达转速保持稳定、维持发电机转速稳定，进而保持发电频率稳定。

②机械取力同步发电机组

机械取力同步发电机组通常由取力装置、传动装置、交流无刷同步发电机、控制装置、蓄电池组等组成。机械取力直流输出同步发电机组典型原理组成如图 2 - 145 所示。

交流无刷同步发电机的组成通常为前端盖、定子、转子、励磁机定子、励磁机转子、风扇、轴承、后端盖、机座。发电机为轴向通风，风扇强制冷却。

发电机工作原理：底盘发动机通过变速器带动传动轴旋转，传动轴通过联轴器与发电机转子连接，蓄电池组作为励磁源。当发电机的转速达到发电的最低转速后励磁源接入，

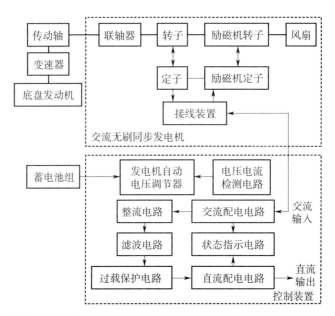

图 2-145　机械取力直流输出同步发电机组典型原理组成图

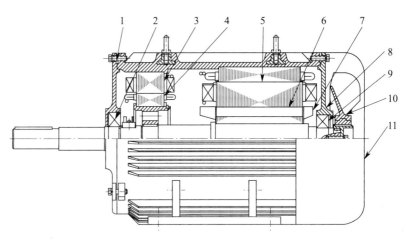

图 2-146　无刷同步发电机结构组成图

1—前端盖；2、9—轴承；3—励磁机定子；4—励磁机转子；5—定子；6—转子；
7、10—风扇；8—后端盖；11—防护罩

由控制装置中自动电压调节器调节励磁供给励磁机励磁绕组产生励磁磁场，励磁机电枢绕组切割励磁磁场产生三相交流励磁电源，三相交流励磁电源经旋转整流器整流成直流励磁电源，直流励磁电源供给发电机磁极绕组产生主磁场，发电机主绕组切割主磁场，感应交流电压，使发电机输出稳定的三相交流电能。交流电能经过控制装置中整流电路整流、滤波输出恒定的直流电能。为保证发电机转速在底盘发动机全运行转速范围内发出恒压直流电能，将发电机励磁绕组分成多段，在不同的转速范围内由自动电压调节器进行分段控制，保证发动机在不同的转速下发电机励磁分段可控，输出稳压电能。

电机配套使用的自动电压调节器原理组成如图 2-147 所示。前面介绍的柴油发电机组中发电机配套的自动电压调节器为单段励磁，取力机组中自动电压调节器为多段励磁。调节器采集发电机交流端电压，降压后通过频率/电压转换电路获得发动机的转速信号，该信号在"频率分段判断及译码输出电路"中与预设的频率分段判据对比后确定当前转速所在的频率区间，经"译码输出电路"驱动"励磁信号放大输出驱动电路"中对应当前频率区间的励磁电路工作。发动机低速运行时采用强励磁（E1～E2），发动机高速运行时采用弱励磁（E1～E3）。

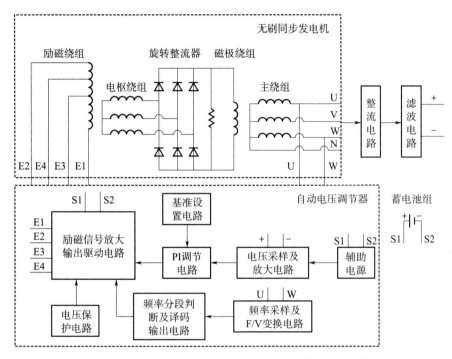

图 2-147　取力同步发电机自动电压调节器原理组成图

③机械取力异步发电机组

机械取力异步发电机组通常由底盘发动机、取力装置、传动装置、异步发电机、功率变换及控制装置、蓄电池等组成。机械取力交流输出异步发电机组典型结构组成如图 2-148 所示。

异步发电机结构组成如图 2-149 所示。发电机转子是铁芯鼠笼绕组，为无刷结构。定子有两套交流绕组，一套为控制绕组，另一套为功率绕组，两套绕组绝缘，通过电机内部磁场耦合，两套绕组功能分开，易于控制，动态性能好，变速变负载条件下发电机能输出稳压电能。

系统工作原理：发动机起动后通过变速器、传动轴将机械能传递到发电机转子，DSP控制板通过检测发电机的转速以及开关指令判断起动时刻，当发电机的转速进入规定的发电转速范围内并且开关指令为开状态，起动蓄电池向电容器充电，存储发电机预励磁建压过程需要的电能。励磁变换器将电容器上的电能按控制策略输入到发电机定子控制绕组，

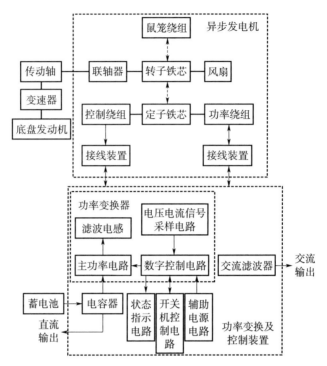

图 2-148 机械取力异步发电机组原理组成图

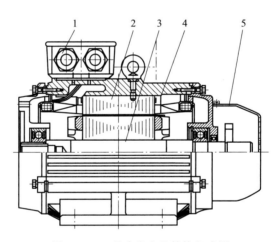

图 2-149 异步发电机结构组成图

1—接线盒；2—定子；3—转子；4—机壳；5—后罩

形成发电所需的初始旋转磁场，完成发电机建压，随后通过内部高压母线闭环控制进入稳态发电状态，发电机功率绕组发出交流电能，再经过滤波器输出 380 V/50 Hz 交流电能。同时励磁变换器还可输出预设电压的直流电能。

励磁变换器控制原理如图 2-150 所示。励磁变换器主要包括四部分：主功率电路、电压电流信号采样电路、数字控制电路、滤波电感。采样信号包括功率侧和控制侧电压电流信号和控制侧主功率电路母线电压与电流。

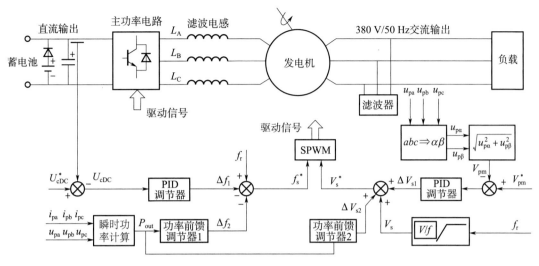

图 2 - 150　励磁变换器原理组成图

机组由低压蓄电池经主功率电路逆变开环建压，通过对发电机转速的检测自动寻找建压频率，切入闭环进行超同步发电。励磁变换器采用 V/F 控制方式，提供发电机运行所需要的无功功率，同时发电机发出的有功功率流向直流负载侧。为了保持控制侧直流母线电压和功率侧交流电压稳定并输出功率，励磁控制器需要提供一个合适频率和幅值的电压，以保证发电机处于发电状态。发电机输出功率与转差频率有关，输出电压与发电机内磁通相关。为克服主功率电路开关管及线路损耗引起的控制绕组侧直流母线电压波动，发电机需提供一部分有功功率，发电机的功率侧和控制侧都需要输出有功功率，根据总有功功率确定励磁控制器输出电压频率。调节发电机内部磁场可使发电机功率侧交流电压稳定，可通过当前的频率和交流电压的误差确定励磁变换器输出电压的幅值，同时为保持良好的动态性能，根据发电机当前输出功率为励磁变换器输出电压的幅值提供一个前馈量。

交流输出取力发电机组典型输出技术性能指标与交流输出柴油发电机组相同。

（3）AC/DC 电源

AC/DC 电源的功能是将交流电能通过电力电子器件及磁性器件在控制电路的作用下变换为直流电能。在室内训练和长期待机期间，可通过 AC/DC 电源将市电接入发射车，为发射车提供安全可靠的直流电能。

AC/DC 电源按功率变换电路中功率管的工作模式分为线性电源和开关电源两类。目前载车上因重量限制通常使用开关电源。

AC/DC 电源通常由输入电路、功率变换电路、输出电路、控制电路、辅助电源、结构件及线缆等部分组成。AC/DC 电源典型原理组成如图 2 - 151 所示。

①输入电路

输入电路包括滤波电路、缓启动电路、整流电路和直流滤波与功率因数校正电路。

电磁干扰（EMI）滤波器是由电感、电容组成的无源器件，它起两个低通滤波器的作

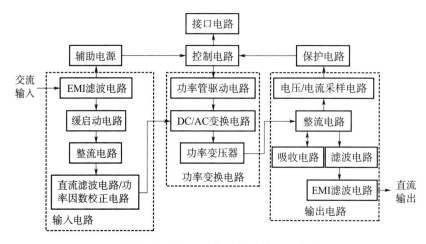

图 2-151　AC/DC 电源典型原理组成图

用，一个衰减共模干扰，另一个衰减差模干扰。它能在阻带（通常大于 10 kHz）范围内衰减射频能量而让工频能量无衰减或很少衰减地通过。滤波器的主要指标包括共模（CM）插入损耗、差模（DM）插入损耗、工作电压、工作电流、耐压值、漏电流等。

典型的共模增强型交流输入三相四线滤波器电路如图 2-152 所示。

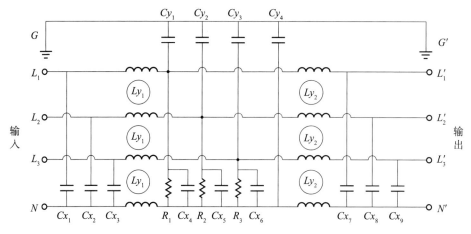

图 2-152　典型共模增强型交流输入三相四线滤波器电路图

电路选用共模扼流圈 Ly_1、Ly_2 和共模电容 $Cy_1 \sim Cy_4$，抑制共模干扰。利用共模电感的漏感和差模电容 $Cx_1 \sim Cx_9$，抑制差模干扰。电路利用阻抗失配原则，使干扰信号在传输过程中进行反射，形成反射损耗，抑制干扰。

缓启动电路一般有三种方案。第一种方案是在电容器之前串联电阻，适用于小功率电源，电阻必须能承受电源开机时的高电压和大电流；第二种方案是在电容器之前串联负温度系数的热敏电阻，一般适用于小功率电源；第三种方案是使用有源冲击电流限制器件，在电源通电启动过程中通过电阻限制冲击电流，启动结束后使用可控硅、MOSFET 晶体管或继电器短路电阻。

整流电路的功能是将交流电能变换为脉动的直流电能。由于电源中功率变换电路可根据负载变化自动调节输出电压，故整流电路一般采用二极管整流的单相电路或三相桥式整流电路。因三相整流电路的输出纹波小、二极管利用率高、三相负载平衡，故中、大功率电源一般采用三相整流电路。在整流电路后必须接电解电容器，其作用是对整流电路输出的脉动直流电压滤波、吸收感性负载的反馈能量（无功功率存储与交换），保证主电路中 DC/DC 变换电路的可靠工作。三相桥式整流电路原理组成如图 2 - 153 所示。

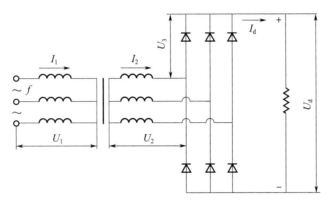

图 2 - 153 三相桥式整流电路原理组成图

三相桥式整流电路的主要性能参数见表 2 - 11。

表 2 - 11 三相桥式整流电路主要性能参数表

名称	数值
整流管承受的反向最高工作电压 U_3	$1.045\,U_d$
变压器的二次电压 U_2	$0.428\,U_d$
变压器的二次电流 I_2	$0.815\,I_d$
整流电压的交流分量频率	$6f$

直流滤波电路的功能是滤除脉动直流电能中的交流分量，保留直流分量，减少直流电能的脉动系数。

交流电路中有三个基本元件：电阻器、电容器、电感器。电阻两端的电压与通过的电流相位相同，视在功率等于有功功率。电感两端加电压的瞬间，电感产生反电动势，阻止电流突变，电流滞后其两端电压 90°，视在功率等于无功功率，电感只通过无功功率反映电感与电源之间存在电磁能量的交换。电容两端的电压不能发生突变，通过电容的电流相位超前其两端的电压 90°，视在功率等于无功功率，电容只通过无功功率反映电容自身存储的电场能量与电源之间存在交换。

功率因数的定义是有功功率与视在功率的比值，有功功率是电源传输到负载的功率，提高功率因数有助于提升电源的变换效率，同时抑制输入交流电流波形中的谐波分量、提高电源电磁兼容性能。

电源功率因数校正电路的功能是缩小交流输入电压/电流之间的相位差、抑制输入交流电流波形中的谐波分量。

电源功率因数校正电路通常与直流滤波电路统一设计。功率因数校正电路有无源和有源两种。无源功率因数校正有三种基本电路方案。第一种是在整流电路与直流滤波电容器之间串入无源电感。第二种是在整流电路输入端串入无源 LC 串并联槽路。第三种是利用电容器与二极管网络构成填谷式电路，目前在电源中大量成熟使用的是第一种电路。

有源功率因数校正电路工作在连续导电模式（CCM）时，采用乘法器式控制电路。变换电路工作在不连续导电模式时（DCM），采用电压跟随器式控制电路。对于额定功率小于 1500 W 的交流单相输入的电源，可选用成熟的功率因数校正模块产品。

图 2-154 是采用无源功率因数校正技术的三相输入整流电路仿真模型电路图。

电路额定输出功率 3.5 kW，额定输入相电压 220 V/50 Hz，电容取值 560 μF，四个电容串并联连接，电感取值 0.01～0.03 mH，输入相电压取值 176～263 V。

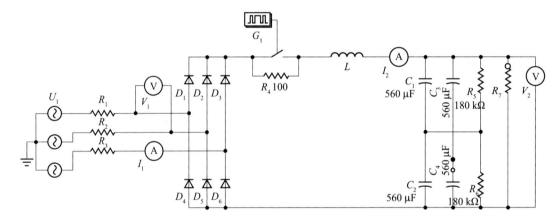

图 2-154　无源功率因数校正的三相输入整流电路仿真模型图

使用 PSIM 软件进行仿真，仿真结果见表 2-12。

表 2-12　无源功率因数校正三相输入整流电路仿真结果

滤波电感值/mH	输入相电压/V	负载电阻/Ω	输入电流基波/A	输入电流3次谐波/A	输入电流5次谐波/A	输入电流7次谐波/A	输出电压/V	输出电压纹波/V	输出功率/W	THD/（%）	PF
0.01	263	108	6.13	0.045	1.75	1.21	615	3.8	3504.3	0.347	0.94
0.02	263	108	6.11	0.04	1.172	0.945	615	2	3504.3	0.246	0.97
0.03	263	108	6.12	0.044	1.3	0.89	615	1.25	3504.3	0.257	0.97
0.01	220	75	7.37	0.05	1.54	1.25	514	3.2	3522.6	0.269	0.96
0.02	220	75	7.37	0.05	1.55	1.25	514	1.5	3522.6	0.27	0.96
0.03	220	75	7.4	0.05	1.56	1.26	514	1	3522.6	0.271	0.96
0.01	176	48	9.21	0.06	2.04	1.39	411	2.5	3519.1	0.268	0.96
0.02	176	48	9.24	0.06	2.04	1.4	411	1.25	3519.2	0.267	0.96
0.03	176	48	9.22	0.06	1.87	1.3	411	0.8	3519.1	0.247	0.97

　　从表 2-12 可知：电感取值 0.03 mH 时，输入相电压在 176～263 V 范围内变化，输入功率因数可达到 0.96～0.97。

　　②功率变换电路

　　功率变换电路的功能是通过功率开关管、二极管、电感、变压器、电容器组成的电路，在控制电路的控制下，将高压直流电能变换为高频低压交流电能。

　　目前车载 AC/DC 电源选用的功率变换电路主要有交错并联双管正激、零电压零电流开关 PWM 三电平半桥软开关、移相全桥零电压开关 PWM 三种。

　　交错并联双管正激电路是将双管正激电路交错并联，使等效占空比接近 1，且控制电路简单。同一桥臂的两个开关管同时导通或同时关断，不存在桥臂直通的问题，提高了电源的可靠性。同时开关管的电压应力被箝位在输入电压，在同样的工作频率下，与单路双管正激电路相比，输出滤波电感上电压的频率扩大了一倍，减小了电感的体积，同时电路输入电流的脉动频率也提高了一倍，可以减小输入滤波器的体积。两个并联支路降低了变换电路的热应力，同时电路输入和输出电气隔离。

　　图 2-155 是考虑了开关管漏源寄生电容及变压器励磁电感的交错并联双管正激变换器电路。

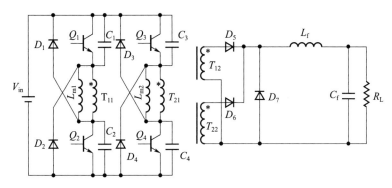

图 2-155　交错并联双管正激变换器电路图

　　图 2-155 中 Q_1、Q_2、Q_3、Q_4 是主开关管，D_1、D_2、D_3、D_4 是磁复位二极管，C_1、C_2、C_3、C_4 是 Q_1、Q_2、Q_3、Q_4 的寄生电容，T_1、T_2 是高频变压器，L_{m1}、L_{m2} 是变压器的励磁电感，i_{m1}、i_{m2} 分别为流过励磁电感 L_{m1}、L_{m2} 的电流，这里规定向下为正，D_5 和 D_6 是输出整流二极管，D_7 是续流二极管，L_f 是输出滤波电感，C_f 是输出滤波电容，K 为变压器原副边匝比。变换器工作时，Q_1 和 Q_2 同时开通同时关断，Q_3 和 Q_4 也同时开通同时关断，并滞后 Q_1 和 Q_2 半个周期，实现交错控制。

　　在一个开关周期中共有 12 种开关模态，图 2-156 是该电路在各个模态下的等效电路。

　　电路工作时主要参数波形如图 2-157 所示。

　　对图 2-156 中电路分析之前做如下假设：

　　1）所有开关管、二极管、电感、电容均为理想器件；

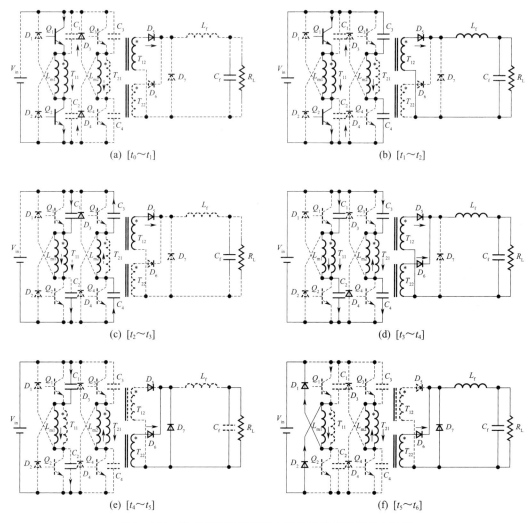

图 2-156　交错并联双管正激电路各工作模态等效电路图

2）变压器的漏感忽略不计；

3）$C_1 = C_2 = C_3 = C_4 = C$，$L_{m1} = L_{m2} = L_m$；

4）L_f 足够大，滤波电感上的电流在一个开关周期内基本保持不变，电路工作在电感电流连续模式。

开关模态 1［$t_0 \sim t_1$，图（a）］：在 t_0 时刻之前，开关管 Q_1、Q_2 上电压均为 $V_{in}/2$，并保持不变，D_1、D_2 截止，Q_3、Q_4 上电压均为 V_{in}。负载电流通过 D_7 续流，线性减小。变压器 T_1 的磁化电流 i_{m1} 通过变压器原边续流，并保持不变。二极管 D_3、D_4 导通，变压器 T_2 通过 D_3、D_4 进行磁复位，磁化电流 i_{m2} 线性减小。t_0 时刻，Q_1、Q_2 开通，C_1、C_2 的电压迅速降为 0，输入电压加在变压器 T_1 原边，磁化电流 i_{m1} 线性上升。Q_3、Q_4 仍截止，D_3、D_4 仍导通，T_2 励磁电流继续通过 D_3、D_4 续流，线性减小，回馈电源。此时，D_7 关断，D_5 导通，电源通过变压器 T_1 给副边传输能量。

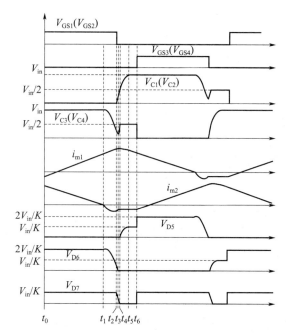

图 2-157　交错并联双管正激变换器电路参数波形图

开关模态 2 $[t_1 \sim t_2$，图（b）$]$：在 t_1 时刻，励磁电感 L_{m2} 的磁化电流 i_{m2} 下降为零，二极管 D_3、D_4 自然关断，此时变压器 T_2 的原边磁化电感 L_{m2} 与开关管 Q_3、Q_4 漏源寄生电容 C_3、C_4 开始谐振，i_{m2} 开始反方向流动，给 Q_3、Q_4 漏源寄生电容 C_3、C_4 放电。在这个过程中，Q_1、Q_2 仍处在导通状态，变压器 T_1 的原边磁化电流继续线性上升。

开关模态 3 $[t_2 \sim t_3$，图（c）$]$：在 t_2 时刻，开关管 Q_1、Q_2 关断，由于电容 C_1、C_2 的电压不可能突变，所以变压器 T_1 原边的电压仍然为正，整流管 D_5 仍然导通，流过负载电流，续流管 D_7 仍然截止，负载电流折算到变压器原边的电流便会迅速给电容 C_1、C_2 充电，C_1、C_2 的电压线性上升。在此开关模态，变压器 T_2 原边磁化电感 L_{m2}、Q_3、Q_4 漏源寄生电容 C_3、C_4 继续谐振。这个过程极其短暂，认为变压器 T_1 的励磁电流基本保持不变。

开关模态 4 $[t_3 \sim t_4$，图（d）$]$：在 t_3 时刻，当变压器 T_1 原边的电压减小到等于变压器 T_2 原边的电压时，整流管 D_5、D_6 一起导通，续流管仍然截止，变压器 T_1 原边的电压和变压器 T_2 原边的电压一起迅速减小，假设两路双管正激变换器参数一致，且励磁电流相对于折合到原边的负载电流较小，可以认为 D_5、D_6 各自分担一半的负载电流。

在 t_4 时刻，电容 C_1、C_2、C_3、C_4 的电压都上升到 $V_{in}/2$，变压器 T_1 原边的电压和变压器 T_2 原边的电压一起减小到 0，续流管 D_7 导通，此开关模态结束。由于 C_1、C_2 较小，折合到原边的负载电流较大，所以这个过程极其短暂，并且认为两个变压器的励磁电流均保持不变。

开关模态 5 $[t_4 \sim t_5$，图（e）$]$：在此开关模态中，续流管 D_7 一直处于导通状态，t_4 时刻，由于 $I_{m1}(t_4)$ 为正，变压器 T_1 原边磁化电感 L_{m1} 和 Q_1、Q_2 漏源寄生电容 C_1、C_2

开始谐振，其电压 V_{C1}，V_{C2} 继续上升。由于 I_{m2}（t_4）为负，且续流管 D_7 又处于导通状态，把变压器 T_2 副边电压箝位为 0 V，变压器 T_2 的励磁电流保持不变，励磁电流通过变压器原边续流，二极管 D_6 导通，流过折合到副边的励磁电流。当 C_1、C_2 的电压上升到 V_{in} 时，磁复位二极管 D_1、D_2 导通。在此模态中，电容 C_3、C_4 的电压保持在 $V_{in}/2$ 不变。

开关模态 6［$t_5 \sim t_6$，图（f）］：在此开关模态中，四个开关管都关断，磁复位二极管 D_1、D_2 导通，变压器 T_1 励磁电流线性减小，进行磁复位。变压器 T_2 的励磁电流继续通过变压器原边续流，保持不变。电容 C_3、C_4 的电压保持在 $V_{in}/2$ 不变。

t_6 时刻，开关管 Q_3 和 Q_4 开通，对应下半个周期开始，两路双管正激电路互换工作状态，重复前半周期的工作情况。

零电压零电流开关 PWM 三电平半桥软开关电路是在基本的三电平半桥电路的变压器原边串入一个阻断电容，使原边电流在零状态时减小到零。为了使原边电流在零状态时减小到零后不再反方向流动，在两个滞后开关管中分别串入一个二极管。

该电路开关管的电压应力为输入直流电压的一半，在很宽的负载范围内实现了超前开关管的零电压开关，在任意负载和输入电压变化范围内实现滞后开关管的零电流开关。由于在零状态中原边电流为零，减少了通态损耗，因此可以提高电路变换效率。

零电压零电流开关 PWM 三电平半桥软开关电路组成如图 2-158 所示。

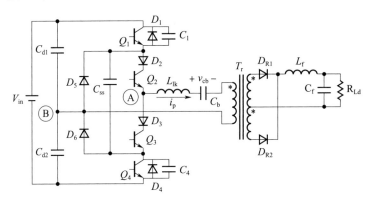

图 2-158　零电压零电流开关 PWM 三电平半桥软开关电路图

图 2-158 中 C_{d1} 和 C_{d2} 是分压电容，其容量相等，并且很大，它们的电压均为输入电源电压 V_{in} 的一半，即：$V_{Cd1} = V_{Cd2} = V_{in}/2$。$L_{lk}$ 是变压器的原边漏感，D_5 和 D_6 为箝位二极管，Q_1 和 Q_4 是超前管，Q_2 和 Q_3 是滞后管，C_1 和 C_4 分别为超前管 Q_1 和 Q_4 的并联电容。C_{ss} 为联结电容，分别将两只超前管和两只滞后管的开关过程连接起来。在变换器稳态工作时，电容 C_{ss} 上的电压恒定为 $V_{in}/2$。C_b 是阻断电容，它使原边电流 i_p 在零状态时减小到零，从而实现滞后管 Q_2 和 Q_3 的零电流开关。为了防止 i_p 在零状态时减小到零后继续反方向流动，在滞后管中分别串入二极管 D_2 和 D_3。

该电路采用移相控制，电路中主要参数波形如图 2-159 所示。

分析之前先做如下假设：

1）所有开关管、二极管、电感、电容均为理想元件；

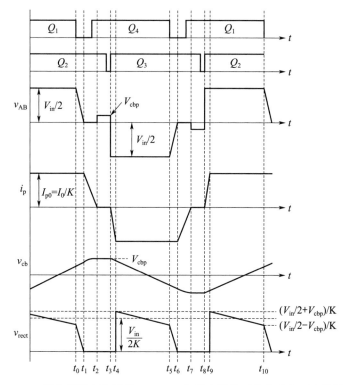

图 2 - 159　零电压零电流开关 PWM 三电平半桥软开关电路主要参数波形图

2）阻断电容 C_b 足够大；

3）$C_1 = C_4 = C_r$；

4）滤波电感 L_f 足够大，可以认为是一个恒流源，其电流为输出电流 I_0。

在一个开关周期中有 12 种开关模态，图 2 - 160 是该电路在各个模态下的等效电路。

开关模态 0〔t_0 时刻，图（a）〕：在 t_0 时刻，Q_1 和 Q_2 导通，$v_{AB} = V_{in}/2$，原边电流 i_p 给阻断电容 C_b 充电。原边电流为 $I_{p0} = I_0/K$，其中 I_0 是输出电流，K 为变压器原副边匝比。阻断电容 C_b 电压为 $V_{cb}(t_0)$。

开关模态 1〔$t_0 \sim t_1$，图（b）〕：在 t_0 时刻关断 Q_1，原边电流 i_p 给 C_1 充电，同时通过电容 C_{ss} 给 C_4 放电。由于有 C_1 和 C_4，Q_1 是零电压关断。此时漏感 L_{lk} 和滤波电感 L_f 相串联，L_f 一般很大，i_p 近似不变，类似于一个恒流源，其大小为 $I_{p0} = I_0/K$。i_p 继续给阻断电容 C_b 充电。C_r 的电压线性上升，C_4 的电压线性下降。

在 t_1 时刻，C_1 的电压上升到 $V_{in}/2$ 时，C_4 的电压下降到 0，A 点电位为 $V_{in}/2$，此时 D_5 自然导通，从而结束开关模态 1，这时 $v_{AB} = 0$。

开关模态 2〔$t_1 \sim t_2$，图（c）〕：当 D_5 导通后，C_4 的电压被箝在 0，因此可以零电压开通 Q_4。Q_4 与 Q_1 驱动信号之间的死区时间 $t_d > t_{01}$。

在这段时间里，D_5 和 Q_2 导通，A、B 两点电压 v_{AB} 等于零。此时加在变压器原边绕组和漏感上的电压为阻断电容电压 v_{cb}，原边电流 i_p 开始减小，同时使变压器原边电压极性改变，副边感应电势成为下正上负。变压器副边两个整流二极管 D_{R1} 和 D_{R2} 同时导通，因

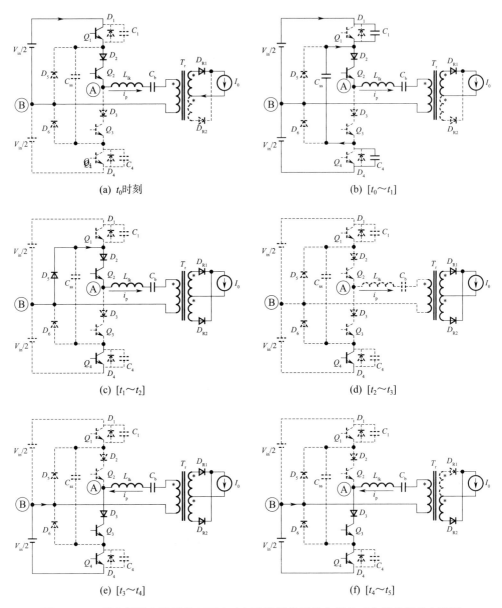

图 2－160　零电压零电流开关 PWM 三电平半桥软开关电路各工作模态等效电路图

此变压器原、副边绕组电压均为零。此时阻断电容的电压全部加在漏感上，原边电流减小，阻断电容电压上升。由于漏感较小，而阻断电容较大，因此可认为在这个开关模态中，阻断电容电压基本不变，原边电流基本是线性减小。在 t_2 时刻，原边电流下降到零。

　　开关模态 3 $[t_2 \sim t_3$，图（d）]：在开关模态 3 中，原边电流为 $i_p = 0$，B 点对地电压为 $v_B = V_{in}/2$，A 点对地电压为 $v_A = V_{in}/2 + V_{cbp}$。副边两个整流管同时导通，均分负载电流。

　　开关模态 4 $[t_3 \sim t_4$，图（e）]：在 t_3 时刻，关断 Q_2，此时 Q_2 中并没有电流流过，因此 Q_2 是零电流关断。在很小的延时后，开通 Q_3，由于漏感的存在，原边电流不能突变，Q_3 是零电流开通。

由于原边电流不足以提供负载电流，副边两个整流管依然同时导通，变压器的原、副边绕组被嵌位在零电压。此时加在漏感两端的电压为－（$V_{in}/2+V_{cbp}$），原边电流从零开始反方向线性增加。在 t_4 时刻，原边电流反方向增加到负载电流。

开关模式 5［$t_4 \sim t_5$，图（f）］：从 t_4 时刻开始，原边为负载提供能量，同时给阻断电容反向充电。输出整流管 D_{R1} 关断，所有负载电流均流过 D_{R2}。

在 t_5 时刻，阻断电容上的电压为下一次 Q_3 零电流关断和 Q_2 零电流开通做准备。在 t_5 时刻，关断 Q_4，开始［$t_5 \sim t_{10}$］的另一个半周期，其工作情况类似于前面描述的 ［$t_0 \sim t_5$］。

阻断电容电压在 t_6 时刻达到负的最大值－V_{cbp}，而 ［$t_5 \sim t_6$］时段与 ［$t_0 \sim t_1$］时段是类似的。

要实现滞后开关管的零电流开关，原边电流 i_p 必须在滞后开关管关断之前从负载电流减小到零。一般在输出满载时，阻断电容电压峰值 $V_{cbp}=10\% V_{in}$。

通过在桥式电路中增加谐振元器件并采取移相控制发展出移相全桥零电压（ZVS）开关 PWM 变换器，在桥臂发生换相时产生谐振实现软开通，可实现两个桥臂的零电压开通。该电路具有开关损耗小、控制简单（脉宽恒定，只需控制移相角）、电流/电压应力小等优点。该电路的缺陷是在轻载时滞后桥臂无法实现软开关、副边整流二极管有严重的高频寄生振荡和电压过冲。

移相全桥零电压开关 PWM 电路组成如图 2-161 所示。

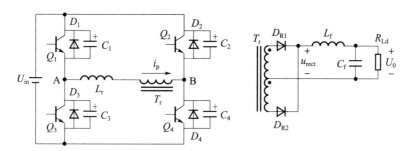

图 2-161　移相全桥零电压开关 PWM 电路图

图 2-161 中 Q_1、Q_2、Q_3、Q_4 是开关管，D_1、D_2、D_3、D_4 是开关管的体二极管，C_1、C_2、C_3、C_4 是 Q_1、Q_2、Q_3、Q_4 的寄生电容，Q_1、Q_3 为超前桥臂，Q_2、Q_4 为滞后桥臂，L_r 为谐振电感，T_r 是高频变压器，原副边匝比是 N，D_{R1} 和 D_{R2} 是输出整流二极管，L_f、C_f 分别是滤波电感、滤波电容，R_{Ld} 是负载。

该电路采用移相控制，电路中主要参数波形如图 2-162 所示。

分析之前先做如下假设：

1）所有开关管、二极管、电感、电容均为理想元件；

2）$C_1=C_3=C_{lead}$，$C_2=C_4=C_{lag}$；

3）滤波电感 L_f 足够大。

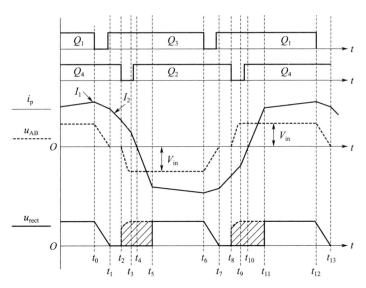

图 2-162　移相全桥零电压开关 PWM 电路主要参数波形图

在一个开关周期中有 12 种开关模态，图 2-163 是该电路在各个模态下的等效电路。

开关模态 1 [t_0 时刻，图（a）]：在 t_0 时刻，Q_1、Q_4 导通，原边电流 i_p 流经开关管 Q_1、谐振电感 L_r、变压器 T_r 原边绕组、开关管 Q_4，副边整流管 D_{R1} 导通，D_{R2} 截止。D_{R2} 承受两倍反向次级绕组感应电压。

开关模态 2 [$t_0 \sim t_1$，图（b）]：t_0 时刻关断 Q_1，原边电流 i_p 不会发生突变，为 C_1 充电，同时为 C_3 放电，谐振电感 L_r 与滤波电感 L_f 串联，i_p 近似为恒流源。电容 C_3 上电压从 V_{in} 开始线性下降，电容 C_1 上电压从 0 开始线性上升，开关管 Q_1 零电压关断。

开关模态 3 [$t_1 \sim t_2$，图（c）]：t_1 时刻，V_{C3} 下降到 0，V_A 下降到 0，D_3 自然导通，Q_3 实现零电压开通。控制 Q_3 开通，变压器原边电流流过 D_3。在 t_2 时刻，原边电流下降到 I_2。

开关模态 4 [$t_2 \sim t_3$，图（d）]：在 t_2 时刻关断 Q_4，正向续流的原边电流 i_p 在滞后桥臂失去通路，使 i_p 转移到 C_2 和 C_4 中，抽走 C_2 上电荷，同时为 C_4 充电。电容 C_4 上电压从 0 开始缓慢上升，开关管 Q_4 实现零电压关断。V_{AB} 的极性从 0 变为负，变压器副边绕组电压上负下正，D_{R2} 导通。因 D_{R1}、D_{R2} 同时导通，使变压器副边绕组、原边绕组电压均为 0，V_{AB} 直接加到电感 L_r，电感 L_r、电容 C_2、电容 C_4 谐振工作。在 t_3 时刻，C_4 上电压上升到 V_{in}，D_2 自然导通。

开关模态 5 [$t_3 \sim t_4$，图（e）]：在 t_3 时刻，D_2 自然导通，将 Q_2 漏源极电压钳位到 0，此时控制 Q_2 导通，实现 Q_2 零电压开通，原边电流 i_p 流过 D_2，电感 L_r 中储存能量反馈回输入电源 U_{in}。因 D_{R1}、D_{R2} 同时导通，使变压器副边绕组、原边绕组电压均为 0，电压 V_{in} 加到电感 L_r，原边电流 i_p 线性下降。在 t_4 时刻，i_p 从 $I_p(t_3)$ 下降到 0，D_2 和 D_3 自然关断，Q_2 和 Q_3 中流过电流。

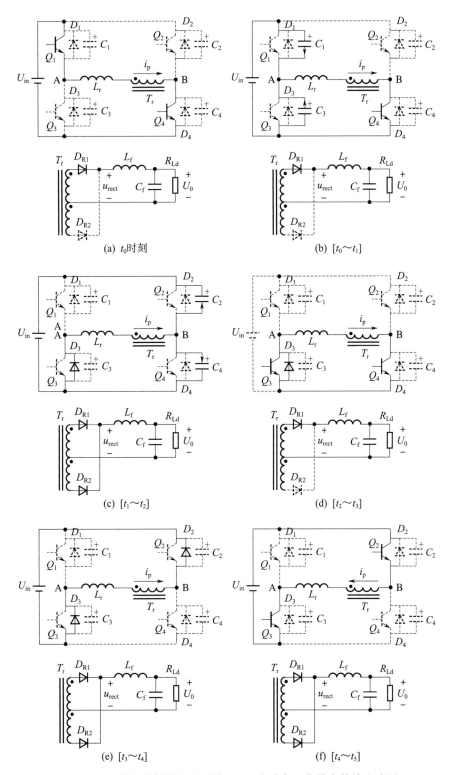

(a) t_0时刻

(b) $[t_0 \sim t_1]$

(c) $[t_1 \sim t_2]$

(d) $[t_2 \sim t_3]$

(e) $[t_3 \sim t_4]$

(f) $[t_4 \sim t_5]$

图 2-163　移相全桥零电压开关 PWM 电路各工作模态等效电路图

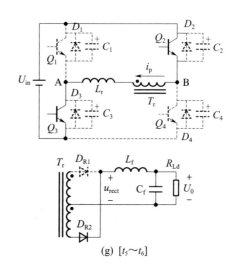

(g) $[t_5 \sim t_6]$

图 2-163　移相全桥零电压开关 PWM 电路各工作模态等效电路图（续）

开关模态 6 $[t_4 \sim t_5$，图（f）]：在 t_4 时刻，原边电流 i_p 从正向过 0 后向负向增加，流过 Q_2 和 Q_3。整流器处于换向过程，D_{R1}、D_{R2} 同时导通，电源电压 V_{in} 加到电感 L_r，i_p 反向增大。在 t_5 时刻，原边电流 i_p 与折算到变压器原边的负载电流 $-I_{Lf}(t_5)/N$ 相等。此时 D_{R1} 关断，负载电流全部流过 D_{R2}。

开关模态 7 $[t_5 \sim t_6$，图（g）]：该模态中电源 U_{in} 给负载传能，在 t_6 时刻，Q_3 关断，电路进入另半周工作。

功率变换电路中功率开关管通常选用金属-氧化物半导体场效应晶体管（MOSFET 开关管）和绝缘栅双极型晶体管（IGBT 开关管）。

MOSFET 开关管的驱动电路有直接驱动式、耦合驱动式和集成模块驱动式三种，直接驱动电路一般包括 TTL 驱动电路、CMOS 驱动电路和线性互补驱动电路，耦合驱动电路一般利用变压器耦合，集成模块驱动电路集成了驱动、保护功能。MOSFET 开关管工作在高频时，应尽可能减小开关管各端点的连接长度，尽可能降低驱动电源的输出阻抗，尽可能为开关管的栅极输入电容提供充足的充电电流。

IGBT 开关管的驱动电路与 MOSFET 开关管类似，有直接驱动式、隔离驱动式和集成模块驱动式三种，IGBT 开关管的正偏栅压、负偏栅压、栅极串联电阻均与其开通/关断时间、损耗、承受短路电流的能力密切相关。

功率变压器的功能是实现高频交流电能电压的隔离变换，一般根据输入电源最低稳态电压、最大占空比、最高输出电压和开关管压降、输出整流二极管压降、输出滤波电感压降来确定功率变压器的变比。

③输出电路

输出整流电路的功能是将高频交流电能变换为脉动直流电能，电路一般选用半波整流电路或全波整流电路。通常在整流二极管两端需并联由电阻、电容、二极管组成的吸收电路，其作用是减少二极管的电压应力、减少电磁辐射，使二极管负载线轨迹不超出其安全工作区、不导致二次击穿。

输出滤波电路的功能是滤除脉动直流电能中的交流分量，保留直流分量，减少直流电能的脉动系数。

④控制电路、辅助电源

控制电路通常采用电压、电流双闭环控制方式，对输出电压进行采样、电平变换，再与给定电压基准进行比较后采用比例积分（PI）内闭环负反馈进行稳压调节。对输出电流进行采样、电平变换，再与电压控制内环输出比较后，采用比例积分（PI）外闭环负反馈进行稳压调节。外闭环输出送至 PWM 控制器，控制器将电压反馈信号与载波信号交叠后生成 PWM 控制脉冲信号，经驱动电路功率放大后驱动功率变换电路中功率开关管工作。

若采用多功率变换电路并联模式，需要采集均流母线电压信号，该信号与每个功率变换电路的输出电流信号进行比较输出均流调压信号，该信号叠加到电压内闭环控制电压基准上，参与输出电压调节。

控制电路通常需要将采集到的输出电压/电流、高压母线电流以及功率开关管的温度等信号与基准保护值进行比较，当发生输出过压、高压母线短路及功率开关管过温等故障时，控制 PWM 控制器，关断输出的 PWM 控制脉冲信号实施保护。当输出电流过载时，控制电路通常将功率开关管导通占空比降低到最低值，使输出呈现限流降压特性。

通常建立 AC/DC 电源各部分数学模型，利用 Bode 图设计电压环路参数，一般截止频率设定为开关频率的 $1/2\sim1/10$。

典型控制电路原理组成如图 2 - 164 所示。

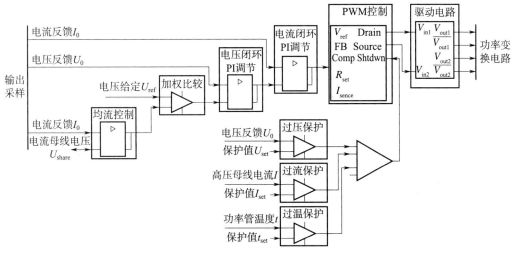

图 2 - 164　典型控制电路原理组成图

电源的保护主要分为输入保护、内部保护、输出保护三类。

辅助电源一般采用反激电路拓扑，可直接选用成品小功率辅助电源模块或使用成熟的三端 PWM 电源组件搭建辅助电源。

接口电路一般包括电源与用电设备之间的采样转换电路、遥控调压电路、信息传递及显示电路等部分。为了实现调压点转换，可在负载端采样并调节负载端电压，一般常采用在本机电压内环外再加一级电压外环的方式实现负载端稳压。该电压外环在负载端进行采样，输出信号经调节后送入电压内环，依靠对本机采样的调节实现对负载端的调压控制。另一种方法是利用电阻分压原理将本机采样和负载端采样同时引入采样电路，当有负载端采样接通时采用负载端采样并进行调压控制，负载端采样信号断开或不用时，自动采样本机输出端并进行稳压控制。

AC/DC 电源负载按重要性可分为两类，一类是载车上安装的用电设备，包含各类控制器、驱动器、电动机、通信设备及执行机构等，另一类是筒内导弹等设备。任务书对为筒内设备供电的 AC/DC 电源的特殊要求是需具备输出电压远端采样、电压远端调压功能，输出电压远端采样电路原理如图 2 - 165 所示。

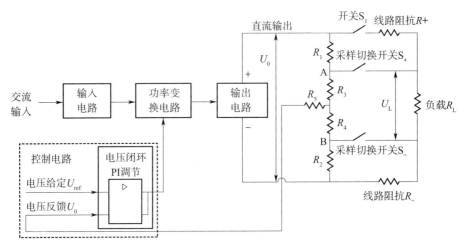

图 2 - 165　AC/DC 电源输出电压远端采样电路原理图

AC/DC 电源负载 R_L 阻抗通常为几百毫欧，线路阻抗 R_+、R_- 通常为几十毫欧，R_1、R_2 取值不大于 $100\ \Omega$，R_3、R_4 取值大于 $1000\ \Omega$。电源工作在输出电压本机端采样、远端采样两种模式。在本机端采样模式下，本机端输出电压 U_0 经电阻器 R_1、R_3、R_4、R_2 分压后，通过电阻器 R_5 送入控制电路，与电压给定比较后进入电压闭环实施 PI 调节，最终实现本机端输出稳压。远端采样模式下，电源控制电路或外部设备控制开关 S_+、S_- 闭合，负载 R_L 端电压 U_L 连接到 A、B 两点，通过电阻器 R_5 送入控制电路，与电压给定比较后进入电压闭环实施 PI 调节，最终实现负载端输出稳压。

AC/DC 电源输出电压远端调压功能通常有两种实现方式，一种是在需控制电源的外部设备上配置调压电位器，该电位器与电源本机端调压电位器通过双绞屏蔽导线并联，电源通过切换开关选择本机端调压或远端调压，该方式适用于不具备总线通信功能的电源。第二种是具备总线通信功能的电源，通过总线接收外部设备的调压命令，再通过 PWM 接口向电源控制电路发送调压命令，实现输出电压远端调压。输出电压远端调压电路原理如图 2 - 166 所示。

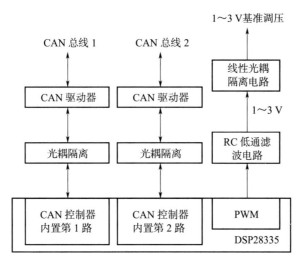

图 2 - 166　AC/DC 电源输出电压远端调压电路原理图

微控制器通过 CAN 总线接收调压命令后，通过 PWM 接口发出模拟调压信号，该信号先经过 RC 低通滤波电路滤波，再通过线性光耦电路隔离输出 1～3 V 的调压基准信号，作为电压给定，与负载端电压采样信号共同送入电压闭环 PI 调节电路，最终实现输出电压远端调节。

AC/DC 电源一般采用强制风冷散热设计。根据功率开关管损耗等参数计算开关管的发热量，再根据散热器手册、电源体积重量要求选择合理的散热器及散热风速。根据风速、风机排风曲线选择合适的风机和风压，风压根据散热器截面面积、温升和长度等参数进行计算，一般应落在风机曲线的中部。

磁性元器件、控制电路等一般不需要安装散热器，但应根据计算出的损耗值及器件热阻资料估算通风量，一般应放置在风机能够吹到的地方。

通过散热设计应能够将各元件温度控制在其最大工作温度范围内，一般功率开关管等电子元件最高壳温不应超过 100 ℃，磁性元件表面温度不应超过 90 ℃，电容器等不应超过 80 ℃。

AC/DC 电源典型输出技术性能指标包含额定功率、额定电压、电压稳定度、负载稳定度、纹波电压、相对温度系数、时间漂移、过冲幅度、暂态恢复时间、效率。

（4）DC/DC 电源

DC/DC 电源的功能是将直流电能通过电力电子器件及磁性器件在控制电路的作用下变换为不同电压值的直流电能。

DC/DC 电源通常由输入电路、功率变换电路、输出电路、控制电路、辅助电源、结构件及线缆等部分组成。DC/DC 电源典型原理组成如图 2 - 167 所示。

DC/DC 电源与 AC/DC 电源在电路组成上的主要区别是没有交流整流电路及功率因数校正电路。目前车载大功率 DC/DC 电源通常选择成熟的 DC/DC 模块变换器多个并联、冗余工作的技术方案，选用的 DC/DC 模块变换器主要有下列规格：

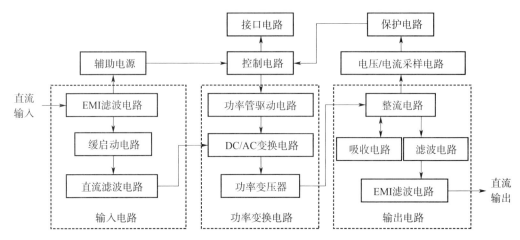

图 2 - 167　　DC/DC 电源典型原理组成图

1）700 Vdc 输入/28 Vdc 输出，用于电驱底盘高压直流母线 700 Vdc 到 28 Vdc 的变换。

2）300 Vdc 输入/24 Vdc 输出，用于单相 220 Vac/50 Hz 交流输入、整流后 300 Vdc 到 24 Vdc 的变换。

3）24 Vdc 输入/36 Vdc 输出，用于低压直流母线 24 Vdc 到 25 Vdc～39 Vdc 可调输出的变换。

下面介绍 V300 A24H500BL 型和 JF1200W540S28NSII 型两种成熟应用的 DC/DC 模块变换器产品作为示例。

V300 A24H500BL 型 DC/DC 电源模块是进口产品（注：军品不推荐使用进口产品），其外观如图 2 - 168 所示。

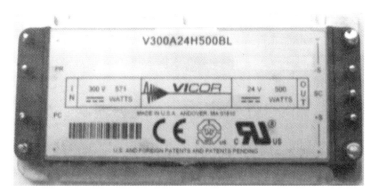

图 2 - 168　　电源模块外观图

电源模块电气结构组成如图 2 - 169 所示。

电源模块内部电路原理如图 2 - 170 所示。

主电路为零电流开关拓扑。MOSFET 开关管导通时，输入电能传输到由变压器 T 固有漏感和变压器次级电容 C 组成的 LC 谐振电路，半波正弦电流通过开关管，通过原边控

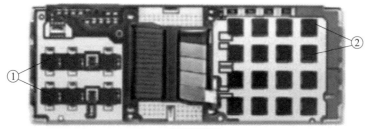

印制板背面

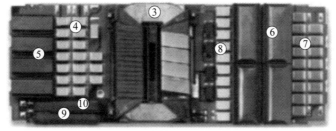

印制板正面

图 2-169　电源模块电气结构组成图

1—输入功率管；2—输出功率管；3—主变压器；4—输入电容；5—输入电感；6—输出电感；

7、8—输出电容；9—输出控制电路；10—输入控制电路

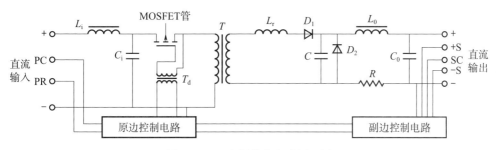

图 2-170　电源模块电路原理图

制电路使开关管在零电流时接通，当电源电流返回零时，开关管关断。经电感 L_0、电容 C_0 组成的低通滤波器滤波，在模块输出端获得低纹波电压的直流电能。

多个电源模块有两种并联策略：

a）电容交流耦合：并联模块 PR 端通过 $0.001\ \mu\text{F}/500\ \text{V}$ 电容连接形成均流通信母线；

b）变压器交流耦合：并联模块 PR 端连接变压器原边，变压器副边互连形成均流通信母线。

电源模块并联电路如图 2-171 所示。

电源模块性能指标见表 2-13。

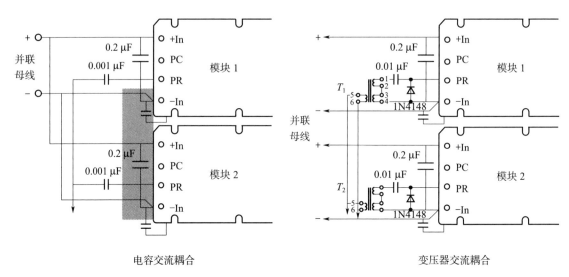

电容交流耦合 变压器交流耦合

图 2-171 电源模块并联电路图

表 2-13 电源模块性能指标表

参数名称	最小值	典型值	最大值	单位	备注
输入电压	180	300	375	Vdc	
输入欠压保护导通电压		174.6	178.2	Vdc	
输入欠压保护关断电压	147.4	152.8		Vdc	
输入可承受浪涌电压			400	Vdc	
输出电压		24		Vdc	
输出电压设定值			±0.24	Vdc	满载,25 ℃
电源调整率		±0.02	±0.2	%	满载
负载调整率			0.2	±%V_{OUT}	空载到满载,额定输入电压
温度调整率		±0.002	±0.005	%/℃	
输出电压调整范围	10		110	%	
输出过压保护值		28.1		Vdc	25 ℃,循环起动
输出限流值		115		%I_{OUTMAX}	输出电压为额定值的95%
输出短路电流		115		%I_{OUTMAX}	输出电压<250 mV
输出电压纹波(峰峰值)		80		mV	额定输入电压,满载,25 ℃,200 MHz带宽
控制 PC 脚偏压	5.5	5.7	6.0	Vdc	PC脚电流 1.0 mA
控制 PC 脚极限电流	1.5	2.1	3	mA	PC脚电压 5.5 V
控制 PC 脚关断电压	2.3	2.6	2.9	Vdc	PC脚灌电流≥4 mA
控制 PR 脚发射极电压	5.7	5.9	6.1	Vdc	PR脚负载电阻>30 Ω,负载电容<30 pF
控制 PR 脚发射极电流	150			mA	
控制 PR 脚驱动能力			12	模块数量	
输出功率			500	W	基板温度100 ℃

续表

参数名称	最小值	典型值	最大值	单位	备注
待机功耗		6		W	空载,额定输入电压
效率		88		%	额定输入电压,80%负载,25 ℃
工作温度	−40		+100	℃	
输入对输出绝缘电压	3000			V_{RMS}	
输入对基板绝缘电压	1550			V_{RMS}	
输出对基板绝缘电压	500			V_{RMS}	
外形尺寸(长×宽×高)	116.8×55.9×15.7			mm	

JF1200W540S28NSII 型 DC/DC 电源模块是国产成熟产品,其外观如图 2 - 172 所示。

图 2 - 172　电源模块外观图

电源模块的主要功能是将高压直流电能变换为稳定的低压直流电能,电源模块具有遥控、遥采、调压、并联均流、同步启动等功能,具备输入过压保护、输出过压保护、输出过流/恒流保护、短路保护、过温保护功能,具有标准的 PMBus™ 总线接口。

电源模块由控制板、功率板、外壳和围框组成,采用 PCB 板表面贴装工艺,封装采用非气密性灌封结构,电源模块结构组成如图 2 - 173 所示。

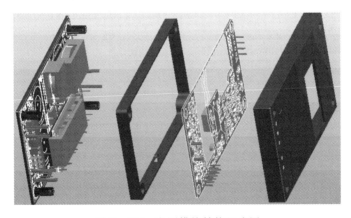

图 2 - 173　电源模块结构组成图

电源模块功率变换部分采用 BUCK 电路和 LLC 隔离变换电路两级级联的结构，电源模块电气原理组成如图 2 - 174 所示。

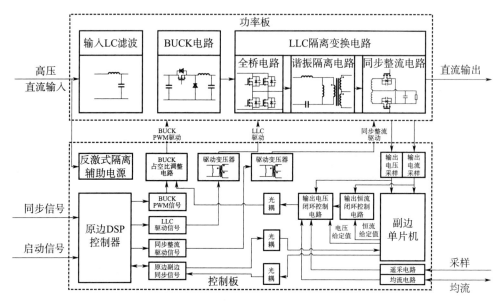

图 2 - 174　电源模块电气原理组成图

输入高压直流电能依次通过输入 LC 滤波电路滤波、BUCK 电路降压及调压，再通过由全桥电路、谐振隔离电路、同步整流电路组成的 LLC 隔离变换电路，将 400～750 V 高压直流电能变换为 28 V 低压直流电能。

电源模块性能指标见表 2 - 14。

表 2 - 14　电源模块性能指标表

参数名称	最小值	典型值	最大值	单位	备注
输入电压(不工作)			800	Vdc	
输入电压(工作)	400	540	750	Vdc	
输入欠压保护开机阈值	380	390	400	Vdc	
输入欠压保护关闭阈值	370	380	390	Vdc	
输入过压保护关闭阈值	760	780	800	Vdc	
输入过压保护恢复阈值	750	760	770	Vdc	
输出电压设定值	27.5	28	28.5	Vdc	
输出电压调整范围	18		40	Vdc	满载
输出容性负载		4500	20000	μF	满载
电源调整率		±0.1	±0.5	%	输入 400～750 V,满载
负载调整率		±0.1	±0.5	%	空载～满载
输出过压保护值	38.5	40	41.5	Vdc	满载
输出恒流值	48	50	52	A	额定输出电压

续表

参数名称	最小值	典型值	最大值	单位	备注
过温保护值	100	105	110	℃	
输出电压纹波(有效值)		100	150	mV	满载,20 MHz带宽
输出功率			1200	W	
空载输入电流		40	50	mA	空载,额定输入电压
效率	91.5	92.5	94	%	额定输入电压,满载
并联数量			8	模块数量	
均流度		10	12	%	每个模块满载
工作温度	−55		+100	℃	基板温度
贮存温度	−55		+120	℃	
输入对输出绝缘电压			3000	Vdc	
输入对基板绝缘电压			3000	Vdc	
输出对基板绝缘电压			500	Vdc	
外形尺寸(长×宽×高)	119.1×63.2×17.5			mm	

　　DC/DC电源典型输出技术性能指标包含额定功率、额定电压、电压调整率、负载调整率、纹波电压、输入电压冲击、输入脉动电流、温度系数、过冲幅度、暂态恢复时间、效率。

　　(5) 配电设备

　　车载配电设备的功能是对输入的多种交流电能、直流电能进行汇流及分配,具有电能接通及关断、过载保护、过欠压保护、状态显示等功能。

　　传统配电设备使用继电器和接触器控制电能通断,使用熔断器和断路器实施过载保护,典型电路如图2-175所示。

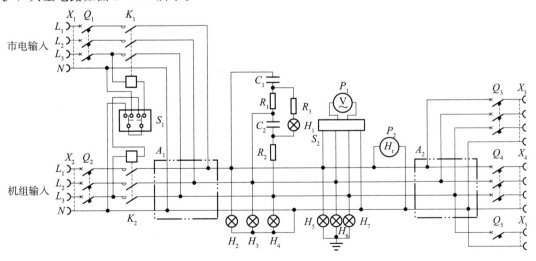

图 2-175　传统配电设备典型电路图

图 2-175 中断路器 Q_1、Q_2 提供两路交流电能在设备输入端的过载保护，接触器 K_1、K_2、开关 S_1 实现两路交流电能的通、断及互锁控制，汇流装置 A_1、A_2 实现两路交流电能输入、输出汇流，指示灯 H_2、H_3、H_4 显示三相交流电能传输状态，指示灯 H_5、H_6、H_7 显示三相交流电能相对载车接地端绝缘状态，电阻 R_1、R_2、R_3，电容 C_1、C_2，指示灯 H_1 组成三相交流电能相序检测及正相序显示电路，电压表 P_1、开关 S_2 组成三相交流电能电压显示电路，P_2 为小时计，断路器 Q_3、Q_4、Q_5 为三路交流输出提供输入过载保护。

为提升传统配电设备配电的可靠性、提高设备智能化水平，使用分布式配电与负载自动管理技术的智能配电设备已在新研发射车上推广使用。智能配电设备使用的关键器件为固态功率控制器（Solid State Power Controller，SSPC），它集继电器的通断功能和断路器的过载保护功能于一体，具有无机械触点、无电弧、无噪声、响应快、电磁干扰小、寿命长、可靠性高、可远程自动控制等优点。

典型智能配电设备由微处理器、隔离电源、隔离接口、逻辑电路、电压电流检测电路、短路保护电路、驱动电路和功率电路组成，其原理组如图 2-176 所示。

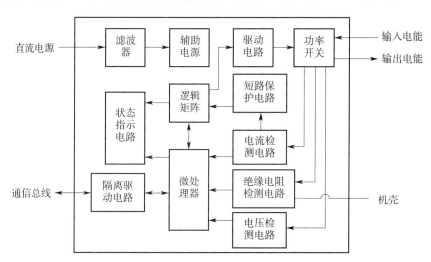

图 2-176　典型智能配电设备原理组成图

输入电能通过功率开关的开通、关断控制传输到负载，电流检测通过串联采样电阻或传感器采集，若电流大于设定的最大电流，短路保护电路输出电平翻转，逻辑矩阵控制驱动电路迅速关断功率管，实现短路保护。如果电流超过设定保护值，设备启动 I^2t 反时限延时保护动作，通过软件实现反时限过流保护。设备采用微处理器控制，实时采集模拟量（电压、电流、温度），通过软件实施故障（过压、欠压、过流、短路）处置，通过逻辑矩阵实现功率开关逻辑控制。设备通过隔离驱动接口与外部 CAN 总线或以太网连接，接收上位机发出的开/关机、保护参数设置等命令，反馈设备自身实时电气参数及功率开关状态信息。

针对低压直流配电，功率开关通常选 MOSFET 管，选择原因是 MOSFET 管导通电阻小、功率损耗低，并联使用可提高带载能力并自动实现均流。MOSFET 管是电压型驱动器件，功耗小，驱动电路设计简单。

WGH020C1020NDA 是一种成熟应用的国产集成 MOSFET 管模块产品，其产品外观如图 2 - 177 所示。

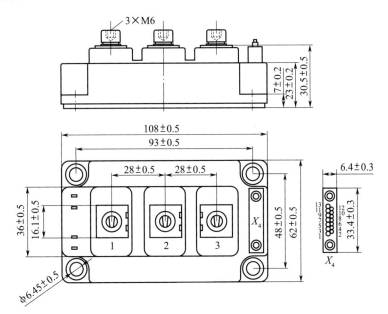

图 2 - 177　WGH020C1020NDA 型 MOSFET 管模块产品外观图

WGH020C1020NDA 型 MOSFET 管模块电路如图 2 - 178 所示。

该产品输入电源电压上限为 38 Vdc，额定输出电流 20 A，峰值输出电流 60 A（持续时间不大于 100 ms），工作温度 -40～85 ℃。

该产品内部主电路由四个 MOSFET 单管并联组成，产品集成 MOSFET 管驱动电路，同时具备模块内部温度、输出电压、输出电流采样及上传功能。

针对高压直流配电，功率开关通常选用 IGBT 管或高压直流接触器。

高压直流接触器的优势是导通电阻低（1000 A 产品最大值 0.3 mΩ）、功耗低，通过与触头连接的导体导热，不需进行额外热设计，产品体积小。相对 IGBT 管的劣势是耐冲击能力较差、开关通断寿命次数较少。

JHX460 型产品是国产陶瓷密封高压直流接触器的典型产品，主触点负载能力为 1000 A、1500 Vdc，其外观及阻性负载通断寿命曲线如图 2 - 179 所示。带阻性负载 1500 Vdc/100 A，开关通断寿命为 30000 次，输出接阻性负载 1500 Vdc/600 A，开关通断寿命为 200 次。

IGBT 管的优势是带载通断寿命次数没有上限、耐过载冲击，劣势是自身热功耗较大，需强制风冷或水冷散热，功率开关组合体积较大。

与 JHX460 型接触器电气参数相近的国产 TIM1200DDM17 - TSA000 型 IGBT 管（双单管结构），集电极-发射极电压额定最大额定值是 1700 V、集电极电流最大额定值是 1200 A，其外观及尺寸如图 2 - 180 所示。

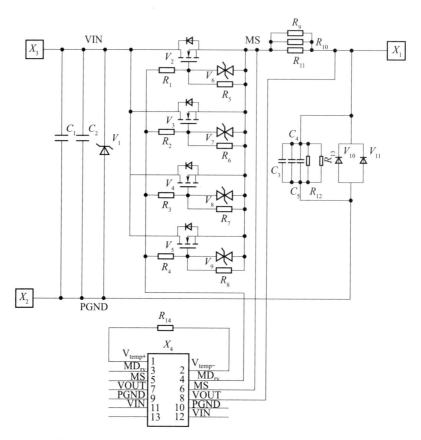

图 2 - 178　WGH020C1020NDA 型 MOSFET 管模块电路图

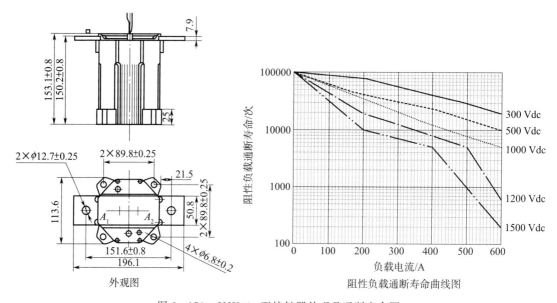

图 2 - 179　JHX460 型接触器外观及通断寿命图

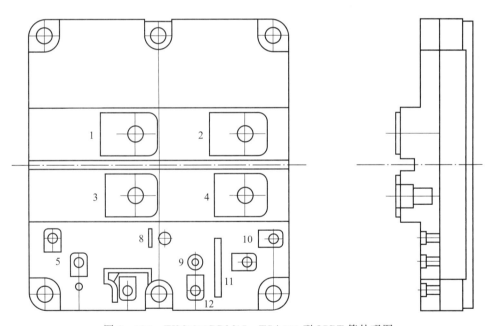

图 2 - 180　TIM1200DDM17 - TSA000 型 IGBT 管外观图

TIM1200DDM17 - TSA000 型 IGBT 管输出特性曲线如图 2 - 181 所示。

图 2 - 181 中门极-发射极电压是 15 V。

在 IGBT 管集电极电流 1000 A、结温 125 ℃条件下，集电极-发射极电压降是 1.8 V，IGBT 管功耗为 1800 W，必须为 IGBT 管配散热器强制风冷或液体冷却。

该 IGBT 管集电极电流最大额定值 1200 A，集电极峰值电流最大额定值 2400 A（持续时间 1 ms）。

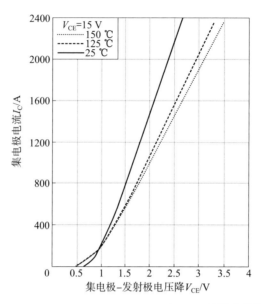

图 2-181　TIM1200DDM17-TSA000 型 IGBT 管输出特性曲线图

　　软件实现的 I^2t 反时限延时保护是智能配电设备应用的核心技术。负载的功耗等于线路电流的平方与线路阻抗的乘积，负载产生的热量由功耗持续的时间决定。过载保护的目的是在负载产生的热量超出其可承受极限值之前切断负载电流，该极限值与电流 I、时间 t 相关。

　　I^2t 反时限延时保护曲线的设计依据 IEC255-3 标准，典型组成如图 2-182 所示。

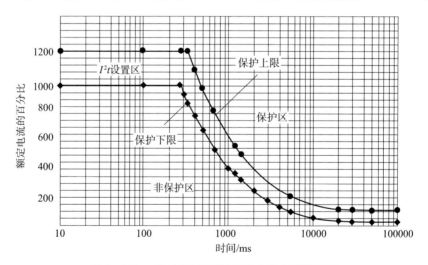

图 2-182　I^2t 反时限延时保护曲线典型组成图

　　两条曲线规定了通过功率开关的负载电流，在超出正常工作范围需关断功率开关时对应的上限电流值和下限电流值，在保护上限曲线之外功率开关必须关断，在保护下限曲线之内功率开关保持导通。

通常根据负载的特性在设备内存中预置多条 I^2t 反时限延时保护曲线，软件通过查表法依据上位机指令选择与负载匹配的曲线实施过载保护。

图 2-183 是已交付使用的某低压智能配电设备预置的 9 条反时限延时保护曲线。

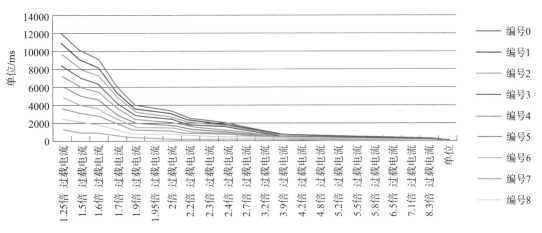

图 2-183　I^2t 反时限延时保护曲线设计图（见彩插）

图 2-184 是国产 TZ 系列交流智能配电设备外观图。

图 2-184　国产 TZ 系列交流智能配电设备外观图

国产 TZ 系列交流智能配电设备技术性能指标见表 2-15。

表 2-15　国产 TZ 系列交流智能配电设备技术性能指标表

产品系列		TZ220 AC 系列	TZ380 AC 系列
输入参数	输入控制电源	DC20 V～DC32 V	
	静态工作电流	≤100 mA	
输出参数	输入电源	AC80V～AC380V	
	输出漏电流	＜10 mA	
	导通压降	＜2 Vac	
	开关方式	过零型	
	额定工作电流	10～50 A 可设置	30～100 A 可设置
	采样误差	电压:±1%;电流:±5%;温度:±1 ℃	
	额定短路分断能力	600 A	
	散热方式	散热器辅助散热(0.05 ℃/W 散热器)	
其他参数	通信接口	CAN2.0B,扩展帧,通信速率 250 kbit/s	
	保护功能	过流、过压、欠压、短路等保护,参数可设置	过流、过压、欠压、缺相、错相、短路等保护,参数可设置
	外形尺寸(长×宽×高)	126 mm×92 mm×60 mm	136 mm×118 mm×55.4 mm
	重量	≤0.6 kg	≤0.8 kg

图 2-185 是国产 TZ220 AC 系列交流智能配电设备原理接线图。

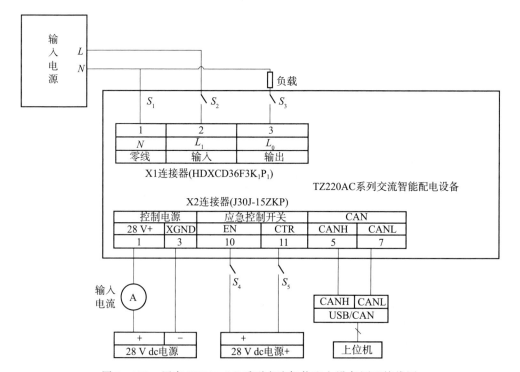

图 2-185　国产 TZ220 AC 系列交流智能配电设备原理接线图

智能交流配电设备典型技术性能指标包含额定功率、额定输入电压、额定输出电压、输出过压/欠压/过流/短路保护值、通信总线协议、功率开关寿命等。

（6）蓄电池组

车载蓄电池组主要用途有四种，一是为底盘发动机提供起动能量并作为载车底盘用电设备的辅助工作电源，二是作为上装用电设备的备用电源，在一次电源供电中断或两种一次电源供电切换过程中提供不间断供电，三是作为短时运行、大电流用电设备的工作电源，四是在电驱底盘上作为储能装置，功能是辅助整车加速、底盘制动过程回收能量、启动智能动力单元（IPU）、驱动底盘静默行驶。

目前发射车上使用的蓄电池组选用的蓄电池主要有两种，一种是铅酸电池，一种是磷酸铁锂电池，选型原则主要有三点：一是安全性高，二是环境适应性好，三是能量密度相对较高。

①铅酸电池

铅酸电池通常正极活性物质是二氧化铅（PbO_2），负极活性物质是海绵状金属铅（Pb），电解液是稀硫酸（H_2SO_4），其电极反应方程式如下：

正极（PbO_2）

$$PbO_2 + SO_4^{2-} + 4H^+ + 2e^- \rightarrow PbSO_4 + 2H_2O$$

负极（Pb）

$$Pb + SO_4^{2-} - 2e^- \rightarrow PbSO_4$$

整个电池反应方程式

$$Pb + PbO_2 + 2H_2SO_4 \rightarrow 2PbSO_4 + 2H_2O$$

铅酸电池常用的类型有阀控电池和胶体电池。

铅酸阀控电池对普通铅酸电池在结构、材料上做了重要改进，正极板采用铅钙合金或铅镉合金、低锑合金，负极板采用铅钙合金，隔板采用超细玻纤隔板，并使用紧装配和贫液设计工艺技术，整个电池反应密封在塑料电池壳内，出气孔上加上单向的安全阀。

胶体电池是变传统的铅酸液体电解质为固体的胶体电解质，一般在电解液中添加硅酸盐使硫酸凝固，胶体电池每一部位的比重保持一致，可有效防止活性物质脱落，其比能量特别是比功率要比常规铅酸电池大 20% 以上，寿命一般也比常规铅酸电池长，高温及低温特性要好得多。

车载铅酸电池优选耐低温、密封、免维护产品。下面以国产 SPB 系列卷绕式电池为代表进行介绍。

SPB 系列卷绕式电池是密封阀控电池中的一种，蓄电池单元采用螺旋卷绕技术，将正极板、固体酸和负极板紧紧地螺旋卷绕成卷。正极板采用氧化铅，负极板采用纯铅，固体酸经精确计算用量后被玻璃纤维网吸附。卷绕式电池具有下列特点：

1）工作温度范围宽：电池使用进口的特种专用隔板，增加了电解液的扩散能力，减小了内阻，增加了活性物质的利用率，在较宽的温度范围内能保证电压平稳，可以在高原、寒冷地区使用。电池最高可以在 80 ℃的环境中使用。但环境温度每升高 7～10 ℃，电池的寿命将降低一半左右。

图 2-186 是该电池在不同温度条件下的放电曲线图。

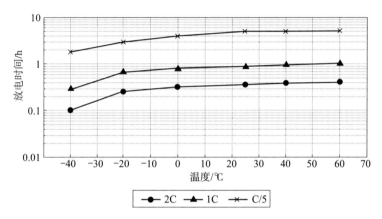

图 2-186　电池在不同温度条件下的放电曲线图

图 2-187 是该电池在 -40 ℃温度下的充电曲线图。

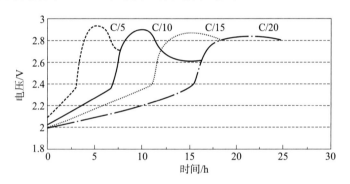

图 2-187　电池在 -40 ℃温度下的充电曲线图

2）具有高倍率放电能力：薄极板的设计使电池活性物质的利用率增高，内阻降低，电池可以进行高倍率放电。图 2-188 是室温条件下 12 V 电池在不同倍率时的放电曲线图。

3）可任意方向放置：电解液被完全吸附在极板和 AGM 隔板中，电池内没有游离电解液，因此电池在充电、放电、储存时可以任意方向放置而不会出现电解液泄漏。

4）结构坚固：独特的圆柱式结构使电池外壳能够长期保持其固有形状。高装配压力使极板固定在电池内部，在振动时也不会发生极板位置的移动。

5）浮充寿命长：导致电池失效的原因不是水的损失，而是正极板栅的长期腐蚀，在电池寿命结束前腐蚀对电池容量的影响是很小的。高纯度的板栅合金使产品具有超长的浮充使用寿命。在合适的环境温度下，可以达到 10 年以上。寿命结束指的是电池能放出来的容量少于初始容量的 80%，图 2-189 是电池浮充寿命曲线图。

6）循环寿命长：电池循环使用时寿命与放电深度、温度和放电倍率有关，在不同的放电深度下，电池循环寿命可以达到 300 至 2000 次甚至更多，前提是电池可以进行有效的充电。

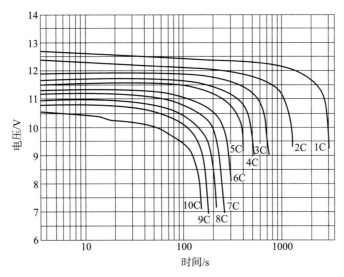

图 2-188　12 V 电池室温条件下在不同倍率时的放电曲线图

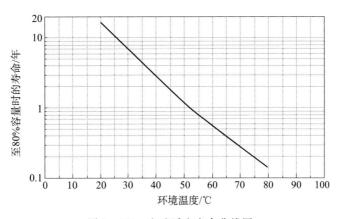

图 2-189　电池浮充寿命曲线图

7）快速充电性能：使用恒压方式可以有效地进行快速充电。限流 $2C_{10}$ 可以在 1 h 内充入 95％以上的电量。快充使用的电池必须定期进行额外的充电以延长寿命。

8）储存性能：在室温下电池可以储存两年，补充电后电池的容量和可靠性都不会下降。补充电不需要特殊的充电技术。图 2-190 是电池在 25 ℃条件下储存寿命曲线图。

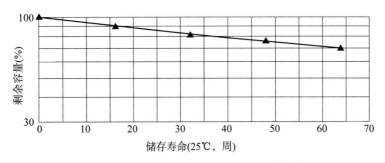

图 2-190　电池在 25 ℃条件下储存寿命曲线图

SPB 系列中 12 V/75 Ah 电池外观如图 2 - 191 所示。

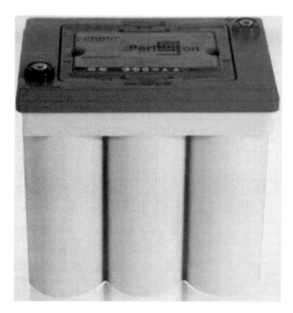

图 2 - 191　6 - SPB - 75 电池外观图

SPB 系列中 12 V 电池技术性能指标见表 2 - 16。

表 2 - 16　SPB 系列中 12 V 电池技术性能指标表

型号	额定电压/V	20 h 容量（Ah/25 ℃）	外形尺寸/mm				内阻/mΩ	储备容量（min/25 ℃）	低温起动电流/A
			长	宽	高	总高			
6 - SPB - 25	12	28	203	138.5	162	179	4.0	48	480
6 - SPB - 40	12	45	239	173.5	158	175	3.0	85	750
6 - SPB - 48	12	48	236	160	204	224	2.9	95	810
6 - SPB - 50A	12	55	256	168.5	204	221	2.9	105	850
6 - SPB - 50B	12	55	247	175	183	200	2.9	105	850
6 - SPB - 50C	12	55	247	175	183	205	2.9	105	850
6 - SPB - 50Q	12	55	248	175	190	192	2.9	105	850
6 - SPB - 75	12	80	263	178.5	240	257	2.4	165	1050
6 - SPB - 75C	12	80	263	178.5	240	261	2.4	165	1050
6 - SPB - 100	12	100	302	204.5	240	257	2.3	220	1050

②磷酸铁锂电池

目前民用市场技术成熟、大规模应用的主流锂电池产品主要有四种：磷酸铁锂、钛酸锂、三元（镍钴铝、镍钴锰）、锰酸锂。

安全性排序由高到低为：钛酸锂、磷酸铁锂、锰酸锂、三元。

能量密度排序由高到低为：三元、锰酸锂、磷酸铁锂、钛酸锂。

功率密度排序由高到低为：钛酸锂、磷酸铁锂、锰酸锂、三元。

循环寿命排序由高到低为：钛酸锂、三元、磷酸铁锂、锰酸锂。

磷酸铁锂电池正极材料为磷酸铁锂（$LiFePO_4$），负极材料为碳（石墨）。

发射车上装蓄电池组选用磷酸铁锂电池的主要原因是其具有相对高的安全性。

磷酸铁锂电池电极反应方程式如下：

充电反应

$$LiFePO_4 \rightarrow xFePO_4 + (1-x)LiFePO_4 + xLi^+ + xe^-$$

放电反应

$$FePO_4 + xLi^+ + xe^- \rightarrow xLiFePO_4 + (1-x)FePO_4$$

在充电过程中 Li^+ 从 $LiFePO_4$ 材料中脱出，形成 $FePO_4$ 相；放电过程中 Li^+ 镶嵌入 $FePO_4$ 相中形成 $LiFePO_4$。$LiFePO_4$、$FePO_4$ 两种物相体积变化小，$LiFePO_4$、$FePO_4$ 两种晶体在 400 ℃温度下结构仍保持稳定。由于聚阴离子（PO_4）$^{3-}$ 的存在，$LiFePO_4$ 正极材料具有非常强烈的共价作用，正极材料不会因为锂离子的脱、嵌而发生分解反应，即 $LiFePO_4$ 材料十分稳定、安全性高。

磷酸铁锂电池单体结构主要由外壳、正极、负极、隔膜、电解质、极耳等部分组成，结构如图 2 - 192 所示。

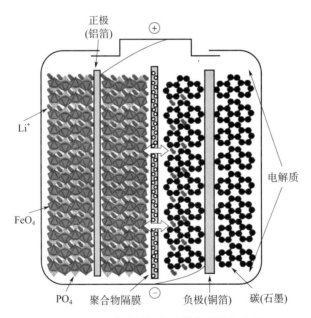

图 2 - 192 磷酸铁锂电池单体结构组成图

正极材料是 $LiFePO_4$，通常使用铝箔作为正极的汇流体，负极材料是碳（石墨），通常使用铜箔作为负极的汇流体，中间是分割正、负极的隔膜。锂离子 Li^+ 可穿过隔膜，电子 e^- 不能通过隔膜，内部注入电解质溶液，使用金属、铝塑或塑料材料作为密闭封装外壳。

车载磷酸铁锂电池优选耐低温产品，以国产 IFP45120187J 型电池为例进行介绍。

IFP45120187J 型磷酸铁锂电池技术性能指标见表 2 - 17。

表 2 - 17　IFP45120187J 型电池技术性能指标表

参数名称	指标
标称容量/Ah	50
额定电压/V	3.2
最大充电电流/A	300(6C)
最大放电电流/A	350(7C)
内阻/mΩ	≤2
循环寿命(次,0.3C 充放电,80%DOD)	2000
工作温度范围/℃	−40～+55
月自放电率(%)	<3
外形尺寸(长×宽×高,mm×mm×mm)	(120±1)×(45±1)×(187±1)
单体电芯重量/g	1750±50

　　IFP45120187J 型电池及由 8 块 IFP45120187J 型单体电池串联组成的电池模块安全性试验信息见表 2 - 18。

表 2 - 18　IFP45120187J 型单体电池及电池模块安全性试验信息表

试验项目	试验步骤	试验结果
单体电池短路试验	将充满电的单体电池正负极通过 5 mΩ 短路电阻短路,试验时间 10 min,观察 4 h	单体电池未燃烧、未爆炸
单体电池过充电试验	将充满电的单体电池以 50 A 电流充电至电池电压达到 5 V,观察时间不少于 4 h	单体电池未燃烧、未爆炸
单体电池过放电试验	将充满电的单体电池以 50 A 电流放电至电池电压 0 V,观察时间不少于 4 h	单体电池未燃烧、未爆炸
单体电池挤压试验	将单体电池充满电,使用厚度为 20～50 mm,宽度不小于45 mm,头部为半圆形挤压头,垂直于电池极板方向挤压电池,直至单体电池电压为 0 V 或电池宽度变为 11.25 mm 以下	单体电池未燃烧、未爆炸
单体电池针刺试验	将单体电池充满电,使用直径为 3～8 mm 的耐高温钢钉,以 10～40 mm/s 的速度,从垂直于电池极板的方向贯穿,并保持钢钉停留在电池中至少 30 min	单体电池未燃烧、未爆炸
单体电池跌落试验	将充满电的单体电池从高度为 110 cm 处自由跌落到地面,每个方向一次(极柱方向除外)	单体电池未燃烧、未爆炸
电池模块短路试验	将充满电的电池模块正负极通过 50 mΩ 短路电阻短路,试验时间 10 min,观察 4 h	电池模块未燃烧、未爆炸
电池模块过充电试验	将充满电的电池模块以 50 A 电流充电至电池模块中任意单体电池电压达到 5 V,观察时间不少于 4 h	电池模块未燃烧、未爆炸
电池模块过放电试验	将充满电的电池模块以 50 A 电流放电至电池模块中任意单体电池电压降为 0 V,观察时间不少于 4 h	电池模块未燃烧、未爆炸

　　使用三组电池模块并联组成蓄电池组,在 −35 ℃ 条件下进行充放电测试,测试流程为:低温静置 1 min 后以 200 A 恒流放电至 19 V 截止,限时 2 h。静置 120 min 后以 200 A 恒流充电至 30 V 截止,限时 2 h,30 V 恒压充电至 4 A 截止,限时 2 h,静置

120 min，测试曲线如图 2-193 所示。

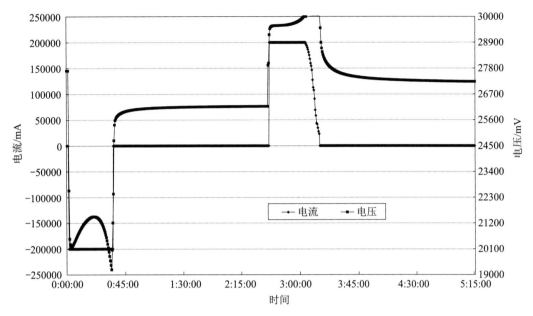

图 2-193　蓄电池组在-35 ℃条件下 4C 充放电曲线图

使用三组电池模块并联组成蓄电池组，在-35 ℃条件下进行大电流放电测试，测试流程为：静置 1 min 后以 365 A 恒流放电至 19 V 截止，限时 10 min，测试曲线如图 2-194 所示。

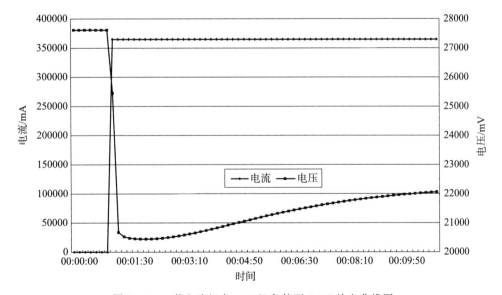

图 2-194　蓄电池组在-35 ℃条件下 7.3C 放电曲线图

由磷酸铁锂电池组成的蓄电池组的典型电气结构如图 2-195 所示。

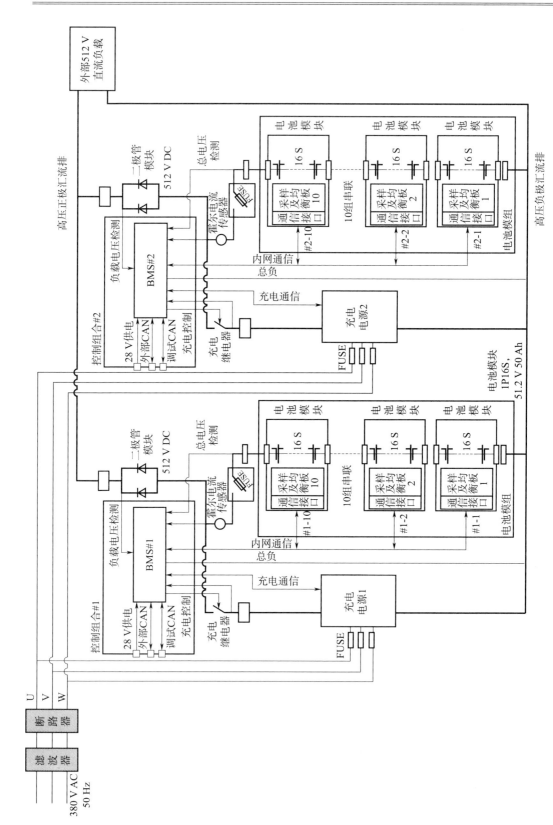

图 2 - 195　磷酸铁锂电池组成的蓄电池组典型电气结构图

　　蓄电池组由两个电池模组、两个充电电源、两个控制组合及高压正极、负极汇流排等部分组成。每个电池模组由十组串联的电池模块组成，每个电池模块由 16 个串联的单体磷酸铁锂电池组成。

　　单体磷酸铁锂电池额定电压 3.2 V，选择额定容量 50 Ah 的单体电池，单体电池常规充放电范围是 2.5～3.65 V，则每个电池模组额定电压是 512 V，电压变化范围是 400～584 V，两个电池模组并联后蓄电池组额定输出电压 512 V，额定容量 100 Ah，能量是 51.2 kW·h。

　　每个电池模组内对 160 只单体电池采集电压、温度后，数据通过通信接口上传到控制组合，160 只单体电池均配置均衡电路，实现 160 只单体电池之间电压差小于 20 mV。在每个电池模组内部输出正极配置熔断器，提供过载保护。为每个电池模组配置一个充电电源，在电池模组输出电压或剩余容量低于设定值后补充电能。每个电池模组输出端连接二极管模块，防止两个电池模组之间产生环流。

　　控制组合的典型功能组成如图 2-196 所示。

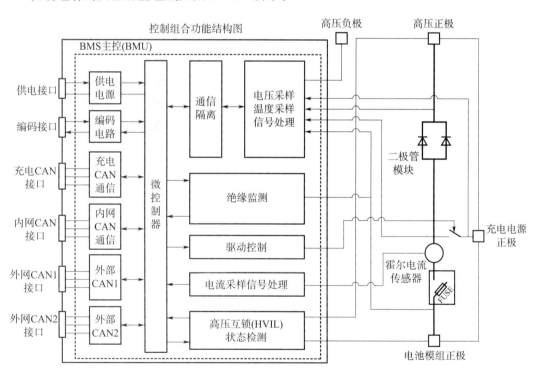

图 2-196　控制组合典型功能组成图

　　控制组合对采集的单体电池电压、温度、电池模组电流、高压正极对金属机壳绝缘电阻等数据进行处理，对电池模组的荷电状态（SOC）进行估算。对出现的单体电池过压、欠压、过温、电池模组过载、绝缘电阻低于设定值、SOC 低于设定值等故障实施保护动作。控制组合还参与对单体电池的均衡管理。

　　SOC 的定义是电池剩余容量与其充满电状态时容量的比值。

　　常用的 SOC 估算方法有开路电压法、安时积分法。

　　电池的 SOC 与电池的电动势相关联，在电池工作过程中较难获得电池准确的电动势，在电池静置一段时间后其开路电压近似等于电池的电动势。开路电压法是先测定电池组开路电压与电池组 SOC 之间的对应关系，再测定电池组在实际工作过程中的开路电压，通过查表法算出电池组此时的 SOC。因电池电动势与 SOC 的关系还与充放电倍率、环境温度等因素相关，使用开路法估算的 SOC 存在较大误差，一般将开路法作为其他电池 SOC 估算方法的补充。

　　安时积分法通过将电池实际工作过程中输入、输出电流对时间进行积分，计算出电池的电量，公式如下

$$\mathrm{SOC}_t = \mathrm{SOC}_0 + \frac{1}{C_n} \int_{t_0}^{t} I_{\mathrm{bat}} \mathrm{d}\tau$$

式中　　SOC_t —— t 时刻电池的 SOC；

　　　　SOC_0 —— 初始时刻电池的 SOC；

　　　　C_n —— 电池的额定容量；

　　　　I_{bat} —— 电池的充放电电流；

　　　　τ —— 时间积分量。

　　影响安时积分法估算精度的因素主要是电流测量精度、初始电池电量测量及电池自身的自放电。

　　电池模块内串联的单体电池装配前均经过筛选，特性相近、内阻及容量相同。电池模块装入产品后在反复充放电使用过程中，各单体电池输出电压逐渐出现偏差，当某一节电池达到上限（下限）截止电压，而整个电池组还未达到额定容量时，若继续充电（放电）则达到上限（下限）截止电压的单体电池存在安全隐患。

　　对电池模块内单体电池进行均衡处理的目的是补偿各单体电池之间电压的差异，维持各单体电池性能一致性。均衡策略通常包含被动均衡和主动均衡。

　　被动均衡通常是通过电阻分流，将电池组中电压高的单体电池上相对其他电池多余的能量通过电阻以热能的形式消耗。被动均衡电路简单，但电阻会产生功耗，均衡速度慢，适合在充电过程中使用。典型被动均衡电路如图 2 - 197 所示。

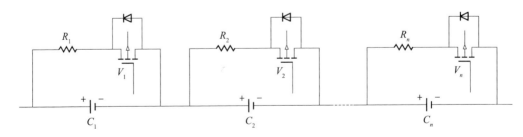

图 2 - 197　典型被动均衡电路图

　　主动均衡是通过外部控制电路，将电压高的单体电池的能量向电压低的单体电池转移，保持各单体电池电压一致。主动均衡电路复杂，产生的功耗相对被动均衡较小，均衡

速度快，在充电、放电、静置过程中均适合使用。主动均衡根据电路拓扑通常可分为旁路法、开关电容法和 DC/DC 变换法等。典型开关电容法主动均衡电路如图 2-198 所示。

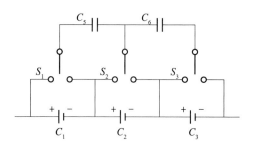

图 2-198　典型开关电容法主动均衡电路图

图 2-198 中电容 C_5、C_6 作为能量存储器件，存储电能相对过剩的单体电池的能量，并将这部分能量转移到电量相对较低的单体电池中，最终达到各单体电池能量平衡。

控制组合通过分析采集的电池模组的电气参数，自动实施蓄电池组充、放电状态控制，自动控制充电电源依据内部预设程序对电池模组进行充电。

控制组合内置微控制器，通过总线对内实时与电池模组传递信息，对外实时接收上位机控制指令、上传自身工作状态信息。

蓄电池组典型技术性能指标包含额定容量、额定输出电压、输出电压范围、额定/最大充电电流、额定/最大放电电流、循环充放电次数、工作温度范围等。

2.4.11　调温系统

固体弹道导弹发动机的使用寿命和燃烧特性等与贮存温度有关，同时，发射车载人舱、某些对温度敏感的装车仪器设备、弹上仪器设备也有工作环境温度的要求，因此发射车一般配置温控系统（也称为调温系统），确保在 $-40 \sim 45$ ℃环境温度下，工作舱室和导弹的环境温度处于要求的范围之内（比如 $5 \sim 30$ ℃）。因此，温控系统的功能是使导弹和载人舱室内、仪器设备舱内的温度、湿度保持在规定的范围内，即具有高温环境下的制冷和低温环境下的加热功能。

发射车调温系统制冷方案一般采用蒸汽压缩式制冷装置，加热方案一般采用蒸汽压缩式热泵装置、电加热装置或燃油加热装置。下面分别介绍调温系统的组成及其原理。

2.4.11.1　蒸汽压缩式制冷装置

一台典型的蒸汽压缩式制冷装置（单冷型）的工作原理如图 2-199 所示，由压缩机、冷凝器、膨胀阀、蒸发器四个部件以及贮液器、过滤器、视液镜、压力控制器（或压力传感器）、蒸发风机和冷凝风机等附件组成。它们之间用制冷剂管道连接形成一个封闭系统，制冷剂在装置内循环流动，不断地发生状态变化，并与外界进行能量交换，从而达到制冷的目的。其工作原理为：压缩机运转吸入低温、低压的气态制冷剂，经过压缩形成的高温、高压气态制冷剂进入冷凝器中，通过冷凝风机将热量排放到大气中后冷凝成高温、高压的液态制冷剂，液态制冷剂经膨胀阀降压后变为低温、低压的气液混合制冷剂进入蒸发器中蒸发吸热，再次蒸发成低温、低压的气态制冷剂重新进入压缩机，重复上一个循环，介质状态变化如图 2 - 200 所示。蒸发器位置的风机将发射筒（或保温舱）等舱室内的空气吸入后吹向蒸发器，空气中的热量被蒸发器吸收而降温，从而达到降低发射筒（或保温舱）等舱室内空气温度的目的。

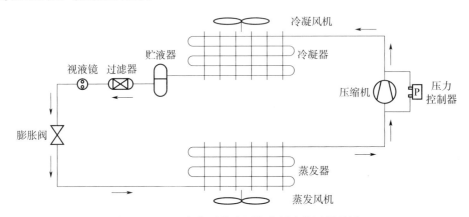

图 2 - 199　一台典型蒸汽压缩式制冷装置原理图

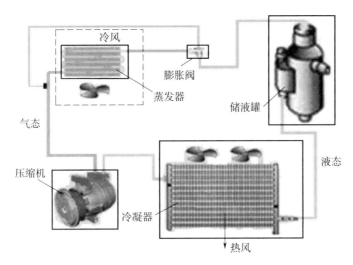

图 2 - 200　蒸汽压缩式制冷装置工质流动图

　　由上面的分析可知，制冷剂在制冷装置内经过压缩、冷却与冷凝、节流和蒸发四个过程。压缩机起着压缩和输送制冷剂蒸汽的作用，它是整个系统的"心脏"；膨胀阀对制冷剂起节流降压作用，同时可以调节进入蒸发器的制冷剂流量；蒸发器是吸收热量（输出冷量）的换热设备，实现制取冷量的目的；冷凝器是散发热量（输出热量）的换热设备，它将制冷剂从蒸发器中吸取的热量，以及由压缩功而转换的热量一起传给冷却介质。由于压缩机消耗的功起到了补偿作用，因此能够实现由制冷剂将低温物体的热量不断地传递给高温物体，达到制取冷量的目的。

　　一台蒸汽压缩式制冷装置可扩展成"一拖二"制冷装置，即由一台大功率压缩机带动两台相对较小的蒸发器，用于同时给两个不同的工作舱室降温，也可单独给其中一个工作舱室降温。工作原理如图 2 - 201 所示，由 1 台压缩机和冷凝器、2 台膨胀阀和蒸发器等组成。工作原理与图 2 - 200 一致，只是冷凝器出口的高温、高压的气态制冷剂分为两路，分别通过两路的膨胀阀和蒸发器，两路蒸发器出口的低温、低压的气态制冷剂汇合成一路进入压缩机，重复循环。

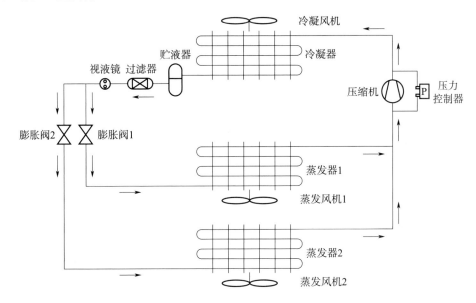

图 2 - 201　蒸汽压缩式"一拖二"制冷装置原理图

下面介绍制冷装置典型部件。制冷系统的主要组成为压缩机、膨胀阀、冷凝机组、蒸发机组合储液罐、管路及管接头、温度传感器、调温控制组合。压缩机的驱动动力为电动机或底盘发动机主轴取力轴，蒸发机组和冷凝机组风机由发射车供配电系统供电。

（1）压缩机

压缩机是蒸汽压缩式制冷装置的主要部件之一，作用是压缩制冷剂（从低压气态压缩成高压气态）并驱动制冷剂在封闭系统中循环流动。根据气体压力提高的原理，压缩机可分为容积型和速度型两大类。在容积型压缩机中，通过气体体积的压缩达到气体压力的提高，主要有活塞式（往复式）和回转式两种，回转式又有螺杆式、滚动转子式、涡旋式等。在速度型压缩机中，气体速度的提升转化为气体压力的提高，主要有离心式和轴流式两大类。目前发射车调温系统依据调温供电方案的不同而选用不同类型的压缩机，比如采用车辆发动机或电动机混合驱动压缩机方案，一般选用开启型活塞式压缩机，如采用电动机和压缩机一体方案，一般选用全封闭涡旋压缩机。图 2 - 202 所示为一种全封闭涡旋压缩机示意图。

（2）膨胀阀

膨胀阀安装在蒸发器入口前，作用是将冷凝器或贮液器中冷凝压力下的饱和液体（或过冷液体），节流降至蒸发压力和蒸发温度，同时根据负荷的变化，调节进入蒸发器制冷

图 2 - 202　　一种全封闭涡旋压缩机

剂的流量。若流量过大，出口含有液态制冷剂，可能进入压缩机影响其寿命。若制冷剂流量不足，经过蒸发器时提前蒸发完毕，造成制冷量不足。根据结构形式不同膨胀阀可分为热力膨胀阀和电子膨胀阀等类型。

热力膨胀阀通过安装蒸发器输出端的感温包敏感温度来控制制冷剂的流量大小以保证蒸发器的出口完全为气态制冷剂并且温度满足要求。热力膨胀阀可分为内平衡式和外平衡式；内平衡式热力膨胀阀用于蒸发器压力损失较小的小型制冷装置，外平衡式热力膨胀阀用于蒸发器压力损失较大的制冷装置。常见的热力膨胀阀为单向热力膨胀阀，即正向节流降压、自动调节流量；除此还有双向热力膨胀阀，可以实现正向与反向调节流量的作用。为了实现双向热力膨胀阀的反向工作，双向热力膨胀阀必须采用外平衡结构。图 2 - 203所示为一种外平衡式单向热力膨胀阀示意图。

图 2 - 203　　外平衡式单向热力膨胀阀示意图

　　内平衡式热力膨胀阀由感温包、毛细管、膜片、节流阀、压力调节螺钉等组成，结构原理如图 2 - 204 所示。膨胀阀膜片上部为与毛细管连通的制冷剂，下部与出口制冷剂连通，同时顶在节流阀的阀芯轴上，节流阀阀口开口大小由下部的弹簧力与膜片上下部的压差共同决定。感温包内充满制冷剂并安装在蒸发器出口管道上，感温包和毛细管相连，敏感蒸发器出口制冷剂温度。如果空调负荷增加，液压制冷剂在蒸发器提前蒸发完毕，则蒸发器出口制冷剂温度将升高，膜片上压力增大，推动阀杆使膨胀阀开度增大，进入到蒸发器中的制冷剂流量增加，制冷量增大；如果空调负荷减小，则蒸发器出口制冷剂温度降低，以同样的作用原理使得阀开度减小，从而控制制冷剂的流量。

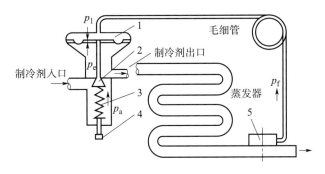

图 2 - 204　膨胀阀工作原理

1—膜片；2—节流阀；3—弹簧；4—弹簧调压螺钉；5—感温包

　　由于热力膨胀阀敏感蒸发器出口温度改变感温包内介质的压力来控制阀的开度，因此控制信号反馈滞后且分辨率不够，同时由于阀的薄膜变形有限，因此流量调节范围较小。尤其是采用节能变频压缩机后，热力膨胀阀已不能满足要求。在一些负荷变化剧烈或运行工况范围较宽的场合，需采用电子膨胀阀进行调节。电子膨胀阀可以在不同工况条件，根据被调节参数产生的电信号控制膨胀阀上的电流或电压，从而控制阀针运动以达到调节的目的。采用电子膨胀阀进行蒸发器出口制冷剂热度调节，可以通过设置在蒸发器出口的温度传感器和压力传感器（有时也利用设置在蒸发器中部的温度传感器采集蒸发温度）来采集过热度信号，采用反馈调节来控制膨胀阀的开度；也可以采用前馈加反馈复合调节，消除因蒸发器管壁与传感器热容造成的过热度控制滞后，改善系统调节品质，在很宽的蒸发温度区域使过热度控制在目标范围内。除了蒸发器出口制冷剂过热度控制，通过指定的调节程序还可以将电子膨胀阀的控制功能扩展，如用于热泵机组除霜、压缩机排气温度控制等。与热力膨胀阀相比，电子膨胀阀具有反馈信号灵敏、控制精度高、调节范围宽、响应速度快等优点，多用于变频空调的节流控制。图 2 - 205 所示为一种电子膨胀阀产品外形。

　　（3）冷凝器

　　冷凝器是使制冷剂气体冷凝成液体的换热设备。压缩机输出的高温、高压气态制冷剂进入冷凝器后，将热量传递给周围介质（空气或水），自身因受冷却冷凝成液态高温、高压制冷剂。冷凝器按其冷却介质和冷却方式，可以分为风冷式、水冷式和蒸发式三种类型，目前发射车调温系统一般选用风冷式冷凝器。图 2 - 206 所示为一种风冷式冷凝器。

图 2-205　电子膨胀阀产品外形

图 2-206　一种风冷式冷凝器

（4）蒸发器

蒸发器是在制冷装置中的另一种换热设备，作用是将膨胀阀节流后的低温、低压的气液混合制冷剂蒸发吸热成低温、低压的气态制冷剂，所以蒸发器是制冷装置中制取冷量和输出冷量的设备。蒸发器按其冷却介质的特性，可以分为冷却空气的蒸发器和冷却液体载冷剂的蒸发器，目前发射车调温系统一般选用冷却空气的蒸发器，将蒸发器安装在一个送风管道中，通过蒸发风机将冷却后的空气输送给调温目标。图 2-207 所示为一种蒸发器。

图 2-207　蒸发器结构

（5）储液罐

储液罐的功能是干燥、储存制冷剂，气液分离。原理如图 2-208 所示。

（6）制冷剂

在蒸汽压缩式制冷装置中，制冷剂除应具有较好的热力性质和物理、化学性质外，更应具有优良的环境特性。可作为制冷剂的物质较多，其种类如下：

1）无机化合物：如氨、水、二氧化碳等；

2）饱和碳氢化合物的氟、氯、溴衍生物，俗称氟利昂的主要是甲烷和乙烷的衍生物，如 R22、R134a 等；

3）碳氢化合物：如丙烷、异丁烷、乙烯、丙烯等；

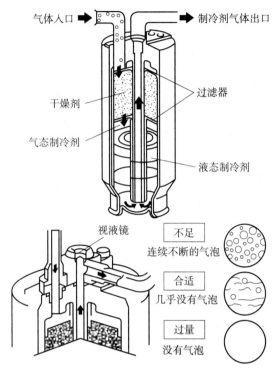

图 2 - 208 储液罐结构原理图

4）混合制冷剂，由两种或两种以上不同制冷剂按比例相互溶解而成的一种溶合物，如 R410A、R407C、R502 等。

蒸汽压缩式制冷装置常用的制冷剂有氨、R22、R134a、R410A、R402C 等，参数对比见表 2 - 19，以下分别介绍。

氨制冷剂沸点−33.4 ℃，凝固点−77.7 ℃，氨的压力适中，单位容积制冷量大，流动阻力小，热导率大，价格低廉，对大气臭氧层无破坏作用。氨的主要缺点是毒性较大、可燃、可爆、有强烈的刺激性臭味，若系统中含有较多空气时，会引起爆炸。

R22 是之前较为广泛使用的制冷剂，沸点−40.8 ℃，凝固点−160 ℃，无色、气味很弱、不燃烧、不爆炸、毒性小；对大气臭氧层有轻微破坏作用，并产生温室效应；单位容积制冷量稍低于氨。R22 是我国第二批被列入限用与禁用的制冷剂之一，将在 2040 年 1 月 1 日起禁止生产和使用。

R134a 制冷剂沸点−26.5 ℃，凝固点−101 ℃，无色、无味、无毒、不燃烧、不爆炸，吸水性较强，且易与水反应生成酸，腐蚀制冷机管路及压缩机，故对系统的干燥度提出了更高的要求，R134a 对大气臭氧层无破坏作用，但仍有一定的温室效应，目前是 R22 的替代工质之一，车载空调和家用空调多选用此种制冷剂。

R410A 是一种由 R32 与 R125 按 1∶1 比例混合而成的二元准共沸制冷剂，是一种替代 R22 的绿色环保制冷剂，沸点−52.7 ℃。R410A 性能稳定，无毒、不燃烧，对大气臭氧层无破坏作用，有着优良的热传递与流动特性，是未来新工质的发展方向，家用新型变频空调多选用此种制冷剂。

R407C 是一种由 R32（23%）、R125（25%）和 R134a（52%）按比例混合而成的三元非共沸混合制冷剂，可看作 R410A 和 R134a 按 1∶2 比例混合而成，所以其总体性能介于 R410A 和 R134a 之间，但它的热传导性较差，所以总体性能更接近 R134a。

表 2 - 19　制冷剂的热力性质

制冷剂	成分	分子量	沸点/℃	临界温度/℃	临界压力/MPa
R717	氨	17.03	−33.4	132.4	11.29
R22	二氟一氯甲烷	86.48	−40.8	96.0	4.986
R134a	四氟乙烷	102	−26.5	100.6	3.944
R410A	R32 与 R125 混合	72.56	−52.7	72.5	4.949
R407C	R32、R125 和 R134a 混合	86.2	−43.6	87.3	7.819

2.4.11.2　蒸汽压缩式热泵装置

蒸汽压缩式热泵装置与蒸汽压缩式制冷装置的工作原理没有本质的差别，只是两者的工作目的不同，制冷装置是为了制冷，而热泵装置是为了供热，可以采用一套设备同时具备制冷和供热两种功能。典型的蒸汽压缩式制冷/热泵一体装置（冷暖型）的工作原理如图 2 - 209 所示，其由压缩机、冷凝器、双向膨胀阀、蒸发器和四通阀等组成，通过一个四通阀来控制制冷剂的流向，从而达到高温环境下制冷和低温环境下供热的目的。制冷循环时，其工作原理同蒸汽压缩式制冷装置；制热循环时，四通阀换向工作，蒸发风机将发射筒（或保温舱）等舱室内的空气吸入后吹向室内侧的蒸发器（此时作为冷凝器），空气吸收蒸发器的热量而升温，从而达到升高发射筒（或保温舱）等舱室内空气温度的目的。

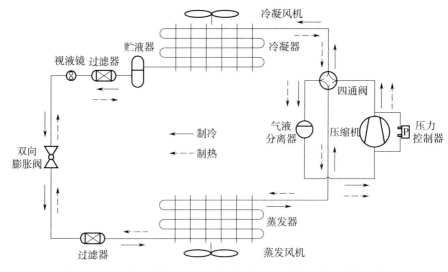

图 2 - 209　典型的蒸汽压缩式制冷/热泵一体装置的工作原理图

2.4.11.3　电加热装置

电加热装置是利用电热设备通电后将电能转换为热能的装置。根据加热原理不同，电热设备可分为电阻式电热设备、远红外电热设备、感应式电热设备、微波式电热设备以及电弧式电热设备等。发射车电加热装置一般选用电阻式电热设备和远红外电热设备两类。

电阻式电热设备是根据电流的热效应制成的，其发热体是具有一定电阻值的金属或非金属电热材料，常用的有电阻丝电热设备和 PTC 电热设备等。远红外电热设备是在电流热效应的基础上利用远红外线辐射元件，辐射了远红外线加热物体的设备，其发热体是具有一定辐射能力的电热材料。远红外电热设备具有能量传递速度快和无须强制送风等特点。

电阻丝电热设备一般采用导电性能好、电阻温度系数小的合金电热材料，常用的合金电热材料的物理性质与力学性能见表 2 - 20。不同的材料，电阻率的数值不同；同一材料，其电阻率也随着温度变化。合金电热材料电阻温度系数小，说明随着工作温度升高其电阻变化小，电功率变化也小，这样容易得到较平稳的工作温度。

表 2 - 20　常用的合金电热材料的物理性质与力学性能

性能	铁铬铝合金		镍铬合金	
	1Cr13Al4	0Cr25Al5	Cr15Ni60	Cr20Ni80
密度/(g/cm^3)	7.4	7.1	8.2	8.4
线胀系数(20~1000 ℃)/10^{-6}℃$^{-1}$	15.4	16	13	14
比热容/[J/(g・℃)]	0.117	0.118	0.110	0.105
热导率/[kJ/(m・h・℃)]	12.6	11.0	10.8	14.4
熔点/℃	1450	1500	1390	1400
电阻率/(Ω・mm^2/m)	1.26±0.08	1.40±0.10	1.12±0.05	1.09±0.05
电阻温度系数	<1.15	<1.05	<1.11	<1.05

PTC 电热设备采用单一的半导体发热材料。成形的 PTC 电热设备两面接通电源，可获得额定的发热温度，是一种具有正温度系数的热敏电阻，属于钛酸钡系列的化合物，并掺杂微量的稀土元素，具有升温快、效率高、无明火、安全可靠的独特优点。图 2 - 210 所示为一种 PTC 电热设备示意图。

图 2 - 210　一种 PTC 电热设备示意图

一种带风机的 PTC 电加热器结构示意图如图 2 - 211 所示，其主要由加热器结构件、风机、PTC 加热组件和电缆等组成。

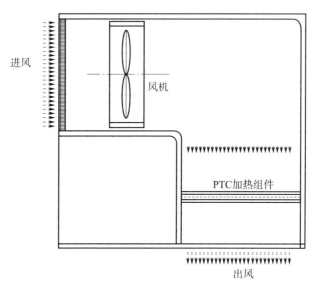

图 2 - 211　PTC 电加热器结构示意图

（1）燃油加热装置

燃油加热装置可以在耗电极小的情况下提供较大功率的热量，一般在驻车状态下使用。其工作原理是燃油加热器的柱塞油泵从燃油箱吸入燃油并经输油管路送到燃油加热器的雾化器，燃油雾化后与风扇吸入的空气在主燃烧室内混合，被电热塞点燃后燃烧，将热量传递给散热片，以达到加热空气的目的。图 2 - 212 所示为一种燃油加热器结构原理图。

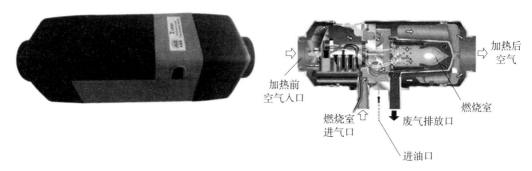

图 2 - 212　燃油加热器结构原理图

（2）调温控制设备

调温控制设备通常由温控组合、接口组合、传感器和电缆等组成，调温控制设备的典型工作原理框图如图 2 - 213 所示。

温控组合接收到车显终端发送的调温命令后，采集调温系统的各种温度、压力和开关量信号，根据调温系统的控制规律，控制接口组合内的继电器和接触器动作，驱动压缩机、冷凝风机、蒸发风机、电加热器、燃油加热器、风口开闭机构、风道阀门等负载动

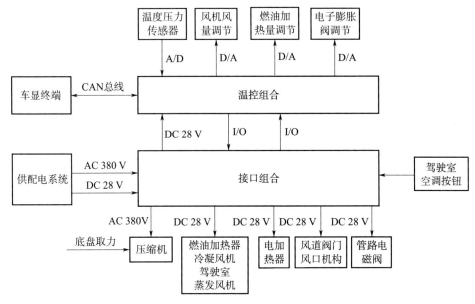

图 2 - 213　调温控制设备的典型工作原理框图

作，实现通风、加热、制冷、停机，驾驶室制冷、加热，设备舱加热等各种工况的运行。

（3）温控组合

温控组合设计时优先选用国产化的微处理器，例如 TMS320F2812 的国产化芯片，下文介绍采用 TMS320F2812 温控组合的工作原理。

温控组合一般由温控控制板、电源板、显示屏、加固机箱以及软件组成。

温控控制板以 DSP TMS320F2812（简称 DSP2812）为核心，DSP2812 具有增强性 CAN 模块、两路事件管理器、标准 UART 接口，可以实现一路 CAN 通信、PWM 接口以及 RS232 通信。A/D 转换、D/A 转换、另两路 CAN 通信、开关量输入输出控制则是通过相应的控制器、隔离器件来实现转换隔离功能，DSP2812 通过 FPGA EPF10K30 给各个控制器分配不同的地址来进行访问控制。温控控制板原理框图如图 2 - 214 所示。

温控控制板上设计了 CPU 运行指示灯和 CAN 通信指示灯，并提供 JTAG 调试口和电源测试口方便组合的使用和测试。各功能接口的工作原理如下：

CAN 接口：利用 TMS320F2812 内部的 CAN 接口控制器，在外围电路加上 CAN 驱动器 TJA1040 来实现一路 CAN 通信功能；另两路由 CAN 控制器 SJA1000 和驱动器 TJA1040 来实现，DSP2812 通过 FPGA 译码给每一路 CAN 分配不同的地址来实现访问控制。三路 CAN 控制器和驱动器之间都加光耦 GH137 进行信号隔离，三路通信信号 CANx _ H 和 CANx _ L 之间提供匹配电阻 120 Ω，可通过开关选择是否连接这 120 Ω 的匹配电阻。

PWM 接口：利用 TMS320F2812 事件管理器来实现 PWM 输出波形，其中，周期、幅值、占空比可调。

A/D 接口：外部输入 4～20 mA 电流的模拟量，通过 100 Ω 的高精密电阻转换为电压后，再通过模拟隔离电路 AQY211EHA 把外部与内部模拟量输入实现完全的电气隔离后，

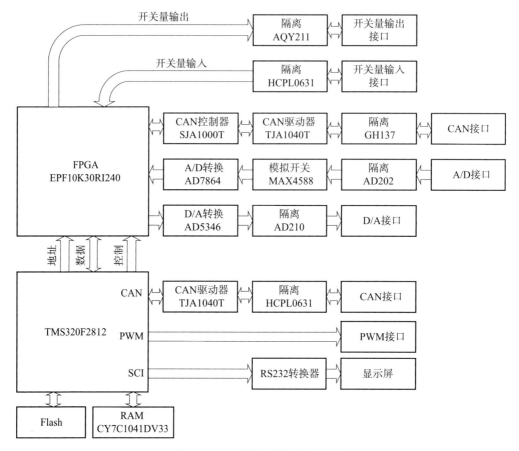

图 2-214　温控控制板原理框图

模拟量输入模拟选择开关 MAX4588，最后输入 A/D 转换芯片 AD7864，完成 A/D 转换。转换结果由 TMS320F2812 来读取。

D/A 接口：TMS320F2812 往 D/A 转换器 AD5346 里写入数据，由 AD5346 完成分辨率 8 位、精度 ±4 LSB、输出电压范围 0~5 V 的 D/A 转换功能，再通过功能板的运算放大器 OP4177 将 0~5 V 信号放大到 0~10 V 的输出电压范围，然后通过模拟隔离电路 AD210 把插板内部、外部的模拟量输出实现完全电气隔离后输出。

开关量接口：开关量输入经过功能板上的光耦 HCPL0631 进行隔离后，输入主板 FPGA（EPF10K30RI240）中，TMS320F2812 从 FPGA 中读取开关量输入信号。开关量输出则是 TMS320F2812 往 FPGA 中写数，由 FPGA 输出到功能板的继电器 AQY211EHA 中完成开关量的隔离输出。

显示屏显示设计：采用维信诺公司的 V0017-CA-005 显示屏，该显示屏集成有字库，通过 RS232 接口进行显示控制。利用 DSP2812 芯片 SCI 接口配合 232 转换器实现对显示屏的显示控制。

电源设计：温控组合输入电源 20~33 V，温控控制板工作需要 5 V、两路 ±15 V、24 V，其中，24 V 由系统提供，5 V 和两路 ±15 V 由组合内部电源板提供。电源板输出

5 V：10 A，±15 V：2 A，各路电源不共地。

（4）接口组合

接口组合将温控组合输出的 I/O 信号经过继电器、接触器、IGBT 功率器件转接放大，控制调温系统各路负载动作，并为大功率负载提供过电流保护，是调温控制设备的负载控制设备。

接口组合一般由电源模块、功率继电器、接触器、IGBT、断路器、熔断器和电连接器等组成。

（5）软件控制原理

调温系统具有自动和手动两种工作模式，通过控制模块接收来自上位机的控制命令，实现对调温设备工作状态的控制。

在自动工作模式下，以温湿度为控制参数，根据预先设定的控制规律控制机组动作，保证控制对象的温湿度保持在指标要求范围内。同时，温度控制规律的设计考虑温度调节的滞后性，温度控制点限值设置优于指标要求。

在自动调温工作模式下，温控组合根据当前温度、湿度以及机组设定目标温度 T 和 ΔT、湿度 H（设定值大于 50%），决定进入通风、制冷、加热或除湿工况。设定不同的温度要求具体各工况的进入条件如下：

1）当温度达到上限时开启制冷，系统根据设定值与测量值偏差，采用变频变容量控制制冷量的输出，动态适应外界负荷的变化；当温度达到下限时停止制冷。

2）当温度达到下限时开启制热，制热共分为三档，当 $T-2\ ℃\leqslant t < T$ 时，开启低热；当 $T-6\ ℃\leqslant t < T-2\ ℃$ 时，开启中热；当 $t < T-6\ ℃$ 时，开启高热；当温度达到上限时，停止制热。

3）除湿：当相对湿度达到上限时，开启除湿模式，至控制对象相对湿度达到下限时停止除湿；除湿过程仍然保证温度在设定范围内。

制冷控制规律如图 2-215 所示。目标温度达到上限时，调温设备启动，进入制冷工况，通风机启动，机组自动根据目标温度与设定温度差值调节冷量输出；目标温度达到下限时，机组自动停机，进入休眠状态；当目标温度再次达到上限时，机组自动从休眠状态再次进入制冷状态；关机时压缩机与冷凝风机延迟 1 min 后停机，待机组完全停机后，才可断电。

制热控制规律如图 2-216 所示。目标温度达到下限时，调温设备工作，通风机启动，进入制热工况；目标温度达到上限时，机组自动停机，进入休眠状态；当目标温度再次达到下限时，机组自动从休眠状态再次进入制热状态；关机时通风机延迟 1 min 后停机，待机组完全停机后，才可断电。

自然环境在高温高湿和低温高湿两种状态下需要除湿。除湿控制规律为目标相对湿度达到湿度上限时，通风机开启，进入除湿工况；目标相对湿度达到湿度下限时，机组自动停机，进入休眠状态；当目标湿度再次达到下限时，机组自动从休眠状态再次进入除湿工况；关机时机组延迟 1 min 后停机，待机组完全停机后，才可断电。

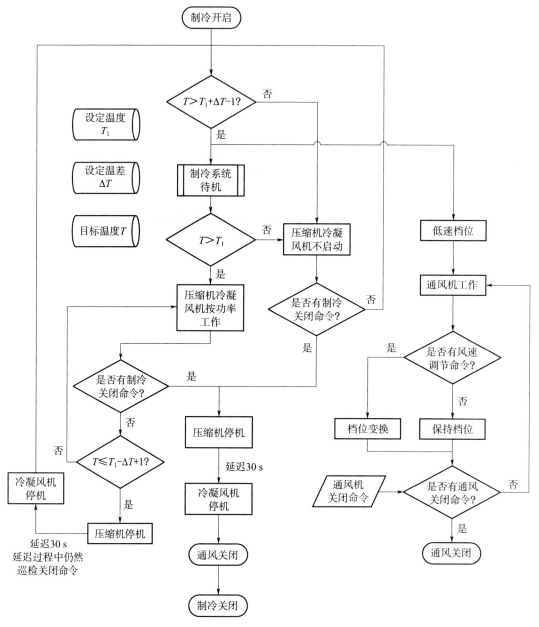

图 2-215　制冷控制规律

2.4.12　发射车舱体

舱体为发射车上的仪器设备和导弹提供安装和遮风挡雨的贮存和运输环境，安装设备的舱室一般称为设备舱，贮存导弹的舱室称为弹体保温舱。

按舱体结构形式可分为骨架蒙皮舱和骨架发泡蒙皮舱（也称为保温舱）。骨架蒙皮舱不具有保温能力，适于安装液压设备等机电产品。保温舱具备保温功能，适于安装对环境温度有较严格要求的仪器设备和导弹。

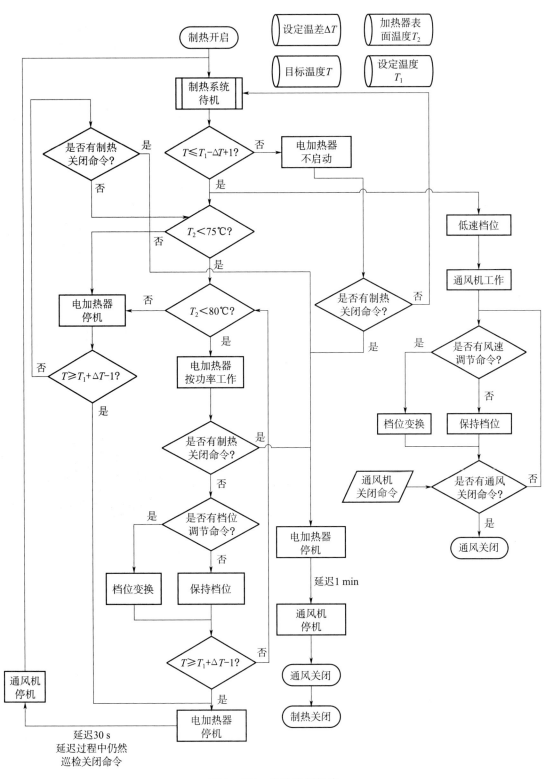

图 2 - 216　制热控制规律

　　骨架蒙皮舱的结构示意图如图 2 - 217（a）所示，舱体主要由舱体骨架、舱门、内外蒙皮、密封条和气动撑杆（仅限于上开门）等组成。对有电磁屏蔽要求的舱体，密封条需选导电型，确保舱体导电性能满足要求。对舱体有防弹要求的，则需在舱外表面安装复合材料防弹板。舱体的外形尺寸根据发射车的整体布置确定。

　　保温舱板片采用大板结构，各板片采用内外蒙皮中间加钢制骨架的灌注发泡板片结构，骨架与内蒙皮之间铺设了 3 mm 厚的胶合板作为隔热桥，发泡层选用阻燃型聚氨酯泡沫，舱板结构如图 2 - 217（b）所示。

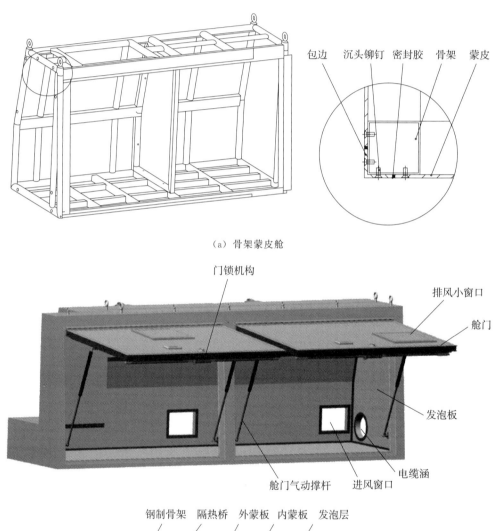

（a）骨架蒙皮舱

（b）保温舱

图 2 - 217　保温舱的结构示意图

为了减轻舱体重量，舱体骨架可以采用高强度轻质铝合金或复合材料结构。

对采用热发射的导弹发射车，一般采用弹体保温舱，在导弹起竖前需要开舱盖，舱盖结构与舱体类似，但是需要考虑承受导弹发射时的燃气压力，因此，舱盖的结构强度和刚度较大。舱盖的开盖机构一般采用铰链结构，利用电动缸或液压缸作为开关盖的作动器，开盖机构可以布置在舱内，也可以布置在舱外，根据发射车总体布置方案确定。

对具有防弹、雷达和红外隐身功能的舱体，在上述基本结构的基础上进行结构功能一体化设计。

设备舱一般由发射车总体设计师提设计技术要求，由国内具有技术优势的专业公司研制，衡阳泰豪通信车辆有限公司的几种舱体外形如图 2 - 218 所示。

(a) 密封型保温侧舱

(b) 通风型骨架蒙皮侧舱

(c) 标准车载方舱

图 2 - 218　衡阳泰豪通信车辆有限公司的几种车载舱体

2.5　箱（筒）式发射车

对箱（筒）式倾斜发射的发射车，组成与裸弹热发射载车有所区别，没有载人舱和发射台等，增加了发射箱和方位回转机构等，并且瞄准方式一般采用近瞄。

导弹发射车的组成一般为汽车底盘、托架（起竖臂）、车腿、起竖系统、设备舱、发射箱（筒）、回转台、车控设备、指挥通信设备与导弹瞄准、测试与发射控制设备、直属结构件和电缆网等。箱式发射车一般采用 2 联装、3 联装或 4 联装形式。土耳其 KHAN 战术弹道导弹箱式发射车采用 2 联装结构，如图 2 - 219 所示。

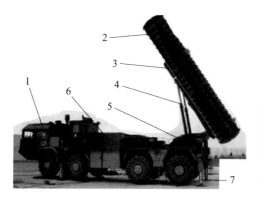

(a) 起竖待发射状态　　　　　　　　(b) 发射导弹状态

图 2 - 219　土耳其 KHAN 战术弹道导弹箱式发射车

1—汽车底盘；2—发射箱；3—起竖臂；4—起竖油缸；5—回转机构；6—瞄准与控制设备舱；7—车腿

下面介绍裸弹发射车所没有的发射箱（筒）和方位回转机构。

2.5.1　发射箱（筒）

（1）功能和分类

发射箱（筒）又称为储运发射箱（筒），发射箱（筒）在导弹发射车上的应用缘于导弹固体发动机技术的进步和作战需求、导弹可靠性的提高。

先辨析一下发射箱（筒）与发射装置的定义。GJB 668A—97《导弹武器系统术语》中对"储运发射箱（筒）"Store Transport and Launching Container 的定义为：导弹在运输、贮存时作为包装装置，在发射时又作为发射装置的箱（筒）形容器。GJB 668A 和 GJB 3470—98《导弹地面设备术语》对"发射装置"Launcher 的定义为：用于承载导弹、赋予射向、进行发射准备并实施发射的装置，GJB 668A 定义的发射装置应理解为发射车等发射平台。根据国军标的术语定义和国内外习惯，发射箱（筒）与发射装置的含义是不同的。

发射箱（筒）的主要功能如下：

1）作为导弹的贮运容器；

2）提供弹-地电气连接；

3）具有电磁屏蔽、保温等特殊功能；

4）发射时给导弹初始导向。

导弹发射箱按横截面外形可分为多边形（含四边形）发射箱和筒形发射箱，前者习惯性称为发射箱，后者习惯性称为发射筒；按是否有保温要求可分为保温型发射箱和非保温型发射箱，保温型发射箱要求箱体有保温性能，并具有加热功能或制冷功能；按主要成型材料可分为金属发射箱和复合材料发射箱，金属发射箱主材一般为轻质防锈铝合金，复合材料发射箱主材一般为玻璃纤维，隔热材料一般为聚氨酯等发泡材料；按箱内是否有导轨，可分为有导轨发射箱和无导轨发射箱，无导轨式一般采用筒形发射箱结构。实际的发射箱一般是上述几种类型的组合，如保温型铝合金方形发射箱。

（2）多边形发射箱

多边形发射箱是导弹武器常用的形式，常见的多边形发射箱横截面形状为正方形（四边形）、长方形（四边形）、六边形等对称结构。

四边形发射箱的组成一般为箱体及附件、导轨、前箱盖、后箱盖、导弹径向支承（适配器或径向限位装置）、电连接器对接分离机构、闭锁挡弹器、温度传感器和电缆等，发射箱结构示意图如图 2-220 所示。

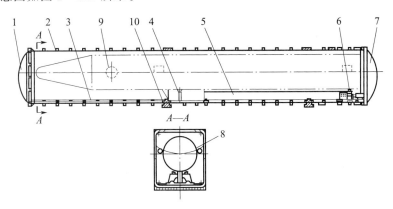

图 2-220　发射箱结构示意图

1—前箱盖；2—箱体；3—前导轨；4—电连接器对接分离机构；5—后导轨；6—锁弹机构；7—后箱盖；
8—导弹径向支承；9—瞄准窗口；10—支承起吊框

①箱体

箱体一般采用铝合金框架＋蒙皮结构或铝合金板折弯成型加横筋结构，具体结构形式根据箱体支承方案和导弹重量等因素综合考虑。如果导弹有低温时加温要求，则需要在箱内设置电加热器。如果有高温环境下降温要求，则需要在筒内设置制冷装置或从外部引入冷气，同时，箱体必须采用隔热泡沫夹层，要求箱体具有气密和电磁屏蔽要求，具体指标按总体要求。箱体上根据需要可配置各种功能附件，如电缆夹、瞄盖、检查孔/盖、起吊支耳等。地空导弹也大量采用这种结构形式，图 2-221 所示为美国多联装防空导弹发射箱结构。

图 2-221　美国多联装防空导弹发射箱结构

　　为了减轻重量、降低成本,采用玻璃钢复合材料成型工艺制造发射箱也是一种常见的技术方案。复合材料结构的设计与制造工艺关系非常紧密,复合材料成型工艺方法一般有预浸-模压成型法、预浸-热压罐法、预浸-缠绕法等。文献[26]介绍了一种复合材料发射箱及生产工艺方法,该方法很典型,具体如下:

　　复合材料箱体缠绕成型工艺流程如图 2-222 所示,其由模具及胶料等准备、缠绕、固化、脱模、后处理等环节组成。

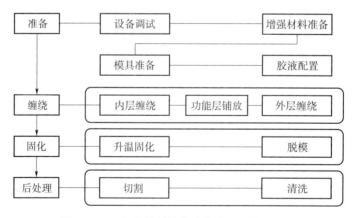

图 2-222　复合材料箱体缠绕成型工艺流程图

　　发射箱模具结构示意图如图 2-223 所示。

　　缠绕成型示意图如图 2-224 所示。

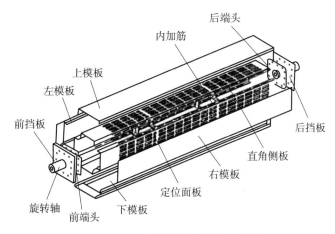

图 2-223　发射箱模具结构示意图

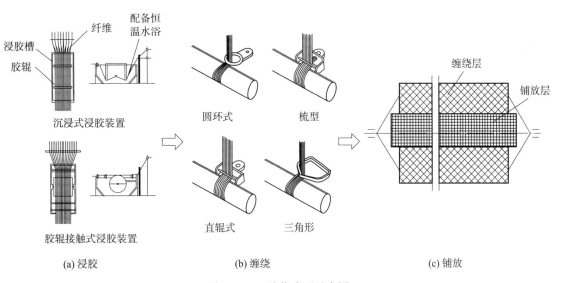

(a) 浸胶　　　　　　　　(b) 缠绕　　　　　　　　(c) 铺放

图 2-224　缠绕成型示意图

　　粘胶缠绕成型后的箱体需要等待胶固化后才能脱模，固化的方法有室温固化和加热固化两种方式，加热固化可以采用固化炉加快固化速度，对脱模后的箱体进行后处理就可以得到复合材料成品。

　　实际复合材料产品还需要在缠绕成型后粘接环向加强筋、开孔、安装导轨等其他金属结构件甚至机加等工序，完成气密、水压、检验等试验和检验工作才能得到发射箱产品，图 2-225 所示为对复合材料发射箱的窗口进行机加的工序，其产品外形如图 2-226 所示。

　　目前，常用的复合材料主要包括玻璃纤维增强树脂、碳纤维/玻璃纤维增强树脂、碳纤维增强树脂，玻璃纤维和碳纤维是主要承载部分，纤维材料对结构性能起到决定性作用，表 2-21 所示为某复合材料发射筒所选两种纤维复合材料的性能参数对比，可见碳纤维材料力学性能、耐高温性能优于玻璃纤维材料，但是成本远比玻璃纤维高，因此一般用于重复发射的发射筒内衬层或者要求较高的战略核洲际导弹发射筒。

图 2 - 225　复合材料发射箱开孔工序

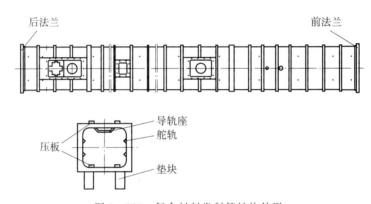

图 2 - 226　复合材料发射箱结构外形

表 2 - 21　某发射筒两种复合材料性能比较

材料　性能	玻璃纤维/环氧	碳纤维/环氧
密度/(g/cm³)	2.0	1.7
纵向拉伸强度/MPa	1240	1420
纵向弹性模量/GPa	48	126
比强度/$\times 10^6$cm	6.2	9.1
比模量/$\times 10^8$cm	2.4	8.1
疲劳强度	中	高
热导率/[W/(m·K)]	0.35	0.75
电磁屏蔽	透波性良好	半导体性质,不透波

树脂基体是复合材料结构的重要组成部分,其作用如下:

1)将不同层复合材料纤维粘接固化成一体,对纤维材料起到保护作用;

2)不同层间传递载荷;

3）决定复合材料的部分性能：强度、耐环境温度性能、耐溶剂性能、耐蚀性、压缩性能等；

4）决定成型方法和工艺。

环氧树脂是复合材料发射筒最常用的树脂。环氧树脂指含有两个或两个以上环氧基，以脂肪族、脂环族或芳香族等有机化合物为骨架并加入适当添加剂后能形成三维交联网络状分子结构的热固性树脂材料，种类划分方法：按室温下状态分为液态环氧树脂、固态环氧树脂；按官能团数量分为双官能团环氧树脂和多官能团环氧树脂；按化学结构分为缩水甘油醚类、缩水甘油酯类、缩水甘油胺类、脂环族环氧树脂、环氧化烯烃类等。其中，缩水甘油醚类环氧树脂包括双酚 A 型、F 型、S 型环氧树脂，酚醛型、溴代型环氧树脂，双酚 A 型是应用最广泛的类型。具体选用何种环氧树脂及添加剂，需要综合考虑所选纤维材料、产品技术指标和成型工艺方法等因素。

②导轨

导轨是发射箱的重要部件，在储运过程中支承导弹的重量，在发射时引导导弹沿导轨滑出发射箱。导轨的数量依据导弹的定向支脚数量和布置确定，由 1～4 条组成，数量越多，对导轨的制造和安装位置精度要求就越高。导轨布置形式如图 2-227 所示（俯视图）。其中，(a)、(b) 为前后定向器不同时滑离导轨，(c)、(d) 为前后定向器同时滑离导轨。

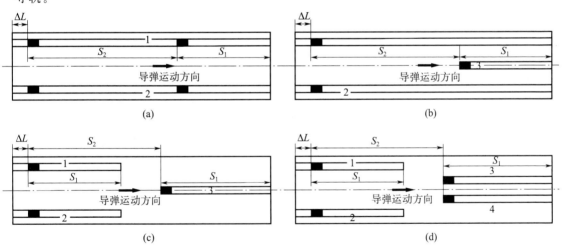

图 2-227　导轨布置形式

注：下标 1、2、3、4 表示序号。

从图 2-227 可以看出，对不同时离轨的发射箱，前导轨长度为 S_1，后导轨长度为 S_1+S_2，S_2 为前后定向器之间的距离，导轨最大长度为 $S_1+S_2+\Delta L$，ΔL 为后导轨附加长度段，一般取 0 或某个值，根据需要定（如作为导弹装填过渡段）。

对同时离轨的发射箱，前后定向器滑行长度相等，均为 S_1，前导轨长度为 S_1，后导轨长度为 $S_1+\Delta L$。

不同时滑离导轨的高度、横向方向布置应避免前部导轨与导弹后部定向器（支脚）发生碰撞，因此，一般是前部导轨位置低于后部导轨或者采用前后导轨避让布置的方式，高度差由导弹滑离速度、前后定向器的距离等确定。图 2 - 228 所示为同时离轨避让导弹的几种常用方案，折合式比较适用于裸弹导轨发射方式，其余两种适用于箱式发射方式。

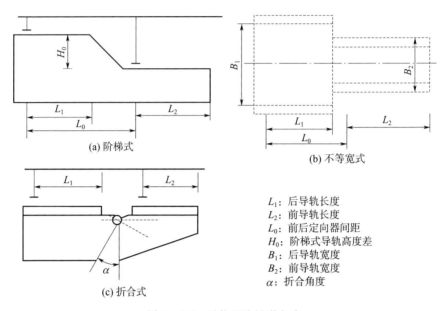

(a) 阶梯式　　　(b) 不等宽式　　　(c) 折合式

L_1：后导轨长度
L_2：前导轨长度
L_0：前后定向器间距
H_0：阶梯式导轨高度差
B_1：后导轨宽度
B_2：前导轨宽度
α：折合角度

图 2 - 228　导轨避让导弹方式

导轨一般采用类似 T 形槽的结构形式，不同数量导轨布置如图 2 - 229 所示。

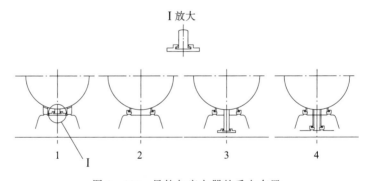

图 2 - 229　导轨与定向器的垂向布置

个别发射箱的导轨安装在发射箱的上部，导弹悬挂在箱内发射，由于这种方式受力不好，应用较少，因此不做详细介绍。

③前箱盖

前箱盖的类型一般有机电开关式盖、冲破式易碎盖和前抛式盖。对前箱盖的基本要求是，可靠开盖且不影响导弹安全、气密（包括水密）、电磁屏蔽和抗燃气流冲击。

机电开关式箱盖一般由盖板、铰链、开盖机构、到位传感器、盖体锁定机构和密封条等组成。前盖板通过铰链与箱体连接，通过电动开盖机构开关盖，并由到位传感器发到位信号。在开盖机构故障的情况下应能应急手动快速开关盖。开盖机构可以采用以电动缸作为推动力的连杆机构，也可以采用弹簧蓄能自动开盖机构。由于导弹有出箱下沉运动，因此箱盖采用大于90°上开盖方案，某导弹发射箱机电开关式开盖机构如图2-230所示。

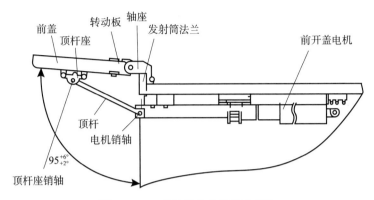

图 2-230　某导弹前盖及开盖机构

冲破式易碎盖开盖方式是一种常用的开盖方式，对冲破式开盖方案的特殊要求是：不能碰坏导弹结构、破片尽量轻不砸坏其他设备、破片数量与尺寸适中、破片必须齐根断裂。冲破式易碎盖的类型有弹头冲破式和导弹发动机在筒内产生的高压气体冲破式。易碎盖的盖体形状有平盖和前突盖，从易于冲破的角度出发，弹头冲破式一般采用平盖，高压气体冲破式一般采用前突盖。盖体材料一般为发泡材料或树脂纤维复合材料，结构上预设径向和周向削弱槽。冲破盖组件包括盖本体、法兰/压板、密封条。

发泡盖易成型、破裂性能稳定、成本低，但是强度比树脂纤维盖体低，在多联装发射时可能被先发导弹的气流冲破，可以采用冲破盖外加保护盖的方法克服此缺点。

一种冲破盖结构示意图如图2-231所示，法兰为金属结构，盖体为发泡结构，盖体与法兰胶粘连接，密封圈需嵌入箱体端面的密封槽。

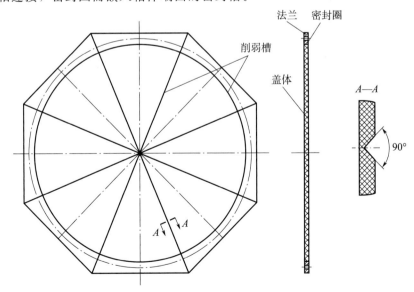

图 2-231　冲破盖结构示意图

盖体的削弱槽形状和尺寸需要根据冲破仿真计算确认，并需要经过静压和冲破试验验证后才能确定，特别是利用导弹发动机燃气反冲破的前盖开盖压力设计需要低于后盖开盖压力，确保前盖顺利冲开。例如某盖体承受正向压力值范围为 0.055~0.1 MPa（表压），低于 0.055 MPa 时不能破裂，压力在 0.055~0.1 MPa 范围内必须破裂。

余洪浩在其论文中介绍了一种玻璃钢结构的气压冲破盖的设计、计算和试验方法，可供参考，其盖体外形及冲破结果如图 2-232 所示。

图 2-232　一种玻璃钢冲破盖结构及冲破结果示意图

前抛式箱（筒）盖技术难度相对较大，要求前盖整体抛离发射车。通常采用的技术手段包括气压＋分离螺栓、分离螺栓＋固体发动机侧推。一种爆炸螺栓开盖原理示意图如图 2-233 所示，爆炸螺栓既可以作为前盖的安装紧固件，也可以用于分离前盖。爆炸螺栓数量依据单个分离爆炸螺栓的冲量、抛离距离、顶盖大小以及顶盖密封要求设定，为保证分离可靠，发射箱（筒）内充满一定压力的氮气。

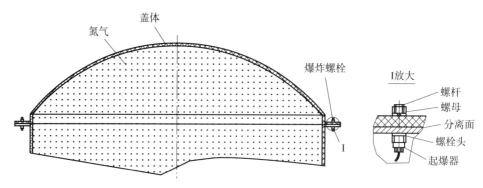

图 2-233　爆炸螺栓分离顶盖方案示意图

爆炸螺栓与导弹头体分离的爆炸原理相同，利用直流电引爆螺栓内的火药使螺栓在分离面分离，其结构外形如图 2-234 所示，爆炸螺栓的冲量可根据要求进行设计。

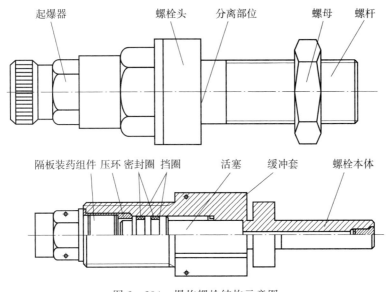

图 2-234　爆炸螺栓结构示意图

④导弹径向支承（适配器或径向限位装置）

箱式发射导弹的定向器一般不承受导弹运输过程中的水平和向上横向力，因此需在发射箱（筒）内设置 1～2 组径向支承，确保导弹在机动运输过程中可靠固定，不发生轴向和径向跳动。导弹径向支承有适配器支承和可回收机构支承两种方案，这两种支承结构完全不同，下面分别介绍。

（a）适配器支承

适配器是导弹发射筒中很普遍采用的一种导弹径向支承部件。适配器布置在导弹与发射箱（筒）之间，具有补偿间隙、径向定位、导向、减振或密封的作用。

适配器的组成：短程战术地地导弹适配器一般由 2 道组成，具有两级发动机的中远程导弹适配器一般由 3 道组成。每道 3～8 块形成环状结构。

适配器的安装定位方式有安装在导弹圆周或安装在发射箱（筒）内壁上两种，由此造成适配器的结构形式也不同。下面以适配器安装在导弹圆周为例介绍，如图 2-235 所示。

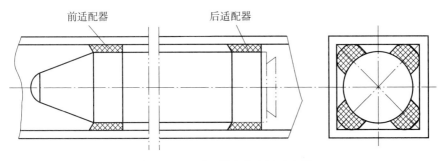

图 2-235　适配器安装布置示意图

一种采用整环结构的适配器方案如图 2-236 所示。

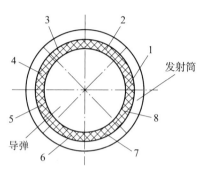

图 2 - 236　整环结构的适配器方案

1~8—适配器

　　适配器主要承载结构为橡胶或聚氨酯弹性体、聚氨酯泡沫等轻质材料,在适配器与导弹、发射箱(筒)的接触面分别粘接一层增、减摩材料。承载结构材料要求其强度满足导弹运输过程中的过载冲击不损坏,强度具体要求值与导弹重量有关。对安装在导弹上的适配器,因为需要随导弹出箱(筒),因此,适配器与导弹的接触面需要增大摩擦力,而与发射箱(筒)的接触面需要减小摩擦力。减摩材料一般采用聚四氟乙烯薄膜,增摩材料一般采用橡胶板、海绵板等弹性材料,弹性材料厚度一般不大于 8 mm。适配器本体有空心结构和实心结构两类,聚氨酯材料适配器一般采用实心结构。为了提高适配器出箱(筒)的可靠性,有的还在每块适配器与导弹(或箱)之间设置轴、孔结构,利用销轴将适配器带出发射箱(筒)。在销轴上安装压簧,在适配器出箱(筒)后利用弹簧的预压力使适配器与导弹分离。

　　赵华的《箱式发射导弹适配器》中引用了一种 4 块适配器组成的环形适配器方案,如图 2 - 237 所示。

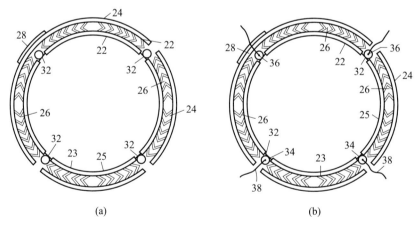

图 2 - 237　环形适配器的结构

22—环形适配器;23—抗拉纤维带;24—弧形适配器;25—适配器内弧;26—V 形柱体;

28—发射箱内壁(只表示出一部分);32—可控制环;34—可控插件;36—止回阀;38—控制输入端

文献介绍了一种可分离适配器专利方案，如图 2 - 238 所示，该适配器可在导弹出筒后通过导弹上的释放结构控制适配器与导弹分离。

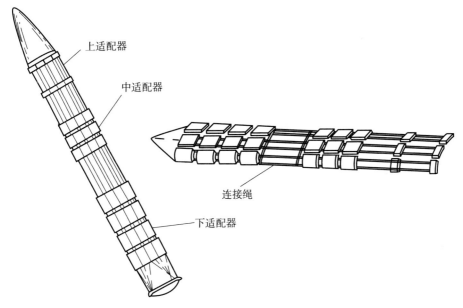

图 2 - 238　一种适配器方案专利示意图

（b）可回收机构支承

除了适配器支承方案，也有采用可回收机构支承导弹的，此类支承机构一般安装在导弹上方，可限制导弹横向和向上运动，同时不影响导弹轴向运动，如图 2 - 220 所示。可回收机构支承一般由支承力调节结构（升降机构）和支承托盘组成，支承托盘形状与导弹接触面形状一致并有橡胶板或毛毡之类的弹性层。导弹支承机构应能可靠自动回收（允许手动操作支承导弹），回收的方法也多种多样，根据发射箱的空间和回收时间指标而定。

⑤电连接器对接分离机构（插拔机构）

导弹发射前都需要通过测发控系统的弹地电缆对导弹进行检查、测试、瞄准、上传射击诸元参数、发出起控与点火命令等，该弹地电缆在启动弹上电源、发出发动机开栓、点火命令后应断开，不能影响导弹的起飞。电连接器分离机构（也称为插拔机构）的功能就是实现弹、箱（筒）之间电连接器的可靠对接和分离。

弹地可分离电连接器的外形主要有圆形和方形，电连接器的插针数越多，结合与分离的力就越大，电连接器、线缆和插拔机构尺寸就越大，因此，导弹武器系统总体应综合考虑，尽量减少弹地电缆线芯数量。同时，考虑发射箱（筒）内的环境，电连接器应具有防潮、防霉菌、防高温火焰性能。几种典型可分离电连接器的外形及分离方式如图 2 - 239 所示。

电连接器分离机构的类型一般有裂离式分离机构、拉绳分离机构、四连杆电分离机构、蓄能弹簧分离机构、杠杆式插拔机构和电动分离机构等。

对插拔机构的基本要求：可靠性高，操作方便，能适应导弹、发射箱（筒）、电连接器的制造误差。

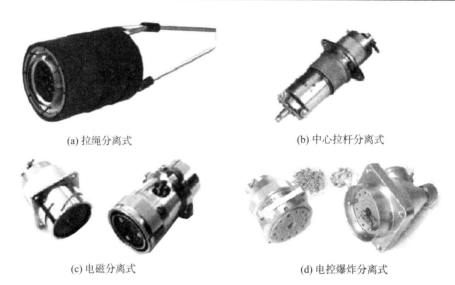

(a) 拉绳分离式　　　　　　　　　　　(b) 中心拉杆分离式

(c) 电磁分离式　　　　　　　　　　　(d) 电控爆炸分离式

图 2 - 239　常用的可分离电连接器

裂离式分离机构是高明坤所编教材中介绍的一种电连接器分离机构为美国响尾蛇和法国马特拉空空导弹用破坏式分离电连接器，如图 2 - 240 所示。该电连接器本身是一种裂离式电连接器，利用机构约束电连接器的运动，在导弹运动时将电连接器拉裂分离。弹地电连接器都是一次性使用的产品，该种电连接器避免了插头、插座对插结构，因此，可靠性高、成本低，适用于批量生产模式。电控爆炸分离式电连接器也可采用类似的这种分离机构。

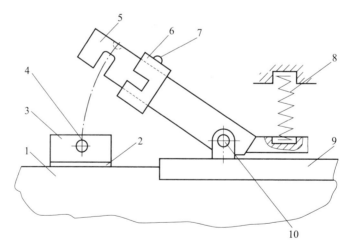

图 2 - 240　裂离式电连接器分离机构

1—导弹；2—裂离式电连接器上部分；3—裂离式电连接器下部分；4—销轴；5—制动钩；
6—锁套；7—撞珠；8—拉簧；9—定向器（导轨）；10—销轴

拉绳分离机构一般用于拉绳分离式电连接器和中心拉杆分离式电连接器，其特点是拉绳受力方向尽量与电连接器轴线重合或夹角尽量小，因此，比较适用于导弹尾部的电连接器分离机构。如图 2-241 所示，接绳分离机构一般由拉绳安装固定座、钢丝绳及绳夹、可调螺杆等组成，安装时钢丝绳不能完全拉紧，预留导弹在运输中的变形和位移。

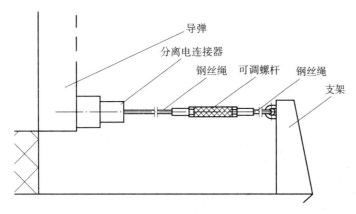

图 2-241　拉绳分离机构示意图

李殊予在其论文中引用的一种拉绳分离式电连接器结构，如图 2-242 所示。

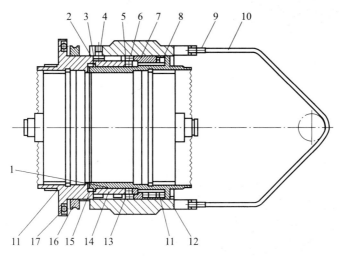

图 2-242　拉绳分离式电连接器结构示意图

1—插头外壳；2—屏蔽环；3—滑套；4—卡钉；5—卡圈；6—锁紧套；7—支架；8—锁紧弹簧；9—压接套；10—拉绳；
11—塑料环；12—解锁套；13—钢球；14—插座外壳；15、17—密封圈；16—锁紧螺母

四连杆电分离机构也是一种应用较普遍的电分离机构，其优点是可布置在导弹正下方，便于布置，自动脱插，其缺点是机构的安装空间较小，需要手动调整和插接。其工作原理如图 2-243 所示，双平行四边形连杆机构 $ABCD$、$A'B'C'D'$ 连杆 CD、$C'D'$ 固联电连接器固定夹，固定夹上安装可分离电连接器，电连接器可在固定夹内适当调整位置，便于准确对插。回位弹簧在电连接器与导弹分离时防止机构反弹。由于电连接器插针长度 9～20 mm 不等，因此，机构设计应保证在分离时插针与插座脱离。

冯斌介绍了一种空空导弹发射装置与导弹之间的插头对接机构，该机构经过适应性改

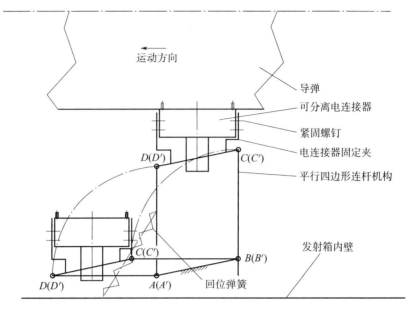

图 2 - 243　平行四边形四连杆电连接器分离机构原理图

造也适用于地面发射导弹的电连接器分离。机构原理及模型如图 2 - 244 所示,机构安装在导弹上方,该机构也是一种平行四边形四连杆机构,四连杆 ABCD 中的 AD 杆为主动杆,由作动筒推动摆臂 7 驱动,分离前作动筒动作推动连杆机构运动使插头分离,同时改变压簧作用在机构上力矩的方向,使压簧 5 起到插接和分离后的压力保持作用。

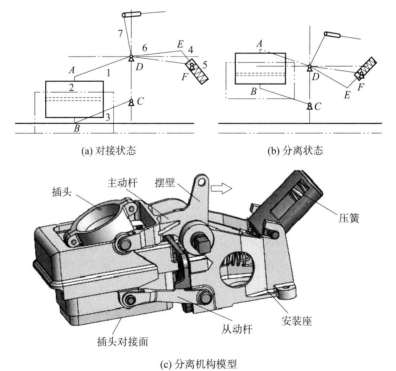

(a) 对接状态　　　　　　　(b) 分离状态

(c) 分离机构模型

图 2 - 244　空空导弹电连接器分离机构原理和模型

　　弹簧蓄能电连接器分离机构是一种由蓄能弹簧力分离电连接器的机构，一般由机构支架、蓄能弹簧、到位传感器、电磁铁、锁销和回收轴等组成。在插头与插座对接时弹簧不起作用，对接后利用手动蓄能并用锁销锁定回收轴（插入回收轴），接到分离信号后解除锁销的锁定功能，弹簧力将回收轴拉离插到位位置，将电连接器回收。蓄能弹簧的数量、刚度、行程等根据电连接器的分离力、导弹下沉量等因素确定。

　　杠杆式插拔机构是一种利用作动筒驱动杠杆绕轴转动实现电连接器插拔的机构，某发射装置杠杆式插拔机构的结构如图 2-245 和图 2-246 所示，该机构用于筒式垂直冷发射的发射筒，尤其是适于大尺寸电连接器的插拔。其工作原理具有代表性，也可用于箱式热发射。其组成有叉形架、竖调机构、固定板、液压油缸、缓冲夹紧器、调整螺栓和行程开关等。可通过竖调机构、叉形架、安装底座等环节微调插头的位置，同时设计 1～2 根拉簧（图中未示出），在拔出后回收到机构罩内。

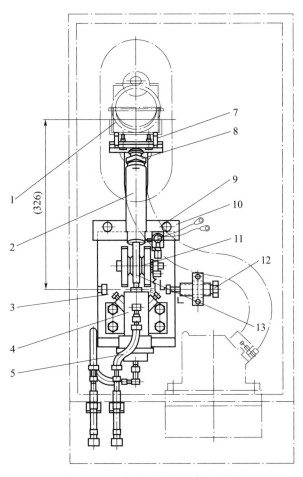

图 2-245　杠杆式插拔机构正视图

1—叉形架；2—竖调机构；3—固定板；4—液压阀；5—液压管；6—缓冲夹紧器（在机构罩内未示出）；

7—弓形簧片；8—调整螺头；9—压板螺钉；10—压板；11—碟形弹簧组；12—调整螺杆；13—曲杆

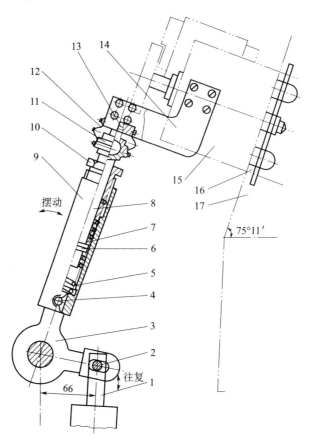

图 2 - 246　杠杆式插拔机构侧视图

1—活塞杆；2—销轴；3—曲杆；4—销子；5—弹簧；6—销；7—滑套；8—调整杆；9—导向筒；10—调整螺头；
11—轴瓦；12—弓形簧片；13—球轴；14—叉形架；15—插头；16—插座；17—弹体

　　电动分离机构是利用电动机驱动机构或利用电磁铁直线运动实现电连接器插拔的机构，电机传动的机构可实现自动插拔，但是成本较高；电磁铁分离机构一般只能实现自动分离，需手动完成电连接器的连接。一种电动分离机构的工作原理如图 2 - 247 所示，通过电机减速后驱动螺母、螺杆上下运动，实现插拔功能，通过到位开关发出插拔到位信号控制电机停机。在螺杆上下运动的同时通过护罩和连杆实现机构保护罩的开盖和关盖，这种机构结构简单可靠，不足是需要占用 5 s 左右的发射准备时间。

　　李勇提出的大推程航天电连接器电磁分离机构是一种电磁铁分离方案，如图 2 - 248 所示。当线圈绕组通电时，衔铁产生磁力带动推杆克服弹簧的阻力左移实现右端连接的电连接器头座分离。实际产品可增加滚珠定位等措施实现插、拔位置的锁定。

　　浙江大学的王捷敏提出了一种导轨分离电连接器方案，实际是一种模板导向式电分离方案，如图 2 - 249 所示。在导弹向左滑行过程中，插头上的滚轮在机构的支架斜坡上左滑的同时向上运动，最后与插座分离，机构上的拉簧将插头拉紧。

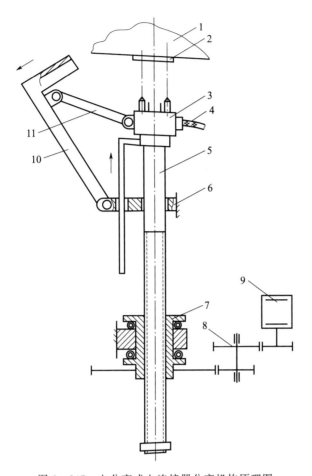

图 2 - 247　电分离式电连接器分离机构原理图

1—导弹；2—插座；3—插头；4—电缆；5—螺杆；6—导引套；7—螺筒；8—减速齿轮；

9—电机；10—护罩；11—连杆

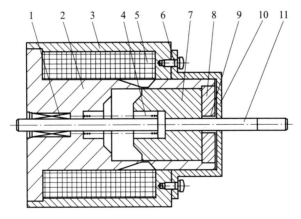

图 2 - 248　大推程电分离机构原理图

1—直线轴承；2—导磁套；3—壳体；4—弹簧；5—线圈绕组；6—螺钉；

7—衔铁；8—衬套支承座；9—衬套；10—端盖；11—推杆

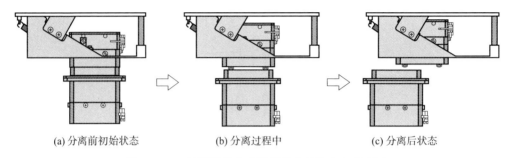

(a) 分离前初始状态　　　　　　(b) 分离过程中　　　　　　(c) 分离后状态

图 2-249　坡形导轨电连接器分离机构方案示意图

⑥闭锁挡弹器

闭锁挡弹器的功能是在导弹发射前约束导弹在导轨内的轴向位移，防止导弹不受控地轴向前后滑移或跳动，因此也称为轴向限位机构。

闭锁挡弹器的类型繁多，依据其技术途径的特点可分为固定挡铁式、活动挡铁式、剪切销式、爆炸螺栓直连式、铰链机构式和锁钩式等。

对车载发射箱的闭锁挡弹器的一般要求如下：

1）锁弹时纵向过载加速度承受能力一般不小于 $3g$，承受垂向最大过载不小于 $2.5g$；

2）对于销、轴和螺纹紧固件等应有防松措施；

3）操作简单，便于检查；

4）能自动解锁；

5）能可靠保持解锁状态，并能发出反馈解锁信号。

下面介绍高明坤主编教科书中的几种闭锁挡弹器，不一定是地地导弹发射箱内的挡弹器，但其原理是相同的，可供参考。

（a）响尾蛇导弹用双向闭锁挡弹器

空射响尾蛇导弹用双向闭锁活动挡铁式挡弹器的结构如图 2-250 所示，其工作原理为：导弹从装填入口放入导轨并前推，经双向阻铁的斜坡顶起双向阻铁，再前推刚好卡在件 1 的缺口中，此时件 1 在压簧和拉簧的作用下被压住，使导弹前定向器前后向限位。发射导弹时，导弹前导向器滑块在发动机推力的作用下推动件 1 的滑轮，当推力足够大时，克服弹簧的阻力使件 1 绕限位销轴转动解锁。需要人工解锁时，可转动解脱杠杆抬起件 1，使导弹后退。

这种挡弹器的特点是双向限位，靠导弹的推力自动解锁。设计的关键是需要对锁紧力、运动中的冲击力和发射时的解锁力进行准确计算，合理设计弹簧刚度，并保证生产质量满足设计要求。

（b）铰链式闭锁挡弹器

铰链式闭锁挡弹器的结构原理图如图 2-251 所示，工作原理：导弹从前方装填，后定向滑块接触锁钩的斜面将锁钩顶起，导弹装填到位后被后挡铁限位，在压簧的作用下推动铰链、锁钩下放钩住后定向滑块，防止导弹前移。发射导弹时，后定向滑块在导弹发动机推力的作用下推动锁钩绕轴向上转动实现解锁，导弹定向滑块离开锁钩后，锁钩在压簧

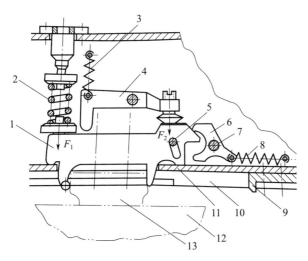

图 2-250　活动挡铁式双向挡弹器

1—活动双向阻铁；2—压簧；3—拉簧；4—杠杆；5—限位销轴；6—解脱杠杆；7—轴；

8—拉簧；9—挡铁；10—装填入口；11—导轨；12—导弹；13—前定向器滑块

的作用下自动复位。可手动拉杆实现手动解锁。

该闭锁挡弹器的特点：结构简单，单向限位，靠导弹推力解锁，对解锁力的设计和生产质量要求较高。

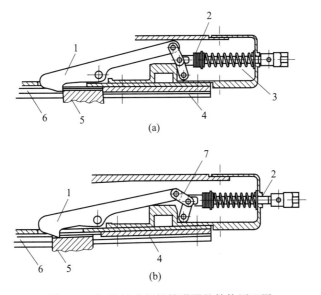

图 2-251　铰链式闭锁挡弹器的结构原理图

1—锁钩；2—拉杆；3—压簧；4—后挡铁；5—后定向滑块；6—导轨；7—铰链

（c）抗剪销闭锁挡弹器

抗剪销闭锁挡弹器也是一种火箭和导弹发射车设计中常见的方案，其工作原理是利用导弹的推力将剪切销剪断实现解锁，如图 2-252 所示。其工作过程为：装填导弹前，阻铁左转避让导弹装填入位，装填到位后，阻铁放下，安装抗剪销，导弹定向滑块前端被限制前向运动，通过螺杆调整滑动挡铁与定向滑块的间隙实现后向限位。发射导弹时，导弹发动机产生的推力作用在阻铁上，当推力足够大时将抗剪销剪断，阻铁绕轴顺时针回转实现解锁。

抗剪销闭锁挡弹器的特点：结构简单，可靠性高，可自动解锁。

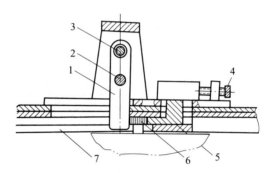

图 2-252 抗剪销闭锁挡弹器的结构原理图

1—阻铁；2—抗剪销；3—阻铁销；4—螺杆；5—滑动挡铁；6—导弹前定向滑块；7—导轨

爆炸螺栓分离式闭锁挡弹器也是一大类，其基本原理是利用爆炸螺栓的紧固功能对导弹的定向滑块闭锁，利用电分离爆炸螺栓实现解锁。图 2-253 所示为一种爆炸螺栓闭锁挡弹器示意图，工作原理：导弹装填到位后，活动阻铁挡住导弹定向滑块前端并用爆炸螺栓限位。发射前发出解锁电信号，爆炸螺栓起爆分离，活动阻铁离开定向滑块并发出解锁信号。

类似的方案有爆炸螺栓分离后前阻铁被导弹定向滑块带出发射箱。

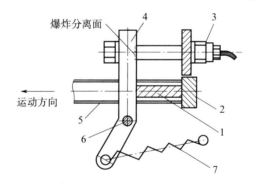

图 2-253 爆炸螺栓闭锁挡弹器示意图

1—导弹定向滑块；2—后固定阻铁；3—爆炸螺栓；4—活动阻铁；5—导轨；6—回转轴；7—拉簧

电动推杆锁弹机构也常应用在导弹发射箱（筒）中，结构原理如图 2-254 所示，导弹入筒（箱）装填到位后被箱内后挡块挡住限位，电动推杆上电（或手动）使挡弹轴伸出，推开防护板，接触导弹的支承环上台阶面，实现导弹前向限位（如果导弹支承环上开槽则可同时实现前向、周向限位），反向动作实现解锁松弹。该机构一般设计锁弹和松弹到位信号，同时，设计手动应急操作功能。此类机构松弹、锁弹时间一般不超过 5 s。

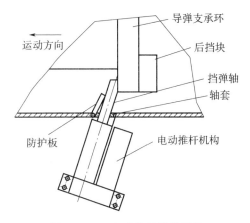

图 2-254 电动推杆锁弹机构

⑦后箱盖

后箱盖一般采用复合材料冲破盖,直接利用导弹发动机的燃气射流冲破。后箱盖也需要设计削弱槽,但是削弱程度比前盖略轻微。

2.5.2 方位回转机构

箱式发射方式的导弹发射车一般采用倾斜发射,射向通过方位回转机构实现。方位回转机构典型结构如图 2-255 所示,其一般由驱动液压马达或电动机、减速器、小齿轮、大齿轮、水平轴承、回转结构件、发射架回转轴、起竖缸安装支耳和角度传感器等组成,方位回转机构通过螺栓安装在副车架上。

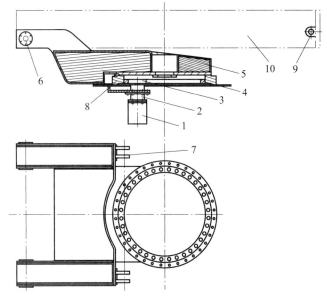

图 2-255 方位回转机构结构示意图

1—液压马达或电动机;2—减速器;3—小齿轮;4—大齿圈;5—回转结构件;
6—发射架回转轴;7—起竖缸安装支耳;8—水平轴承;9—起竖油缸上支耳;10—发射架

方位回转机构的重要部件是水平轴承，轴承起回转和支承的作用，承受重力、发射后坐力以及倾覆力矩等载荷。该轴承由带齿的轴承外圈、轴承内圈、钢球、保持架和密封件等组成，一般将大齿圈与水平轴承一体设计成为一个部件。其主要技术指标包括：最大转速、承受的最大径向载荷、最大轴向载荷、最大倾覆力矩、齿轮参数、启动最小力矩以及质量、结构参数（如外径、内径、高度、安装接口）等。

方位回转机构一般采用液压马达或电动机驱动，个别也有采用液压缸驱动的。液压马达的优点是转速低，国产液压马达最低转速可达 15 r/min 左右，如果发射车升车、起竖系统采用液压控制系统，则方位回转机构采用液压马达是一个比较合理的选择，因为油源部分可共用，液压马达驱动原理图如图 2 - 256 所示，将图中换向阀换为比例换向阀即可实现液压马达正反转比例调速。考虑调转到位制动，还可以在传动系统中增加摩擦制动器，实现机械制动。方位调转的速度指标决定了传动系统的传动比。

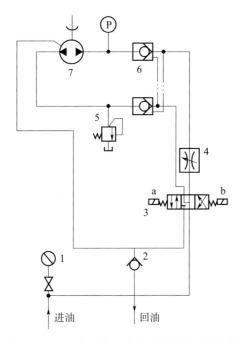

图 2 - 256　方位回转机构液压马达驱动原理图

电机驱动伺服控制系统技术比较成熟，主要考虑方位调转的控制精度。

2.5.3　液压伺服控制系统

液压伺服控制系统的功能是完成对液压设备、发射装置机构和发射车设备的控制任务，完成方位回转和起竖控制。液压伺服控制系统的组成原理框图如图 2 - 257 所示。

液压伺服控制系统具有自动和手动两种控制方式，自动控制方式又分为遥控和本地两种工作方式。

2.5.3.1　自动控制方式

在自动控制方式下，液压伺服控制系统通过控制组合设置本地和联机两种工作状态。

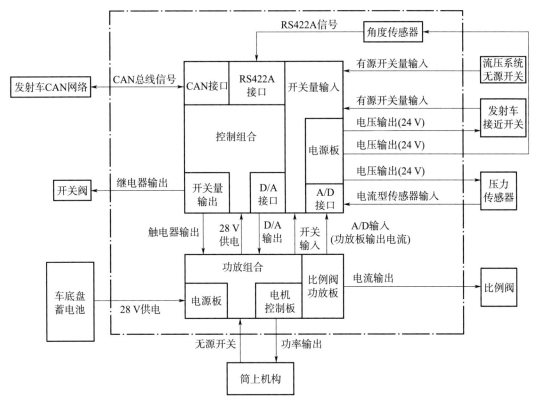

图 2-257　液压伺服控制系统的组成原理框图

在遥控工作状态下，控制组合通过 CAN 接口自动接收测发控计算机的指令完成相应动作；在本地工作状态下，控制组合通过 CAN 接口自动接收发射车显控终端的指令完成相应的动作（主要指连续工作、液压点步工作和机构单独工作）。

液压伺服控制系统通过控制组合的 I/O 板对液压系统的电磁阀进行换向控制，通过 D/A 板控制液压系统比例调速阀的输出，并通过车水平传感器和筒角度传感器实时采集发射车的各种姿态角度，同时检测安装于发射车各处的行程开关、接近开关的状态，自动判断发射车的实际动作状态，完成对发射车各类动作的闭环控制。同时，液压控制系统具有故障监测功能，根据传感器信息对液压设备可能出现的故障进行显示和报警。

2.5.3.2　手动控制方式

在手动控制方式下，液压伺服控制系统通过功放组合面板上按钮开关，在控制组合未投入工作的情况下，能够完成发射车的紧急撤收功能。

在手动控制方式下，控制组合也可以工作在监控模式下，自动检测发射车各种行程开关、压力开关、角度传感器等的状态，并在发射车显控终端人机界面上显示和实时刷新发射筒角度、发射车水平度、发射筒垂直度以及各到位开关的到位情况等信息，以便于在该工作模式下监控发射车状态并完成动作。

2.5.4　电机伺服控制系统

采用电机驱动的伺服控制系统由控制计算机、方位伺服控制组合、俯仰伺服控制组合、方位读出组合、俯仰读出组合、滤波器组合、能量泄放装置、方位伺服电机、俯仰伺服电机和伺服系统控制软件等组成。一种发射平台电机伺服控制组成框图如图 2-258 所示。电机伺服控制所属各组成部分的安装布局为：控制计算机、方位伺服控制组合、俯仰伺服控制组合和滤波器组合安装在转台控制机柜中，方位交流伺服电机、俯仰交流伺服电机、方位读出组合、俯仰读出组合以及能量泄放装置安装在发射转台上，随转台一起运动，并且有相应的保护盖加以防护。

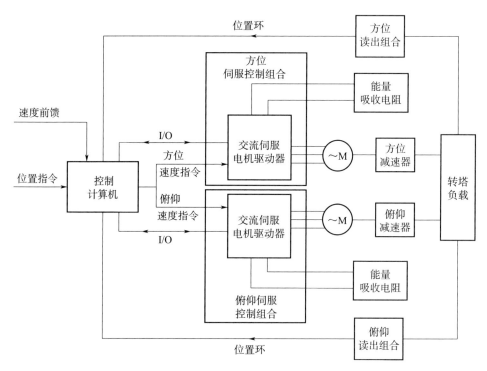

图 2-258　发射平台电机伺服控制系统组成框图

该控制系统为全闭环交流伺服系统，它克服了半闭环控制系统的缺陷，控制计算机可以直接采样装在最后一级机械运动部件上的位置反馈单元读出组合的角位置信息，作为位置环，而电机上的编码器反馈此时仅作为速度环。这样伺服系统就可以消除机械传动上存在的间隙（如齿轮间隙等），补偿发射转塔传动件的制造误差（如减速器、方位/轴承俯仰等），实现真正的全闭环位置控制功能，获得较高的定位精度。

电机伺服控制以控制计算机作为位置环的控制核心，在方位、俯仰通道上采用三环（位置、速度、电流）反馈控制及位置环 PID 调节控制的方式。伺服系统根据武控系统给出的指令，在控制计算机内形成方位、俯仰运动的位置控制模拟量信息，输出到方位和俯仰驱动器，在驱动器里形成电流环和速度环控制。驱动器控制交流伺服电机，经过减速器驱动转台在方位、俯仰上调转和跟踪运动，最终使其满足武器系统的动态、静态要求。发射转台伺服控制原理如图 2 - 259 所示。

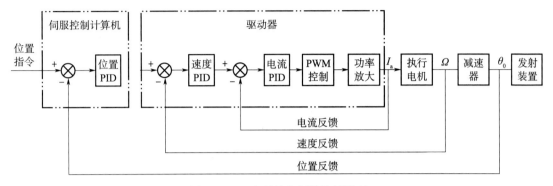

图 2 - 259 发射转台伺服控制原理

电机伺服控制工作过程如下：

1）接收来自武控系统传输过来的目标的方位以及俯仰位置、速度信息，同时，方位/俯仰读出组合采集转塔当前的位置信息；

2）控制计算机分别将获得的目标方位、俯仰运动信息与转台方位、俯仰当前的位置信息比较处理，通过运动控制规律的 PID 校正、复合运算，变换成转台运动的速度环控制信息；

3）通过 D/A 接口，控制计算机把速度控制指令分别发送给方位驱动器和俯仰驱动器；

4）方位驱动器和俯仰驱动器接收上位机的速度指令信息，以及方位伺服电机、俯仰伺服电机的位置信息，进行伺服系统的速度、电流校正；

5）经过速度、电流校正环节，以及功放模块 IGBT 的功率放大，驱动永磁同步电机转动，经过减速器，从而控制转台调转和跟踪运动。

动态指标设计如下（参数具体值由任务书确定）：

1）方位角 $X°$、调转时间为 X_s；

2）俯仰角 $X°$、调转时间为 X_s；

3）对阶跃型输入，系统动态误差不大于 X_{mrad}，对等速斜坡型输入，当输入速度为 $X_{mrad/s}$ 时，系统动态误差不大于 X_{mrad}，对于正旋输入（周期为 X_s，幅值为 $X°$），系统动态误差不大于 X_{mrad}。

伺服电机采用的是正弦波交流永磁同步电机，伺服电机的数学模型为

$$\frac{\omega(S)}{M(S)} = \frac{KK_1U_D}{JLS^2 + (Lf_m + JR)S + Rf_m}$$

式中　J ——系统机械惯量（kg·m²）；

　　　R ——电机绕组电阻（Ω）；

　　　L ——电机绕组电感（H）；

　　　U_D ——逆变桥端电压（V）；

f_m——黏性摩擦系数（N·m/（rad/s））；

K_1——转矩系数（N·m/A）；

K——电机系数。

位置环采用变结构加速度前馈的复合控制方式，速度前馈可以提高系统的动态特性，位置环变结构在大角度时采用 P 调节器，小角度时采用 PID 调节器。

如果采用伺服电机，当采用矢量解耦控制，使 d 轴电流分量为零，PMSM 电机的数学模型就等效为他励直流电动机的线性化模型。定子电压方程为

$$u_d = -\omega_r \Psi_d$$

$$u_q - p\omega_r \Psi_f = u_q - E = Ri_q + L_a \frac{\mathrm{d}i_q}{\mathrm{d}t}$$

式中　R——定子每相电阻；

ω_r——转子电角速度。

输出电磁转矩为

$$T_m = p(\Psi_d i_q - \Psi_q i_d) = p\Psi_f i_q$$

式中　p——转子极对数。

机械运动方程为

$$\frac{\mathrm{d}\omega_m}{\mathrm{d}t} = \frac{1}{J}(T_m - T_L)，\frac{\mathrm{d}\theta_m}{\mathrm{d}t} = \omega_m$$

可得电压、电流的传递函数以及反电动势和电流的传递函数为

$$\frac{I_q(s)}{U_q(s) - E(s)} = \frac{1}{Ls + R}$$

$$\frac{E(s)}{I_q(s) - I_l(s)} = \frac{K_T K_e}{Js}$$

常用的电流检测器件为高精度和快响应零磁平衡式的霍尔效应电流传感器（如电流传感器 LTS25 - NP，带宽 100 kHz，响应时间少于 200 ns）；在额定的电流范围内，具有良好的线性度（<0.1%）。因此，电流检测器件可看作一个比例环节，其传递函数可用 K_{cf} 表示。

常用的滤波电路是 RC 低通滤波电路，其等效传递函数为

$$G_{filter}(s) = \frac{1}{RCs + 1} = \frac{1}{\tau_{cf1}s + 1}$$

式中　τ_{cf1}——滤波电路的时间常数，$\tau_{cf1} = RC$。

在全数字交流伺服系统中，相电流经检测、滤波后，变为模拟电压信号并被送到 A/D 中进行采样，转换为数字量。则电流环检测、滤波、采样环节合成的传递函数为

$$G_{cf} = K_{cf} G_{filter}(s) G_{AD}(s) \approx \frac{K_{cf}}{\tau_{cf}s + 1}$$

其中

$$\tau_{cf} = \tau_{cf2} + \tau_{cf3}$$

常用交-直-交电压型逆变器和 PWM 控制方式。三相 PWM 逆变器具有放大作用，其放大系数为

$$K_{inv} = U_d / 2U_\Delta$$

式中　U_d——逆变器直流侧电压值；

　　　U_Δ——三角载波信号的幅值。

逆变器放大滞后时间为

$$\tau_{PWM} = T_\Delta / 2$$

式中　T_Δ——三角载波信号周期（或开关周期）。

三相逆变器的传递函数为

$$G_{PWM}(s) = K_{inv} e^{-\tau_{PWM}s} \approx \frac{K_{inv}}{\tau_{PWM}s + 1}$$

速度反馈环节传递函数，考虑信号采样引起的零阶保持时间，该环节相当于一比例滞后特性

$$K_f = \frac{\text{ppr} \cdot T_s}{60}$$

2.6　筒式垂直冷发射导弹发射车

陆基中远程导弹和核洲际导弹属于国之重器，通常采用地下井发射或者车载筒式垂直冷发射。

筒式垂直冷发射的工作原理：导弹发射车发控系统发出弹射点火电信号引爆发射筒底部弹射动力装置的电爆管，电爆管的高温高压射流引燃点火药盒，点火药盒产生的高温高压气体引燃弹射动力装置的燃气发生器内的主装药，主装药迅速燃烧产生高压燃气，高压燃气冲破拉瓦尔喷管的堵片后进入水室、导流器，燃气（水汽）经导流器导流后进入发射筒底部预留的初容室，降温、降压后形成的燃气（或燃气、水蒸气混合）作用在导弹的尾罩上，推动导弹加速射向空中，导弹完成尾罩分离和尾罩侧推，延时约 1 s 后一级发动机点火，导弹开始进入主动飞行段。

为了降低弹射动力装置产生的燃气的压力和温度以及对发射筒、导弹的不利影响，经常在弹射动力装置的燃气发生器与导流器之间增加一个水室，使高温、高压燃气先通过水室，将水室的水汽化产生水蒸气，形成水蒸气和燃气的混合气体，温度和压力大幅降低，混合气体经整流后进入初容室。

筒式垂直冷发射的导弹发射车组成一般为轮式或履带式（朝鲜新闻披露的"北极星-2"发射车为履带式）车辆底盘、发射装置（包含发射筒、弹射动力装置、延伸底部或发射台、筒上机构与电缆）、升车起竖系统、供配电系统、车控系统、测发控系统、瞄准与定位定向系统、指挥通信系统、伪装器材、防护系统和直属零件等。

筒式垂直冷发射方式的导弹发射车按机动方式可分为半挂式公路机动导弹发射车和自行式越野机动导弹发射车。按发射阵地作战车辆数量可分为单车集成的多功能导弹发射车

和需要多车协同的导弹发射车。半挂式公路机动导弹发射车一般需要其他车辆配合完成导弹发射任务，自行式越野机动的导弹发射车一般具有单车独立作战发射的功能，因此两者车辆结构上有明显区别，下面按半挂式和自行式分别介绍。

2.6.1　半挂式垂直冷发射导弹发射车

国外半挂式裸弹热发射导弹发射车较多，包括美国和印度等国家都有这种类型的导弹发射车，印度最新型的垂直冷发射弹道导弹发射也采用半挂式车辆。

中国 DF-21 陆基机动中程固体战略弹道导弹和 DF-31 陆基机动战略核洲际弹道导弹的发射车均采用半挂式载车形式，采用半挂汽车列车作为导弹机动平台既有当时我国载重汽车工业基础较弱的因素，也与当时导弹控制系统技术水平有关。半挂式弹道导弹发射车具有弯道通过性好，对牵引车越野性能和动力要求不太高且通用性、互换性好等优点，因此，这种技术方案在 20 世纪 80 年代是最佳技术途径。起竖状态 DF-21 导弹发射车的结构如图 2-260 所示。

图 2-260　起竖状态 DF-21 导弹发射车的结构

DF-21 导弹发射车的功能如下：

1) 运输、贮存、起竖、弹射导弹；

2) 对装筒的导弹进行温度保障（制冷或加热）；

3) 配合瞄准车对导弹进行瞄准；

4）配合测发控、指挥车对导弹进行测试和诸元装定。

DF-21 导弹发射车主要包括牵引车、半挂车、发射装置、车控（电控）系统、液压系统、发电机组以及起竖抱环、液体摆等直属件。上述组成中没有包含指挥通信、测发控、定位定向和瞄准系统，是因为这几项功能由另外的车辆实现。一方面，是由于 20 世纪 80 年代电子设备小型化、集成化技术水平低；另一方面，半挂车平台在满足四级山区公路通过性条件下整车宽度被限制，没有空间安装这些设备。下面就半挂式导弹发射车的各组成分别进行介绍。

2.6.1.1　牵引车

半挂牵引车在军民公路运输领域的运用很普遍，高速公路长途物流运输车辆绝大部分都采用了半挂牵引车。用于导弹发射车的半挂牵引车其基本组成与民用车区别不大，主要组成为发动机，传动系统，车架，制动系统，转向系统，悬架，驾驶室，电气，牵引座，与挂车连接的制动、电气、转向等接口，外形如图 2-261 所示。与民用车的主要区别是军用牵引车一般采用全轮驱动，更能适应极端环境条件。牵引座是牵引车与半挂车的专用连接装置，半挂车的牵引销插入牵引座中牵引挂车，半挂车的一部分重量通过牵引座传递到牵引车上，用于增加牵引附着能力，同时减轻半挂车的轴荷。牵引座及牵引销的选用和安装由国家和汽车行业标准规定 GB/T 13880—2007《半挂牵引车牵引座的安装》、GB/T 31879—2015《道路车辆牵引座通用技术条件》，民用汽车一般选用单自由度牵引座（左右摆角不大于 3°），而发射车需选用两自由度牵引座（其左右摆角为 3°～7°），牵引销选用 90 号。随着道路行驶安全性要求的提高，牵引车要求安装 ABS、辅助驾驶等系统。

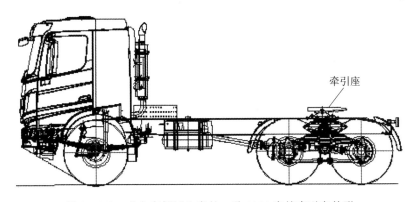

牵引座

图 2-261　北方车辆厂生产的一种 6×6 半挂牵引车外形

图 2-261 所示为 6×6 半挂牵引车，考虑公路行驶其满载总重一般不超过 30 t，全驱牵引车的整备质量约 10～15 t，允许半挂车分配到牵引车的质量只有 15 t 左右，因此，对类似 DF-31 洲际核导弹发射车至少选用 4 轴 8×8 牵引车。

衡量牵引车的性能指标主要有：

1）外形尺寸、轴距、轮距、牵引座结合面高度（满载）。

2）总车轮×驱动轮数量，如 6×6。

3）质量：整车整备质量、最大总质量、最大拖挂质量、轴荷。

4）通过性：接近角、离去角、最小离地间隙、最小转弯半径。

5）动力性：发动机最大功率、最大扭矩、牵引车最高车速、最小稳定车速、最大爬坡度、最大加速时间、高海拔地区动力性能。

6）使用性能：续驶里程、百公里油耗、制动距离、制动跑偏量。

牵引车选型时的主要核算内容一般包括：

1）牵引车的发动机及液力变矩器输出外特性曲线。

2）牵引车的总质量 G_{a1}：$G_{a1} = G_q + G_{g1}$，其中，G_q 为牵引车整备质量，G_{g1} 为半挂车落在牵引座上的质量。

3）牵引车的附着力 P_ψ：$P_\psi = G_{a1}\psi$，其中，G_{a1} 为牵引车总质量（包括配重），附着系数 ψ 取 0.65 左右。

4）空气阻力为

$$F'_w = \frac{C_D A}{21.15} V_a^2$$

式中　C_D——风阻系数取 0.8；

　　　A——牵引车的风阻面积（m²）；

　　　V_a——车速（km/h）。

汽车列车的空气阻力比牵引车的空气阻力大 20%～25%，即汽车列车的空气阻力可按下式计算

$$F_w = (1 + 0.2)\frac{C_D A}{21.15} V_a^2$$

在爬坡状态车速较低，主要考虑重力的影响，可以不考虑空气阻力。

5）牵引力 P_k：$P_k = \dfrac{M \cdot i_k \cdot i_0 \cdot \eta}{r_r}$，要求 $P_k \geqslant P_\psi$，各档的牵引力为

$$F_i = \eta M_e i / r_r$$

式中　i_k——变速器、液力变矩器的传动比；

　　　i_0——分动器和驱动桥传动比，$i = i_k i_0$；

　　　η——传动系效率，取 0.85 或根据牵引车传动系方案计算。

车轮滚动半径 r_r，一般按产品样本数值或标准上的推荐值，无数据参考可按下式计算：$r_r = 0.254[d/2 + b(1 - \lambda)]$，轮胎变形系数 λ 取 0.12，b、d 值根据所选轮辋确定。

6）牵引车各档车速为

$$V_a = 0.377 \frac{n_e n_r}{i}(\text{km/h})$$

式中　n_e——发动机转速（r/min）。

7）各档动力因数为

$$D_a = \frac{F_t - F_w}{G_a}$$

8）最大爬坡度计算

$$i = \tan\alpha_{max}$$

其中

$$\alpha_{max} = \arcsin \frac{D_{Imax} - f \sqrt{1 - D_{Imax}^2 + f^2}}{1 + f^2}$$

式中　D_{Imax}——I 档最大动力因数；

　　　f——滚动阻力系数。

在坡上能起步的最大坡度计算

$$i' = D_{Imax} - f - \frac{\delta}{d} \frac{dv}{dt}$$

其中，起步加速度 $\frac{dv}{dt}$ 一般取 $0.2\sim0.3$ m/s。

如果半挂车也采用驱动轴（电机驱动、液压马达驱动），则其爬坡动力性能、非道路行驶性能会大幅提升。

2.6.1.2　半挂车

半挂车的功能：公路行驶，设备安装，发射装置起竖，承受各种运输、部分发射载荷。

半挂车一般由专用车架、行走系统和照明及指示灯等组成，挂车轴数超过 3 轴则还有转向系统。半挂车的基本结构包括车架、行走系统、信号灯、备胎及挡泥板、拖地链等，如图 2 - 262 所示。

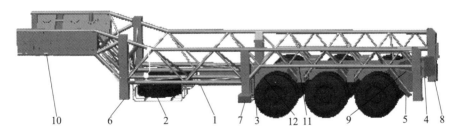

图 2 - 262　半挂车的基本组成示意图

1—车架；2—备胎；3—行走系统；4—尾灯；5—挡泥板；6—前支腿外方筒；7—中支腿外方筒；
8—后支腿外方筒；9—后八字梁；10—牵引销；11—桁架结构；12—箱型梁结构

车架上安装的设备包括发射装置、液压升车/起竖系统、发电机组、配电组合、车控组合和温控组合等，都需设计相应设备安装接口。车架结构尺寸主要由发射装置外形尺寸决定，同时符合有关国家标准的规定。

车架设计中应计算的载荷包括：运输、牵引、制动载荷，牵引车分离后的载荷，升车载荷，筒弹起竖载荷，发射载荷等。

半挂车的行走系统由车轴、车轮、悬架装置、制动装置和转向装置等组成。

半挂车轴数的确定程序：计算半挂车满载总重、重心位置→根据总体布置确定轴距→计算总悬架质量 G_x →计算轴荷 N_x →计算轮胎承载能力 F_x ，挂车的轴数 $N_x \geqslant G_x / F_x$ 且 $F_x \geqslant N_x$ 。

半挂车轮组主要结构如图 2-263～图 2-265 所示。

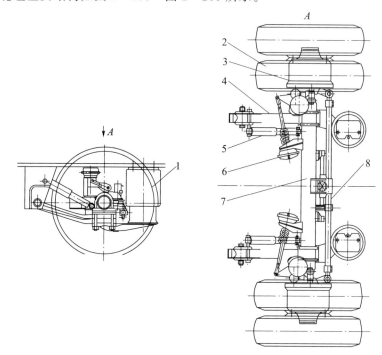

图 2-263　半挂车空气弹簧悬架行走系统结构示意图

1—空气弹簧；2—轮胎；3—轮辋；4—牵引、导向臂；5—减振器；6—制动器继动阀；7—车轴；8—转向梯形机构

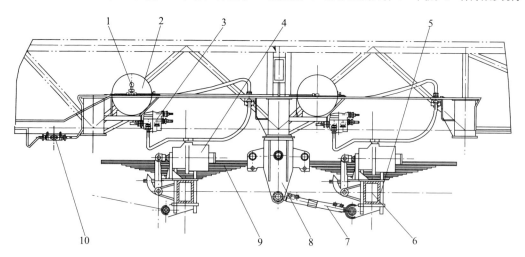

图 2-264　二轴钢板弹簧平衡悬架行走系统示意图

1—气压表；2—储气筒；3—紧急移动阀；4—制动气室；5—鞍形螺栓；6—轮组；

7—推力杆；8—板簧平衡箱；9—板簧；10—操纵开关

　　半挂车的车轴形式，非驱动、非独立悬架一般采用整体式车轴，采用圆钢管或方钢型材、两端焊接轴头最后机加成型。整体式车轴上焊接或螺接安装制动器、转向杆系等的支座等。图 2-265 所示为常见国产半挂车车桥形式，有整车高度调整需求的可采用油气（空气）悬架、断开桥。半挂车的悬架装置首选钢板弹簧平衡悬架，对平顺性有较高要求时可选油气弹簧悬架或空气弹簧悬架。

(a) 非转向盘式制动方管整体车桥

(b) 盘式制动转向空气弹簧圆管整体车桥

(c) 鼓式制动圆管整体车桥

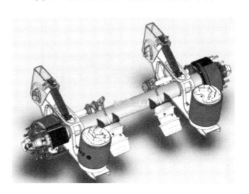
(d) 盘式制动空气弹簧圆管整体车桥

图 2-265　常见国产半挂车车桥形式

　　轮胎一般选择公路轮胎或有一定越野花纹的子午线轮胎。按公路标准单车轴接地总质量一般不超过 10 t，例如 12.20-20 轮胎单胎额定承载能力为 2500 kg，按轴荷不超过 10 t 的设计，则单轴至少需要 4 个轮胎，还需要考虑并胎工况，降低额定载荷使用。14.00-20 单胎承载能力为 4980 kg，则只需要 2 个轮胎即可。道路行驶车辆单胎承载超过 5000 kg 的一般为专用轮胎。

　　制动系统一般采用双管路气制动，气源在牵引车上，气管接头为快卸接头，牵引车与半挂车气路接头如图 2-266 所示。

　　半挂车的制动系统包括行车制动和驻车制动，并有 ABS 功能。图 2-267 所示为半挂车气制动系统原理图，其中，行车制动部分包括所有车轮的制动，主要由控制气接头、管路、继动阀、ABS 制动阀、单腔制动气室、弹簧蓄能制动气室和 ABS 传感器等原件组成。驻车制动部分由控制气接头、管路、继动阀和弹簧蓄能制动气室等组成。半挂车设置单独的储气气瓶，气瓶数量满足连续坡道制动需要，一般不少于 2 个。

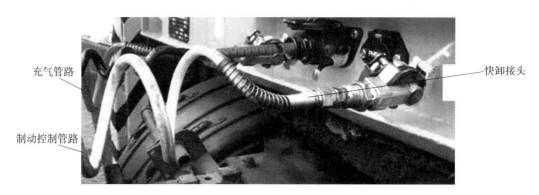

图 2 - 266　牵引车与半挂车气路连接接头示意图

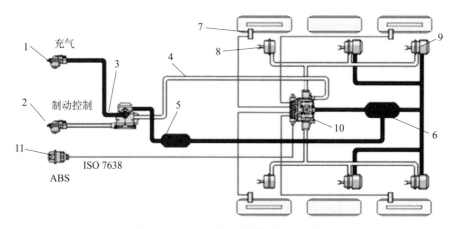

图 2 - 267　半挂车气制动系统原理图

1—充气管路接头（握手阀）；2—控制气路接头（握手阀）；3—继动阀；4—管路；5、6—气瓶；7—ABS 转速传感器；8—单腔制动气室；9—弹簧蓄能制动气室；10—ABS 阀；11—ABS 控制接头

半挂车制动系统元件国内生产商较多，均由专业厂家生产，发射车研制部门根据制动力计算结果和有关技术指标要求选型，产品外形如图 2 - 268 所示。需注意的是，GB 7258—2017《机动车运行安全技术条件》规定三轴栏板式仓栏式半挂车采用盘式制动器。

半挂车是否需要设计转向系统根据发射车总体设计确定，主要决定因素为半挂车车桥与牵引车后桥的距离、半挂车的轮距、轴数以及道路通过要求等。

图 2 - 269 为假设某非转向半挂运输车通过四级公路半径 15 m 弯道时，通过作图得到的在弯道上稳态行驶时的运动轨迹，牵引车后桥中心在半径 15 m 弯道线上行驶，而半挂车中心轴的中心轨迹圆半径为 9.45 m，显然半挂车轮组已经不在半径 15 m 弯道道路上，因此不能在有这种弯道的路上行驶。

为了解决半挂运输车在山区四级公路单车道弯道上的通过性，工程上采用挂车转向技术。以图 2 - 269 同样半挂运输车为例，其半挂车具有转向功能时，挂车中心轴中点的轨

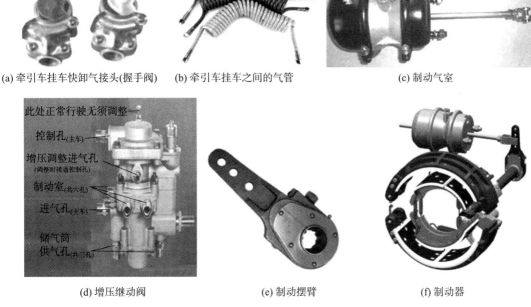

(a) 牵引车挂车快卸气接头(握手阀)　　　(b) 牵引车挂车之间的气管　　　　　(c) 制动气室

(d) 增压继动阀　　　　　　　　(e) 制动摆臂　　　　　　　(f) 制动器

图 2 - 268　半挂车制动系统主要部件示意图

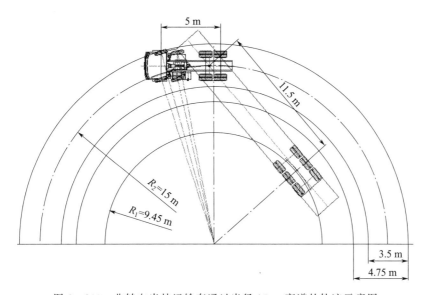

图 2 - 269　非转向半挂运输车通过半径 15 m 弯道的轨迹示意图

迹也可以与牵引车后桥中心轨迹基本重合，同样长度的半挂车因为带转向，没有驶出道路
路面，如图 2 - 270 所示。

　　半挂车的转向系统控制原理与一般意义上的汽车转向原理有所不同，挂车车轮的转向
不仅判断驾驶人转向盘的转动角度，还需判断牵引车与半挂车的夹角。目前，常用半挂车

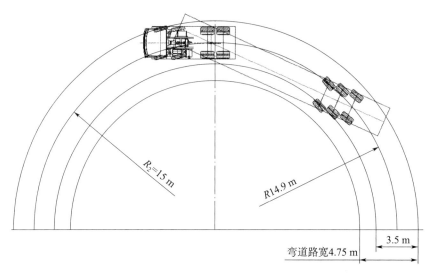

图 2-270　半挂车轮组转向通过半径 15 m 弯道轨迹示意图

转向系统的工作原理为：当直线行驶时，列车夹角为零，半挂车不需要转向。当牵引车改变车道时，驾驶人转动转向盘，牵引车前轮开始转向，后轮与前轮接地中心绕地面转向瞬心转动，半挂车被拖拽随动，由此导致牵引车纵中心线与半挂车的纵向中心线出现夹角，挂车转向控制系统根据此夹角控制半挂车转向轮开始转向，当此夹角小到规定值时，半挂车转向轮转向角回零位并锁定，恢复到直线行驶。

文献［16］介绍了一种液压助力半挂车同步转向控制方案，该液压控制系统原理图比较详细，为便于说明其工作原理进行了简化处理，该液压控制系统由油源回路、列车折角检测与转向控制回路、手动转向控制回路、转向角检测反馈回路、卸荷回路、液压缸助力及锁定回路等组成。原理简化如图 2-271 所示。

1）油源回路：由液压泵、截止开关、油滤、油箱、调压阀等组成，为转向液压系统提供动力油源。

2）列车折角检测与转向控制回路：由列车折角凸轮和随动阀组成，凸轮转动的角度等于半挂车牵引销相对牵引车的转动角度，即列车的折角，凸轮推动推杆，推杆可以控制随动阀开闭和换向。

3）手动转向控制回路：由二位换向阀、三位换向阀、液压锁 4 等组成，可以人工干预，实现半挂车转向。

4）转向角检测反馈回路：由转向角反馈凸轮和反馈油缸组成。通过反馈回路实现转角控制的反馈。

5）卸荷回路：由行程阀和卸荷阀组成，当列车折角小于某一个角度（如 5°），列车转角回零位，半挂车不转向。

6）液压缸助力及锁定回路：由随动阀、转向油缸和液压锁 8 组成，实现车轮转向，直至转角达到设计值。

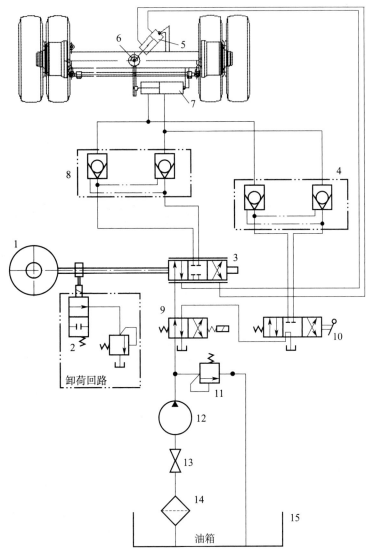

图 2-271　半挂车液压助力同步转向原理简图

1—列车折角凸轮；2—行程阀；3—随动阀；4、8—液压锁；5—反馈油缸；6—转向角反馈凸轮；7—转向油缸；
9—二位换向阀；10—三位换向阀；11—调压阀；12—液压泵；13—液压开关；14—油滤；15—油箱

　　上述半挂车液压转向系统可与牵引车的液压转向系统一体化设计，共用油源回路。系统中的凸轮也可以改成角度传感器，随动阀改为比例换向阀。牵引车与半挂车之间液压油管接头采用快卸接头。

　　文献［22］也介绍了类似多轴半挂车同步转向助力控制方案，具有参考价值，其同步转向原理如图 2-272 所示。

　　列车折角凸轮是一个非常重要的零件，该文献给出了凸轮曲线的设计方法，其设计的凸轮实物图片如图 2-273 所示。

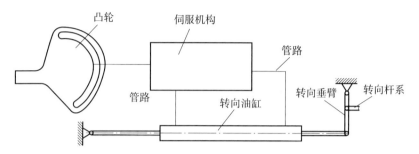

图 2-272　同步转向系统的组成及原理示意图

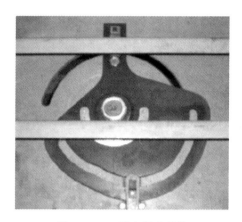

图 2-273　列车折角凸轮

2.6.1.3　发射装置与弹射动力

"冷发射"的发射装置比箱式发射车的发射箱复杂，一般由顶盖、发射筒、适配器、发射台、弹射动力装置、插拔机构、瞄准窗口、导弹轴向限位机构以及电缆组成。需要对导弹单独控温的，发射装置上还有加温和降温装置，结构示意图如图 2-274 所示。

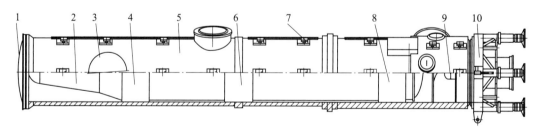

图 2-274　发射装置的结构示意图

1—顶盖；2—导弹；3—瞄准窗口；4—前适配器；5—发射筒；6—中适配器；

7—制冷器；8—后适配器；9—弹射动力装置；10—发射台

随着导弹总体与控制技术的进步，弹地接口以及导弹瞄准对发射车的要求越来越简单，不再需要发射筒回转瞄准动作，可以取消发射台回转功能。

该发射装置工作原理（图 2-275）：发射装置起竖到位后伸出 4 个台腿进行发射装置

精度微调，瞄准车控制发射装置开瞄准盖，瞄准设备对准弹上棱镜，并根据射向要求回转发射台，瞄准结束后锁定发射台，关闭瞄准盖。测发控发出弹射动力装置点火命令，弹射动力装置喷出的燃气与冷却水混合形成的水蒸气一起推动导弹向上加速运动，使导弹以规定的出筒速度垂直飞向空中。适配器在导弹出筒后自动与导弹分离。

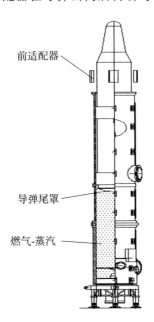

图 2 - 275　导弹弹射示意图

　　发射装置的组成中有的与前面介绍的箱式发射功能和工作原理类似，比如插拔机构、轴向限位机构，但是，由于导弹直径较大，发射原理不同，因此发射后坐力和筒内压力较大，具体结构与箱式发射还有较大差别。

　　（1）顶盖

　　早期导弹的弹头为惯性弹头，其头罩结构强度较高，可以承受冲破顶盖的载荷，因此顶盖一般采用复合材料冲破盖，顶盖的厚度满足隔热和电磁屏蔽要求，顶盖有预制削弱槽，通过法兰与发射筒螺接。

　　（2）瞄准窗口

　　瞄准窗口设置口盖、指示灯和瞄准玻璃，窗口中心与导弹瞄准玻璃位置对应。指示灯用于夜晚或光线较弱时指示瞄准口位置。瞄准玻璃用于通光，让瞄准光透过发射筒瞄准玻璃照射到导弹的瞄准棱镜，瞄准玻璃具有加热防止结冰功能。

　　（3）适配器

　　适配器的功能和原理见第 2.5 节。中远程导弹一般有两级发动机，采用三道适配器支承，分别支承在导弹一级发动机后端框、级间段和二级发动机前端框。三道适配器的刚度根据导弹质心位置及导弹刚度分布特性设计，确保导弹的支反力满足要求。

　　（4）发射筒

　　发射筒具有导弹的运输、贮存、发射容器的功能，需要承受运输、起竖、发射载荷和燃气-水蒸气冲刷，还具有保温和电磁屏蔽等功能，筒上还安装瞄准玻璃和插拔机构等。中国于 20 世纪 80 年代研制的发射筒一般采用轻质铝合金圆筒＋横筋＋发泡＋外铝蒙皮结构，筒内层为高强度焊接性能良好的铝合金板卷焊加工成型，在适当位置设置加强筋。由于筒内径、长度尺寸较大，因此需要采用专用立式机床、特殊机加工艺才能保证精度要求。

（5）发射台

发射台的功能是支承起竖后的筒弹、筒弹方位调转、传递发射后坐力、安装起竖支耳。

发射台一般包括台体、起竖支耳、回转支承、方位回转装置和支腿等，如图 2-276 所示。

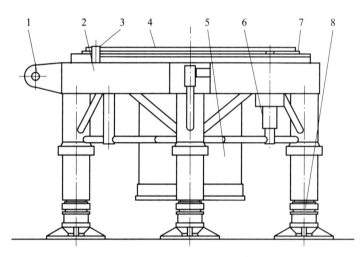

图 2-276　发射台的结构示意图

1—起竖支耳；2—台体；3—方位锁定机构；4—回转支承；5—弹射动力装置保温筒；

6—方位传动装置；7—齿圈；8—支腿

发射台台体和支耳等设计的关键是强度、刚度满足要求并使重量最轻，制造的要求是各种几何公差满足装配要求。

回转支承是发射筒初容段与发射台的连接装置，具有支承和回转的功能，由外圈、内齿圈、钢球、保持架和防尘圈等组成，实际为一个带内齿圈的径向轴承，该大轴承可选用单排四点支承球轴承。

方位锁定机构的功能是在发射筒回转至规定位置后锁定回转台面，便于进行导弹瞄准。

方位传动装置由液压马达、谐波减速器和小齿轮组成，传动比根据方位回转要求（最高转速 n_{max}、最低转速 n_{min}）确定。液压马达一般选用柱塞式（例如某发射台选用的是低速大扭矩径向柱塞式液压马达，输出扭矩为 106 N·m，最低转速为 20 r/min，最高转速为 1000 r/min）。为了满足极低速方位回转和安装空间狭小的要求，一般选用大减速比的谐波齿轮减速器。

根据文献 [20]，某发射装置方位回转装置参考指标如下：

1）额定垂直载荷：294 kg；

2）额定回转支承摩擦力矩：不大于 1764 N·m；

3）翻倒力矩：410 kN·m；

4）方位回转角速度：最大速度不小于 1 (°) /s，最小速度不大于 0.1 (°) /s；

5）回差：不大于 20′，需经常在低速换向；

6）小齿轮齿数：20，模数：8；

7）大齿轮齿数：177，模数：8；

8）谐波减速器的传动比：132；

9）输出扭矩：4906 N·m；

10）方位传动装置质量：不大于 55 kg；

11）方位传动装置最大长度（含马达和小齿轮）：520 mm；

12）方位传动装置最大外径：200 mm。

方位传动装置传动比为

$$i_{fw} = i_c i_j = \frac{177}{20} \times 132 = 1168.2$$

式中　i_c——大齿圈与小齿轮的齿数比；

　　　i_j——谐波减速器的传动比。

当液压马达的转速为 20～500 r/min 时，则发射台转速为 0.10～2.57 (°) /s。

液压马达的最高转速为 $n_{max} i_{fw}$，最低转速为 $n_{min} i_{fw}$，由此确定液压马达的最大流量和最小流量。

液压支腿的功能是传递发射后坐力，调整发射装置的垂直度，液压支腿和发射车液压支腿的构造、原理相同，主要区别是台腿落地后的行程较小，用于对发射装置的垂直度进行微调。

（6）弹射动力装置

固体弹道导弹弹射技术始于 20 世纪 60 年代美国的华盛顿级潜射型固体弹道导弹北极星 A-1 和 A-2，采用压缩空气弹射、导弹出水后点火方案。由于压缩空气能量密度不高且系统复杂，因此，20 世纪 70 年代海神 C3、C4 导弹采用燃气-蒸汽弹射、导弹水面点火，20 世纪 80 年代研制的俄亥俄级潜射三叉戟Ⅱ D-5 导弹都沿用了该技术方案。苏联则是在 20 世纪 70 年代的潜射固体弹道导弹 SS-N-17 开始应用燃气弹射技术（也称为水下"干式"发射技术），苏联后续潜射型 SS-N-20 和俄罗斯的 SS-N-30，陆基机动 SS-20、SS-25、SS-27、SS-29 等洲际弹道导弹都沿用了燃气弹射技术。中国于 20 世纪 80 年代研制的 JL-1 潜射固体弹道导弹采用了燃气-蒸汽弹射、出水后点火的发射技术，并在后续陆基机动固体弹道导弹发射车设计中均采用燃气-蒸汽或燃气弹射技术。朝鲜、印度直至 2010 年后开始在其远程弹道导弹发射车上应用垂直弹射技术，因此，弹射技术已经是一种国内外普遍应用的地地导弹发射技术。

具有导弹弹射功能的装置称为弹射动力装置。实现导弹弹射的技术途径有压缩空气弹射、燃气或燃气-蒸汽弹射，电磁弹射也已经接近实用。一般认为压缩空气弹射方式不适于大型导弹车载发射方式，因此苏联/俄罗斯、美国和中国等在弹道导弹发射车中都采用燃气或燃气-蒸汽弹射技术。

弹射动力装置的分类：将燃气发生器、冷却器和发射筒同轴线布置的方案称为串联式弹射动力装置；将燃气发生器和发射装置并联布置的方案，称为并联式弹射动力装置，并联式一般用于潜射弹射动力装置，如图 2 - 277 所示。串联式动力装置的另一种布置方式是将弹射动力装置内置在初容器内，如图 2 - 277 所示，将在自行式垂直冷发射导弹发射车章节详细介绍。

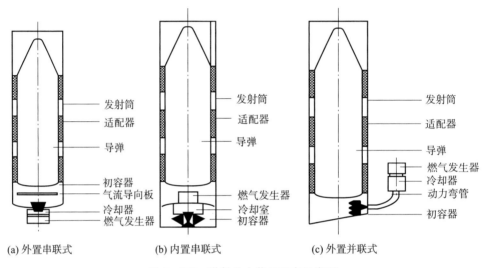

(a) 外置串联式　　　　(b) 内置串联式　　　　(c) 外置并联式

图 2 - 277　弹射动力装置及布置类型

弹射动力装置还可以按冷却器注水方案分为逐渐注水式和集中注水式，集中注水方案结构简单，多用于车载导弹发射装置。

燃气-蒸汽弹射动力装置的组成一般包括保险机构、点火器、点火药盒、燃气发生器、冷却器、雾化整流装置（注：有的弹射动力装置的雾化整流装置安装在燃气-蒸汽出口端），典型结构如图 2 - 278 所示。

燃气-蒸汽弹射动力装置的工作流程：保险机构通电开栓解除保险并发出开栓到位信号→点火器通电发火、高温燃气进入点火药盒→点火药盒黑火药燃烧，混合燃气进入燃气发生器→燃气发生器内药柱燃烧产生高温高压燃气并冲破喷管堵片→燃气冲进冷却器，降低压力和温度，将冷却器中的水汽化，水蒸气-燃气混合物和部分未汽化的水从冷却器出口喷出→气、水混合物冲向雾化整流器进一步混合并流向筒内，进一步降低压力和温度并使冷却水进一步汽化，筒内压力作用在导弹尾罩上，混合气体压力大于导弹重力和弹-筒之间摩擦力之和，推动导弹加速向上运动实现导弹的弹射。

各组成部分的功能：

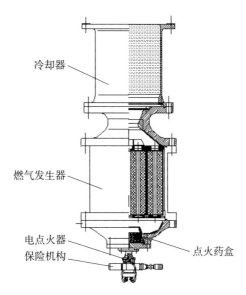

图 2 - 278　弹射动力装置的结构

（1）保险机构

保险机构的功能是根据要求接通或断开点火器（电爆管）与点火药盒之间的燃气通道，防止点火器误点火引燃点火药盒，导致导弹误发射的事故。即使发生点火器误点火，在保险机构未开栓的情况下，点火器的高温燃气也被贮存在保险机构内。同时，保险机构的控制电路与点火器的电路是分开的。保险机构有回转式隔爆和滑移式隔爆两种，回转式隔爆是通过旋转电机或电磁铁带动旋转阀门关闭点火通道，滑移式隔爆是通过电磁铁等推动隔板滑动堵塞点火通道。保险机构的典型组成为本体、阀芯、电磁铁（或电机）、开/闭栓到位传感器。以回转式隔爆保险机构为例，其工作程序如下：

1）保险→工作：保险机构电机加电，电机转子转 90°，保险状态开关断开，工作状态开关接通，电磁销锁定转子，处于保险开栓状态。

2）工作→保险：通电，电磁销拔销，电机转子反转 90°，工作状态开关断开，保险状态开关接通，处于保险状态。

回转式隔爆保险机构电路原理如图 2 - 279 所示。

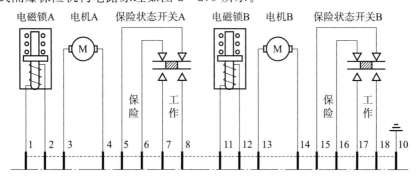

图 2 - 279　回转式隔爆保险机构电路原理图

（2）点火器

点火器的功能是通电后点燃装药产生高温高压燃气射流引燃点火药盒，典型结构如图 2-280 所示，由国家授权的专业火工品生产企业研制。

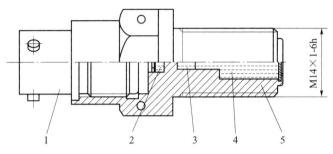

图 2-280　点火器典型结构示意图

1—电发火管；2—施主装药；3—受主装药；4—主装药；5—本体结构

电发火管是一种通过电阻丝快速加热引燃发火药的火工品，一般采用两个电发火管同时工作提高点火可靠性。低电阻电发火管的阻值一般低于 $1\,\Omega$，点火电流为 $2\sim 3\,A$。

（3）点火药盒

点火药盒的功能是产生高温高压爆燃颗粒和气体混合物点燃燃气发生器内的主装药。点火药盒需要被点火器的燃气引燃才能起爆。点火药盒包括药盒外罩、黑火药和内药盒，如图 2-281 所示。

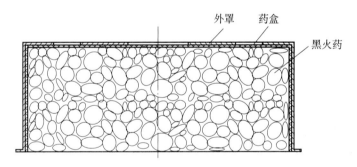

图 2-281　点火药盒的结构示意图

内药盒一般用 $0.5\sim 1\,mm$ 工业纯铝板冲压成型，外罩用 $1\,mm$ 左右铝合金板制造。点火药盒的设计应能保证提供燃气发生器主装药可靠点燃所需的能量（温度、压力），但是又不能破坏主装药的药柱结构和其他安装附件，并且在被点火器点燃前的运输振动、冲击和高低温贮存环境下是安全稳定的。因此，点火药盒的设计核心是选用安全、可靠的钝感火药以及进行装药量计算和试验验证。黑火药是一种常用的点火药，黑火药的主要成分为 75% 的硝酸钾、15% 的木炭和 10% 的硫黄。黑火药具有燃点相对较低（约 $300\,℃$）、燃烧产物含大量固体微颗粒、机械感度低、安全性较好等优点。缺点是防潮性能差，一般含水量大于 2% 则点火困难。

（4）燃气发生器

燃气发生器是弹射动力装置的最主要组成部分，其工作原理类似固体导弹发动机，由前封头、壳体、后封头、药柱及安装附件、密封圈、出口堵片等组成，如图 2-282 所示。

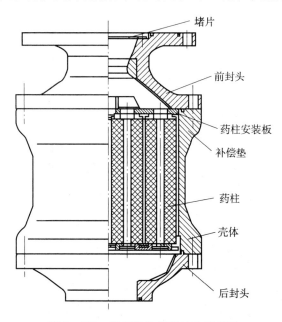

图 2-282　燃气发生器的结构示意图

前封头、壳体、后封头以及堵片构成燃气发生器的燃烧室，点火药盒一般安装于后封头，壳体用于安装药柱，前封头是燃气出口，这三部分对接面之间用高强度螺栓连接并有密封圈，防止工作时燃气泄漏。堵片一般选用薄铝板、赛璐珞板、塑料板等强度适中、燃点相对较低的材料，用压板安装在前封头出口。前封头、壳体、后封头一般选用高强度钢经机加成型，可以重复使用降低成本。

弹射动力装置的药柱的类型有复合药柱和双基药柱两种，两者化学成分不同，复合药柱的主要成分为氧化剂（氯酸铵、硝酸铵等）、燃烧剂（聚硫橡胶、聚氯酸等）、黏接剂和其他添加剂的混合物，双基药柱的主要成分为氯酸铵硝化棉、硝化甘油、铝粉和黏接剂的混合物。按燃烧面积的变化规律，药柱可分为恒面、增面、减面燃烧药柱，弹射动力装置选择增面燃烧药柱。

药柱的尺寸（直径、长度、形状）与总药量、燃烧室容积等多个因素有关，总的原则是满足发射筒内的压力-时间曲线平稳、导弹的运动加速度、出筒速度、筒内温度、筒内压力等参数满足设计要求。

前封头作为燃气发生器燃气出口，出口横截面为圆形，纵截面形式为拉瓦尔喷管，可实现燃气以超声速膨胀，迅速填充到发射筒内，并降低压力和温度。

（5）水室

一次性注水的水室主要由水室本体、前堵片、后堵片、压环和水位监测装置等组成（图 2-283），装水量根据内弹道设计确定。

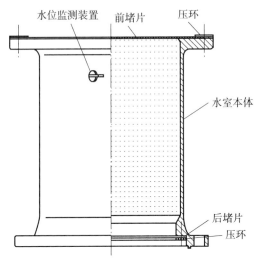

图 2 - 283　水室结构示意图

由于弹射动力装置的水室密封性要求较高，不利于长期贮存或有贮存期间的水量检测要求，给使用带来不便，因此有的型号采用无水室弹射动力装置。无水室弹射动力装置取消了水室，为了降低发射筒内的温度，选用了"低温"药。由于无水室弹射动力装置的燃气流中包含未完全燃烧的细颗粒物，因此，对发射筒内壁造成冲刷侵蚀效应，影响发射筒的使用寿命。

2.6.2　自行式垂直冷发射导弹发射车

苏联/俄罗斯的 SS - 20（"长剑"）、SS - 25（"白杨"）、SS - 27（"白杨-M"）、SS - 29（"亚尔斯"）核洲际弹道导弹发射车和中国的 DF - 21C/D、DF - 26、DF - 31 等中远程弹道导弹都是采用自行式越野机动垂直冷发射形式的导弹发射车，这种导弹发射车具有以下特点：

1）机动范围大，既能在高速公路上高速行驶，也能越野行驶，降低了道路限制条件；

2）动力性能好，发射车底盘采用大功率动力、传动系统，爬坡能力、高原环境机动能力远超半挂式导弹发射车；

3）系统高度集成，具有单车通信、定位定向、瞄准、测试、无依托发射能力；

4）响应速度快，可快速发射与撤收、快速波次转换，具有二次核反击能力。

现代垂直冷发射导弹发射车的功能与半挂式导弹发射车相比有所增加，主要包括：

1）通信功能；

2）测试、诸元装定；

3）自主定位定向和导弹瞄准；

4）供配电；

5）伪装防护。

自行式垂直冷发射导弹发射车的主要组成为多轴越野底盘、发射装置、指挥通信系统、测发控系统、定位定向与瞄准系统、升车与起竖系统、车控系统、供配电系统、调温系统、伪装防护和整车电缆网、直属零部件。

自行式垂直冷发射导弹发射车的外形如图 2 - 284 所示（俄罗斯的"亚尔斯"导弹发射车）。

图 2 - 284　俄罗斯的"亚尔斯"导弹发射车

1—多轴越野底盘；2—发射装置；3—顶盖；4—瞄准设备；5—前腿盘；6—后腿盘；7—设备舱

典型冷发射远程弹道导弹发射车的结构如图 2 - 285 所示，俯视图如图 2 - 286 所示，装弹的发射装置布置在车中间，通过发射装置后部的支耳与发射车后横梁上的支耳销轴连接，发射装置前支承框可直接落在车上的前托座上。车两侧布置设备舱，各种液压控制、测发控、供配电等设备安装在设备舱内。车支腿布置与前面介绍的发射车相同。为了实现第二波次发射功能，发射装置与发射车的连接机构具有快速锁定和解锁功能，锁定后才能机动运输或起竖发射，解锁后可以用吊车起吊转载。

组成中各分系统在前面章节做过介绍，下面对与前面章节不同部分做介绍。

2.6.2.1　超重型自行越野底盘

俄罗斯的"白杨 - M"导弹发射车采用的都是超重型越野底盘，这类汽车底盘有以下特点：

1）总承载质量大，整车满载总重一般超过 60 t；

2）属于特种越野车类型，外廓尺寸、轴荷超出国家标准规定值；

3）车轴多，车轴数不少于 6，一般全轮驱动，单轴承载能力强，一般不少于 13 t；

4）断开式驱动车桥，独立悬架；

5）液压或电动助力全轮转向或除中间 1～2 个车轴不转向，其余车轮均转向；

6）采用 ABS、倒车影像、辅助驾驶、双独立回路气制动等安全性措施。

超重型导弹发射车底盘的基本组成和第 2.4.2 节介绍相同。与民用车和一般军用越野车的区别主要体现为：

1）越野性能比一般民用汽车好，但比二轴或三轴军用越野汽车差；

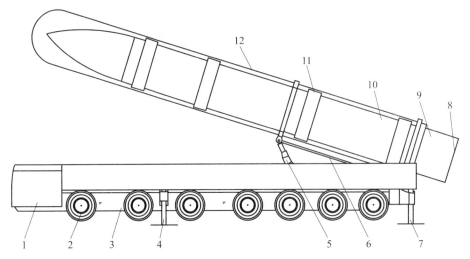

图 2-285　典型冷发射远程弹道导弹发射车的结构

1—车头；2—车轮；3—车架；4—前调平车腿；5—起竖油缸；6—起竖臂；7—后调平车腿；

8—自适应底座；9—初容室；10—导弹；11—适配器；12—发射筒

图 2-286　导弹发射车俯视状态示意图

2）由于导弹总长度一般超过 15 m，发射车总体布置的结果导致底盘前悬尺寸比一般车大，因此接近角不大，为 15°～20°；

3）由于整车总重大，导致底盘车轴多，底盘传动系统（图 2-287）、转向系统、行驶系统比一般重型车复杂，这也是影响超重型底盘可靠性的重要原因；

图 2-287　五轴载重底盘传动系统示意图

4）由于整车总质量大，发动机、变速器等均需采用大功率产品，因此，可供选用的通用配套产品少；

5）由于导弹起竖载荷一般大于 80 t，要求车架纵向刚度大，导致车架横截面高，需要采用焊接性能好的高强度合金钢板，这也是与一般民用车或军用越野车的显著差异，如图 2 - 288 所示。

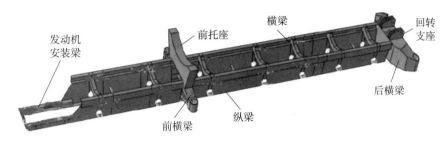

图 2 - 288　发射车底盘车架结构示意图

2.6.2.2　复合材料发射筒

发射车的机动能力与整车自重关系重大，中远程弹道导弹本身质量较大，为了实现发射车较好的越野机动能力，金属材料发射装置是不可接受的，因此，必须采用轻量化复合材料发射筒技术进行减重。

实际上，碳纤维环氧树脂复合材料、玻璃钢环氧树脂复合材料、芳纶树脂复合材料等结构在民用汽车、风力发电、各种管道、飞机、运载火箭和导弹等很多领域已经得到普遍应用。图 2 - 289 所示为山东格瑞德公司生产的直径为 0.5～1 m 的玻璃钢环氧树脂复合材料管道产品。

图 2 - 289　玻璃钢环氧树脂复合材料管道产品

复合材料发射筒具有质量小（比传统铝合金产品轻 50％左右）、比强度高、防锈防腐、易于成型、生产周期短、加工成本低等优点，更适于大批量生产。复合材料发射箱（筒）

在小型战术导弹发射装置中应用也比较普遍，但应用于车载中远程弹道导弹武器的只有俄罗斯、美国和中国。苏联于 20 世纪 60 年代开始进行复合材料发射筒的研究，其著名的SS-20、SS-23 导弹发射筒均为玻璃纤维/环氧复合材料，后续俄罗斯 SS-25、SS-27等战略核导弹均延续采用复合材料发射筒。美国的 MX 导弹研制过碳纤维/环氧复合材料发射筒。

复合材料发射筒的结构形式有两种：内、外筒复合材料＋中间保温层结构和内复合材料筒＋保温层＋外复合材料蒙皮。

内、外筒复合材料＋中间保温层结构如图 2-290 所示，发射筒主体结构由复合材料内筒、中间泡沫或蜂窝保温层、复合材料外筒组成，在导弹的适配器支承部位、筒车支承部位、起吊部位一般有加强框，加强框为复合材料实心结构。内、外筒是主承力构件，承受面内应力，提供了发射筒的几乎全部弯曲刚度和面内的拉压刚度。夹芯层主要承受沿厚度方向的剪应力，作用是稳定内外筒曲面，防止失稳。

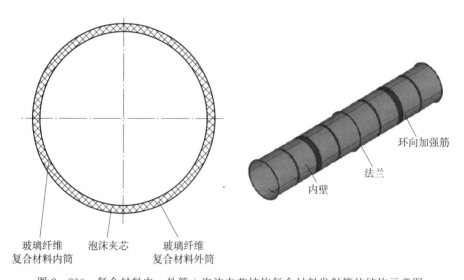

图 2-290　复合材料内、外筒＋泡沫夹芯结构复合材料发射筒的结构示意图

俄罗斯复合材料发射筒和我国某系列型号弹道导弹复合材料发射筒均采用夹层复合材料结构发射筒。复合材料夹层结构发射筒的结构示意图如图 2-291 和图 2-292 所示，其由内衬层、内筒结构层、外筒结构层、泡沫夹芯及加强框组成，结构层均为纤维增强环氧树脂基复合材料，夹芯层为泡沫保温层，内衬层为碳纤维层，同时，外表面增加特殊功能层。夹芯材料选择硬质聚氨酯泡沫塑料预发泡成型，相对于蜂窝夹芯，保温性能好，工艺简单，成本较低。

复合材料内筒＋保温层＋复合材料外蒙皮结构的发射筒如图 2-293 所示，发射筒主体结构由碳纤维内衬层、复合材料（碳纤维或玻璃纤维＋环氧树脂）内筒、中间泡沫保温层（或蜂窝层）、复合材料（一般为玻璃纤维＋树脂基）外蒙皮组成，在导弹的适配器支承部位、筒车支承部位、起吊部位设置加强框，加强框为复合材料实心结构。

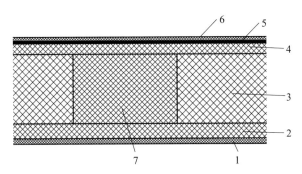

图 2 - 291　双层筒夹芯复合材料发射筒筒壁结构示意图

1—内衬层；2—内筒结构层；3—夹芯层；4—外筒结构层；5—功能层；6—外保护层；7—加强框

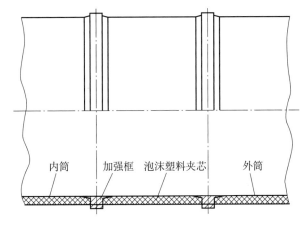

图 2 - 292　某型号复合材料发射筒夹层结构示意图

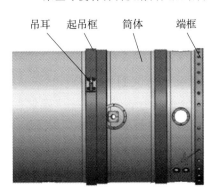

(a) 复合材料发射筒段结构示意图

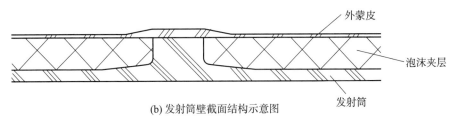

(b) 发射筒壁截面结构示意图

图 2 - 293　单层复合材料筒＋泡沫＋蒙皮结构示意图

复合材料发射筒生产方法是在芯模上交叉重复地缠绕粘胶的纤维或铺设纤维布，和缠绕式复合材料发射箱的生产工艺基本相似。文献［25］给出了一种复合材料发射筒的缠绕工艺流程，具有一定的代表性，如图 2-294 所示。

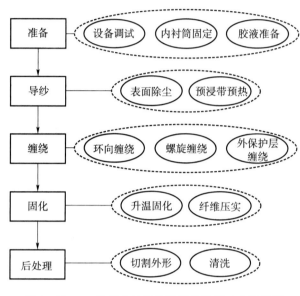

图 2-294　一种复合材料发射筒的缠绕工艺流程图

内、外筒夹层结构发射筒缠绕工艺与图 2-294 略有不同，一般是先缠绕内筒，再胶接安装中间泡沫夹层，最后缠绕外层筒。

俄罗斯复合材料发射筒采用宽幅纤维布带干法缠绕，筒壁缠绕完后缠绕加强框，几道加强框同时缠绕，然后进行固化，固化后机加成型，生产效率很高，所使用的增强材料为高强玻璃布而非纤维。

2.6.2.3　发射装置可延伸底座技术与发射点地面承压能力计算

早期的东风-21、东风-31 导弹发射装置都有一个发射台，一方面用于导弹瞄准时调直导弹，另一方面发射后坐力可通过发射台的腿盘传递到地面。由于后坐力大而腿盘直径较小，因此，对发射点的地面提出了一定的强度要求，不能任一点发射。俄罗斯的"白杨-M"和"亚尔斯"等冷发射弹道导弹发射装置都有一个可滑动的短筒，短筒底部有一个橡胶补偿垫，如图 2-295 虚线部位所示，国内称为可延伸底座（或可延伸底部）。采用该项技术可以大幅减小车辆对地面承压能力的要求，可以使导弹发射准备时间大幅减少，在 10 min 以内就可以完成导弹发射程序。

延伸底座的结构原理示意图如图 2-296 所示，其主要由固定筒、滑动筒、补偿垫和密封环等组成。其中，固定筒为两端开口的圆筒结构，安装在发射筒尾部，起导向作用。滑动筒也为一圆筒结构，套在固定筒外，可沿固定筒轴线方向自由滑动。补偿垫为一种易变形的橡胶圆盘形结构，安装在滑动筒底部，起缓冲发射后坐力和补偿地面坡度的作用。这种滑动式延伸底座的优点是地面适应能力强，补偿行程大，传递到地面的后坐力大，发

图 2 - 295　发射装置的可延伸底座（虚线区域）

射后坐力对发射车的分量小。其工作原理（图 2 - 297）：发射装置起竖到位后，弹射动力装置点火，燃气从弹射动力装置喷出并迅速充满导弹底部、导向筒、滑动筒、补偿垫、密封环形成的空间，滑动筒在发射前自动滑落接触地面，燃气压力逐渐升高至一定值时推动导弹向上运动，此时大部分发射后坐力通过滑动筒的补偿垫传递到地面，当地面承压能力不足发生沉陷时，补偿垫带动滑动筒下滑，直至地面承载能力与发射后坐力之间达到平衡。

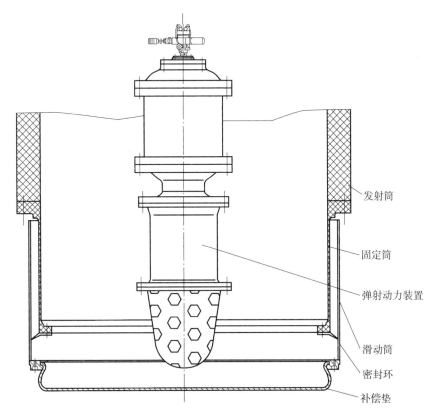

图 2 - 296　延伸底座的结构原理示意图

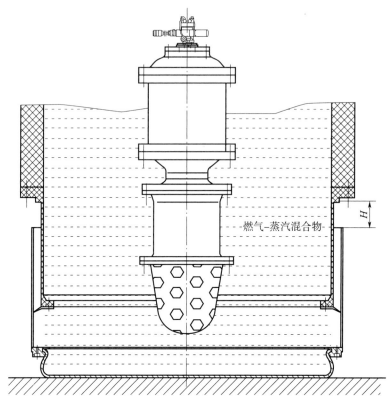

图 2 - 297   延伸底座的工作原理示意图

延伸底座的最大优点是可大幅增加接地面积，降低发射点地面压强，从而降低发射点选择的要求，为实现无依托发射、公路上任一点发射打下基础。

图 2 - 297 所示的延伸底座是滑动式。由于我国公路网发达，按标准建设的等级硬化公路一般都能满足弹道导弹发射要求，因此有的弹道导弹发射车采用了不需要滑动的自适应延伸底座，采取增大发射筒底部补偿垫的补偿行程的办法，其工作原理是利用自适应延伸底座结构与材料的大位移变形性能，在筒内燃气压力的作用下自动沿轴向向下延伸接触地面，将弹射后坐力传递到地面，弹射动力装置工作结束、导弹出筒后压力迅速降低，延伸底座自动恢复初始状态。

文献 [34] 介绍的自适应底座弹射结构原理如图 2 - 298 所示，其自适应底座为一个 15 层的浸胶帘线/橡胶多层复合热压成型结构，该文利用橡胶材料 Mooney-Rivilin 模型参数求解方法得到了帘线材料模量修正公式并建立了帘线/橡胶复合材料的有限元数值计算模型，进行了不同帘线体积含量变化对附加载荷的影响分析和优化计算，认为自适应底座受压膨胀时橡胶材料应力应变不大，内外层受力比中间层恶劣，提高帘布层弹性模量或体积含量均能降低应力和应变。

浸胶帘线/橡胶多层复合自适应底座存在附加载荷问题，此附加载荷与自适应底座本身结构以及地面形貌、地面下沉情况有关，文献 [35] 介绍了有关计算方法。

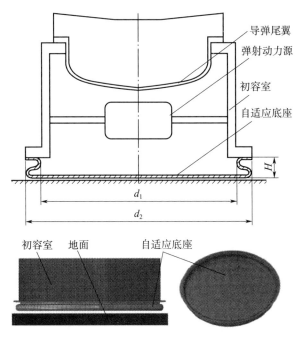

图 2-298　自适应底座弹射结构原理图

　　文献［36］介绍了一种基于芳纶纤维增强树脂-橡胶复合材料的自适应补偿垫，结构外形可参见其有限元计算网格模型，如图 2-299 所示，是一种双圆环补偿垫，允许的轴向形变就相应增大了，允许增大发射装置垂直悬停时底部的离地间隙，可实现导弹发射车在更大坡度地面起竖发射装置而不会发生干涉，同时，可适应地面出现更大的下沉变形，且附加载荷极低。该文献介绍了补偿垫底部离地 120 mm 时在弹射内压作用下有限元计算结果以及模拟弹射试验验证情况，如图 2-300 所示。

图 2-299　一种双曲自适应补偿垫

　　俄罗斯的"亚尔斯"等导弹发射装置为减小发射后坐力对地面的压强，特别增大补偿垫接地部分的面积，如图 2-301 所示。

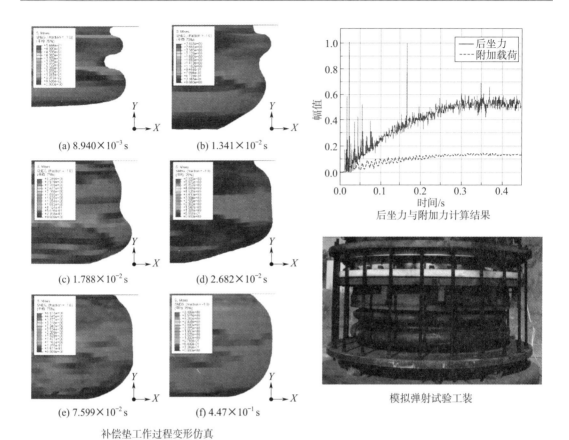

(a) 8.940×10⁻³ s   (b) 1.341×10⁻² s

(c) 1.788×10⁻² s   (d) 2.682×10⁻² s

(e) 7.599×10⁻² s   (f) 4.47×10⁻¹ s

补偿垫工作过程变形仿真

后坐力与附加力计算结果

模拟弹射试验工装

图 2-300　补偿垫仿真与试验情况（见彩插）

图 2-301　俄罗斯导弹发射车

　　针对发射装置可延伸底座技术，国内很多高校和研究单位开展了地面承压能力、导弹出筒姿态与场坪地面刚度与风速的关系、地面沉降试验方法的研究，下面介绍部分有关研究的内容供参考。

　　文献［31］所研究的导弹发射车模型如图 2 - 302 所示，该文给出了不同等级沥青混凝土路面铺层的组成及厚度，见表 2 - 22，并推导了路面的等效刚度，计算了导弹出筒姿态与路面刚度的关系。

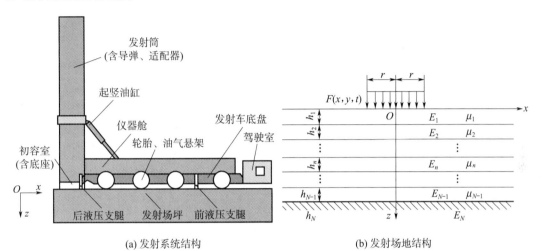

(a) 发射系统结构　　　　　　　　　(b) 发射场地结构

图 2 - 302　发射-地面系统构成模型

表 2 - 22　沥青混凝土路面典型结构

高速公路典型路面结构 1		高速公路典型路面结构 2		1 级公路路面典型结构		2 级公路路面典型结构		3 级公路路面典型结构		4 级公路路面典型结构	
各层材料	厚度/cm	各层材料	厚度/cm	各层材料	厚度/cm	各层材料	厚度/cm	各层材料	厚度/cm	各层材料	厚度/cm
改性沥青混凝土	4	沥青混凝土	4	沥青混凝土	4	沥青混凝土	4	沥青混凝土	5	沥青混凝土	3
沥青混凝土	6	沥青混凝土	6	沥青混凝土	5	沥青混凝土	6				
沥青混凝土	8	水稳碎石（砂砾）	32	沥青混凝土	6						
水稳碎石	36	石灰土	18	密级配沥青碎石	12	水稳碎石	18	水稳碎石（砂砾）	18		
石灰土/级配碎石	15	碎石/砂砾垫层	15	水稳碎石	18	石灰土	18	石灰土	18	石灰土	18
土基	∞	土基	∞	土基	∞	土基	∞	土基	∞	土基	∞

　　文献［32］建立了无依托发射场坪的基本结构及下沉量计算力学模型及等效模型、基

于 ADAMS 软件的车-地面耦合的动力学系统模型，并按耦合动力学模型进行了导弹起竖、发射过程的仿真，提出了发射场坪的承载能力指标作为评价发射地面的依据。

文献［32］中有详细的下沉量计算矩阵方程推导过程，这里列出论文中的一个可以简便计算下沉量的回归公式（公式的计算精度有待更多试验验证，可作为一种初步估算的手段）

$$y = a + b\ln x + c (\ln x)^2 + dh\ln x + eh (\ln x)^2 + f (\ln x)^3$$

式中，$y = E_t / E_0$，$x = E_1 / E_0$；h 为土层厚度，$a = 1$，$b = 0.26$，$c = -0.1376$，$d = 1.629$，$e = 0.64$，$f = 0.0127$。

文献［32］为计算在地面起竖过程的动响应，建立了图 2-303 所示车-地面动力学物理模型。

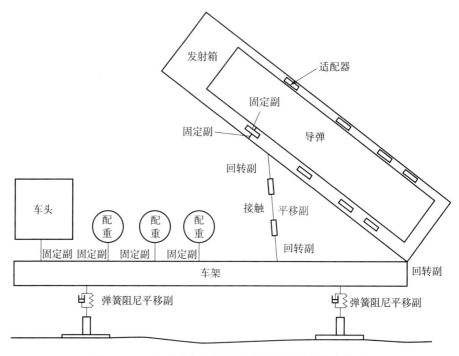

图 2-303　导弹发射车起竖过程动力学仿真物理模型

经过建模、仿真计算，该重型导弹发射车在水泥混凝土地面起竖过程车腿盘受力和位移如图 2-304 所示，表明水泥混凝土地面承压能力满足发射车展开要求。

利用地面模型，重新建立起竖发射状态的模型进行仿真计算，该重型导弹发射车在水泥混凝土地面发射时地面下沉量如图 2-305 所示，表明水泥混凝土地面承压能力满足发射车发射导弹的要求，下沉量不大于 15 mm，完全可以由延伸底座的橡胶垫的弹性变形予以补偿。

2.6.2.4　顶盖

2.5 节介绍了电机开盖，这种开盖方式对垂直弹射的中远程弹道导弹发射车不适用，主要原因为导弹出筒后发动机工作对筒口产生的燃气冲击载荷大，顶盖无法承受该载荷。

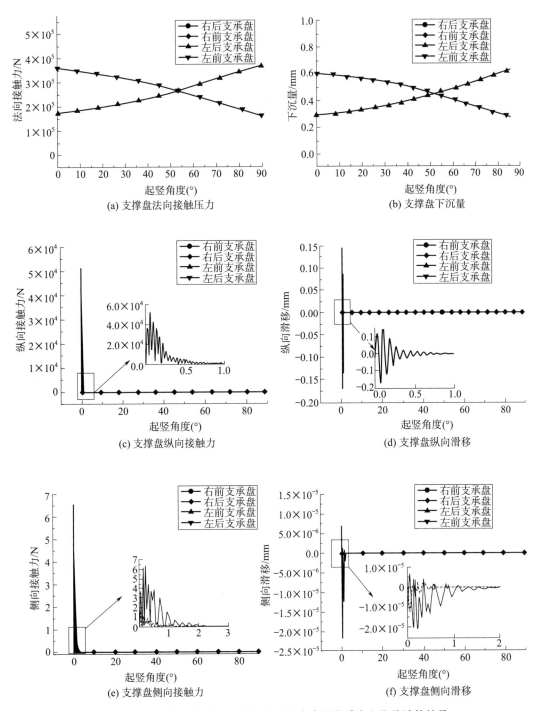

图 2-304　导弹发射车在地面起竖过程中支承盘受力和位移计算结果

为了解决垂直开盖问题，俄罗斯的机动式洲际核导弹发射车和我国的 DF-41 导弹发射车采用了前翻式顶盖，如图 2-306 所示。这种顶盖在导弹起竖前前翻（或前抛）落地，导弹起竖后即可发射，可缩短核反击准备时间。

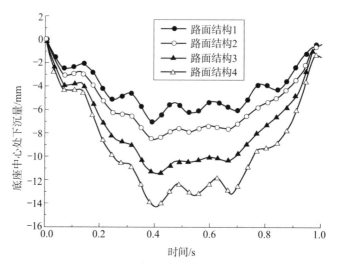

图 2 - 305　4 种水泥路面发射导弹时底座下沉量仿真结果

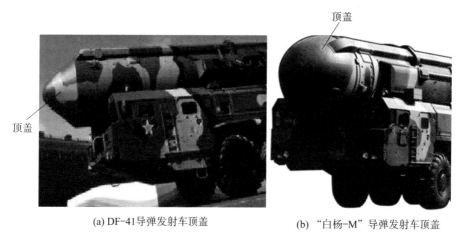

(a) DF-41导弹发射车顶盖　　　　　　(b) "白杨-M"导弹发射车顶盖

图 2 - 306　前翻式顶盖

除前抛盖形式，还有水平开盖方式，类似裸弹热发射舱盖开盖方式。对弹头允许冲破易碎盖的导弹，采用易碎盖也是一种最佳开盖方式。

2.6.2.5　发射筒通风调温系统

为了适应各种温度环境，中远程弹道导弹发射车需为装筒导弹进行温度保障，将筒内温度控制在 0 ℃以上的某个范围之内，最有效的办法是对发射筒进行通风调温，俄罗斯的 SS - 20、SS - 25、SS - 27 以及中国的多个中远程弹道导弹发射车均采用这种方案，如图 2 - 307 所示。

发射筒调温的工作原理（图 2 - 308）为：冷风、热风从调温机组的轴流风机加压、加速后从筒外风管进入发射筒前端，然后进入发射筒内，高压风从弹、筒之间的间隙通过流向筒尾部，由于轴流风机不断从发射筒尾部抽取空气形成一定负压，使发射筒前部的空气

图 2-307　SS-27"白杨-M"导弹发射车调温系统

不断流向尾部，流经弹体的冷、热空气维持导弹的温度保持在规定范围之内。筒内前后部的温度传感器采集筒内空气温度，调温控制系统据此控制机组制冷或加热。

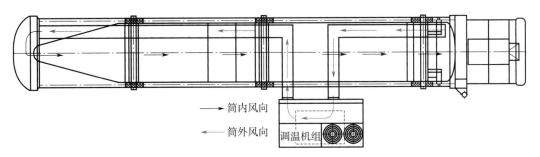

图 2-308　发射筒调温工作原理示意图

　　发射筒调温系统由调温机组、温度传感器、电缆网、驾驶室控制用的车辆显控终端组成，如图 2-309 所示。

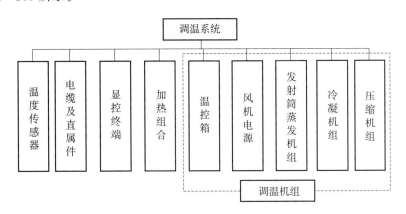

图 2-309　发射筒调温系统的基本组成

　　风管与机组舱体的连接接头一般采用自动对接、分离接头，发射筒上的风管采用玻璃钢复合材料结构，风管与发射筒的入口设置自动开闭的风道阀门机构，在发射前手动或自动关闭，调温系统工作时开启。

调温机组的制冷、制热工作原理见 2.4.11 节、第 11 章，调温控制及传感器原理见第 11 章。

2.6.2.6 车控系统

新型号自行式车载弹道导弹发射车具有导弹自瞄、全方位、任一点快速发射功能，因此发射车不需要复杂的导弹方位回转功能，车控系统的功能相对简单，主要是完成升车、发射筒起竖以及筒上机构动作控制等功能。车控系统采用集中式控制和分布式控制都是可行的，为了减少电缆数量和提高可靠性、信息化水平，常采用分布式总线控制方案。

分布式控制系统以微处理器为核心，一般由网关控制器、系统网络和通用控制器等设备组成，体系结构如图 2-310 所示，各组合通过现场总线连接。系统在硬件上采用通用控制器，每个控制器都带有处理器和输入输出接口，对分布在车上各处的执行机构进行分散控制。监控机也可采用通用控制器的硬件，根据显示和操作需要增加人机设备。

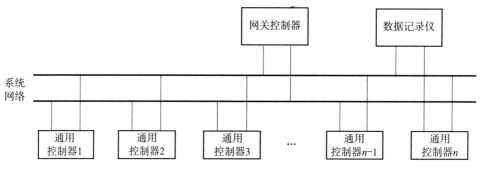

图 2-310 分布式控制体系结构示意图

在典型的分布式车控系统中，车控网关、通用控制单元、机构控制盒、倾角传感器和光电编码器构成系统。其中，车控网关是分布式车控系统的控制核心，车控网关软件驻留在车控网关主板内，接收上位机的指令，通过 CAN 总线控制各个通用控制单元，实现对发射车及各分系统的控制任务；通用控制单元是控制分节点，实现对液压系统压力传感器、发射车接近开关和发射装置机构到位开关的采集，实现对液压系统开关阀、比例阀和直流电机驱动器的控制；直流电机驱动器是电机类负载的功率放大组合，由通用控制单元来给出指令，由内部的固态继电器实现对电机类负载的正反转控制。在本地状态下，车控系统的操作主要设置在操控单元，但当车控系统工作在联机状态时，由测发控系统遥控操作。一种典型的分布式车控系统工作原理框图（网络拓扑结构）如图 2-311 所示。

下面针对该分布式控制系统的部件分别介绍：

（1）车控网关

车控网关由主板、电源板、底板和 24 V 电源板组成。主板以单片机为控制核心，单片机具有 2 个多功能定时器单元、6 个串行通道（可用作 UART、SPI、I2C、LIN 接口）、6 路 CAN 模块，片上集成有 768KB 的 Flash 存储器，16KB 的片上高速数据 SRAM。车控网关通过自带 6 路 CAN 模块实现了 6 路带隔离的 CAN 总线通信接口，通过 I/O 接口

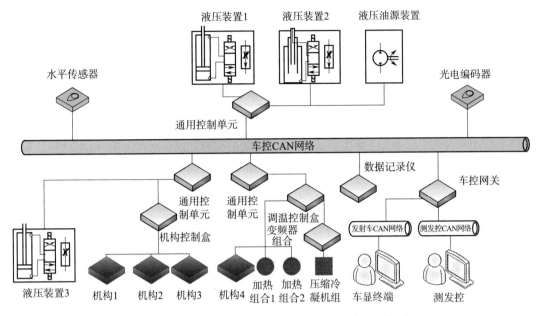

图 2 - 311　一种典型的分布式车控系统工作原理框图

实现 12 路开关量输出接口和 12 路开关量输入接口，通过 6 路串行通道实现了两路 RS422 通信接口。

（2）通用控制单元

通用控制单元由主板、电源板、底板和扩展板组成。主板以单片机为控制核心，带有 2 个内核，10 路 12 位 A/D 转换通道，5 个通用异步串行通道，4 个同步串行通道，2 路 CAN 模块，片上集成有 512KB 的 Flash 存储器，64KB 的片上共享数据 SRAM。通用控制单元通过自带 2 路 CAN 模块实现了 2 路带隔离的 CAN 总线通信接口，通过 I/O 接口实现了 16 路开关量输出接口和 16 路开关量输入接口，通过 2 路通用异步串行通道实现了 2 路 RS422 通信接口，通过 20 路 A/D 转换通道实现了 16 路电流型模拟量采集通道。

（3）直流电机驱动器

直流电机驱动器内部包括 2 个固态继电器模块，每个固态继电器模块能实现对 1 个直流电机的正反转控制。直流电机驱动器用于对通用控制单元的信号进行功率放大，用于驱动直流电机，如瞄盖电机、锁弹电机控制等。每台直流电机驱动器能够同时驱动两路 24 V 直流电机，输出功率不低于 500 W，单机上有 1 路电源输入端口、2 路电机的控制端口和 2 路电机的驱动端口。

（4）调温控制盒

调温控制盒是调温机组运行的功率部件，主要由继电器和变送器等组成，其功能是受通用控制单元控制，对压缩机、加热器、通风机、冷凝风机和发射筒风道阀门等部件进行适应性调节与控制，控制机组工作，实现通风、制冷、加热和除湿等功能，使发射装置及舱内温度、湿度范围满足要求。同时，将调温系统的各状态信息传输给通用控制单元，完成状态反馈。

（5）数据记录仪

数据记录仪用于在车载环境条件下采集 CAN 通道数据，可实现 4 路 CAN 通道数据的收发与记录，并能通过以太网口进行数据导出。数据记录仪主要由核心板、载板、壳体、数据记录仪软件及以太网数据读取软件等组成。核心板通过板间连接器安装到载板上，再通过相应的接口实现数据记录仪的功能。核心板上实现主控芯片的最小系统功能，载板实现数据记录仪的 6 路隔离 CAN 口、2 路以太网以及板卡硬件状态监测功能。数据记录仪整体功能由存储模块、RTC 模块、监控模块、时钟模块、复位模块、处理器模块、ETH 接口模块、CAN 接口模块、电源模块和连接器模块组成。

（6）倾角传感器

倾角传感器安装在车后梁中部，用于测量后梁前后和左右的水平度。倾角传感器为单机一体化产品，由壳体、壳座、印制板组件、铭牌和连接器等组成。

一种倾角传感器的工作原理：MEMS 芯片作为倾角测量和温度测量的敏感元件，输出的倾角模拟信号经微控制器自带的 A/D 转换后，并进行采样、处理；温度信号经 SPI 总线传输给微控制器。微控制器对倾角信号进行滤波、线性补偿和温度补偿后输出，补偿后的信号给 RS232 收发器对外发送和 D/A 转换器转换后输出 4～20 mA 电流。

（7）光电编码器

车控系统中一般选用绝对式光电编码器，光电编码器安装在发射筒左侧回转轴内侧，用于测量发射筒相对于车架的起竖角度。绝对式光电编码器又可分为单转型与多转型、单转型绝对编码器将码盘的一周分成若干个测量步，对应每一步都有唯一确定的码值，由于这些码值在每一转都会重复，因而单转型绝对编码器多用于旋转轴旋转量不超过一转的角度测量；多转型绝对编码器不仅能够对一转内每一个确定的角位置进行编码，还能够对转数进行编码，因而适用于旋转轴的多转角度测量。典型型号中选择了海德汉公司的 EQN425 光电编码器，输出 4096 圈，分辨率 8192 线/圈（13bit），SSI 接口，格雷码输出。

（8）CAN 总线

CAN 即控制器局域网络，属于工业现场总线的范畴。与一般的通信总线相比，CAN 总线的数据通信具有突出的可靠性、实时性和灵活性。较之许多 RS-485 基于 R 线构建的分布式控制系统而言，基于 CAN 总线的分布式控制系统在以下方面具有明显的优越性：

1）废除传统的站地址编码，代之以对通信数据块进行编码，可以多主方式工作；

2）采用非破坏性仲裁技术，当两个节点同时向网络上传送数据时，优先级低的节点主动停止数据发送，而优先级高的节点可不受影响继续传输数据，有效避免了总线冲突；

3）采用短帧结构，每一帧的有效字节数为 8 个，数据传输时间短，受干扰的概率低，重新发送的时间短；

4）每帧数据都有 CRC 校验及其他检错措施，保证了数据传输的高可靠性，适于在高干扰环境下使用；

5）节点在错误严重的情况下，具有自动关闭总线的功能，切断它与总线的联系，以使总线上其他操作不受影响；

6）可以点对点，一对多及广播集中方式传送和接收数据。

CAN 协议已经形成国际标准，其典型的应用协议有：SAE J1939/ISO 11783、CANOpen、CANaerospace、DeviceNet、NMEA 2000 等。因此，CAN 总线非常适合于分布式电液智能控制系统的开发与应用。

车控系统内部各控制设备采用双冗余 CAN 总线的总线型网络结构，包括相互独立、互为备份的两路总线；各设备均为总线通信节点，每个单机配置有两组独立总线控制与总线接口电路，并分别接入两路总线，CAN 总线单机接口电路示意图如图 2 - 312 所示。

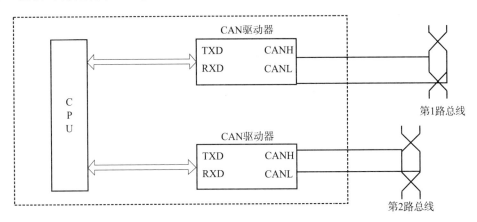

图 2 - 312　CAN 总线单机（控制器）接口电路示意图

网络物理层上所有节点的电气连接要求如下：

1）采用双冗余总线型网络结构；

2）CAN 协议：CAN2.0B；

3）传输速率：250 kbit/s；

4）采样点位置：87.5%；

5）接口电路：控制器选用 SJA1000 或 CPU 自带控制器，驱动器选用 TJA1040，控制器和驱动器之间用高速光耦隔离，各设备不设置终端电阻。

数据链路层要求如下：

（1）帧格式

所有节点必须使用扩展帧格式，CAN 扩展帧格式如图 2 - 313 所示。

（2）协议数据单元（PDU）

应用层规定了一系列以协议数据单元形式存在的消息。协议数据单元定义了一个框架，用来组织那些对于每个要发送的 CAN 数据帧都具有重要意义的消息。协议数据单元由 5 部分组成，分别是优先级、源地址、目的地址、PDU 格式和数据域。PDU 将被封装在一个或多个 CAN 数据帧中，通过物理介质传送到其他网络节点。每个 CAN 数据帧只能有一种 PDU。

某些 CAN 数据帧的域不是在 PDU 中定义，因为它们完全由 CAN 规范决定，对 OSI

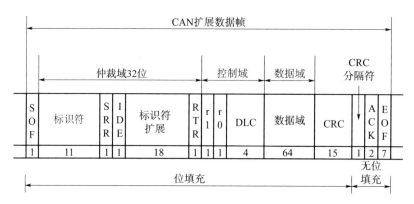

图 2-313　CAN 扩展帧格式

数据链路层以上的层是不可见的。它包括 SOF、SRR、IDE、RTR、控制域部分、CRC 域、ACK 域和 EOF 域。这些域由 CAN 协议定义，本协议不能修改。这 5 个 PDU 域见表 2-23。

表 2-23　PDU 格式

PDU					
P	SA	DA	DP	PE	数据域
3	8	8	8	2	0～64

注:P 是优先级,SA 是源地址,DA 是目的地址,DP 是数据页,PE 是结束标志。

（3）优先级（P）

这三位仅在总线传输中用来优化消息延迟，接收设备必须对其做全局屏蔽（即忽略）。消息优先级可从最高 1（0H）设置到最低 8（7H），各消息优先级见表 2-24。

表 2-24　优先级定义

优先级	帧信息内容	对应 P 值
1	保留	0_{16}
2	报警信息	1_{16}
3	命令信息	2_{16}
4	命令应答信息	3_{16}
5	状态信息	4_{16}
6	状态应答信息	5_{16}
7	工作数据信息	6_{16}
8	保留	7_{16}

（4）源地址（SA）

网络中的一个设备对应唯一的一个源地址 SA，本协议中地址从 1 开始，按照优先级的顺序进行排列。

（5）目的地址（DA）

网络中的一个设备对应唯一的一个目的地址（DA），规定每个目的地址 SA 值。

（6）数据页（DP）

用于将大于 8 个字节的报文进行打包重组、连接管理。发送节点将数据拆分成若干个数据包发送，接收节点将收到的数据包重组为原始数据。

单帧数据包编号为 0，多帧数据包编号为 1～255，数据包从 1 开始按照包编号顺序发送，最多可以传输 8×255＝2040 个字节。

（7）结束标志（PE）

PE 用于标识报文传输时是否结束，具体定义见表 2-25。

表 2-25　结束标志定义

序号	PE 值	定义
1	00_{16}	单帧
2	01_{16}	多帧的第一帧
3	10_{16}	多帧的中间帧
4	11_{16}	多帧的最后帧

（8）数据长度

每帧报文的数据域长度为 8 个字节，未用到字节用 0 填充。

（9）数据校验

利用校验的方法对应用层数据进行校验，每帧报文数据域第 8 个字节为校验字节，校验的公式为异或和

$$C= x_0 \oplus x_1 \oplus x_2 \oplus x_3 \oplus \cdots \oplus x_{n-1}$$

（10）通信约定

一般约定如下：

1）各节点应具备针对各种总线通信异常的响应与处理功能，并确保本设备不因当前总线通信异常而丧失总线通信功能；

2）在发送数据时，当发生错误或仲裁丢失而造成发送失败时，不允许底层驱动进行自动重发；

3）多字节数据域，低字节在前，高字节在后；

4）协议中对各信息字段的描述，仍沿用习惯表示法，D0 表示最低位。

（11）报警信息

各节点设备检测到各自指标超出要求值之后，或命令执行过程中出错未正常执行完，以 1 s 的周期广播发送报警信息，直至恢复到要求值后停止发送，其他节点收到后不做应答。报警信息报文格式见表 2-26。

表 2 - 26　报警信息报文格式

帧序号	字节序号	位序号							
		b7	b6	b5	b4	b3	b2	b1	b0
1	1	报警内容,见各设备报警信息定义							
	2								
	3								
	4								
	5								
	6								
	7								
	8	校验							

（12）命令报文及命令应答报文

各节点根据需要可以发送命令报文，在需要其他节点执行相应操作时发送。

各节点在收到命令报文后，需要在 1 s 内进行命令应答。命令报文发送节点在规定时间内未收到命令应答报文，进行命令报文重发，命令报文发送次数最多为 3 次，3 次后仍未收到命令应答报文，切换到另一总线发送相同命令，次数上限为 3 次，同样达到最大次数未连接成功后，认为链路断开。

（13）状态报文及状态应答报文

各节点在收到命令报文并进行命令应答后，执行相应的操作，完成操作后主动向状态命令发出节点发送状态报文。对于自检命令，各节点在自检命令答报文中附带自检结果信息，不需要发送状态报文。

各节点在收到状态报文后，需要在 1 s 内进行状态应答。状态报文发送节点在规定时间内未收到状态应答报文，进行状态报文重发，状态报文发送次数最多为 3 次，3 次后仍未收到状态应答报文，切换到另一总线发送相同状态，次数上限为 3 次，同样达到最大次数未连接成功后，认为链路断开。

命令报文、命令应答报文、状态报文和状态应答报文的发送、响应时序关系如图 2 - 314 所示。

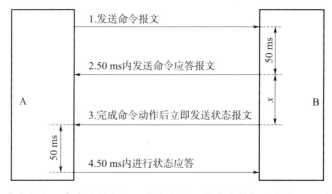

图 2 - 314　命令报文、命令应答报文、状态报文和状态应答报文的发送、响应时序关系

（14）工作数据报文

各节点上电完成初始化后，在 2 路 CAN 总线中同时以 1 s 周期广播发送工作数据报文。

2.7　导弹发射车的伪装防护技术

弹道导弹武器系统处在各种空天、地面一体化侦察环境和精确制导武器打击的威胁环境中作战，发现即被摧毁已经成为战争的现实。由于地地导弹武器系统的巨大威力（杀伤力和威慑力），地地导弹发射车已成为现代战争中的首要被攻击对象。因此，导弹发射车的生存能力是地地导弹武器系统作战效能评估的重要指标。提高地地导弹发射车生存能力的主要技术途径有 3 条：伪装防护、提高机动能力和快速发射能力，而且这 3 条途径必须同时实施，贯彻装备的全寿命周期。伪装性能是地地导弹发射车的重要性能，是导弹发射车总体设计的重要内容之一。

机动式导弹发射车的战场生存能力一般用以下生存概率模型表示

$$P_s = 1 - P_d \cdot P_{m/d} \cdot P_{h/m}$$

式中　P_s——发射车的生存概率；

P_d——被探测到的概率（包括被发现、被识别）；

$P_{m/d}$——被探测到条件下被命中的概率；

$P_{h/m}$——被命中条件下的毁伤概率。

从公式可以看出，防止被探测到是生存的关键，这就是发射车伪装隐身的目的所在。

2.7.1　面临的侦察环境

导弹发射车面临包括来自空天和地面的侦察环境威胁。技术侦察是通过技术手段获取目标的特征信息并予以识别的过程，目标的特征信息包括形状、颜色、痕迹、声音、热辐射、电磁散射和无线电通信特性，针对地面车辆目标特征信息所采用的探测技术根据物理原理可分为光学探测、热红外探测、雷达探测、声探测。

光学探测指利用光学成像技术手段对目标进行光学波段（300～2500 nm）成像的过程，包括可见光、近红外、微光、激光、高光谱探测成像。相关文献给出判读普通车辆类目标所需地面分辨率为：发现需 1.5 m，一般识别需 0.6 m，精确识别需 0.3 m，细节识别需 0.05 m。

表 2-27 列出了几种公开的国外光学侦察卫星的地面探测分辨率，其实际运用中的分辨率应比公开的高，谷歌地图可见光成像如图 2-315 所示，一般小汽车都能清晰可见。考虑各种图像增强、目标识别算法，对导弹发射车类大型车辆目标，都能被光学侦察卫星探测后识别出来。

表 2-27　几种国外光学侦察卫星的分辨率

序号	卫星名称	国别	分辨率/m	
			全色	多光谱
1	KH-12 系列	美国	0.1~0.15	—
2	WorldView-1	美国	0.5	—
	WorldView-2	美国	0.46	—
3	Quickbird-2	美国	0.61	2.44
4	GeoEye-1	美国	0.41	1.65
5	Cosmos2441	俄罗斯	0.3	—
6	HELIOS-2A	法国	0.5	—
7	EROS-B	以色列	0.7	2.8
8	IGS-3A	日本	0.5	5

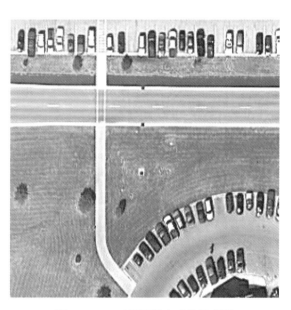

图 2-315　卫星可见光成像示意图

　　虽然单纯卫星光学成像易受天气影响，黑夜、雨、雾都不能进行有效的探测，卫星侦察受过境时间限制，但是实战中都是多卫星配合和高光谱、红外、雷达等多种探测手段并用的，因此从装备设计源头开始到作战运用全过程不能有侥幸心理。比如，有的迷彩伪装网与绿色植物背景很接近，用人肉眼难以分辨出其颜色差异性，但是通过高光谱成像，就可以清晰识别出目标的真假，图 2-316 所示为 3 片伪装网放置在秋季绿色背景中在不同波段成像结果，可见伪装网与绿色植被在不同波段成像结果明显差异，这种不同就能识别出伪装后的目标。

　　热红外探测指利用红外热像仪对目标的热辐射特征（波段 3~5 μm、8~14 μm）进行

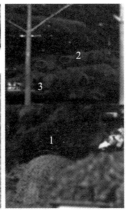

(a)普通彩色相机可见光成像图片 　　(b)R(1442nm)G(2163nm)　　(c) R(2493nm)G(991nm)
　　　　　　　　　　　　　　　B(1294nm)短波红外成像图片　　B(1436nm)短波红外成像结果

图 2-316　高光谱探测成像结果对比图 （见彩插）

成像的过程。针对地面目标的红外热像仪主要装备在卫星、侦察机、武装直升机、无人机、末制导武器和地面侦察器材，第三代热成像设备能探测 8 km 远的车辆目标。红外成像不受烟雾、雪等环境天气影响，红外与微光探测进行图像融合处理后，黑夜不再是天然隐身手段。图 2-317 所示为晚上对树林前目标进行红外成像的图片，人眼无法发现的人员目标经红外成像后可清晰辨识，结合微光成像融合后更加清晰可辨。

(a) 热红外成像　　　　　　　　　　　(b) 红外与微光成像融合

图 2-317　热红外成像示意图

高分辨率侦察雷达已经普遍应用于地面、飞机、卫星和精确打击武器平台，构成对地面车辆目标的严重威胁，且不受气候、光照影响，甚至能探测浅地下、树林中的目标。对地雷达主要工作波段为 X （频率 8～12 GHz，波长 3～3.75 cm）、Ku （频率 12～18 GHz，波长 3～15 cm）、Ka （频率 18～40 GHz，波长 7.5～15 cm）。图 2-318 （a） 所示为高分二号卫星拍摄的某小区 SAR 图像，图 （b） 所示为高分三号拍摄的武汉地区 SAR 图像。

声探测指对被测目标发出的声波进行探测、识别和定位的技术。地面声探测系统主要针对狙击手、火炮和飞机等目标，从其工作原理来看，同样也适用于弹道导弹发射车目标的探测。

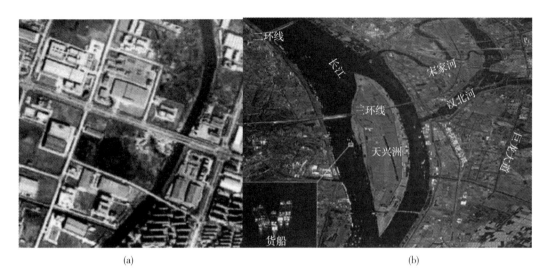

(a)　　　　　　　　　　　　　　　　　(b)

图 2 - 318　卫星雷达 SAR 图像

综上所述，面对日益先进的侦察和人工智能目标识别技术，如果不对导弹发射车采取伪装措施，90％以上概率会被探测和识别，战时生存概率很低。

2.7.2　发射车伪装

2.7.2.1　光学伪装

光学隐身伪装就是采取措施消除、减小、改变装备目标和背景之间光学波段反射特性的差异和轮廓特征，其中，可见光波段（可见光波长范围为 $0.38 \sim 0.76~\mu m$）是重点。光学伪装对抗的对象主要是卫星和飞机平台上的光学成像侦察。

传统卫星多光谱扫描仪的工作原理如图 2 - 319 所示，光学系统使用分色光栅将入射能量分解成热能波长和非热能波长这两种形式并记录。非热能波长分量直接来自光栅，通过一个棱镜（衍射光栅）把能量分裂成一个个紫外线、可见光、近红外波长的连续能量区；与此同时，分色光栅也把入射信号的热分量分散成它的成分波长。通过在光栅和棱镜后面的适当位置放置探测器阵列，入射光束基本上分裂成能独立地被测量的多条狭窄的波段，每个探测器都能在一个特定的波长范围达到最高光谱灵敏度。在地面上对接收到的卫星多光谱扫描仪可见光区各波段的成像数据进行合成，即可得到卫星可见光全色照片。

实际卫星多采用 CCD 成像器件，通过推扫方式成像，如图 2 - 320 所示。

卫星高度 H 与 CCD 像元尺寸 d、地面像元尺寸（地面分辨率）D、相机镜头焦距 f 间满足下式关系

$$H = f \cdot \frac{D}{d}$$

从上述原理可知，光学探测主要根据目标的反射光能量（光波波长和电磁能量大小）进行成像，成像尺寸与相机本身像元尺寸、卫星离地高度等相关。根据成像结果呈现的形状、颜色（或灰度）、亮度进行目标识别。从物体外观看，主要涉及目标的轮廓形状、颜

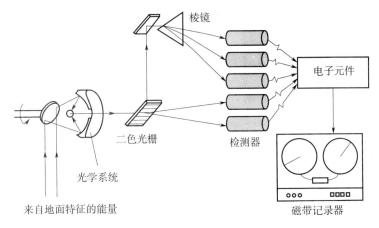

图 2-319　传统卫星多光谱扫描仪的工作原理

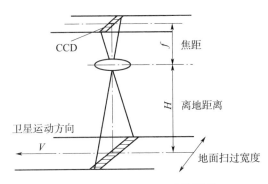

图 2-320　卫星 CCD 成像原理

色、纹理和亮度等。因此，光学隐身伪装就是对目标的外形、颜色、纹理、亮度进行有目的的控制，使目标与背景的颜色、纹理、亮度差异很小，导致无法在像元中识别出来。

目前，可见光隐身采取的针对措施有：遮障（自然遮障：树林、山峰、大雾，人工遮障：伪装帐篷、简易草木棚屋、烟幕等）、变形迷彩、随车伪装网等。

导弹发射车光学伪装设计主要包括伪装网研制选型及安装挂钩、变形器材和车上插接装置、伪装网放置舱室、底漆与迷彩面漆以及夜间行车防空灯等。重点是车身表面迷彩和伪装网、变形器材。

对于导弹发射车类目标，一般在车身喷涂变形迷彩。车身迷彩是由几种形状不规则的大斑点组成的多色迷彩图案，通常采用三色或四色迷彩图案，各种颜色的面积比例、颜色要与装备部署地域的优势色调匹配，喷涂表面的反射率曲线应与背景、植被的反射率曲线一致或在规定的发射率通道内。迷彩设计应符合有关设计准则，一般要求亮色、暗色与中间色之间的亮度对比不小于 0.4，各颜色与背景中相似色之间的亮度对比小于 0.2。斑点尺寸 $A \geqslant 0.0009D$，其中，D 为观测距离。导弹发射车车身的迷彩图案设计可参考 GJB 4004《陆军装备变形迷彩图册》。

伪装网是军事装备应用最广泛的伪装器材，一般同时兼有光学、红外和雷达 3 种隐身伪装功能，也称为多谱段伪装网。适用于导弹发射车待机、机动、发射等任务剖面，可有效对抗光学、红外、雷达等高技术侦察。

多谱段伪装网由底网和经切花处理的网面及边绳组成。底网和网面的基布均为轻质高强合成纤维织物，边绳及网边均使用轻质高强度合成纤维制成。所使用的织物、织带均经过阻燃、防霉处理。底网表面涂覆有热反射涂料、防雷达涂料和抗辐射涂料；底网上按一定间距衍缝加强线，加强线之间分布有眼睑孔；底网具有很高的抗拉强度、抗撕强度和防勾挂特性。网面表面涂覆有防雷达涂料、可见光—近红外—热红外兼容迷彩涂料；面网经过切花处理，与底网绑轧结合时采取一定比例的张拉，形成立体翻花效果，如图 2 - 321 所示。

图 2 - 321　伪装网局部示意图

车载多谱段伪装网采用披挂式伪装样式，根据导弹发射车轮廓进行多谱段伪装网适应性设计，为方便操作使用，可适当进行分块分片。导弹发射车伪装网一般分为以下几片：驾驶室伪装网、尾部伪装网、左侧舱体与右侧舱体伪装网、发射筒专用伪装网。俄罗斯"亚尔斯"导弹发射车在林区覆盖伪装网如图 2 - 322 所示，由于该发射车体积较大，因此，采用 4 段伪装网覆盖。同时，分块不能形成明显的分割界限。

伪装变形器由变形支承杆和地桩等部件组成。变形支承杆可支承多谱段伪装网局部变形，并形成大尺度的架空变形伪装，地桩则用来固定多谱段伪装网，使多谱段伪装网与地面形成自然夹角，对雷达波产生最佳伪装效果。当导弹发射车在野外待机时，使用伪装变形器将多谱段伪装网支承成树丛状，改变导弹发射车的规则几何特征，模仿地物背景。变形器结构形式多样，如图 2 - 323 所示，在实际运用中可以采用就地材料实施变形。

在实际使用中，尤其是野外待机时的伪装应实际测试进行伪装效果评估，比如进行卫星拍照、无人机彩色照相、红外热像仪测试、通视距离测量等。

光学隐身伪装设计中定量描述的参数有：

图 2-322　林区待机进行伪装的俄罗斯导弹发射车

图 2-323　变形器结构示意图

（1）亮度对比度指标

目标迷彩图案的亮度要与背景协调，其偏差要满足要求，用可见光亮度对比度指标表征。亮度系数计算公式为（GJB 452.2—88）

$$\gamma_{bi} = \frac{L_{bi}}{L_{si}}$$

$$\gamma_{ci} = \frac{L_{ci}}{L_{si}}$$

式中　γ_{bi} ——测点的背景可见光亮度系数；

γ_{ci} —— 测点的目标可见光亮度系数；

L_{bi} —— 测点的背景可见光亮度；

L_{ci} —— 目标测点的可见光亮度；

L_{si} —— 测点处的天光的亮度。

可见光平均亮度系数＝各测点的亮度系数的算术平均值。

目标与背景的平均亮度系数对比 K 的计算公式为

$$K = \frac{\bar{\gamma}_b - \bar{\gamma}_c}{\bar{\gamma}_b}$$

（2）颜色色差

目标迷彩图案的颜色要与背景颜色相似，其颜色偏差要满足要求，一般要求不大于 $3L*a*b*$ 。物体色度坐标 $L*a*b*$ 具体计算公式为

$$\begin{cases} L* = 116(Y/Y_0)^{1/3} - 16, & Y/Y_0 > 0.008856 \\ L* = 903.3(Y/Y_0), & Y/Y_0 < 0.008856 \\ a* = 500[f(X/X_0) - f(Y/Y_0)], & X/X_0 > 0.01 \\ b* = 200[f(Y/Y_0) - f(Z/Z_0)], & Z/Z_0 > 0.01 \end{cases}$$

式中 X、Y、Z —— 颜色样品的三刺激值；

X_0、Y_0、Z_0 —— CIE 标准照明体照在完全漫反射体上，再经完全漫反射到观察者眼中的白色刺激的三刺激值。

物体色的三刺激值的计算公式为

$$X = K\int_\lambda S(\lambda)\rho(\lambda)\bar{x}(\lambda)\mathrm{d}\lambda$$

$$Y = K\int_\lambda S(\lambda)\rho(\lambda)\bar{y}(\lambda)\mathrm{d}\lambda$$

$$Z = K\int_\lambda S(\lambda)\rho(\lambda)\bar{z}(\lambda)\mathrm{d}\lambda$$

式中 $S(\lambda)$ —— 光源的相对功率分布函数；

$\rho(\lambda)$ —— 物体的光谱反射率；

$\bar{x}(\lambda)$、$\bar{y}(\lambda)$、$\bar{z}(\lambda)$ —— CIE1931 标准色度观察者光谱三刺激值；

K —— 调整因数，它是将光源的 Y 值调整为 100 时得出的，即 $K = \dfrac{100}{\sum\limits_\lambda S(\lambda)\bar{y}(\lambda)\Delta\lambda}$。

可通过色度计等仪器测出 X、Y、Z 值。

某装备车辆伪装网伪装后的效果如图 2 - 324 和图 2 - 325 所示（地面较近距离拍照），基本实现了目标与背景的融合，无法通过外形、纹理和图案进行对照辨识。

2.7.2.2　红外伪装

红外隐身伪装就是采取措施消除、减小、改变装备目标和背景之间中远红外波段两个大气探测窗口（电磁波长 λ 为 $3\sim5~\mu m$、$8\sim14~\mu m$）辐射特性的差异，以对抗热红外成像探测的威胁。

图 2-324　装备车辆伪装后可见光照相效果

图 2-325　某车辆装备伪装后的热红外图像

由于大气中的 CO_2 和 H_2O 等对红外线具有吸收作用，只有波长 λ 为 $3\sim5\ \mu m$、$8\sim$ $14\ \mu m$ 的红外线能较好地穿过大气，这也是热红外探测仪器的工作波段。

物体的热辐射是一种固有特性，其单色辐射力公式为

$$M(T,\lambda)=\varepsilon_\lambda\frac{c_1\lambda^{-5}}{\mathrm{e}^{c_2/\lambda T}-1}$$

式中　$M(T,\lambda)$——物体单色辐射力（W/m^3）；

　　　ε_λ——光谱发射率，为实际物体与黑体的单色辐射力之比，不同材料和表面特征，
　　　　　其发射率也不同；

　　　c_1——普朗克第一常数，$c_1=3.743\times10^{-16}\ Wm^2$；

　　　c_2——普朗克第二常数，$c_2=1.439\times10^{-2}\ mK$。

由上式可见，物体温度越高，光谱发射率越大，则辐射力也越大，越容易被探测到。
为此，红外伪装采取针对性的措施是减小光谱发射率，降低表面温度。

　　为了发现发射车的"热点"或表面辐射分布情况，设计中常利用温度场仿真软件进行仿真，图 2 - 326 所示为文献 [55] 对一种导弹发射车建模进行红外热辐射仿真的结果示意图。

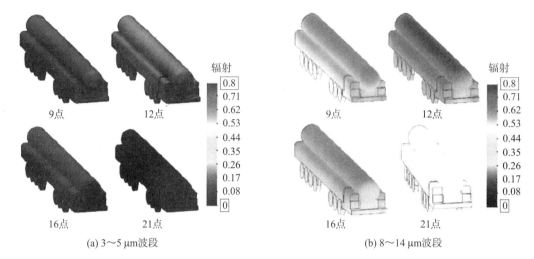

(a) 3～5 μm 波段　　　　　　　　　　　　　(b) 8～14 μm 波段

图 2 - 326　发射车静止状态稳态波段半球辐射出射度度场示意图（见彩插）

　　由图 2 - 326 可知，8～14 μm 波段比 3～5 μm 波段自身辐射出射度大很多。

　　为了计算从不同方向探测时发射车的辐射出射度，该文计算了中午 12 点从侧、前、后 3 个方向的总的方向辐射出射度（环境温度按 25 ℃），如图 2 - 327 所示，该图可反映发射车自身辐射、太阳光反射辐射以及总辐射能量的变化规律。

　　图 2 - 328 所示为某导弹发射车未采取伪装网遮蔽措施时红外某波段仿真结果示意图，可见底盘驾驶室位置发动机和后部柴油机组部位有明显热区，需要采取红外遮蔽、降低热辐射温度措施。

　　导弹发射车的热红外隐身伪装结构设计措施一般包括：针对热源的隔热设计、遮挡设计、通风降温设计、喷涂低辐射率涂层。隔热设计措施如：驾驶室、设备舱和发射筒加隔热保温层，排烟管表面缠绕隔热材料。遮挡设计措施有：遮挡发动机排气管、热桥遮蔽结构、轮毂盖结构、多频谱伪装网等。通风降温设计措施有：百叶窗结构、发电机组强制通风降温、表面低辐射涂层、制冷或喷淋降温等。

　　通过采取上述措施后，某装备车辆在夜晚拍摄的热红外图像如图 2 - 329 所示，已经与背景的红外图像无区别，很难识别出来。在实际工作中实施伪装后，可以通过远距离热红外成像、测温的手段，对效果进行初步评估并改进，因为伪装没有一劳永逸的手段，需要根据实际环境不断发现问题及时采取补充伪装措施。

2.7.2.3　雷达伪装

　　红外隐身伪装就是采取措施消除、减小、改变装备目标和背景之间微波（波长 1 mm～1 m，频率 300 MHz～300 GHz）散射特性的差异，以对抗雷达探测被发现的威胁。

　　根据电磁理论推导出的单基地雷达天线接收到的目标回波功率理论公式为

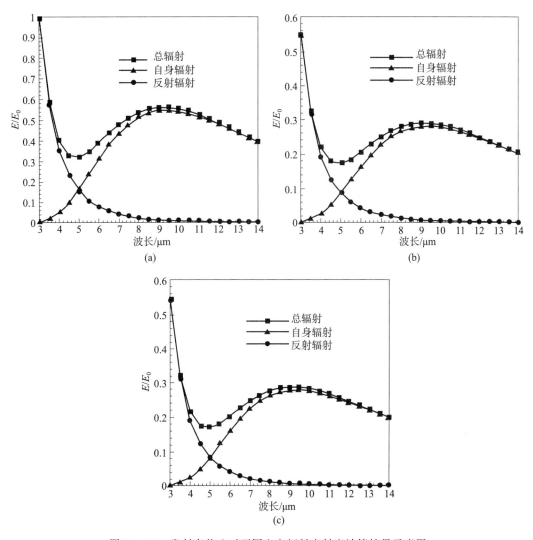

图 2 - 327　发射车静止时不同方向辐射出射度计算结果示意图

$$P_r = \frac{P_t A^2 \sigma}{4\pi\lambda^2 R^4}$$

式中　P_t ——雷达的发射功率；

　　　A ——天线的面积；

　　　σ ——目标的散射截面面积；

　　　R ——目标与雷达的距离。由公式可见，目标的散射截面面积越大、距离越小，回

　　　　　波功率就越大，越容易被探测到。

　　一般认为，地面目标在雷达图像中不被发现应满足

$$\sigma_t \leqslant (1.5 \sim 3)\sigma_b$$

式中　σ_t ——一个雷达分辨单元中目标的雷达截面面积；

　　　σ_b ——一个雷达分辨单元中背景的雷达截面面积。

图 2-328　导弹发射车红外仿真示意图

注：图中标记亮区区域为高温区（见彩插）

图 2-329　装备车辆红外伪装后效果图（见彩插）

由上式可知，装备设计中采取的针对性措施关键主要是要减小目标的散射截面面积，具体措施有：选择低发射率材料、减小表面面积、通过造型缩减散射面积、涂覆雷达吸波涂料或覆盖具有雷达隐身性能的多频谱伪装网。

最常用的设计措施是表面涂覆吸波涂料或复合吸波结构，吸波材料和吸波结构综合运用可以起到良好的雷达隐身效果。

吸波材料的种类很多，按其对电磁波的损耗机理可分为导电损耗型、介电损耗型和磁损耗型。

1）导电损耗型：当吸波材料受到外界磁场感应时，导电型吸波材料在导体内产生感应电流，感应电流又产生与外界磁场方向相反的磁场，从而与外界磁场相抵消，达到对外界电磁场的屏蔽作用。非磁性金属粉末、石墨和导电高分子等属于导电损耗型，主要特点是具有较高的电损耗正切角。

2）介电损耗型：碳化硅、钛酸钡等属于介电损耗型吸波剂，其机理是介质的极化弛豫损耗，具有较高的磁损耗正切角。

3）磁损耗型：铁氧体、铁磁性金属粉等属于磁损耗型，主要通过磁滞损耗、铁磁共振和涡流损耗等机制吸收电磁波的能量，并将电磁能转化为热能，来达到吸波效果。

雷达吸波材料按成型工艺可分两类：结构型吸波材料和涂敷型吸波材料。

1）结构型吸波材料：同时具有承载和吸波双重功能的结构，可制造成各种形状复杂的部件，如飞机机翼、尾翼和设备舱面板等。结构型吸波材料又可分为介电损耗型和磁损耗型两大类，其中，磁损耗型吸波材料的质量大、密度大，介电损耗型吸波材料质量小、密度小。结构型吸波材料中常用的纤维有玻璃纤维、Kevlar 纤维、碳纤维和碳化硅纤维等。

2）涂敷型吸波材料：是将黏结剂与合金粉末、铁氧体粉末、导电纤维等吸波剂混合后形成吸波涂层。

单层吸波材料结构示意图如图 2-330 所示。

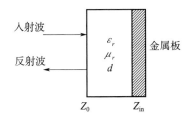

图 2-330　单层吸波材料结构示意图

由电磁波传输线理论可知，吸波材料对电磁波的反射率可表示为

$$R = 20 \lg \left| \frac{Z - Z_0}{Z + Z_0} \right|$$

式中

$$Z = Z_0 \sqrt{\frac{\mu_r}{\varepsilon_r}} \tanh \left(j \, \frac{2\pi f d}{c} \sqrt{\varepsilon_r \mu_r} \right)$$

$$Z_0 = \sqrt{\frac{\mu_0}{\varepsilon_0}}$$

式中　f —— 入射电磁波频率；

　　　d —— 吸波材料厚度；

　　　c —— 光速；

　　　Z_0 —— 空气阻抗；

　　　Z —— 吸波材料的阻抗；

　　　μ_r、ε_r —— 吸波材料的相对磁导率和介电常数；

　　　μ_0、ε_0 —— 吸波材料自由空间的相对磁导率和介电常数。

某种单层、不同厚度雷达吸波涂层的反射率计算值如图 2-331 所示。

图 2-331 所示单层结构还不能完全满足雷达吸波性能的需要。要使吸波层获得所希

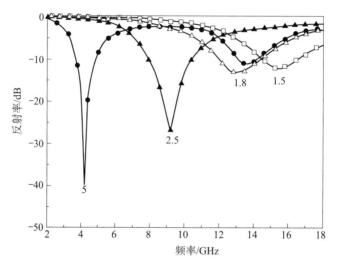

图 2 - 331 单层不同厚度树脂复合材料在 2～18 GHz 的反射率

望的宽吸收频带和分贝值，需要使电磁波尽可能多地进入吸波材料和尽可能多地转化为其他形式的能量，因此实际会采用多层结构，一般包含透波层、吸波层和反射层等多层结构，其结构示意图如图 2 - 332 所示。

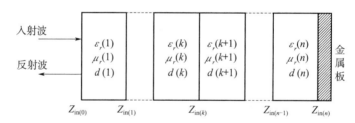

图 2 - 332 多层吸波材料结构示意图

假定多层微波吸收体由 n 层构成，表面层为第 1 层，最里一层为第 n 层，让一束单位振幅的电磁波垂直入射到多层微波吸收体上，则在吸收层中产生一系列沿正方向传播的电磁波与沿反方向传播的反射波。由传输线阻抗转换方程可知，第 i 层（$i=1$，2，3，…，n）的波阻抗为

$$Z_{in(i)} = Z_i \left[\frac{Z_{in(i+1)} + Z_i \tanh(\kappa_i d_i)}{Z_i + Z_{in(i+1)} \tanh(\kappa_i d_i)} \right]$$

其中

$$Z_i = Z_0 \sqrt{\frac{\mu_{ri}}{\varepsilon_{ri}}}$$

$$\kappa_i = \frac{j2\pi f}{c} \sqrt{\mu_{ri}\varepsilon_{ri}}$$

式中 $Z_{in(i+1)}$ ——第 $i+1$ 层的波阻抗；

d_i ——第 i 层的厚度；

Z_i ——第 i 层的本征阻抗；

κ_i ——第 i 层的复传播常数；

Z_0 ——自由空间本征阻抗（ $Z_0 = \sqrt{\mu_0/\varepsilon_0} = 1$ ； μ_0 与 ε_0 为自由空间磁导率与介电常数， $\mu_0 = 1$ ， $\varepsilon_0 = 1$ ）；

j ——虚数单位；

f ——入射电磁波频率；

c ——光速；

μ_{ri} ——第 i 层的相对复磁导率

$$\mu_{ri} = \mu'_{ri} - j\mu''_{ri}$$

ε_{ri} ——第 i 层的相对复介电常数

$$\varepsilon_{ri} = \varepsilon'_{ri} - j\varepsilon''_{ri}$$

由于第 $n+1$ 层表面为金属导体，即 $Z_{n+1} = 0$ ，第 n 层的波阻抗为

$$Z_{in(n)} = Z_n \tanh(\kappa_n d_n)$$

以此类推，继而求得第 2 层与第 1 层的波阻抗为

$$Z_{in(2)} = Z_2 \left[\frac{Z_{in(3)} + Z_2 \tanh(\kappa_2 d_2)}{Z_2 + Z_{in(3)} \tanh(\kappa_2 d_2)} \right]$$

$$Z_{in(1)} = Z_1 \left[\frac{Z_{in(2)} + Z_1 \tanh(\kappa_1 d_1)}{Z_1 + Z_{in(2)} \tanh(\kappa_1 d_1)} \right]$$

因此，在空气-多层微波吸收体界面上的反射系数为

$$R = \frac{Z_{in(1)} - 1}{Z_{in(1)} + 1}$$

垂直入射电磁波反射率（反射损失）可表示为

$$RL = 20 \lg |R|$$

式中 $|R|$ ——反射系数 R 的模。

利用上述多层结构对应的阻抗公式，模拟计算其反射率，分析材料介电常数和磁导率对于材料电磁波吸收性能的影响。

图 2-333 所示为一种设备舱吸波复合材料结构试验样板及吸波性能测试结果。

图 2-334 所示为一种发射筒泡沫夹层结构的平板试件设计和试验结果，试件大小为 300 mm×300 mm。从样板测试结果看，低频段吸波性能不满足要求，还需要改进。

目前，国内外有多种电磁散射仿真计算软件可以对飞机、舰船和导弹发射车类大目标进行雷达散射特性仿真，计算得到 RCS 图像和 SAR 图像，为开展发射车雷达隐身设计提供了方便手段。图 2-335 所示为上海某公司电磁散射软件计算导弹天线罩贴敷后向散射示意图。

图 2-336 所示为航天二院某所雷达散射仿真软件对发射车仿真模型得到的 ISAR 图像，通过计算不同角度的 ISAR 图像，可看出散射亮点分布，可为采取雷达吸波措施提供依据。

除上述介绍外，隐身超材料、自适应隐身材料等技术也取得了很大的进步，将为导弹武器系统的隐身伪装设计和运用提供更多选择。

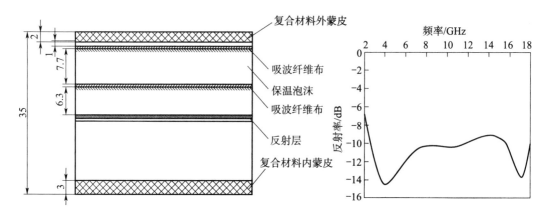

图 2 - 333　一种吸波纤维布结构及其反射率测试结果

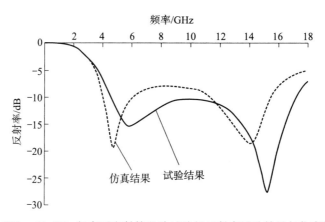

图 2 - 334　1 GHz～18 GHz 频率下发射筒吸波试验板反射率试验结果与仿真结果对比曲线

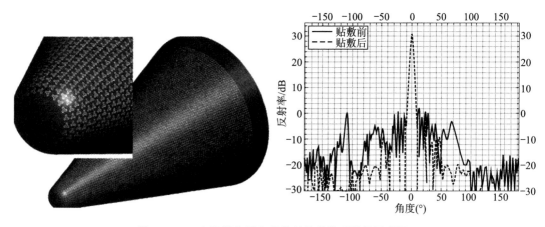

图 2 - 335　上海某公司电磁散射软件仿真结果示意图

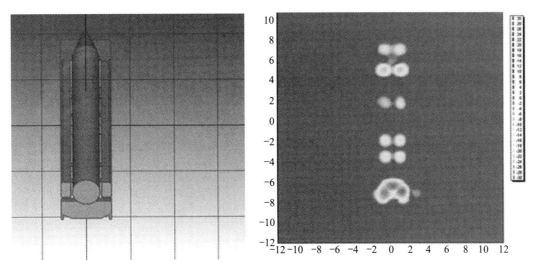

图 2 - 336　在 60°俯仰角、180°方位下 X 波段 ISAR 图像

2.8　新型发射技术

2.8.1　电磁发射技术

2.8.1.1　概述

电磁弹射的概念最早起源于 19 世纪，1845 年就研制出了线圈式电磁炮原理样机，1901 年挪威奥斯陆大学物理学家伯克兰第一个获得"电火炮"专利，1916 年法国科学家 Fauchon 第一个获得"轨道炮"专利，此后，德国、美国、日本和澳大利亚等国家研制了各种电磁炮试验样机，技术不断走向成熟。

电磁发射是一种利用直线导轨作用在电枢上的电磁力将物体加速至超高速度的发射方式，它利用电磁力驱动有效载荷，能将电磁能转换成机械动能，可加速弹丸、炮弹、导弹、火箭和飞机等，其工作原理如图 2 - 337 所示。

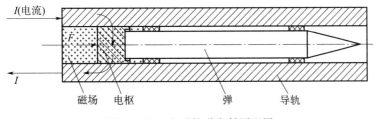

图 2 - 337　电磁轨道发射原理图

电磁发射装置可按电磁发射装置的馈电方式、结构特点分为线圈式和轨道式两大类。

电磁轨道发射装置由大功率脉冲电源、发射轨道和滑动电枢组成导电回路，通过电场与磁场相互作用产生的洛伦兹力推动电枢并带动弹丸达到超高发射速度。电磁轨道炮是这种电磁发射装置的一个重要应用，实物样机如图 2 - 340 所示（BAE 公司的试验装置），其工作原理如图 2 - 338 所示。

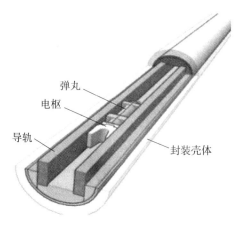

图 2 - 338　电磁轨道炮原理图

电磁线圈发射装置是指用脉冲或交变电流产生磁行波驱动带有导电线圈的弹丸或磁性电枢的装置，工作原理如图 2 - 339 所示，由串联的 N 个线圈逐级对弹丸加速至要求的出口速度。

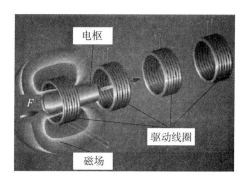

图 2 - 339　电磁线圈炮工作原理示意图

世界各国电磁弹射器试验装置见表 2 - 28。

表 2 - 28　世界各国电磁弹射器试验装置

时间	类型	弹重	初速度/(m/s)	所属国家/机构	备注
1978 年	轨道炮	3.3 g	5900	澳大利亚/国立大学	
1981 年	轨道炮	2.8 g	9300	美国/劳伦斯利弗莫尔实验室	
1984 年	轨道炮	20 g	1500	日本/NCLI	
1985 年	轨道炮	150 g	9600	美国/威斯汀豪公司	
1989 年	线圈炮	1125 g	4000	美国/卡曼航天公司	
1990 年	轨道炮	2400 g	2600	美国/得克萨斯大学	
1990 年	轨道炮	1850 g	3300	美国/麦克斯韦尔公司	

续表

时间	类型	弹重	初速度/(m/s)	所属国家/机构	备注
1991 年	线圈炮	5000 g	1000	美国/桑迪亚实验室	
1992 年	轨道炮	5000 g	4000	美国/战略防御研究所	
1992 年	线圈炮	1100 kg	300	美国/桑迪亚实验室	
1998 年	轨道炮	100 kg	7000	美国/科学应用国际公司	
2000 年	轨道炮	1100 g	812	俄罗斯	
2000 年	轨道炮	650 g	2300	法国	
2010 年	弹射器	F/A - 18E	弹射起飞	美国	"福特级"航母
2011 年	弹射器	F - 35C	弹射起飞	美国	地面试验

由于电磁轨道炮具有反导、防空、对陆、对舰打击等应用潜能，因此得到了美国军方的大力支持，于 2008 年、2010 年分别进行了 10 MJ 和 33 MJ 电磁轨道炮试验，实现了 10 kg 弹丸、射速 2.5 km/s，预计将于 2025 年左右装备美国的濒海战斗舰、DDG1000 舰。美国海军委托美国波音公司/英国航空航天（BAE）公司研制的 32 MJ 工程化原型样机如图 2 - 340 所示。

图 2 - 340　BAE 公司研制的闪电系列 32 MJ 电磁炮样机

洛克希德马丁公司为海军舰艇研发的导弹电磁弹射装置试验照片如图 2 - 341 所示，由此试验证明电磁轨道弹射装置用于发射导弹是可行的。

电磁轨道发射技术也是近 20 年国内的一个研究热点，从电源、直线电机、轨道结构优化、载荷、动力学等各方面开展了研究。虽然目前国内很少有公开的导弹电磁发射试验装置的报道，但是综合有关期刊论文和学位论文，可以了解到有关技术进展，下面对导弹电磁发射装置有关研究成果进行较详细的介绍。

2.8.1.2　功能与组成

导弹电磁发射原理和上述电磁轨道发射装置相同，只是有效载荷改成导弹，有效载荷重量为起飞重量。

电磁发射车一般应具备以下功能：

1）能够装载一个或多个电磁轨道炮发射器及其他发射所需配套设备；

2）能装载、贮存、机动运输、发射导弹；

图 2 - 341　美国导弹电磁弹射试验

3）能够完成储能电源车与发射车电磁发射装置之间的电缆连接；

4）具有一般常规导弹发射车的定位定向、瞄准、测发控、通信、电磁防护、隐身伪装等功能。

与一般导弹发射车的组成最大的不同是大功率电源和电磁轨道发射装置，并配置直线电机控制器，其余分系统组成和前面有关章节基本相同。由于所需电源功率和体积重量较大，根据目前的技术水平，需要另配备电源车提供发射所需的电能。

2.8.1.3　导弹电磁发射车的技术方案

下面结合文献［44 - 46］介绍导弹电磁发射车技术方案。

文献［46］研究的导弹电磁发射装置样机的结构与外形如图 2 - 342 所示，发射车由底盘、方位回转机构、起落架、液压起竖机构、电磁弹射器、导弹发射箱以及控制系统组成。

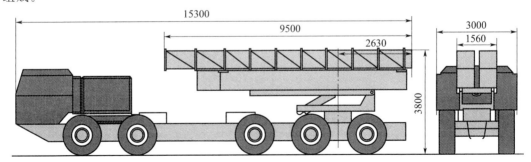

图 2 - 342　导弹电磁发射车结构方案示意图

其中，底盘、方位回转机构、起落架（或称起竖臂）、液压起竖机构技术方案与常规发射车基本相同。导弹电磁弹射器与发射箱安装关系如图 2 - 343 所示。

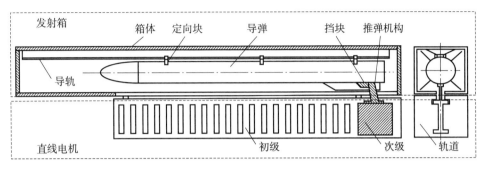

图 2 - 343　导弹电磁弹射器与发射箱安装关系

发射箱的结构如图 2 - 344 所示。发射箱与传统发射箱的结构形式基本相同，由定向器、蒙皮、加强筋和前后盖等组成，主要区别是电磁弹射器的推弹机构与导弹挡块结构、发射箱避让推弹机构的开槽结构，开槽结构的密封采用了硅橡胶板＋压条结构，橡胶板可被刀片切开，发射箱、导弹、弹射器推弹机构三者结构安装关系示意图如图 2 - 345 所示。由于发射箱不再承受传统导弹发射产生的火药燃气压力，因此，蒙皮的结构承压强度要求降低了。简单更换发射消耗件后，发射箱就可重复使用。

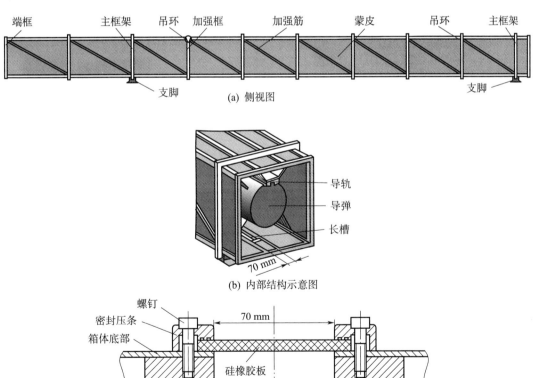

(a) 侧视图

(b) 内部结构示意图

(c) 发射箱开槽结构示意图

图 2 - 344　发射箱的结构

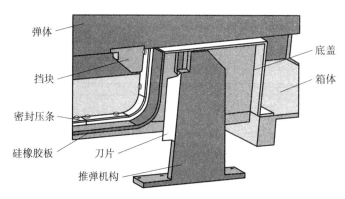

图 2-345　发射箱、导弹、弹射器推弹机构三者结构安装关系示意图

　　电磁弹射器由导轨、电枢和导轨安装结构件等组成。电磁导轨是电磁弹射装置的核心部件，相当于直线电机的定子，具有导电和电枢运动定位与定向作用。电磁导轨安装结构件如图 2-346 所示。作用在电枢上的电磁推力反作用在导轨上，导轨之间的间隙影响磁场的大小，因此对导轨的间隙精度要求较高，须重点对导轨的刚度进行计算，确保变形控制在要求范围内。文献［46-47］对导轨的电磁力、静力、刚度、动力都进行了计算，图 2-346 所示为拓扑优化后的结构形式，这种左右分开的结构形式不是封闭结构，因此在横截面内的刚度效率不高，需要其上架、底部连接板的刚度足够高，或者利用发射箱与弹射器固联提高其刚度。

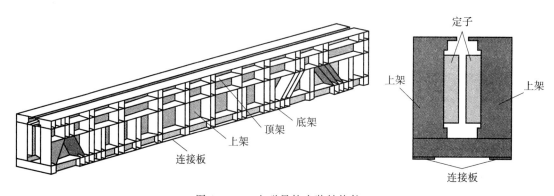

图 2-346　电磁导轨安装结构件

　　图 2-346 所示的轨道形式为单轨结构，为了增大磁场强度，很多实验装置采用增强型导轨，可以获得更高的初速并减小电流，有利于轨道结构和电枢设计。

　　电枢也是电磁弹射器的核心部件之一。根据文献，常用的电枢结构形式为 V 形、C 形和马鞍形，如图 2-347 所示。一般为导电材料铝或铜。

　　电磁发射在工作过程中最高功率可达到兆瓦级，常规电源无法支承这样的瞬态功率需求，一般采用脉冲功率电源。脉冲功率电源的储能元件是核心，常见的类型包括电容储存静电能、电感储存磁能和电机储存惯性动能。国内有很多专家开展了脉冲电源储能方面的

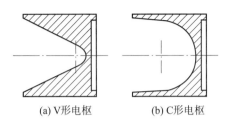

(a) V形电枢　　　　(b) C形电枢

图 2-347　电枢结构示意图

研究，图 2-348 所示为南京理工大学研制的紧凑型 200 kJ 脉冲功率电源样机，它由 2 台
100 kJ 的 PFN 模块单元构成。

图 2-348　2 台 100 kJ 脉冲功率电源模块单元

　　在进行方案设计时，可利用牛顿第二定理进行简单参数估算。设任务书规定的导弹出
筒（离轨）速度为 v，导弹质量为 m，导弹长度为 L_1，弹尖离筒口距离为 L_2，与电枢
接触的导弹挡块到弹尾部的距离为 L_3。

　　则导弹滑行/加速距离为：$L = L_1 + L_2 - L_3$。

　　导弹平均加速度：$a = \dfrac{v^2}{2L}$。

　　导弹所受平均推力：$F = ma + mg\sin\theta$。

　　导弹滑行时间：$t = \dfrac{v}{a}$。

　　发射后坐力 F_1：由 $F_1 \Delta t = mv$，得 $F_1 = mv/\Delta t$。

　　根据加速推力 F 计算驱动电流值，具体如下：

　　由电磁轨道发射装置的机电模型可知，加速过程中电枢所受的加速力可表示为

$$F = \frac{1}{2}L'i^2$$

式中，L' 为轨道的等效电感梯度。电感梯度的解析计算很复杂，设计过程中电感梯度可先依据经验值进行选取。

假设轨道的等效电感梯度恒定，当驱动电流达峰值时，电枢所受的加速力也将达峰值，依据上式即可确定出驱动电流的峰值，即

$$i_{\text{peak}} = \sqrt{\frac{2F_{\text{am}}}{L'}}$$

算例：

根据上述公式进行估算，假设导弹为近程地地战术导弹，长度为 9.75 m，质量为 3.8 t，采用裸弹倾斜发射，发射导轨长度 $L = 10$ m，离轨速度为 $v = 30$ m/s，发射倾角为 45°，等效梯度为 0.8 μH/m。计算有关参数如下：

平均加速度：$a = \dfrac{v^2}{2L} = 45$ m/s。

导弹所受平均推力：$F = ma + mg\sin\theta = 197332.7$ N。

导弹滑行时间 t：$t = \dfrac{v}{a} = 0.6667$ s。

发射后坐力 F_1：由 $F_1\Delta t = mv$，得 $F_1 = mv/\Delta t = 170999.1$ N。

驱动电流 $i_{\text{peak}} = \sqrt{\dfrac{2F_{\text{am}}}{L'}} = \sqrt{\dfrac{2 \times 197332.7}{0.8}}$ A = 702.4 A。

由于电磁发射过程中无燃气流排放问题，因此大大简化了导弹发射车的设计，尤其是可省略发射台和弹射动力装置。虽然导弹电磁发射技术还存在电枢熔化、发射器高温损伤、电源小型化等问题有待解决，但是离工程化和实用已经不远了。

2.8.2　共架发射技术

共架发射技术的应用起源于 20 世纪 80 年代的美国舰载武器共架垂直发射系统 MK41，MK41 系统已经装备 170 余军舰，上万个发射模块，其系统组成如图 2-349 所示，该发射模块可装发 8 枚弹，每个模块既可发射相同导弹，也可混装混射不同导弹，是一种共用发射架、共发控单元的模块化发射系统。欧洲和亚洲的韩国、日本等均装备了该系统，升级版为 MK57。

地空导弹共架发射的典型产品是美军的萨德中高空区域防空系统（THAAD）发射车，采用半挂式模块化设计方案，装载 4 个标准发射模块，每个模块有 4 个发射箱，可发射 PAC-2、PAC-3、THAAD 等多型导弹，发射车如图 2-350 所示。

车载共架发射系统最早应用为美国的履带式 MGM-140 陆军战术导弹系统（ATACMS）和升级版的车载"远程精确火力导弹"（LRPF）系统，见第 1 章介绍。俄罗斯研发的双联装伊斯坎德尔发射车也可发射不同的地地导弹，属于共架发射的简易版。

随着地地导弹击目标的扩大（对地、对海、对空），多弹共架发射必将是战术地地导弹发射车的一种重要的发射模式。随着无人机威胁的日益增大，也不排除地地导弹与地空导弹共架发射。

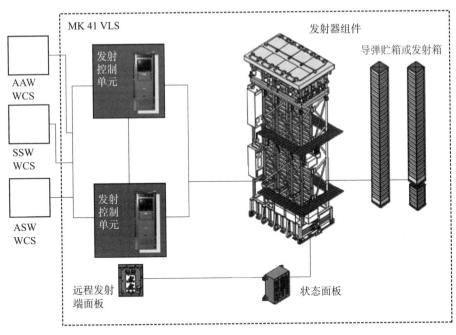

图 2 - 349　MK41 共架发射系统的组成框图

图 2 - 350　装载 PAC - 3 导弹模块的 THAAD 发射车

共架发射系统的关键技术主要包括：

1）共架发射系统总体设计技术：整车布置，结构与电气接口协调与通用化、标准化设计，发射流程规划，总体性能计算。

2）通用化发射装置（架）技术：轻量化技术、箱（筒）弹接口通用化设计技术、内弹道设计与燃气排导技术。

3）多弹瞄准技术：快速寻北技术、导弹快速瞄准技术。

4）通用化测发控技术：弹地接口通用化技术、多弹并行快速测试技术、多弹协同发射技术、高速数据总线通信技术。

5）通用化指控技术：通用化火力卡片技术、不同导弹诸元计算与弹地信息交互技术、高可靠通信技术等。

2.8.3 无人战车技术

自进入 21 世纪以来出现在战场上的主要颠覆性技术之一是无人作战技术，使原来需要人员驾驶的作战装备实现了无人化，并在国外的各种局部战场和特种作战中屡建奇功。最早将无人作战飞机应用于战场的是美国的 RQ 系列无人机，RQ-4 "全球鹰"无人机于 2003 年开始交付部队，由此发展出系列化察打一体化装备。除美国外，以色列、俄罗斯、中国、土耳其等很多国家都研发出类似察打一体化无人机。因此，未来空战的前奏将会是无人机集群之间的战斗。

由于无人驾驶技术、5G 通信等技术的发展，各强国都已经开始研制陆地无人作战车辆，美军在阿富汗、伊拉克战场投入上万台各种无人装备，包括各种小型无人多功能排雷、侦察和救援等车辆，ARCV 武装机器人战车就是一种 10 t 级集成了多种机枪的无人武装侦察战斗车辆。

俄罗斯也在大力研发无人作战车辆并投入叙利亚战场，天王星-9 无人战车如图 2-351 所示。

图 2-351 天王星-9 无人战车

目前，美国、俄罗斯、以色列的陆地无人战车已经投入实战并取得较好的战果。虽然未见国外无人地地导弹发射车的报道，但是地地导弹发射车尤其是无人化战术地地导弹发射车必将出现在战场，这种无人装备具有以下优点：

1）减少作战人员，降本增效；

2）减少战时人员伤亡；

3）可以全天时 24 h 热待机值班；

4）减少人员误操作，降低操作手的技能要求。

无人导弹发射车可以首先采用有人驾驶、无人值守、遥控发射模式，先期应用辅助驾驶技术（自主导航、自动泊车、自适应巡航、卡车列队跟驶等），随着技术的成熟，向有人/无人驾驶、无人值守、遥控发射模式发展。

无人导弹发射车的关键技术主要有：无人驾驶技术、发射环境感知技术、整车信息化技术、高速安全可靠通信与控制技术、授权的安全发射技术等。

参 考 文 献

［1］ 陆元九，朱敬仁．惯性器件［M］．北京：宇航出版社，1993.

［2］ 徐延万，余显昭，王永平．控制系统［M］．北京：宇航出版社，1990.

［3］ 张胜三，火箭导弹发射车设计［M］．北京：中国宇航出版社，2018.

［4］ 秦大同，谢里阳．现代机械设计手册［M］．北京：化学工业出版社，2011.

［5］ 张佩元．地面设备设计与试验［M］．北京：宇航出版社，1996.

［6］ 王悦勇，郭喜庆．国外弹道式导弹方位瞄准技术及其发展［J］．光学精密工程，2002，10（1）：
31－35.

［7］ 王文甲．梯形丝杠电动缸强度和屈曲分析［D］．合肥：合肥工业大学，2019.

［8］ 张瀚起．基于二级行星滚柱丝杆的起竖机构电动缸设计及传动误差分析［D］．哈尔滨：哈尔滨工
业大学，2019.

［9］ Mehrdad Ehsani 现代电动汽车、混合动力电动汽车和燃料电池车–基本原理、理论和设计．

［10］ 高明坤．导弹发射装置构造［M］．北京：国防工业出版社．

［11］ 王汉平．某导弹贮运发射筒前开盖机构的故障复现及结构改进［J］．导弹与航天运载技术，2002
（1）.

［12］ 余洪浩．冲破式方形多瓣易碎盖的结构设计与试验研究，2015.

［13］ 赵华．箱式发射导弹适配器［J］．战术导弹技术，2007（4）：42－50.

［14］ 冯斌．插头对接机构的动力学仿真分析．制造业信息化［J］．机械工程师，2005（10）.

［15］ 张飞．新型同时离轨发射方式及动力学特性研究［D］．北京：北京理工大学，2016.

［16］ 吴明昌．地面设计与试验（上、下）［M］．北京：宇航出版社，1994.

［17］ 李勇．大推程航天电连接器电磁分离机构的研究［J］．电工技术学报，2015.

［18］ 李殊予．航空武器机载悬挂系统分离脱落电连接器的研究与开发［D］．北京：北京理工大
学，2017.

［19］ 王捷敏．新型导轨分离电连接器的研究与开发［D］．杭州：浙江大学，2015.

［20］ 吕大成．某导弹发射车方位回转系统的研制与应用．航天机电集团二院 206 所．

［21］ 方世武．筒射型导弹弹射动力装置火药有用能利用系数研究［J］．导弹与航天运载技术，2004
（3）：18－24.

［22］ 罗小江．同步转向系统转向凸轮优化设计方法．导弹与航天运载技术，2015

［23］ 张志利．某型导弹发射筒的弹射工况建模仿真研究［J］．系统仿真学报，2007.19（17）：
3880－3882.

［24］ 田笑笑．复合材料发射筒夹层结构无损检测技术研究进展发射技术．航天科工二院 206 所，2017.

［25］ 黄通．薄壁内衬复合材料发射筒结构设计与缠绕工艺研究［D］．太原：中北大学，2019.

［26］ 李小东．复合材料发射箱体缠绕成型工艺研究［J］．包装工程，2018，（7）132－135.

［27］ 龚菊贤，等．复合材料发射箱箱体加工技术研究［J］．宇航材料工艺，2018（4）.

［28］ 何江军．复合材料技术在轻质导弹发射筒中的应用［J］．科学与财富，2017（18）.

[29] 王铮，等．固体火箭发动机 [M]．北京：宇航出版社，1993．

[30] 王成罡．弹道导弹无依托冷发射出筒姿态动力建模与仿真分析 [D]．哈尔滨：哈尔滨工业大学，2017．

[31] 张震东，等．某型导弹冷发射装备场坪适应性研究 [J]．兵工学报，2020（2）：280-290．

[32] 曾伟．车载导弹与无依托发射场坪的发射过程耦合效应研究 [D]．北京：北京理工大学，2015．

[33] 姜毅，等．发射气体动力学 [M]．北京：北京理工大学出版社，2015．

[34] 仲健林，等．基于细观力学精确建模方法的自适应底座力学性能研究 [J]．固体火箭技术，2014（3）：400-407．

[35] 任杰，等．悬垂弹射自适应底座附加载荷变化机理研究 [J]．兵工学报，2014（5）：670-675．

[36] 王冬峣，等．自适应补偿垫发射状态力学行为研究．北京机械设备研究所，2020航天科工集团发射与发控专业组年会论文集．

[37] 张杨．夹层结构复合材料发射筒．北京机械设备研究所，2005宇航学会发射技术专业年会论文集．

[38] 董晓娜．方位垂直传递技术的研究．中国科学院西安光学精密机械研究所，2001.8.3．

[39] 刘玉生．车载平台下的无依托瞄准关键技术研究．中国科学院长春光学精密机械与物理研究所，2020.9．

[40] 周载学．导弹与航天丛书发射技术中册 [M]．北京：宇航出版社，1990．

[41] 宋敏．红外与微光融合图像目标侦察系统设计 [J]．光学与光电技术，2014，12（6）：40-44．

[42] Michael Padilla Sandia, Lockheed Martin develop electromagnetic missile launcher for naval shipboard operations.

[43] 李小将，王华，等．电磁轨道发射装置优化设计与损伤抑制方法 [M]．北京：国防工业出版社，2017．

[44] 白象忠，赵建波，等．电磁发射组件的力学分析 [M]．北京：国防工业出版社，2015．

[45] 向红军．电磁感应线圈炮原理与技术 [M]．北京：兵器工业出版社，2015．

[46] 沙赵明．基于直线电机原理的某导弹电磁弹射器设计 [D]．南京：南京理工大学，2018．

[47] 张胜高，陈小学，等．一种混合动力特种越野车高压配电系统构型及控制策略研究 [J]．湖北航天特种车辆技术中心，2020．

[48] B/FL/FM2011 使用手册，DEUTZ 公司．

[49] 邢岩．模块化逆变器技术报告．

[50] 阮新波．一种新颖的零电压零电流开关 PWM 三电平直流变换器 [J]．电工技术学报，2001，16（2）：41-46．

[51] 赵华高．移相全桥 ZVS 变换器的研究 [D]．杭州：浙江工业大学，2010．

[52] 刘博禹．1200 W 电源模块技术设计报告．

[53] 12V 卷绕式铅酸蓄电池用户手册，双登集团．

[54] 胡木．2 kW/24 V 全桥 LLC 高频谐振软开关电源的研究 [D]．武汉：湖北工业大学，2015．

[55] 牛春洋．特种车辆红外辐射特性仿真及发射率测量 [D]．哈尔滨：哈尔滨工业大学，2013．

[56] https://ss2.bdstatic.com/70cFvnSh_Q1YnxGkpoWK1HF6 hhy/it/u=1625041104,3866537832&fm=26&gp=0.jpg

[57] 吴植民．汽车构造 [M]．北京：人民交通出版社，1989．

[58] 戴新生，薛伦生．机械自锁液压千斤顶。

第 3 章　可行性论证

导弹发射车的研制依照时间先后顺序一般可划分为可行性论证、方案设计、工程研制、设计鉴定 4 个阶段，每个阶段所完成的工作项目不同，必须经过评审通过后才能转入下一个研制阶段。这种研制阶段的划分体现了导弹武器研制的一般规律，也是型号研制技术与质量管理的依据。

可行性论证是对新研制项目的必要性、可行性、总体方案、主要功能与指标、基本思路等的研究论证工作。可行性论证的条件是经过预先研究，主要技术或关键技术已经取得突破，具备工程化研制的条件，国家或用户有明确的型号或项目立项研制的需求。可行性论证的成果是可行性或立项论证报告，它是有关部门批准项目立项的技术依据文件，也是型号方案设计、工程研制与策划的依据之一。导弹发射车的可行性论证是导弹、武器系统可行性论证工作中的一部分。

在目前竞争性研制的环境下，项目研制可能直接从方案竞标开始，方案竞标胜出的单位直接进行实物样机的研制和性能比测，因此，可行性论证可视为项目概念原理样机研究，可为竞标方案提供技术支撑。

3.1　工作依据

可行性论证的依据一般包括：

1）研制合同和任务书/技术要求，方案论证的输入文件应包括：导弹参数（总长、总重、外形尺寸、质心位置等）、导弹类型（核/常规）、使用环境、使用流程、功能要求、主要指标等；

2）有关标准、规范和管理制度。

3.2　任务与目标

导弹发射车可行性论证的任务与目标是完成以下工作，为项目立项提供技术支撑：

1）配合型号总体完成发射车部分可行性论证工作；

2）主要技术指标可行性论证；

3）技术方案对比分析论证：各种发射方式、底盘及主要分系统或组合方案对比论证；

4）厘清关键技术，开展发射车总体和分系统、关键单机的关键技术攻关；

5）厘清需要研制的产品清单和试验项目清单；

6）研制周期、风险和经济性（成本）分析；

7）编制发射车方案可行性或立项论证报告。

总体论证的结果是应能全部满足设计技术要求，实现先进性、可靠性、经济性的统一。

3.3　主要技术工作内容

（1）参加型号总体、地面设备总体方案可行性论证

接到可行性论证任务后，需了解武器系统的任务背景、目标和研制周期或计划，确保所提供的技术方案最大程度满足总体所需。主要工作包括但不限于：

a）对武器系统总体论证过程中的不同导弹总体和弹头等分系统方案是否满足运输、贮存、发射环境条件给出意见或建议；

b）论证发射方式；

c）给出导弹运输、起竖、发射载荷的初步计算值；

d）给出导弹发射车使用流程中所需保障条件：筒、弹转载，能源，场地，贮存等；

e）参加武器系统总体方案论证有关技术会议；

f）编写发射车总体可行性方案。

（2）主要技术指标论证与协调

主要技术指标论证是指与导弹发射有关的技术指标的可实现性以及先进性论证，论证阶段需要论证的指标一般包括：

a）发射准备时间；

b）发射后撤收时间；

c）波次转换时间（常规战术导弹发射车）；

d）机动与动力性能：铁路/公路/越野、车速等；

e）外形尺寸；

f）重量；

g）隐身伪装；

h）发射可靠性、平均故障间隔时间等。

其中，发射准备时间、发射后撤收时间、最高车速、重量是核心指标。

（3）发射车总体及分系统技术方案设想、技术途径选择

主要技术内容包括：

a）系统和分系统组成；

b）产品总体造型及外形尺寸、总重量、重心位置；

c）发射方式及总体布置方案；

d）底盘、起竖系统、发射筒、车控系统、供配电系统、瞄准与定位定向、隐身与防护等分系统方案与技术途径。

（4）初步使用流程论证

（5）关键技术攻关

关键技术攻关的工作是支撑方案可行性论证的关键。应厘清项目发射车研制存在的关键技术或难点，这里分两种情况，一种是总结前期已经解决的关键技术和难点，另一种是正在进行攻关的关键技术，并总结解决情况及后续安排。立项成立的基点是关键技术不能导致方案存在颠覆性难点或不满足指标。在可行性论证阶段，可通过构建虚拟样机、虚拟仿真试验、研制部分单机或整车级演示验证样机进行试验验证，为可行性论证提供技术支持，为项目立项和后续研制打基础。

（6）需研制产品、配套产品和试验项目策划

总体方案可行性论证工作的技术内容与发射车方案设计过程类似，将在第 4 章详细介绍。

可行性论证阶段，发射车的研制策划属于武器系统研制策划的一部分，研制策划为立项报告提供支撑，也是型号研制管理、成本概算和第三方审价的依据之一。

项目策划的依据是武器系统和发射车总体技术方案、武器系统大型试验数量与进度、鉴定试验要求、研制管理程序、质量管理程序等。

项目策划应能确保项目顺利开展、按时完成定型鉴定。一般应包括：新研制产品项目（含硬件、软件）的方案、必要性、数量、研制周期；需要借用产品项目、数量及来源；单机、整车和武器系统级试验项目及其试验性质、地点、周期，尤其是对于采用新研制底盘的导弹发射车项目，需要特别注意策划底盘鉴定试验产品数量、试验项目、周期。对各项目进行必要性分析论证，分别列出详细清单。

（7）技术方案的经济性（成本）分析

装备的研制和最终采购成本主要取决于技术方案，因此进行经济性和成本分析具有重要意义。根据美国国防部发布的有关成本分析指南，其地面系统全寿命周期成本比例为：论证与研制成本占 3%，采购成本占 32%，使用与保障成本占 65%。因此，导弹发射车作为典型地面装备，必须考虑到其全寿命周期成本的分布规律。一般可从不同方案的选择导致的成本变化、现有方案与现役装备、现有方案与国外相同或类似装备等角度进行成本分析。结合方案进行单台发射车成本估算，在列出研制产品清单、试验项目清单以及各种费用的基础上，设计师配合项目管理部门进行项目研制经费概算，确保方案能与研制经费、预期采购价格匹配。

（8）技术方案与技术指标的可行性、合理性分析

主要是通过技术成熟度分析、仿真与实物试验结果分析与佐证、相似装备类比等维度进行可行性、合理性论证，要求支撑数据充分，试验结果可信。

（9）技术方案的先进性分析

技术先进是装备性能先进的保证，也是项目具有竞争力的保证。因此对所选用的技术方案，主要从纵向（与国内装备部队的现有型号比较）、横向（与国外类似型号产品、国外在研项目）进行技术性能指标、成本指标的比较，确保具有先进性。

（10）风险分析

按有关标准和规范进行风险指数分析，消除高风险事项，提出措施降低中风险事项，确保风险可控。

（11）编制可行性论证报告

报告内容要求按有关规范执行。

3.4　完成标志

可行性论证结束的标志是可行性论证报告通过专家组评审。

第4章　总体方案设计

　　方案设计是导弹发射车研制的必要环节，是对可行性论证成果"概念样机"的继续深化和细化，按照武器装备研制程序，通过方案评审是项目转工程研制的必要条件。方案设计的重要性还在于它决定了装备的总体性能、全寿命成本和研制风险。根据文献[1]：航天产品方案设计在寿命周期内的费用仅占3%，但是决定了70%的寿命周期费用。如果方案更改导致的成本是1，则投产后更改导致的成本是10，批产检验时更改导致的成本为100，使用期间更改导致的成本是1000，改型设计导致的成本则为10000。在工程实践中，因为一个元件、一个零件故障导致方案和设计更改引起重大财务开支的质量问题屡见不鲜，由此引起法律纠纷导致的成本费用更大。因此，方案设计的重要性再怎么强调都不过分，方案设计的质量决定着武器装备的战斗力、质量和全寿命周期成本。

　　在目前竞争性研制的环境下，只有在有限时间内拿出最优方案并且方案竞标胜出的单位才有资格参加下一轮实物样机的研制。导弹发射车是机电液一体化的复杂产品，因此其方案设计是知识积累、研制经验和单位技术实力的综合体现。进入21世纪后，随着数字化、并行协同设计技术的广泛应用，装备研制总体部门引入了各种基于数字化虚拟样机的方案优化协同设计系统，为装备方案快速设计提供了数字化研制平台。

4.1　设计依据

　　方案设计的主要依据是导弹发射车方案设计技术要求（或任务书）、研制合同或招标文件，同时，包括有关的标准、规范和质量管理程序文件。

4.2　任务与目标

　　导弹发射车方案设计的任务与目标是为整车级工程样机设计提供技术依据，一般需完成以下技术工作：

　　1）导弹发射车方案比较、总体结构布局、功能设计、数字样机构建、总体性能仿真计算；

　　2）编制底盘和上装分系统方案设计任务书或技术要求；

　　3）协调底盘及上装主要分系统或组合方案设计；

　　4）开展导弹与发射系统、发射车与其他支援装备之间的接口方案设计；

　　5）发射车"七性"（可靠性、维修性、安全性、保障性、测试性、电磁兼容性、环境适应性）总体方案设计与要求的制定；

6）使用环境（自然环境、贮存环境、电磁环境、诱发环境）分析与设计要求的制定；

7）任务剖面与使用流程设计与分析；

8）少量关键技术、关键单机的技术攻关和样机验证；

9）修改或重新编制需要研制的产品清单和试验项目清单；

10）参与武器系统大型试验方案论证及对试验条件建设要求；

11）编制发射车方案设计评审报告。

方案设计的结果应充分满足设计技术要求，方案合理可行，实现先进性、可靠性、经济性的协调统一。

4.3　设计原则

为全面满足武器系统总体技战术指标要求，实现武器装备好用、管用、耐用的目标，导弹发射车方案设计应遵循以下指导原则：

1）满足全部技术要求。

2）通用化、系列化、组合化。按系列导弹通用发射平台的理念开展方案设计，实现一辆车兼容系列导弹，兼顾后续拓展能力。

3）高性能、高可靠与低成本相结合的原则。充分应用一体化设计技术、信息化技术、军民通用技术、可靠性技术，在提高整车技术性能和自动化、信息化水平的同时，从设计源头降低全寿命周期成本，提高产品可靠性。

4）继承与创新相结合的原则。在充分继承先进技术、成熟技术的基础上进一步创新，创新成果的运用必须经过试验验证（含仿真试验）。

5）多方案优化原则。总体与分系统方案必须是多种方案优化的结果。

4.4　设计程序

导弹发射车方案设计程序框图如图 4-1 所示，与武器系统总体方案的互动和协调没有在框图中示出，但也是发射车方案设计的重要工作内容之一。

发射车总体方案设计程序、工作内容及交付物见表 4-1。

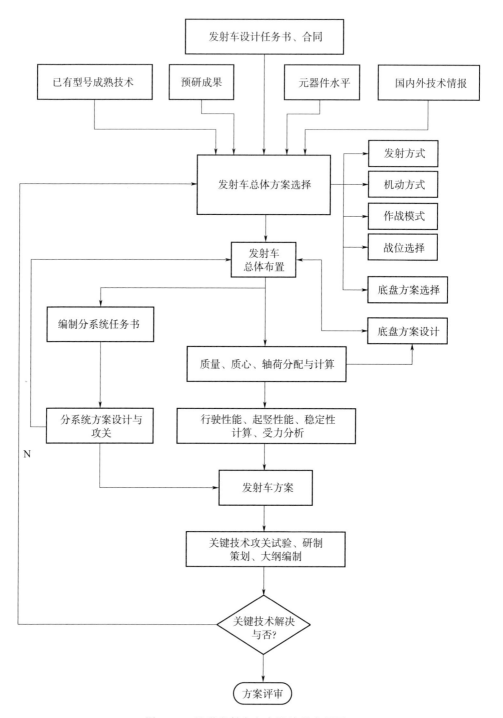

图 4 - 1　导弹发射车方案设计程序框图

表 4 - 1 发射车总体方案设计程序、工作内容及交付物

序号	设计程序	工作内容	工作记录/交付物
1	策划研制阶段及资源需求	策划研制阶段 策划资源需求	设计与开发策划报告
2	主要技术途径选择、配套论证等	技术途径选择,指标论证,配套论证	调研报告,论证报告
3	确定技术途径与关键	明确关键技术途径	关键技术攻关报告
4	技术指标协调、确定	总体技术指标协调	协调文件、技术要求
5	编制分系统任务书	编制分系统及外协产品任务书	任务书
6	总体和分系统方案设计,关键设备技术设计及原理性验证	构建数字化样机,方案设计报告,开展原理性验证试验	方案设计与试验总结报告,数字样机
7	力学计算与性能仿真	1)发射车总体力学计算报告 2)仿真试验报告	计算与仿真报告
8	编制发射车方案报告、大型试验策划报告等	1)编制发射车方案报告 2)协助地面总体编制文件完整性要求 3)编写风险分析报告 4)编制试验策划报告	方案报告、试验策划报告、可靠性预计与分配报告、风险分析与评估报告等
9	供方质量控制与要求	对元器件等外购器材的选用、采购、监制、验收、筛选、复验以及失效分析等活动进行策划	元器件优选清单、合格分承制方确定

4.5 完成标志

完成方案设计的标志是导弹发射车方案设计报告通过了专家评审。

4.6 详细方法

4.6.1 确定总体性能指标或功能要求

主要性能指标一般由任务提出单位以技术要求或任务书的形式下发到导弹发射车方案设计部门或团队,任务承担部门或团队经过方案设计后在任务书或技术要求上会签确认。指标不应低于可行性论证报告和立项论证报告的规定,主要性能指标一般包括(注:文中具体指标值用×代替):

4.6.1.1 环境适应性指标

1)工作环境温度:$-\times\times\sim+\times\times℃$(相对湿度:不大于$\times\times$%);

2)长期贮存环境温度:$\times\times\sim\times\times℃$(相对湿度:不大于$\times\times$%);

3)风速:平均风速$\times\times$m/s,瞬时最大风速$\times\times$m/s;

4)天候:昼夜、雨量(发射时不大于$\times\times$mm/min,待机时不大于$\times\times$mm/min)、

雪（积雪厚度××mm）、沙尘；

　　5）盐雾：××；

　　6）日照：总辐射强度××W/m² （时间××h）；

　　7）能见度：××m；

　　8）公路机动行驶高程：不大于××m，发射点高程：不大于××m。

4.6.1.2　发射场地

　　1）发射点地面最小承载能力：≥××MPa；

　　2）场地面积：长××m×宽××m；

　　3）坡度：横向≤×%，纵向≤×%。

4.6.1.3　动作时间指标

　　1）发射车调平、发射装置起竖总时间不大于××min；

　　2）导弹发射准备总时间不超过××min；

　　3）完成导弹发射后，撤收时间不超过××min；

　　4）更换发射装置的时间不超过××min。

4.6.1.4　待机能力要求

　　1）具有长时间热待机（指导弹已完成瞄准和诸元加载，发射车处于随时可起竖发射的状态）能力，水平热待机时间不少于××h。

　　2）野外待机时间不少于××年。

4.6.1.5　机动能力要求

　　（1）公路机动能力

　　1）可顺利在国家××级公路、××桥梁行驶；

　　2）机动速度：最大机动速度不低于××km/h，最小机动速度不超过××km/h；

　　3）机动距离：一次最大公路机动距离不少于××km，载弹不下车累计公路机动距离不少于××km，其中，允许越野距离不少于总里程的××。

　　（2）越野机动能力

　　1）越障高：××m；

　　2）越沟宽：××m；

　　3）涉水深：××m；

　　4）最小转弯直径：不大于××m；

　　5）接近角：××°；

　　6）离去角：××°；

　　7）最小离地间隙：不小于××mm；

　　8）最大爬坡度：××%；

　　9）越野机动速度：××km/h。

（3）铁路-公路机动能力

载弹导弹发射车铁路机动时最大速度：不小于××km/h。

（4）平顺性能

发射车在机动（含越野）运输过程中，加在导弹上的过载应满足以下要求：

1）横向过载不大于××；

2）纵向过载不大于××。

（5）动力性能

1）最高车速：不小于××km/h；

2）最低稳定车速：不大于××km/h；

3）加速时间（起步换档加速到 60 km/h）：不超过××s；

4）最大爬坡度不小于××°。

（6）制动性能

最小制动距离（行驶速度为 30 km/h）：不大于××m。

4.6.1.6　弹射内弹道参数

1）导弹出筒（箱）/离轨速度：××m/s；

2）导弹在轨运动加速度：不大于××g；

3）作用在导弹尾罩上的燃气温度：不超过××℃。

4.6.1.7　保调温要求

1）导弹装筒（箱）后，发射筒（箱）内温度应保持××℃；

2）驾驶室内温度范围：××～××℃；

3）设备舱内温度范围：××～××℃。

4.6.1.8　伪装要求

1）伪装样式要求：××；

2）光学（含高光谱）伪装要求；

3）红外伪装要求；

4）雷达伪装要求；

5）目标伪装后被发现概率：小于××％；

6）伪装器材展开时间：不超过××h；

7）伪装器材撤收时间：不超过××h。

4.6.1.9　抗"核"与"三防"要求

1）在超压值××MPa 下，工作舱室漏气量不大于××m³/h；

2）滤毒通风装置出风口压力不小于××Pa，通风量不小于××m³/h；

3）核辐射监测报警：剂量率测量范围××，累计剂量测量范围××，报警阈值××，××s 报警；毒剂监测报警，例如：沙林浓度××mg/m³，××s 内报警；维埃克斯浓度××mg/m³，××s 内报警；

4）防护时间，例如：防氯化氰不低于××h（××mg/L），防沙林不低于××h（××mg/L）；

5）抗核冲击波瞬时压力不小于××kPa，长时间（持续时间××s）压力不小于××kPa。

4.6.1.10　光电对抗要求
对敌末制导武器进行干扰，免遭被制导武器击中。

4.6.1.11　可靠性要求
1）可靠性定性要求：××；

2）发射可靠度为××，置信水平为××；

3）平均故障间隔时间：××h；

4）车辆平均无故障里程：××km。

4.6.1.12　维修性要求
1）维修性定性要求：××；

2）基层级平均修复时间：不超过××min；

3）基层级最长修复时间：不超过××min；

4）车辆大修期第一次为××年，或大修里程××km；

5）地面机电设备故障定位到模块或模板，故障诊断信息可上传至测发控系统。

4.6.1.13　电磁兼容性
1）电磁兼容定性要求：××；

2）装车的电子、电气、机电等设备和分系统的电磁发射和敏感度应满足××要求；

3）舱内电缆束传导干扰安全裕度（频域和时域）不低于××dB；

4）舱内集成设备在××Hz～××GHz内的电场辐射干扰安全裕度不低于××dB；

5）在××kV静电放电干扰的作用下，发射车应能安全、正常工作。

4.6.1.14　保障性
1）保障性定性要求：××；

2）计量要求；

3）备件要求。

4.6.1.15　测试性
1）定性要求：××；

2）基层级BITE故障检测率（FDR）目标值：××%，门限值：××%；

3）基层级BITE故障隔离率（模糊度＝1）（FIR）目标值：××%，门限值××%；

4）基层级BITE故障隔离率（模糊度≤3）（FIR）目标值：××%，门限值××%；

5）故障虚警率（FAR）目标值：××%。

4.6.1.16　安全性
1）安全性定性要求：××；

2）火工品不发火电流功率：不小于××；

3）火工品安全性要求：××。

4.6.1.17　使用寿命要求

使用寿命为××年，发射筒装弹贮存期不少于××年。

4.6.2　发射车总体方案设计

4.6.2.1　发射方式选择

发射方式是导弹发射车方案设计首先需要明确的，如果导弹发射车设计技术要求中已经明确发射方式，则不需要在方案设计中进行发射方式的论证研究。否则，发射车总体方案设计中首先需要进行各种发射方式优劣对比分析与计算。一般地，中近程战术导弹（导弹直径不大于 1.2 m）采用垂直热发射，短程战术导弹宜采用箱（筒）式倾斜热发射，中远程导弹以及洲际导弹一般采用垂直冷发射方式。箱（筒）式发射比裸弹发射环境适应性好，但成本高。越野机动方式比公路机动方式灵活，且对道路条件要求低。倾斜发射方式对短程导弹的射程有利且不需要导弹发射后立即转弯，但是需要宽阔的发射场地。

总之，导弹发射车各种发射方式各有优缺点，发射方式的选择是一个综合各种因素（导弹性能、作战响应速度、环境适应性、操作性、可靠性、成本等）平衡与寻优的结果，应根据具体导弹、具体作战要求分析，在满足要求的前提下力争性能指标优、环境适应能力强、成本相对低、可靠性高、便于使用操作。

4.6.2.2　组成与功能设计

发射车的基本功能是机动运输、贮存、发射导弹以及通信、隐身伪装与防护，为实现基本功能还应具备测发控、定位定向、瞄准、供配电、调温、故障诊断、环境适应性（自然环境、人工环境）等功能，此外，还包括任务书规定的其他特殊功能。一般每项功能都有定量指标，设计方案必须对每项功能有相应方案且方案指标尽量优于要求值。

发射车一般由下列分系统、装置和直属结构组成：底盘、发射装置（对热发射方式则需设计发射架）、测发控系统、瞄准系统、供配电系统、液压系统、电控系统、指挥通信系统、调温系统、定位定向系统、舱体、伪装器材、光电防护设备等。在功能明确后可以基本确定发射车由哪些部分组成，方案设计尽可能一个组合实现多个功能，优先用软件代替相关硬件功能（比如用终端显示软开关代替实物开关）。

4.6.2.3　战位安排

战位的多少取决于完成导弹发射所必需的人力资源和部队编制规定，乘组人员数量一般为 2～5 人。乘员座位尽量安排在驾驶室内，指挥员的口令应能被其余操作手清晰地听到，指挥员应能监督指令的执行，如图 4-2 所示。操作手多于 4 人可在驾驶室后面的舱内布置战位或采用每排三座位。

单排驾驶室则可按从左向右依次排：驾驶人、通信与测发控操作手、指挥员。乘员操作空间、设备布置应满足人机工程要求，应预留操作手单兵防卫装备放置空间。

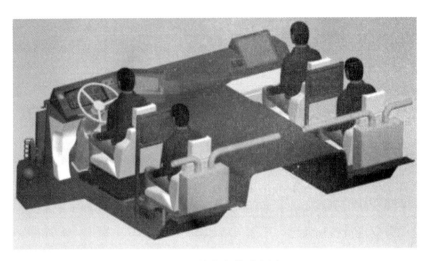

图 4 - 2　战位安排示意图

4.6.2.4　作战模式及流程

导弹发射车的作战模式与流程是方案设计的内容之一。导弹发射车的一般作战模式如图 4 - 3 所示，包括 3 个阵地：技术阵地、待机阵地、发射阵地。2 种作战模式：本区域机动作战（技术阵地→公路机动→择机发射，或待机阵地→公路机动→择机发射）、铁路远距离机动跨区域作战（技术阵地→铁路机动→公路机动→择机发射，或技术阵地→铁路机动→待机阵地→公路机动→择机发射），方案设计应能实现随机发射、快速发射，以提高武器系统的生存能力。作战模式应确保导弹发射车在战备值班期间随时能机动、随时能发射，具体作战阵地与模式由指挥员灵活掌握提前策划，发射车方案设计尽量考虑各种模式的运用并实现其功能，保障性设计应根据作战模式考虑保障方案并便于保障。

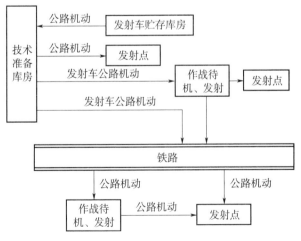

图 4 - 3　导弹发射车的一般作战模式

4.6.2.5　导弹装填方案设计

导弹装填是指将待发射的导弹装入发射井、发射箱（筒），或转载至发射车上的过程，导弹装填总体方案也是发射车总体设计的重要内容之一，不同的导弹发射方式决定着不同的导弹装填方案。

裸弹热发射方式的导弹装填最简单，直接用转载吊车将导弹吊到发射台或发射车的发射臂上，常见的装备为将导弹运输、转载、装填功能合为一体的运输转载车，美国的"潘兴"系列导弹，中国的 DF - 11、DF - 15、DF - 16、DF - 17 等系列导弹都采用这种装填方式，与此类似的俄罗斯"伊斯坎德尔"导弹运输转载装填车如图 4 - 4 所示。

（a）运输转载装填车　　　　　　　　　（b）导弹发射车

图 4 - 4　俄罗斯"伊斯坎德尔"导弹运输装填车

除极端低温天气或高海拔条件外，普通民用起重机也可应急用于上述导弹的装填。

箱（筒）式发射（包括箱式热发射和筒式冷发射）导弹的装填方法大多是在技术阵地将导弹推进发射箱（筒）内（图 4 - 5），再用运输转载车或吊车将发射箱吊装到发射车上（与图 4 - 4 方法类似）。为了适应这种导弹水平装填模式，发射箱（筒）口必须设计与装填装置的对接接口，箱（筒）体设计与支架车对接的支承框。

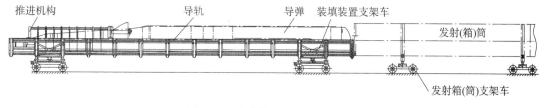

图 4 - 5　导弹水平装填方案示意图

部分洲际核导弹，如俄罗斯的 SS - 20、SS - 25、SS - 27 等导弹的装填方式是直接将导弹水平装入车上的发射筒内，装填时发射车处于升车水平状态，如图 4-6 所示。相对于图 4-5 的方式，导弹装填装置支架车更高，发射筒不需要设计装填支承框。为了实现装填状态的导弹轴线与车载发射筒的轴线重合，装填装置支架车需设计 6 自由度调节机构，因此调整操作程序较复杂，导弹装填时间较长，一般需采用自动对准技术缩短装填时间和降低操作难度。

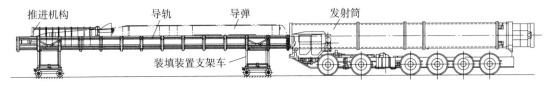

图 4-6 导弹车载水平装填示意图

前面介绍了 3 种导弹水平装填方案，基本要求是快速、安全、操作方便。

为了实现导弹装填，涉及发射车总体方案相关的设计内容包括：

1）筒（箱）或导弹与车的连接接口方案设计。

2）筒（箱）与装填支架车的连接接口方案设计。

3）筒（箱）的吊装接口方案设计，包括吊耳形式及位置、吊耳结构尺寸等。

4）装填、吊装流程设计。

4.6.2.6 发射车总重量初步估算

在进行发射车方案设计时需要先进行底盘初步方案设计，以此为基础开展发射车总布置草图设计。为此，需要进行总重量和轴荷的估算。

发射车总重量和轴荷估算步骤如下：

1）首先明确导弹总重量 G_1，这是方案设计的输入参数。

2）根据所选择的发射方式，估算发射装置（冷发射）或起竖臂、发射台（热发射）的重量 G_2。

3）根据升车、起竖方案设想估算或由升车、起竖方案设计师提供升车、起竖系统重量 G_3。

4）根据供配电系统发电机组（发电机＋柴油发动机＋结构件）和整流组合、直流电源组合、电池组、电缆等估算出重量 G_4。

5）根据民用空调机组重量估算车载空调机组重量 G_5。

6）估算测发控、定位定向、瞄准、通信、车控设备的重量 G_6。

7）根据功能要求和装车设备，估算所需设备舱安装空间，以此估计所需设备舱数量，估算设备舱重量 G_7。

8）根据设备安装要求和方案等估算直属部件的重量 G_8。

9）估算整车伪装网重量 G_9、乘员重量 G_{10}＝人数×75 kg。

10）计算出上装总重量 $G_S = \sum_{i=1}^{10} G_i$。

上装总重量就是汽车底盘的负载，车轴数量 $N_{轴}$ 不同则底盘自重 G_m 也不同，计算平均轴荷：$(G_s+G_m)/N_轴$，平均轴荷不能大于越野载重汽车单轮胎额定载荷×2，最好控制在 10 t 以内，单轴最大轴荷≤140 kN，否则很多低等级公路桥梁无法通行。

　　通过估算总重量，同时初步确定了车轴数量和平均轴荷，据此可以确定底盘初步方案设想，从现有底盘资料库中选择轴数相同、轴荷满足要求的参考底盘作为总方案布置的基础，轴距、车架和总长度均随着方案的推进调整。

4.6.2.7　发射车总布置草图及外形尺寸方案设计

　　发射车总体方案设计的一项最重要的工作是绘制总体布置草图，对导弹和各设备的位置、连接关系进行研究确定，根据布置图得到外形尺寸。同时，需要校核车辆的山区道路、桥涵、壕沟、障碍物通过性能和轮廓是否满足铁路运输要求。

　　GB 1589—2016《汽车、挂车及汽车列车外廓尺寸、轴荷及质量限值》中表 2 其他汽车、挂车及汽车列车外廓尺寸的最大限值规定货车外廓尺寸最大值为：长度 18000 mm，宽度 2550 mm，高度 4000 mm；半挂货物列车轮廓最大值为：长度 20000 mm，宽度 2550 mm，高度 4000 mm。发射车外形尺寸设计应尽量满足该标准，按该标准设计的车辆能在我国所有等级公路上顺利通行。但是在实际设计中，由于弹道导弹的尺寸较大，加上发射筒或发射台、设备舱、驾驶室等结构，因此布置的外形尺寸可能不能满足 GB 1589—2016，只能按有关特种车辆的设计规范设计。

　　（1）选择参考底盘

　　汽车底盘作为发射车机动、设备安装平台是总体布置时需首先研究的对象。从发射车总体设计的角度，需要进行发射车底盘的调研，充分了解我国重型载重汽车的技术现状和生产制造水平。目前我国重型汽车技术成熟可靠，已经形成中国重汽、一汽、二汽、北奔等研制的军用越野系列底盘型谱，但是弹道导弹发射车底盘不在该型谱内。为弹道导弹发射车配套重型和超重型底盘的主要生产单位有航天万山特种车公司（WS 系列）和泰安航天特种车公司（TA 系列），这两家公司能提供技术成熟的 6×6、8×8、10×10（10×8）、16×14 等系列重型越野汽车底盘。因此，可根据发射车总重量和轴荷估算，从底盘资料库中选择一种技术成熟度高的参考底盘作为方案设计的模板和依据，在此基础上进行发射车总体布置草图设计。随着发射车总体方案不断迭代并确定对底盘的功能、接口、性能、外形、轴距等要求。

　　（2）总图布置

　　方案总图布置方法（按三视图布置）如下：

　　1）先画一条水平线 L_0，作为发射车高度测量的水平地面基准线。

　　2）将方案设计用参考底盘三视图置于地面基准线上，如图 4 - 7 所示，正视图中与地平线相切的圆为轮胎滚动圆，为轮胎特征参数滚动半径的 2 倍，即 ϕD_0，被地面线切割的圆直径为 ϕD_1，为轮胎充气后的自由直径。

　　3）确定图 4 - 7 基准后开始布置发射装置与导弹位置，确定起竖回转点、起竖作动筒上下支点位置和前后车腿。对不同发射方式（如前面已经介绍过的裸弹垂直热发射、箱式倾斜热发射和垂直冷发射）布置方案有显著差异：

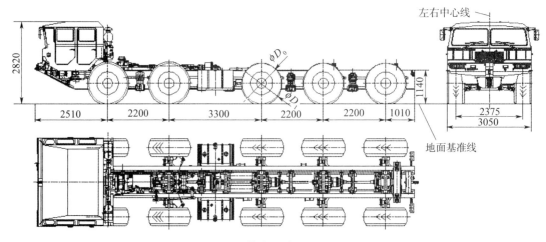

图 4-7　总体布置草图基准设置图

①箱式倾斜热发射布置

箱式倾斜热发射方式需要设计方位回转装置和俯仰装置，因此一般在底盘车架上布置副车架，在副车架上布置方位回转装置，在方位回转装置上布置发射架，在发射架和方位回转装置之间布置起竖作动筒，如图 4-8 所示。

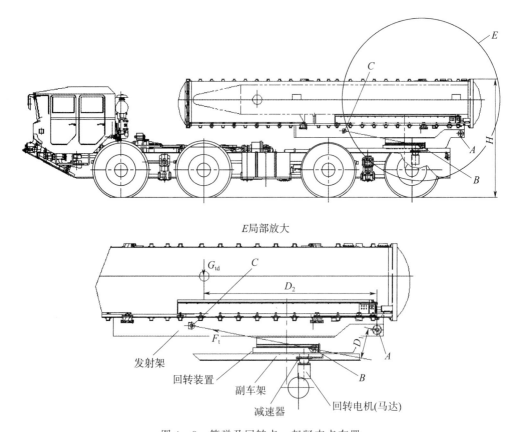

图 4-8　筒弹及回转点、起竖支点布置

　　回转点 A，作动筒上下支点 C、B 的布置需要结合结构布置、推力计算、作动筒方案的可实现性综合考虑，在结构空间允许的条件下尽量减小作动筒的推力、尽量采用单级作动筒。为了提高抗侧翻稳定性能，尽量降低筒弹重心离地高度，确保发射车的总高度 H 不大于要求值。

　　方位回转中心一般布置在底盘最后车轴之前，同时，避免回转电机（马达）与驱动桥的主减速器干涉，并预留维护空间。

　　整车长度方向布置如图 4 - 9 所示，根据发射箱长度，考虑设备舱尺寸以及设备舱与发射箱的间隙 D_3（考虑方位调转），可以初步确定整车长度 L。

　　发射车前、后支腿布置：前车腿布置在燃油箱前，保证与轮胎的间隙 D_5（考虑轮胎转向）和离地间隙。后车腿布置需要考虑避让方位回转装置和发射箱，同时，保证离地间隙 H_1、离去角 α，根据腿盘离地间隙 H_1 和升车高度（一般不大于 200 mm）、车腿作动筒的方案确定后车腿高度值 H_2。

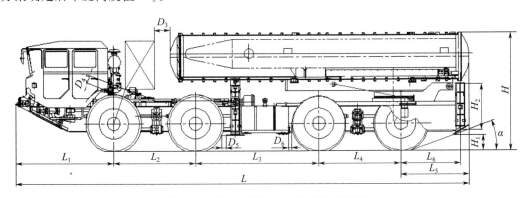

图 4 - 9　前后车腿、整车长度方案草图

　　根据上述布置方案再次估算整车上装重量、底盘重量和整车的重心位置，按两点铰支、整车轮胎离地计算前后车腿的支反力，根据底盘悬架特性估算各轴轴荷。

　　方案阶段轴荷计算方法如下：

方法一：刚体车架计算法

　　假设条件：车架为刚体（纵向刚度很大），悬架刚度相等，均为已知量 K，车架受力如图 4 - 10 所示（假设为五轴底盘）。

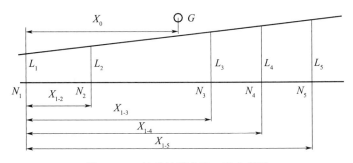

图 4 - 10　轴荷计算方法—受力简图

各轴轴荷、距离 I 轴的距离分别为 N_1、N_2、N_3、N_4、N_5 和 X_{1-2}、X_{1-3}、X_{1-4}、X_{1-5}。满载总重量为 G。

参数 $N_1 \sim N_5$ 为未知量。根据图 4 - 10 几何关系可以得到以下 5 个方程组成的方程组，求解即可得到各轴轴荷 $N_1 \sim N_5$。

$$\begin{cases} \sum\limits_{i=1}^{5} N_i = G \\ \dfrac{N_2 - N_1}{N_3 - N_1} = \dfrac{X_{1-2}}{X_{1-3}} \\ \dfrac{N_3 - N_1}{N_4 - N_1} = \dfrac{X_{1-3}}{X_{1-4}} \\ \dfrac{N_4 - N_1}{N_5 - N_1} = \dfrac{X_{1-4}}{X_{1-5}} \\ \dfrac{N_2 - N_1}{N_4 - N_1} = \dfrac{X_{1-2}}{X_{1-4}} \end{cases} \tag{4-1}$$

方法二：分组平衡悬架计算法

假设条件：各轴悬架刚度相同，轮组分为前后两组，前轮组为平衡悬架且各轴轴荷相等，为 N_1，后轮组为平衡悬架且各轴轴荷相等，为 N_2，计算受力如图 4 - 11 所示（假设为五轴底盘）。

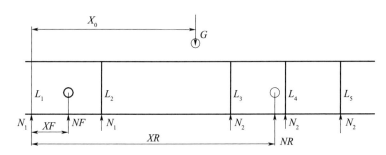

图 4 - 11　平衡悬架轴荷计算方法受力简图

将底盘简化为两轴，前轮组的等效轴荷为 $NF = 2N_1$，后轮组的等效轴荷为 $NR = 3N_2$。前轮组的等效轴位置坐标为 XF，后轮组的等效轴位置坐标为 XR。

根据静力平衡得到

$$\begin{cases} NF + NR = G \\ NF \cdot XF + NR \cdot XR = X_0 \cdot G \end{cases} \tag{4-2}$$

两个方程求解两个未知量 NR、NF，然后计算出轴荷 N_1、N_2。

注意：

1）轴荷的计算随着总体布置的深化、变化需要更新；

2）轴荷的最终计算值需由底盘研制单位技术设计确认。

计算得到的前、后轮组的轴荷应不超出底盘允许的额定轴荷能力，前轮组的轴荷不应大于后轮组的轴荷。如果不满足这两条，需调整上装的布置方案或者调整轴距直至满足要求。

　　在确定轴荷的同时，必须对整车的行驶性能进行初步计算，包括最高车速、最大爬坡度、最大加速时间，具体计算公式见第 4.6.3.7 节和第 4.6.3.8 节。如果机械传动底盘的性能不能满足要求，可选择混合动力底盘方案。

　　②越野机动垂直冷发射总体布置

　　对于越野机动垂直冷发射方式，总体方案布置相对简单，重点布置发射装置、作动筒支点、发射装置回转支点和两侧的设备舱。一般不需要副车架，与底盘车架一体化设计布置发射装置起竖支承横梁、作动筒下支点横梁和前支承横梁。

　　对中远程导弹和洲际导弹发射车的草图设计，在确定底盘基本型的同时并行设计导弹装筒方案，即需要进行发射装置、弹射动力装置、弹射内弹道的方案设计以及发射筒的开盖方案设计。

　　发射装置方案草图根据导弹外形图初步确定，如图 4 - 12 所示。初步尺寸确定方法如下：

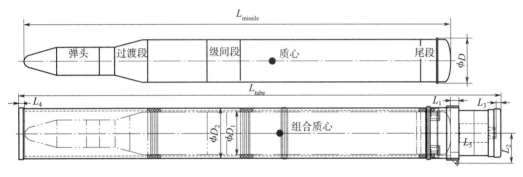

图 4 - 12　发射装置布置草图

　　根据导弹直径 ϕD 和预估的适配器的厚度，确定发射筒的内径 ϕD_t，根据发射筒壁厚预估值确定发射筒外径 $\phi D'_t$。同时，初步确定回转轴至发射装置中心的距离 L_2，回转轴至筒尾部的距离和 L_2 需要根据发射装置回转点布置、升车高度等方案确定。

　　发射装置总长度确定，总长 $L_{\text{tube}} =$ 导弹总长度 $L_{\text{missile}} +$ 弹尾部至弹射动力装置的距离 $L_1 +$ 动力装置长度 $L_5 +$ 弹射动力装置至补偿垫尾部的距离 $L_3 +$ 弹尖至发射筒顶部的距离 L_4。

　　同时，根据发射筒、弹射动力装置、导弹各自的质量及质心位置，计算筒弹组合体的质量及质心位置。根据筒弹组合质量和底盘自重、上装设备的预估重量，得到整车的总重量 G 和平均轴荷，初步确定底盘的轴数和参考底盘。

　　在完成发射装置的初步草图方案和底盘轴数后即可进行发射装置在底盘上的布置，布置前初始状态如图 4 - 13 所示，给出总高度限制红线，先水平布置筒弹，例如图 4 - 13 中发射筒顶部与驾驶室干涉，后悬太长，整车重心过于偏后，为了解决这些问题，常用的办法有 3 种。

　　第一种方法是采用分体式驾驶室布置方案，实例有俄罗斯的 SS - 25、SS - 27 和我国的 DF - 41 导弹发射车布置方案，顶盖采用椭圆盖前抛方案，总体布置如图 4 - 14 所示。

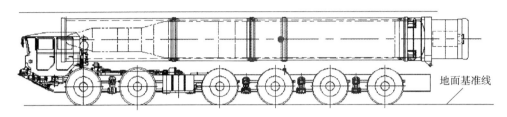

图 4 - 13　发射装置在底盘上布置前初始状态

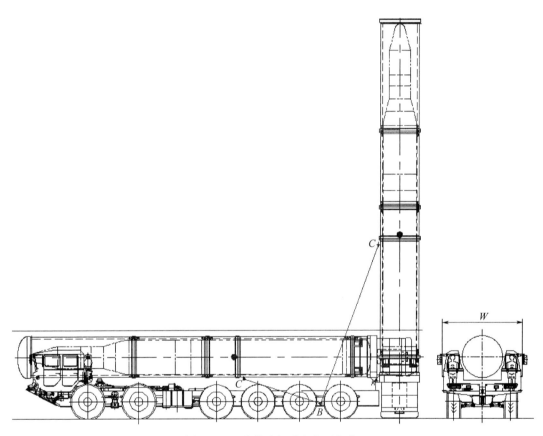

图 4 - 14　分体式驾驶室布置方案

图 4 - 14 方案的最大优点是占用驾驶室中间的空间，缩短了整车的长度，有利于提高导弹发射车的山区道路通过性能，并且有利于发射前水平开盖并前翻落地；最大的不足是驾驶室被劈开后影响驾驶人的视野和驾驶的安全性，左侧、右侧操作手之间不能通过直观的手势和语言进行交流，乘员的操作空间比较狭窄，一般采用适当增大整车宽度和驾驶室长度的办法保证乘员操作的人机工程要求。

第二种方法是发射装置布置在驾驶室后方的方案，短程地地导弹发射车、地空导弹发射车一般采用这种布置，原因是导弹长度相对短，道路和越野机动性能仍然能满足要求。也有中远程导弹采用这种布置方案，如图 4 - 15 所示。

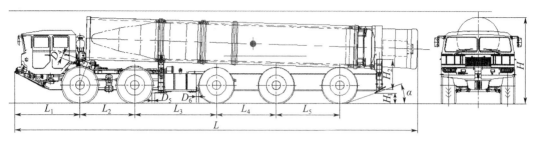

图 4 - 15　整体式驾驶室布置方案

采用这种布置方案的实物装备为我国战略核导弹 DF - 31 AG 导弹发射车，2019 年国庆阅兵中展示的该导弹发射车如图 4 - 16 所示。

图 4 - 16　发射筒布置在驾驶室后的 DF - 31 AG 导弹发射车

这种布置方案需要关注底盘的轴荷以及通过性能，即计算轴荷不能超出底盘允许的额定轴荷，车轮在弯道上不能超出路肩，车辆轮廓不能超出建筑限界。按国家公路工程技术标准规定的四级公路单车道弯道通过性分析如图 4 - 17 所示。如果不满足四级公路弯道通过性要求，则需提高允许通过的公路等级，但是会限制武器系统山区机动的范围。如强调山区四级公路单车道通过性，则需采用其他方案。

按图 4 - 16 布置，发射前开顶盖一般可采用垂直冲破开盖方案，垂直冲破开盖一般限于无弹头舵面的地地导弹。

发射装置布置的第三种方法是发射装置前部布置在驾驶室上方的方案，为避免干涉，驾驶室顶部设计与弹头形状相似的避弹坑。中国的 DF - 11、DF - 15 和 DF - 21、DF - 26 等型号导弹发射车均采用了这种布置方案，如图 4 - 18 所示。

如图 4 - 18 所示，驾驶室顶部设计避弹坑可以使整车长度缩短 ΔL，这对于发射车在山区公路行驶、越野行驶（尤其是在林区行驶）或铁路运输时有利。一般设计中尽量保障驾驶室后排乘员的操作空间，如果后排驾驶人空间不能保证，也可以采用单排驾驶室方案。

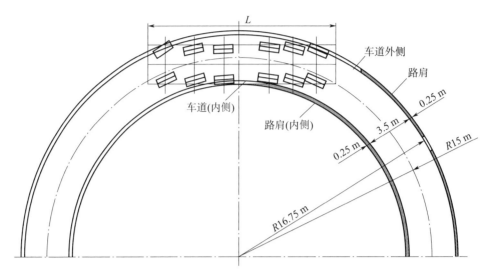

图 4-17 车辆四级公路弯道通过性分析简图

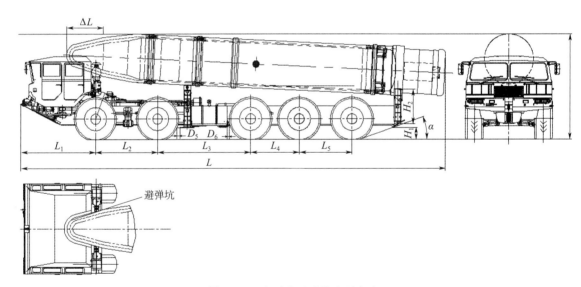

图 4-18 驾驶室避弹坑布置方案

在确定了发射装置的布置方案后，发射装置回转点 A、作动筒下支点 B 和作动筒上支点 C 的布置是发射车总体布置草图中的重点。一般先初步设定 A 点，A 点位于最后一个车轴与后支腿之间并靠近后支腿位置，不能离后轴太远，一般离后轴的距离不超过2000 mm。同时，将发射装置绕 A 点回转90°至垂直位置，应确保升车状态下发射装置尾部不与地面干涉，并同时校核发射车下坡状态发射时（坡度具体值按设计要求值）起竖至垂直大地水平面且与路面不干涉。由于 A 点决定着筒弹组合重心的离地高度，因此需尽量降低 A 点离地距离。A 点所在回转轴线 $A—A$ 如图 4-19 所示。

作动筒的下支点和上支点的布置示意草图放大如图 4-20 所示。

图 4 - 19　起竖回转轴 A — A 布置示意图

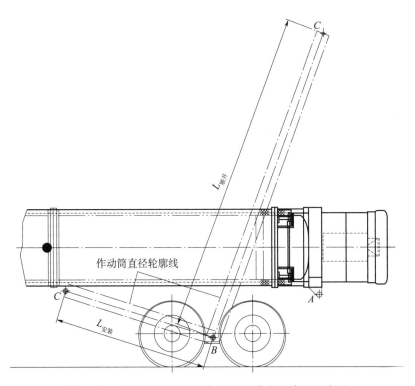

图 4 - 20　起竖作动筒下支点 B 和上支点 C 布置示意图

确定 B、C 点位置的几个原则如下：

1）在初定 A 点的基础上布置 B 点位置，最后布置 C 点位置。B 点一般设置在最后一个车轴前方、车架底部以上，B 点越低越好，同时不能影响最小离地间隙，作动筒直径轮廓线在运动中不能与底盘的减速器或横梁干涉。还需计算在起竖推力的作用下，B 点所在横梁的强度和变形，起竖支耳、销轴是否便于安装；单缸起竖方案的 B 点一般布置在倒数第二轴后，因为油缸安装在车中间，此时最后车桥为非驱动桥；如果采用双起竖缸方案，B 点布置在两侧可避让底盘传动轴，最后的车桥可为驱动桥。

2）由于我国导弹发射车运载的发射装置是可快速替换的模块（便于实现第 2 波次发射或替换故障弹），因此作动筒上支点 C 不是直接设置在发射装置上，而是布置在起竖托架上，C 点尽量靠近筒弹组合重心。起竖托架与发射装置绕同一回转轴线同步运动，如图 4 - 21 所示。这种布置的一个优点是起竖时刻沿导弹轴向的推力不是直接作用在发射筒上，而是由起竖托架承受，这对复合材料发射筒方案是必须保证的。计算作动筒的推力，使作动筒的推力处于可实现范围内，理论上越小越好，工程上一般使回转点 A 到 BC 直线的距离不小于 1800 mm。

图 4 - 21　作动筒上支点与起竖托架示意图

3）在布置 B、C 点时，需估算作动筒的基本尺寸及其可实现性：对于液压油缸作动筒，根据最大推力估算最大压力 p、活塞直径 d、缸筒外径 D、起竖前初始安装长度 $L_{安装}$ 和起竖到位后长度 $L_{展开}$。起竖液压油缸布置时可按以下经验公式估算油缸级数

$$L_{安装} - (L_{展开} - L_{安装}) / 油缸级数\ n = 680 \sim 700 \text{ mm} \qquad (4-3)$$

缸筒的长度＝活塞行程＋活塞长度＋活塞杆导向长度＋活塞杆密封及导向长度＋其他长度。活塞长度＝$(0.6 \sim 1) D$；活塞杆导向长度＝$(0.6 \sim 1.5) d$。为了减少加工难度，一般液压缸的缸筒长度不应大于内径的 20 倍。

俄罗斯的 SS - 20 等导弹发射车的发射筒加强框与起竖托架固连，如图 4 - 22 所示。发射筒随起竖托架起竖，并将发射后坐力载荷作用在起竖托架上，因此，起竖托架的强度、刚度较大。这种布置方案的缺点是完成 1 次导弹发射后无法在短时间内组织第 2 次发射，发射车必须返回技术阵地清洗发射筒后才能在车上装填导弹。

完成上述步骤基本确定发射车的总长度、总高度。下面简单介绍总宽度的布置方法。

在发射车的后视图设计整车的宽度结构，以筒式冷发射为例如图 4 - 23 所示。将发射

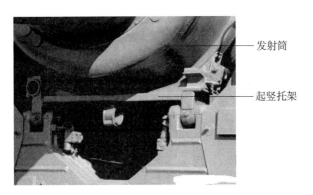

发射筒

起竖托架

图 4 - 22　俄罗斯的 SS - 20 导弹发射车起竖托架与发射筒装配关系

筒布置在车架以上，发射筒中心线与车中垂面重合，发射筒的回转支耳轴线与车架后横梁上的回转轴承座轴线重合，发射筒由此实现定位。在发射筒左右两侧布置设备舱，预留设备舱与发射筒的间隙 W_1，一般不小于 150 mm。设备舱的横截面尺寸 W_2 决定了装车设备的深度尺寸。由此得到整车宽度 $W = D + 2W_1 + 2W_2$。

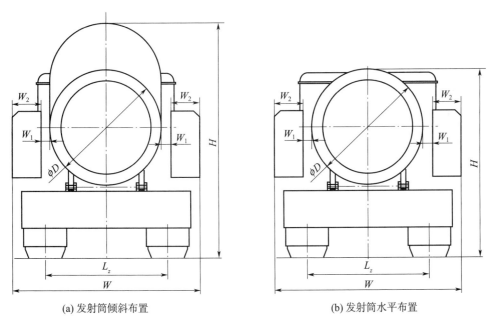

(a) 发射筒倾斜布置　　　　　　　　　　　(b) 发射筒水平布置

图 4 - 23　发射车的总宽度设计草图

发射车总宽度的确定不需要进行复杂的计算，一般取决于以下因素：

1）导弹直径；

2）发射箱/筒外径 ϕD；

3）是否采用多联装；

4）设备舱深度 W_2 及布置方案；

5）公路机动/铁路运输轮廓限制。

在考虑上述因素后，力争整车宽度不超过 2550 mm。

为了满足发射车的铁路运输要求，外形设计时应将发射车置于铁路平车上，发射车的外廓一般不能超出铁路机车轮廓。GB 146.2—2020《标准轨距铁路建筑限界》规定的机车车辆限界基本轮廓如图 4 - 24 所示。如果无法避免超出图 4 - 24 所示轮廓，则在铁路运输时按超限货物运输，分一级超限、二级超限，装车后的轮廓必须满足铁总运〔2016〕260 号文件附件 3 各级超限限界图规定，如图 4 - 25 所示。

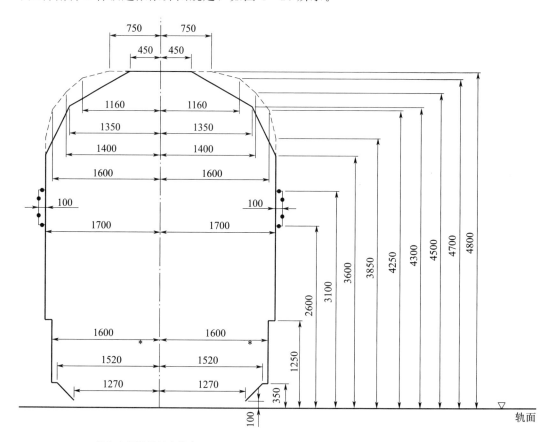

———————— 机车车辆限界基本轮廓

‒‒‒‒‒‒‒‒ 电气化铁路干线上运用的电力机车

●——●——● 列车信号装置限界轮廓

　＊ 电力机车在距轨面高350～1250 mm范围内为1675 mm

图 4 - 24　铁路机车车辆限界

根据铁路运输货物超限部位从钢轨面起算的高度，又分为上部超限、中部超限和下部超限。上部超限：轨面起，超限部位在 3600 mm 以上者。中部超限：轨面起，超限部位在 1250～3600 mm 范围内者。下部超限：轨面起，超限部位在 150～1250 mm 范围内者。

根据图 4 - 24 和图 4 - 25 可以直观看出发射车高度一般不应超过 3.6 m，宽度不应超过 3.4 m。

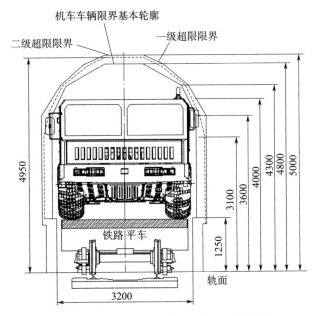

图 4 - 25　导弹发射车铁路运输轮廓校核图

发射车前悬和后悬也是在总布置过程中确定的。

前悬尺寸由驾驶室尺寸以及弯道通过性、爬坡度要求、接近角等综合确定，是否与坡度干涉的校核方法如图 4 - 26 所示。一般四级公路最大坡度 9%，战术导弹发射车的最大爬坡度一般规定不小于 18°，因此，战术导弹发射车接近角应不小于 18°，半挂式公路机动的导弹发射车接近角应不小于 10% 坡度。理论上前悬值大则驾驶室内部空间大（发动机侵占空间小），但是应保证接近角和最小弯道扫过宽满足要求。

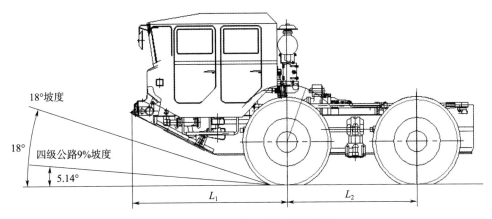

图 4 - 26　接近角和前悬校核草图

发射车的后悬尺寸和离去角由发射筒回转点在车上的布置位置以及后车腿盘决定，由结构布置确定，离去角不应小于接近角，后悬太长影响倒车安全性。

4.6.2.8　箱、筒支承与锁定方案

发射箱（筒）在车上一般采用两道刚性支承，如果箱（弹）比较重且刚度不够，则中间允许增加一道弱约束的弹性支承。支承装置一般设导向面，便于箱（筒）的支承框顺利进入支承点位。

倾斜发射的发射箱（筒）安装在发射架上，通过前后锁定机构进行锁定和解锁，锁定后与发射架无相对运动。前支承位置为接近筒口的支承框，后支承位置为尾部的支承框。

垂直冷发射的发射筒的支承有两种方案，一种是俄罗斯的 SS-20 等发射车的支承方案，如图 4-27 所示。发射筒与起竖托架固连（通过螺栓固连），起竖托架通过起竖回转轴与车架后横梁连接，该回转连接为滑动轴承连接，一般不拆卸。前支承点为起竖托架前端的支承框，为弧形托座，可限制侧向位移。这种支承的优点是可降低发射筒的轴向刚度，有利于采用复合材料发射筒技术，但是起竖托架比较笨重。

图 4-27　SS-20 发射筒的支承方式

另一种支承方式是发射筒直接支承在车架上，后支承为滑动轴承式回转支承，前支承为圆弧托座支承或铰接支承，很多工程车辆车厢均采用这种三点铰接支承，如图 4-28 所示。前横向回转轴可避免发射架前端与底盘车架固联，消除底盘越野行驶中车架扭转变形对发射架的影响。发射车起竖托架后回转支点如图 4-22 所示。

对于需要进行越野机动的中远程弹道导弹发射车，由于发射筒长度一般为 10 m 以上，而且筒、弹总质量和总刚度较大，因此发射筒前支承不宜与车架固联约束，而且需使前支点与车架的扭转中心距离越小越好，以减小车架的扭转应力。

图 4-28　三点铰接支承方案示意图

4.6.2.9　装车设备配套及布置方案

在确定了发射车总体轮廓尺寸后，可对装车的各设备装车布局进行设计。发射车设计任务书或技术要求中明确的功能应有对应实现的技术方案，在方案设计中确定装车主要设备的清单。根据安装位置，上装装车设备可分为舱内设备和舱外设备两大类。舱内安装的设备有通信、测发控、瞄准、车控、供配电、温控等电子设备和液压控制组合，舱外设备主要为各种传感器，接近开关/到位开关和功能性机械类零、部、组件。在底盘驾驶室内布置人机交互终端类设备，驾驶室顶部安装通信天线类设备。一般装车设备清单见表 4-2。

表 4-2　装车设备清单

序号	代号（编号）	产品名称	数量	安装位置
1	××	智能显控终端	1	指控操作手前
2	××	综合测控机柜	1	测发控舱
3	××	远控发射终端	1	测发控操作手左
4	××	守授时设备	1	瞄准设备舱
5	××	定瞄系统	1	瞄准设备舱
6	××	调温系统	1	瞄准设备舱后
7	××	车控系统	1	液压阀组舱后
8	××	供配电系统	1	分布在不同舱室
9	××	液压系统	1	液压油源组合舱、车架
10	××	指挥员显控终端	1	驾驶室×位置
11	××	通信员显控终端	1	驾驶室×位置
12	××	指挥通信系统	1	驾驶室×位置、×设备舱
13	××	发射车电缆网	1	设备舱、车架
14	××	伪装器材	1	伪装器材舱
15	××	光电防护与告警设备	1	光电设备舱

续表

序号	代号(编号)	产品名称	数量	安装位置
16	××	三防设备	1	驾驶室
17	××	设备舱	1	两侧
18	××	直属零部组件	1	车架

在布置人机操作终端设备时，必须考虑设备的维护和操作空间要求。

对多联装或有发射箱（筒）方位调转要求的倾斜热发射方案，发射车两侧、车架以上空间不能布置设备舱，只能在驾驶室内、驾驶室与发射箱（筒）之间，或在涉水线以上与起竖臂以下空间布置设备舱，如图 4-29 所示。可布置的设备舱有上设备舱 1、上设备舱 2、左下挂舱 1、左下挂舱 2 以及在车右侧与左下挂舱 2 对称布置的下挂舱 3（图中未示出）。

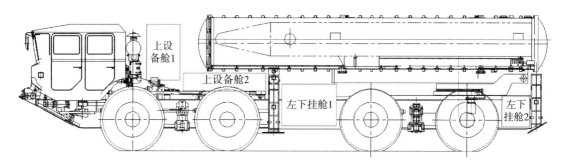

图 4-29　箱式倾斜热发射的设备舱布置方案示意图

对于筒式垂直发射的导弹发射车，一般利用两侧空间布置设备舱，电子组合类设备均安装在驾驶室和两侧的设备舱内，可以为电子设备提供相对较好的工作环境，提高设备的可靠性和使用寿命，设备舱布局如图 4-30 所示。

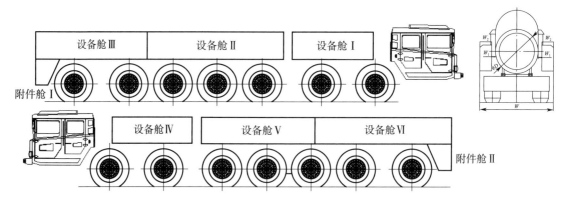

图 4-30　垂直发射的发射车的设备舱布局示意图

在发射车两侧布置设备舱时一般需考虑以下因素：

1) 操作高度、设备显示位置必须考虑人体站立伸臂高度范围和目视范围，设备按钮开关必须在人体站立位置可达；

2）涉水深度；

3）轮胎跳动量和转向角度，作为越野车辆，设备舱底部离轮胎间隙一般不小于 150 mm；

4）设备舱的轮廓不能超过铁路运输限界；

5）考虑车架的扭转刚度，设备舱长度需适当；

6）设备舱与起竖臂的间隙不小于 100 mm，与可分离发射筒的间隙一般不小于 150 mm；

7）两侧的上装设备（含设备舱）重量基本相当，整车重心偏离车中面的距离不大于 50 mm。

舱内的电子设备一般可按模件式机柜结构设计，机柜内安装可拆卸的电子机箱、插板或面板。例如 GB/T 3047.2 推荐的装车电子设备典型结构如图 4-31 所示，面板有 3 种结构，如图 4-32 所示。机柜的高度、宽度、深度尺寸尽量按有关标准系列设计，高度：600 mm、800 mm、1000 mm、1200 mm 等，宽度：543 mm、586 mm、643 mm 等，深度：500 mm、550 mm、600 mm 等，机箱面板高度按代号 nU，如 $1U$、$2U$、$3U$、…，$U=44.45$ mm，实际机箱面板高度为 $H=n\times U-0.8$。设备舱内机柜的布置应考虑电连接器的方向并便于插拔，机柜之间的距离、机柜与舱体后壁的距离应合理，便于设备的散热和通风。

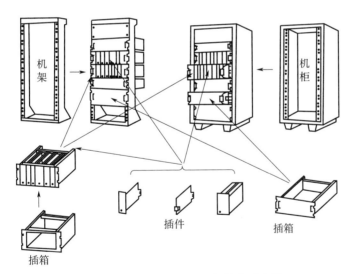

图 4-31　设备舱内标准机柜结构示意图

在进行总体布置时，对各种设备之间的接口进行方案设计。例如为实现取力发电，需根据发射箱（筒）布置综合考虑从底盘发动机取力口，变速器、分动器取力口输出轴取力驱动发电机或液压泵。也可考虑从底盘取力到专用的取力驱动装置，该取力驱动装置驱动液压泵或取力发电机。一种从变速器取力传动方案如图 4-33 所示。取力发电机安装在底盘车架上。特别注意，因为底盘发动机或变速器都有减振器，应通过具有角度、长度补偿功能的传动轴连接，否则易引起发电机或底盘取力器损坏。

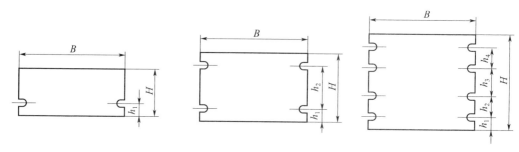

图 4-32　标准面板的结构

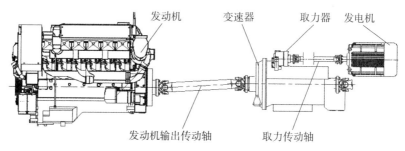

图 4-33　取力发电传动方案

　　经过发射车总体方案设计，可以确定发射车的功能、组成、外形尺寸、通过性参数、装配关系和定位尺寸，为详细工程设计提供依据。

4.6.2.10　可靠性方案设计

　　可靠性方案设计是发射车总体方案设计的一项重要内容，主要包括：

　　(1) 明确任务剖面

　　地地固体弹道导弹发射车的任务剖面见表 4-3，针对每个任务剖面明确相应的可靠性评价指标以及环境条件、任务时间（或行驶里程），作为方案可靠性的评价依据。

表 4-3　地地固体弹道导弹发射车的任务剖面

工作流程	贮存	技术准备	公路机动	待机	发射
工作内容	车库存放、维护保养	装弹、转载、上电自检	公路行驶、行驶里程	隐蔽待机、调温、发电、瞄准、诸元准备	短距离机动、升车、起竖、发射导弹
环境条件	温度、湿度、盐雾	温度、湿度	雨、日晒、雾、振动、冲击、风载	雨、日晒、盐雾、风沙、风载、电磁干扰	雨、日晒、盐雾、风沙、电磁干扰、风载
任务目标	贮存完好	自检合格	顺利到达目的地	随时待发	发射成功
评价指标	贮存完好率，贮存期	技术准备完好率，准备时间	平均故障间隔里程，续驶里程	待机准备完好率，待机时间	发射可靠度，发射时间

　　(2) 确定发射车可靠性模型

　　由于不同任务剖面的功能和工作内容不同，因此，不同任务剖面的可靠性组成单元也不同，比如空调机组在发射剖面不工作或者即使有故障也不影响任务的达成，因此计算发射可靠度时不考虑空调机组。

贮存完好率可靠性模型的基本组成：涵盖底盘和上装所有分系统，为串联模型。

技术准备可靠性模型的基本组成：涵盖底盘和上装所有分系统，为串联模型。

远距离公路机动可靠性模型的基本组成：底盘、发射装置、空调、供配电、通信、导航定位、设备舱以及发射车直属件。一般不包含液压、车控、测发控、瞄准等分系统，为串联模型。

待机环节有冷待机和热待机。冷待机时导弹不上电，通信、调温与供配电系统工作，其余系统不工作。热待机时所有分系统都工作，因此待机可靠性模型的基本组成涵盖底盘和上装所有分系统，为串联模型。

发射可靠性模型的基本组成：除空调外的底盘和上装所有分系统，为串联模型。

（3）明确环境条件

各任务剖面的典型环境条件见表 4 - 4，由此可确定各任务剖面的环境因子，例如贮存、技术准备的环境因子取 1，其余取 3。

表 4 - 4　各任务剖面典型的环境条件

环境	寿命期事件							
	机动/运输				贮存	技术准备	待机	发射
	公路	铁路	水运	空运	车库			
高温	√	√	√	×	×	×	√	√
低温	√	√	√	√	√	×	√	√
低气压	√	√	×	√	√	×	√	√
太阳辐射	√	√	√	×	×	×	√	√
淋雨	√	√	√	×	√	×	√	√
湿热	√	√	√	×	√	×	√	√
霉菌	×	×	×	×	×	×	×	×
盐雾	×	×	√	×	√	×	×	×
风	√	×	×	×	×	×	√	√
砂尘	√	×	×	×	×	×	√	√
跌落	√	×	×	×	×	×	×	×
振动	√	√	×	×	√	×	×	√
冲击	√	√	×	×	×	×	×	√
摇摆	×	×	√	√	×	×	×	×
垂荡	×	×	√	×	×	×	×	×
电磁	×	×	×	×	×	×	√	√
啮齿类动物及虫害	×	×	×	×	√	×	√	×

注：√—适用，×—不适用。

（4）明确元器件选用要求和质量水平

元器件的选用和质量等级要求一般按型号质量大纲的规定执行。电子元器件一般选用型号规定的选用范围内的按国军标生产的产品，至少为工业级。电子元器件的降额按 GJB/Z 35—93 的规定执行，最高为Ⅰ、最低为Ⅲ，不同类型元件的降额值按国军标执行。

（5）可靠性分配

接收到发射车设计任务后，总体应进行可靠性指标的分配，在分系统任务书中应明确可靠性指标。

方案设计阶段的可靠性一般按串联模型，主要分配方法如下：

①等分配法

等分配法适用于可靠性服从指数分布的系统，假设各分系统的可靠度相等。

对可靠性串联系统，各分系统 i 的可靠度为

$$R_i = R_S^{1/n}$$

对可靠性并联系统，各分系统 i 的可靠度为

$$R_i = 1 - (1 - R_S)^{1/n}$$

式中　R_i——给分系统分配的可靠度；

　　　R_S——系统总的可靠度；

　　　n——构成系统的子系统总数。

②比例组合分配法

比例组合分配法是利用相似老产品的可靠性参数进行可靠性分配的方法，不限于指数分布模型。公式为

$$\lambda_{ix} = \lambda_{Sx} \frac{\lambda_{i1}}{\lambda_{S1}}$$

式中　λ_{ix}——待分配给新的第 i 子系统的故障率（1/h）；

　　　λ_{Sx}——新产品（系统）要求总的故障率（1/h）；

　　　λ_{i1}——老产品（系统）的第 i 子系统的故障率（1/h）；

　　　λ_{S1}——老产品（系统）的总的故障率（1/h）。

本方法适用于新旧系统组成数量不变、新旧产品结构原理组成基本相同的系统的可靠性分配，即要求有等比例关系。

③评分分配法

评分分配法适用于新研制的无可靠性参考信息的产品，根据产品各组成部分的重要程度、复杂程度、技术水平、环境条件等因素按 1～10 分别打分，打分和分配计算方法如下：

1）最复杂的评 10 分，最简单的评 1 分；

2）水平最低的评 10 分，最高的评 1 分；

3）重要度最低的评 10 分，最高的评 1 分；

4）环境条件最恶劣的评 10 分，最好的评 1 分；

5）技术成熟度最低的评 10 分，最高的评 1 分；

......

6）分配给第 i 个分系统的故障率 λ_i 为

$$\lambda_i = \lambda_S \frac{\omega_i}{\omega}$$

式中　λ_i——分配给新产品（系统）的 i 分系统的故障率（1/h）；

　　　λ_S——系统要求的故障率（1/h）；

　　　ω_i——第 i 个分系统的各项得分之和；

　　　ω——系统的总评分：$\omega = \sum_{i=1}^{n} \omega_i$。

（6）可靠性预计

经过发射车总体和分系统方案设计后，需要根据设计方案对发射车的可靠性指标进行预计，如果预计的可靠性指标不满足设计要求值，则应调整设计方案。

根据发射车的系统组成建立可靠性框图，一般为可靠性串联系统，如图 4-34 所示。

图 4-34　发射车可靠性框图

对于图 4-34 所示发射车可靠性串联模型，可靠性数学模型为

$$R_S(t) = \prod_{i=1}^{n} R_i(t)$$

式中　$R_S(t)$——系统可靠度；

　　　$R_i(t)$——第 i 个分系统的可靠度，$n = 8$。

方案设计阶段各分系统的可靠性预计方法采用相似产品法为主，辅以元器件计数法。比如某个分系统的任务可靠度预计值或评定值为 $R_i'(t) = 0.9999$，新产品与之相比可靠性略有提高，那么把新增部分的可靠性预计结果补充进去考虑，得到该新产品的预计值，假设提高了 0.00005，则预计值为 $R_i(t) = 0.99995$。

对于电子类产品，产品失效率服从指数分布，平均故障间隔时间为

$$\mathrm{MTBF} = 1/\lambda_{GSi}$$

式中　λ_{GSi}——单个 i 设备的失效率。

λ_{GSi} 按 GJB/Z 299C—2006 元器件计数与预计法，公式为

$$\lambda_{GSi} = \sum_{j=1}^{n} N_j \lambda_{Gj} \pi_{Qi}$$

式中　λ_{Gj}——第 i 个产品的第 j 种元器件的通用失效率，（10^{-6}/h）；

　　　π_{Qi}——第 i 个产品的第 j 种元器件的通用质量系数；

　　　N_i——第 i 个产品的第 j 种元器件的数量；

　　　n——第 i 个产品所用元器件的种类数。

各种电子元件的 λ_{Gj}、π_{Qi} 取值按 GJB/Z 299C—2006 中规定。

对于液压系统，可根据液压原理图统计元器件数量，参照有关《机械设计手册》或《液压工程手册》提供的元件失效率参数，按电子产品失效率计算方法累加。

导弹发射车的可靠度一般用发射可靠度 R、平均故障间隔里程、上装电子设备平均故障间隔时间（MTBF）等指标评价，这 3 个指标的计算方法也是不同的。

电子产品（组合）的可靠度计算按

$$MTBF = 1/\lambda_{GSi}$$

发射车的平均故障间隔里程一般按照底盘的平均故障间隔里程，由底盘承制方提供预计值。

方案阶段的发射可靠度计算方法如下：

1）计算分系统任务可靠度

$$R_i = e^{-\lambda_{GSi} \times T_0}$$

式中，T_0 为发射任务时间，假设发射准备时间为 10 min，i 分系统的 $\lambda_{GSi} = 2 \times 10^{-4}$ /h，则将 $T_0 = 1/6$ h 代入可得，$R_i = 0.999992$。

2）将分系统的 R_i 代入计算总的发射可靠度

$$R = \prod_{i=1}^{n} R_i$$

（7）FMECA 分析

FMECA 分析作为一种可靠性设计分析方法贯穿于型号研制各阶段，在发射车每个研制阶段的作用和分析内容各有侧重点。在方案设计阶段的作用主要包括：

1）找出所有单点失效模式及其危害；

2）作为设计方案对比择优的依据之一；

3）作为冗余设计方案的依据；

4）作为采取可靠性强化措施的依据；

5）作为维修性、保障性、安全性设计的依据。

在方案设计阶段，一般仅做功能或硬件 FMECA 分析。主要步骤如下：

（1）严酷度类别定义

按照 GJB 1391—1992 中严酷度类别定义，对发射车故障的严酷度等级的定义如下：

Ⅰ类——造成车毁人亡的故障；

Ⅱ类——造成人员的严重伤害、发射车发生重大损坏或导致发射任务失败的故障；

Ⅲ类——造成人员的轻度伤害、发射车发生一定损坏或导致发射任务延迟的故障；

Ⅳ类——不会造成人员伤害或发射车损坏，但会导致非计划性维护或修理的故障。

（2）故障模式发生概率等级定义

故障模式发生概率等级按以下规定：

A级（经常发生）——在产品工作期间内某一故障模式的发生概率等级大于产品在该期间内总的故障概率的 20%；

B级（有时发生）——在产品工作期间内某一故障模式的发生概率大于产品在该期间内的故障概率的 10%，但小于 20%；

C 级（偶然发生）——在产品工作期间内某一故障模式的发生概率大于产品在该期间内总的故障概率的 1%，但小于 10%；

D 级（很少发生）——在产品工作期间内某一故障模式的发生概率大于产品在该期间内总的故障概率的 0.1%，但小于 1%；

E 级（极少发生）——在产品工作期间内某一故障模式的发生概率小于产品在该期间内总的故障概率的 0.1%。

（3）初始约定层次和约定层次

发射车总体方案设计 FMECA 约定的层次为发射车分系统级和发射车直属件，初始约定层次和约定层次见表 4-5。

表 4-5　初始约定层次和约定层次

初始约定层次	导弹发射车
约定层次	重要直属件
	测发控系统
	指挥系统
	定瞄系统
	底盘
	发射装置
	液压系统
	车控系统
	供配电系统
	调温系统

（4）基本假设

1）在某一时刻，发射车的功能单元发生了故障；

2）在同一时刻，只允许一个功能单元发生故障；

3）每一次只能分析一个功能单元的一种故障模式。

（5）按表 4-5 项目编制 FMECA 表

以车控系统部分为例编制的 FMECA 表见表 4-6。

4.6.2.11　维修性方案设计

维修性方案设计是发射车总体方案设计的一项重要内容，装备的维修性能对装备的作战使用性能有重要影响，方案设计应考虑维修方案及维修性能，在方案设计阶段需完成以下维修性方案设计工作：

（1）明确维修级别

根据武器系统维修性大纲或发射车的技术要求，确定发射车的维修级别和维修方式。有的型号分基层级、中继级和基地级三级，也有的分基层级和基地级两级。

表 4 - 6 车控系统功能 FMECA 示例

约定初始层次：			任务：		发射			审核：		第 × 页 共 × 页	
			分析人员：					批准：		填表日期：	
代码	产品或功能标注	功能	故障模式	故障原因	任务阶段与工作方式	局部影响	高一层次影响	最终影响	故障检测方法	补偿措施	严酷度类别
约定层次：		导弹发射车					故障影响				
		车控系统									
1	车控系统	网络通信	通信中断	主控单元出现故障		通信中断	发射车不能展开，信息不能上传	发射程序无法执行	维护检测软件或仪器检测，查通信记录	选取高等级元器件，提高软件可靠性、网络冗余	Ⅲ
2		发射车展开、撤收	发射装置起竖精度不能满足要求	主控单元故障光电传感器故障倾角传感器故障	发射阵地	车控系统故障	发射车无法展开	延迟发射	故障诊断软件、仪器检测，数据记录	选取高等级元器件，提高软件可靠性、可靠性筛选等	Ⅲ
			无法正常展开	主控单元故障手动控制故障							
3		发射装置上机构动作	机构无法正常动作	机构控制盒故障		筒上机构不工作	不能完成发射流程	延迟发射	故障诊断软件、仪器检测	选取高等级元器件、筒上机构采用手动冗余模式	Ⅲ

基层级主要进行日常维修保养，防松紧固，接头防漏，换件维修，功能测试。小修工作由基层维修所工作人员和设备操作手协同完成。

中继级主要进行装备的定期（如年度级）维修保养（简单设备可由基层级进行），检测、计量检定及校准，对故障进行诊断定位，更换复杂故障件，并对部分中继级现有条件可以进行的大修内容进行修理。具体工作包括对装备全面检查、清洗，某些成件按需进行分解清洗保养后组装复原。油箱管路清洗，密封件检查更换，调节可调部件使参数最佳，全面检测、更换不合格件、密封件，并完成年检内容。中继级维修由中继级修理厂维修人员完成。

基地级修理厂负责装备大修或升级维修，对中继级和基地级送修的严重故障装备进行故障诊断、定位、修理和校验。对需要计量检定的装备进行计量检定，与生产厂配合完成装备大修。

上述三级维修中的中继级部分职责可以由基层级承担，因此很多型号取消了中继级。维修级别确定后，发射车各分系统的维修方案设计必须以此为依据，根据各级维修的特点开展维修性设计。

（2）规划维修类型

原则上可将装备的维修划分为计划性维修、非计划性维修和战场抢修。

1）计划性维修为根据技术说明书或使用维护说明书规定的项目进行的维护保养和易损件、消耗件更换。维护保养项目一般按日检查、周检查、月维护、换季（或年度）保养实施。发射车的维护保养重点是底盘，除日常检查和保养，一般还按行驶里程分为一级、二级、三级保养，按季节分为夏季保养和冬季保养。

2）非计划性维修主要指平时操作训练中出现的故障性维修、定期维护保养中发现的非基层级维修的内容、作战运用中出现的换件维修以及其他计划外的维修。非计划性维修一方面依托研制单位的综合保障技术支持，另一方面需要使用部门的备件储备库建设，根据可靠性预计和 FMECA 分析结果确定备件种类和数量。

3）战场抢修指针对发射车在任务期间突发性、临时性故障或毁损产生的维修需求，采取的临时性维修项目，如冗余机构及组合，管、线缆临时切换或跨接设计，油箱、水箱损坏后修补方案，自救和互救措施等。

（3）制定装备维修原则

1）通过定期检测、定期保养、平时维护保养，使装备始终处于良好的技术状态，清除可能的故障隐患，尽量减少出故障的概率。

2）电子电气系统、液压气动系统、机械结构中的标准件、外购件，原则上采取换件维修。

3）机械结构的简单的非主要受力、非关键部位修理，原则上在基层级修理，较复杂的、主要受力件、关键部位的维修，原则上由中继级修理或中继级支援下由基层级修理。

4）维修成本高、修理不合算的部分，原则上不进行修理。

5）用换件维修更换下的机械故障件，多数不再修理复用；对于电子类组合级产品，由于生产周期长，可修复后再装机使用。

（4）维修性指标分配

维修性分配的目的是将发射车的维修性设计目标、责任分解到分系统，以实现发射车总体和分系统良好的维修性能，保证维修性指标满足任务书要求。发射车的维修性指标主要有基层级平均修复时间 $\overline{M}_{ct}$、基层级最大修复时间、车辆第一次大修时间或里程，其中，基层级平均修复时间 $\overline{M}_{ct}$ 需要进行再分配。

维修性分配方法可参照 GJB/Z 57—94，方案阶段常见方法如下：

①等值分配法

等值分配法指将维修性指标均分到各分系统，计算模型为

$$\overline{M}_{cti} = \overline{M}_{ct}$$

式中　$\overline{M}_{cti}$——分配到第 i 个分系统的平均修复时间。

②按故障率分配法

按故障率分配法是指按故障率高的维修时间应该短的原则分配，计算模型为

$$\overline{M}_{cti} = \frac{\overline{\lambda}}{\lambda_i} \overline{M}_{ct}$$

式中　$\overline{\lambda}$——各分系统平均故障率，计算公式为

$$\overline{\lambda} = \frac{\sum_{i=1}^{n} \lambda_i}{n}$$

式中　λ_i——第 i 个分系统的故障率，通过可靠性预计计算模型计算得到。

③相似产品法

相似产品法适于相似产品或分系统的维修性指标分配，计算模型为

$$\overline{M}_{cti} = \frac{\overline{M}'_{cti}}{\overline{M}'_{ct}} \overline{M}_{ct}$$

式中　$\overline{M}'_{ct}$——相似产品已知或预计的平均修复时间；

　　　$\overline{M}'_{cti}$——相似产品已知或预计单元 i 的平均修复时间。

（5）维修性预计

维修性预计的指标主要有基层级平均修复时间（MTTR）。维修活动一般都包括定位、隔离、分解、更换、结合、调整和检验，不同层级的产品、不同故障所涉及的每项每个维修活动环节所占用的时间都不同。所谓基层级平均修复时间指基层级维修项目所占用的时间。常用的预计方法介绍如下：

①功能层次预计法

平均修复时间预计模型为

$$\overline{M}_{ct} = \sum_{i}^{n} \lambda_i \overline{M}_{cti} / \sum_{i}^{n} \lambda_i$$

式中　$\overline{M}_{cti}$——系统中第 i 个可更换单元完成一次修复性维修所需时间（h）；

　　　λ_i——系统中第 i 个可更换单元的故障率；

　　　n——系统中可更换单元总数。

②抽样评分预计法

平均修复时间计算公式为

$$\overline{M}_{ct} = \sum_{i=1}^{n} \overline{M}_{cti} / N$$

式中　$\overline{M}_{cti}$——单次修复性维修所需时间（h）；

　　　N——修复性维修作业样本量。

平均预防性维修时间计算公式为

$$\overline{M}_{pt} = \sum_{i=1}^{n} \overline{M}_{pti} / N$$

式中　$\overline{M}_{pti}$——单次预防性维修作业所需时间（h）；

　　　N——预防性维修作业样本量。

最大修复时间计算公式为

$$M_{maxrt} = e^{(\overline{\ln M_{ct}} + 1.645\sigma)}$$

$$\overline{\ln M_{ct}} = \frac{\sum_{i=1}^{N} \ln M_{cti}}{N}$$

$$\sigma = \sqrt{\frac{\sum_{i=1}^{N} (\ln M_{cti})^2 - \left(\sum_{i=1}^{N} \ln M_{cti}\right)^2 / N}{N-1}}$$

$$\overline{M} = \frac{F_c \overline{M}_{ct} + F_p \overline{M}_{pt}}{F_c + F_p}$$

式中　M_{maxrt}——最大修复时间（95 百分位）；

　　　$\overline{M}$——平均修复时间；

　　　F_p，F_c——两种维修频率。

具体预计方法参见 GJB/Z 57—94。

4.6.2.12　安全性方案设计

装备的安全性能是与装备的固有特性、使用操作和使用环境等密切相关的一种特性，发射车的安全性设计应保证其全寿命周期内正常操作时的人身安全和设备安全，紧急情况下有应急技术措施终止危险状态的发展，涉及人工操作的功能应有防止误操作的技术设计，涉及自动操作的功能应有满足安全门限值的判断条件，有误操作时的止损措施。发射车的安全性设计方案应考虑成本费用、安全性能、可靠性和进度等诸多因素，将安全风险降至可接受的水平。方案阶段安全性设计工作如下：

1）FMECA 分析。在可靠性设计时进行的 FMECA 分析也是安全性设计的一个手段和工作内容，可通过 FMECA 分析发现问题、消除设计隐患。

2）安全性初步分析。通过安全性分析识别明显的危险，列出危险源清单，分析可能的危险事件及其后果，提出消除或控制危险的措施，并确定故障检测参数及故障判据。此项工作可按表 4-7 格式进行逐项产品的安全性分析。

表 4-7 危险初步分析表

序号	产品代号	产品名称	危险状态	原因	后果	危险严重性等级	危险可能性等级	风险指数	安全措施		故障检测参数	故障判据	备注
									防止危险发生的措施	危险发生后的处置措施			
1													
2													

表 4-7 中危险严重性等级见表 4-8。

表 4-8 危险严重性等级表

等级	等级说明	事故后果说明
I	灾难的	人员死亡或系统报废
II	严重的	人员严重受伤、严重职业病或系统严重损坏
III	轻度的	人员轻度受伤、轻度职业病或系统轻度损坏
IV	轻微的	人员受伤或系统损毁轻于 III 级的损坏

表 4-8 中危险可能性等级见表 4-9。

表 4-9 危险可能性等级表

等级	等级说明	个体发生情况	总体发生情况
A	频繁	频繁发生	连续发生
B	很可能	寿命周期内发生若干次	经常发生
C	有时	寿命周期内可能有时发生	发生若干次
D	很少	寿命周期内不易发生,但有可能发生	不易发生,但有理由预期可能发生
E	不可能	很不易发生以至于可认为不会发生	不易发生,但有可能发生

根据危险严重性等级和可能性等级得到危险指数，见表 4-10。

表 4-10 危险指数表

严重性等级 可能性等级	I （灾难的）	II （严重的）	III （轻度的）	IV （轻微的）
A（频繁）	1	3	7	13
B（很可能）	2	5	9	16
C（有时）	4	6	11	18
D（极少）	8	10	14	19
E（不可能）	12	15	17	20

风险指数处理原则见表 4－11。

表 4－11 风险指数处理原则

风险指数	处理原则
1－9	不可接受，必须采取措施消除，达到可接受的水平
10－13	有条件地接受，并采取针对性措施，降低其风险
14－17	有条件地接受，并采取针对性防护措施
18－20	经评审或审批后可接受

3）列出安全性关键项目。安全性关键项目是指对安全性有重大影响，其故障结果是灾难性的（Ⅰ类）及严重的（Ⅱ类）或风险指数为 9 或 9 以下的硬件、软件功能或操作。

各分系统在危险分析和可靠性工作项目 FMECA 的基础上，确定安全性关键项目，并填写安全性关键项目清单，见表 4－12。此表作为设计和管理部门重点关注的项目，要从设计、生产、使用全过程进行质量控制，并进行充分的安全性试验验证，确保关键项目的安全性。

表 4－12 安全性关键项目清单

序号	部件名称	所属系统	危险严重性等级	关键控制要求	所属单位	设计负责人	备注

4）提出危险品（火工品）的安全性设计、使用和试验要求。对方案中所涉及的危险品提出相应的安装、存放、运输、检测、试验和使用维护要求，确保产品使用和贮存过程的安全性。

5）安全性技术方案。在完成安全性分析后，应有安全性设计方案，发射车总体和分系统的方案报告中应有安全性方案内容。主要包括火工品、车辆、电气、结构、软件的安全性设计方案和要求，比如通过结构有限元分析后确定危险点和安全系数，选用钝感、发火电流大的火工品，设置点火安全机构，设计火工品短路保护电缆或插头，液压系统、电气系统设计过电压、过电流、续流、漏电、短路等保护元件和报警装置，具体参考有关国标、国军标、行业标准中的安全性设计规范。

4.6.2.13 电磁兼容性方案设计

载弹的导弹发射车装车电子设备众多，强电弱电设备并存，设备电磁环境复杂。其电磁兼容性要求包括系统内电磁兼容性要求、系统对外部电磁环境的适应性要求、雷电防护要求、静电防护要求和电磁辐射防护要求。具体要求（定性和定量）参照型号电磁兼容性要求或者 GJB 1389A—2005《系统电磁兼容性要求》。

发射车的电磁兼容性方案设计所涉及的内容如下：

1）明确电磁兼容设计要求和电磁兼容环境。除了系统内部电磁兼容性要求外，需要和任务提出方确认外部电磁环境，尤其是防雷电要求。

2）系统内部电磁兼容设计。提出整车接地方案、总线协议及接口方案、电源组合分类供电与电磁兼容设计、电缆屏蔽要求（如选双绞屏蔽线、屏蔽电连接器）、信号电缆长度要求、机箱机柜屏蔽要求等。

3）外部电磁环境适应性设计。根据不同电子组合对电磁环境的适应性和产品的重要程度实施不同的装舱设计，重要产品装在电磁屏蔽舱内，视情对进舱电缆设置滤波和转接设计。

4）雷电防护方案。GJB 6784—2009《军用地面电子设施防雷通用要求》对军用地面电子设备提出了一级、二级防雷要求，GJB 8007 提出了 A、B、C 三种防雷等级。同时，GJB 8007 提出了导弹和发射车的雷电防护设计要求，包括接地、屏蔽、搭接、入口端防护、浪涌保护器、信号系统 SPD 安装等具体要求，均可作为发射车雷电防护方案的组成部分，在工程设计阶段实施和验证。

5）静电防护。除必要的屏蔽设计、电子元件防静电措施、防静电包装措施外，对发射车各组成部分壳体实现接地导通，尤其是驾驶室人员座椅各金属组成部分之间电气连通并与底盘车架连通（连通电阻按防静电要求），避免出现皮革坐垫与人员服装摩擦静电放电干扰驾驶室内设备。

4.6.3 总体方案设计中的基本计算项目

发射车总体方案计算所用到的参数汇总见表 4-13（参数符号限本节方案计算公式）。

表 4-13 发射车方案设计参数汇总表

序号	参数名称	参数符号	计量单位	备注
1	导弹发射车长度	L	mm	
2	导弹发射车满载质心高度	h	mm	
3	导弹发射车宽度	W_b	mm	
4	导弹发射车第 i 轴到 1 轴的距离	l_i	mm	
5	导弹发射车轮距	B	mm	
6	导弹发射车满载重量	G	N	
7	底盘重量	G_1	N	
8	发射装置重量	G_2	N	
9	筒弹总重量	G_{td}	N	
10	上装设备总重量(含舱体及装舱设备、液压系统及前后横梁直属件)	G_4	N	
11	导弹重量	G_d	N	
12	发射筒内径	D_1	mm	
13	延伸底座筒内径	D_2	mm	
14	左右车腿中心间距	L_H	mm	
15	前后车腿中心水平距离	L_B	mm	
16	后车腿中面距起竖回转轴水平距离	L_{tz}	mm	
17	发射装置回转支耳轴线距发射筒轴线距离	L_{ze}	mm	

续表

序号	参数名称	参数符号	计量单位	备注
18	前腿盘面积	S_1	mm²	
19	后腿盘面积	S_2	mm²	
20	导弹发射车轴数	m		
21	左右回转轴间距	L_S	mm	
22	起竖油缸下支点距起竖回转轴水平距离	b_1	mm	
23	起竖油缸下支点距起竖回转轴竖直距离	b_2	mm	
24	导弹发射车满载重心距前车腿中心水平距离	L_{ct1}	mm	
25	导弹发射车满载重心距后车腿中心水平距离	L_{ct2}	mm	
26	导弹发射车满载重心距起竖回转轴水平距离	x_c	mm	
27	底盘重心距起竖回转轴水平距离	x_1	mm	
28	满载行军状态发射装置重心距回转支耳孔轴线水平距离	x_2	mm	
29	满载行军状态筒弹组合重心距回转支耳孔轴线水平距离	x_3	mm	
30	上装设备重心距起竖回转轴水平距离	x_4	mm	
31	底盘重心距地面垂直距离	y_1	mm	
32	导弹发射车满载重心距地面垂直距离	y_c	mm	
33	满载行军状态发射装置重心距地面垂直距离	y_2	mm	
34	满载行军状态筒弹组合重心距地面垂直距离	y_3	mm	
35	上装设备重心距地面垂直距离	y_4	mm	
36	导弹发射车满载起竖回转轴距地面垂直距离	h_m	mm	
37	空载发射车起竖回转轴距地面垂直距离	h_k	mm	
38	满载发射装置与车架上平面初始夹角	θ_0	(°)	
39	空载导弹发射车重心距起竖回转轴水平距离	x_k	mm	
40	空载导弹发射车重心距地面垂直距离	y_k	mm	
41	导弹发射车满载重心距 1 轴水平距离	l_a	mm	
42	满载发射装置对回转支耳孔轴的转动惯量	J_3	kg·mm²	

4.6.3.1　风载计算

风载是导弹发射车总体方案设计必须考虑的外载荷之一，在发射车的稳定性计算、有关结构强度校核、导弹出筒姿态以及发射系统动力学分析中必须考虑的载荷因素。

风载由风速（或风压）和导弹发射车的结构形状等因素确定，计算公式为

$$p_p = p \cdot C_x \cdot k_H \cdot \beta \tag{4-4}$$

式中　p ——额定风压；

　　　C_x ——气动阻力系数；

　　　k_H ——风压随高度的增加系数；

　　　β ——计算阵风作用的修正系数。

额定风压的计算公式为

$$p = \frac{1}{2}\rho v^2 \qquad (4-5)$$

式中　ρ——不同温度下空气密度不同（表 4-14），弹道导弹发射车可按环境温度-40 ℃
　　　　　取值；

　　　v——给定风速。

表 4-14　空气密度

气温/℃	+15	-40	-50
密度/(kg/m³)	1.226	1.510	1.569

气动阻力系数 C_x 与设备的结构及形状密切相关，对于矩形外廓的部件、设备，$C_x = 1.2$；对于直径为 d 的圆柱形结构，有：

当 $p \times d^2 \leqslant 1.0$ kg 时，$C_x = 1.2$；

当 $p \times d^2 \geqslant 1.5$ kg 时，$C_x = 0.7$；

当 $p \times d^2$ 介于两者之间时，可用内插法确定 C_x 的值。

考虑弹体背风面负压的影响，可取弹体总的气动阻力系数为 0.6。

风速在很大程度上取决于地面设备各项装置和设施超出地面的高度，它随高度的增加而增加，因而在计算风压时应考虑风压随高度的修正系数 k_H，数值列于表 4-15 中。

表 4-15　修正系数 k_H 数值表

超出地面高度/m	10	20	30	40	50	60	80	100
k_H	1	1.35	1.58	1.8	1.87	1.93	2.07	2.2

阵风的动力系数 β 与结构有关，将钢结构的动力系数 β，按自然振动周期列于表 4-16 中。

表 4-16　动力系数 β

自然振动周期/s	0.25 以下	0.5	0.75	1.0	1.5	2.0	2.5	3.0	4.0	5.0	7.0 以上
钢结构	1.22	1.29	1.35	1.38	1.44	1.49	1.54	1.58	1.66	1.70	1.75

常见风力等级下的风速参数见表 4-17。

表 4-17　风力等级与风压

风级	风级名称	海面上 6 m 风速/(m/s)		海面上 6 m 风压/(N/m²)	
		平均值	突风	平均值	突风
1	软风	0.6～1.7	3.2	1.96	7.84
2	轻风	1.8～3.3	6.2	8.83	30.4
3	微风	3.4～5.2	9.6	21.6	73.6
4	和风	5.3～7.4	13.6	44.1	147.1

续表

风级	风级名称	海面上 6 m 风速/(m/s)		海面上 6 m 风压/(N/m²)	
		平均值	突风	平均值	突风
5	劲风	7.5～9.8	17.8	76.5	252.1
6	强风	9.9～12.4	22.2	122.6	392.3
7	疾风	12.5～15.2	26.8	184.4	573.8
8	大风	15.3～18.2	31.6	264.8	797.4
9	烈风	18.3～21.5	36.7	367.8	1076
10	狂风	21.6～25.1	42.0	502.2	1407
11	暴风	25.2～29.0	47.5	670.9	1800
12	飓风	≥29.0	53.0	877.8	2246

则导弹发射车的风载荷为

$$Q_f = p_p \cdot A = \frac{1}{2}\rho \cdot v^2 \cdot C_x \cdot k_H \cdot \beta \cdot A \tag{4-6}$$

式中　A ——迎风面积，即导弹发射车车体、导弹及发射装置在过其轴线的平面上的投影面积之和（空载时不考虑导弹）。

如果设备有圆柱形杆件，应当计算与风向垂直面风载引起的共振作用，引起共振的临界风速按下式计算

$$v_{li} = \frac{5d}{T} \tag{4-7}$$

式中　d ——圆柱构建的直径（mm）；

　　　T ——设备的固有振动周期（s）。

当考虑风载的动态响应时，需按空气作用的谱密度计算，沿风的流动方向，风速脉动谱密度的近似计算公式为

$$S_{u_y}(u_0\omega) = \frac{\sigma_u^2 l^2}{u_0} \frac{6\omega}{\left[1 + \left(\frac{\omega l}{u_0}\right)^2\right]^{\frac{4}{3}}} \tag{4-8}$$

式中　ω ——风速脉动频率；

　　　l ——区间长的湍流的广义尺度；

　　　σ_u ——风速脉动的均方值，近似计算公式为

$$\sigma_u = (0.2189 \sim 0.00011\,h)u_0^{0.8} \tag{4-9}$$

4.6.3.2　核爆冲击波计算

GJB 1698—93 中没有明确定量的抗核爆力学加固要求，一般在研制总要求中明确，并作为导弹发射车的设计输入。地面设备抗核爆力学加固的主要载荷是空气冲击波超压、动压及地震波加速度或空气冲击波、地震冲击波的组合作用。任务书有抗核加固要求则在导弹发射车稳定性校核时需考虑核冲击载荷，并在设计方案明确对应的技术措施。

计算超压的公式有多种，根据参考文献 [2]，核爆冲击波超压近似计算公式如下：

对在无限空中爆炸产生的冲击波，阵面内超压为

$$\Delta p_H(\text{MPa}) = 0.082 \frac{\sqrt[3]{\omega}}{R} + 0.265 \left(\frac{\sqrt[3]{\omega}}{R}\right)^2 + 0.686 \left(\frac{\sqrt[3]{\omega}}{R}\right)^3 \tag{4-10}$$

对地面爆炸产生的空气冲击波超压，阵面内超压为

$$\Delta p_H(\text{MPa}) = 0.104 \frac{\sqrt[3]{\omega}}{R} + 0.421 \left(\frac{\sqrt[3]{\omega}}{R}\right)^2 + 1.376 \left(\frac{\sqrt[3]{\omega}}{R}\right)^3 \tag{4-11}$$

式中　R ——目标点到爆炸点的距离（m）；

　　　ω ——TNT 当量（kg）。

冲击波阵面传播速度为

$$v_H = 340\sqrt{1 + 0.081\Delta p_H} \tag{4-12}$$

由于核冲击波到达发射车时气流的止滞和绕流等作用，作用在发射车上的最大载荷不是直接用上述超压公式计算，而是用冲击波速度头的合成载荷计算。

合成压力的最大值用下式计算

$$p_{\max} = C_x \cdot q \tag{4-13}$$

式中　C_x ——气动阻力系数；

　　　q ——冲击波速度头，用下式计算

$$q = \frac{2.5\Delta p_H}{\Delta p_H + 7} \tag{4-14}$$

作用在发射车上的最大载荷为

$$F_{\max} = S_1 p_{\max} \tag{4-15}$$

式中　S_1 ——发射装置表面的计算面积。

由于核冲击波对发射车的绕流作用，实际作用在发射车上的压力如图 4-35 所示。在图 4-35 中，曲线 a 是发射平台的正面压力曲线，曲线 b 是发射平台的反面压力曲线，发射车所受的合成压力如图 4-35 中阴影部分所示。

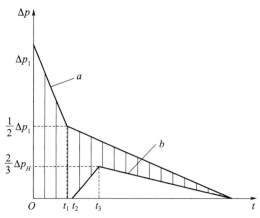

图 4-35　发射车所受压力和时间的关系曲线

图 4 - 35 中，$t_1 = \dfrac{3H}{U}$，为冲击波开始到达值产生滞止压力的时间；H 为阻挡物高度或宽度中较小值的 $1/2$；U 为核冲击波传播速度。

实际最大压力为

$$p_{max}(kPa) = C_x \cdot p = 2.5 \times (\Delta p_0)^2 / (\Delta p_0 + 7p_0) \qquad (4-16)$$

式中　p_0——标准大气状态下的压力，$p_0 = 101.3\ kPa$。

发射车的冲击载荷为

$$F_{max} = S_1 p_{max}$$

4.6.3.3　导弹燃气射流的计算

（1）燃气射流的基本概念

燃气射流：靠压差驱动，由孔口、管口、喷嘴等喷出的气体介质且喷射成束的流动形态。

导弹飞行是依靠发动机喷管的燃气喷射实现的，导弹发动机工作形成的燃气流为燃气射流。不管采用何种发射方式，导弹点火后对导弹发射车都作用燃气流冲击载荷，该冲击载荷会引起导弹发射车的强烈振动，施加冲击压力，产生以下几种负面影响：

1）对导弹离轨姿态产生干扰；

2）对导弹离轨安全性产生影响；

3）对再发射时间产生不利影响；

4）对车上设备结构和设备产生不利影响。

因此，应计算导弹发动机的射流对导弹发射车产生的冲击载荷（射流流场的温度、压力、速度），作为对发射车有关结构进行强度和刚度计算的输入，同时，该载荷也作为对导弹发射车进一步开展发射动力学分析仿真的激励源。

当前，计算导弹燃气流场（燃气射流）对发射车的影响一般采用商用流体力学计算软件进行仿真，在方案阶段也可采用工程计算公式进行简化、初步计算，有关燃气射流工程计算方法可见参考文献 [2-4]，这里将有关知识点做一简单介绍，复杂边界的流体计算见后文有关仿真章节和文献 [4]。

导弹燃气射流的主要特点如下：

1）流速高，发动机出口处流速一般为 $Ma > 2$。

2）温度高，发动机出口处温度一般大于 $1000\ ℃$。

3）存在边界层运动，由燃气射流的黏性引起的与周围空气介质之间的相互作用。

4）自模性，即射流不同截面的参数分布规律存在着相似性。

5）轴向平行性，即流场中横向分量比轴向分量小得多，可忽略横向分量。

6）二次燃烧，发动机喷出的燃气射流未燃烧充分，喷出后发生二次燃烧。

7）气-固两相流，即燃气射流中存在未燃烧的添加剂或燃烧生成的细小固体颗粒。

8）红外辐射，由于气流中的介质温度高，存在强烈的红外辐射。

导弹燃气射流的分类：

根据导弹喷管的数量，可分为单喷管射流、双喷管射流和多喷管射流，且一般是对称的；根据喷管出口处的流速，可分为亚声速流（出口马赫数 $Ma<1$，流场自模性强）、超声速流（出口马赫数 $Ma>1$，流场具有激波系）；根据射流非计算度 n（$n=p_e/p_a$，p_e 为喷管出口处的射流压力；p_a 为射流周围介质的压力），$n>1$ 为欠膨胀射流（当 $1<n<1.5$，称为低度欠膨胀射流；$n<2$ 为高度欠膨胀射流），$n<1$ 为过膨胀射流（$0.7<n<1$ 为中度过膨胀射流，$n<0.7$ 为高度过膨胀射流）。

车载弹道导弹一般采用一个喷管且为对称结构。

导弹发射时的燃气射流流场如图 4-36 或图 4-37 所示。欠膨胀射流需在喷管口边缘处形成锥形膨胀波束进一步膨胀。过膨胀射流需先产生两道锥形激波提高自身压力，使压力高于外界气压，之后的流场结构与欠膨胀射流类似。因此主要区别在于出口处是激波还是膨胀波，两种射流结构如图 4-38 所示。了解燃气射流的结构及作用范围有助于导弹发射车的方案设计、结构强度校核和燃气防护。

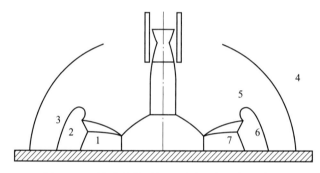

图 4-36　导弹发射瞬间欠膨胀燃气流场示意图

1—声速线；2—马赫盘；3—接触面；4—冲击波；5—空气；6—燃气；7—激波

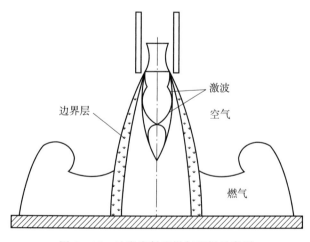

图 4-37　过膨胀射流燃气流场示意图

（2）自由射流结构特征参数的计算

常见的单喷管燃气流场结构及参数计算详见文献［3］。

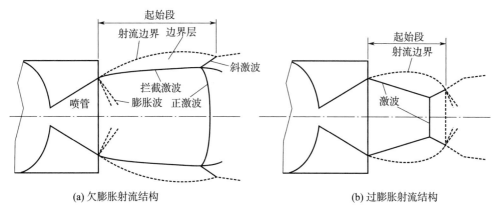

图 4 - 38　射流结构对比示意图

自由射流起始段无因次长度计算公式为

$$\overline{S}_0 = 0.67/A \qquad (4-17)$$

$$\overline{S}_0 = S_0/R_0 \qquad (4-18)$$

式中　S_0——起始段长度；

　　　R_0——起始段射流半径。

理想流场波节长度 l 计算公式为

$$l = 0.89 d_e \sqrt{(p_0 - 1.9 p_a)/p_a} \qquad (4-19)$$

式中　p_0——燃烧室压力；

　　　p_a——环境压力；

　　　d_e——喷口直径，$d_e = 2 r_e$。

根据气流参数自模性特点得到的射流轴心的速度经验公式为

$$\frac{u}{u_m} = \left[1 - \left(\frac{r}{R} \right)^{1.5} \right]^2 \qquad (4-20)$$

$$\frac{u_m}{u_0} = \frac{0.96}{0.294 + as/r_0} \qquad (4-21)$$

式中　u——圆截面内一点气流速度；

　　　u_m——圆心速度；

　　　u_0——喷口速度；

　　　r——压力点离轴心的半径；

　　　R——燃气射流作用半径；

　　　r_0——喷口半径；

　　　s——计算点到喷口的距离；

　　　a——湍流系数，气流均匀分布取 $a = 0.066$，非均匀分布取 $a = 0.076$。

（3）热发射导流器气动载荷计算

文献 [3-4] 介绍了作用在平板上的气动载荷的通用公式和单面导流器、双面导流器的压力载荷计算公式，如下：

在已知射流截面压力的前提下可通过积分计算作用面内的总压力载荷

$$p_0 = \iint\limits_{S} q(r)\mathrm{d}S \qquad (4-22)$$

其中

$$q(r) = \rho u$$

式中　$q(r)$——截面内气动压力分布函数；

　　　　S——平板面积；

　　　　ρ——密度；

　　　　u——速度；

　　　　p_0——总载荷。

单面导流楔形导流器的结构及受力简图如图 4 - 39 所示，假设发动机推力全部作用在导流器直线段上，分解成水平和垂直两个集中分力，计算公式为

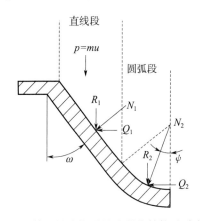

图 4 - 39　单面导流楔形导流器的结构及受力简图

$$\begin{cases} Q_1 = \dfrac{p}{2}\sin 2\omega\text{，直线段} \\[2mm] R_1 = p\,\sin^2\omega \\[2mm] N_1 = p\sin\omega \\[2mm] Q_2 = p\cos\omega(1-\sin\omega)\text{，圆弧段} \\[2mm] R_2 = p\,\cos^2\omega \\[2mm] N_2 = p\,\cos^2\omega/\cos\psi \end{cases} \qquad (4-23)$$

其中

$$p = mu$$

式中　p——导弹发动机推力；

　　　　m——燃气秒质量流量；

　　　　u——燃气流的有效排气速度；

N_1、N_2——平均分布压力。

对于由图 4-39 结构对称布置的双面导流器，如图 4-40 所示，燃气载荷计算公式同式（4-23），该公式中的 p 值减半，$p = mu/2$。

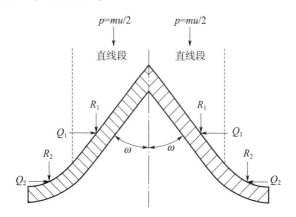

图 4-40　双面楔形导流器表面燃气作用力示意图

对发射箱（筒）内的导弹燃气流不能按上述自由空间射流模型计算，需按具有边界条件的流体力学方程组计算。

文献［2］介绍了导弹燃气压力的工程计算公式

$$p = \left\{ \frac{\dfrac{2\,k}{k+1}Ma^2 - \dfrac{k-1}{k+1}}{\left[\left(\dfrac{4\,k}{k+1}\right)^2 - \dfrac{2(k-1)}{(k+1)^2 Ma^2} \right]^{\frac{k-1}{k+1}}} - 1 \right\} p_a \tag{4-24}$$

式中　k——气流的等熵指数；

　　　Ma——气流马赫数；

　　　p_a——周围介质（大气）压力。

如为亚声速燃气射流，即 $Ma < 1$，属于等熵定常流，可用下式计算压力值

$$p = \frac{1}{2}k p_a Ma^2 \tag{4-25}$$

在射流主段

$$p = 0.665 Ma^2 \tag{4-26}$$

另一种简单计算公式为

表面动压

$$p = \left(\frac{2\,k}{k+1}Ma^2 \sin^2\beta - \frac{k-1}{k+1} \right) p_a \tag{4-27}$$

表面温度

$$T = \left(\frac{k-1}{k+1} \right)^2 \left(\frac{2\,k}{k+1}Ma^2 \sin^2\beta - 1 \right) \left(\frac{2}{k+1}\frac{1}{Ma^2 \sin\beta} + 1 \right) T_a \tag{4-28}$$

式中　T_a——尾流流场处的温度；

β —— 冲波角。

$$\cot\beta = \frac{1 + Ma^2\left(\dfrac{k+1}{2} - \sin^2\beta\right)}{Ma^2\sin^2\beta}\tan\alpha \qquad (4-29)$$

式中　α —— 气流与障碍物夹角（气流转折角）。

当转折角 α 大于临界转折角时，冲击波变为正冲波，此时

$$p = \left(\frac{2k}{k+1}Ma^2 - \frac{k-1}{k+1}\right)p_a \qquad (4-30)$$

$$T = \left[\frac{2k(k-1)}{(k+1)^2}Ma^2 - \frac{2k(k-1)}{(k+1)^2 Ma^2} + \frac{4k-(k-1)^2}{(k+1)^2}\right]T_a \qquad (4-31)$$

由于发射车处于流场中，可先计算出迎风面内最大、最小两个点的动压值，再求其平均值作为整个迎风面的平均压力 p_{AV}。用下式计算迎风面内的冲击载荷

$$R = p_{AV} \cdot \Delta A \qquad (4-32)$$

4.6.3.4　导弹离轨/出筒加速度、速度计算

（1）箱（筒）式热发射

对于箱（筒）式热发射，计算简图如图 4-41 所示，不考虑导弹质量的变化和空气阻力，运动加速度和速度分别为

$$\begin{cases} a = \dfrac{gP_m}{W_m} - fg\cos\varphi - g\sin\varphi \\ V_T = \sqrt{2aS} \\ T = V_T/a \end{cases} \qquad (4-33)$$

式中　W_m —— 导弹重量；

　　　g —— 重力加速度；

　　　a —— 导弹箱（筒）内加速度；

　　　P_m —— 导弹推力；

　　　f —— 导弹与发射箱的摩擦系数；

　　　φ —— 射角；

　　　S —— 导弹在箱（筒）内的运动距离；

　　　T —— 导弹出箱（筒）的时间；

　　　V_T —— 导弹出箱（筒）时的速度值。

对于同时离轨发射，需要考虑推力偏心引起的导弹绕质心的转动，则转动角加速度为

$$\ddot{\theta} = M_\delta/J_z \qquad (4-34)$$

式中　M_δ —— 推力产生的偏转力矩；

　　　J_z —— 导弹的绕质心横轴的转动惯量。

根据式（4-33）和式（4-34）可计算得到导弹的偏转角度为

$$\theta = \frac{1}{2}\ddot{\theta}T^2 \qquad (4-35)$$

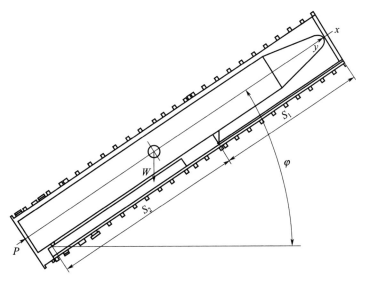

图 4 - 41   箱式发射导弹运动受力简图

假设技术要求规定了出箱（筒）速度要求值，由式（4 - 33）和式（4 - 35）可以计算出所需发射箱内导轨的长度。

（2）裸弹热发射

对于裸弹热发射方式，导弹发射时垂直停放在发射台（架）上，不考虑推力偏心，导弹的运动方程与式（4 - 33）相同，只需将 $\varphi = 90°$，$f = 0$，综合式（4 - 33）和式（4 - 35）可得

$$\begin{cases} a = \dfrac{g P_m}{W_m} - g \\[2mm] V_T = \sqrt{2aS} \\[2mm] T = V_T / a \\[2mm] \theta = \dfrac{1}{2} \ddot{\theta} T^2 \end{cases} \qquad (4 - 36)$$

考虑推力偏心工况，可按式（4 - 35）计算其偏转角度，然后根据燃气流场计算公式计算流场边界所覆盖的范围及作用在车上的压力，或者校核导弹离开发射车时是否发生偏转结构干涉。

（3）垂直冷发射

在方案设计阶段可根据发射车总体布置方案进行导弹加速度等参数的计算。更精细的计算需采用流体动力学 CFD 软件进行仿真。

一般导弹出筒速度 V_T、最大加速度值 a_{max} 由发射车任务书中规定，由 V_T、a_{max} 可计算得到导弹在筒内运动的最小距离为

$$S_{min} = \frac{V_T}{2a_{max}} \qquad (4 - 37)$$

如果总体方案设计中确定了发射筒内导弹运动距离 S ，则可计算出导弹运动平均加速度为

$$\bar{a} = \frac{V_T}{2S} \qquad (4-38)$$

需满足 $\bar{a} \leqslant a_{\max}$ 。

则可计算出导弹在筒内运动所需长度 S 为

$$S = \frac{V_T}{2\bar{a}} \qquad (4-39)$$

导弹在筒内运动的时间为

$$T = \sqrt{\frac{2S}{\bar{a}}} \qquad (4-40)$$

根据文献 [6-7]，弹射动力装置燃烧室（高压室）的工作时间 $t_k = (0.9 \sim 0.95)T$ 。

根据牛顿第二定律得到筒内导弹运动方程为

$$\frac{W_m}{g}\bar{a} = \bar{p}_e \times A_e - f_1 N_e - W_m \qquad (4-41)$$

式中　$\bar{p}_e$ ——筒内平均压力；

　　　N_e ——导弹适配器与发射筒的正压力；

　　　f_1 ——适配器与发射筒的摩擦系数；

　　　A_e ——发射筒内燃气作用在导弹底部的面积（ $A_e = \pi R^2/4$ ， R 为发射筒内径）。

N_e 、 f_1 值的大小根据试验测定。

由式（4-41）可得筒内平均压力为

$$\bar{p}_e = \left(\frac{W_m}{g}\bar{a} + f_1 N_e + W_m \right) / A_e \qquad (4-42)$$

根据文献 [6-7]，采用本节的参数符号，发射筒底部低压室初始容积 V_0 的估算公式为

$$V_0 = \frac{SA_e}{1.5 \sim 8.0} \qquad (4-43)$$

V_0 一般为发射筒总容积的 $10\% \sim 15\%$ ，即 $V_0 = (10\% \sim 15\%)(SA_e + V_0)$ 。

4.6.3.5　待机、行驶、发射过程中的横向稳定性计算

（1）待机、待发射横向稳定性

导弹发射车的待机有两种模式：一种是隐蔽冷待机，这种状态的发射车和行驶状态无区别，其横向稳定性与行驶横向稳定性相同，按（2）中有关公式计算；另一种为热待机模式，即发射车处于射向已经确定，发射车处于载弹升车或待发射状态（箱式倾斜热发射）或待起竖状态（垂直冷发射）。

对于箱（筒）式倾斜热发射，横向稳定性计算如图 4-42 所示（假设车腿已伸出且车体左右调平）。

图 4-42 升车状态的重心位置随筒弹调转角度、发射倾角不同而不同，以发射调转极

限角度位置计算重心的横向坐标位置，图中重心位置离最近的车腿中心位置的距离为 L_G 。以筒弹极限倾角位置计算整车的风载大小，假设横向最大风载（按前文方法计算风载荷）中心作用在车中心线上。此状态下的横向稳定力矩为

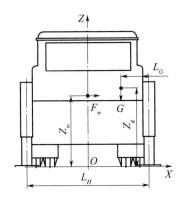

图 4 - 42　箱式倾斜发射横向稳定性计算简图

$$M_w = L_G \cdot G \tag{4-44}$$

侧翻力矩为

$$M_f = F_w \times L_H / 2$$

侧翻安全系数为

$$n = M_w / M_f \tag{4-45}$$

n 一般要求大于 2。

对于筒式垂直冷发射方式，横向自然风载荷作用下的导弹发射车起竖前的稳定安全性很大，一般不需要计算，仅在考虑核冲击波作用下的横向稳定性需要计算。此时的风载为核冲击波，计算公式见"核爆冲击波计算"一节，安全系数计算同式（4-45）。

对于裸弹热发射状态，抗翻倒稳定性计算是必需的。导弹起竖后的支点处于一个半径为 R 的圆上（图 4-43），如果为圆周支承，则抗翻倒力臂为 R ，工程实际设计一般为 3 点或 4 点支承，支点越多稳定力臂越大。对于弹重较小的，一般选 4 点支承，对于弹重较大的，可选 3 点支承。

3 点（图中 C 、E 、F ）支承抗翻力臂为

$$h_3 = R \sin 30° = 0.5 R$$

4 点（图中 A 、B 、C 、D ）支承抗翻力臂为

$$h_4 = R \sin 45° = 0.707 R$$

导弹抗侧翻受力示意图如图 4-44 所示。

导弹风载计算公式同前文

$$Q_f = p_p \cdot A = \frac{1}{2} \rho \cdot v^2 \cdot C_x \cdot k_H \cdot \beta \cdot A$$

以 4 点支承为例，考虑导弹实际起竖角度 $90° \pm \delta$ ，G_d 为导弹重量，则导弹稳定力矩为

$$M_w = G_d \cdot h_4 \cdot \cos\delta$$

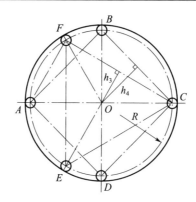

图 4 - 43　导弹起竖后的支点及抗翻倒力臂示意图

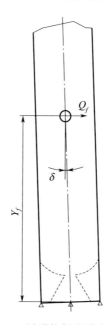

图 4 - 44　导弹抗侧翻受力示意图

翻转力矩为

$$M_f = F_w \cdot Y_f$$

式中　F_w——横向风载；

　　　Y_f——风载中心离地高度。

导弹横向稳定安全系数为

$$n_w = M_w / M_f$$

n_w 一般应不小于 3。

（2）行驶横向稳定性（安全性）计算

发射车的横向稳定性（安全性）计算包括侧坡直线行驶的横向稳定性、通过弯道时的横向稳定性和抗侧滑横向稳定性。

车辆横坡行驶抗侧滑受力简图如图 4 - 45 所示，车辆所受的外力包括重力 G、风载

F_w、横向惯性力 F_a、抗侧滑摩擦力 F_φ、车轮支反力（N_1、N_2），横坡角度为 α。

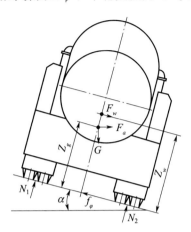

图 4 - 45 车辆横坡行驶抗侧滑受力简图

不发生侧滑的横向附着条件为

$$G\sin\alpha + F_w + F_a\cos\alpha \leqslant (G\cos\alpha - F_a\sin\alpha) \cdot \varphi \qquad (4 - 46)$$

其中

$$F_a = \frac{G}{g} \frac{v^2}{R_w}$$

式中　φ ——车轮与地面之间的附着系数（表 4 - 18）；

　　　F_a ——横向惯性力；

　　　v ——车速；

　　　R_w ——弯道半径。

表 4 - 18　各种路面的附着系数 φ

路面类型	附着系数 φ	路面类型	附着系数 φ
良好干燥的沥青或混凝土路面	0.7～0.8	干燥碎石路面	0.6～0.7
良好潮湿的沥青或混凝土路面	0.5～0.6	压紧干燥土面	0.5～0.6
湿土路面	0.2～0.4		

令 $D_1 = F_a\varphi + G$，$D_2 = G\varphi - F_a$，求解式（4 - 46）得不发生侧滑的临界角度 α 为

$$\alpha = \arcsin\left[\frac{-D_1 F_w + D_2\sqrt{D_1^2 + D_2^2 - F_w^2}}{D_1^2 + D_2^2}\right] \qquad (4 - 47)$$

当车辆横坡直行时，侧向惯性力为 0，仅考虑风力，式（4 - 47）简化为

$$\alpha = \arcsin\left[\frac{-F_w/G + \varphi\sqrt{(1 + \varphi^2) - (F_w/G)^2}}{1 + \varphi^2}\right]$$

车辆横坡转弯时，仅考虑惯性力、不考虑风载时，式（4 - 47）简化为

$$\alpha = \arctan\left(\frac{G\varphi - F_a}{G + \varphi F_a}\right)$$

当车辆横坡直行时，不考虑风力与侧向惯性力时，侧滑角与附着系数的关系为

$$\alpha = \arctan\varphi$$

考虑风载，若已知坡度及转弯半径 R_w，可求出坡路转弯的临界速度为

$$v = \sqrt{\frac{g\varphi R_w - gR_w\tan\alpha - F_w R_w/(m\cos\alpha)}{1 + \varphi\tan\alpha}} \qquad (4-48)$$

由于实验条件为无风情况，当不考虑风力时，式（4-48）简化为

$$v = \sqrt{\frac{g\varphi R_w - gR_w\tan\alpha}{1 + \varphi\tan\alpha}}$$

下面计算车辆抗侧翻安全系数。

在不考虑轮胎悬架变形的情况下，车辆最危险的状态为在横坡上转弯并受到侧向风载的作用，受力简图如图 4-46 所示，与图 4-45 相比主要考虑了因惯性力引起的车辆质心的横向偏移，这一点大家在坐汽车通过弯道时都有体会，这种偏移增大了侧翻的趋势。

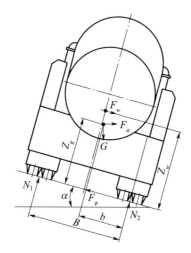

图 4-46　车辆横坡行驶侧翻受力简图

不发生侧翻的条件为

$$Z_g G\sin\alpha + Z_g F_a\cos\alpha + F_w Z_w \leqslant (G\cos\alpha - F_a\sin\alpha) \cdot b \qquad (4-49)$$

式中　b——轮距的一半减去车辆质心横向偏心距，即

$$b = B/2 - e$$

式中　e——簧上质量偏心距，计算公式为

$$e = hM_\varphi/C_\varphi$$

式中　h——簧上质量的质心到侧倾中心的距离，可根据文献［8］提供的公式计算；

　　　M_φ——簧上质量的侧倾力矩，$M_\varphi = M_h\dfrac{v^2}{R_w}h$；

　　　C_φ——悬架的总角刚度，等于各轴侧倾角刚度的和，悬架的侧倾角刚度参见文献［8］。

式（4-49）展开合并为

$$(Gb - Z_g F_a) \cos\alpha - (Z_g G + F_a b) \sin\alpha = F_w Z_w \qquad (4-50)$$

令 $D_3 = Gb - Z_g F_g$，$D_4 = Z_g G + F_a b$，$D_5 = F_w Z_w$，则式（4-50）简化为

$$D_3 \cos\alpha - D_4 \sin\alpha = D_5 \qquad (4-51)$$

解方程式（4-51），考虑质心偏移的侧翻临界横坡角度为

$$\alpha = \arcsin\left[\frac{-D_4 D_5 + \sqrt{D_3^2 D_4^2 - D_3^4 - D_3^2 D_5^2}}{D_3^2 + D_4^2}\right] \qquad (4-52)$$

安全系数为

$$n = [(G\cos\alpha - F_a \sin\alpha) \cdot b] / (G Z_g \sin\alpha + F_a Z_g \cos\alpha + F_w Z_w) \qquad (4-53)$$

若已知坡度及转弯半径 R_w，则临界转弯速度为

$$v = \sqrt{\frac{gbR_w \cos\alpha - gR_w Z_g \sin\alpha - gR_w F_w Z_w / G}{Z_g \cos\alpha + b \sin\alpha}} \qquad (4-54)$$

不考虑风力时 $F_w = 0$，式（4-54）简化为

$$v = \sqrt{\frac{b\cos\alpha - Z_g \sin\alpha}{Z_g \cos\alpha + b \sin\alpha} g R_w} \qquad (4-55)$$

当在水平路面转弯时，$\alpha = 0$，式（4-54）简化为

$$v = \sqrt{\frac{b - F_w Z_w / G}{Z_g} g R_w} \qquad (4-56)$$

不考虑风力且在水平路面上转弯时，式（4-56）简化为

$$v = \sqrt{\frac{b}{Z_g} g R_w} \qquad (4-57)$$

4.6.3.6　展开、撤收过程中的载荷计算

（1）升车载荷

发射车升车前处于行军状态，升车后处于左右调平状态，对倾斜发射的战术地地发射车需要前后调平，对垂直发射的导弹发射车则可不需要发射车前后调平。按 4 个升车车腿计算，且假设车轮全部离地、整车重心在车中垂面。升车过程受力简图如图 4-47 所示。

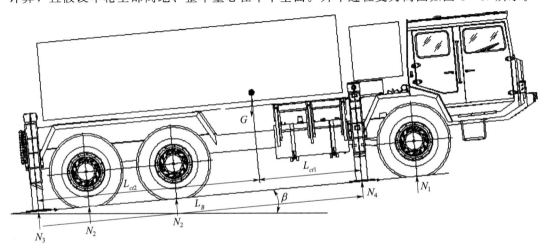

图 4-47　升车过程受力简图

前后不调平、升车后与路面平行、左右调平，车腿支反力计算公式为

前支腿支反力（单个）为

$$N_4 = 0.5 L_{ct2} G \cos\beta / L_B \qquad (4-58)$$

后支腿支反力（单个）为

$$N_3 = 0.5 L_{ct1} G \cos\beta / L_B \qquad (4-59)$$

为了防止滑动（不考虑风载），$N_3 + N_4 \geqslant G\sin\beta/\mu$，将式（4-58）和式（4-59）代入，得

$$\beta \leqslant \arctan(\mu) \qquad (4-60)$$

式中　μ——车腿盘与地面的摩擦系数。

前后调平、左右调平，车腿支反力计算公式为

前支腿支反力（单个）为

$$N_4 = 0.5 L_{ct2} G / L_B \qquad (4-61)$$

后支腿支反力（单个）为

$$N_3 = 0.5 L_{ct1} G / L_B \qquad (4-62)$$

在坡上调平，需要前后车腿相对滑动/变形距离为

$$L_B(1-\cos\beta) \qquad (4-63)$$

横坡调平也需要有位移协调，变化量为 $L_H(1-\cos\alpha)$。

（2）回转载荷

对于具有调转功能的发射车，需要计算调转的载荷。调转外载荷主要有风载和惯性载荷，内部载荷有摩擦阻力。

由于发射架和发射箱在回转中的风载是变化的，可取最大迎风面积和最大风速计算，计算公式同式（4-6），迎风面积为发射箱和发射架的组合侧面面积 A_1，风载计算公式为

$$Q_{fh} = p_p \cdot A_1$$

设风载中心距离回转中心的距离为 L_f，则风载引起的阻力矩为

$$M_f = Q_{fh} \cdot L_f$$

设回转角速度为 ω_h，则回转台＋发射架＋发射箱组合体（转动惯量为 J_x）的惯性负载为

$$M_n = J_x \frac{\mathrm{d}\omega}{\mathrm{d}t}$$

摩擦阻力矩由转台的轴承和传动系统的摩擦阻力引起，由传动设备厂家提供或通过满载状态测量获得，设该值为 M_m。则回转载荷力矩为

$$M_h = Q_{fh} \cdot L_f + J_x \frac{\mathrm{d}\omega}{\mathrm{d}t} + M_m \qquad (4-64)$$

摩擦力矩 M_m 的主要来源为转台的滚动轴承的摩擦阻力矩，可按下式计算

$$M_m = 0.5\mu_e D \sum F_N \qquad (4-65)$$

式中　D——滚动体中心圆半径；

$\sum F_N$ ——滚动体法向反力的绝对值之和；

μ_e ——当量摩擦系数，$\mu_e = 0.01$。

（3）起竖载荷

设发射装置与车架上平面夹角为 θ，导弹弹尖距通过起竖回转轴且与发射装置轴线垂直的平面的距离为 l_d，弹尖切向加速度为 a_d，筒弹组合重心距通过起竖回转轴且与发射装置轴线垂直的平面的距离为 l_{td}，起竖过程中起竖油缸载荷为 T，筒弹转动惯量为 J_3（相对回转轴），假设车辆停放在水平地面，受力简图如图 4-48 所示。

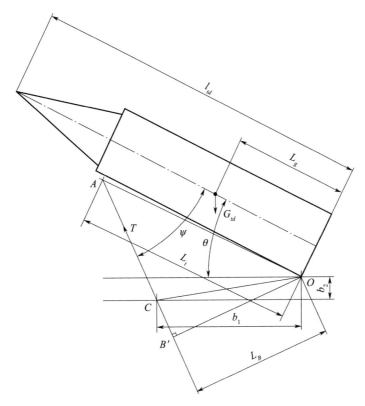

图 4-48　起竖推力计算简图

可按以下两种方法计算起竖油缸推力载荷：

方法一：静平衡计算法（不考虑加速度）。

按图 4-48 列力矩平衡方程

$$G_{td} \cdot L_g \cdot \cos\theta = T \cdot L_B$$

油缸推力为

$$T = \frac{G_{td} \cdot L_g \cdot \cos\theta}{L_B} \qquad (4-66)$$

下面推导 L_B：

以 C 点为油缸下支点，$CO = \sqrt{b_1^2 + b_2^2}$

CO 与水平面（车架上平面）的夹角为 $\theta_0 = 90° - \arctan(b_1/b_2)$

从三角形 ACO 的各边、角关系得到

$$AC = \sqrt{L_t^2 + CO^2 - 2 \cdot L_t \times CO \cdot \cos(\theta + \theta_0)}$$

则

$$\angle BCO = 180° - \arcsin[L_t \cdot \sin(\theta_0 + \theta - \delta_0)/AC]$$

δ_0 为 AO 与发射筒轴线的初始夹角。

则得到 $L_B = CO \cdot \sin(\angle BCO)$。

用式（4-66）计算得到某发射车推力曲线如图 4-49 所示。

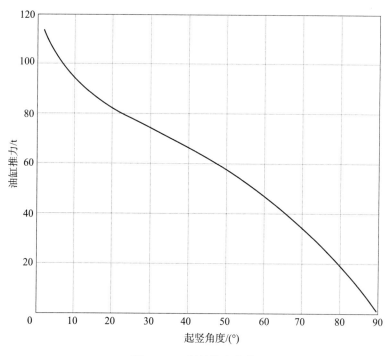

图 4-49　起竖推力曲线

方法二：考虑加速起竖的惯性力静平衡法（考虑加速度）。对起竖回转轴取力矩平衡有

$$T \cdot L_B - J_3 \cdot \frac{a_d}{l_{td}} = G_{td} \cdot L_g \cdot \cos\theta$$

得起竖过程中起竖油缸的载荷为

$$T = \frac{G_{td} \cdot L_g \cdot \cos\theta + J_3 \cdot \left(\dfrac{a_d}{l_{td}}\right)}{L_B} \tag{4-67}$$

式（4-67）与式（4-66）相比，增加了切向加速度引起的惯性载荷导致的推力增加值，式（4-67）的推力曲线可由式（4-66）的曲线向上平移增加值得到。

4.6.3.7　机械传动车辆行驶和加速相关计算

（1）最高车速

最高车速与底盘发动机的最高转速、底盘最小传动比、轮胎滚动半径等参数有关。计算公式为

$$v_{\max} = \frac{0.377 n_m \cdot r_d}{i_o \cdot i_d \cdot i_g} \tag{4-68}$$

式中　n_m——发动机最大转速（r/min）；

　　　r_d——轮胎滚动半径（m）；

　　　i_o——主减速器传动比；

　　　i_d——分动器传动比；

　　　i_g——变速器高速档传动比。

由于底盘发动机最高车速时的扭矩不是最大值，需验算最高车速时驱动力与行驶阻力，要求驱动力大于行驶阻力。整车最高转速情况下发动机所能提供的最大驱动力为

$$F_t = \frac{T_{tq} \cdot i_g \cdot i_d \cdot i_o \cdot \eta_T}{r_d} \tag{4-69}$$

式中　T_{tq}——最高车速对应的发动机扭矩（N·m）；

　　　η_T——传动效率。

行驶滚动阻力为

$$F_f = Gf \tag{4-70}$$

式中　G——满载总重量。

行驶空气阻力为

$$F_w = \frac{C_D A v_{\max}^2}{21.15} \tag{4-71}$$

如果 $F_t \geqslant F_f + F_w$，则式（4-69）计算得出的理论最高车速可以实现，驱动力满足要求。

（2）动力因数

动力因数为

$$D = \frac{F_t - F_w}{G} \tag{4-72}$$

（3）最大爬坡度

可按动力因素计算最大爬坡度。最大驱动力计算公式为

$$F_{t\max} = \frac{T_{\max} \cdot i_g \cdot i_d \cdot i_o \cdot \eta_T}{r_d} \tag{4-73}$$

式中　$T_{\max}$——发动机最大扭矩（N·m）。

爬最大坡时可不计风载，$F_{t\max}$ 按 I 档（最低档）传动比计算。

则动力因数为

$$D = F_{t\max}/G \tag{4-74}$$

计算最大爬坡角度为

$$\alpha_{\max} = \frac{D - f\sqrt{1 - D^2 + f^2}}{1 + f^2} \qquad (4-75)$$

式中　f——滚动阻力系数，f 取 0.015。

最大爬坡度为

$$i_{\max} = \tan \alpha_{\max} \times 100\%$$

（4）加速度、加速时间

加速度的倒数

$$\frac{1}{a_{\max}} = \frac{\delta}{g(D - f)} \qquad (4-76)$$

其中

$$\delta = 1 + \frac{g}{G}\left(\frac{\sum I_w}{r^2} + \frac{I_f i_g^2 i_o^2 \eta_T}{r^2}\right)$$

式中　δ——动力系数。

先算出各档位的 δ 和 D，计算出各档的加速度，就可以根据 $(v_t - v_0)/a_{\max}$ 计算各档达到某个车速的加速时间。

4.6.3.8　混合动力电传动车辆行驶和加速相关计算

混合动力底盘计算公式的推导与机械传动底盘相同，只是由于电动汽车的扭矩和最高转速取决于驱动电机，因此计算公式略有变化。

（1）最高车速

电动汽车最高车速与驱动电机的最高转速、末端减速传动比、轮胎滚动半径等参数有关。计算公式为

$$v_{\max} = \frac{\pi \cdot N_{m\max} \cdot r_d}{30 i_o \cdot i_{g\min}} \qquad (4-77)$$

式中　$N_{m\max}$——驱动电机的最高转速（r/min）；

　　　i_o——传动链末端传动比；

　　　$i_{g\min}$——传动变速装置（变速器）的最小传动比（最高档）。

（2）最大爬坡度

最大驱动力计算公式为

$$F_{t\max} = \frac{T_{\max} \cdot i_g \cdot i_o \cdot \eta_T}{r_d} \qquad (4-78)$$

式中　$T_{\max}$——电动机最大扭矩（N·m）。

动力因数计算同式（4-74），计算最大爬坡角度同式（4-75）。

最大爬坡度为

$$i_{\max} = \tan \alpha_{\max} \times 100\%$$

（3）加速度、加速时间

加速度为

$$a_{\max} = \frac{\mathrm{d}v}{\mathrm{d}t} = \frac{F_t - F_f - F_w}{M\delta}$$

$$a_{\max} = \frac{Ti_o i_g \eta_t / r_d - Mgf_r - F_w}{M\delta} \tag{4-79}$$

其中

$$\delta = 1 + \frac{g}{G}\left(\frac{\sum I_w}{r^2} + \frac{I_f i_g^2 i_o^2 \eta_T}{r^2}\right)$$

式中　δ ——动力系数。

　　算出加速度后，根据电动底盘档位数，按 $t = (v_t - v_0)/a_{\max}$ 计算加速到比如 60 km/h 所需的时间。

参 考 文 献

［1］ 胡昌寿.航天可靠性设计手册［M］.北京：机械工业出版社，1998.

［2］ 贺卫东，等.航天发射装置设计［M］.北京：北京理工大学出版社，2015.

［3］ 张佩元.地面设备设计与试验［M］.北京：宇航出版社，1996.

［4］ 姜毅，史少岩，等.发射气体动力学［M］.北京：北京理工大学出版社，2015.

［5］ 韦佳辉.弹道导弹发射阵地燃气流场数值模拟及人员安全性分析［D］.太原：中北大学，2015.

［6］ 张胜三.火箭导弹发射车设计［M］.北京：中国宇航出版社，2018.

［7］ 郝继光，谭大成，等.航天器发射技术［M］.北京：北京理工大学出版社，2020.

［8］ 余志生.汽车理论［M］.北京：机械工业出版社，2009.

［9］ 范祖尧.现代机械设计手册第3卷［M］.北京：机械工业出版社，1996.

第5章 底盘方案设计

5.1 设计技术要求

发射车底盘设计的依据是发射车总体提出的设计任务书（或技术要求）。底盘设计技术要求主要包括以下内容：

1）功能要求：除车辆基本功能外，明确其他专用功能。

2）基本方案要求：混合动力传动还是机械传动（驱动形式）、发动机和主要零部件选型要求、悬架要求、制动方案、车架结构要求等。

3）机动性能要求：外形尺寸、轴距、载重能力、动力性能、制动性能、通过性能、平顺性、续驶里程、单桥承载能力。

4）接口要求。

5）可靠性、安全性、维修性等要求。

5.2 机械传动底盘方案设计

5.2.1 总体方案

通过近30年来技术的引进和不断自主创新，我国重型汽车底盘技术已经比较成熟，基本满足我国地地导弹武器机动发射平台的需求。重型汽车底盘总体和车架、悬架等的设计、试验、制造技术是汽车厂长期技术积累的结果，各制造厂都有成熟的底盘系列和成熟的总成、零部件配套供应体系，因此，接收到设计输入后，首先是从已有的成熟底盘系列中选择最接近的型号产品，在此基础上根据新要求进行适应性改进设计：换驾驶室、换发动机和传动系统、调整轴距、增加车轴等，重要总成产品也尽量从合格分承制方名录选取，新增配套产品要履行质量审核和合格供方手续。

底盘总体方案大部分已经由设计输入所明确，主要设计工作是根据设计技术要求和相近底盘方案进行总体布置和关键总成方案调整、配套选型，并进行各项性能指标的核算和载荷计算，为底盘分系统方案设计提供依据。主要工作内容如下：

（1）底盘选型

假设技术要求规定的为五轴底盘，则总体方案从现有参考系列中选择最接近的一型，如图5-1所示的 TA5501（10×10）、WS2500（10×10）。

(a) TA5501型底盘　　　　　　　　(b) WS2500型底盘

图 5-1　五轴底盘的外形

（2）外形尺寸确定

底盘外形尺寸基本由发射车总体规定，包括总长、宽和驾驶室顶部高度、车架离地高度、前悬、后悬，底盘方案设计时进行校核确定，如图 5-2 所示。

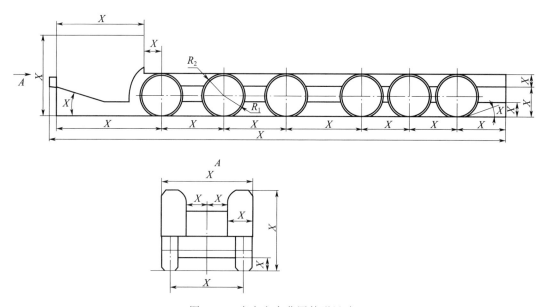

图 5-2　底盘方案草图外形尺寸

（3）动力性能计算和动力传动系统方案确定

根据第 4.6.3.7 节中的公式计算动力性能是否满足要求，不满足要求则更换发动机、变速器，计算总传动比和各档位的速度、最低车速、燃油经济性指标。

（4）核算车架的强度和位移

根据设计技术要求提供的载荷条件和越野性能要求，计算行驶、升车、起竖、发射工况的车架应力及位移。某发射车底盘方案设计计算：导弹起竖时的车架位移及应力分布如图 5-3 所示，计算应力应小于许用应力，位移应小于要求值。根据应力值选择合适的高强度钢板。

（5）确定各分系统、总成方案

动力系统发动机的选型，首先涉及水冷发动机和风冷发动机的选择。由于水冷发动机

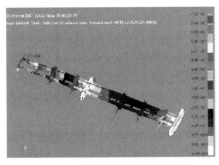
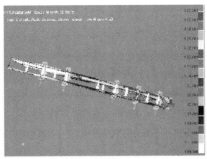

(a) 导弹起竖时的车架位移　　　　　(b) 导弹起竖时的车架的应力分布

图 5-3　底盘车架计算示例

比风冷发动机多一套水冷系统，因此对发动机的缸套和缸盖等的冷却效率更高，尤其是在高温环境、爬长坡时有优势，但是也因此降低了发动机的可靠性，存在着漏水、冷却液"开锅"的问题，需要随车储备冷却液，而风冷发动机的冷却方案相对简单，不存在此类问题。由于水冷发动机出厂状态无水箱、水泵和管路等冷却系统零部件，在相同标定额定功率时装车后的水冷系统需要消耗一部分发动机的功率，动力性精确计算时需考虑减去这部分功率。水冷发动机和风冷发动机有各自特点，维修性、低温启动特性、适装性、重量指标，风冷发动机优于水冷发动机；在爬坡动力性、高原适应性和燃油经济性等方面，水冷发动机占优。由于不同发射车型号载重量、使用环境的差异较大，选择风冷发动机还是水冷发动机需具体问题具体分析，一般来说如果底盘所需功率大于 450 kW，建议采用水冷发动机。

发动机的参数重点关注功率（转速）、排量、最大扭矩及其曲线、最低燃油消耗率、外形尺寸和重量等。

传动系统的液力变矩器、变速器、分动器、主减速器、轮边减速器的选型和布置，尽量沿用已有可靠的产品。

驾驶室方案根据任务书要求，沿用或重新选型。

（6）底盘各项性能指标的计算

在总体布置和各分系统选型基本方案确定后，需要对底盘的各项特征参数和指标进行各种仿真与计算，包括总质量、质心、通过性、动力性、制动、转向、平顺性、侧偏、燃油经济性和可靠性等性能参数。

5.2.2　分系统方案

下面简单介绍底盘主要分系统方案设计方面的内容：

（1）动力系统

根据底盘总体方案选择确定的发动机按照各类使用工况要求匹配动力系统的冷却系统、进气系统、排气系统和燃油系统。

发动机的悬置一般采用四点弹性减振支承，减振器为橡胶弹簧减振器或螺旋弹簧减振器，控制发动机的位移量使之与主轴输出传动轴角度/轴向调整量、驾驶室间隙等匹配。

发动机进气系统由空气滤清器（两级）、进气压力报警传感器、中冷器、连接管路及管路支承等组成。根据驾驶室结构、车架结构、发动机布置等安装进气系统各部件。

发动机排气系统主要由排气管路、排气制动器、消声器和排气波纹管组成。发动机排气歧管、排气管路温度较高，需要避让非金属零件并预留足够间隙。

发动机燃油系统由燃油箱及其附件、管路、油滤（粗油滤、精油滤）等组成。燃油箱有效容积应满足续驶里程和上装柴油机组耗油量。一般在燃油箱上设有电动燃油泵，用于底盘发动机辅助泵油，油箱上设置上装柴油机组取油口，箱内取油口应设置油滤。

发动机冷却系统依据风冷和水冷方式有差异。水冷发动机、液力变矩器、缓速器可考虑共用一套水冷系统，水散热器包括主水箱散热器和变速器油/水交换器，散热器的散热功率应满足要求。风冷发动机的风机和中冷装置已经集成在发动机上，不需要单独设计。

（2）传动系统

底盘传动系统由液力变矩器、变速器、分动器、驱动桥及传动轴等组成，根据底盘总体方案规定的轴数、轴距和轮距进行布置，一种五轴越野底盘传动系统如图 5-4 所示（轮边传动轴未示出），传动轴安装角度、长度应符合有关设计规范，优选可靠性高的传动系统产品。

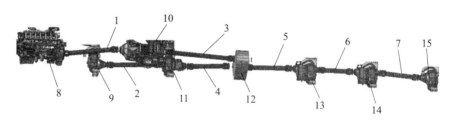

图 5-4 五轴越野底盘传动系统的组成示意图

1~7—传动轴；8—发动机；9、11、13~15—I~V桥主减速器；10—变速器与液力变矩器；12—分动器

传动轴、变速器和分动器、主减速器、轮边减速器一般由国内专业配套厂家研制生产。

推荐选用自动变速器，可以减轻驾驶劳动强度。一种国产自动液力变速器 MA6716T 如图 5-5 所示，其参数见表 5-1，可以满足大部分重型车辆需求。变速器一般也采用弹性悬置安装。一般变速器和分动器的机油也有冷却需求，需要安装机油冷却器。

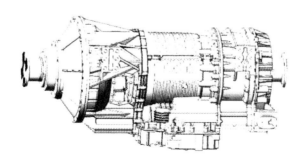

图 5-5 MA6716T 自动变速器的外形

表 5 - 1　MA6716T 变速器的参数

项　目	参　数
型式	MA6716T 自动液力变速器
最大输入扭矩/(N·m)	2576
最大输入功率/kW	522
最大输入转速/(r/min)	2300
最大变矩比	1.77
液力缓速器制动扭矩/(N·m)	2000
速比	7.63、3.51、1.91、1.43、1、0.74、0.67，R：5.55
两取力口最大扭矩	1593 N·m，取力口速比为 1 或 1.2 降速。单个取力口最大为 928 N·m
干重/kg	550（含变矩器、缓速器）

前后轮组的驱动力分配由分动器实现，一般选用双档分动器，有的分动器带有强制锁止式行星齿轮差速器。一种国产分动器（ZQC2800 型分动器）的技术参数见表 5 - 2。

表 5 - 2　ZQC2800 型分动器的技术参数

项　目		参　数
型式		ZQC2800 型双速带气控差速锁
最大输入扭矩/(N·m)		35000
最大输入转速/(r/min)		2800
速比	高档	1：1.11
	低档	1：1.568
重量/kg		505

底盘传动轴分为主传动轴和轮边传动轴，发动机、变速器、分动器和主减速器之间采用主传动轴进行动力和转速传递，主减速器和轮边减速器之间采用轮边传动轴进行动力传递。主传动轴为管状开式带滚针轴承的双十字轴万向节结构，两端均为带端面齿结构的法兰，结构及安装如图 5 - 6 所示。传动轴根据底盘总成单位的任务书由我国传动轴专业生产单位生产，任务书中传动轴的扭矩、最高转速根据传动比计算确定，并提出安全余量、疲劳寿命和冲击、疲劳试验次数（参考标准 QC/T 29082—1992、QC/T 29083—1992、QC/T 523—1999）。

对 QC/T 523—1999《汽车传动轴总成台架试验方法》中的扭转疲劳试验需要关注其交变扭矩取值是否与实际相符，该标准中交变扭矩最大值取规定的额定负载，最小值取额定负载的 30%，此交变负载与传动轴的实际使用工况可能不符，图 5 - 7 所示为某底盘变速器输出轴扭矩，图 5 - 8 所示为某底盘发动机输出轴的扭矩曲线，实测扭矩曲线均表明扭矩交变范围远超 QC/T 523—1999 规定的范围且有负扭矩，因此，任务书应按实际扭矩值规定疲劳试验载荷，以确保传动轴的疲劳寿命满足导弹发射车底盘的使用寿命要求。

(a) 变速器输出传动轴的万向节

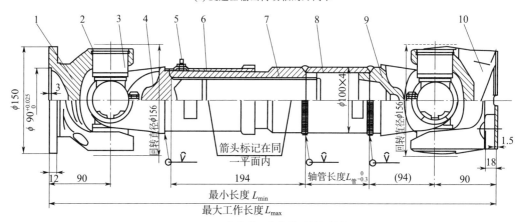

(b) 十字轴万向节传动轴的结构

图 5-6　传动轴结构及万向节安装示意图

1—凸缘叉；2—卡簧；3—十字轴；4—花键轴叉；5—油杯；6—套管；

7—花键毂；8—轴管；9—万向节叉；10—凸缘叉

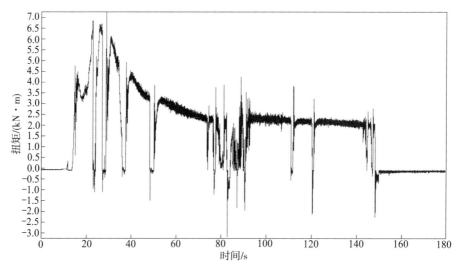

图 5-7　某底盘变速器输出轴扭矩测试结果

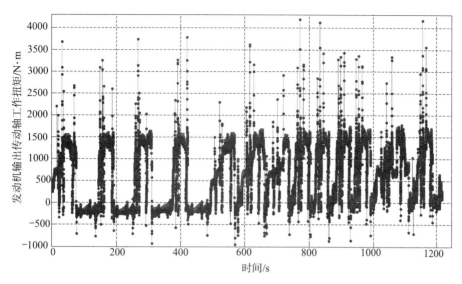

图 5-8　某底盘发动机输出传动轴扭矩曲线

（3）行驶系统

行驶系统包括车架、悬架、车轮、轮胎及轮胎中央充放气系统等。

车架一般采用成熟工艺制造的高刚度和大承载的左右对称双边梁结构，车架截面高度根据载重量和刚度要求确定。由于是越野底盘车架，因此对车架横梁与纵梁的连接设计很重要，需要考虑车架的扭转变形产生的应力，一般采用铆接结构容易释放扭转变形约束应力，但是制造工艺复杂，焊接结构重量轻、制造简单，但是容易产生约束应力。车架材料一般选用高强度、焊接性能较好的合金钢，以便于上装与底盘连接的部件焊接安装的强度满足要求。

发射车底盘的悬架方案有钢板弹簧平衡悬架、扭杆弹簧独立悬架和油气弹簧平衡悬架，对于多轴发射车的底盘悬架推荐采用油气弹簧平衡悬架。油气弹簧平衡悬架的优点是：减振性能好，轴荷可自动均衡分配，车架高度针对空载、半载、满载可调节，防止车体侧倾。油气弹簧平衡悬架的缺点是：悬架系统组成复杂、成本高、维修性相对差。一种五轴底盘油气弹簧原理示意图如图 5-9 和图 5-10 所示，油气弹簧高度控制的油源与底盘转向系统油源共用。油气悬架系统的核心是油气弹簧及控制元件的可靠性和使用寿命。

为了减重，推荐采用铝合金车轮。轮胎的选择主要依据载重量、车速和轮胎半径要求。如果对轮胎高速行驶性能要求高，则建议采用子午线轮胎；如果越野性能要求较高，则可选特种低压越野轮胎。

（4）转向系统

转向系统由转向盘及传动轴、方向机、转向液压助力系统、转向杆系和转向臂等组成。多轴底盘转向系统的设计目标是在保障行驶安全的前提下，使转弯半径、通道宽度和轮胎磨损最小。多轴转向原理如图 5-11 所示，车轮绕平面同一个圆心 O 滚动。

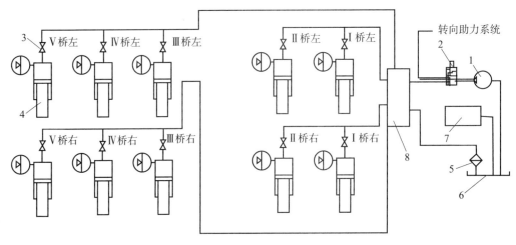

图 5 - 9　五轴底盘油气弹簧平衡悬架原理图

1—油泵；2—电磁阀；3—截止开关；4—油气弹簧；5—回油滤；6—油箱；7—限流限压阀；8—悬架高度控制阀

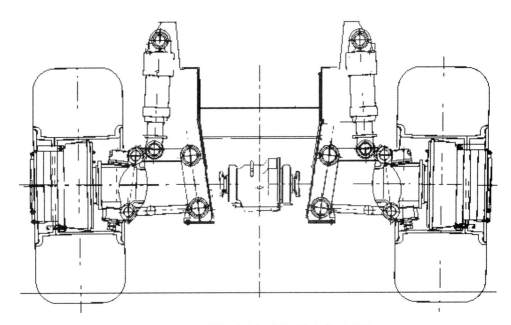

图 5 - 10　双横摆臂油气弹簧悬架机构示意图

　　对于重型多轴底盘转向系统，由于前、后轴的轴距较大，一般采用液压助力分组转向方案，同时在高速公路行驶时锁死后轮组的转向功能，避免高速行驶中出现蛇行摆动。

　　（5）制动系统

　　制动系统由行车制动、驻车制动和辅助制动等组成。行车制动采用双回路压缩空气驱动方式。驻车制动采用手操作、断气式储能弹簧作用方式。辅助制动采用发动机排气制动和液力缓速器制动方式，同时配置 ABS 系统。各部分具体原理见第 2 章，重要设计工作是行车制动、驻车制动的制动力计算和制动元件的选型。

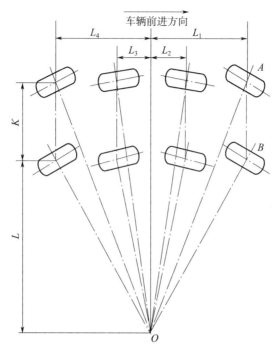

图 5-11　多轴转向原理示意图

（6）驾驶室

驾驶室一般采用骨架蒙皮金属结构，常用四门、四座或两门三～四座。驾驶室的设计是底盘方案设计中非常重要的一环，安装设备众多，除内饰、仪表板、后视镜、遮阳板、暖风装置、制冷空调、灭火器、侧窗玻璃升降机、刮水器、除霜器等外，发射车上装的操作终端设备大部分集中在驾驶室内，因此，驾驶室方案需特别注重人机工程设计，为乘员提供良好舒适的操作环境，为设备和电缆安装提供牢靠准确的安装接口。此外，还有防弹、防空中侦察、"三防"等特殊要求。一般通过三维数字化建模设计不断优化布局。

（7）底盘电气

电气系统由电源、蓄电池组、起动装置、控制仪表与开关、显示信号装置、照明设备和控制与传感设备、辅助驾驶设备等组成。随着发射车信息化和汽车电子化整体水平的提高，底盘电气系统也普遍采用了总线通信控制方案，可与上装电气系统通过通信总线进行信息交互。目前，国内汽车普遍应用的是 CAN、LIN 总线，对通信速率要求高的采用 FlexRay 总线，通过网关节点与上装信息化系统通信，在方案设计阶段需要对底盘总线网络拓扑结构进行规划。

5.3　混合动力传动底盘方案

5.3.1　总体方案

与机械底盘相比，混合动力底盘的优点有：动力性能强、与上装一体化程度高、信息化水平高、可靠性高、维修性好、保障要求低、生存能力强，因此，必将替代部分传统机械底盘成为部分地地导弹发射车配套的首选产品。

混合动力底盘方案设计的依据也是发射车总体编制的底盘方案设计任务书。需要根据任务书规定的功能、各项性能指标逐一落实对应的技术方案。

虽然民用电驱载重汽车已经开始大规模应用，但是这些民用底盘多为后桥驱动模式，不能满足军用底盘的使用环境要求，可供借鉴的成熟的军用底盘型号不多。因此，发射车用混合动力底盘在传统机械底盘设计技术方案的基础上进行设计，借用传统底盘的设计方案和配套产品。

混合动力底盘的组成包括动力系统（单元）、储能单元、电驱动桥、底盘综合控制系统、电源管理系统、制动系统、转向系统、行驶系统以及驾驶室总成、故障诊断系统等。

总体方案主要设计内容包括：

（1）确定外形尺寸

根据发射车总体规定的底盘外形尺寸，确定底盘总长、宽和驾驶室顶部高度、车架离地高度、前悬、后悬等尺寸。

（2）确定电驱方案

电驱系统是混合动力底盘方案设计中需要首先明确的。根据第 2 章的介绍，混合动力电动汽车按动力传输路线可分为串联式、并联式和混联式 3 大类，需要在满足任务书要求的前提下，优选出性价比最高的混合动力驱动构型。构型方案较多，这里列出 2 种典型构型。

①多轴串联式混合动力驱动

多轴串联式全驱构型方案如图 5-12 所示。动力单元有两套（柴油机组＋发电机组），两套动力单元的总功率比传统机械底盘单台发动机的动力更强劲，而且两套机组可以起到降额备份的作用。每个车轴由 1 台电动机驱动，电动机通过一级减速、主减速器减速、轮边减速器减速，可以实现大速比、大扭矩。其中，主减速器减速、轮边减速器减速可以借用可靠性高的成熟产品，左右车轮的差速由主减速器实现，轴间差速通过整车控制器＋电机控制器实现。

针对串联式构型，还可以采用轮毂电机驱动方案，即取消了主减速器、轮边传动轴和轮边减速器，取而代之的是轮边电机与轮边减速器一体化设计方案。采用轮毂电机驱动的优点如下：

1）整车去掉了传统汽车的机械传动系统，使底盘结构得到很大简化，可以提高底盘可靠性和传动效率。

2）离地间隙增大，提高了车辆通过性。

3）车架设备安装空间增大，便于发射车上装设备安装。

4）底盘重心降低，提高抗侧倾稳定性和行驶安全性。

5）车辆具有模块化结构，实现"三化"和系列化，维护保养简单。

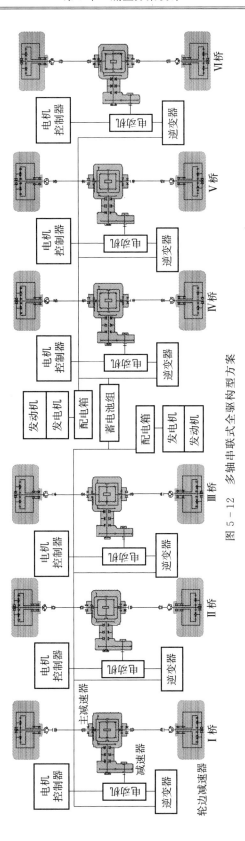

图 5 - 12　多轴串联式全驱构型方案

缺点是非簧载质量增大，对高速行驶操作稳定性不利。另外，轮毂电机的防水、散热设计难度较大。随着轮毂电机技术的日益成熟，这种驱动方式将来可能取代轮边电机模式。

轮毂电机驱动结构分为内转子和外转子两种方案，图 5-13 所示为内转子轮毂电机结构示意图，驱动车轮由轮辋、轮毂电机和行星齿轮减速器组成。

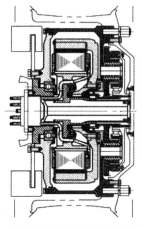
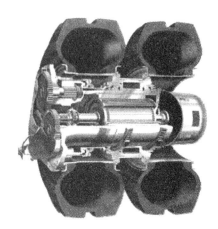

(a) 单胎内转子轮毂电机总成　　　　　　(b)双胎内转子轮毂电机总成

图 5-13　内转子轮毂电机结构示意图

目前，工程上电驱动桥的驱动方式除图 5-12 和图 5-13 外，普遍采用轮边电机＋轮边减速器的模式，如图 5-14 所示，取消了图 5-12 中的主减速器，进一步减少了维护保养项目。

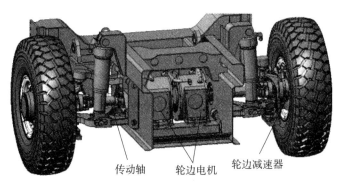

传动轴　　　轮边电机　　　轮边减速器

图 5-14　轮边电机驱动桥

②多轴混联式混合动力驱动

多轴混联式全驱构型方案如图 5-15 所示。动力单元为一台发动机，以六轴底盘为例，前三轴为传统机械传动，后三轴为电机驱动，后三轴驱动方式同图 5-12。电驱轴数量可根据需要确定，这种构型的优点是便于对现有装备底盘进行混合动力改造提升动力性能，可在动力系统故障时继续短距离降速行驶，或者在隐蔽状态下静默行驶、静默发射导弹。

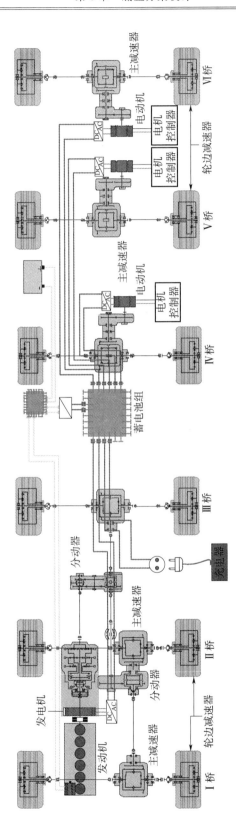

图 5 - 15　多轴混联式全驱构型方案

（3）动力性能计算和动力单元主要性能参数确定

根据第 2.4 节中的公式计算在满足动力性能要求的前提下所需电机的最大扭矩、最大功率以及动力单元最大功率，计算最高车速、最大爬坡度、总传动比和各档位的速度、最低车速和燃油经济性指标，其中，燃油经济性按动力单元最佳燃油经济区间计算油耗，动力性能还需按不同驱动模式分别计算爬坡、加速和最高车速指标。

（4）确定各分系统总体方案

在确定混合动力底盘驱动方案后，通过性能计算和总体布置明确其分系统的方案，包括动力单元、车架、转向、制动和悬架等，给出分系统方案设计的外形尺寸包络和设计输入。例如某混合动力电驱底盘总体布置方案如图 5－16 所示，由该图确定总体尺寸和各总成的初步安装位置，最终方案在各总成方案确定后确定。

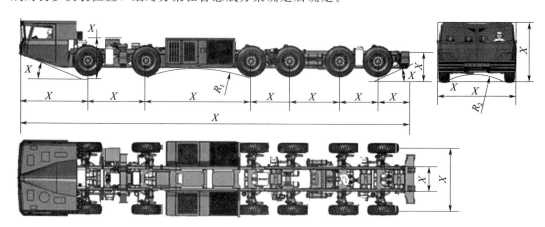

图 5－16　混合动力底盘方案总体布置示意图

5.3.2　分系统方案

（1）动力系统（IPU）

动力单元的设计和要求与传统导弹发射车上装的柴油机组基本相同，主要区别是前者功率更大。动力单元的核心指标是总功率，由发射车总质量和行驶动力性能指标决定，不同总质量的车辆对动力单元的功率要求是不同的。考虑到动力单元的安装尺寸和便于安装，重型和超重型底盘动力单元一般由 2 套相同的柴油发动机-发电机组组成，对称布置安装在前轮组和后轮组之间、车架两侧，这样既便于 IPU 安装，还可以降低整车重心高度和便于驾驶室内的设备和乘员座椅的布置。

每套动力单元由柴油机、发电机、控制器、散热系统、进排气系统、燃油系统和辅助系统组成。动力单元在车上采用串联布置，通过逆变器直接给电池组、底盘和上装的驱动电机单独或同时提供所需的高压直流电。

柴油机是动力单元的核心，基本要求是功率密度大、重量轻、体积小、可靠性高。几种柴油机性能参数见表 5－3。

表 5 - 3　柴油机性能参数对比

项目	单位	机型				
柴油机型号		MC11.44	WP10G360	WP12G460	ISLe	NE840
柴油机型式		直列、水冷、增压中冷、四冲程、高压共轨				
缸数×缸径×行程	mm	6×120×155	6×126×130	6×126×155	6×114×145	6×99×108
发动机排量	L	10.518	9.726	11.596	9	6.7
最大净功率	kW	324	276	338	252	291
额定转速	r/min	1900	1900	1900	—	2800
最大扭矩	N·m	2100	1650	2110	1550	992
升功率	kW/L	30.8	28.4	29.1	28	43
功率质量比	kW/kg	0.37	0.32	0.32	0.36	1.53
净重	kg	870	875	1050	706	445
外形尺寸(长×宽×高)	mm	1333×860×1010	1527×870×1870	1611×817×1094	1129×876×1076	915×923×1029

从表 5 - 3 可以看出，相比于其他几种机型，NE840 发动机的质量最小、尺寸最小、功率质量比最大。考虑高原环境下柴油机组的功率下降，动力单元的总功率应按高原环境下的输出功率设计，即假设底盘动力性能计算所需功率为 400 kW，假设高原环境功率下降 40%，则要求柴油机总功率为 400÷0.6 kW＝666.67 kW。

发电机也是 IPU 的核心。由于永磁同步发电机相对于其他类别的发电机具有效率高、结构简单、体积小和质量小的特点，因此一般选大功率永磁同步发电机作为 IPU 单元的发电设备。选型时，还需考虑发电机的最大功率、最大转速与发动机的匹配。

一种车载 IPU 发电机组的结构如图 5 - 17 所示，一般按沿底盘长度方向布置。同时，采用装箱结构，箱体下部采用密封结构，以满足涉水要求，进风窗口、排风窗口以及加油口等均设置在水线以上。

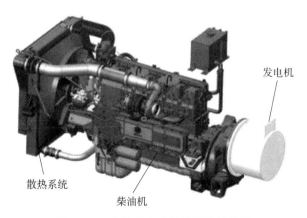

图 5 - 17　柴油发电机组的结构示意图

（2）储能单元

储能单元具有储存电能、制动过程回收能量、启动 IPU 等功能。

储能单元的主要组成为动力电池包、电池组控制单元、DC/DC 控制器以及高压配电组合，具体组成因不同方案和需求而定。

储能单元方案设计的首要工作是计算确定储能单元（电池包）的容量和电池电压。一般电动汽车电池电压是 336 V，384 V，电动大客车 580～600 V 电压，发射车电驱底盘电压一般选 580～600 V，既便于元件选用，也有利于降低线路电流。由于混合动力底盘具有多种驱动模式：混合动力模式、纯电驱动模式和能量回收模式，储能单元的电池容量与底盘任务书所要求的指标和功能有关。

根据第 2 章介绍，串联式混合动力底盘电动机的总额定功率 P_Z 大于 $\min(P_t, P_g, P_f)$。导弹发射车的储能单元一方面作为底盘驱动功率的补充，另一方面要求具有驻车发电、动力单元关闭状态下静默行驶驱动功能，因此需按这 3 种状态下所需最大功率设计电池容量。纯电动模式行驶所需电池容量估算方法如下：

1）计算总驱动力

$$F_e = F_f + F_w$$

2）设行驶距离为 s_1，计算纯电动行驶时电池输出能量（功）

$$W = F_e \cdot s_1$$

3）设传动效率 η_t、电机效率 η_m、电池组放电效率 η_b，放电深度 DOD 为 0.8，则所需电池组总容量为

$$E_b(\text{kW} \cdot \text{h}) = \frac{W}{0.8 \eta_t \eta_m \eta_b} \tag{5-1}$$

电池组采用模块化串并联结构达到要求的电压和容量。具体电池包的结构参见第 2 章和有关文献。

电池组控制单元相当于电池管理系统，具有电池组状态信息采集监控、均衡电压、充放电、热管理和通信等功能，一般采用 CAN 通信总线，见第 2 章。

DC/DC 控制器的功能是控制动力电池充放电并调节直流母线的电压以及能耗电阻是否投入工作。

（3）分布式车轮电驱动系统

车轮驱动系统根据总体方案确定的驱动模式设计，发射车底盘一般要求全轮驱动，具体采用轮边电机驱动、轮毂电机驱动，甚至是单桥单电机驱动，由任务书或底盘总体方案确定。分系统方案设计时需考虑电机功率、扭矩等性能计算以及电机选型、轮边减速器选型、安装接口设计。

轮边电机是电驱底盘的能量转换、动力输出装置，一般选用永磁直流同步电机，电机选型的重要依据之一是其外特性曲线，该曲线和传统底盘发动机的外特性曲线类似，是核算驱动力和最高车速的依据，如图 5-18 所示。

电机控制器的主要功能是根据整车控制器的指令控制电机的转速/扭矩、正反转、通信与状态监测、故障诊断、保护等功能，与上级控制器通过总线通信。电机控制器与电机

可以是 1∶1 配置，也可以是 1∶2 配置。电机控制器的软件控制算法是其核心，需考虑各种行驶工况下电机的力矩/转速控制、左右车轮差速控制、轴间差速控制等。

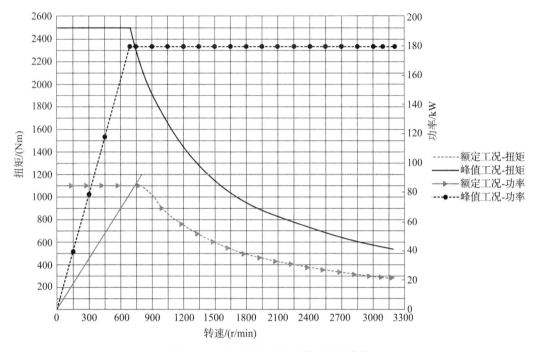

图 5-18 轮边电机扭矩-转速特性曲线

轮边电驱的轮边减速器尽量采用成熟总成，这里不再介绍。

（4）电驱底盘整车控制方案

电驱底盘的整车控制方案是混合动力电驱底盘的核心和关键。主要功能包括整车能源管理、各轴动力系统控制（驾驶与操作感知及响应、各轴转速/扭矩、制动、转向等控制）、运行模式控制、状态监测与故障诊断等。

底盘控制系统一般采用多层分布式总线结构，常用 CAN 总线、LIN 总线和 FlexRay 总线，由于 CAN 总线数据传输速率较低，因此在对实时性要求高的子系统慎用。具体参见相关书籍文献。

（5）其他分系统方案

其他分系统方案与传统底盘基本相同。

（6）总体性能核算

在各分系统方案闭环后，需要核算底盘总质量、质心和各项性能参数，以保证性能和功能满足设计任务书的要求。

第 6 章　发射装置方案设计

6.1　设计技术要求

发射装置的设计依据是发射装置设计任务书或设计技术要求，其中，包括功能要求、总体方案要求（冷热发射方式、开盖方式）、设计输入参数（导弹外形尺寸、质量质心、起竖载荷等）、定性与定量性能指标要求（外形尺寸、重量、导弹出筒速度等）、接口要求（导弹水平装填接口、导弹固定定位接口、导弹支承位置、与发射车的机械电气接口等）、环境适应性要求、通用质量特性要求等。

6.2　总体结构方案

发射装置的总体外形轮廓尺寸，包括长、宽、高以及起竖油缸支点、导弹的支点、起竖回转点位置、回转点离发射筒中心距离、回转点离发射装置尾部距离等参数，由发射总体初步确定并在任务书中明确。

发射装置的设计和其他产品的设计一样，也应借鉴吸收国内外各种先进导弹发射装置的设计技术，在参考国内外各种成熟产品的基础上开展总体结构布局方案设计、载荷计算，初步确定发射筒内径及壁厚（对于裸弹热发射则为发射臂（架）结构形式）、导弹在筒（箱、架）内的轴向相对位置、适配器结构尺寸。通过内弹道计算确定冷发射初始容积要求、弹射动力装置的安装位置及其外形尺寸。在估算筒弹质量、质心后综合发射装置装车的情况和筒弹吊具方案确定吊点位置。对箱式倾斜热发射，需先确定导轨形式，再根据布局设计发射箱的截面高度、宽度尺寸，通过计算离轨速度、离轨下沉量等确定发射箱的长度。

在完成结构布局方案后需要向发射车总体及时反馈方案成果，便于整车方案协同设计。同时，进行发射装置载荷、刚度、强度计算后才能确定最终结构方案。

6.3　载荷及内力计算

在初步明确发射装置的设计输入后，首先进行各工况的载荷及内力计算，为方案设计提供依据。主要有以下几种工况：运输、起竖、方位回转、起吊、停放、水平装填和发射等，不同发射方式有所差异。作用载荷有外载荷和内部载荷，外载荷包括支承载荷、起竖载荷、起吊载荷、风载荷和惯性载荷，内部载荷包括导弹支承载荷、内部压力载荷、导弹

（适配器）与筒（箱）之间的摩擦载荷，这两类载荷有时是耦合的关系。外载荷和内力的精确计算在完成结构设计后可通过整车和发射装置动力学仿真、有限元计算得到，本节介绍的为方案设计阶段进行的快速简化计算方法。

（1）运输载荷及内力

运输载荷作用点为发射装置在发射车上的运输支承位置，因结构对称，按二维平面受力计算。假设导弹两点支在导轨上，发射箱两点支在发射架上，计算简图如图 6 - 1 所示。

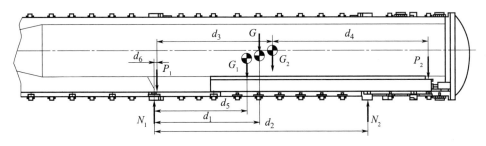

图 6 - 1　运输载荷计算简图

G_1、G_2 分别为发射箱、导弹的重量，N_1、N_2 分别为发射箱的前、后支反力，P_1、P_2 分别为导弹前、后支反力的反力（导弹作用在发射箱上的力）。

计算 N_1、N_2 时，P_1、P_2 为内力。G_1、G_2 的合力为箱弹总重量 G，$G = G_1 + G_2$，考虑运输过载系数 n（n 值一般取 $1.25 \sim 2.0$），则作用在发射箱的总重力为 $n \cdot G$。

对于箱弹整体按力矩静平衡计算得到

$$
\begin{cases}
N_1 = \dfrac{d_2 - d_1}{d_2} n \cdot G \\[2mm]
N_2 = \dfrac{d_1}{d_2} n \cdot G
\end{cases}
\tag{6-1}
$$

同理，对于导弹按力矩静平衡计算得到

$$
\begin{cases}
P_1 = \dfrac{d_4}{d_3 + d_4} n \cdot G_2 \\[2mm]
P_2 = \dfrac{d_3}{d_3 + d_4} n \cdot G_2
\end{cases}
\tag{6-2}
$$

计算发射箱在运输载荷作用下的弯矩时，将发射箱等效为简支梁，如图 6 - 2 所示，弯矩和剪力的计算不再介绍。

（2）起竖载荷及内力

起竖载荷计算参见第 4.6 节方法，更详细精确的计算需建立动力学方程进行求解，参见后文仿真部分。内力计算方法同上。

（3）方位回转载荷

回转载荷计算参见第 4.6 节方法。

（4）起吊载荷及内力

一般发射筒（箱）的支承框和起吊框位置相同，也有不同的。图 6 - 3 所示为起吊工

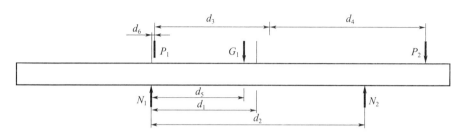

图 6-2　运输状态弯矩、剪力（内力）计算简图

况的受力简图，与图 6-1 基本相同，计算方法同式（6-1）和式（6-2），只是过载系数比较小，考虑起吊过程中紧急制动，一般取式（6-2）中 n 值的下限计算。内力计算方法也相同。

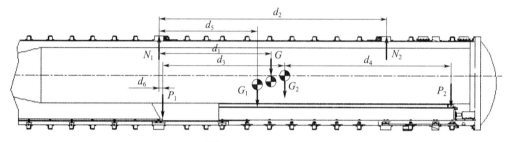

图 6-3　发射箱（筒）起吊工况的受力简图

（5）停放载荷

停放载荷计算公式同式（6-1）和式（6-2），其中，$n=0$ 即可。

（6）水平装填载荷

发射筒（箱）所受的装填载荷包括由重力引起的垂向载荷：N_1、N_2、P_1、P_2 和水平摩擦载荷：F_1 和 F_2，受力简图如图 6-4 所示。

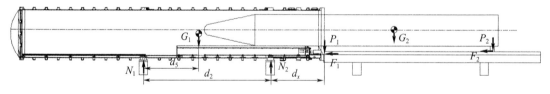

图 6-4　装填载荷计算简图

P_1、P_2 计算同式（6-2），装填时作用在发射筒（箱）上的水平摩擦力为

$$F_1 = f \cdot P_1 , \quad F_2 = f \cdot P_2$$

式中　　f ——导弹支脚与导轨之间的摩擦系数。

作用在发射筒（箱）上的支反力 N_1、N_2 不能按式（6-1）计算，因为摩擦力不通过支反力的作用点会产生绕 N_1 支点的翻转力矩（假设摩擦力距离支承点的垂向距离为 d），且前支脚（支反力 P_1）距后支承框的距离 d_x 是变化的，P_2 在后支脚进筒前未作用在筒上，因此需要分段计算。这里分以下两种状态计算：

状态一，导弹装填时发射筒与装填装置没有硬连接。

当导弹前支脚 d_x 在图 6-4 支点 N_2 的右侧时计算公式为

$$\begin{cases} N_1 = \dfrac{G_1(d_2 - d_5) - P_1 \cdot d_x + F_1 d}{d_2} \\ N_2 = \dfrac{G_1 d_5 + P_1(d_2 + d_x) - F_1 d}{d_2} \end{cases} \quad (6-3)$$

式（6-3）中 d_x 的 0 点在后支承框 N_2 点位置，右为正值，左为负值。

从式（6-3）可见，当导弹前支脚刚进入发射筒（箱）时，N_2 最大，装填到位时是 N_1 最大，N_2 最小。

状态二，导弹装填时发射筒与装填装置螺栓连接。

在这种工况下，发射筒（箱）支反力 N_1、N_2 的计算不能采用式（6-3），此时发射筒与装填装置连为一体，地上四道支承，属于超静定结构，需考虑结构变形协调，按结构力学中力法或位移法计算，这里不做介绍。

内力的计算方法同运输载荷及内力计算。

（7）发射载荷

导弹发射时的载荷，不同的发射方式计算公式完全不同。以典型的垂直冷发射和倾斜热发射为例。

①垂直冷发射载荷

垂直冷发射的发射载荷主要是燃气压力、导弹出筒过程中的摩擦力和弹射动力装置的后坐力。

发射装置采用 XX-21 发射台结构时，其弹射后坐力全部传递到发射台上，通过发射台的 4 个台腿传递到地面，设弹射时筒内最大压力为 $p_{c\max}$，筒尾部内径为 d_{ct}，则发射后坐力为

$$F_Z = p_{c\max} \cdot \pi \cdot \left(\frac{d_{ct}}{2}\right)^2 \quad (6-4)$$

发射装置采用俄罗斯 SS-25 等导弹发射车的延伸底部结构时，其弹射后坐力大部分直接传递到地面，设弹射时筒内最大压力为 $p_{c\max}$，延伸底部内径为 d_{ct}，筒上部内径为 d_t，则发射后坐力为

$$F_{dZ} = p_{c\max} \cdot \pi \cdot \left[\left(\frac{d_t}{2}\right)^2 - \left(\frac{d_{ct}}{2}\right)^2\right] \quad (6-5)$$

弹射动力装置与发射筒连接，发射时燃气由喷管中高速喷射，产生的后坐力传递到发射筒，该后坐力大小为

$$W = (p_{b\max} - p_{c\max}) \cdot \pi \cdot \left(\frac{d_{ct}}{2}\right)^2 \cdot \zeta \quad (6-6)$$

式中　ζ——经验系数；

$p_{b\max}$——动力装置高压室的压力。

导弹出筒过程中摩擦力的计算比较复杂，该摩擦力可看作是由于适配器的压缩变形

（过盈配合）引起的压力与摩擦系数的乘积。一种简单的计算方法如下：

假设三道适配器（以三道为例）的刚度分别为 K_1、K_2、K_3，发射筒内径为 d_t，导弹的外径为 d_d，适配器与发射筒的摩擦系数为 μ，适配器压缩前的厚度为 B，则装填后适配器的压缩量为 $\Delta B = B - (d_t - d_d)/2$。

则每道适配器的压力为

$$F_{mi} = K_i \cdot \Delta B = K_i \cdot (d_t - d_d)/2$$

发射时总摩擦力为

$$F_m = \mu \cdot \sum_{i=1}^{3} F_{mi} \qquad (6-7)$$

②倾斜热发射载荷

倾斜热发射的载荷计算分为导弹在轨（或筒内）和离轨（或出筒）后两种工况。所受到的载荷包括导弹的燃气压力载荷和导弹运动引起的动响应载荷。燃气流压力计算没有简单的解析公式（简化计算误差太大），一般采用流体力学仿真软件进行计算，具体参见文献［3］。导弹运动引起的动响应载荷通过建立简化的动力学方程，可以得到解析解，具体方法参见文献［4］。而且还可以进行流体和结构动力学的协同仿真，这方面的参考文献很多。

6.4　发射箱方案设计

传统发射箱方案大多数采用箱内滑轨式结构，见第 2.5 节介绍的发射箱的功能和组成，有关发射箱的设计计算可参考本章参考文献［6］的第 5 章。下面介绍方案设计基本流程：

1）对设计输入进行确认，包括发射箱外形尺寸、导弹外形尺寸与质量质心、接口要求以及其他功能与定量指标要求。

2）导弹运动加速度、速度、导轨长度计算。对于确定的导弹，导弹的理论质量和发动机推力曲线一般是明确的，根据第 4 章计算公式，导弹在箱内运动的加速度为

$$a = \frac{gP_m}{W_m} - fg\cos\varphi - g\sin\varphi$$

则导弹滑行速度为

$$V_m = \frac{gP_m}{W_m}(P - fW_m\cos\varphi - W_m\sin\varphi)t \qquad (6-8)$$

导弹滑行距离为

$$X_m = \frac{g}{2W_m}(P - fW_m\cos\varphi - W_m\sin\varphi)t^2 \qquad (6-9)$$

式中　W_m ——导弹重量，假设不变；

　　　P ——导弹发动机推力；

　　　φ ——射角（发射时导弹与水平面的夹角）；

f ——导弹定向器与导轨间的摩擦系数；

g ——重力加速度；

t ——滑行时间。

如果任务书明确了出筒速度要求，根据上述公式可计算导轨长度 S、导弹在箱内运动的时间。同时，还可以根据离轨后在箱内运动的时间、导弹推力偏心角度、导弹的惯量计算出导弹下沉量和左右偏移量，以便于计算滑轨的高度，为发射箱结构布局提供依据。

3）进行内部结构和长度方向布局设计。根据流程 2）中计算确定导轨长度、高度，根据导弹的总长度、截面尺寸和导轨尺寸确定发射箱的内部宽度、高度和长度尺寸。加上挡弹器、前后盖结构，基本可以确定发射箱总长度。同时，根据导弹位置布置电连接器回收机构、抱弹（压弹）机构。

4）综合载荷及内力计算结果，确定发射箱箱体的结构。按第 6.3 节的方法计算各工况的载荷，以此作为箱体结构设计的依据。箱体骨架或承重框一般应与导弹运输支点位置、起吊点位置或起竖油缸支点位置对应，使力的传递路径最短。为了减重，一般采用铝合金结构，并采用结构拓扑优化软件进行结构优化。利用有限元软件进行应力和位移计算（如果采用铝合金蒙皮结构，在有限元计算中可忽略蒙皮，仅计算骨架结构），保证强度和刚度满足要求。

5）如果发射箱有保温要求，则箱体一般采用内蒙皮＋骨架＋聚氨酯发泡层＋外蒙皮结构，利用发泡层提高隔热保温性能。保温层的厚度根据保温性能要求、发射箱的纵向刚度要求确定。

6）机构方案设计。因为有对导弹瞄准、测发控以及支承、固定等要求，加上发射箱箱内通风或充氮气、维修检查等需要，需在箱体上设计一些功能性的机构，如瞄准窗口开闭机构、导弹轴向限位机构、抱弹机构、插头分离机构、充气阀门等。

7）前、后箱盖设计。前后盖结构见第 2 章，由于易碎盖密封性好、可靠性高，因此，常用于地地导弹发射车。易碎盖方案多采用开槽强度削弱结构，盖本体材料都采用非金属材料，需根据计算并经过模拟冲击开盖试验后才能确定盖体方案。

6.5　发射筒方案设计

传统发射筒方案大多数采用筒内导弹适配器支承结构，地地导弹发射筒大多用于垂直冷发射方式，因此本节以垂直冷发射为背景介绍发射筒方案设计流程，虽然发射筒与发射箱的方案设计流程基本相同，但是由于发射方式有差异，涉及具体设计内容差异较大。

1）总体部分方案设计。由于带发射台的垂直冷发射技术在我国已经不再采用，因此不做介绍，本节仅介绍底部自适应发射筒设计。发射筒总体方案设计需明确开盖方式、发射筒的筒体材料方案（铝合金还是复合材料）、弹射动力装置方案、底部方案、起竖回转点位置、导弹支承和定位位置（包括轴向和周向）、发射筒在车上的支承位置、吊点位置等，据此设计发射筒的结构方案草图，参见第 4.6 节总体布置示意图。

2）进行内弹道计算确定初容大小、弹射动力装置与导弹底部的间隙、底部长度。

根据第 4 章公式可初步计算出初容体积 V_0，假设弹射动力装置本身的体积为 V_t，底部内径为 d_{ct}，底部长度为 L_0，则有关系式

$$V_0 = \frac{\pi}{4} d_{ct}^2 L_0 - V_t$$

经变换可得底部长度为

$$L_0 = (V_0 + V_t) / \left(\frac{\pi}{4} d_{ct}^2 \right) \tag{6-10}$$

3）发射筒的载荷及内力计算，具体方法按 6.3 节。

4）发射筒结构方案设计。

复合材料发射筒比传统的铝合金发射筒重量轻一半，且制造成本更低、制造周期更短，复合材料具有比强度/比模量更高、能根据结构载荷特点进行铺层设计的特点，因此在导弹和发射筒设计中普遍应用。本节介绍复合材料发射筒的设计计算方法。

复合材料发射筒方案设计的第一项工作是确定复合材料类型和筒体截面的复合结构形式。

复合材料种类很多，常用的为玻璃纤维、碳纤维、Kevlar 纤维，不同材料力学性能比较见表 6-1。

表 6-1　不同材料力学性能对比

材料牌号	抗拉强度/MPa	抗拉模量/GPa	伸长率（%）	线密度/（g/km）	体积密度/（g/cm³）	备注
30CrMnSi	1100	205	8～10	—	7.8	国产
高强 2#	4020	83	—	—	2.54	中国产玻璃纤维
高强 4#	4600	86	—	—	2.53	中国产玻璃纤维
日本 T	4650	84	5.5	—	2.49	日本产
T300	3530	230	1.5	66	1.76	日本东丽
T300J	4210	230	1.8	198	1.78	日本东丽
T800	5590	294	—	—	1.82	日本东丽
T1000G	4900	230	2.1	200	1.8	日本东丽
M35J	4700	343	1.1	225	1.76	日本东丽
M40J	4410	377	1.2	225	1.77	日本东丽
M60J	3920	294	1.3	100	1.94	日本东丽

根据文献 [7]，2009 年，M40 碳纤维美国、日本市场价约为 100 美元/kg，我国进口价约为 6000 元/kg，T700 进口价在 500～1000 元/kg 范围内波动。而国产相当于 T300 碳纤维的价格为 1000 元/kg 左右，国产高强度玻璃纤维价格为 70 元/kg。由此可见，碳纤维价格是玻璃纤维价格的 10 倍左右，高性能碳纤维受国外出口限制且价格昂贵。随着碳纤维国产化水平的提高，价格应能逐步下降，但是碳纤维仍然远比玻璃纤维价格高，因此，除非有较高刚度要求外，一般选用玻璃纤维或将玻璃纤维与碳纤维混杂，或在有高刚

度要求的方向上使用碳纤维。

导弹发射筒的复合材料结构类型在第 2 章已有介绍。目前，用于导弹发射筒的结构类型有两大类：复合材料内筒体＋硬质聚氨酯泡沫（或蜂窝）＋复合材料外蒙皮结构、复合材料内筒体＋硬质聚氨酯泡沫＋复合材料外筒体结构。其中，复合材料内、外筒体和蒙皮的增强纤维材料可以是碳纤维、玻璃纤维或其他，具体根据任务需要、刚度指标要求和成本等因素确定。不同构型的复合材料结构及筒体厚度尺寸，要求力学性能满足各种使用工况，需要经过详细计算确定。例如文献［8］研究了一种含钢内衬玻璃纤维发射筒、含钢内衬玻-碳纤维混杂发射筒的力学性能，推导出了应力、刚度计算方法并和有限元计算结果进行了对比，这种钢内衬可能比较适用于多次重复使用的火箭弹发射筒。

复合材料筒体的力学性能可以采用有限元软件建模计算得到，这里介绍两种构型的工程计算方法，可不需要有限元软件。

方法一：单层复合材料筒体计算

第 2 章的参考文献［28-29］提出了圆柱形复合材料筒段的应力简便计算方法——网格理论，网格理论用于计算纤维增强复合壳体结构有关参数时有以下假设：

a）树脂基体的强度、刚度比纤维材料小很多，在内压的作用下只有纤维承载，树脂基体不承载，仅起支撑、保护纤维和传递纤维间的载荷作用；

b）所有纤维按理想排布，所有纤维所受的轴向力相同。

纤维受力示意图如图 6-5 所示。

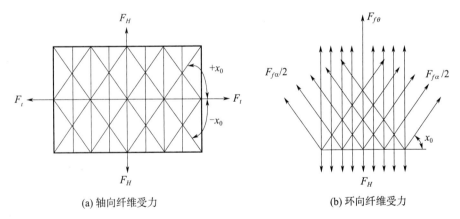

(a) 轴向纤维受力　　　　　　　　　　　(b) 环向纤维受力

图 6-5　纤维受力示意图

具体推导过程见第 2 章的参考文献［29］，这里仅给出计算结果公式。

■纤维应力计算

假设已知发射筒所受内压 p，根据受力平衡可推导出：

轴向缠绕纤维拉应力为

$$\sigma_{f\alpha} = \frac{pR}{2\,h_{f\alpha}\cos^2\alpha_0} \tag{6-11}$$

式中　α_0——圆筒段缠绕角；

h_{fa} ——轴向（螺旋或平面）缠绕纤维厚度；

R ——圆筒半径。

环向缠绕纤维拉应力为

$$\sigma_{f\theta} = \frac{pR}{2\,h_{f\theta}}(2 - \tan^2\alpha_0) \tag{6-12}$$

式中　$h_{f\theta}$ ——环向缠绕纤维厚度。

■设计参数计算

➢ 爆破压强计算

假设已知所选纤维材料的拉断强度，筒体的爆破压强计算公式为

$$p_{ab} = \frac{2}{R}\sigma_{fab}h_{fa}\cos^2\alpha_0 \tag{6-13}$$

$$p_{\theta b} = \frac{2\sigma_{f\theta b}h_{f\theta}}{R(2 - \tan^2\alpha_0)} \tag{6-14}$$

式中　p_{ab} ——轴向缠绕纤维层的爆破压强；

$p_{\theta b}$ ——环向缠绕纤维层的爆破压强。

➢ 缠绕纤维厚度计算

根据应力计算公式可得到纤维厚度公式如下：

轴向纤维厚度为

$$h_{fa} = \frac{p_{ab}R}{2\sigma_{fab}\cos^2\alpha_0} \tag{6-15}$$

环向纤维厚度为

$$h_{f\theta} = \frac{p_{\theta b}R}{2\sigma_{f\theta b}}(2 - \tan^2\alpha_0) \tag{6-16}$$

筒体纤维的总厚度为

$$h_f = h_{fa} + h_{f\theta}$$

如果按等强度设计，工程实际纤维总厚度计算公式为

$$h_f = \frac{p_b R}{2\sigma_{fb}}\left[3 + \frac{1}{\cos^2\alpha_0}\left(\frac{1}{k_s} - 1\right)\right] \tag{6-17}$$

式中　σ_{fb} ——纤维的设计拉断强度；

k_s ——轴向缠绕纤维的强度系数，一般在 0.70～0.95 范围内取值；

p_b ——设计爆破压强。

➢ 圆筒体的复合壁厚计算

考虑环氧树脂基体之后的筒体壁厚计算方法为

基体胶的体积含量 V_m 为

$$V_m = \frac{G_m}{G_m + (1 - G_m)\dfrac{\rho_m}{\rho_f}} \tag{6-18}$$

式中　G_m ——基体胶的质量含量（%）；

ρ_m ——基体胶的密度；

ρ_f ——纤维的密度。

纤维的体积含量 V_f 为

$$V_f = 1 - V_m$$

纤维的体积含量系数 k_f 为

$$k_f = 1 / V_f$$

假设轴向和环向缠绕的基体含胶量相同，则筒体复合壁厚 h_c 为

$$h_c = k_f (h_{fa} + h_{f\theta})$$

考虑缠绕的缝隙和不均匀，实际厚度比计算值大 5% 左右。

➢筒体复合强度 σ_c、复合比强度 λ_c、复合密度 ρ_c 计算

筒体复合强度为

$$\sigma_c = \frac{2 V_f \sigma_{fb}}{3 + \dfrac{1}{\cos^2 \alpha_0}\left(\dfrac{1}{k_s} - 1\right)} \tag{6-19}$$

复合比强度为

$$\lambda_c = \frac{\sigma_c}{\rho_c} \tag{6-20}$$

复合密度为

$$\rho_c = V_f \rho_f + V_m \rho_m \tag{6-21}$$

➢筒体缠绕铺层参数计算

假设每层厚度相等，环向缠绕层数 n_θ 计算公式为

$$n_\theta = \frac{p_b R}{2 A_f m_{\theta i} \sigma_{fb}} (2 - \tan^2 \alpha_0) \tag{6-22}$$

轴向缠绕层数 n_a 的计算公式为

$$n_a = \frac{p_b R}{2 A_f m_{ai} k_s \sigma_{fb} \cos \alpha_0} \tag{6-23}$$

说明：上述公式是从内压 p 计算得出的，内压 p 仅是发射筒所受载荷的一种，根据内压 p 所计算得出的不一定是最大应力，可将上述计算作为方案设计的依据，再根据其他载荷和加强框布置详细计算。

方法二：夹层复合材料筒体计算

本章参考文献 [5] 提供了一种复合材料内筒＋泡沫夹心＋复合材料外筒的复合材料发射筒夹层结构的工程计算方法，现将有关算法引用如下：

取单位尺寸的夹层筒壁，如图 6-6 所示，忽略筒壁的曲率。这里，文中轴向指发射筒轴向，以下标 1 表示；环向指发射筒环向，以下标 2 表示。

■夹层筒壁的刚度计算

外蒙皮的轴向拉压刚度为

$$B_1^{(1)} = \bar{E}_1^{(1)} \cdot \delta_1 \tag{6-24}$$

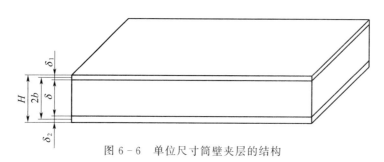

图 6 - 6　单位尺寸筒壁夹层的结构

其中

$$\bar{E}_1^{(1)} = \frac{E_1^{(1)}}{1 - v_{12} v_{21}}$$

式中　$E_1^{(1)}$——外蒙皮轴向弹性模量；

　　　v_{12}，v_{21}——泊松比（前一个下标表示受载方向，后一个下标表示材料在另一方向的伸缩）；

　　　δ_1——外蒙皮厚度。

外蒙皮的环向拉压刚度为

$$B_2^{(1)} = \bar{E}_2^{(1)} \cdot \delta_1 \qquad (6-25)$$

其中

$$\bar{E}_2^{(1)} = \frac{E_2^{(1)}}{1 - v_{12} v_{21}}$$

式中　$E_2^{(1)}$——外蒙皮环向弹性模量。

外蒙皮的剪切刚度为

$$B_3^{(1)} = \bar{G}_{12}^{(1)} \cdot \delta_1 \qquad (6-26)$$

式中　$G_{12}^{(1)}$——外蒙皮剪切模量。

内蒙皮的轴向拉压刚度为

$$B_1^{(2)} = \bar{E}_1^{(2)} \cdot \delta_2 \qquad (6-27)$$

其中

$$\bar{E}_1^{(2)} = \frac{E_1^{(2)}}{1 - v_{12} v_{21}}$$

式中　$E_1^{(2)}$——内蒙皮轴向弹性模量；

　　　δ_2——内蒙皮厚度。

内蒙皮的环向拉压刚度为

$$B_2^{(2)} = \bar{E}_2^{(2)} \cdot \delta_2 \qquad (6-28)$$

其中

$$\bar{E}_2^{(2)} = \frac{E_2^{(2)}}{1 - v_{12} v_{21}}$$

式中　$E_2^{(2)}$——内蒙皮环向弹性模量。

内蒙皮的剪切刚度为

$$B_3^{(2)} = \bar{G}_{12}^{(2)} \cdot \delta_2 \qquad (6-29)$$

式中　$G_{12}^{(2)}$——内蒙皮剪切模量。

外蒙皮的轴向抗弯刚度为

$$D_1^{(1)} = \frac{\bar{E}_1^{(1)} \cdot \delta_1^3}{12} \qquad (6-30)$$

外蒙皮的环向抗弯刚度为

$$D_2^{(1)} = \frac{\bar{E}_2^{(1)} \cdot \delta_1^3}{12} \qquad (6-31)$$

外蒙皮的抗扭刚度为

$$D_3^{(1)} = \frac{\bar{G}_{12}^{(1)} \cdot \delta_1^3}{12} \qquad (6-32)$$

内蒙皮的轴向抗弯刚度为

$$D_1^{(2)} = \frac{\bar{E}_1^{(2)} \cdot \delta_2^3}{12} \qquad (6-33)$$

外蒙皮的环向抗弯刚度为

$$D_2^{(2)} = \frac{\bar{E}_2^{(2)} \cdot \delta_2^3}{12} \qquad (6-34)$$

外蒙皮的抗扭刚度为

$$D_3^{(2)} = \frac{\bar{G}_{12}^{(2)} \cdot \delta_2^3}{12} \qquad (6-35)$$

内外蒙皮的总轴向拉压刚度为

$$B_1 = B_1^{(1)} + B_1^{(2)} \qquad (6-36)$$

内外蒙皮的总环向拉压刚度为

$$B_2 = B_2^{(1)} + B_2^{(2)} \qquad (6-37)$$

内外蒙皮的总剪切刚度为

$$B_3 = B_3^{(1)} + B_3^{(2)} \qquad (6-38)$$

内外蒙皮的总有效轴向拉压刚度为

$$B_{1\phi} = \frac{4B_1^{(1)} \cdot B_1^{(2)}}{B_1} \qquad (6-39)$$

内外蒙皮的总有效环向拉压刚度为

$$B_{2\phi} = \frac{4B_2^{(1)} \cdot B_2^{(2)}}{B_2} \qquad (6-40)$$

内外蒙皮的总有效剪切刚度为

$$B_{3\phi} = \frac{4B_3^{(1)} \cdot B_3^{(2)}}{B_3} \qquad (6-41)$$

夹层筒壁轴向抗弯刚度为

$$D_1 = D_1^{(1)} + D_1^{(2)} + B_{1\phi} \cdot b^2 \qquad (6-42)$$

夹层筒壁环向抗弯刚度为

$$D_2 = D_2^{(1)} + D_2^{(2)} + B_{2\phi} \cdot b^2 \qquad (6-43)$$

夹层筒壁抗扭刚度为

$$D_3 = D_3^{(1)} + D_3^{(2)} + B_{3\phi} \cdot b^2 \qquad (6-44)$$

■夹层筒壁的屈曲计算

夹层结构可能发生的屈曲形式主要有总体屈曲（夹层结构的中面产生挠曲）和局部屈曲（中面稳定而表板产生皱折）两种。可能造成发射筒壁屈曲的载荷是弯矩和剪流，其中，弯矩可等效为轴压进行分析。

➢ 轴压下的总体屈曲

临界载荷基本方程为

$$T_1 = \frac{B_2(1-v_{12}v_{21})\lambda^2}{\phi_2(\lambda,n)} + [D_1 + b^2 B_{1\phi} \cdot \varphi(\lambda,n)]\frac{\phi_1(\lambda,n)}{R^2 \cdot \lambda^2} \qquad (6-45)$$

其中

$$\phi_1(\lambda,n) = \lambda^4 + \alpha_1\lambda^2 n^2 + \beta_1 n^4$$

$$\phi_2(\lambda,n) = \lambda^4 + \alpha_2\lambda^2 n^2 + \beta_2 n^4$$

$$\lambda = \frac{m\pi R}{l}$$

$$\alpha_1 = 2\left(2 \cdot \frac{D_3}{D_1} + v_{21}\right) ; \ \alpha_2 = \frac{B_2(1-v_{12}v_{21})}{B_3} - 2v_{21}$$

$$\beta_1 = \frac{D_2}{D_1} ; \ \beta_2 = \frac{B_2}{B_1}$$

$$\varphi(\lambda,n) = \frac{k_1 k_2 + \omega(k_1\lambda^2 + k_2 n^2)\frac{\phi_2(\lambda,n)}{\phi_1(\lambda,n)}}{k_1 k_2 + (k_2 + k_1\omega)\lambda^2 + (\beta_\phi k_1 + \omega k_2)n^2 + \omega\phi_2(\lambda,n)}$$

$$k_1 = \frac{4R^2 \cdot G_{xz}}{B_{1\phi} \cdot \delta} , \ k_2 = \frac{4R^2 \cdot G_{yz}}{B_{2\phi} \cdot \delta}$$

$$\omega = \frac{B_{3\phi}}{B_{1\phi}} ; \ \beta_\phi = \frac{B_{2\phi}}{B_{1\phi}}$$

式中　m —— 轴向屈曲半波数；

n —— 环向屈曲波数；

R —— 夹层圆柱壳中面半径；

l —— 圆柱壳长度，取加强框间距；

$\varphi(\lambda,n)$ —— 表征夹心横向剪切性能对夹层壳抗弯刚度影响的函数；

k_1，k_2 —— 夹心横向剪切参数；

G_{xz}，G_{yz} —— 夹心横向剪切模量，对于泡沫塑料，$G_{xz} = G_{yz}$。

轻型夹心夹层筒壁的计算方法如下：

按式（6-46）比较蒙皮和夹心的刚度

$$\frac{4R^2 \cdot G_{xz}}{B_{1\phi} \cdot \delta} \leqslant \sqrt{\frac{R^2 \cdot B_2(1-v_{12}v_{21})}{D_1}} \qquad (6-46)$$

式（6-46）成立，则认为夹心是轻型的。

如果夹心是轻型的，则计算它的相对刚度，该刚度应在下列范围内

$$0.1 \leqslant \frac{\left(\frac{2b}{\delta}\right)^2 \cdot G_{yz} \cdot \delta \cdot R}{(\alpha_2 - \alpha_1) \cdot \sqrt{B_2 \cdot D_1 (1 - v_{12} v_{21})}} < 1 \qquad (6-47)$$

满足式（6-46）和式（6-47）条件，则按式（6-48）计算临界轴压载荷

$$T_1 = \frac{2}{R} \cdot \sqrt{B_2 \cdot D_1 (1 - v_{12} v_{21})} + \left(\frac{2b}{\delta}\right)^2 \cdot G_{xz} \cdot \delta -$$
$$\frac{(\alpha_2 - \alpha_1)(1 - \overline{K}_2)^2}{\alpha_1 + 3\alpha_2} \cdot \frac{2}{R} \cdot \sqrt{B_2 \cdot D_1 (1 - v_{12} v_{21})} \qquad (6-48)$$

其中

$$\overline{K}_2 = \frac{\left(\frac{2b}{\delta}\right)^2 \cdot G_{yz} \cdot \delta \cdot R}{(\alpha_2 - \alpha_1) \cdot \sqrt{B_2 \cdot D_1 (1 - v_{12} v_{21})}}$$

按式（6-49）计算屈曲安全系数

$$n = \frac{k_{\ni kcn} \cdot T_1}{T_g} \geqslant n_H \qquad (6-49)$$

式中　　$k_{\ni kcn}$ —— 试验修正系数；

T_g ——轴压载荷；

n_H ——许用安全系数。

➢ 剪流下的总体屈曲

临界载荷基本方程为

$$2S = \frac{B_2 (1 - v_{12} v_{21}) \lambda^3}{n \cdot \phi_2 (\lambda, n)} + \frac{\phi_1 (\lambda, n)}{R^2 \cdot \lambda \cdot n} [D_1 + b^2 B_{1\phi} \cdot \varphi(\lambda, n)] \qquad (6-50)$$

在下列条件下

$$\left(\frac{2b}{\delta}\right)^2 \cdot G_{yz} \cdot \delta \leqslant \frac{0.2}{R} \sqrt{B_2 \cdot (D_1^{(1)} + D_1^{(2)}) \cdot (1 - v_{12} v_{21})} \qquad (6-51)$$

临界载荷可按式（6-52）计算

$$S = \frac{2b}{\delta} \sqrt[4]{\frac{G_{yz}^2 \cdot \delta^2 \cdot B_1 \cdot (D_2^{(1)} + D_2^{(2)}) \cdot (1 - v_{12} v_{21})}{R^2}} \qquad (6-52)$$

在下列条件下

$$\left(\frac{2b}{\delta}\right)^2 \cdot G_{yz} \cdot \delta > \frac{0.2}{R} \sqrt{B_2 \cdot (D_1^{(1)} + D_1^{(2)}) \cdot (1 - v_{12} v_{21})} \qquad (6-53)$$

临界载荷可按下式计算

$$S = \sqrt{\left(\frac{2b}{\delta}\right) G_{yz} \cdot \delta \left[\frac{2(1 + \alpha_1 + \beta_1)}{R(1 + \alpha_2 + \beta_2)} \sqrt{B_2 \cdot (D_1^{(1)} + D_1^{(2)}) \cdot (1 - v_{12} v_{21})} + \left(\frac{2b}{\delta}\right)^2 G_{xz} \cdot \delta\right]}$$
$$(6-54)$$

按式（6-55）计算屈曲安全系数

$$n = \frac{S}{S_g} > n_H \qquad (6-55)$$

式中　S_g —— 剪流。

➢ 轴压下的局部屈曲

轴压按刚度分配在内、外蒙皮上。

$$T_g^{(i)} = \frac{T_g \cdot B_{1,2}^{(i)}}{B_{1,2}} \tag{6-56}$$

临界载荷 $T_1^{(i)}$ 可通过下列方程式对 ψ 的极小化求出

$$\frac{T_1^{(i)}}{T_{10}^{(i)}} = k^{(i)}(\psi) \cdot P\left[\bar{e}_1^{(i)}(\psi)\right] \tag{6-57}$$

式中，上标 $i = 1，2$，分别表示外蒙皮和内蒙皮；

$T_{10}^{(i)} = \dfrac{2}{R} \cdot \sqrt{B_2^{(i)} \cdot D_1^{(i)}(1 - v_{12}^{(i)} v_{21}^{(i)})}$ ；

$k^{(i)}(\psi) = \sqrt{\dfrac{F_1^{(i)}(\psi)}{F_2^{(i)}(\psi)}}$ ；

$F_1^{(i)}(\psi) = 1 + \alpha_1^{(i)} \psi^2 + \beta_1^{(i)} \psi^4$ ；

$F_2^{(i)}(\psi) = 1 + \alpha_2^{(i)} \psi^2 + \beta_2^{(i)} \psi^4$ ；

$P\left[\bar{e}_1^{(i)}(\psi)\right] = 1 + \bar{e}_1^{(i)} - 0.1 \cdot \bar{e}_1^{(i)2}$, $\bar{e}_1^{(i)} < 2$ ；

$\bar{e}_1^{(i)} = e_1^{(i)} \cdot \sqrt{\left(1 + \dfrac{G_{yz}}{G_{xz}} \cdot \psi^2\right) \cdot \dfrac{F_2^{(i)}(\psi)}{k^{(i)}(\psi)}}$ ；

$e_1^{(i)} = \dfrac{R^{3/2} \cdot \sqrt{E_z \cdot G_{xz}}}{2 \cdot \sqrt[4]{D_1^{(i)} \cdot [B_2^{(i)} \cdot (1 - v_{12}^{(i)} v_{21}^{(i)})]^3}}$ ；

$\psi = \dfrac{n}{\lambda}$ 。

$e_1^{(i)} \leqslant 0.2$ 时，临界载荷可按式（6-58）计算

$$\frac{T_1^{(i)}}{T_{10}^{(i)}} = k_{opT}^{(i)}(\psi_0) \cdot P\left[\bar{e}_1^{(i)}(\psi_0)\right] \tag{6-58}$$

式中　$k_{opT}^{(i)}(\psi_0) = \sqrt{\dfrac{1 + \alpha_1^{(i)} \cdot \psi_0^2 + \beta_1^{(i)} \cdot \psi_0^4}{1 + \alpha_2^{(i)} \cdot \psi_0^2 + \beta_2^{(i)} \cdot \psi_0^4}}$ ；

$\psi_0^{(i)2} = \dfrac{(\beta_1^{(i)} - \beta_2^{(i)}) \pm \sqrt{(\beta_1^{(i)} - \beta_2^{(i)})^2 + (\alpha_1^{(i)} - \alpha_2^{(i)})(\alpha_1^{(i)}\beta_2^{(i)} - \alpha_2^{(i)}\beta_1^{(i)})}}{\alpha_1^{(i)}\beta_2^{(i)} - \alpha_2^{(i)}\beta_1^{(i)}}$ ；

$P\left[\bar{e}_1^{(i)}(\psi_0)\right] = 1 + \bar{e}_1^{(i)}(\psi_0) - 0.1 \cdot \bar{e}_1^{(i)2}(\psi_0)$ 。

$0.2 < e_1^{(i)} < 1.5$ 时，临界载荷可按以下条件下的式（6-57）计算

$$\bar{e}_1^{(i)}(\psi) = \bar{e}_1^{(i)}\left(\frac{\psi_0^{(i)}}{2}\right)$$

按式（6-59）计算屈曲安全系数

$$n = \frac{k_{jkcn}^{(i)} T_1^{(i)}}{T_g^{(i)}} \geqslant n_H \tag{6-59}$$

➤ 剪流下的局部屈曲计算

剪流按刚度分配在内、外蒙皮上。

$$S_g^{(i)} = \frac{S_g \cdot B_3^{(i)}}{B_3} \qquad (6-60)$$

临界载荷 $S_1^{(i)}$ 可通过式（6-61）对 ψ 的极小化求出

$$\frac{S^{(i)}}{T_{10}^{(i)}} = \frac{k^{(i)}(\psi)}{2\psi} \cdot P\,[\bar{e}_1^{(i)}(\psi)] \qquad (6-61)$$

在小刚度弹性夹心夹层壳中，$\lambda^2 \approx n^2$，即 $\psi^2 \approx 1$。因而临界载荷可用下列方程求出

$$\frac{S^{(i)}}{T_{10}^{(i)}} = \frac{1}{2} k^{(i)}(1)\,[1 + \bar{e}_1^{(i)}(1) - 0,1 \cdot \bar{e}^{(i)2}(1)]\ ;\ \bar{e}_1^{(i)}(1) \leqslant 2 \qquad (6-62)$$

$$\frac{S^{(i)}}{T_{10}^{(i)}} = \frac{1}{2} k^{(i)}(1)\left[\frac{3}{2}\,\bar{e}_1^{(i)2/3}(1) + \frac{1}{2 \cdot \bar{e}_1^{(i)2/3}(1)}\right]\ ;\ \bar{e}_1^{(i)}(1) > 2 \qquad (6-63)$$

按式（6-64）计算屈曲安全系数

$$n = \frac{S^{(i)}}{S_g^{(i)}} \geqslant n_H \qquad (6-64)$$

发射筒筒体上一般需要为分离插头、瞄准、压弹机构以及电缆等设置孔口，在飞机舱段以及采用复合材料壳体结构的导弹发动机反喷管座也有类似开孔及补强设计，因此这是一个复合材料筒体或箱体结构中普遍存在的问题。

复合材料发射筒的开孔方法与金属材料发射筒不同，复合材料开孔结构有以下特点：

a）部分增强纤维被切断；

b）从初始加载到破坏，无明显的塑性阶段，开口区的强度削弱比较严重；

c）多向层合板的层间剪切强度比较低，不易补强；

d）开口影响区比金属结构大；

e）开口边缘存在边界效应。

复合材料发射筒开孔方法为在开孔处筒壁夹层内设预埋件，补强范围比金属结构略大；预埋件采用复合材料织物缠绕成型或 RTM（树脂转移模型）工艺成型，以降低开孔处的应力集中并提高层间性能；有的预埋件与筒体蒙皮除胶接外，沿开孔边缘和预埋件边缘还应增加螺接。

5）发射筒底部结构设计。前文第 2.4 节详细介绍了延伸底部的结构原理，并且介绍了滑动式延伸底部和补偿垫自适应式延伸底部两种。这两种方案各有利弊，需根据发射车的具体使用要求确定。

底部的长度尺寸可参考式（6-10）确定，内径在满足弹射内道初始容积 V_0 要求的前提下，尽量使底部内径 d_a 与筒体的内径 d_t 相等，这样作用在发射筒上的燃气后坐力最小。

由于发射筒底部主要载荷是内压，因此比较适宜采用复合材料结构，如果考虑降低成本可选用树脂基玻璃纤维筒体＋聚氨酯发泡层＋玻璃纤维外蒙皮结构，筒体厚度抗压强度按本节提供的方法计算确定。

6.6　适配器方案设计

在第 2 章介绍了适配器的几种形式。适配器是导弹与发射筒（箱）之间的隔离件，具有减振、导向、定位和补偿间隙的功能，对适配器的基本要求是重量轻、摩擦阻力小、导弹出筒后能与适配器可靠快速分离、贮存寿命长。适配器的设计基本步骤如下：

1）明确筒（箱）、弹之间适配器的支承间隙，允许适配器支承的宽度，每块适配器的质量和适配器总成的总质量要求；

2）确定适配总成的方案。较小的导弹一般采用 2 道适配器，大型导弹采用 3～4 道适配器。适配器的截面形状与发射筒（箱）截面形状、导弹的截面形状有关，见第 2 章。

3）适配器的本体材料选择。适配器的本体一般选用非金属材料，潜射导弹的适配器要求发射后迅速沉到水下，因此，一般选用密度大于海水的泡沫橡胶材料。车载发射的导弹的适配器要求重量轻不砸坏车辆，因此常用聚氨酯泡沫塑料，文献 [9] 介绍了聚氨酯泡沫适配器本体材料的成分、性能和制造方法，聚氨酯泡沫本体的密度还与所要求的承载能力和刚度有关。一般需要在适配器本体内层再粘接一层刚度较低的补偿层，补偿层与导弹的接触面不能与导弹发生粘连，因此，常采用布基材料粘贴到补偿层上。而适配器与发射筒的接触面则要求摩擦系数小，因此，一般在适配器本体外表面复合（或粘接）一层薄的聚四氟乙烯减摩材料，要求布基材料与导弹之间的摩擦系数远大于适配器与发射筒的接触面之间的摩擦系数。

4）载荷计算。适配器的载荷主要有 3 个来源：一是支承导弹的支反力，二是适配器过盈配合引起的挤压力，三是导弹装填或出筒时的摩擦力。摩擦力与挤压力相关，挤压力的计算需根据材料力学的变形协调、力学平衡和胡克定律计算得到，计算方法参见文献 [10]。

2 道适配器的支反力计算比较简单，在此不做介绍，下面介绍 3 道适配器支承的支反力计算方法：

适配器的宽度尺寸和相互之间的距离、导弹重心位置如图 6-7 所示，N_1、N_2、N_3 为支反力。

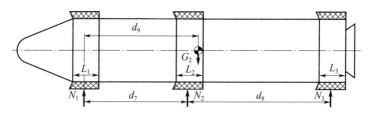

图 6-7　适配器支反力计算简图

假设 1：导弹、发射筒均为刚体；假设 2：各道适配器的材料与厚度相同，因此，各道适配器的刚度与其宽度成正比，假设该比例系数为 K_0，则图中 3 道适配器的刚度分别

为 $L_1 K_0$，$L_2 K_0$，$L_3 K_0$。

支反力之间有比例关系

$$N_1 : N_2 : N_3 = L_1 : L_2 : L_3 \tag{6-65}$$

由力平衡关系得

$$L_1 K_0 + L_2 K_0 + L_3 K_0 = (L_1 + L_2 + L_3) K_0 = n \cdot G_2 \tag{6-66}$$

由力矩平衡关系得

$$d_7 N_2 + (d_7 + d_8) N_3 = d_9 \cdot n \cdot G_2 \tag{6-67}$$

式中　n——过载系数。解上述方程可求得支反力 N_1、N_2、N_3。

6.7　筒车接口方案设计

筒车接口主要包括起竖回转支耳、前支承接口、油缸起竖接口和电气接口。

发射装置起竖回转一般采用对称双支耳结构，方案设计需确定支耳外形尺寸、销轴直径和销轴长度等。发射箱固定在起竖臂（或发射架）上，一般无回转接口，SS-20 导弹发射车的起竖回转结构在起竖托架上，发射筒也不设起竖回转支耳，如图 6-8 所示。

发射筒底部

起竖托架

起竖回转支耳

图 6-8　SS-20 导弹发射车的起竖回转结构

热发射的导弹发射车和俄罗斯的冷发射地地中远程导弹发射车和洲际导弹发射车均采用图 6-8 类似起竖回转方案，其优点是可以简化发射筒的结构，缺点是起竖托架承受的起竖和发射载荷大，起竖托架结构需加强，因此会增加相应重量，不利于整车减重。

前支承接口根据发射车总体方案确定，最简单的方案是采用圆弧形托座，但是这种支承方案不适于要求高越野性能的发射车，对越野性能要求高的建议采用铰接支承方案。

电气接口主要指筒车连接电缆，对可快速装卸的发射筒（箱）的电缆，需要采用环境耐受性好、防雨等级高的电连接器转接方案。对不需要拆卸的电缆，仅需预留运动余量且有固定夹即可。

6.8 弹射动力装置方案设计

一个全新的弹射动力装置方案设计包括药柱选型与特征参数的测定（或获取）、结构与组成方案、内弹道计算、缩比试验方案设计及试验验证等，只有经过仿真计算和试验验证正确后才能实现方案的闭环。

燃气-蒸汽式弹射动力装置的设计方法可参见文献［11］，这种设计方案较复杂，一方面需要与燃气发生器串联一个冷却用水室，另一方面在筒内设置一个雾化整流装置，进一步对水汽混合物汽化，取得的效果是降低了筒内的温度，不利的是增加了重量、使用维护复杂，因此，有的导弹发射车为减重采用小型化无水室弹射动力装置。下面介绍设计流程：

（1）弹射火药的选型与装药量计算

前面第 2.6 节介绍过弹射动力装置的药柱的类型有复合药和双基药两种。文献［12］介绍了一种新研制的导弹无水室弹射动力装置使用的低温弹射复合火药（燃气发生剂）的配方和主要性能，其所选的黏接剂为 HTPB，主要指标：发气量 1080 L/kg，配方燃速 15～35 mm/s（6.86 MPa）可调，燃烧温度 1000～1500 ℃，燃烧压强范围为 0.1～20 MPa。

燃气-蒸汽动力装置药量根据能量转换的关系计算，具体公式为

$$\omega = \frac{0.5\ mV_k^2 + R_0 l_k}{\eta \cdot f_v / v - 1} \tag{6-68}$$

式中　m ——导弹的质量，为弹射动力装置设计输入参数；

　　　V_k ——导弹出筒速度，为弹射动力装置设计输入参数；

　　　R_0 ——导弹在筒内平均阻力，可以近似为导弹与发射筒之间的摩擦力；

　　　l_k ——导弹在筒内运动距离；

　　　f_v ——药柱的定容火药力；

　　　η ——火药的能量利用系数，取 0.6 左右；

　　　v ——比热比，一般取 1.2 左右。

考虑无水室的动力装置没有能量损失，药量计算公式为

$$\omega = \frac{0.5\ mV_k^2 + R_0 l_k}{\eta \cdot f_v} \tag{6-69}$$

根据上述公式即可计算出所需的装药量。

（2）燃气发生器方案设计

燃气发生器的组成见第 2 章，其包括前封头、壳体、后封头、药柱及安装附件、密封圈、出口堵片等，图 6-9 所示为燃气发生器的结构示意图。

燃气发生器的总装药量确定后，药型结构（长度、直径和截面形式等）决定了燃气发生器结构的大小。如图 6-9 所示，弹射动力装置的药型一般采用圆柱状，便于组装和调节药量。发射筒内的燃气压力曲线是通过燃气发生器的燃气流量和压力来实现的，为实现发射药增面燃烧，药型多采用开孔、表面（含端面、侧面局部）包覆钝感层措施，这种药

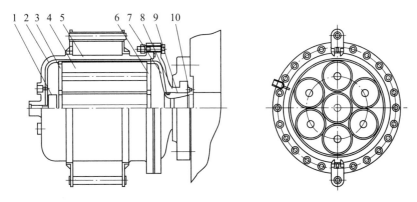

图 6-9　一种弹射动力装置燃气发生器的结构示意图

1—点火器；2—绝热层；3—前挡药板；4—药柱；5—燃烧室壳体；6—后挡药板；

7—防热衬套；8—后封头组件；9—喉衬；10—薄膜

型结构简单。总药量中包覆药和未包覆药的比例通过建立内弹道模型计算确定，包括火药的燃烧方程、质量/能量平衡方程、导弹运动方程、气体状态方程，构成偏微分方程组，有关方程具体可参见文献［3，11］。通过药型设计最终实现发射筒内的最大压力、导弹最大加速度、出筒速度和筒内温度满足设计要求。燃气发生器和发射筒内计算压力曲线如图 6-10 所示。

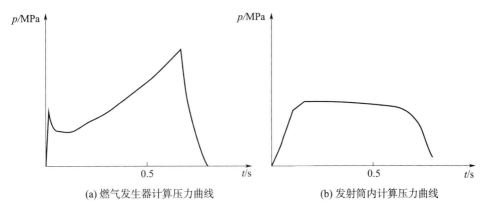

(a) 燃气发生器计算压力曲线　　　　(b) 发射筒内计算压力曲线

图 6-10　燃气发生器和发射筒内计算压力曲线

药型和内弹道设计确定后，其他结构件的设计方案就有了基础。

燃气发生器喷管是发生器的一个关键件。喷管的型面包括收敛段、喉部和扩张段 3 部分，其喷管喉径尺寸设计是核心，喉径计算公式为

$$d_k = \sqrt{\frac{4b\delta c \cdot A_c}{p^{1-n}g^{\pi}}}$$
（6-70）

式中　　δ ——火药密度。

壳体容积及壁厚与主装药设计、燃气发生器内部压力、内导弹计算结果等有关。前封头、壳体、喷管和后封头结构材料一般选用高强度合金钢，一般采用有限元法计算内压作

用下的正应力，同时，考虑高温对强度的影响。在前封头的喉部镶嵌石墨材料，在燃烧室内壁涂覆隔热、耐高温涂层，可提高抗烧蚀性能和使用次数。壳体和喷管有限元计算结果示意图如图 6-11 所示。

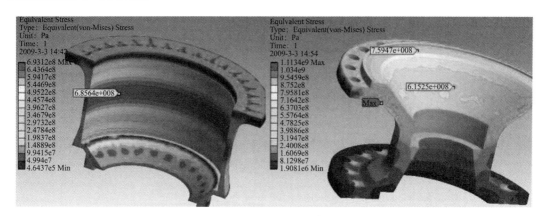

图 6-11　壳体和喷管有限元计算结果示意图

（3）点火药盒设计

点火药盒的结构见第 2 章。点火药一般采用黑火药，药量计算公式为（计算依据主要为燃气发生器双基药柱的临界压力值和初始容积）

$$G_B \geqslant \frac{1}{1-\sigma} \cdot \frac{V_{ig} p_{ig}}{\dfrac{R_0}{\overline{M}} T_{ig} \xi} \tag{6-71}$$

式中　σ——点火药燃烧产物中不可燃固体颗粒质量百分数；

V_{ig}——包括喷管收敛段在内的燃气发生器燃烧室初始自由容积；

p_{ig}——点火压力；

R_0——通用气体常数；

$\overline{M}$——点火药燃气平均分子量；

T_{ig}——点火药定容燃烧时的燃气温度；

ξ——修正系数，由试验确定，$\xi < 1$。

$1^{\#}$ 大颗粒黑火药有关参考数据如下：$\sigma = 0.6$，$R_0 = 8310.4$ N·m/（kg·mol·K），$\overline{M} = 34.8$ kg/（kg·mol），$T_{ig} = 2590$K，$\xi = 0.8$。

6.9　机构方案设计

发射筒（箱）上的机构是为了实现发射筒的某个特定功能而设计的，对发射可靠性有直接影响，机构故障可能导致发射流程终止，因此，发射筒（箱）的机构设计可靠性是第一位的。机构的种类、功能和结构依发射筒的总体方案而定，第 2 章已做介绍。

参 考 文 献

［1］　陆元九，朱敬仁.惯性器件［M］.北京：宇航出版社，1993.

［2］　徐延万，余显昭，王永平.控制系统［M］.北京：宇航出版社，1990.

［3］　姜毅，史少岩，等.发射气体动力学［M］.北京：北京理工大学出版社，2015.

［4］　姜毅，魏昕林，等.发射动力学［M］.北京：北京理工大学出版社，2015.

［5］　张杨.夹层结构复合材料发射筒，北京机械设备研究所，2005宇航学会发射技术专业年会论文集.

［6］　张胜三.火箭导弹发射车设计［M］.北京：中国宇航出版社，2018.

［7］　李正义，陈刚.玻璃纤维缠绕壳体在固体火箭发动机一二级上的应用研究［J］.航天制造技术，2011（1）：49－52.

［8］　徐光磊.含内衬纤维复合材料发射筒力学性能研究［D］.南京：南京理工大学，2013.

［9］　马天信.适配器用硬质聚氨酯泡沫材料的研究［J］.航天制造技术，2011（4）：20－24.

［10］　李士军，乐贵高，等.导弹适配器与发射筒过盈配合研究［J］.工程力学，2011，28（4）：245－250.

［11］　吴明昌，李树英，等.地面设备设计与试验［M］.北京：宇航出版社，1994.

［12］　乔应克，鲁国林.导弹弹射用低温燃气发生器发生剂技术研究中国宇航学会固体火箭推进第22届年会论文集（推进剂分册）2005.10.

［13］　赵世平，李江，等.固体燃气发生器动力模拟水下发射试验研究［J］.固体火箭技术，2006（1）.

第7章 发射车电气总体方案设计

发射车电气总体设计包括电气设备功能设置，电气控制网络图确定，制定通信协议、车显终端方案和故障诊断方案等。发射车电气总体方案不包括指挥通信、测发控以及与导弹测试有关的部分。

7.1 基本要求

发射车电气设计应从完成任务的角度出发，以总体技术性能指标先进性为主；在满足功能和性能指标要求的前提下，优先使用成熟的、可靠性高的设计方案；采用的新技术成果应该是经过充分分析、仿真或试验验证，被证明是行之有效的。

设计中应贯彻通用化、系列化和组合化（模块化）的设计原则，考虑同系列发射车通信和供电接口兼容设计。遵循"可靠性、维修性、安全性、电磁兼容性、环境适应性设计准则"中的规定。原材料、元器件、标准件选择原则，符合相关规定，优先选用国产化元器件。

7.2 电气设备的功能和组成

发射车电气设备一般由车控、环控、供配电、车显终端和底盘电气等组成，发射车典型电气设备的功能和组成见表 7 - 1。

表 7 - 1 发射车典型电气设备的功能和组成

序号	组成	功能设置
1	车控	采集角度传感器和到位开关信号,控制伺服电动机、液压阀件和机构动作,实现发射车展车和撤收
2	环控	采集温度传感器和压力传感器信号,控制制冷机组、电加热器、燃油加热器、风道阀门等负载按照预定的控制规律实现自动调温
3	供配电	控制直流电源、柴油发电机组,实现供配电、调压、电源管理、信息监测等各种功能
4	车显终端	发射车人机界面,综合显示车控、环控、供配电、底盘的信息和操作界面,显示发射车故障信息,给出发射车的故障排查方案
5	底盘电气	监测底盘状态左、右制动气压液压,分动器、散热器温度,各桥制动蹄片温度等各种信息,进行操作控制

7.3　信息交互关系设计

信息交互关系设计的内容主要包括网络通信方式选择、规定通信速率和信息交互流程设计，主要包括：

1）根据信息交互量和通信距离选择通信速率；

2）根据工作流程，制定信息交换的主从关系，对信息交换的启动、应答和停止进行设计；

3）定义传输规程、帧结构、传输顺序、重发机制。

发射车的弹地总线主要是采用 1553B 和以太网，发射车地面总线主要以 CAN 总线为主，同时，随着网络技术的不断发展，少量发射车采用了 EPA、FlexRay、CAN - FD 等新型总线。

7.3.1　总线拓扑的结构

常用的总线拓扑有星型拓扑、环型拓扑和总线型拓扑结构，在发射车控制网络中使用最多的是总线型拓扑结构。

在星型拓扑结构中，每个节点通过点对点的方式连接到中央节点，因此，任何两个节点之间的通信都必须通过中央节点。这类拓扑结构的主要优点是每个节点具有自己的通信通道，新节点的加入较为容易，可以简化通信协议。其主要缺点是连接线总长较长，中央控制节点需要接口过多，一旦中央节点出故障，整个网络系统就会处于瘫痪状态。

在环型拓扑结构中，有许多中继器进行点到点的链路连接，使整个网络构成一个封闭式的环路。中继器接收前驱节点发来的数据，然后按照原来的位传输速率一位一位地从另一条链路发送出去。链路是单向的，数据沿着一个方向在环网上运行，每个节点通过中继站连接到网络中，需要某种访问控制机制来确定每个节点何时向环网中发送消息。与其他拓扑相比，环型网络的优点是，所需介质长度较短，链路都是带方向性的。缺点是，一个站点的故障会引起全网的故障，而且在网络设备数量、数据类型和可靠性方面存在某些局限。

在总线拓扑中，传输介质为一条总线，节点通过相应的硬件接口接至总线上。当一个节点发送消息时，其他节点均可接收该消息。由于所有节点共享同一信道，因此，任一时刻只允许一个节点发送消息。该拓扑结构的主要优点是节点互连及其连接器简单易实现，一个节点脱离或者出故障不会影响网络中的其他节点，不需要中断网络的正常工作就可以实现网络的扩展。该拓扑结构的主要缺点是，总线的长度和节点个数将受到限制，需要总线仲裁机制。

7.3.2　CAN 总线简介

CAN 总线是当前最具有影响的一种现场总线，它具有较高的性价比，在自动化领域得到了广泛应用。其特点为：

1）CAN 总线为多主方式工作，网络上任一节点均可在任意时刻主动地向网络上其他节点发送信息；

2）在报文标识符上，CAN 总线上节点分成不同优先级；

3）CAN 采用非破坏总线仲裁技术，最高优先级的节点可不受总线冲突影响；

4）CAN 节点可通过对标识符滤波实现点对点、点对多等几种方式传输接收数据；

5）CAN 的每帧信息都自带 CRC 校验功能；

6）CAN 节点在错误严重的情况下具有自动关闭输出功能，以使总线上其他节点操作不受影响。

典型发射车 CAN 总线架构如图 7-1 所示。

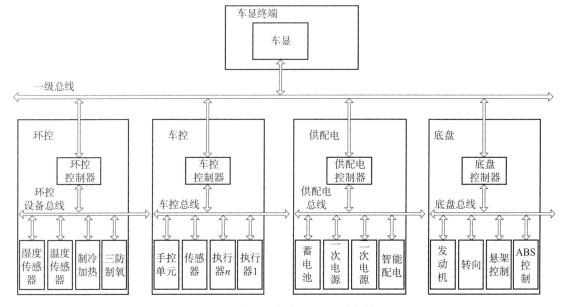

图 7-1 典型发射车 CAN 总线架构

如图 7-1 所示，发射车总线架构由一级总线和二级总线两级总线构成。

一级总线可选择高速总线或低速总线。高速总线推荐使用以太网总线，低速总线推荐使用 CAN 总线，总线速率推荐 250 kbit/s。

二级总线包括供配电总线、车控总线、环控设备总线和底盘总线等，总线速率推荐 250 kbit/s。

7.3.3 以太网简介

标准以太网使用带碰撞检测的载波监听多路访问协议（CSMA/CD），其工作原理是节点的信号每次需要发送时都会检测信道是否处于空闲状态，若信道上有其他信号传输，该信号就会等待；若信道处于空闲状态，信号被发送，在发送过程中，如果在信道中发生碰撞，该信号就会退出重新发送。该技术虽然能够很好地避免网络中的数据冲突，但是会导致数据传递的实时性降低，产生不确定性。

以太网与其他的分布式控制通信系统（如：现场总线）相比，具有以下优势：

1）应用广泛：以太网是应用最为广泛的计算机网络技术，受到广泛的技术支持。几乎所有的编程语言都支持 Ethernet 的应用开发。

2）成本低廉：目前，以太网网卡的价格只有 ProfiBus、FF 等现场总线的 1/10，而且随着集成电路技术的发展，其价格还会进一步下降。

3）通信速率高：目前，100M 快速以太网已广泛应用，1000M 以太网技术逐渐成熟，10G 以太网正在研究。其速率比目前的现场总线快得多，以太网可以满足对带宽的更高要求。

4）软硬件资源丰富和可持续发展潜力大：由于以太网已应用多年，人们在以太网的设计和应用等方面有很多的经验，它的发展一直受到广泛的重视和大量的技术投入。从而可以显著降低系统的整体成本，并大大加快系统的开发、推广和更新速度。

以太网采用星型拓扑结构，主、从工作模式，一般使用网络交换机，传输介质采用以太网专用电缆或者光纤，以太网在民用和工业领域得到了广泛使用。

7.3.4　EPA 总线简介

EPA（Ethernet for Plant Automation）技术是由浙大中控为打破国外技术垄断，夺取标准话语权，提升产业国际竞争力，保障国家产业安全，联合其他高校制定的新一代控制系统高性能实时通信总线标准。

EPA 是一种全新的适用于工业现场设备的开放性实时以太网标准，其技术特点如下：

1）高传输速率：EPA 总线采用以太网物理层，支持 10 Mbit/s、100 Mbit/s、1000 Mbit/s等传输速率。

2）实时确定性通信：以太网由于采用 CSMA/CD（载波侦听多路访问/冲突检测）介质访问控制机制，因此，具有通信"不确定性"的特点，并成为其应用于工业数据通信网络的主要障碍。EPA 总线采用实时通信调度 DCSM 机制，代替了 CSMA/CD 协议，实现通信的实时性和确定性。

3）传输介质丰富：支持双绞线和光纤通信介质。

4）自适应网络拓扑：支持星型、总线性、环型及混合型拓扑网络，支持自适应拓扑变换。

5）冗余方式：支持通道冗余、链路冗余和设备冗余，并规定了相应的故障检测和故障恢复措施。

典型发射车 EPA 网络拓扑关系图如图 7 - 2 所示。

发射车 EPA 总线架构由三级总线构成：一级总线为 EPA 总线，包括指控、EPA 网关、发控等设备，为典型环型拓扑网络，实现了数据的双向冗余；二级、三级网络为 CAN 总线网络，通过 EPA 网关实现了 CAN 总线与 EPA 总线的信息交互。

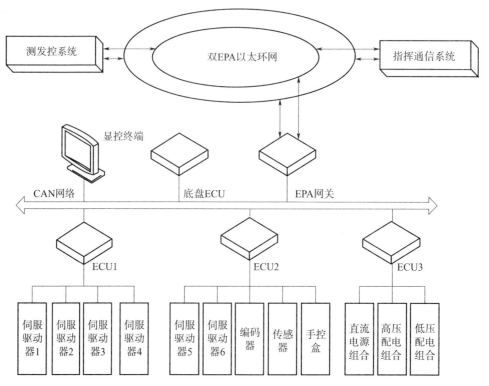

图 7-2　典型发射车 EPA 网络拓扑关系图

7.3.5　FlexRay 简介

FlexRay 是一种用于汽车的高速、可确定性的，具备故障容错能力的总线技术，它将事件触发和时间触发两种方式相结合，具有高效的网络利用率和系统灵活性等特点，是新一代汽车内部的主干网络。

FlexRay 提供了传统车内通信总线不具备的特性，包括：

1）高传输速率：FlexRay 具有 2 个独立的通信接口，每条信道具有 10 Mbit/s 带宽。由于它不仅可以像 CAN 通信使用单信道通信，还可以使用双信道通信，最大通信速率可达 20 Mbit/s。双信道传输可实现冗余通信，提高通信可靠性。

2）实时确定性：FlexRay 通信是在不断循环的周期中进行的，特定消息在通信周期中拥有固定位置，因此，接收器已经提前知道了消息到达的时间。

3）通信灵活性：支持多种网络拓扑结构；消息长度可配置；使用双通道拓扑时，既可增加带宽，也可用于冗余传输；通信周期内的静态、动态消息传输时间可配置。

FlexRay 可支持总线型、星型和混合型网络拓扑结构，其中，总线型和星型拓扑如图7-3 所示。

FlexRay 最主要的应用领域是汽车，首个投入生产的 FlexRay 应用是 BMW 公司 X5运动型轿车。

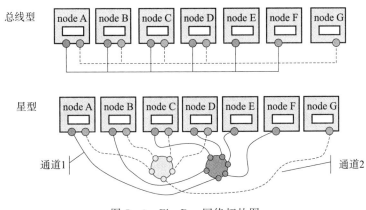

图 7 - 3　FlexRay 网络拓扑图

7.3.6　CAN - FD 简介

在 2011 年，为了满足带宽与可靠性需求，由 Bosch 发布了 CAN - FD（CAN With Flexible Data - Rate）方案，2015 年，ISO 组织正式发布了支持 CAN - FD 的 ISO 协议，它因继承了传统 CAN 总线主要特性，如使用改动较小的物理层，双线串行通信协议，基于非破坏性仲裁技术，分布式实时控制，可靠的错误处理和检测机制等，并对带宽及数据长度做了优化，而被视为是下一代主流汽车总线系统。

相对于传统 CAN 总线系统，CAN - FD 的明显优势有以下几点：

1）传输速率提高：CAN - FD 的全称是 Flexible Data - Rate，意为帧报文中数据段波特率可变的特性，即仲裁段和数据控制段使用标准的通信波特率，而传输数据段时就可切换到更高的通信波特率，数据传输率可大于 1 Mbit/s，5 Mbit/s，甚至更高。

2）有效数据场加长：相对于传统 CAN 报文有效数据场的 8 字节，CAN - FD 对有效数据场长度做了很大的扩充，数据场长度最大可达到 64 字节，当数据长度码 DLC 小于或等于 8 时与原 CAN 总线一致，大于 8 时为非线性增长，大大提高帧报文中的有效数据，意味着 CAN - FD 具有更高的有效传输负载。

3）优化了 CRC 校验场：在传统的 CAN 系统中，使用位填充的方式来保持通信同步。但这种方式会造成对循环冗余校验码 CRC（Cyclic Redundancy Check）的干扰，导致错帧漏检。CAN - FD 为此在 CRC 算法上进行了优化与修改，将填充位加入差错校验码中进行计算，也就是 CRC 包含了填充位位流进行计算。

CAN - FD 拓扑结构与传统 CAN 一致，为总线型网络拓扑结构。CAN - FD 因其继承了 CAN 总线低成本、高可靠性等特点，又进一步提升了数据传输性，未来将有很大的发展空间。

7.3.7　1553B 总线简介

1553B 总线是在 20 世纪 70 年代为适应飞机的发展由美国提出的飞机内部电子系统联网的标准，在航空工业中得到广泛的应用，主要特点如下：

1）1553B 总线是一种广播式分布处理的计算机网络，可挂接 32 个终端，所有终端（节点）共享一条消息通路，任一时刻网络中只有一个终端在发送消息，传送中的消息可以被所有终端接收，实际接收的终端通过地址来识别。网络结构简单，终端的扩展十分方便，任一终端（除总线控制器外）的故障都不会造成整个网络的故障，总线控制器则可以通过备份来提高可靠性。但是网络对总线本身的故障比较敏感，因此，通常采用双余度总线。

2）强调了实时性，1553B 总线的传输码速率为 1 Mbit/s，每条消息最多包含 32 个字（每个字 16 位），因此，传输一条消息的时间比较短。

3）1553B 总线按指令/响应的方式异步操作，即总线上所有消息传输都由总线控制器发出的指令来控制，相关终端对指令应给予回答（响应）并执行操作，这种方式非常适合集中控制的分布式处理系统。

4）在兼顾实时性的条件下，采用了合理的差错控制措施，即反馈重传方法。

1553B 总线采用总线型拓扑结构，可挂接 32 个终端。在飞机上得到了广泛应用，由于成本较高，目前，军用主要用在弹上或弹地通信。

7.3.8　CAN 总线设计方案

7.3.8.1　CAN 总线方案设计程序

发射车 CAN 总线主要设计程序为：根据发射车方案和作战流程，确定互联设备，根据总线负载率和实时性的要求，确定网络结构，形成通信接口设计要求；根据确定的通信接口，使用合适的设计准则，优化信息字，最后形成发射车各设备间的信息交换内容和信息字定义，作为应用层协议设计的依据，设计程序如图 7-4 所示。

7.3.8.2　物理层设计

物理层设计包括网络拓扑、总线长度、分支长度、物理接口、总线电缆和终端电阻等。网络拓扑应满足以下要求：

1）为了避免终端反射，网络拓扑应使用总线性结构，如图 7-5 所示。

2）为了减少干扰，CAN 总线电缆应远离大电流和快速开关负载。

3）为了减少驻波，各节点距离干线的长度，即支线长度不能相等，同时，应避免节点在总线上等间距布置。

4）在同一网络上，节点最大数目不超过 30 个。

推荐的总线长度及采样点见表 7-2。

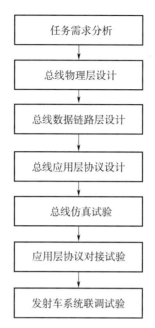

图 7 - 4　发射车 CAN 总线设计程序

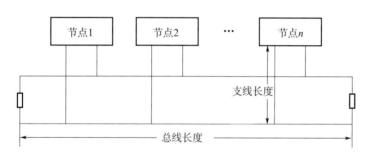

图 7 - 5　CAN 总线典型拓扑结构图

表 7 - 2　推荐的总线长度及采样点

序号	位速率/(bit/s)	总线最大长度/m	采样点位置
1	1 M	25	75%
2	500 k	100	87.5%
3	250 k	250	87.5%

推荐的总线分支长度见表 7 - 3。

表 7 - 3　推荐的总线分支长度

序号	位速率/(bit/s)	总线分支最大长度/m
1	1 M	0.3
2	500 k	0.6
3	250 k	1

发射车 CAN 总线网络推荐采用完全冗余，热切换的方式实现 CAN 总线的冗余设计。完全冗余是使用两套独立的总线电缆、总线驱动器、总线控制器或集成了总线控制器与CPU 的微处理器。这种方法的优点是实现了物理介质、物理层、数据链路层应用层的全面冗余，电路图如图 7-6 所示。

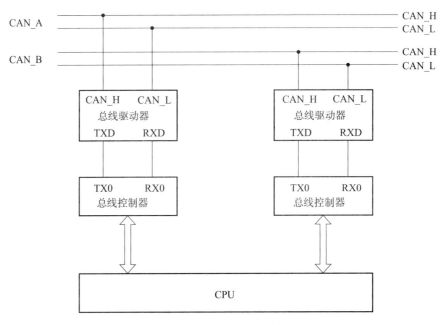

图 7-6　CAN 总线冗余电路图

总线电缆应满足下列要求：

1）采用屏蔽双绞线；

2）绞线率不小于 13 绞/m；

3）总线电缆物理特征参数见表 7-4。

表 7-4　总线电缆物理特征参数

序号	参数	符号	最小值	标称值	最大值
1	特征阻抗/Ω	Z	108	120	132
2	单位电阻/(mΩ/m)	R_b	0	25	50
3	单位电容/(pF/m)	C_b	0	40	75

注：在 20 ℃测量，CAN_H 和 CAN_L 之间。

每条 CAN 总线都需要安装 2 个终端电阻，每个终端电阻阻值为（120±12）Ω。

7.3.8.3　数据链路层设计

帧类型要求如下：

1）只允许发送数据帧，不允许发送远程帧，但可以接收远程帧，节点接收到远程帧后将其舍弃不进行处理，并且不允许发送错误帧；

2）只允许使用 29 位标识符的扩展帧，不允许节点发送 11 位标识符的标准帧，节点可以接收标准帧，但不允许响应或发送错误帧。

帧格式符合 CAN2.0B 的规定，推荐格式见表 7-5。

表 7-5　帧格式定义

定义	PDU						数据域
	P	SA	DA	BS	DP	PN	
占位	3	8	8	1	1	8	0~64

注：P 是优先级，SA 是源地址，DA 是目的地址，BS 是总线标识，DP 是单帧复帧标识，PN 是帧序号。

1）优先级占 3 位，这 3 位仅在总线传输中用来优化消息延迟，接收设备必须对其做全局屏蔽（即忽略）。消息优先级可从最高 1（0_{16}）设置到最低 8（7_{16}）。

2）网络中的一个设备对应唯一的一个源地址 SA，本协议中地址从 1 开始，按照优先级的顺序进行排列。

3）网络中的一个设备对应唯一的一个目的地址（DA）。

4）总线标识（BS）表示总线通道，0 为第 1 路总线，1 为第 2 路总线。

5）单帧复帧标识（DP）用于将大于 8 个字节的报文进行打包重组、连接管理。发送节点将数据拆分成若干个数据包发送，接收节点将收到的数据包重组为原始数据。单帧数据包编号为 0，多帧数据包编号为 1。

6）帧序号（PN）单帧传输时置 0，多帧传输时表示当前帧序号，1~255 分别表示第 1 帧~第 255 帧。

7.3.8.4　应用层协议设计

应用层协议设计主要内容如下：

1）规定各类信息的发送更新率，如随机发送或周期发送；

2）规定信息交换的主从关系，对信息交换的启动、应答、停止进行设计；

3）定义信息类型，当信息交换的双方存在多个交互信息时，对不同信息定义类型；

4）参数定义，主要定义交换信息中各参数的有效值、精度、偏移量和来源等；

5）定义传输规程、帧结构、传输顺序、重发机制；

6）规定信息交换的内容以及详细的报文格式，对每一字段逐一说明；

7）形成应用层通信协议。

7.3.8.5　总线仿真试验

在完成发射车 CAN 总线协议制定后，开展总线方案仿真试验，主要工作内容如下：

1）根据协议建立仿真节点模型；

2）验证各节点间工作方式、工作流程适应性；

3）仿真计算总线负载率，验证总线实时性是否满足要求。

7.3.8.6　应用层协议对接试验

在完成总线仿真试验后，CAN 总线节点设备装车前，开展应用层协议对接试验。应用层协议对接试验可以先用部分仿真节点代替真实节点，实现半实物仿真，但装车前必须使用全部真实节点完成应用层协议对接试验。

在开展应用层协议对接试验前，应编写相关的试验大纲，依据试验大纲开展对接试验。在完成对接试验后，编写试验总结报告，在总结报告中详细描述对接试验情况，提出协议修改建议，对通信协议等设计文件进行修改完善。

应用层协议对接试验的主要工作内容如下：

1）测试总线终端电阻应满足要求；

2）测试各节点发送信号电压应满足要求；

3）测试各节点发送信号位时间应满足要求；

4）验证各个节点发送、接收信息的格式应满足要求；

5）验证信息交互双方对协议理解应一致；

6）验证总线双冗余应有效；

7）测试总线负载率应满足要求。

7.4　供电体制设计

供电体制设计内容主要包括供电模式设计和供电时序设计。

1）供电模式：发射车一般为交流（380 V/50 Hz）加低压直流（28 V），或高压直流（600 V）加低压直流（28 V）两种供电模式；

2）供电时序：设计使用流程中大功率用电设备错峰使用，有利于降低整车用电功率；

3）应考虑供电冗余设计，保证控制设备的不间断供电；

4）一次电源的供电和用电设备的供电能遥控控制。

7.4.1　母线供电

典型母线供电包括工频交流母线（380 V/50 Hz）、高压直流母线（600 V）和低压直流母线（28 V），上述 3 种母线常见的组合形式有：工频交流母线和低压直流母线供电体制，如图 7-7 所示；高压直流母线和低压直流母线供电体制，如图 7-8 所示。

工频交流母线以柴油发电机组（以下简称机组）、取力发电装置（以下简称取力）、外供电等两类（组）及以上类（组）供电方式并机提供 380 V/50 Hz 交流电，实现交流供电的冗余备份。

高压直流母线以外供电（经 AC/DC 变换后）、底盘动力电池组、智能动力单元（IPU）等两类（组）及以上供电方式并联实现高压直流供电的冗余备份。

低压直流母线以直流母线电源、低压蓄电池组等两类（组）及以上供电方式并联实现低压直流供电的冗余备份。为了保证低压直流母线的供电可靠性，推荐配备上装低压蓄电池。

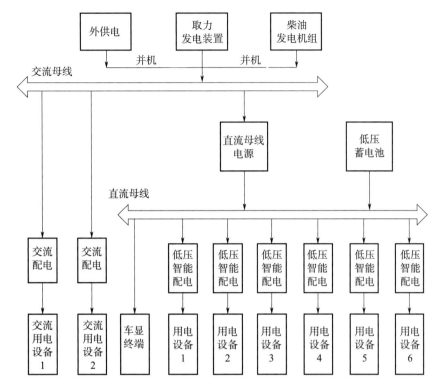

图 7 - 7　工频交流母线和低压直流母线供电体制

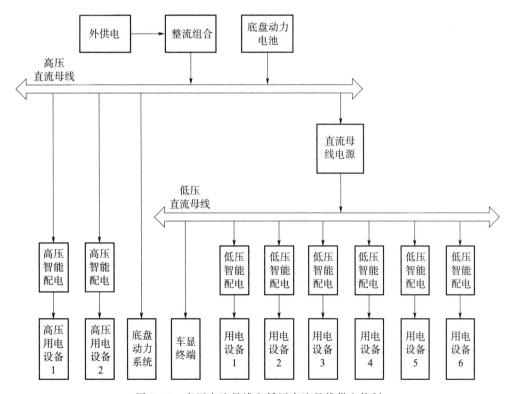

图 7 - 8　高压直流母线和低压直流母线供电体制

7.4.2　智能化配电

发射车智能配电功能通过车显终端、供配电控制器和智能配电设备以及总线网络实现。车显终端发送供配电指令，由供配电控制器实现对智能配电设备的状态监测、信息上报，并向智能配电模块发送配电指令。

直流智能配电功能通过直流智能配电模块实现，供配电控制器通过总线网络控制直流智能配电模块为对应的用电设备进行配电，并可以实时监测用电设备的用电状态，提供不同延时的保护曲线。

交流智能配电功能通过交流配电模块实现，供配电控制器通过控制交流配电模块，实现交流用电设备的配电，并可以实时监测用电设备的用电状态，提供不同延时的保护曲线。

7.4.3　供电时序

用电设备按照加电次序划分为：默认上电级和控制配电级两个等级。默认上电级设备为不需要配电控制，在供电设备（蓄电池或电源设备）接通即上电的设备；控制配电级设备为需要对其进行配电控制，在供电设备（蓄电池或电源设备）接通后，要通过智能配电设备接收指令后接通供电通路为其配电的设备。

对基于母线供电、智能化配电的发射车开展电气总体设计时，应对整车供电时序进行统一规划，供电时序设计应结合导弹发射任务流程开展。

7.4.4　其他供电要求

1）采用机械底盘的发射车供配电系统，柴油发电机组和取力发电装置的控制及起动用电由底盘蓄电池提供；

2）采用电驱底盘的发射车供配电系统，底盘控制器和智能动力单元（IPU）控制及起动供电由底盘低压蓄电池提供；

3）外供电（市电）控制设备应配备独立的电源模块（AC/DC），电源模块应与低压直流母线进行隔离；

4）采用电驱底盘的发射车供配电系统，智能动力单元（IPU）或外供电应可以对动力电池充电；

5）当配置上装低压蓄电池组时，蓄电池 BMS 控制用电采用蓄电池自供电模式。

7.5　电气接口设计

7.5.1　外部接口设计

发射车的外部接口主要是与测发控系统、定瞄系统、指控系统接口，主要包括：

1）供电接口：包括直流供电接口和交流供电接口，与测发控的供电接口一般要求具有遥采遥调功能；

　　2）通信接口：一般采用 CAN 总线、以太网等。

7.5.2　内部接口设计

　　发射车内部接口主要包括：

　　1）供电接口：包括供配电系统与车控、环控、车控系统、环控系统、底盘的供电接口；

　　2）信号接口：包括 I/O、A/D、D/A 等设备间的信号接口；

　　3）通信接口：发射车各分系统之间的通信接口，一般采用 CAN 总线、以太网等。

7.5.3　电连接器选用

　　电连接器选用军用电连接器厂产品，供电电连接器推荐 Y27 和 YHM 型号，信号电连接器推荐 J599 类。

7.6　电缆网设计

　　电缆网设计方案如下：

　　1）电缆设计制作符合标准 QJ 603A—2006；

　　2）根据使用环境的高低温选取合适温度范围的电缆；

　　3）考虑电缆长度和阻抗造成的压降对产品的影响；

　　4）对于通信类电缆应使用双绞屏蔽线，电缆的特性阻抗须满足不同总线要求；

　　5）对于火工品供电电路的电缆应使用双绞屏蔽线；

　　6）根据电缆所在环境的散热情况，单根导线通过的最大电流值、通电时间、使用频率及降额选择电缆规格型号，电缆典型条件下载流参照 HB 5795—82；

　　7）分离后"带电"的电连接器应选用插孔型，"不带电"的电连接器应选用插针型；

　　8）一端电连接器为插座的电缆，一般采用法兰盘固定安装方式，若有密封和屏蔽等要求无法使用法兰盘固定安装方式时，应选用螺母并紧安装方式；

　　9）电缆实际使用芯数小于电连接器总芯点数时，若电缆安装空间允许应选择电连接器接触件最大适配导线与电连接器的富余点连接，作为备份；

　　10）整车布置时，动力电缆和控制电缆应尽量分开；

　　11）舱内空间较小时，若舱内成型电缆的护套较硬不易弯曲和铺设，可采用导线外套尼龙编织套的方法；

　　12）舱外电缆应尽量选用带护套的成型电缆；

　　13）舱外电缆应对连接器焊点进行有机硅胶灌封，根据实际需要确定具体灌封高度，但至少应没过焊点。

7.7　车显终端设计

7.7.1　功能

车显终端的主要功能如下：

1）显示发射车供配电系统、车控系统、调温系统和底盘等分系统的状态信息；

2）用于本地状态的控制及发起维护测试；

3）与多功能车设备进行通信，传输上级系统指令，反馈发射车状态信息；

4）记录和存储总线数据和人机交互操作。

7.7.2　组成

车显终端由加固机箱、显示器和控制板等组成。

7.7.3　性能指标

典型车显终端性能指标如下：

1）处理器常用的有龙芯主频不低于 800 MHz；

2）显示屏不小于 10.4 寸；

3）电子盘一般不小于 32G；

4）采用直流供电，电压范围为 18～32 V；

5）具有总线接口，如以太网，CAN 总线等；

6）具有 BIT 功能。

7.7.4　硬件方案示例

计算机内置国产主处理板，集成嵌入式处理器，运行中标麒麟国产操作系统，提供通用信息处理和显示能力，支持网络、CAN、USB 等通信能力，如图 7 - 9 所示。

主处理板采用龙芯 3A3000 COM - E 模块作为主处理器方案，与背板通过连接器对接。提供数据处理和独立运算，具有 2 个 10/100/1000 Mbit/s 自适应以太网接口，2 个 USB2.0 接口，2 个隔离 CAN2.0N 接口，满足机箱与外部设备的数据传输，集成了显示、外接键鼠等接口，实现了综合集成化、组合化和易维护使用等特点。

背板上集成了宽压电源电路，给机箱内主处理板提供工作电压，可保证整机内部各模块稳定可靠地工作。

显示部分由液晶模组（含液晶屏与触摸屏）、触摸控制卡和 OSD 按键板组成，满足计算机输出视频信号的显示以及触控、OSD 调节功能。

CAN 芯片组实现 2 路 CAN 接口的高性能 CAN 通信，兼容 PCI 2.2 规范，且 CAN 接口自带隔离模块，使其避免由于地环流的损坏，强大的抗静电和浪涌能力，使之可以在恶劣环境中使用。同时，该 CAN 卡附带 I/O 输入输出功能，能在必要时提供便利。主要技

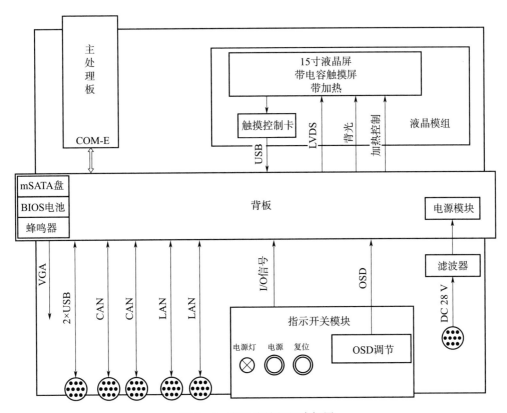

图 7 - 9　车显终端的组成框图

术参数如下：

1) 支持 2 路 CAN 接口；

2) 波特率可任意设置在 5 k～1 Mbit/s 之间，最大支持 1 Mbit/s；

3) 支持 I/O 输入输出，高电平为 5 V，低电平为 GND；

4) 供电电压 DC5 V；

5) 功耗小于 10 W；

6) CAN 功能框图如图 7 - 10 所示。

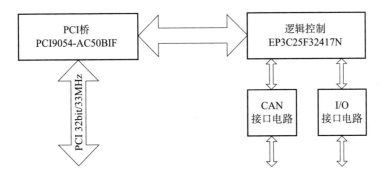

图 7 - 10　CAN 功能框图

主处理板的模块规格遵循 CompactPCI 的 PICMG 2.16 Revision 1.0 规范，机构上采用 COM - E 模块形式，实物照片如图 7 - 11 所示。

图 7 - 11　主处理板实物示意图

计算机的背板提供供电和信号通路，实现板卡间信号连接功能，提供 1 个主处理板槽位。主处理模块采用 2 组中航光电 220P 高可靠性对板连接器 CQSL - 110 - 01 - L - D - A，背板配套连接器的型号为中航光电 CQTL - 110 - 01 - L - D - A，主处理板堆叠于背板上，如图 7 - 12 所示。主处理板芯片表贴机壳散热，背板对外接口实现走线。

图 7 - 12　主处理板与背板堆叠图

7.7.5　车显终端软件设计

车显终端应用层软件研制过程按照 GJB 500A 进行，软件设计一般包括以下内容：

1）编程语言：可选用 C/C++语言；

2）操作系统：可选用中标麒麟操作系统；

3）开发环境：可选用 QT、CodeSys 开发和调试工具；

4）操作系统及软件启动时间一般不超过 1 min；

5）界面刷新频率不得超过 500 ms；

6）处理时间的余量一般不小于 20%；

7）内存使用余量一般不小于 20%；

8）存储量的余量一般不小于 20%；

9）典型车显终端软件结构图如图 7-13 所示。

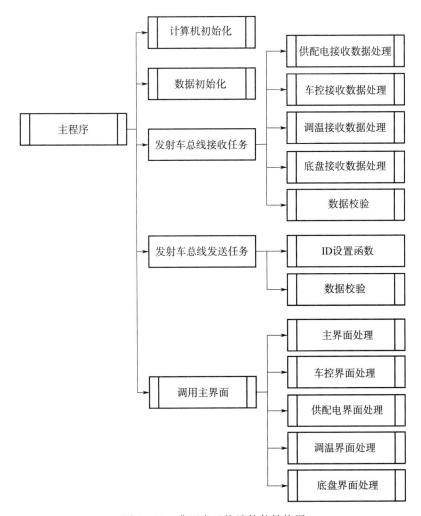

图 7-13　典型车显终端软件结构图

计算机使用国产龙芯处理器硬件平台，需要开展国产操作系统中标麒麟的适配优化、设备驱动定制开发、应用基础软件（QT、数据库）适配、故障诊断设计、软件配置项管理 5 部分设计工作。

操作系统的适配与优化主要涉及内核、基础软件库和基础环境 3 个层次。

在内核层面针对定制硬件进行内核功能模块化裁剪。内核是操作系统初始化通用硬件平台的核心处理程序，主要提供进程管理、中断管理、内存管理、文件系统、设备驱动、进程通信和网络协议等功能。

在基础软件库层面做深度代码优化。基础软件库是指操作系统中最基础且具有共性特征的软件操作，包括 C 库中的内存拷贝等字符串操作、图形系统中的坐标转换等向量图像处理、图形系统中的图片解压缩操作等。

在基础环境层面根据应用需求裁剪掉不必要的服务，只提供满足应用正常运行的系统环境；对基础软件环境的重点软件进行结构性优化，实现 JAVA、QT 图形库等的性能提升。

驱动程序主要包括 CPU 及桥片驱动、显卡驱动、网卡及 CAN 驱动。CAN 驱动的开发是驱动开发的重点和难点。

中标麒麟操作系统集成了 QT 等应用软件开发环境，支持跨平台软件开发，便于现有应用软件的移植和开发；为了支撑 QT 开发，需要安装和编译 QT 源码包，考虑系统的应用场景和运行环境，需要对 QT 的组件进行裁剪。

7.8　故障诊断总体方案设计

发射车故障诊断技术包括采用实时监控技术、故障诊断技术、寿命预估技术和健康管理评估技术等关键技术。在电气系统总体设计时应根据技术要求和技术成熟度、成本和可靠性等因素设计故障诊断方案。

（1）实时监控技术

实时监控技术包括设备层、分系统层和系统层 3 层架构。设备层主要通过自身的功能特性为各分系统提供第一手的状态监测数据，包括各种连续的、离散的测量数据用于表征各个分系统的运行状态。分系统层实时状态监控主要通过内部的运算或控制逻辑，利用分系统内部组件的输入数据，对整个分系统的状态进行监控。系统层实时状态监控主要负责对发射车各个设备的实时监控功能，具体来说主要包括对分系统数据的实时采集、处理、显示、告警、记录及打包下传等功能。

（2）故障诊断技术

故障诊断以基于系统原理的故障诊断为基础，基于维护手册的故障诊断为补充。

采用功能故障有向图（FF‑SDG）建模的系统原理故障诊断方法，涉及 3 个层次的模型，分别是结构模型、功能模型和故障模型。其中，结构模型展现系统和组件的组成结构层次及上下层次之间，同层次之间的组件相互关系。功能模型展现系统组件间的状态（能量、材料、信息）及状态间的关系，故障模型则在功能模型中加入故障模式，是反映故障传播的系统模型，也是建模的最终成果。收集关于各分系统的方案报告、设计报告、使用维护手册、FMECA、FTA 报告、元器件可靠性数据指标等技术材料，对系统进行组件分解，获取每个组件功能、故障信息，并最终形成 FF-SDG 模型，如图 7-14 所示。

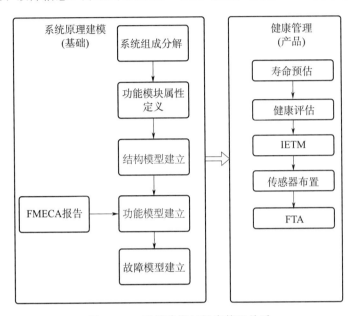

图 7-14　系统建模与健康管理关系

　　在基于系统原理的故障诊断无法达到的故障，基于维护手册的故障诊断作为补充。要深入分析手册的结构特点及其与手册相关的各种文件资料，参考研究现有故障诊断系统的特点，构建诊断系统模型，最终建成能够实现手册的管理与智能搜索、相关手册的关联、手册内容的更改及其数据库管理的故障智能诊断系统。故障隔离手册的查询方式主要是基于故障码、观察到的故障清单、故障索引和维修信息这几种信息源进行查找。图 7-15 所示为基本的故障隔离手册的查询流程。

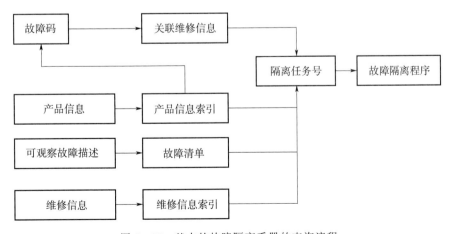

图 7-15　基本的故障隔离手册的查询流程

（3）寿命预估技术

寿命预估能根据故障程度随时间的变化确定组件寿命，并给出置信界限。寿命预估采用的方法有以失效机制为基础的寿命预测、以可靠性物理模型为基础的寿命预估、以数理统计为基础的寿命预估 3 种方法。

1）以失效机制为基础的寿命预测：关键零部件的失效能代表整个系统失效，已知该零部件的失效机制条件下，从该失效机制的动力学特性来预测其寿命，例如，疲劳寿命预测方法、应力腐蚀寿命预测方法和蠕变寿命预测方法。

2）以可靠性物理模型为基础的寿命预估：根据所建立的失效物理模型，通过确定特征值随时间分布和失效概率，从而预测在要求的可靠度下的寿命；可靠性物理模型主要有应力-强度模型、反应论模型、最弱环模型及退化模型或损伤累积模型。

3）以数理统计为基础的寿命预估：主要根据产品的试验数据和现场数据，利用数理统计的方法，并结合实际使用及各种相关因素给出产品的寿命过程。其中，关键是保证样品数据的来源，选取合适的寿命指标及正确使用的统计方法。

（4）健康管理评估技术

根据检测评估系统的健康退化情况，给出带有置信度水平的系统故障诊断结论，并结合系统的健康历史信息、运行状态和运行负载特性，预报（指根据健康状态评估的诊断结论，结合系统故障传播特性和系统运作情况，定性评估故障的二次影响方向或组件）系统未来的健康状态。将健康状态划分为"健康""亚健康""合格""异常"和"故障"5 个等级。采用基于性能参数的健康状态评估，在各阶段记录各设备运行参数的变化情况，必要时将这些参数转换成标准状态下的数值，并与缺省设置或客户化的标准值进行比对，可以得到偏差的变化情况，通过对偏差的分析及偏差变化趋势的分析，可判断部件的健康状况，实现对部件的监控；通过及时发现参数与标准值之间的偏差或参数的变化趋势异常，分析产生异常的原因，可以为预防和排故提供依据。

第8章　液压系统方案设计

8.1　概述

液压传动是导弹发射车最常用的传动方式之一。相比于机械传动、电气传动、气动传动，具有以下优点：

1）功率密度大。在同等体积或质量下，相比于其他传动方式，液压装置能产生更大的动力。因此，在体积和质量有限的发射车环境下，液压系统具备较大的优势。

2）工作比较平稳、可无级变速。液压系统质量和惯性小，容易实现很大范围的无级调速；在速度变化时，运行平稳，过载小。

3）控制和调节简单。随着近年来电液控制技术的发展，液压系统的自动化控制方案成熟、可靠。

4）易于实现异常保护。在出现过载、环境扰动和误操作等异常工况时，液压系统的过载、失速等容易实现系统保护，确保发射车设备的安全性。

5）易实现直线运动。直线往复运动、摆动运动等的实现远比其他传动方式简单。

液压传动的缺点如下：

1）对温度变化敏感。在温度范围较大的条件下，液压系统的控制特性变化较大，影响其运动速度、工作稳定性和位置精度。

2）存在泄漏风险。在振动、温度变化、密封件老化等情况下，可能出现"跑冒滴漏"现象，造成发射车污染，甚至导致任务无法完成。

3）精度要求高。液压元件制造精度要求高，对油液污染和多余物较敏感，一定程度使液压产品成本较高。

4）能量损失大，转化成热能影响持续工作时间。液压系统在运行过程中，存在较大的能量损失，不宜在长距离条件下使用，常见的定量泵系统也不宜用于长时间运行的工况。

一般可按照图 8-1 所示的流程完成发射车液压系统方案和工程设计。

液压系统设计师实际从事液压系统设计时，还需不断与总体设计师、结构设计师、车控系统设计师等进行沟通、反馈，以确定最优的总体方案，因此，上述设计流程可以灵活掌握，按照实际情况进行调整。

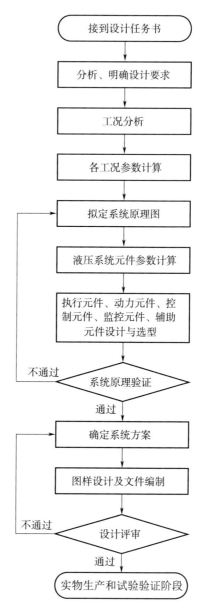

图 8-1　液压系统设计流程

8.2　液压系统设计技术要求

液压系统设计技术要求主要内容一般包括：

1）用途、功能和组成；

2）方案基本要求；

3）各工步时序及安全性要求；

4）设计输入条件：存储或工作环境要求，原动力形式，最大输入功率，系统最大重量，液压设备布置位置和空间尺寸，液压油箱的固定方式、布置位置和空间尺寸，液压管路的布局，空间执行元件类型、数量，控制方式，各工况载荷，油缸安装长度、展开长度、连接形式、接口结构尺寸、外形尺寸、安装位置或马达安装位置、安装接口等；

5）主要性能指标：动作完成时间、到位与保持精度、起竖加速度、重量、可靠性、维修性、保障性、测试性、安全性等。

8.3　工况分析

发射车液压系统工况分析包括功能和动作顺序分析，一般可能包括以下工步：

1）升车：发射车车腿伸出、落地、升车，将发射车顶至预定姿态或高度；

2）开盖：通过开盖油缸动作，将顶盖由关闭状态转换至打开状态；

3）发射台展开：通过油缸将发射台从行军状态翻转至垂直状态，并伸出接地支腿；

4）起竖：起竖缸伸出，将导弹（或发射装置）从初始行军姿态转换至发射姿态；

5）回转：液压执行机构（液压马达或回转油缸）动作，完成导弹的方位调整；

6）锁紧：锁紧油缸动作（一般为伸出），完成发射装置或导弹的锁定；

7）解锁：锁紧油缸动作（一般为回收），完成发射装置或导弹的解锁，是锁紧工步的逆动作；

8）回平：起竖缸回收，将导弹（或发射装置）从发射姿态恢复至初始姿态，是起竖工步的逆工步；

9）关盖：通过开盖油缸动作，将顶盖由打开状态恢复至关闭状态，是开盖工步的逆动作；

10）发射台复位：台腿回收、发射台翻转至行军状态，是发射台展开的反向工步；

11）降车：发射车车腿回收，将发射车由顶起姿态恢复至行车姿态，是升车工步的逆动作。

根据任务书确定的功能和发射流程，按照时间顺序进行正向流程和反向流程动作排序。典型正向流程为：升车→开盖→起竖→回转→锁紧/解锁，典型逆向流程为：解锁/锁紧→回转回位→回平→关盖→降车。

8.4　液压原理图设计

8.4.1　一般要求

液压系统原理图设计的过程也是方案设计的过程，一般要求如下：

1）原理图的液压图形符号和回路符合 GB/T 786 的规定；

2）尽量采用国产化元件或有可实施的国产化替代方案；

3）有多个执行元件的回路要考虑独立动作或同步动作；

4）各回路应互不干扰；

5）油源应保证空载启动；

6）建议泄油油路单独设置；

7）设置应急回路，保证系统能够在突发情况下采取应急措施；

8）系统中一般对需要重点检查的部位，如油源、执行元件等处，根据实际情况设置压力、流量、位移和角度等监测点。

8.4.2　油源回路设计

油源回路为整个液压系统提供液压能源，详细组成和原理可参见第 2 章的有关介绍，油源回路一般由原动机、液压泵、油箱、过滤器和压力阀等组成。根据液压泵的类型不同，典型油源回路一般分为基于定量泵的阀控油源回路和基于变量泵的泵控油源回路。两种典型油源回路如图 8-2 和图 8-3 所示。

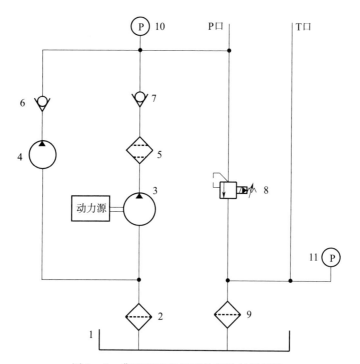

图 8-2　典型基于定量泵的阀控油源回路

1—油箱；2—吸油滤；3—定量泵；4—应急泵；5—高压油滤；6、7—单向阀；
8—比例调压阀；9—回油滤；10、11—压力传感器

8.4.2.1　液压泵初选

液压泵的初选主要包括液压泵数量（单泵、多泵、多联泵等）、排量调节能力（定量泵、变量泵）、调节类型（恒压、恒流量、恒功率、负载敏感或比例控制等，仅针对变量泵）、结构类型（齿轮泵、柱塞泵等）等。液压泵初选的核心是确定使用基于定量泵的阀控系统或基于变量泵的泵控系统，两者的主要优缺点见表 8-1。

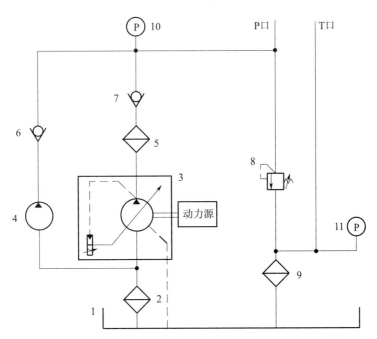

图 8-3　典型基于变量泵的泵控油源回路

1—油箱；2—吸油滤；3—电比例变量泵；4—应急泵；5—高压油滤；6、7—单向阀；

8—安全阀；9—回油滤；10、11—压力传感器

表 8-1　定量泵系统与变量泵系统优缺点比较

项目	定量泵系统	变量泵系统
结构类型	齿轮泵、柱塞泵、叶片泵，一般选用齿轮泵	柱塞泵、叶片泵，一般选用柱塞泵
抗污染能力	好（齿轮泵）	差
低温、高原适应性	好（齿轮泵）	差，必要时需增加补油泵
压力等级	中低压，一般不超过 18 MPa	各种压力等级皆可
系统压力调定方式	使用溢流阀限压	多种方式，可使用溢流阀限压或泵自身调节
系统调速方式	节流调速	多种方式，一般使用改变泵排量的容积调速
响应速度	快	慢
能量损失	大	小
成本	低	高

考虑到以上特点，对液压泵初选的一般要求如下：

1）对有不同流量需求的系统，推荐采用多联泵或变量泵。

2）考虑高原环境的可靠性和抗污染能力，在压力、流量满足使用工况要求的前提下，推荐选择齿轮泵；需要变量输出或大功率输出，齿轮泵难以满足使用要求可选择轴向柱塞泵。

3）应急泵推荐使用与主泵不同的动力驱动方式，应急泵性能以能满足发射车应急条件下动作为前提，一般不必考虑各工步动作时间指标。

8.4.2.2　原动机初选

原动机的初选主要是确定使用电动机还是车载发动机。对原动机初选的一般要求如下：

1）选用车载发动机时应确定取力口的功率、转速-转矩输出曲线应能满足液压泵估算出的使用要求。

2）选用电动机时应确定发射车有足够的安装空间和重量余量，计算出电动机输入功率后应及时反馈发射车总体，确认供电能力。

8.4.2.3　控制阀件初选

控制阀件初选主要确定油源回路中重要控制阀件的类型和数量。对控制阀件初选的一般要求如下：

1）系统如采用泵控系统，需设置溢流阀作为安全阀，其额定流量应不小于系统油源最大输出流量；

2）如采用多个液压泵作为动力源，应使用方向阀作为不同泵源的切换，并在各泵出口设置单向阀；

3）阀件设计应保证泵源可空载启动。

8.4.2.4　其他元件初选

1）一般应在液压泵出口及系统回油处设置压力检测元件，必要时可设置流量检测元件；

2）在液压泵出油口、系统回油口应设置油滤；

3）吸油口油滤的选用应充分考虑泵的自吸能力和抗污染能力；

4）根据系统实际使用工况选择冷却装置和加热装置。

8.4.3　升车回路设计

升车回路功能为完成整车的升车动作。升车回路一般由车腿油缸、换向阀、调速阀和行程开关等组成。典型升车回路原理图如图 8-4 所示。

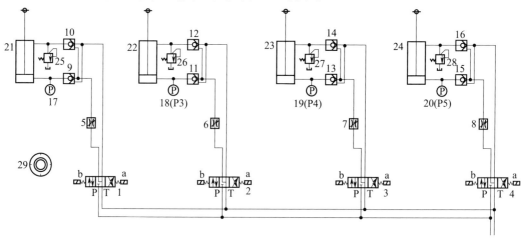

图 8-4　典型升车回路原理图

1~4—换向阀；5~8—调速阀；9~16—单向锁；17~20—压力传感器；21~24—车腿油缸；25~28—安全阀；29—检平元件

升车回路方案设计基本原则如下：

1）升车回路一般应具备单腿独立调速的能力，运动速度一般由调速阀或比例调速阀完成。对于定位精度要求不高的升车回路可采用调速阀进行手动流量调节。对于定位精度要求高、自动化要求高的调平回路，一般选取比例调速阀来控制车腿的升车速度和降车速度。考虑降车时负载工况，调速元件应设置在车腿的无杆腔侧。

2）车腿油缸在任一位置都应能可靠锁定，锁定方式有液压和机械两种。无长期待机高精度保持要求的调平回路，一般在车腿两侧分别设置软密封结构液压锁。

3）推荐在油缸有杆腔的液压锁内设置安全阀，用于车腿油缸的泄压保护。

4）推荐使用中位机能为 Y 型的三位四通电磁换向阀来实现车腿油缸换向动作。

5）到位转步判断方式可使用定压力或定高度方式。定压力一般采用压力传感器或压力开关，定高度方式一般采用行程开关或位移传感器。

8.4.4　起竖回路设计

起竖回路功能为完成发射装置起竖和回平动作，并保持发射角度和精度符合总体要求。起竖回路一般由起竖油缸、平衡阀、比例换向阀、安全阀、锁定元件和角度传感器等组成。典型起竖回路原理图如图 8-5 所示。

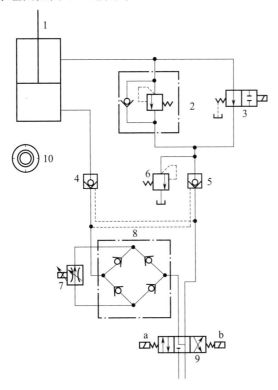

图 8-5　典型起竖回路原理图

1—起竖油缸；2—平衡阀；3—二位二通电磁换向阀；4、5—液控单向阀（液压锁）；6—安全阀；7—比例调速阀；
8—油桥；9—三位四通电磁换向阀；10—角度传感器

设计基本思路如下：

1）起竖油缸运动速度通常由调速阀、伺服阀、比例调速阀或比例换向阀完成，由于调速阀只能通过人工调节来实现流量变化，对于自动化程度要求较高、定位精度要求较高的系统已无法满足要求，而伺服阀的环境适应性差、价格贵也限制了其在起竖系统中的应用，所以一般选取比例调速阀或比例换向阀来控制发射架起竖和回平速度。

2）如选用比例调速阀作为速度控制元件，可将其设置于换向阀阀前或阀后。如将比例调速阀设置在换向阀阀后，则应使用液压油桥，以确保双向调节能力。

3）如采用比例换向阀作为速度控制元件，应考虑起竖油缸两腔面积差造成的流量区别。

4）起竖油缸在发射架起竖到一定角度后载荷由受压变成受拉，此时起竖油缸回油应有一背压阀来建立压力，以平衡起竖油缸所受拉力。起竖油缸的背压控制方案有多种形式，常用的有溢流阀和平衡阀两种。溢流阀在发射架起竖过程中一直存在节流，起竖油缸回油腔始终为溢流阀调定压力，造成系统功率损耗较大，引起系统发热严重，而远控平衡阀能实现负载自适应控制，即随着起竖油缸所受拉力的增大，平衡阀平衡压力也增大。因此，推荐使用远控平衡阀来控制起竖油缸背压。

5）为减少起竖过程中的能量损失，提高起竖效率，可根据实际工况在背压阀处并联二位二通开关阀，用于在起竖负载未变化时背压阀的短接。

6）起竖油缸在发射架起竖到任一位置都能可靠锁定，锁定方式有液压和机械两种，在自动化程度较高、油缸负载较大的起竖系统中一般采用液压锁；在一些锁定精度要求不高的情况下，也可以使用调节背压的平衡阀兼用作锁定元件。

7）推荐使用中位机能为 Y 型的三位四通电磁换向阀来实现起竖油缸换向动作，完成起竖和回平。

8.4.5 其他回路设计

其他回路包括开盖回路、回转回路和锁定回路等。根据实际情况对各回路进行设计，设计要点如下：

1）根据各回路的锁定需求，设计锁定元件。采用双向锁锁紧的回路换向阀的中位机能不宜采用 O 型，应选择 Y 型或 H 型机能，保证可靠锁定。

2）不应单纯用换向阀的中位机能来锁定定位精度要求高的执行机构。

3）对于不对称油缸，应在有杆腔设置安全阀。

4）对于正反向均有速度调节需求或压力变化较大的回路，一般用两个单向调速阀分别控制正反向的速度。

5）如存在负负载工况，可使用流量阀或压力阀作为背压阀，确保运动平稳可靠。

6）换向元件推荐采用电磁换向阀，以提高系统的自动化程度。

7）采用液压马达作为执行元件的回路，如有锁定要求，一般采用机械锁定方式。

8）根据实际工况选择合适的监测元件和到位检测元件。

典型开盖回路、回转回路、锁定回路如图 8-6～图 8-8 所示。

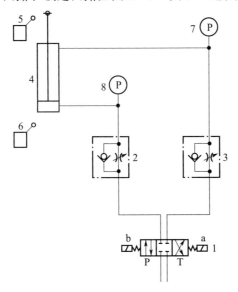

图 8-6　典型开盖回路

1—换向阀；2、3—单向调速阀；4—开盖油缸；5、6—行程开关；7、8—压力传感器

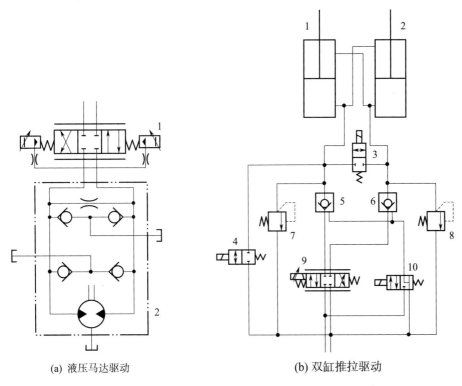

(a) 液压马达驱动　　　　　　　　　　(b) 双缸推拉驱动

1—伺服阀；2—液压马达　　1、2—回转油缸；3、4—二位二通电磁换向阀；5、6—液控单向阀（液压锁）；

7、8—安全阀；9—伺服阀；10—二位四通电磁换向阀

图 8-7　典型发射台回转回路

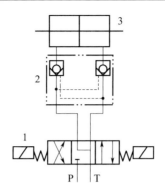

图 8 - 8　典型锁定回路

1—三位四通换向阀；2—双向液压锁；3—锁定油缸

对于液压伺服系统或动态控制性能要求较高的比例控制系统，需进行控制稳定性计算。计算方法如下：

1）根据原理图画出系统方框图，并计算传递函数。

典型阀控单出杆缸位置控制系统框图如图 8 - 9 所示。

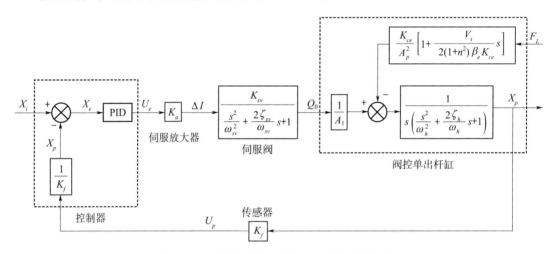

图 8 - 9　典型阀控单出杆缸位置控制系统框图

X_i——输入位移；X_e—位移偏差；U_e—电压信号；PID—控制器控制算法，稳定性分析时可简化为比例系数 K_e；

K_a—伺服放大器比例系数；ΔI—伺服阀输入电流；K_{sv}—伺服阀流量增益；ω_{sv}—伺服阀固有频率；

ζ_{sv}—伺服阀阻尼比；Q_0—伺服阀输出流量；A_1—液压缸进油腔面积；K_{ce}—压力流量系数；

A_p—活塞面积；V_t—液压缸油腔容积；n—液压缸两腔面积比；β_e—油液体积弹性模量；F_L—负载力；

ω_h—阀控缸系统固有频率；ζ_h—阀控缸系统阻尼比；X_p—液压缸输出位移；K_f—位移传感器比例系数

对控制系统进行适当简化后（忽略液压缸动态响应、负载力影响等），其开环传递函数可简化为

$$G(s)H(s) = \frac{K_v}{s\left(\dfrac{s^2}{\omega_{sv}^2} + \dfrac{2\zeta_{sv}}{\omega_{sv}}s + 1\right)\left(\dfrac{s^2}{\omega_h^2} + \dfrac{2\zeta_h}{\omega_h}s + 1\right)}$$

其中，开环增益系数 $K_v = K_e K_a K_{sv}/A_1$。需要注意的是，由于缸的不对称性，油缸在伸出和缩回时增益系数为不同值。

2）绘制系统伯德图，检验稳定性及稳定裕量。

3）计算闭环频宽及静态误差。

4）如上述计算不满足设计要求，则进行校正，必要时需对系统元件选型或设计进行调整，直到满足要求为止。

8.5　液压系统元件设计、选型与参数计算

8.5.1　执行元件设计与选型

8.5.1.1　液压缸设计

发射车的液压缸一般采用定制化设计方式，如元件要求较低，也可以使用货架产品设计选型。

（1）一般要求

1）除特殊要求外，液压缸缸径、杆径和活塞杆直径应符合 QJ 3033 的规定，在安装空间等条件的限制下无法符合 QJ 3033 的规定时，应优先按照密封圈、导向带等油缸必需件的规格来确定缸径和活塞杆直径。

2）采用多级液压缸时，一般按照伸出油缸时的负载情况，合理设计油缸面积。

3）除起竖油缸外，其余油缸一般均为单级缸。

4）油缸布置推荐采用倒向布置方式（尤其对长行程液压缸），即活塞杆固定，缸筒运动。

（2）初步确定液压缸参数

1）根据执行元件负载进行受力分析，选择液压缸的类型和各部分结构形式。

2）确定液压缸在行程各阶段上负载的变化规律。

3）应按照负载轨迹图上最大功率点处的负载力来确定液压缸的有效面积。

4）起竖油缸根据安装长度和行程确定使用单级缸或多级缸。

5）油缸行程应大于任务书要求。

①压力参数

液压缸工作压力确定方法如下：

1）计算确定所需压力，负载应取工作时的最大负载。

2）根据液压缸负载，按式（8-1）计算工作过程最大压力，即

$$p_t = \frac{F_t}{A_t} \qquad (8-1)$$

式中　F_t——作用到单个液压缸上的力（N）；

p_t——单个液压缸上的负载压力（Pa）；

A_t——液压缸有效面积（m²）。

②工作流量参数

根据初步确定的缸筒内径及活塞杆直径、行程和各工步时间计算各工步液压缸流量，一般单级缸伸出时间及多级缸每级伸出时间可预留 2～3 s，按式（8-2）计算

$$Q_t = \frac{A_t \cdot H_t}{t-3} \times 60 \times 1000 \tag{8-2}$$

式中 Q_t ——液压缸流量（L/min）；

H_t ——液压缸行程（m）；

t ——工作过程所需时间（s）。

（3）结构与尺寸

确定的油缸工作压力，与初步确定的缸筒内径比较，再从 QJ 3033 中最接近的标准值中选取内径。在安装空间等条件的限制下无法符合 QJ 3033 的规定时，优先按照密封圈和导向带等的规格来确定缸筒内径。

缸筒长度一般不超过内径的 20 倍，并根据以下公式进行确定

$$L = l_1 + l_2 + l_3 + l_4 \tag{8-3}$$

式中 L —— 缸筒长度；

l_1 ——活塞的最大工作行程；

l_2 ——活塞宽度，一般为 $(0.6～1)D$，D 为缸筒内径；

l_3 ——活塞杆导向长度，取 $(0.6～1)D$；

l_4 ——活塞杆密封长度，由密封方式决定。

活塞杆外径应根据有效面积首先满足流量的需要，与初步确定的活塞杆直径比较，再从 QJ 3033 中最接近的标准值中选取。在安装空间等条件的限制下无法符合 QJ 3033 的规定时，应优先按照密封圈、导向带等的规格来确定活塞杆直径。

活塞宽度由密封件、导向带的安装沟槽尺寸来决定，可根据相关样本进行设计，一般取缸筒内径的 0.6～1 倍。

最小导向长度一般应在缸筒内径的 0.6 倍以上，也可按式（8-4）计算

$$H \geqslant \frac{H_t}{20} + \frac{D}{2} \tag{8-4}$$

式中 H ——最小导向长度（m）；

H_t ——液压缸工作行程（m）；

D ——缸筒内径（m）。

一般在油缸最高部位应设计排气装置，以能保证及时排除缸内空气。

油缸静密封一般采用 O 形圈。如供油压力大于 10 MPa，应安装挡圈保护；油缸动密封一般根据工况按照密封圈产品样本推荐组合安装；活塞杆外端应安装防尘圈，必要时还可安装防尘套，以防止杂质进入油缸。

一般液压缸在工作压力≥10 MPa、活塞速度≥0.1 m/s，或有其他特殊要求时，应设计缓冲结构并对最大冲击力进行计算校核。

使用液压锁时推荐进行阀缸一体化设计。

（4）多级起竖缸方案设计要点

用于起竖回路的多级缸一般采用逐级伸缩缸结构，其设计要点如下：

1）一般要求多级缸各级缸体应保证正反腔面积比率不大于 10；

2）多级缸的一级缸体举升有效作用面积在最大推力作用下的最大举升压力值，应该和末级缸体回平有效作用面积在最大拉力作用下的最大回平压力值尽可能相近；

3）各级缸体在直径方向上采用最小衰减法，以保证起竖油缸在运动过程中有足够的刚度；

4）各级油缸均应设计正反双向缓冲结构；

5）多级缸应利用结构限位或油液流向而非摩擦力大小或作用面积区别来设计各级缸的伸出或缩回顺序，以确保各种工况下均不发生各级缸的乱序。

在起竖负载较小但速度要求较高的情况下，也可以酌情考虑使用多级同步缸。其结构较为复杂，具体设计方法可参考相应文献。其设计要点如下：

1）同步缸利用压力的增加为代价，以补偿流量的不足，因此，其压力、流量计算与逐级缸不同，使用多级同步缸时需对油缸参数进行重新计算。一般地，n 级同步缸系统压力为同样缸径逐级缸的 n 倍。

2）考虑到结构设计难度和外形尺寸控制，同步缸级数不应超过 3 级，建议使用 2 级缸结构。

3）同步缸直径对拉力负载较为敏感，不宜用于拉力负载较大的场合。

4）各级缸之间应设计流量补偿装置（一般为内嵌式单向阀），以补偿发生同步性误差时的油缸行程。

5）除正反两腔外，同步缸存在封闭死腔，应注重考虑其排气阀设计。

6）同步缸内腔压力存在逐级升高的情况，因此，计算壁厚、密封时应考虑该因素。

（5）强度和稳定性校核

1）当活塞杆长度大于或等于 10～15 倍活塞杆直径时，应采用"欧拉公式"进行稳定性验算，计算时安全系数一般取 3.5；

2）活塞杆直径校核应根据活塞杆上的作用力和材料许用应力进行计算；

3）缸筒壁厚校核时，其安全系数应取 5；

4）油缸缸底厚度应进行验算；

5）缸盖紧固螺栓直径应进行校核，安全系数一般取 1.2～2.5。

8.5.1.2　液压马达选型

液压马达为把液压能转换为旋转机械能的元件，一般均采用货架产品选型的设计。液压马达的基本结构形式有齿轮式、叶片式和柱塞式，元件结构与液压泵相似。液压马达与液压泵的关系类似电动机与发电机的关系。选型方法如下：

（1）确定液压马达参数

根据负载所需的最大扭矩，按式（8-5）计算液压马达的理论排量

$$q_m = \frac{M}{1.59 \Delta p_m \eta_m} \tag{8-5}$$

式中 q_m ——液压马达的理论排量（mL/r）；

M ——负载最大扭矩（N·m）；

Δp_m ——液压马达进、出油口压力差（MPa）；

η_m ——液压马达机械效率，齿轮马达和柱塞马达取 0.9～0.95，叶片马达取 0.8～0.9。

液压马达最大流量按式（8-6）计算

$$Q_m = \frac{q_m n_m}{\eta_v} \tag{8-6}$$

式中 Q_m ——液压马达最大流量（L/min）；

n_m ——液压马达最高转速（r/min）；

η_v ——液压马达的容积效率，一般齿轮马达取 0.7～0.9，柱塞马达取 0.85～0.98，叶片马达取 0.8～0.95，也可以根据液压马达的初步选型查阅样本进行确定。

（2）液压马达的连接设计注意事项

1）与液压马达主轴连接时一般采用弹性联轴节或花键套式连接；

2）采用花键套式连接时，马达主轴的硬度和刚性必须高于花键套，花键套与主轴之间的配合间隙越小越好；

3）液压马达内不可进入空气，必要时可设置排气阀；

4）液压马达泄油口应安装在马达壳体的最高处；

5）液压马达泄油回路应单独接油箱，不可与其他回油管路连接在一起。

8.5.2 动力元件选型

8.5.2.1 液压泵选型

液压泵是油源回路的核心元件之一，一般情况下均选用货架产品。选用的一般性要求如下：

1）液压泵的常用工作参数处在其效率曲线的高效区域参数范围内；

2）液压泵的最高压力与最高转速不同时使用；

3）液压泵转速不应超过产品技术规格规定的数据；

4）如存在高原使用的环境要求，应对液压泵的自吸能力进行分析，必要时可在吸油口增加补油泵。

（1）确定液压泵参数

系统工作压力按式（8-7）计算

$$P_0 = P_1 + \Delta p \tag{8-7}$$

式中 P_0 ——系统最大工作压力（MPa）；

P_1 ——执行元件最大压力（MPa）；

Δp ——系统油路压力损失（MPa），一般管路简单的系统 Δp 取 $0.2\sim0.5$ MPa；管路复杂的系统 Δp 取 $0.5\sim1.5$ MPa；在液压系统元件选定后可按下式核算得到

$$\Delta p = \Delta p_1 + \Delta p_2 + \Delta p_3 \tag{8-8}$$

$$\Delta p_1 = \lambda \frac{l}{d} \frac{\rho v^2}{2} \tag{8-9}$$

$$\Delta p_2 = \zeta \frac{\rho v^2}{2000} \tag{8-10}$$

式中　Δp ——系统总压力损失（kPa）；

Δp_1 ——管路的沿程损失（kPa）；

Δp_2 ——管路的局部压力损失（kPa）；

Δp_3 ——元件的局部压力损失（kPa）；

l ——管路的长度（m）；

d ——管路的内径（mm）；

v ——油液的平均流速（m/s）；

ρ ——液压介质密度（kg/m³）；

λ ——沿程阻力系数，层流时 $\lambda = 75/Re$（Re 为油液雷诺数），紊流可查阅液压设计手册；

ζ ——局部阻力系数，根据管路入口类型查阅液压设计手册得到。

Δp_3 可以从产品样本中直接查得。如样本无详细参数，可根据式（8-11）进行估算

$$\Delta p_3 = \Delta p_n \left(\frac{q_V}{q_{VN}} \right)^2 \tag{8-11}$$

式中　Δp_n ——元件的额定压力损失（kPa）；

q_V ——元件的额定流量（L/min）；

q_{VN} ——通过元件的实际流量（L/min）。

在选择液压泵规格时，其额定压力一般比系统工作压力高出 $25\%\sim60\%$。

对系统中同时工作的执行元件的流量综合比较，将所需最大流量作为系统最大流量；系统中同时工作的执行元件所需最小流量作为系统最小流量。液压泵流量按式（8-12）计算

$$Q_0 \geqslant Q_{\max} + \sum Q_L \tag{8-12}$$

式中　Q_0 ——液压泵流量（L/min）；

$Q_{\max}$ ——系统最大流量（L/min）；

Q_L ——液压元件最大泄漏量，各液压元件泄漏量一般可以从产品样本中直接查得。

液压泵功率按式（8-13）计算

$$N_p = \frac{P_0 Q_{\max}}{60\eta} \tag{8-13}$$

式中　N_p ——液压泵功率（kW）；

η ——系统总效率。

（2）液压泵的安装和连接

1）液压泵主轴不能承受径向力，液压泵传动轴与原动机输出轴之间一般采用弹性联轴器，其同轴度误差不应大于 0.1 mm，采用轴套式联轴器的同轴度误差不应大于 0.05 mm；

2）一般不采用普通电动机的前端盖悬臂支承液压泵，应设计泵支承架，一般采用钟形罩形式；

3）液压泵安装位置应尽可能低于油箱液位，如条件受限其中心高不应高出液位 500 mm 以上。

8.5.2.2　液压泵原动机

1）液压泵原动机可为电动机或底盘、变速器、分动器的取力输出；

2）根据液压泵工作所需最大功率选择电动机或取力装置，其转速应满足液压泵工作时所需的最大流量转速；

3）原动机取力输出转速不应超过液压泵的额定转速。

8.5.3　控制元件选型

一般情况下，液压系统的控制元件选用货架产品，对于个别货架产品无法满足时，可自行设计。

8.5.3.1　压力阀选型

压力阀的选型基本原则如下：

1）系统中设置相应压力阀，保证系统正常工作压力，选择时其额定压力应大于系统的最高压力（包含动态情况下）；

2）其额定流量应大于实际工作流量；

3）压力阀的建压、卸压特性应满足系统响应时间等的要求；

4）溢流阀的流量按照液压泵的额定流量选择；

5）应避免两个规格和调定参数相同的溢流阀并联使用；

6）系统中安全阀设定压力一般为工作压力的 1.2～1.5 倍；

7）平衡阀的选型应注意其先导压力比，一般先导压力比越高，动作响应越快，能量损失越小，但稳定性越差（易造成抖动），一般推荐使用先导比在 1：5 以下的平衡阀；

8）顺序阀的调定压力应比先动作的执行元件的工作压力至少高 0.5 MPa；

9）减压阀常与节流阀串联，保证节流阀前后压力差为恒定，流过节流阀的流量不随负载变化；

10）系统需要连续无级控制时，可选用比例阀、伺服阀或数字阀对压力进行调节；

11）选用伺服阀时应考虑阀口压降对系统的影响以及系统油液的清洁度等级。

8.5.3.2　方向阀选型

方向阀的选型设计原则如下：

1）流经方向阀的最大流量一般不应大于阀的额定流量；

2）系统的最大压力应低于阀的额定压力；

3）选择方向阀时应考虑压力损失；

4）执行机构需要锁紧时一般选择中位卸荷机能（Y型）换向阀；

5）一般选用低开启压力的单向阀；

6）选择液控单向阀时，除考虑其所需要的控制压力，还应考虑系统压力变化对控制油路压力变化的影响；

7）电磁换向阀的中位滑阀机能关系到执行机构停止状态下的安全性，必须考虑内泄和背压情况；

8）如存在截止性要求，换向阀应避免采用滑阀，推荐采用球阀或锥阀阀芯元件；

9）确定电磁换向阀通径时，应综合考虑其所在回路中所有阀的压力损失、油路块的内部阻力、管路阻力等；

10）如回路采用单作用油缸，选择换向流量阀时应注意油缸活塞杆在动作时，两腔流量比为油缸正反腔作用面积比；

11）一般电磁换向阀两端的油腔是泄油腔或回油腔，如系统中多个电磁阀的泄油或回油管道连在一起造成背压过高，则应将它们单独接回油箱；

12）一般选用直流电磁阀，电压24V；

13）电磁换向阀安装时其轴线必须按水平方向安装。

8.5.3.3　流量阀选型

流量阀的选型设计原则如下：

1）流量阀流量调节范围应满足通过阀的最大流量及最小流量，其流量调节范围应大于所要求的流量范围；

2）系统压力变化应在流量阀额定压力之内；

3）流量阀选型应注意元件的反向流量调节能力；

4）选择节流阀和调速阀时，其最小稳定流量应满足执行机构的最低稳定速度的要求；

5）流量阀的流量精度控制应满足系统要求，在小流量时其控制精度应满足系统最小流量控制要求；

6）对温度适应性要求较高时，应选用带温度补偿的调速阀；

7）同步阀（分流阀）其相对分流误差和同步阀的入口流量的平方成反比，实际流量与其额定流量相比不应过小；

8）伺服阀的空载流量由负载轨迹图上最大功率点处的线速度或角速度确定，阀的功率特性曲线应将系统的负载轨迹曲线整个包络，且保持下列关系，见式（8-14）

$$F_L \leqslant \frac{2}{3} p_s \qquad (8-14)$$

式中　F_L——负载力；

　　　p_s——供油压力。

8.5.4 监控元件选型

液压系统的监控元件包括压力表、压力传感器、流量计、位移传感器、行程开关和压力开关等，应选用货架产品。其电气接口、信号类型等的确定应与车控系统设计师进行充分沟通。选型要求如下：

1) 监控元件量程范围推荐使用量程为选用量程的 2/3；
2) 选用符合 GB/T 1226—2017 规定的径向或轴向压力表（带阻尼），精度 1.5～2 级；
3) 监控元件环境适应范围应符合系统规定；
4) 监控元件除满足规格外，还应根据系统允许的误差合理分配给各元件；
5) 涡轮流量计应安装于水平管路，前后保持 5～10 倍通径的直管；
6) 压力检测元件的安装应考虑阻尼孔的使用，以避免压力冲击；
7) 传感器元件宜采用电流输出型，输出信号一般采用 4～20 mA；
8) 监控元件如为外露安装，应具备防雨能力。

8.5.5 集成油路块设计

液压组合推荐采用集成化设计，通过集成油路块进行安装。集成油路块的外表面用于安装液压阀和管接头等元件，内部的复杂孔系用于实现各液压阀的油路沟通和联系。利用集成油路块可省去大量管件，结构紧凑，组装方便，外形整齐美观，安装位置灵活，同时，最大限度减少了泄漏风险。典型集成油路块示意图如图 8-10 所示。

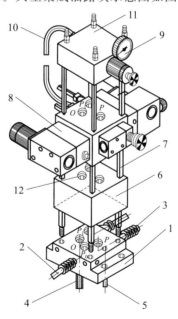

图 8-10 典型集成油路块示意图

1—底板；2—进油口；3—出油口；4—回油口；5—泄漏口；6—中间块；7—紧固螺栓；8—控制阀
9—压力表；10—测压软管；11—上盖；12—孔道

集成油路块的设计要求如下：

1）一般集成油路块采用公用进油口、回油口和泄漏口；

2）一般由底板、中间块、上盖和用来将上述三者紧固在一起的螺栓组成；

3）集成油路块一般采用铸铁或锻钢材料，对减重要求较高时推荐使用锻铝，但需特别注意强度设计；

4）集成油路块内部油路通道应尽量减少深孔、斜孔和工艺孔；

5）对于有垂直或水平安装要求的元件，必须按其安装要求设计；

6）应将工作中需要经常调整和观察的元件安装在便于操作和观察的位置；

7）集成油路块上一般应设置测压点；

8）集成油路块应根据压力对孔间距壁厚进行强度计算，一般不小于 5 mm；

9）采用堵头时一般选用螺纹堵头；

10）集成油路块的对外油口应设计在同一个方向上，油口间的间距应保证管接头安装时，管接头旋转和扳手的操作空间；

11）集成油路块两个直角相交孔最大偏心距一般不应大于 30％，应按式（8 - 15）计算

$$E = e/D \qquad\qquad (8-15)$$

式中　E ——相对偏心率；

　　　e ——偏心距；

　　　D ——孔径。

12）集成油路块上的元件样本提供的接口图，在设计集成油路块时应注意接口安装时的方向；

13）集成油路块的布置应以在集成油路块上加工的孔最少为宜；

14）一般集成油路块孔深不应大于孔径的 25 倍；

15）孔道相通的元件应尽量布置在同一水平面上；

16）一般集成油路块高度尺寸应比装在其上的元件的最大高度尺寸大 2 mm，避免上下集成块上的液压元件相碰；

17）集成油路块设计应考虑吊装需求，在顶面四角设计吊装支耳；

18）集成油路设计完成后，应与液压原理图进行比较，检查有无错误。

8.5.6　辅助元件（过滤、冷却、管路、管路连接器等）选型设计

8.5.6.1　油箱设计

导弹发射车油箱一般使用开式油箱结构，由于安装位置狭小、形状特殊，一般采用定制化设计的方式。典型液压油箱的结构如图 8 - 11 所示。

油箱设计要求如下：

1）油箱内油液最高液面一般为油箱高度的 4/5，最低液面应保证在系统工作所需最大油量时，油面高于吸油口，装油量应考虑温度的影响。

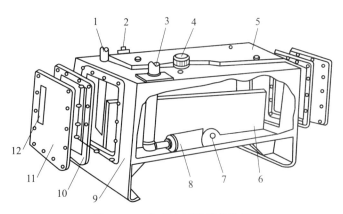

图 8 - 11　典型液压油箱的结构

1—回油管；2—泄油管；3—吸油管；4—空气滤清器；5—顶板；6—隔板；7—放油口；8—吸油滤；
9—箱体；10—密封垫；11—清洗盖；12—液位计

2）开式油箱容积（L）数值一般取液压系统流量（L/min）数值的 2～5 倍；闭式油箱容积（L）数值一般为液压系统流量（L/min）数值的 25%～30%。

3）注油口盖应设空气滤清器。

4）油箱底部应设置放油塞，其位置应便于放油。

5）考虑到油箱底面充分散热，油箱底面不应与地面接触，一般设计油箱腿，油箱腿高不小于 150 mm。

6）油箱具备液位的可视或可测功能。

7）出油管和回油管应尽量远离，并用隔板隔开。出油管距油箱底部 $H \geqslant 2D$，距油箱侧壁不小于 $3D$（D 为油管外径）；回油管端一般插入最低液面，距油箱底部 $h \geqslant 2D$，管端成 $45°$切角，油的排放口面向侧壁，回油管也可与安装在油箱上部的上置式回油滤连接，油液通过回油滤回到油箱。

8）油箱位置应高于液压泵和增压油缸，以利于液压泵吸油和回路充油。

9）油箱应设置清洗口。

10）环境恶劣的场合可采用密闭油箱，当内部油液因温度变化而发生体积变化时，油箱中的压力需保持恒定，保证液压泵吸油压力。

11）密闭油箱应安装放气装置。

12）油箱的固定方式一般为 2 道箍带并有限位措施。

在设计油箱方案时应进行液压系统温升计算。为了简化计算，一般只考虑液压泵、溢流阀的发热量及油箱的散热量（在没有设置冷却器时）。

当达到热平衡时，系统的最高温升按式（8 - 16）计算

$$\Delta T_{\max} = \frac{H_1 + H_2}{K \cdot A} \tag{8 - 16}$$

式中　$\Delta T_{\max}$——系统的最高温升（℃）；

　　　H_1——液压泵的发热量（W）；

H_2——溢流阀的发热量（W）；

K——油箱散热系数 [（W/（m^2 · ℃）]，一般条件取 K =8～9；

A——油箱散热面积（m^2）。

一般液压油的使用温度不超过 70 ℃，允许最高温升 $[\Delta T_{max}]$ 不超过 30～35 ℃。若 $\Delta T_{max} > [\Delta T_{max}]$ 时，可采取以下措施：

1）增加油箱散热面积；

2）加冷却装置；

3）采用间歇式工作。

间歇工作时间温升按式（8-17）计算

$$t \leqslant \frac{C \cdot G}{K \cdot A} \ln \frac{[\Delta T_{max}] \cdot K \cdot A}{H_1 + H_2} \tag{8-17}$$

式中　t——间歇工作时间（s）；

　　　C——油的比热 [J/（kg · ℃）]；

　　　G——油的质量（kg）。

8.5.6.2　油滤选型

油滤包括吸油滤、高压油滤及回油滤，一般均选用货架产品。典型油滤的结构如图 8-12 所示。

图 8-12　典型油滤的结构

油滤选型设计要求如下：

1）液压泵吸油口一般设 100～150 μm 吸油滤，通过面积大于吸油管截面面积 2 倍以上；

2）系统工作时，应保证吸油滤进油口始终在油面以下，防止液压泵吸空；

3）在液压泵出口设置 $5\sim10~\mu m$ 的精油滤，安装位置便于滤芯更换；

4）系统中应设置回油磁性油滤，一般其额定流量比实际通过流量大 $1.5\sim2$ 倍，回油滤精度一般设 $10\sim20~\mu m$；

5）油滤必须满足系统工作压力和流量要求，并具有小的压力降；

6）油滤推荐使用具有自封功能的产品，以方便滤芯的更换；

7）高压油滤和回油滤推荐使用带目视或电子式压差报警器产品。

8.5.6.3　密封件选择

密封圈的选型原则如下：

1）O 形橡胶密封圈推荐采用 QJ 1035.1—86 规定的 O 形橡胶密封圈；

2）端面密封推荐使用矩形密封垫圈；

3）组合密封垫圈推荐采用 JB 982—77 规定的组合密封垫圈；

4）O 形橡胶密封圈的密封腔设计按 QJ 1035.2—86 规定，配合使用的挡圈按 QJ 1984—90 规定；

5）橡胶密封件的性能应与油液相容，如存在低温使用要求，推荐采用丁腈橡胶试 5171。

8.5.6.4　管路设计

液压管路包含硬管和软管。在接头之间有相对运动或需要减振的一般使用软管，其余场合使用硬管。管路选用及安装要求如下：

1）经常拆装的管路之间的连接一般选用快速接头。

2）油管推荐采用性能符合 GB/T 14976 规定的不锈钢无缝钢管。

3）油管弯曲半径一般不小于 $3D$（D 为管子外径）。

4）吸油管不应采用铰接管接头，其吸油阻力远大于直通管接头。

5）如采用软管作为吸油管，其通径应大于硬管通径。

6）吸油管长度小于 2500 mm 时，管道弯头一般不多于两个。

7）溢流阀的回油管不能直接与泵的入口连通。

8）压力油管的安装应尽量靠近固定设备和基础，可采取减振措施避免振动。

9）与泵连接的管路应采取隔振措施。

10）软管长度应有一定余量，弯曲半径一般不小于 $9D$，可在软管外径上增加防护，避免软管与其他结构件直接接触。

11）油管设计在兼顾性能、安装和重量的前提下，尽量选用较大的液压管径，以适应低温对液压油液流动性的影响。

12）油管内径按式（8-18）计算

$$d \geqslant 4.6\sqrt{\frac{Q_l}{v}} \qquad (8-18)$$

式中　d——油管内径（mm）；

　　　Q_l——通过油管的流量（L/min）；

v ——油管中允许的最大流速（m/s）。压力管中工作液流速为 $2.5 \sim 6$ m/s，压力高时取大值，管路长时取小值，油液黏度大时取小值；回油管中工作液流速不超过 3 m/s；吸油管中工作液流速不超过 1 m/s。

13）油管壁厚按式（8-19）计算

$$\delta \geqslant \frac{pd}{2[\sigma]} \tag{8-19}$$

式中　δ ——油管壁厚（mm）；

　　　p ——油管所承受的额定压力（MPa）；

　　　d ——油管内径（mm）；

　　　$[\sigma]$ ——油管材料的许用应力（MPa）。

8.5.6.5　管接头与管卡选择

管接头一般采用焊接式、卡套式或挤压式等形式。各类管接头的结构形式如图 8-13 所示。

(a) 焊接式管接头　　　　　　(b) 卡套式管接头　　　　　　(c) 挤压式管接头

图 8-13　各类管接头的结构形式

焊接式管接头具有连接牢固和简单可靠的优点，工作压力可达 30 MPa 以上，但由于焊接工艺质量要求高、工艺流程多、焊接过程容易产生多余物、锈蚀，管壁较厚，拆装不便等缺点，现已逐渐减少使用。卡套式管接头对管路径向尺寸精度和材料要求较高，但装拆简单，密封效果好，得到了广泛应用；挤压式（管端成形）管接头为新型管路连接形式，需专用成型机进行加工，但生产工艺简单、高效，装拆便捷，连接牢固，密封可靠，应用逐渐增多。

在导弹发射车液压系统设计中，推荐采用 24°锥弹性密封挤压式管接头或卡套式管接头。其选型要求如下：

1）管路连接件的外套螺母与接头不得选用相同材料；

2）同一套液压系统内管接头连接形式应保持一致；

3）端直通接头推荐使用矩形软密封形式；

4）外径大于 42 mm 的管路推荐采用 SAE 标准的法兰结构连接；

5）硬管需用管卡固定，管卡应固定在靠近接头的位置，尽量选择标准管卡；

6）两管卡固定点间距按样本推荐值，且管卡允许管路有轴向位移。

8.6　通用质量特性设计

8.6.1　可靠性设计

可靠性设计措施主要包括环境适应性设计、降额设计、简化设计和冗余设计等。

8.6.1.1　环境适应性设计

1）优先选用其他型号上已经过充分考核的元件及密封件；

2）各元件、密封件的材料应能够适应型号要求的环境温度，特别是存在高低温使用环境时，推荐使用试 5171 等宽温密封件，优先选用具有温度补偿功能的控制元件，必要时应对液压元件进行环境筛选；

3）液压缸活塞杆等暴露在外的产品应考虑防尘设计，必要时可增加防尘套；

4）液压泵的吸油管路设计等应充分考虑高原低气压环境的影响；

5）关键元件及结构安装时应规定螺栓或螺钉的拧紧力矩；

6）密闭油箱应能适应内部油液因温度变化而发生的体积变化。

8.6.1.2　降额设计

降额设计主要考虑元件受力情况，液压系统实际工作压力应低于液压泵额定工作压力，一般为液压泵额定压力的 $60\%\sim80\%$，以确保系统工作的可靠性。

8.6.1.3　简化设计

液压系统应采用集成化设计，将阀集中安装于集成油路上，也可将液压泵与油箱集成设计。

8.6.1.4　冗余设计

1）动密封结构一般采用双道密封圈的冗余设计；

2）系统油源一般采用手摇泵或电池泵等备份油源冗余设计。

8.6.1.5　可靠性预计

液压系统的可靠性预计方法一般采用应力分析法。液压元件的基本失效率可根据《液压工程手册》中的数据选取，一般取表中上限值。对表中没有的元件，其失效率可用类比法确定。

液压系统可靠性预计的一般过程如下：

1）根据液压系统原理图绘制可靠性框图；液压系统可靠性模型一般为串联系统，即某一功能单元失效都将导致整个系统工作失效。

2）计算各功能回路或管路的失效率；根据液压元件的基本失效率，按下式进行计算

$$\lambda_i = \sum_{j=1}^{n} K_1 K_2 N \lambda_{jb}$$

式中　K_1——降额因子（其值取为实际工作压力与额定工作压力之比）；

　　　K_2——环境因子；

N ——同种元件数量；

n ——液压系统第 i 个功能回路或管路元件种数；

λ_{jb} ——第 j 个元件的基本失效率（$10^{-6}\mathrm{h}^{-1}$）；

λ_i ——各功能回路或管路的失效率（$10^{-6}\mathrm{h}^{-1}$）。

3）计算系统的可靠度或平均故障间隔时间；液压系统的可靠度一般服从指数分布，按下式计算

$$R_s(t) = \prod_{i=1}^{n} R_i(t) = \mathrm{e}^{-\lambda_s t} = \mathrm{e}^{-\sum_{i=1}^{n} \lambda_i t}$$

式中　$R_s(t)$ ——液压系统的可靠度；

$R_i(t)$ ——液压系统各功能单元的可靠度，$i = 1 \sim n$；

n ——液压系统第 i 个功能回路或管路元件种数；

λ_s ——液压系统的失效率（$10^{-6}\mathrm{h}^{-1}$）；

λ_i ——各功能回路或管路的失效率（$10^{-6}\mathrm{h}^{-1}$）。

4）液压系统的平均故障间隔时间，按下式计算

$$\mathrm{MTBF} = \frac{1}{\lambda_s}$$

5）将可靠性预计的结果与给出的可靠性指标进行比较，若达不到，应改变设计薄弱环节，重新进行可靠性预计，直到满足要求为止。

液压系统的可靠性预计也可通过 CARMES 软件实现，该软件是工信部电子五所研发的六性协同工作平台，从型号六性一体化设计和全寿命、全过程、全特性管理需求出发，融合建模，实现六性工作的顶层管理、设计分析、过程协同和数据共享。使用 CARMES 软件进行液压系统可靠性预计工作主要包括五步：首先是根据液压系统层次组成建立系统的产品结构树，将系统分解为设备、组件部件等；其次确定结构树中各节点产品的层次、数量、型号规格、产品类型等参数；再次，通过可视化模型图的方式，建立可靠性框图模型；接下来，确定可靠性框图的节点属性，设定单元失效率等可靠性分布参数；最后在软件中开展可靠性预计分析工作。

8.6.1.6　故障模式、影响及危害性分析

液压系统故障模式、影响及危害性分析（FMECA）可参考 GJB/Z 1391—2006 执行，一般采用功能分析法，步骤如下：

1）确定分析对象，明确初始约定层次及约定层次，液压系统约定层次一般按照系统-回路-元件划分；

2）定义系统，包括任务功能、工作方式、环境剖面、任务时间和建立功能框图及任务可靠性框图；

3）填写被分析产品代码；

4）在分析表中记录被分析产品或系统功能的名称；

5）填写产品所需完成的功能，包括零部件的功能及其与接口设备的相互关系；

6）确定故障模式，液压系统故障主要表现在液压系统或回路中的元件损坏，表现出渗漏、发热、振动和噪声等现象；

7）确定故障原因，液压系统故障主要是由设计原因、制造原因和使用原因等造成的；

8）简要说明任务阶段及工作方式；

9）故障影响：每个假设的故障模式对产品使用、功能或状态的影响；

10）确定故障检测方法：一般应在系统中有关部位设置压力、流量和油温等监测点；

11）提出使用补偿措施；

12）确定严酷度类别；

13）危害性分析；

14）对存在的可靠性薄弱环节，提出设计改进措施。

常见的液压系统故障模式包括：多余物导致的元件卡滞、振动或密封失效导致的油液泄漏以及元件损坏导致的功能失效等。例如：液压泵故障一般会造成系统无法建压、输出流量减小等，造成液压系统的整体失效；液压缸故障可能引起相应执行机构无法动作、无法保持精度或运动行程、速度等达不到系统要求等；控制阀故障则可能导致系统无法建压（溢流阀）、执行元件动作无响应（换向阀）、精度无法保持（液压锁）、运动速度不满足设计要求（调速阀）、运动稳定性变差（平衡阀）等各类影响；各类辅件、监控元件故障则容易造成控制精度差、控制程序无法转步、系统泄漏污染环境等影响。

8.6.2 维修性设计

维修性设计措施如下：

1）液压泵进、出油路上应设有单向阀或截止阀，以便维修；

2）各接口应标识清楚；

3）各集成块尽可能平面安装，并考虑可以独立拆装；

4）合理布置检测点、装配点，为维修操作留有足够的空间；

5）其他维修性设计按 GJB 368B—2009 规定。

液压系统维修性预计一般采用功能层次预计法，可参考 GJB/Z 57—94 中维修性预计方法 202，一般步骤如下：

1）收集所预计液压系统的资料（包括技术方案设计资料、维修与保障资料、基本维修作业时间以及可靠性预计或评估值等）和类似产品维修性资料；

2）建立液压系统维修性模型，进行液压系统维修职能与功能层次分析；

3）进行维修性预计，并为维修性预计结果及时进行修正；

4）液压系统平均修复时间按下式计算

$$\overline{M}_{ct} = \frac{\sum_{i=1}^{n} \lambda_i M_{cti}}{\sum_{i=1}^{n} \lambda_i}$$

式中　$\overline{M}_{ct}$ ——液压系统平均修复时间；

λ_i ——液压系统中的 i 个可更换单元的故障率；

M_{cti} ——液压系统中的 i 个可更换单元完成一次修复性维修所需要的时间（h）；

n ——液压系统中可更换单元的总数。

8.6.3　安全性设计

安全性主要设计措施如下：

1）高压元件、管路、接头均需预留足够的安全余量；

2）在液压系统各回路重要位置安装检测元件；

3）对因误操作将引起设备损坏的工步，应有互锁措施；

4）在回路中合理设置安全阀；

5）其他安全性设计按 GJB 900 规定。

8.6.4　产品特性分类分析

1）按照 GJB 190—86 对液压系统进行特性分类分析；

2）确定关键特性和重要特性；

3）选定检验单元；

4）确定关键件、重要件清单。

参 考 文 献

［1］ 赵雪锋. 高线打捆机送线系统机电液联合仿真研究［D］. 福州：福州大学，2014.

［2］ 边友，张春峰，曾红丰，等. 三级缸快速起竖系统 AMESim 仿真分析［J］. 发射技术，2018.3.

［3］ 冀弘帅. 民机液压开发环境验证系统研制［D］. 杭州：浙江大学，2013.

［4］ 吴根茂，邱敏秀，王庆丰，等. 新编实用电液比例技术［M］. 杭州：浙江大学出版社，2006.

［5］ 梁建和，秦展田. 液压与气动技术［M］. 广州：华南理工大学出版社，2008.

［6］ 张利平. 液压传动系统及设计［M］. 北京：化学工业出版社，2005.

［7］ 陈奎生. 液压与气动传动［M］. 武汉：武汉理工大学出版社，2001.

［8］ 闻邦椿. 机械设计手册［M］. 北京：机械工业出版社，2010.

第9章 车控系统方案设计

9.1 设计技术要求

9.1.1 功能

车控系统的主要功能为控制车辆姿态，使装备快速展开，实现运输状态向发射状态的快速转换。完成导弹发射后，使装备快速撤收，实现发射状态向运输状态的快速转换，以便装备迅速离开战场环境。

车控系统的基本功能要求如下：

1）完成发射车展开与撤收运动控制（含液压能源启动/停机、发射车车体调平/回收、发射装置俯仰起竖/回平、发射装置方位调转/归零、筒弹下滑/提升、发射装置行军锁定/解锁等功能）；

2）在筒（箱）弹装填任务中完成筒（箱）弹模块锁定/解锁控制；

3）联机模式下，接收发控系统发出的指令，根据指令执行动作向发控系统反馈状态信息；

4）本地模式下，无须发控系统参与，可采取自动方式或手动方式单独控制发射车完成相关功能动作；

5）手动模式下，可实现对阀或执行元件逐一操作，实现单独动作；

6）与发射车其他分系统通信，完成发射车状态显示、信息处理及传输；

7）具备在起竖、回平过程中停止功能（急停）；

8）具备加电自检、测试维护和故障检测功能。

9.1.2 性能指标要求

车控系统主要控制性能指标要求如下：

1）展开（升车）时间：不超过×min；

2）撤收时间：不超过×min；

3）起竖时间：不超过×min；

4）调平精度要求：不超过×′（水平度）；

5）起竖精度要求：不超过×′（起竖目标角度、绝对角度）。

9.1.3 结构性能及接口要求

车控系统的结构性能及接口要求主要包括：重量要求、外形尺寸要求和安装固定接口等。

9.1.4　电气性能及接口要求

车控系统电气性能及接口要求主要包括：用电参数要求（包括用电量、每个机构的额定电流、冲击电流和运行曲线等）、通信形式及接口、连接器点号定义、接地要求以及元器件选用要求等。

9.1.5　软件设计要求

规定车控系统软件等级以及软件管理要求。

9.1.6　七性要求

可靠性、维修性、测试性等七性定量、定性要求，主要定量要求包括：

1）可靠性指标要求：比如电子设备组合级 MTBF 不小于 4000 h；

2）维修性指标要求：比如基层级平均修复时间不超过 20 min；

3）测试性指标要求：比如基层级故障检测率不小于 95%，基层级故障隔离率不小于 90%；故障虚警率不小于 5%。

9.1.7　人机界面要求

车控系统应将需要显示和记录的所有数据信息通过总线上传至显控终端进行显示和记录，车控系统自身不配置显示器。

在显控终端上设置车控加电按钮，加电继电器放置在手动控制盒内。在测发控远控盒上设置断电按钮，按下车控系统可急停。

9.2　总体方案设计

9.2.1　工作流程

发射车的工作流程包括正程序展开和反程序撤收，具体的工作流程应根据设计任务书或技术要求确定。一般情况下，发射车的展开/撤收动作应按流程顺序进行，前一动作正常完成后才允许进行下一动作，工作流程如图 9-1 所示。

9.2.2　控制算法

9.2.2.1　车体调平

车体调平过程是指发射车升车过程中，根据水平传感器采集的车体不平度信息，调整发射车液压支腿的伸出量，使得发射车车体精度达到调平精度要求的过程。一般可将调平控制分为以下几种方式：

1）只在车尾部安装一个水平传感器，车尾横向调平，车尾纵向无要求；

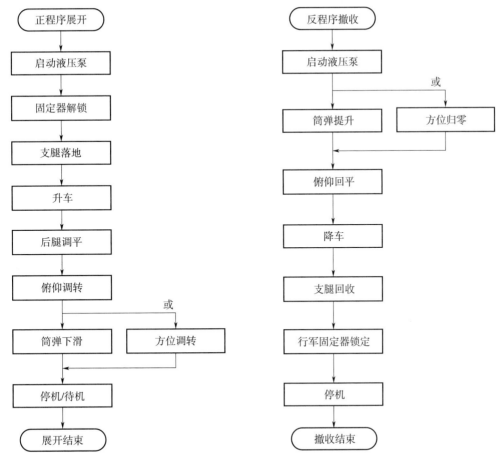

图 9-1　发射车展开和撤收的工作流程

2）只在车中部安装一个水平传感器，车体横向和纵向均调平；

3）在车尾部和车头部各安装一个水平传感器，车尾横向和纵向均调平，车头横向调平，车头纵向无要求。

调平算法一般遵循以下规律：

1）确定调平内控精度，内控精度应高于任务书的调平精度指标要求。由于发射车液压系统有调平保持时间要求，在该保持时间内，液压系统内泄漏或气温的变化可能导致支腿轻微下沉引起调平精度的变化，为了保证精度不超出指标要求，应在调平动作结束时将精度控制在比指标要求更高的精度范围内。内控精度的确定要合理，并不是越高越好，否则由于精度范围太窄，发射车难以调整至该范围内。

2）调平过程分为粗调平和精调平两个过程。

3）粗调平过程：关闭高侧方对应的支腿控制阀，开启低侧方对应的支腿控制阀，实时监测车体调平精度，直至精度满足粗调平要求后关闭所有支腿控制阀。如果纵向和横向均需调平，应分别对纵向和横向进行控制，即调整完一个方向后再调整另一方向，直至两个方向均满足粗调平要求。粗调平的支腿伸出速度可采用快速或中速，以缩短调平时间。

4）精调平过程：只需横向调平时，精调平过程与粗调平过程相同，即关闭高侧方对应的支腿控制阀，开启低侧方对应的支腿控制阀；对纵向和横向均需调平时，应根据车纵向和横向精度共同判断 4 条支腿中位置最低的一条支腿，开启该支腿控制阀，直至精度满足精调平（内控精度）要求。精调平的支腿伸出速度应采用慢速，以免速度过快产生冲击，难以调整至内控精度范围内，以致来回调整产生振荡。

9.2.2.2　俯仰/方位调转控制

发射装置俯仰/方位调转速度一般近似为梯形，即速度由零加速为最大后，保持该最大速度运动一段角度行程，然后开始减速，在速度为零时到达目标角度精度范围内。调转速度由比例阀或伺服阀控制，与比例阀或伺服阀的控制电流成正比，因此，比例阀或伺服阀的控制电流与角度行程的关系如图 9-2 所示。

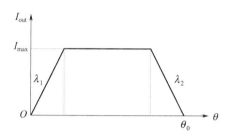

图 9-2　比例阀或伺服阀的控制电流与角度行程的关系

图中，I_{out} 为比例阀/伺服阀的控制电流；I_{max} 为最大限制电流；θ 为发射装置从初始角开始运动的角度行程；θ_0 为发射装置从初始角运动到目标角的角度行程；λ_1 为加速斜率；λ_2 为减速斜率。

发射装置俯仰/方位运动时应平稳，不能出现爬行、抖动和冲击等现象，不能出现超调和振荡。控制规律一般采用 PI（Proportional-Integral）控制，其中，比例调节可提高响应速度，积分调节可提高控制精度、消除静差。

与调平控制类似，调转控制设计时应确定调转内控精度，内控精度应高于任务书的调转精度指标要求。

具体计算方法见式（9-1）～式（9-6）

$$I_1 = k_p \cdot \Delta\theta + k_i \cdot \sum_{j=\Delta\theta}^{\varepsilon} j \tag{9-1}$$

$$\Delta\theta = \theta_{当前角} - \theta_{目标角} \tag{9-2}$$

式中　I_1——理论电流值；

　　k_p——比例系数；

　　k_i——积分系数；

　　ε——调转内控精度值；

　　$\Delta\theta$——发射装置当前角与目标角的差值；

　　$\theta_{当前角}$——发射装置当前角度值；

　　$\theta_{目标角}$——发射装置目标角度值。

$$I_2 = \min(I_1, I_{\max}) \tag{9-3}$$

式中　I_2——理论电流值与上限电流值比较后的小值；

　　　$I_{\max}$——上限电流值。

$$I_3 = \max(I_2, I_{\min}) \tag{9-4}$$

式中　I_3——理论电流值与下限电流值比较后的大值；

　　　$I_{\min}$——下限电流值。

$$I_4 = \min(I_p + k_1, I_3) \tag{9-5}$$

式中　I_4——理论电流值与上一运算周期输出电流值及电流变化率之和比较后的小者；

　　　I_p——上一周期输出的电流值；

　　　k_1——电流增加的最大变化率。

$$I_{\text{out}} = \max(I_p - k_2, I_4) \tag{9-6}$$

式中　I_{out}——比例阀/伺服阀的控制电流值；

　　　k_2——电流减小的最大变化率。

在 $\theta_0 (=\theta_{目标角} - \theta_{初始角})$ 整个角度运动范围内，如果采用固定 k_p、k_i 参数控制不能达到满意效果时，可采用分区变参数 PI 控制算法，即将 θ_0 分为多个区域，每个区域内采用不同的 k_p、k_i 参数。

9.2.3　控制体系选择

车控系统按控制体系一般分为集中式控制系统和分布式控制系统两种。分布式控制和集中式控制两种控制体系在功能和性能上都能够完全满足系统性能指标，控制体系的选定主要考虑下列因素：

1）系统功能、接口的复杂程度；

2）总体布局允许的安装空间；

3）软件开发的难易程度；

4）测试维护性。

可以根据型号要求及特点，对车控系统的控制体系进行选择确定。

9.2.3.1　集中式控制系统

（1）系统工作原理

集中式控制系统一般由单台控制器控制所有输入输出回路，体系结构如图 9-3 所示。计算机的主处理器运行车控系统软件，管理系统所有的 I/O 设备，与发射车上其他分系统通信。系统在硬件上需对组合的结构、功能和接口进行专门设计，由于输入输出接口相对集中，因此，组合数量少，设备间连接电缆少。软件所有的数据处理和控制都集中在主处理器上，因此，软件种类少、通信协议简单。但由于组合需要针对发射车的功能和接口进行专门设计，因此，通用性较差，维护成本较高，功能扩展时灵活性较差。

集中式控制方式下典型应用车控系统的组成原理框图如图 9-4 所示，车控系统具有手动和自动两种控制方式，自动控制方式又分为遥控和本地两种工作方式。

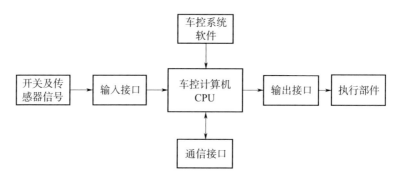

图 9-3　集中式控制体系结构示意图

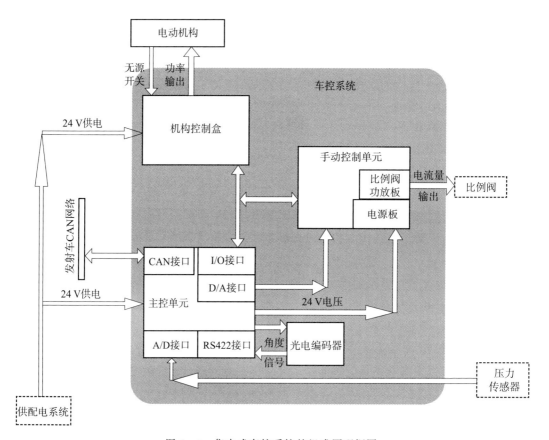

图 9-4　集中式车控系统的组成原理框图

①自动控制方式

在自动控制方式下，车控系统通过主控单元设置本地和遥控两种工作状态。在遥控工作状态下，主控单元通过 CAN 接口自动接收测发控计算机的指令完成相应动作；在本地工作状态下，主控单元通过 CAN 接口自动接收发射车显控终端的指令完成相应的动作（主要指连续工作、液压点步工作和机构单独工作）。

车控系统通过主控单元的 I/O 接口驱动手动控制单元，完成对液压系统电磁阀、发射车开顶盖机构等的电磁阀的换向控制，通过 D/A 接口驱动手动控制单元控制液压系统比例调速阀的输出，并通过 RS422 接口采集车倾角传感器和轴角编码器反馈的发射车各种姿态角度。同时，检测安装于发射车各处的行程开关、接近开关的状态，自动判断发射车的实际动作状态，完成对发射车各类动作的闭环控制。

②手动控制方式

在手动控制方式下，车控系统通过手动控制单元面板上的按钮开关，在主控单元未投入工作的情况下，能够完成发射车的紧急撤收功能。

发射车出厂调试过程中，在手动控制方式下，车控系统也可以工作在监控模式下，自动检测发射车的各种行程开关、压力开关、角度传感器等的状态，并在发射车显控终端（以下简称显控终端）人机界面上显示和实时刷新发射筒角度、发射车水平度以及各到位开关的到位情况等信息，以便于该工作模式下监控发射车状态。

（2）系统组成

车控系统是一个典型的计算机控制系统，主要由主控单元、手动控制单元、机构控制盒、轴角编码器、车倾角传感器、电缆和车控系统软件等组成。

主控单元是车控系统的控制核心，直接参与发射车液压系统、开盖机构和发射装置的控制，系统首先将发射车的有关参数（如开关、压力、角度和温度等信号），通过主控单元 I/O 接口和 A/D 接口转换为车控系统软件可以处理的数字量，然后车控系统软件根据这些数字量，通过一定的控制算法得出具体控制量，然后通过继电器输出接口和 D/A 接口驱动手动控制单元，达到控制发射车和发射装置的目的。

车控系统属于常说的直接数字控制（DDC）系统，在这种控制系统中，主控单元不但完成操作处理，还可直接根据给定值、过程变量和过程中其他的测量值，通过 PID 运算，实现对执行机构的控制，以使被控量达到理想的工作状态。

①主控单元

主控单元采用全密闭一体化全加固设计，元器件一般采用国产元件（本节示例中元件仅供说明原理参考），以 DSP 控制器和 FPGA 10K10 为核心器件，其中，DSP 控制器自身带有 16 路 ADC 接口和一路 CAN 通信接口，由于 ADC 接口只允许 $0 \sim 3$ V 的输入电压范围，而主控单元设计技术要求的模拟量输入是 $4 \sim 20$ mA 的电流，因此，需要把电流转换到 F2812 允许的电压范围，在温度控制板上是通过 100 Ω 的高精密电阻实现电流电压转换，把 14 路模拟量输入信号经过电流转电压变换后再通过模拟隔离电路把外部模拟量输入和温度控制板内部的模拟量输入做到完全的电气隔离，然后再通过运算放大器电路对模拟量进行跟随，最后把模拟量输入 ADC 接口。

两路 CAN 接口设计部分是：利用 CAN 接口控制器，并在外围电路加上 CAN 驱动器 TJA1040 实现一路 CAN 通信功能，另一路通过 CAN 控制器 SJA1000 和驱动器 TJA1040 来实现，并在两路 CAN 控制器和驱动器之间都加光耦 HCPL0631 进行信号隔离，在两路通信信号 CANx_H 和 CANx_L 之间提供匹配电阻 120 Ω，可通过开关选择是否连接这 120 Ω 的匹配电阻。

主控单元包括 DSP 板、功能板、电源板和底板各 1 块。

电源输入为 DC24 V～DC31 V。对外接口包括 2 路 RS422 A 通信、2 路 CAN 通信、32 路功率开关量输出、16 路开关量输入、16 路模拟量输入和 2 路模拟量输出。主控单元的板卡组成情况见表 9 - 1。

表 9 - 1　主控单元板卡的组成情况

序号	板卡名称	功能	数量	备注
1	DSP 板	系统的控制核心,担负控制和运算功能;2 路 RS422 A 通信;2 路 CAN 通信	1	
2	功能板	16 路开关量输入,32 路继电器输出;16 路 A/D 输入;4 路 D/A 输出	1	
3	电源板	提供 DSP 板和功能板使用的 12 V、5 V、3.3 V 电源	1	

②手动控制单元

手动控制单元也采用全密闭一体化设计,手动控制单元面板上包括 N 个手动电磁阀开关和几个手动电位计,板卡主要包括 1 块底板、1 块比例阀控制板和 1 块电源功放板。

③机构控制盒

机构控制盒采用全密闭一体化设计,主要由电磁继电器和接线端子组成。对外接口包括多路 24 V（200 W）电机驱动和多路 24 V（100 W）电磁铁驱动。

9.2.3.2　分布式控制系统

分布式控制工作原理见第 2.6.2.6 节。

分布式车控系统具有手动和自动两种控制方式,自动控制方式又分为遥控和本地两种工作方式。

（1）自动控制方式

在自动控制方式下,车控系统通过 CAN 网关设置本地和联机两种工作状态。在遥控工作状态下,CAN 网关通过 CAN 接口自动接收测发控计算机的指令完成相应动作;在本地工作状态下,CAN 网关通过 CAN 接口自动接收车控操控单元的指令完成相应的动作（主要指连续工作、液压点步工作和机构单独工作）。

（2）手动控制方式

在手动控制方式下,车控系统通过操控单元面板上的按钮开关,在车控系统其他组合未投入工作的情况下,能够完成发射车的紧急撤收功能。

9.3　电气接口设计

9.3.1　外部电气接口设计

9.3.1.1　与供配电系统的接口

供配电系统提供的电源主要包括:

1) 交流 380 V/50 Hz，为泵站电机提供动力电；

2) 交流 220 V/50 Hz 或直流 24 V、直流 28 V 等，为车控系统提供工作电源。

车控系统自身工作电源若为交流 220 V/50 Hz，供配电系统提供的 380 V/50 Hz 应采用三相四线制，220 V/50 Hz 取其中一相，否则可采用三相三线制。

交流 380 V/50 Hz 应明确相序要求，使液压泵站转向正确。

对供配电设备的供电电源应明确额定电压、额定电流、额定功率、最大冲击电流等。若有其他要求（如负载稳定度、纹波电压等），也应予以明确。

9.3.1.2 与液压系统的接口

与液压系统的接口主要包括：

1) 泵站电机接口；

2) 比例阀或伺服阀接口；

3) 电磁阀接口。

设计时应明确液压系统的负载特性，一般包括额定电压、额定电流、额定功率、负载启动和关断特性等。重点应关注泵站电机的额定功率和启动冲击电流，比例阀或伺服阀的零位漂移和死区特性，电磁阀的开启和关断响应时间等。根据这些负载特性确定车控计算机输入输出接口、功率驱动电路等电路设计。

9.3.1.3 与测发控系统的接口

与测发控系统的接口主要包括：

1) 通信接口：可采用 CAN 总线、RS422 串口、1553B 总线、以太网等通信接口；

2) 开关量输入输出接口：可采用开关量分立信号作为某一信号、某一流程的标识信号。

设计时应明确车控系统与测发控系统的工作流程和通信协议。

9.3.1.4 与发射车其他分系统的接口

与发射车其他分系统的接口主要包括：

1) 车控系统与发射车的底盘、调温系统、供配电系统、定位定向系统等分系统之间的通信接口：可采用 CAN 总线、RS422 串口、1553B 总线、以太网等通信接口；

2) 与机构电磁铁、机构电机等机构负载的接口。

设计时应明确车控系统与各分系统间的工作流程和通信协议；应明确机构负载的特性，一般包括电磁铁、机构电机的额定电压和额定功率等。

9.3.2 内部接口设计

内部接口指车控系统各组件之间的接口，主要包括：

1) 车控计算机与车控执行组合的接口：车控执行组合的比例阀控制器由车控计算机的 D/A 板输出控制，电机控制器和继电器组件由车控计算机的功率输出板输出控制；比例阀控制器输出的实际电流值由车控计算机的 A/D 板采集。

2）车控计算机与传感器的接口：车控计算机读取姿态传感器输入的数据值，采集压力传感器和温度传感器的模拟量，采集行程开关、接近开关、报警开关的数字量信号。

3）车控计算机与车显终端的接口：车控计算机与车显终端通过通信接口进行通信。

4）车控执行组合与手控台的接口：车控执行组合的电机控制器、继电器组件、比例阀控制器由手控台的手动开关、旋钮控制，且其工作状态通过手控台面板的指示灯、数显表显示。

5）车控网关与通用控制单元的接口：车控网关与通用控制单元通过 CAN 总线进行通信。

6）通用控制单元与机构控制盒的接口：通用控制单元的开关量输出控制机构控制盒，实现对发射装置电机的控制，机构控制盒转接的到位开关也由通用控制单元来采集。

7）通用控制单元与调温控制盒的接口：通用控制单元的开关量输出控制调温控制盒，实现对调温系统风机和风阀的控制，调温控制盒转接的到位开关也由通用控制单元来采集。

内部接口设计时应重点考虑各组合之间信号的转接、汇合和分叉，信号的转接点、汇合点、分叉点应设置合理，对易受干扰信号应注意采取屏蔽和抗干扰措施。

9.4 车控组合设计方案

9.4.1 车控计算机（集中式控制）

9.4.1.1 设计原则

1）设计时尽量采用成熟技术，继承以往武器型号地面计算机的成果，缩短研制周期，提高可靠性；

2）考虑计算机技术发展迅速的特点，适时地采用一些经过验证的国内外先进技术，使得研制出的计算机有较长的生命周期；

3）以可靠性为核心，进行降额设计、简化设计、冗余设计、安全性设计，满足可靠性以及其他各项技术指标要求。

9.4.1.2 组成
车控计算机包括：

1）1个加固机箱［包括 CPCI 总线底板、LCD 显示屏（含屏控卡和逆变电源）、薄膜键盘、键盘控制卡、复位开关、调试接口、电连接器等］；

2）1套计算机印制板（包括1块通用电源板、1块15 V电源板、1块主板、1块通信板、1块 A/D 板、1块 D/A 板、2块 I/O 板、1块 RDC 板）；

3）滤波器、散热风机等。

9.4.1.3 工作原理
典型车控计算机的功能框图如图 9-5 所示。

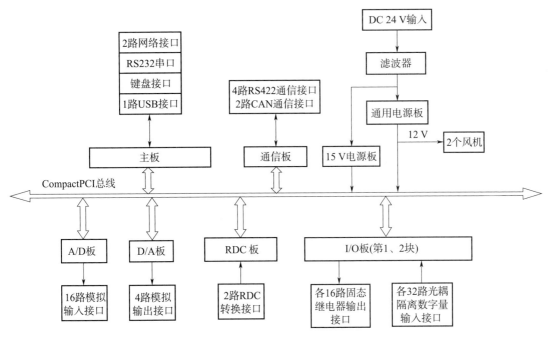

图 9-5　典型车控计算机的功能框图

计算机采用标准 19in 全密闭一体化全加固设计,组合高度为 6U,计算机插板选用 6U 欧洲标准。计算机选用成熟的第二代工业控制总线 32 位 33 MHz 的 CompactPCI 总线。

计算机用来提供液压控制系统软件的运行环境,通过 RS422 通信接口实现与倾角传感器的通信功能,通过 CAN 通信接口实现与上位机的通信功能,通过 A/D 接口读取液压传感器数据,通过 D/A 接口输出电流驱动伺服阀,通过 I/O 板固态继电器输出控制主电机、电磁阀和直线驱动器,通过 I/O 板光耦隔离输入读取行程开关、压力开关、限位开关等到位信号,通过 RDC 接口读取俯仰和方位角度数据,同时提供人机界面和调试接口。

9.4.1.4　详细设计

(1) 加固机箱

1) 采用全密封机箱,机箱零部件均采用铝板加工而成,在板最薄处的平面上设计有加强筋,所有开孔采取电磁屏蔽设计。

2) 在机柜上的安装方式为直角导轨安装,接地柱布置在右侧面板右下方(正对右侧面板看)。

3) 前面板采用不脱落螺钉和侧开门方式(从左到右),结构为外装铰链;电路板组装件采用垂直(前后)插拔并用锁定器固定方式。

4) 前面板上安装宽温 10.4 寸的显示屏(分辨率 800×600)、8 行×4 列共 32 键的金属薄膜键盘、复位开关以及调试接口(网口、键盘接口、键盘转换开关)。

5) 各电路板输出信号通过机箱右侧面(从计算机面板方向看)安装的电连接器引出,

电连接器选用 3419 厂的 GJB 599 系列 Ⅰ 产品。

6）1 个系统插槽，7 个扩展插槽，32 bit/33 MHz CPCI 总线母板。

（2）通用电源板

计算机由 24 V 直流电源供电，计算机的通用电源板将该输入直流电源转换成多路直流电源，供计算机系统工作使用。通用电源板具有过电压、过电流、过热等安全保护功能。通信板、A/D 板、D/A 板所用隔离电源由板内模块电源自行变换产生。

设计时，在电源的输入部分接一个滤波器，滤除一定比例的噪声信号。在 DC/DC 电源模块的输入端增加了电容，以滤除共模和差模信号对电源模块的干扰。在 DC/DC 电源模块的输出端，增加了电容和电感，以减小纹波。设有电源上电时序控制电路，满足计算机工作要求。电源模块原理框图如图 9-6 所示。

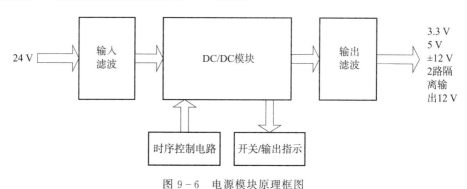

图 9-6　电源模块原理框图

（3）12 V 电源板

12 V 电源板采用 24 V 直流电源供电。电源模块具有过电压、过电流、过热等安全保护功能。

12 V 电源板原理框图与图 9-6 相同。

（4）主板

主板采用 All-in-one 设计，将以往图形显示卡、以太网卡等所具有的功能都集成到一块板上，从而提高了系统构成的可靠性，同时还提供了丰富的接口。

一种主板的功能构成框图如图 9-7 所示。

（5）通信板

通信板原理框图如图 9-8 所示。主 PCI 总线信号经过桥接芯片后，转变为从 PCI 总线，从 PCI 总线接两个从 PCI 设备，其中一个是通信控制芯片，产生 4 路异步串行通信信号，这些信号再经过接口芯片 IL422E 进行隔离和电平转换后输出，FIFO 和 DMA 功能在通信控制芯片内部实现；另外一个设备是 PCI 转 ISA 桥接芯片，两个 CAN 通信控制器实现两路 CAN 接口通信功能。

通信板的 BIT 设计：RS422 通信控制器具有内部环回自检功能，通过 CPU 控制通信控制器，在通信控制器内部实现收发闭合，进行收发测试，即环回测试。自检时，通过计算机发送一批典型数据，然后从同一个口的接收端读进来，比较是否一致。CAN 通信控

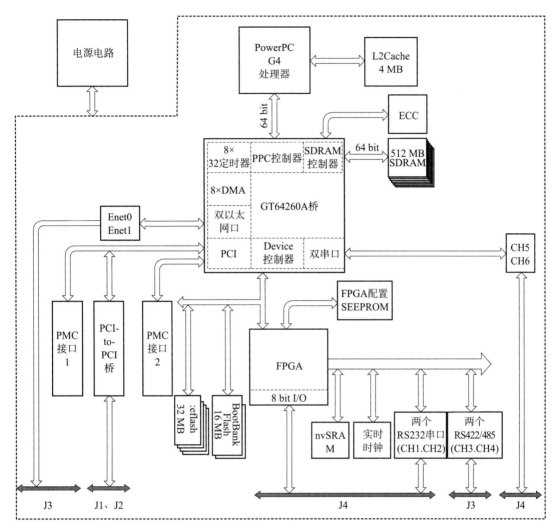

图 9 - 7　主板的功能构成框图

制器也具备内部自检功能，通过对控制器中寄存器的自检位设置来完成，自检时也由同一个通道自发自收来实现。

（6）A/D 板

16 路模拟输入信号在进入 A/D 板后，先用一个精密电阻将电流转换成电压，再进入隔离放大器进行电气隔离，然后进入模拟开关，由模拟开关组成的输入选通电路选择一路进行 A/D 变换和采集，数据存入 CPLD 内部的寄存器中，并将其通过 PCI 桥接芯片送入 CPCI 总线。

A/D 板的 BIT 设计：利用模拟开关的一路输入作为自检信号，该自检信号接模拟地。自检时，通过模拟开关选通自检通道，控制转换芯片进行 A/D 转换。转换结果与标准值进行比较，若超出误差范围，则报自检错。

A/D 板原理框图如图 9 - 9 所示。

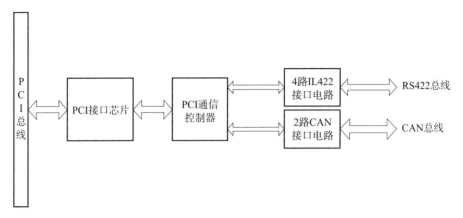

图 9 - 8　通信板原理框图

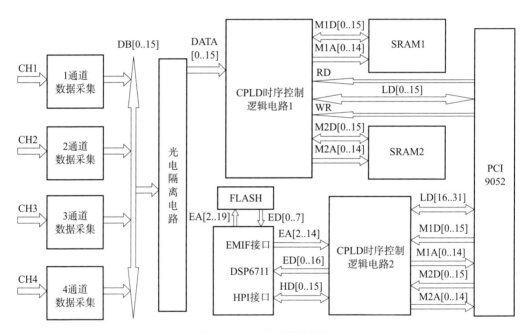

图 9 - 9　A/D 板原理框图

（7）D/A 板

D/A 板的总线接口是 CPCI 总线，PCI 总线接口芯片将 CPCI 总线转换成 LOCAL 总线。

D/A 输出共 4 路，电路设计采用电压输出芯片完成 D/A 转换，输出 −10～10 V 电压，经驱动电路（输出电流 −50～50 mA）驱动外部负载。D/A 板产生、隔离 ±15 V 和隔离 +5 V 电源。D/A 板原理框图如图 9 - 10 所示。

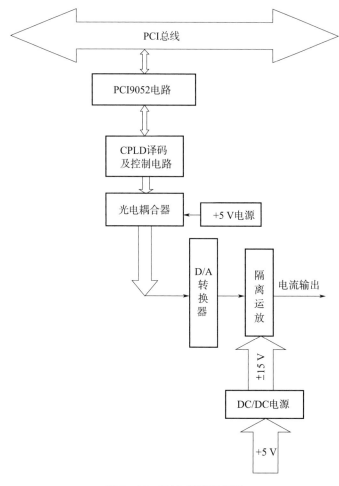

图 9 - 10　D/A 板原理框图

9.4.2　控制组合（分布式控制）

9.4.2.1　功能

控制组合的主要功能是通过对发射车多种传感器和机构到位工作状态进行检测，根据上位机的相关指令信号控制发射车、液压系统及发射架，实现对发射筒的展开和撤收等功能。

控制组合主要包括以下功能：

1）具有通信功能：包括 CAN 总线、RS422；

2）具有开关量输出功能；

3）具有开关量输入功能；

4）具备电流采集功能；

5）具备比例阀控制功能；

6）具备存储功能；

7）具备扩展功能：能扩展 SPI、I²C 接口。

9.4.2.2　组成

控制组合的组成框图如图 9-11 所示，控制组合内部共包括 4 块板，分别是电源板、主板、底板、比例阀功放板。

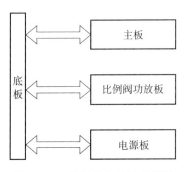

图 9-11　控制组合的组成框图

各种板卡的功能要求如下：

1）电源板：外部供电为+28 V，首先需转换为+5 V，再转为内核和接口使用的 3.3 V 等电源及模拟电路部分的电源处理。

2）主板：

CPU 部分：与 CPU 相关的最小系统及编程、调试、下载、存储等接口。

通信部分：处理器板要求的通信接口种类较多，主要有 CAN、RS422、RS485；外部接口电路外还有 SPI、SCI、I2C。

模拟部分：外部支持的开关量输入、开关量输出、A/D、数字量输入接口等。

3）比例阀驱动板：模拟量电流输出接口。

4）底板：各种信号的转接。

9.4.2.3　详细方案

（1）主板设计

① CPU 部分电路

元器件应优先选用国产芯片。CPU 电路采用无源贴片式石英晶体振荡器，使用 30 MHz 晶振，控制采用 DSP 芯片。下面控制芯片仅供参考。

电源电路采用美国 TI 公司的 TPS767D318QPWPRQ1 提供 1.8 V 和 3.3 V 给 CPU 供电。

主板预留 JTAG 接口，方便进行调试。使用内部 I2C 总线扩展 E2PROM，目前使用 1 片美国 ATMEL 的 AT24C256C，可以实现 256K 的存储空间。SRAM 空间则通过数据线和地址线进行扩展，非掉电存储器和 SARM 电路图如图 9-12 所示。

②通信部分电路

◆CAN 总线

CAN 总线采用隔离电源单独供电，具有共模干扰抑制、过电压保护和静电防护功能，

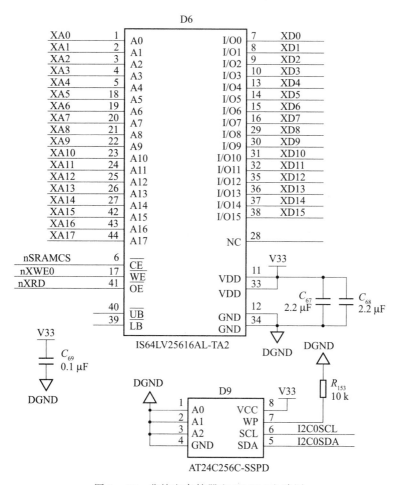

图 9 - 12　非掉电存储器和 SARM 电路图

使用变压器隔离器对控制器和总线驱动器之间的总线信号进行隔离。CAN 总线收发器接口电路如图 9 - 13 所示。

　　CAN 接口 BIT 设计：CPU 自带的 CAN 控制器具有内部环回自检功能，通过 CPU 控制通信控制器在通信控制器内部实现收发闭合，进行收发测试，即环回测试。自检时，通过计算机发送一批典型数据，然后从同一个口的接收端读进来，比较是否一致，实现对 CAN 接口的自检功能。

　　◆UART 通信接口

　　UART 串口采用 AD 公司的 ADUM2582 实现自带隔离电源的收发，支持 RS422 和双全工 RS485 接口。其电路图如图 9 - 14 所示。

　　UART 接口 BIT 设计：CPU 自带的串口通信控制器具有内部环回自检功能，通过 CPU 控制通信控制器在通信控制器内部实现收发闭合，进行收发测试，即环回测试。自检时，通过计算机发送一批典型数据，然后从同一个口的接收端读进来，比较是否一致，实现对 UART 通信接口自检功能。

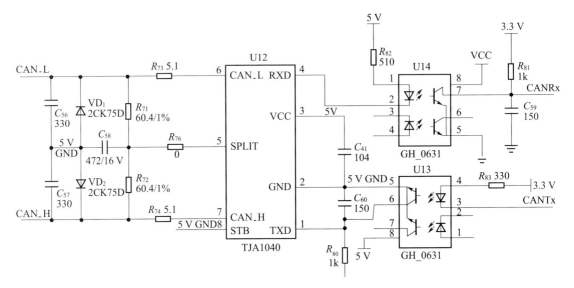

图 9-13　CAN 总线收发器接口电路

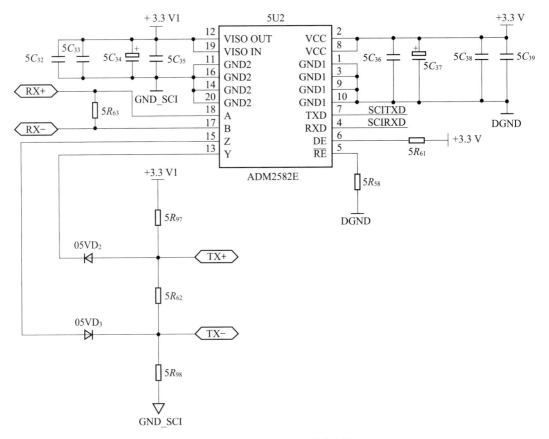

图 9-14　UART 串口通信电路

③模拟部分电路

模拟部分电路包括开关量输出和输入电路、A/D 采集输入等 3 个部分，其中，开关量输入和输出数据，均通过锁存器 74LVC373A 实现与 DSP 之间的数据接口，具体如图 9 - 15 所示。

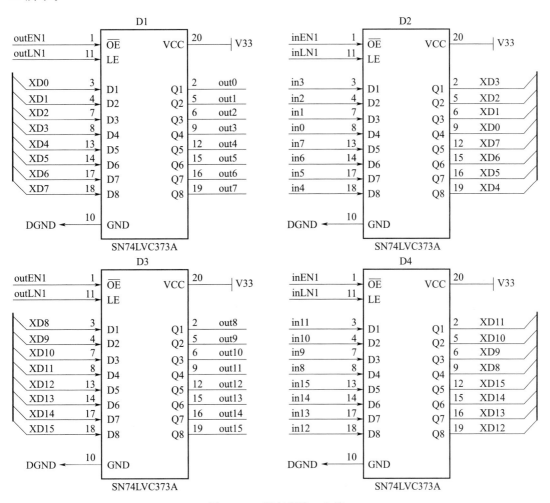

图 9 - 15　锁存器接口电路

◆开关量输出/输入接口

32 路开关量输出和 32 路开关量输入均采用光耦对信号进行隔离，隔离电路原理图如图 9 - 16 所示。

◆A/D 接口

采用的磁隔离器对 SPI 信号进行隔离，A/D 转换器使用 TI 公司的 TLC2543，同时使用 2 片 TLC2543 实现 A/D 转换，均具有 12 位转换精度，支持 22 个通道的转换，A/D 转换器接口电路图如图 9 - 17 所示。

针对电流型输入，先将电流通过 50 Ω 电阻后，产生直流电压经仪表放大器后变为 0～3 V 直流电压，再进入 CPU 的 A/D 采集通道中。

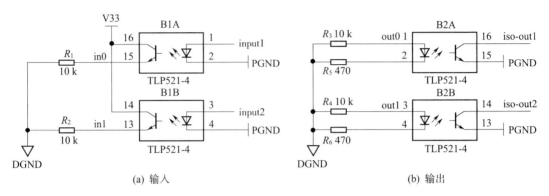

(a) 输入　　　　　　　　　　　　　　　　　　(b) 输出

图 9 - 16　输入/输出光耦隔离电路

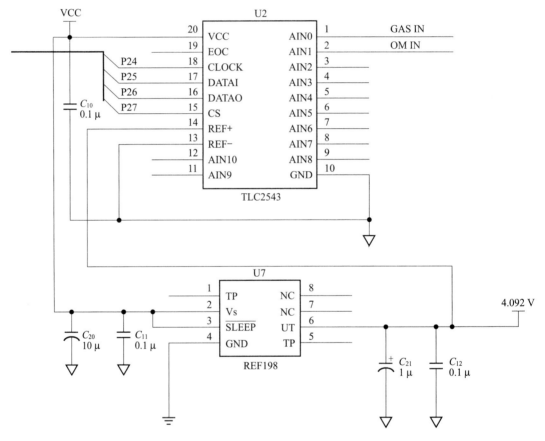

图 9 - 17　A/D 转换器接口电路图

◆PWM 输出电路

主板的 PWM 输出作为比例阀功放板的输入，为了防止比例阀功放板的电源影响主板的 CPU 电路，采用磁隔离器作为隔离器件，其中，隔离后的电源由比例阀功放板提供，将 DSP 输出的 PWM 进行隔离后提供给比例阀功放板，PWM 输出隔离电路图如图 9 - 18 所示。

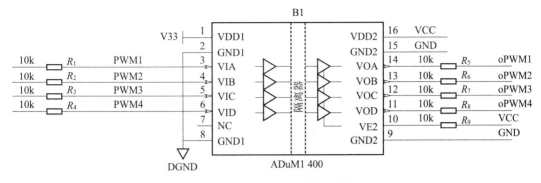

图 9 - 18　PWM 输出隔离电路图

（2）底板设计

底板要求满足控制组合插板配置和互连要求，将主板提供的 PWM 信号通过底板提供给比例阀功放板，其主要设计思路如下：

1）为无源总线底板，提供 2 个连接器槽位供主板连接使用，提供 1 个连接器槽位供比例阀功放板连接使用，提供 1 个连接器槽位供电源板连接使用。提供 3 个插槽供系统到机箱电装线连接，提供 2 个插槽供电源正负端连接。

2）输入输出接口采用 CS10 连接器转至 CRM 连接器上，实现插板输入输出接口信号的引出或引入，便于线缆引至面板的连接器上。

3）为保证电源质量，改善底板电源平面，在底板上添加部分去耦与缓冲电容。

（3）电源板设计

电源板隔离电源选用 DC/DC 电源模块，通过选择合适的电源模块输出功率，保证电源能满足控制组合供电与降额要求。

隔离电源具有输入欠电压保护，输出过电流，过电压保护，输出短路保护，过温保护等功能，安全可靠。在 DC/DC 电源模块的输入端有差模电容，以滤除差模信号对电源模块的干扰。在 DC/DC 电源模块的输出端，有电容和电感组成的滤波网络，减小输出纹波。

（4）比例阀控制板设计

比例阀控制电路包括电流放大电路、电源转换电路和三角波发生电路 3 个部分，主板的 PWM 输出经底板到比例阀控制板后，与三角波发生器的信号进行比较，比较后的信号再驱动集成 MOS 大功率调制开关，大功率调制开关产生可调的模拟量电流。电流反馈电路图如图 9 - 19 所示，比例阀控制输出电路图如图 9 - 20 所示。

9.4.3　机构控制盒（分布式控制）

9.4.3.1　组成

机构控制盒主要由固体继电器、电连接器、霍尔传感器和盒体等组成。

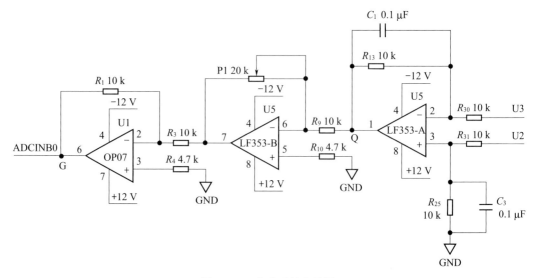

图 9 - 19 电流反馈电路图

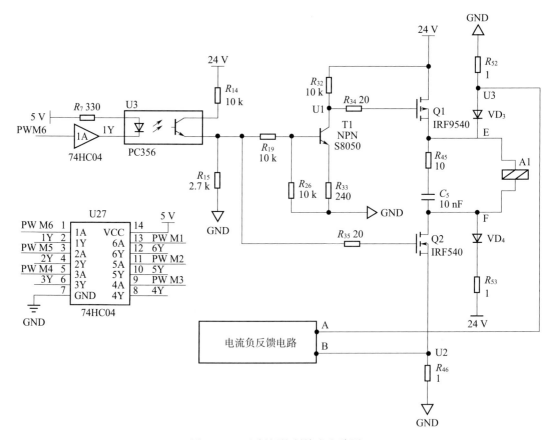

图 9 - 20 比例阀控制输出电路图

9.4.3.2　工作原理

机构控制盒是一种功率放大组合，主要用于接收上位机的控制信号并进行功率放大，控制以直流有刷电机为驱动元件的机构动作（如轴向限位、风道阀门、瞄准窗口、保险机构等），以及控制以电磁铁为驱动元件的机构动作（如可延伸底座等），并将机构的到位开关信号跨接后转送至上位机；机构控制盒还能够将传感器信号（如倾角传感器、温度传感器、湿度传感器等）跨接后转送至上位机。

（1）直流电机控制原理

由控制组合给出的控制输入信号，驱动固态继电器 JGX－5082F，打开相应的供电路径作为控制输出，从而控制直流有刷电机的转向，进而控制直流电机动作。直流电机控制原理框图如图 9－21 所示。

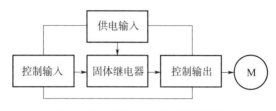

图 9－21　直流电机控制原理框图

其中，固态继电器 JGX－5082F 内部原理框图如图 9－22 所示。JGX－5082F 型继电器电路主要分为 5 个部分：正、反控制端互锁电路，正、反转控制电路，变压器部分，正、反转驱动电路部分，功率输出部分。

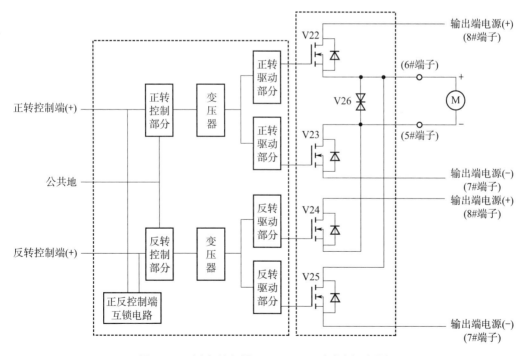

图 9－22　固态继电器 JGX－5082F 内部原理框图

继电器的工作原理如下：

继电器的正转控制端加输入接通电压、反转控制端加零电压时，正转控制电路部分产生一高频振荡信号，该信号通过变压器耦合到正转驱动电路部分，在正转驱动电路部分产生一稳定电压，驱动功率输出部分控制直流电机正转的 V22、V23 两只功率场效应管导通，直流电机正向转动。

继电器的正转控制端加零电压、反转控制端加输入接通电压时，反转控制电路部分产生一高频振荡信号，该信号通过变压器耦合到反转驱动电路部分，在反转驱动电路部分产生一稳定电压，驱动功率输出部分控制直流电机反转的 V1、V2 两只功率场效应管导通，直流电机反向转动。

（2）直流电磁铁控制原理

由控制组合给出的控制输入信号，驱动固态继电器 JGX - 53FA，打开相应的供电路径作为控制输出，从而控制直流电磁铁动作。其原理图如图 9 - 23 所示。

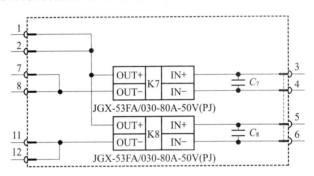

图 9 - 23　直流电磁铁控制原理图

（3）状态监测工作原理

机构控制盒还集成电流在线监测功能，选用霍尔电流传感器，实时感应机构控制盒的输出功率（电流），由控制组合采集分析，是否与当前负载匹配，如果采集到异常电流，可以切断对机构控制盒的控制输入，从而达到保护负载的目的。

9.4.4　车控执行组合设计（集中式控制）

9.4.4.1　功能

车控执行组合主要具备以下功能：

1）通过继电器组件完成对电磁铁、液压电磁阀、机构电机的控制；

2）通过电机控制器完成对泵站电机的控制；

3）通过比例阀控制器完成对液压比例阀的控制。

9.4.4.2　组成

车控执行组合主要由加固机箱、电源模块、继电器组件、电机控制器和比例阀控制器等组成。

（1）加固机箱

1）机箱前面板可根据需要安装指示灯、保险和断路器等；

2）机箱侧面板或后面板安装电连接器；

3）机箱内安装继电器组件、电机控制器、比例阀控制器等，可根据需要安装接线排。

（2）电源模块

如需对供配电系统提供的输入电源进行转换或隔离，可在车控执行组合内安装 AC/DC 电源模块或 DC/DC 电源模块，模块输出的电源供车控系统及其负载使用。

（3）继电器组件

继电器组件用于电磁铁、液压电磁阀、机构电机、电机控制器的输出控制。

1）在自动控制模式下，车控计算机的功率板输出信号使相应继电器闭合，继电器输出驱动电磁铁、液压电磁阀、机构电机和电机控制器工作；

2）在手动控制模式下，手控台的手动开关按下使相应继电器闭合，继电器输出驱动电磁铁、液压电磁阀、机构电机和电机控制器工作；

3）选用继电器时，继电器的带负载能力根据负载的额定电流确定，应进行降额设计，电磁继电器还应考虑低气压环境下的降额；

4）感性负载的控制回路应在继电器输出端安装浪涌吸引元件：直流线圈负载反向并联续流二极管，交流线圈负载并联阻容吸收回路。

（4）电机控制器

电机控制器用于控制液压能源的泵站电机启动。

泵站电机一般为三相异步电机，可采用接触器输出电压控制。当泵站电机的功率不大于 7.5 kW 时，可采用直接全压启动方式。当泵站电机的功率大于 7.5 kW 时，若供电设备的电源容量足够大，电机直接启动对供电电压无影响时，可采用直接全压启动方式；否则应采用星形-三角形转换启动、变频启动、变阻抗启动、自耦减压启动等降压启动方式，以降低电机启动时的冲击电流，原因是电机较大的起动电流会使供电电源的电压短时下降幅度较大，对车上的用电设备产生影响，电路原理图如图 9 - 24 所示。

用这种方法启动的电机，必须是定子绕组正常接法为三角形联结的电动机。启动时，S_2 先将三相定子绕组接成星形，待转速稳定时再接回三角形。启动时，定子绕组接成星形，这时加在每相绕组上的电压是接成三角形电压的 $1/\sqrt{3}$，从而降低了启动电压。当电机转速接近稳定值时，定子绕组接回三角形全压运行。星三角形启动时，定子电压为直接启动的 $1/\sqrt{3}$，其启动转矩也为直接启动的 1/3。这种方法操作简便，启动设备简单，只适用于电动机轻载或空载时启动，以往型号多采用此种方式，存在一定问题。延边三角形启动是在星三角形启动方法基础上加以改进的一种新的启动方法。它是利用电机引出的 9 个出线端（即每相定子绕组多引出一个线端）的特定接法，达到降压启动的目的。电机启动时，定子绕组作为延边三角形联结，待转速增加到接近额定转速时，再换接为三角形联结，电机就进入正常运转状态。

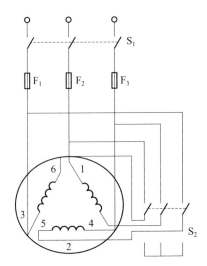

图 9 - 24　星形-三角形启动电路原理图

（5）比例阀控制器

比例阀控制器用来驱动和调节液压比例阀，其中，通过调节比例调压阀来调整液压系统压力，通过调节比例调速阀来控制支腿伸收速度、发射装置俯仰和方位调转速度。

比例阀控制器的主要组成部分是比例阀控制板，单通道比例阀控制板可控制一个比例阀，多通道比例阀控制板可控制多个比例阀。控制路数（比例阀控制板的数量）根据液压比例阀的数量确定。

比例阀控制器有以下两种控制模式：

1）在自动控制模式下，车控计算机通过 D/A 板输出电压信号控制比例阀控制器的电流输出，驱动和调节比例阀。D/A 板输出直流电压（一般为 0～5 V 或 0～10 V）对应比例阀控制器输出电流信号（一般为 0～800 mA），基本成线性关系（比例阀的死区除外）。

2）在手动控制模式下，比例阀控制器自带的直流稳压电源（一般为 0～5 V 或 0～9 V）中接入可调节式电位计，电位计电压作为比例阀控制器的输入。通过调节电位计而调整比例阀控制器的输入电压，从而调节比例阀控制器的输出电流。

9.5　传感器设计与选型

9.5.1　功能

传感器用于测量发射车的各种姿态角度，包括发射车车体的水平角度、发射装置俯仰起竖和方位调转的角度等，还用于测量发射车液压系统的压力和温度、各种到位信息和报警信息。

9.5.2　组成

传感器包括姿态传感器、压力和温度传感器、行程开关、接近开关、报警开关。

其中，姿态传感器根据使用要求一般可分为测量发射车车体不平度的小范围的水平传感器、测量发射装置俯仰调转的大范围的倾角传感器、测量发射装置俯仰和方位调转的角度传感器等。

9.5.3　传感器选型基本要求

姿态传感器根据需要可选用测量绝对角度的光电编码器、旋转变压器，可选用配备激光陀螺捷联惯导系统的具有寻北功能的角度传感器，还可选用基于膜电位或加速度计原理的传感器、液体摆等。姿态传感器设计时应关注以下几个方面：

1）根据发射车的运动范围选择合适测量范围的传感器。考虑在发射车异常情况下仍能监测发射车状态，传感器的测量范围应大于发射车正常运动的角度范围，最好不小于发射车运动的极限范围；

2）传感器的测量精度和分辨率应能满足系统的控制精度指标，一般要求比系统控制精度高一个数量级。测量精度计算式为

$$\varepsilon_0 = \sqrt{\varepsilon_1^2 + \varepsilon_2^2 + \varepsilon_3^2} \tag{9-7}$$

式中　ε_0——测量精度；

　　　ε_1——测角元件精度；

　　　ε_2——机械传动精度；

　　　ε_3——编码转换精度。

3）传感器的响应时间应能满足系统要求，应小于车控系统的控制周期时间；

4）传感器的零位漂移和温度漂移等应在系统要求范围内；

5）传感器能承受的运动速度和加速度应满足系统要求。设计时应考虑车辆运动过程中的振动频率和振动幅值对测量结果的影响，并应采取措施滤除不合理数据。

压力传感器或温度传感器可选用电流信号输出或电压信号输出的传感器，推荐选用电流信号输出的传感器。

行程开关、报警开关可选用机械接触式开关，接近开关可选用电磁感应式开关。

9.5.4　传感器选型详细设计

9.5.4.1　小范围的水平传感器

性能参数与偏差要求如下：

1）测量范围：俯仰角 $-10°\sim10°$，横滚角 $-10°\sim10°$；

2）测量误差：不大于 $1'$ 或根据系统精度确定；

3）灵敏度：不大于 $10''$；

4）输出速度：不小于 10 次/s；

5）连续工作时间：不少于 24 h；

6）功率：不大于 10 W；

7）贮存时间：不小于 12 年（允许灵敏度变化不大于 $\pm15\%$）；

8）输出形式：CAN 总线、RS422 串口、RS232 串口、4～20 mA 电流信号等；

9）波特率：不小于 9600bit/s。

9.5.4.2　大范围的倾角传感器

性能参数与偏差要求如下：

1）测量范围：俯仰角−10°～100°，横滚角−10°～10°；

2）俯仰角测量误差：不大于 2′（其中，80°～95°范围，测量误差不大于 1′）或根据系统精度确定；

3）横滚角测量误差：不大于 1′或根据系统精度确定；

4）灵敏度：不大于 10″；

5）输出速度：不小于 10 次/s；

6）连续工作时间：不少于 24 h；

7）功率：不大于 10 W；

8）贮存时间：不小于 12 年（允许灵敏度变化不大于±15%）；

9）输出形式：CAN 总线、RS422 串口、RS232 串口、4～20 mA 电流信号等。

9.5.4.3　角度传感器

（1）光电编码器

性能参数与偏差要求如下：

1）测量范围：0°～360°；

2）测量形式：绝对式；

3）分辨率：不低于 16 位；

4）采样频率：不低于 500 Hz；

5）输出速度：不小于 10 次/s；

6）最高允许机械转速：不小于 1500 r/min；

7）功率：不大于 10 W；

8）输出形式：CAN 总线、RS422 串口、SSI 接口等。

（2）旋转变压器

性能参数与偏差要求如下：

1）测量范围：0°～360°；

2）测量形式：绝对式；

3）极对数（速比）：不小于 1∶16；

4）功率：不大于 5 W；

5）测量误差：不大于 25″；

6）输出形式：正余弦电压。

（3）配备激光陀螺捷联惯导系统的角度传感器

性能参数与偏差要求如下：

1）静态测姿精度：不大于 3′；

2）动态测姿精度：不大于 $10'$；

3）分辨率：不大于 $20''$；

4）响应速度：不大于 20 ms；

5）俯仰角测量范围：$-10°\sim100°$；

6）横滚角测量范围：$-10°\sim10°$；

7）方位角测量范围：$-95°\sim95°$；

8）能承受俯仰、方位最大角速度：不小于 20 （°）/s；

9）能承受俯仰、方位最大角加速度：不小于 15 （°）/s^2。

9.5.4.4　压力和温度传感器

压力和温度传感器的压力、温度测量范围应大于液压系统工作的压力、温度范围，输出电流信号一般为 $4\sim20$ mA。

9.5.4.5　行程开关、接近开关、报警开关

行程开关和报警开关一般为机械接触式开关，属于无源开关；接近开关一般为电磁感应式开关，属于有源开关，需提供直流 24 V 电源。

9.6　结构设计

9.6.1　一般要求

产品结构布局应与发射车结构设计相适应、协调一致。

1）对易受电磁信号干扰的机箱，应采用密封设计，所有开孔采取电磁屏蔽设计；

2）发热量大的机箱中应有通风装置，热设计应符合 GJB/Z 27—1992 的要求；

3）计算机及电子组合的机箱和插件设计应尽量选用标准化的尺寸结构；

4）机箱的机架、底板和导轨等应满足机械强度和刚度要求，作为车载设备应保证足够的抗振能力；

5）暴露在外的传感器及其他设备，应有防雨和防尘措施；

6）电缆与车上的气路、液路确保互不影响，做到电缆短、损耗少和干扰小；

7）结构设计应考虑人机工程学设计方法，保证安装、操作和维修方便；

8）系统应结构紧凑，宜采用集成化、模块化、小型化、积木化结构，做到体积小、质量小、设备少。

9.6.2　详细设计

1）集中式控制系统一般优先采用 19 in 标准机箱，高度以 U（1U＝44.45 mm）为单位；

2）分布式控制系统的机箱一般按照通用件的要求进行设计，尽量做到体积小、安装方便；

3）机箱可设计定位销进行定位；

4）电路板应优先采用符合欧洲板标准的尺寸为 3U、6U 的板卡；

5）电路板可采用插拔和锁紧器固定方式，也可采用螺钉紧固方式；

6）前面板可采用开门方式，前面板锁紧螺钉可选用不脱落螺钉；

7）若组合质量较大，机箱应设计吊装方式，可采用打吊装孔安装吊环的方式；

8）对于车控计算机、车控执行组合等发热量大的机箱应安装风机，有利于组合散热；

9）组合内部发热量大的部件应尽量紧贴机箱壁安装；

10）机箱上应安装接地柱，保证机箱可靠接地。

9.7 车控系统软件

9.7.1 功能

车控系统软件主要完成以下功能：

1）系统初始化及自检功能；

2）发射车展开和撤收等运动控制功能（液压能源启动/停机、发射车车体调平/回收、发射装置俯仰起竖/回平、发射装置方位调转/归零、筒弹下滑/提升、发射装置行军锁定/解锁等）；

3）与测发控系统和其他分系统通信功能；

4）人机交互功能；

5）测试维护和故障诊断功能。

9.7.2 性能

9.7.2.1 时间特性

车控系统软件为嵌入式实时控制软件，一般为多进程多线程的控制软件，需将多个任务同步执行并做好任务的调度管理。控制周期一般不大于 100 ms。

9.7.2.2 余量

车控系统软件余量设计要求包括：

1）处理时间的余量一般不小于 20％；

2）内存使用余量一般不小于 20％；

3）存储量的余量一般不小于 30％。

9.7.3 软件运行

车控系统软件贮存于车控计算机的电子盘内或控制组合主板的 CPU 的 FLASH 存储器中，车控计算机或控制组合加电后自动运行车控系统软件。

9.7.4 软件开发

软件开发一般包括：

1) 编程语言：可选用 C/C++ 语言等；

2) 操作系统：可选用 Windows CE、DOS、vxWorks 等嵌入式操作系统或无操作系统；

3) 集成开发环境：可选用 VisulStudio、PlatformBuilder、Turbo C、Borland C++、Tornado/Workbench、CCS 等开发和调试工具。

9.7.5　方案设计

首先，要根据车控系统的功能、战术性能指标明确软件的功能和性能要求；其次，要明确软件开发环境、底层驱动功能及软件测试环境；明确车控系统控制周期、数据接收与发送、数据处理、显示刷新等时间要求；明确软件的输入、输出数据元素，明确各软件单元模块之间的接口，包括共享外部数据、参数的形式和传递方式、上下层的调用关系等。

软件设计时要确定各任务的优先级。车控软件的优先级一般从高至低依次为故障处理任务、通信任务、发射车和发射装置的运动控制任务、键盘处理任务和显示任务等其他任务。还要确定软件的安全性要求，如车体调平、发射装置俯仰和方位调转、车上各种执行机构运动控制、发射车撤收的约束条件，确定出现异常情况的处理措施，确定对错误指令的判断和处理措施，确定软件退出循环的条件等。

软件的接口包括：

1) 与操作系统的接口：车控系统软件使用操作系统提供的代码来实现系统功能。由操作系统实现的功能主要有：中断管理、系统时钟管理、多任务管理及调度、任务间通信管理等；

2) 与硬件驱动程序的接口：车控系统软件需调用显示器、键盘、电子盘、通信接口、A/D 板、D/A 板、数字量输入板、功率输出板、测角板等硬件驱动程序实现硬件功能；

3) 与发射车通信节点的接口：车控系统软件与测发控系统、底盘、供配电系统、调温系统、定向系统、车显终端等进行通信；

4) 输入输出接口：车控系统软件根据系统功能要求进行 A/D 输入、D/A 输出、数字量输入、功率输出、测角输入等控制。

在设计数据输入/输出控制时，计算机初始加电后应对所有 A/D、D/A、I/O 端口初始化，并置为不工作状态。车辆运动控制中对 I/O 端口的某一位或某几位操作时应保持其他位的状态。应合理设置数据输入/输出的控制周期，设置时应考虑负载的响应速度，控制周期时间必须大于负载的响应时间。

在设计车体调平、发射装置俯仰和方位调转、车上各种执行机构运动控制、发射车撤收等运动控制时，应设置合理的控制规律和软件算法，应能克服执行元件死区、零漂影响，使发射车的各种运动平稳、可靠，避免出现爬行、抖动、失稳和冲击等现象，并能满足运动的时间要求和精度要求。

软件应设置实时监测和故障诊断功能。对车控系统及整个发射车的状态进行实时监测，出现故障应采取相应的报警和安全处理措施，提高车控系统的安全性。

9.7.6　车控网关软件

车控网关软件完成供配电系统与车辆显控终端的数据转发任务；接收显控终端和测发控系统的指令；接收各通用控制单元采集的各种行程开关、温度压力等传感器信号感知发射车的状态；控制各通用控制单元，实现发射车展开撤收及调温功能。车控网关软件组成框图如图 9 - 25 所示。

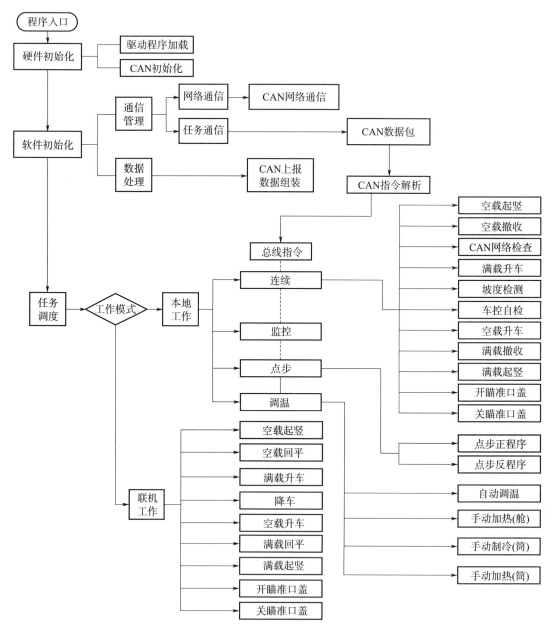

图 9 - 25　车控网关软件组成框图

　　车控网关软件为嵌入式控制软件，程序驻留在车控网关内主板的 CPU 上。程序采用 C 语言编写，编程环境为 CCS6.1.2，编译、链接完成后生成十六进制目标文件。根据系统功能需求，结合型号研制经验，对车控网关软件的安全关键性等级定为 B 级。

　　为保证发射车筒弹在起竖、回平过程中的平稳性，满足弹上任一点的线加速度要求，针对总体提出的加速度指标，在车控系统软件设计过程中采用起竖角度分段方式，并且每段参数可以根据实际情况进行调整。

9.7.7　通用控制单元软件

　　通用控制单元软件由硬件初始化、软件初始化和任务调度 3 个部分组成。硬件初始化包括驱动程序加载程序和 CAN 初始化程序。软件初始化包括通信管理程序和数据处理程序。通用控制单元软件的组成框图如图 9 - 26 所示。

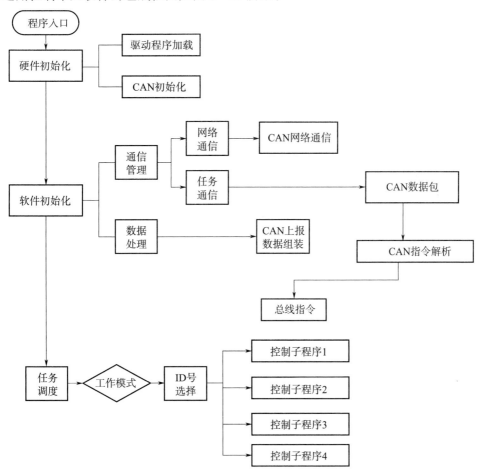

图 9 - 26　通用控制单元软件的组成框图

　　通用控制单元软件为嵌入式控制软件，程序驻留在车控网关内主板的 CPU 上。

　　通用控制单元的关键等级为 C 级，通用控制单元的开发工具为：CCS，编程语言：C 语言。

9.8　车控系统通用质量特性设计

9.8.1　可靠性设计

为了提高产品的可靠性指标，从以下几个方面采取措施：

1）简化设计。

2）降额设计。

3）冗余设计。

4）尽量选用已经过其他型号充分考核，质量、性能可靠的元器件。

5）对于首次选用的元器件，尽量选用符合分承制要求并有良好合作关系且信誉好、产品质量可靠的厂家的产品。

6）元器件按规定进行环境应力筛选试验。

7）对功率器件采用强制散热方式，并根据设备中各种热源的发热情况，合理安排元器件的位置，防止元器件热量的积蓄及元器件之间的热影响。

8）I/O 板的输入采用光电隔离电路，减少干扰。

9）进行防湿热、防盐雾、防霉菌和防电磁辐射设计。例如机箱构件选用防湿、防霉和防腐蚀材料，个别件用树脂、硅橡胶灌注和灌封，所有印制板、元器件触点用三防漆涂覆保护。

10）进行环境适应性设计。对设备使用过程中的力学环境和温度环境等进行分析，采取防松抗振抗冲击措施。例如印制板及接插件采取防松抗振的加固措施，按规定进行整机的环境应力筛选等。

11）进行软件可靠性设计。例如软件设计了防止误操作功能、数字滤波功能等。在软件设计中从需求规格说明阶段开始，积极按照软件工程的要求进行设计，以减少软件的缺陷。

9.8.2　维修性设计

为了提高产品的维修性，从以下几个方面采取措施：

1）计算机和控制组合前面板均采用侧开门方式，方便维修；

2）电路板使用锁定器进行固定，便于插拔和更换；

3）DC/DC 电源、变频电源均采用模块化设计，可以很方便地更换电源；

4）计算机的风机装置采取独立的模块化设计，风机通过弯角件安装在后面板上，形成一个风机盒，方便检修和更换风机；

5）在整个设备中充分考虑可达性，组合内的零部件尽量做到独立拆装；

6）采用防误插、误对接的结构，每块电路板均规定了位置号；

7）计算机前面板上有调试接口，便于软件的维护。

9.8.3　测试性设计

为了提高产品的测试性能，从以下几个方面采取措施：

1）计算机和控制组合前面板均采用侧开门方式，方便机箱内测试；

2）电连接器在组合右侧面，方便信号输入输出测试；

3）机箱内的导线采用不同颜色，代表不同类别的信号定义，而且每根导线上均有导线号，方便测试人员查找测试点；

4）在整个设备中充分考虑可达性，方便测试人员的测试操作；

5）软件设计功能自检、实时监测、维护测试的功能。

9.8.4　保障性设计

1）在车控系统性能设计的同时开展保障性设计；根据研制和使用信息合理确定备附件方案、相关维修工具和仪表等的配置；考虑培训要求，准备培训资料。

2）通过可靠性和维修性等方面的设计，确保使用通用工具能保证车控系统的正常工作运用和维修。

3）简化计量要求。

4）元器件的选用保证有多个来源渠道，保证在使用期内持续提供备用件和修理件。

9.8.5　电磁兼容性设计

车控系统综合运用隔离、滤波、屏蔽、接地技术来提高车控系统的电磁兼容性。采取的具体措施如下：

1）总体的屏蔽方案：采取密封机箱作为组合屏蔽体，并通过航插对外连接，风机的进风口和出风口加装屏蔽通风板；

2）接缝的屏蔽设计：在接缝处使用导电橡胶条或导电橡胶板；

3）在各组合设计中，为防止组合中弱电信号受到其他信号的干扰，将各组合中的强电导线和弱电导线分开捆扎，并分开走线，通过不同的电连接器进入组合；

4）在电缆设计中，将弱电信号和强电信号分开在不同的电缆中，并对 RS422 和 CAN 总线等通信信号电缆进行屏蔽处理；

5）设计三路相互独立、可靠的地线，分别为机壳地、电源地和信号地；

6）机箱右侧面板设置接地柱，提供机箱可靠接地，以供静电放电用；

7）开关量输入信号采用光耦隔离；

8）大功率输出信号采用固态继电器隔离；

9）电磁继电器和电磁阀的控制电路上采用抑制电路，以减少断电时的反电势影响；

10）滤波器或光耦器件尽量靠近电缆的连接器（使与连接器之间的连线尽量短），并且在局部安装隔离板，消除电路与连接器上引线之间的直接耦合；

11）严格遵守设计规范，电路板进行 PCB 布线后仿真，保证信号完整性；

12）DC/DC 电源采用符合 EMC 军标的军用产品。

9.8.6 安全性设计

在总结其他成熟型号安全性设计经验的基础上，车控系统在整个设计过程中从结构、电气、操作使用和软件等方面对安全性进行设计。

9.8.6.1 结构安全性设计

1）计算机机箱、控制组合前面板采用铝板加工，箱体采用钣金加工，在板最薄处的平面上设计有加强筋，确保组合机箱强度不会因为壁薄而减弱。

2）计算机内的电路板进行了加固设计，插入机箱的插槽后用锁紧器锁紧，防止因振动冲击而松动。

3）计算机和控制组合的质量超过 15 kg，为拆装方便进行吊装设计。

9.8.6.2 电气安全性设计

1）对发热元器件采取结构散热设计。

2）元器件按 GJB/Z 35—1993《元器件降额准则》进行降额设计。

3）在选择插头和插座时，带电的一端尽量采用孔座（头）。

4）机箱右侧面板设置接地柱，提供机箱可靠接地，以供静电放电用。

5）电路板对来自组合外的信号采用光耦芯片进行电气隔离，对输出给组合外的信号采用固态继电器进行电气隔离。

6）设计 3 路相互独立的地线系统：电源地、信号地和机壳地。除供计算机设备工作的 4 组电源（+3.3 V、+5 V、±12 V、±15 V）共地外，其他隔离器件所用电源均不共地。

7）DC/DC 电源、变频电源具有过电压、过电流、过热、极性反等安全保护功能。

8）供电输入安装有断路器、保险管对设备进行短路、过电流保护。

9.8.6.3 操作使用安全性设计

1）从组合内到前面板的电线电缆留有足够余量，保证前门打开和关闭时不使焊点受力；

2）计算机的液晶显示器背光控制板上有高压电路，结构设计用罩将显示控制电路板盖住，避免操作人员碰触高压元件；

3）对外接口连接器的选型保证绝对防误插：不同功能的接口选用不同壳体和不同接触件数量的连接器实现防误插；

4）计算机插槽和印制板上均标有插板的位置号，实现防误插；

5）面板上的按钮操作器等均符合电气安全标准；计算机面板设计有"复位"按钮，操作过程中若发现发射车有异常现象，可立即按下计算机面板的"复位"开关停止发射车动作。

9.8.6.4 软件安全性设计

针对本设备可能引起的事故模式对软件进行安全性设计：

1）软件对发射车的动作具有保护措施：发射车升车工步未完成，不能进行发射设备起竖调转工步；发射设备未回平到位，不能进行降车收腿工步；发射车调平或降车收腿过程中，车体不平度超过××应停止动作并有故障显示；当发射设备俯仰角度超过××时，停止起竖动作并有故障显示；当发射设备方位角度超出范围时，停止调转动作并有故障显示；当发射设备俯仰角度小于××时，不允许进行方位调转动作；当发射设备俯仰角度大于××时，或方位角度超出××范围时，不允许进行自由回平动作；油缸解锁未到位，不能进行俯仰方位调转动作；发射设备零位解锁未到位，不能进行俯仰方位调转动作。

2）软件判断有工步动作超时，停止发射车动作并有故障显示。

3）软件判断液压设备传感器有故障报警时，有故障报警显示，必要时停止发射车动作。

4）对输入数据进行数字滤波，滤除不合理数据。

5）与测发控系统通信利用校验字节等手段剔除报文传送错误。

6）具有防止误操作功能，对测发控系统的指令和小键盘的输入指令执行应有合理性判断，不能由于异常指令的出现导致发射车的误动作。

9.8.7　环境适应性设计

车控系统的环境适应性设计包括自然环境和力学环境适应性设计。

1）自然环境适应性设计主要是热设计：主要是提高集成度，选择 PLD 和功耗低的器件，减少发热量；然后是选择温度范围符合要求的器件；辅助措施是散热设计，包括合理布置元器件位置，加装散热板和散热风扇等。此外，还需考虑外露件的防水设计：加装防护罩、用硅橡胶等对电气部分的连接器引线端进行灌封等。

2）力学环境适应性设计主要是机械结构加固设计：主要是元器件、电路板和壳体的抗振、防冲击加固设计。

第 10 章　供配电系统方案设计

10.1　设计技术要求

供配电系统的主要技术要求通常包含基本参数指标、技术性能指标、保护要求、外形尺寸及总质量、机械及电气接口、环境条件、可靠性、维修性、测试性、保障性、安全性、电磁兼容性要求。

1）基本参数指标通常包含一次电源设备输出额定功率、额定电压、额定频率、稳态电压/频率调整率、瞬态电压/频率调整率、电压/频率稳定时间、电压/频率波动率、总电压正弦性波形畸变率等。通常包含二次电源设备输出额定功率、额定电压、电压稳定度、负载稳定度、纹波电压、相对温度系数、时间漂移、过冲幅度、暂态恢复时间、效率等。

2）技术性能指标通常包含系统供电体制、任务剖面和使用维护要求等。

3）保护要求通常包含一次电源设备输出欠电压、过电压、超压、欠频、过频、超频、油温高、油压低、进气负压、对地绝缘要求，包含二次电源设备输入过电压/欠电压保护值、输出过电压/欠电压保护值、输出限流/短路保护值、功率器件过温保护值等。

4）外形尺寸通常包含所有设备长、宽、高 3 个方向的最大外形尺寸。

5）机械接口通常包含所有设备与载车固定面的安装尺寸、维修面相对固定面的方向、维修空间尺寸、设备所属电缆相对固定面的插拔方向、设备所属电缆的插拔尺寸、设备进出风相对固定面的方向等。

6）电气接口通常包含所有设备电源输入、电源输出、控制、测试连接器各线芯的工作电压范围、工作频率、工作电流，包含通信连接器各线芯的工作电压范围、工作电流和波特率等。

7）环境条件包含自然环境条件、力学环境条件和电磁环境条件。

自然环境条件通常包含工作环境温度、工作环境湿度、贮存环境温度、贮存环境湿度、地面风速、降雨强度、沙尘、能见度距离、机动通过海拔、工作海拔、日照总辐射强度、夜间操作光亮条件等。

力学环境条件通常包含公路运输随机振动功率谱密度、载车垂直方向振动加速度、横向振动加速度、发射冲击加速度及持续时间等。

电磁环境条件通常包含需承受的各频率范围内辐射电场强度、磁场强度和雷电条件。

雷电条件通常包含电场的峰值、电场曲线上升沿时间、电场曲线半高宽时间，磁场的峰值、磁场曲线上升沿时间、磁场曲线半高宽时间。

8）可靠性定量要求通常包含系统任务可靠度指标、机组大修期、设备平均故障间隔时间（MTBF）、设备累积工作时间、一次连续工作时间等。

9）维修性定量要求通常包含系统基层级平均修复时间（MTTR）、设备年平均检测维修时间、设备技术准备阶段基层级可维修项目最大修复时间等。

10）测试性定量要求通常包含设备故障检测率、设备虚警率、设备检测周期等。

11）保障性定量要求通常包含设备技术准备完好率、设备使用可用度等。

12）安全性定性要求是供配电分系统所属设备在贮存、转载、运输、检查、测试、工作、撤收、维修全过程中，在正常操作情况下应保证人身和设备安全。

13）电磁兼容性要求参照标准 GJB 151B—2013 执行，具体要求项目见表 10-1。

表 10-1　设备电磁兼容性要求

试验项目编号	项目名称	适用性
CE102	10 kHz～10 MHz 电源线传导发射	A
CE106	10 kHz～40 GHz 天线端口传导发射	L
CE107	电源线尖峰信号（时域）传导发射	S
CS101	25 Hz～150 kHz 电源线传导敏感度	A
CS102	25 Hz～50 kHz 地线传导敏感度	S
CS103	15 kHz～10 GHz 天线端口互调传导敏感度	S
CS104	25 Hz～20 GHz 天线端口无用信号抑制传导敏感度	S
CS105	25 Hz～20 GHz 天线端口交调传导敏感度	S
CS106	电源线尖峰信号传导敏感度	S
CS112	静电放电敏感度（试验电压 15 kV）	L
CS114	4 kHz～400 MHz 电缆束注入传导敏感度	A
CS115	电缆束注入脉冲激励传导敏感度	A
CS116	10 kHz～100 MHz 电缆和电源线阻尼正弦瞬态传导敏感度	A
RE102	10 kHz～18GHz 电场辐射发射	A
RE103	10 kHz～40GHz 天线谐波和乱真输出辐射发射	L
RS103	10 kHz～40GHz 电场辐射敏感度	A
RS105	瞬态电磁场辐射敏感度	S

注："A"表示该项要求适用。

"L"表示该项要求应按 GJB 151B—2013 相应条款规定加以限制。

"S"表示该项要求由订购方规定是否适用。

10.2　总体方案设计

供配电系统总体方案设计内容通常包含供配电需求分析、选择供电体制、一次电源选型、二次电源配置方案、配电方案选择、可靠供配电方案设计等。

10.2.1　供配电需求分析

供配电总体方案设计的依据是需求方或用户提出的设计技术要求或设计任务书。方案设计时需了解载车上需供配电系统供电的所有用电设备的详细信息，包括工作电压范围、额定工作频率、额定输入电流、最大输入电流及持续时间、额定功率、最大功率及持续时间、负载性质（容性、感性或阻性）、在任务剖面上工作时间、输入供电连接器型号及各线芯电气定义、供电隔离要求、接地要求等。

根据上述功率信息，汇总得到在任务剖面内总用电功率、总交流用电功率、总直流用电功率在时间轴上的曲线，用电功率包含额定功率和最大功率两类，上述信息作为一次电源功率参数选择参考。根据上述工作频率及功率信息，分析确定采用交流或直流供电模式。根据上述电压及功率信息，分析确定采用高压或低压供电电压等级。

10.2.2　选择供电体制

确定供电体制需考虑供电可靠性、供配电设备工作可靠性、优化供配电系统组成等因素。

目前，发射车安装设备大部分为依靠低压直流电源工作的控制器、驱动器、执行器、电动机、通信、信息化、加热器、照明和通风等设备。为保障执行重要任务的控制器、信息化等设备获得连续、稳定供电，有必要建立低压蓄电池组支撑的低压直流供电母线。

载车上装交流用电设备通常有驱动压缩机的电动机、驱动运动设备的电动机、调温通风机等设备。若执行重要任务的交流设备有不间断供电要求，可以建立一次电源交流输出并联运行的交流供电母线。

目前，机械底盘发射车供配电分系统通常采用 220 V/380 V/50 Hz 交流＋28 V 直流的交直流混合供电体制。电驱底盘发射车通常采用 700 V 直流＋28 V 直流的高低压混合供电体制。

10.2.3　一次电源选型

目前，发射车上在役使用的一次电源有柴油发电机组、液压取力发电机组、机械取力发电机组、燃气轮机组和蓄电池组等。

供配电系统额定功率通常不大于 50 kW，机械底盘发动机的额定功率通常大于 250 kW，对于有长期野外工作要求的发射车，一次电源通常选用工频柴油发电机组。

电驱底盘发射车均配备智能动力单元（IPU）和储能单元（蓄电池组）。IPU 通常由柴油机、永磁同步发电机、散热系统、柴油机进气系统/排气系统/控制系统、发电机控制系统、功率变换器、燃油箱等部分组成。储能单元的作用是底盘辅助加速/制动能量回收、启动 IPU、静默行驶等。IPU 的输出功率通常大于 300 kW，输出直流电压高于 600 V，储能单元与 IPU 并联工作，容量通常大于 100 kWh。对于发射车有长期野外供电需求，若用电功率较大可选择单独配置一台小功率的柴油发电机组，若低压用电设备长时间用电功率较小，则不需单独配置柴油发电机组，可采用储能单元供电、IPU 定期为储能单元充电方案。

10.2.4　二次电源配置方案

依据一次电源的输出特性、用电设备的输入特性及可靠性要求确定供配电系统二次电源的种类和主要性能指标。

若一次电源输出 380 V/50 Hz 交流电能、多个用电设备输入低压直流电能，则选择 AC/DC 电源完成电能变换。为提高供电可靠性有 3 种方案选择，一是配置一台 AC/DC 电源，二是配置多台输出并联运行的 AC/DC 电源，三是将 AC/DC 变换功能分解为 AC/DC＋DC/DC 两部分，DC/DC 电源靠近负载安装，实行分布供电。根据拟采用的电源变换技术的先进性/成熟度、设备安装空间、元器件成本等因素选择二次电源配置方案。

10.2.5　配电方案选择

为满足任务书对设备智能化的要求，新研发射车均使用智能配电设备，智能配电设备使用元器件多、内置软件，相对非智能配电设备技术复杂、成本高。应根据用电设备在任务剖面内的使用阶段、重要性、状态参数的可测试性，合理选用及配置非智能及智能配电设备。

10.2.6　可靠供配电方案设计

供配电系统方案设计的首要目标是供配电必须连续、稳定、可靠。在单机设备可靠性水平提升到与其性价比相平衡的状态下，构建冗余结构是供配电系统提升可靠性的有效技术途径。机械底盘发射车一种具有冗余结构的供配电系统原理组成如图 10-1 和图 10-2 所示。

该方案一次电源配置柴油发电机组和取力发电机组，两种机组输出可并联工作，在一种电源出现故障退出运行过程中，另一种电源自动投入运行，可保证交流电源不间断供电。

交流电源通过交流配电装置为 AC/DC 电源供电，AC/DC 电源由两个 AC/DC 电源组合组成，两个组合输出并联运行，将直流电能输送到低压直流母线上。一个组合出现故障退出运行后，另一个组合可继续输出低压直流电能。

蓄电池组与低压直流母线并联，若两种机组均出现故障退出工作后或两个 AC/DC 组合均出现故障退出工作后，蓄电池组单独通过低压直流母线为上装直流用电设备提供不间断电能。

低压直流母线传输的直流电能经过 DC/DC 电源为有调压需求的直流用电设备供电，DC/DC 电源由两个 DC/DC 电源组合组成，两个组合输出并联运行。一个组合出现故障退出运行后，另一个组合可继续提供不间断直流电能。

将该方案中取力发电机组改为直流输出与低压直流母线并联构成另一种方案，此方案相比上一个方案取消了两种交流输出机组并机运行的控制装置，取力机组输出直接并入低压直流母线，无需额外的并机控制装置。该方案相比上一个方案系统可靠性进一步提升、成本进一步降低。

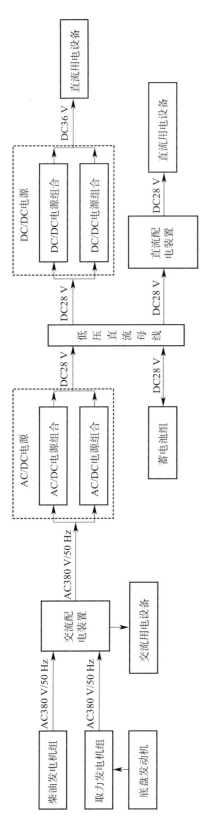

图 10 - 1　一种具有冗余结构的供配电系统原理组成图（一）

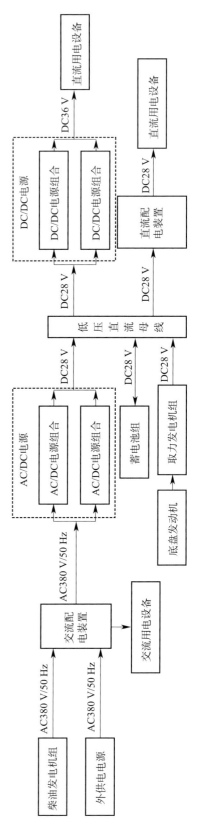

图 10 - 2　一种具有冗余结构的供配电系统原理组成图（二）

10.3　组合与单机详细方案设计

10.3.1　柴油发电机组

柴油发电机组的组成和原理参见 2.4.10 节。柴油发电机组通常包含柴油机、发电机、联轴器、燃油加热器、控制装置、蓄电池组、油管、线缆、支承底座、油箱及箱体等部分。

柴油发电机组技术方案设计包含柴油机与发电机匹配设计、结构设计和电气设计 3 部分内容。

柴油机选型需考虑额定功率、额定转速、体积、重量、低温启动性能、高低温环境、海拔环境等因素。根据机组的额定转速、高原降额系数、机械效率、过载能力选择柴油机。

匹配比 K 是柴油机的持续输出功率 P_e 与柴油发电机组的额定功率 P_h 之比。

$$K = P_e/P_h \tag{10-1}$$

柴油机转速越高比功率（单位体积或重量下的输出功率）越高，输出功率越大。但转速越高，机械负荷及热负荷越高。柴油机的额定转速若选择在其最大扭矩对应的转速，则柴油机的机械负荷及热负荷相对较小。柴油机输出功率随海拔的升高而下降，合适的匹配比可补偿因海拔升高造成的柴油机功率衰减。

在满足环境条件和性能指标要求的前提下，军用机组匹配比 K 通常取值在 1.5～1.7 范围内。

依据式（10-2）确定机组输出的额定功率

$$P_h = K_1 \cdot \eta \cdot (K_2 \times K_3 \cdot P_e - P_P) \tag{10-2}$$

式中　P_h——机组输出的额定功率（kW）；

K_1——单位变换系数（kW/PS），取 0.736；

K_2——柴油机功率修正系数，长期工作取 0.9；

K_3——环境条件修正系数，参考产品性能曲线；

η——同步交流发电机的效率，通常取 0.84；

P_e——柴油机输出的额定功率（PS）；

P_P——柴油机风扇及其他辅助件消耗的机械功率（PS）。

柴油机的输出功率在大气压力不变的条件下，随环境温度和相对湿度的升高而降低。由于环境温度和相对湿度均随海拔的升高而降低。故随海拔的升高，环境温度和相对湿度对发动机的输出功率略有补偿作用。DEUTZ 公司风冷、涡轮增压型柴油机输出功率随环境温度、海拔变化的修正系数见表 10-2。

表 10 - 2　柴油机输出功率随环境温度、海拔变化的修正系数

海拔/m	大气压力/kPa	环境温度/℃					
		25	30	35	40	45	50
0	101.3	—	—	—	—	—	—
500	96.0	—	—	—	—	—	—
1000	90.0	1.00	1.00	0.96	0.92	0.88	0.85
1500	84.5	0.97	0.94	0.91	0.87	0.84	0.81
2000	79.5	0.91	0.88	0.86	0.83	0.80	0.77
2500	74.6	0.87	0.84	0.82	0.80	0.77	0.73
3000	70.1	0.83	0.81	0.78	0.76	0.73	0.70
3500	65.6	0.79	0.77	0.75	0.72	0.69	0.67
4000	61.7	0.76	0.73	0.72	0.69	0.66	0.63
4500	57.6	0.72	0.70	0.68	0.65	0.62	0.59
5000	54.0	0.68	0.66	0.64	0.62	0.58	0.56

　　发电机通常选用技术成熟、性价比高的无刷交流同步发电机，主机为旋转磁极、凸极式或隐极式发电机，励磁机采用旋转电枢式发电机，采用自励自动调压。

　　无刷式电机维护工作少，避免了换向产生的电磁干扰，发电机运行可靠。电枢固定、磁极旋转结构机械强度高、绝缘条件好。隐极式发电机转子通风散热性能好，但加工工艺要求高。发电机绝缘等级不低于 F 级，对环境适应能力强。

　　发电机工作制为 S1（连续工作制），依据任务书安装要求确定结构形式，根据负载性质确定功率因数。

　　发电机选用全密封免维护轴承。对于单轴承发电机，发电机主轴通过发电机自带的连接片与柴油机飞轮连接，发电机外壳通过止口与柴油机飞轮壳连接。对于双轴承发电机，发电机主轴通过弹性联轴器与柴油机飞轮连接，发电机外壳通过止口与柴油机飞轮壳连接。

　　弹性联轴器设计需考虑机组额定功率、柴油机额定转速/最大转速、额定扭矩/最大扭矩、柴油机飞轮接口尺寸、发电机轴接口尺寸等因素。

　　以风冷柴油发电机组为例，机组结构设计包含设备布局、热设计和减振设计 3 部分内容。

　　柴油机与发电机通过各自的减振器安装在同一钢制底架上，柴油机飞轮通常通过弹性联轴器与发电机主轴连接。柴油机与发电机的维修部位布置在便于操作的正面。机组箱体内部通常有柴油机散热进风、柴油机燃烧进气、发电机散热进风、箱体冷却进风 4 条进气通道，有柴油机散热排风、柴油机燃烧废气排放、发电机散热出风、箱体排热出风 4 条排气通道。柴油机是机组主要热源，需使用隔热件将电气部件、蓄电池、燃烧进气滤清装置等与柴油机隔离。进气通道的设计在满足冷却风量的前提下应使风阻尽可能小，应避免进风与排气交叉及短路。箱体内的换气量应大于柴油机燃烧所需的新风量与维持箱体内温

度所需新风量的和。燃烧废气排放管的走向应使排气阻力尽量小，出口优先布置在箱体上方。蓄电池与柴油机启动电机之间的连线尽可能短粗。油路设计需保证接口严密、无渗漏，尽量采用球头。

承载柴油机与发电机的底架根据载车总体结构设计要求确定是否需要通过减振器与车架连接。逐级安装减振器的目的是减小载车振动传递到机组的振动量级，同时，降低机组振动对载车其他分系统设备的影响。因柴油机、发电机刚性连接，两者可依据载车底架的振动数据选择性能相近的减振器，柴油机、发电机通常各自配置 4 个减振器，安装位置应使用有限元工具进行计算与复核。底架的承载系数按经验选取为 2～5，减小机组到车架振动的传递是减振的关键，振动源频率与支承结构固有频率的比按经验选取为 2.5～4.5。

机组电气设计通常包含柴油机启动/升速/停机控制电路、预热控制电路、状态参数采集及显示电路、故障指示及保护电路、交直流配电电路、微处理器及配套电路、通信电路等设计。

柴油机通常采用与其匹配的电子调速器进行稳速控制。只有当匹配比相对较大，且频率指标要求不高时，可采用配套的全程式机械调速器，机械调速器可限制最高转速，以保障机组运行安全。通常机械调速器与电子调速器不混合使用。

发电机的励磁方式成熟应用的主要有基波可控励磁、基波相复励和谐波励磁。通常选用与发电机励磁设计配套使用的自动电压调节器产品。

机组应具备自动控制功能及手动控制功能，具备本地操作功能及遥控操作功能。

机组应检测柴油机转速/机油温度/机油压力、发电机输出电压/电流/频率、发电机输出端对金属机壳的绝缘电阻、蓄电池电压等参数，并显示上述参数的运行状态。

机组保护参数及动作时间应符合下列要求：

1) 过电压、欠电压保护：输出电压超过或低于规定值时，延时自动断电；
2) 过频、欠频保护：输出电压频率超过或低于规定值时，延时自动断电；
3) 超速保护：柴油机转速超过规定值时，瞬时自动断电停机；
4) 油温保护：柴油机机油温度超过规定值时，瞬时自动断电停机；
5) 油压保护：柴油机机油压力低于规定值时，瞬时自动断电停机；
6) 过载保护：输出电流超过规定值时，延时自动断电；
7) 短路保护：输出电流超过规定值时，瞬时自动断电；
8) 绝缘指示：输出端对金属机壳的绝缘电阻低于规定值时，指示装置动作。

柴油机除本体外，通常需配备原厂提供的带温控器的预热塞、预热继电器、启动电动机、充电发电机、空气滤清器负压报警开关、机油温度传感器、机油油温表、配套电子调速器、转速传感器。发电机内部使用的元器件是旋转整流器。

机组电气组合中使用的元器件、机电产品通常包含实施过载保护的断路器或熔断器、显示电压/电流频率等参数的显示模块、记录机组工作时间的计时器、控制电能通/断的继电器及接触器、显示机组运行/故障状态的指示灯、执行起/停机组操作的开关、检测电压/电流的传感器或互感器、发电机配套使用的自动电压调节器、调节机组输出电压的电位器、电能及控制信号输入/输出的连接器、控制单元以及辅助电源等。

控制单元通常包含微处理器及配套电路、通信电路等部分，使用的元器件通常包含数字信号处理器、存储器、光电耦合器、电源芯片、总线驱动器、触发器、反相器、比较器、石英晶体振荡器、有效值/直流转换芯片、二极管、三极管、电阻器、电容器和电感器等。

10.3.2 取力发电机组

以机械取力同步发电机组为例进行介绍。机组通常由底盘发动机、取力装置、传动装置、无刷同步发电机、控制装置和蓄电池组等部分组成。

如果取力装置输出端转速与发电机的转速匹配，则不需要加装齿轮变速器和弹性联轴器，取力装置经传动装置直接驱动发电机。

若取力装置距离发电机距离较短，则采用一级传动轴进行传动，若取力装置距离发电机距离较长，则采用两级传动轴进行传动。

传动装置输出轴与发电机主轴应同轴布置，最大工作摆角一般不大于5°，传动装置输出轴最大工作扭矩不小于发电机额定工作扭矩的3～4倍。

发电机通常采用旋转磁极、凸极式或隐极式发电机，励磁机通常采用旋转电枢式发电机、自励自动调压式发电机。

依据任务书对机组提出的技术指标、实际负载特性对发电机的电磁负荷、有效部分尺寸、绕组数据及其他性能参数进行电磁设计，按式（10-3）确定发电机有效部分尺寸

$$D_{i1}^2 \cdot L_{ef} = C \cdot P/(A \cdot B_\delta \cdot n) = 0.008 \tag{10-3}$$

式中 D_{i1}——定子铁心内径（m）；

L_{ef}——定子铁心有效长度（m）；

C——电机常数；

P——有效功率（kW）；

A——电负荷；

B_δ——磁负荷；

n——额定转速（r/min）。

依据发电机的电磁设计数据进行结构设计。通常发电机机座采用钢板焊接，结构简单牢固，前、后端盖采用铸铝结构。

交流励磁机与主机转子同轴安装，采用旋转电枢结构，无需电刷和集电环。为减少附加铜损，定子绕组通常采用多根小直径的漆包圆铜线绕制，为减少铁损，铁心选用高导磁低损耗的冷轧硅钢薄片制造。为减少绕组温升，电机内部通常采用径向风道和轴向风道相结合的混合风路散热结构，为减小通风噪声采用径向离心式风扇。

根据与取力装置及传动装置的连接形式不同，发电机可选择单轴承或双轴承结构，轴承选用全密封免维护产品，密封轴承内的润滑脂性能应满足机组耐恶劣环境的使用要求。

发电机的励磁方式与柴油发电机组中使用的同步发电机相同，通常选用与发电机励磁设计配套使用的自动电压调节器货架产品。

10.3.3　AC/DC 电源

AC/DC 电源通常由输入电路、功率变换电路、输出整流电路、控制电路、辅助电源、结构件及线缆等部分组成。

1）输入电路一般由 EMI 滤波电路、缓启动电路、整流电路、直流滤波电路/功率因数校正电路等部分组成。EMI 滤波电路通常选用共模增强型交流输入三相四线滤波电路。缓启动电路在电源通电过程中通过电阻限制冲击电流，启动结束后使用可控硅、MOSFET 晶体管或继电器短路电阻。采用三相整流电路，整流输出接电解电容器，对脉动直流电能滤波，并可吸收感性负载的反馈能量。针对小功率（1500 W 以内）电源建议选用有源功率因数校正电路，对输出功率大于 1500 W 的电源，建议在整流电路与直流滤波电容器之间串入无源电感，无源校正功率因数。

2）功率变换电路由功率开关管、二极管、电感、变压器和电容器等组成。电路拓扑通常有交错并联双管正激、零电压零电流开关 PWM 三电平半桥软开关、移相全桥零电压开关 PWM 三种选择。

交错并联双管正激电路控制简单，不存在桥臂直通问题，滤波电感体积小，电源工作可靠，但效率相对后两种电路略低。

零电压零电流开关 PWM 三电平半桥软开关电路功率开关管电压应力为输入直流电压的一半，在很宽的负载范围内实现了超前开关管的零电压开关，在任意负载和输入电压变化范围内实现滞后开关管的零电流开关，不存在原边环流，变换效率高。

移相全桥零电压开关 PWM 电路控制简单（恒定脉宽，只需控制移相角），功率开关管电压、电流应力小，变换效率高。

3）输出整流电路通常选用半波整流电路或全部整流电路，在整流二极管两端并联由电阻、电容、二极管组成的吸收电路，以减小二极管电压应力、减少电磁辐射。输出滤波通常选用 LC 电路，先根据输出最小临界连续电流（一般取额定电流的 0.1~0.3 倍）、最小占空比、输出最大电压计算输出滤波电感值，然后按照 AP 法计算、选取合适的磁芯，根据最大纹波电流值（最小临界连续电流与最大输出电流幅值比值）确定工作磁密变化幅值，根据磁芯截面面积等参数计算输出滤波电感匝数。

4）控制电路一般采用电压闭环控制方式，对输出电压进行采样、电平处理，并与给定电压基准进行比较后对功率开关管的占空比进行控制。可建立功率变换电路各部分数学模型，利用 Bode 图设计电压环路参数，一般截止频率设定为开关频率的 1/2~1/10。为对输出电流进行控制，一般对输出电流进行采样、电平处理，当采样信号高于设定值时，将功率开关管占空比降低到最低值，使输出呈现限流降压特性。

5）辅助电源一般采用反激电路拓扑。

电源的保护主要包含输入保护、内部保护和输出保护 3 类。为提高供电可靠性，输入电源过电压、欠电压时电路报警但不切断输入电源。输入过电流保护采取熔断器或断路器实现，对输入浪涌电流的抑制一般采用压敏电阻及瞬态抑制二极管实现。内部保护主要有功率开关管的过热保护和全桥变换电路的直通保护两种。功率开关管的管壳温度可通过热敏电阻采集或使用温度继电器直接设置保护值，为保证电源供电的连续性，建议过热保护电路动作时只进行报警，不执行停机断电操作。IGBT、MOSFET 晶体管等功率开关管能承受的过电流时间通常仅为几微秒至几十微秒。因此，针对功率开关管的直通保护必须快速动作。

在任何工作状态下，流过晶体管电流的总有效值不能超过其直流额定漏极电流 I_D 或集电极电流 I_C。只要 MOSFET 晶体管和 IGBT 晶体管的结温保持在 T_{jM} 内，器件就可以重复或非重复工作在最大脉冲漏极电流 I_{DM} 或最大脉冲集电极电流 I_{CM}。根据 MOSFET 晶体管和 IGBT 晶体管安全工作区（SOA）曲线确定器件直通保护的电流值和保护延时时间参数。

直通保护有两种实现方式：一是通过检测电路，判断是否过电流，控制驱动信号的开通和关断，常使用集成电路 UC1543 搭建电路实现；二是在电路中串联快速熔断器进行保护。

输出保护包括输出过电压、欠电压保护和过载保护。建议输出过电压保护值为额定输出电压的 110%～120% 或按总体任务书特殊规定设置，输出过电压保护延时通常设置为几十毫秒到几百毫秒。建议输出欠电压保护值为额定输出电压的 80%～90%，欠电压时指示不保护。

输出过载保护通常采用两种方式，一种是输出限流，即电流超出额定上限时，电流维持恒定，电压降低，输出功率降低。另一种为截流方式，过电流后输出断电，电源停止工作。建议输出过电流保护值设为额定输出的 110%～120%，采用限流工作方式。

功率开关管的电流导通能力被热传导或增益所限制。双极型管的最大导通电流基本是由增益限制的，它的最大工作区电流典型值采用其直流额定集电极电流极限的 60%～70%。MOSFET 晶体管和 IGBT 晶体管的最大导通电流是由结温限制的。

功率开关管的热设计通常包含下列内容：

1）分析最恶劣工况，确定单脉冲内导通的最大电流 I_M 和最大占空比 D_M；

2）依据公式计算开关损耗 P_S；

3）依据器件电压/电流曲线或导通电阻曲线，估算在 T_{jM} 时单脉冲内的导通电阻，计算最恶劣工况下单脉冲内器件总损耗 P_T（开关损耗 P_S 和导通损耗 P_C 之和）；

4）依据器件瞬态热阻曲线，计算最恶劣工况下器件 PN 结到管壳之间的瞬态热阻 R_{thJC}；

5）计算最恶劣工况下器件结到管壳温升；

6）计算最恶劣工况下器件管壳温度 T_C；

7）根据最大占空比 D_M 计算单脉冲内器件平均功率损耗 P_{AVR}；

8）根据环境温度 T_A、器件管壳温度 T_C、平均功率损耗 P_{AVR} 计算散热器热

阻 R_{thCA} 。

依据最恶劣工况下器件管壳温度 T_C ，确定半导体器件的过热保护值。

以采用交错并联双管正激主电路的 AC/DC 电源为例介绍技术设计流程，交错并联双管正激变换器电路图见第 2 章。

变压器原副边匝比按式（10-4）计算

$$K = \frac{2D_{\max}V_{in\min}}{V_o + V_D + V_L} \tag{10-4}$$

式中　$V_{in\max}$——输入电源电压最小值；

　　　$D_{\max}$——功率开关管最大占空比；

　　　V_o——额定输出电压；

　　　V_D——输出整流二极管压降；

　　　V_L——输出滤波电感压降。

磁芯几何截面面积 S 和窗口面积 Q 的乘积按式（10-5）计算

$$SQ = \frac{2T_{on\max}\dfrac{1.1P_o \times 10^8}{2}}{\Delta B \eta K_c K_u j} \tag{10-5}$$

根据磁性材料手册选取合适的磁芯，确定其几何截面面积 S 和窗口面积 Q 。

变压器原边匝数 N_1 为

$$N_1 = V_{in\min}\frac{D_{\max} \times 10^8}{f_s \Delta BS} \tag{10-6}$$

变压器副边匝数 N_2 为

$$N_2 = \frac{N_1}{K} \tag{10-7}$$

匝数确定后，重新计算最大占空比，最大占空比为

$$D_{\max} = \frac{(V_o + V_D + V_L)N_1}{2V_{in\min}N_2} \tag{10-8}$$

最小占空比为

$$D_{\min} = D_{\max}\frac{V_{in\min}}{V_{in\max}} \tag{10-9}$$

4 个功率开关管电压应力 U_Q 都为输入交流电压整流后的直流电压最大值，空载时电压最大

$$U_Q = 380 \times \sqrt{2} \times (1 + 20\%)\,\mathrm{V} = 645\ \mathrm{V} \tag{10-10}$$

4 个功率开关管电流最大值 I_Q 相同，为负载电流折合到变压器原边的电流，即

$$I_Q = \frac{\left(I_o + \dfrac{\Delta I_L}{2}\right)N_2}{N_1} \tag{10-11}$$

取 $\Delta I_L/2 = 0.2I_o$ ，考虑到电压尖峰、电流裕量和功耗，确定功率开关管的电压额定值、电流额定值。输出整流二极管电压应力为

$$U_{DR} = \frac{2\,N_2\,V_{in\max}}{N_1} \tag{10-12}$$

输出整流二极管电流有效值和变压器副边电流有效值相同，即

$$I_{DR} = I_s \tag{10-13}$$

依据 U_{DR}、I_{DR} 确定输出整流二极管的电压额定值和电流额定值。

续流二极管电压应力为

$$U_{DF} = \frac{N_2\,V_{in\max}}{N_1} \tag{10-14}$$

续流管电流有效值为

$$I_{DF} = I_o\,\sqrt{1-2D_{\min}} \tag{10-15}$$

依据 U_{DF}、I_{DF} 确定续流二极管的电压额定值和电流额定值。

根据最小临界连续电流计算输出滤波电感值

$$I_{o\min} = \Delta I_L/2 = 0.2I_o \tag{10-16}$$

电感值按式（10-17）计算

$$L_f = \frac{V_o\,(0.5-D_{\min})\times 10^6}{2I_{o\min}f_s} \tag{10-17}$$

输出滤波电容值根据输出电压的纹波大小确定，取 $\Delta V_0 = 1\% \; V_0 = 2\,V$，滤波电容值按式（10-18）计算

$$C_f = \frac{\dfrac{N_2\,V_{in\max}}{N_1}\times 2D_{\min}(1-2D_{\min})}{8\,L_f\,(2f_s)^2\Delta V_o} \tag{10-18}$$

AC/DC 电源输入电路通常选用滤差模干扰的 X 电容器、滤共模干扰的 Y 电容器及共模电感器、实现输入缓启动功能的电阻器及功率开关等、实现交流/直流转换的整流器、实现滤波及功率因数校正功能的电感器及电容器。功率变换电路通常选用完成直流/交流转换及电压变换的功率开关管/变压器、驱动功率开关管通断的变压器/控制芯片等。输出电路通常选用实现输出交流/直流转换及滤波的整流器/电感器/电容器、吸收输出整流二极管两端尖峰电压的电阻器/电容器/二极管、采集电压/电流的传感器、滤差模干扰的 X 电容器、滤共模干扰的 Y 电容器及共模电感器。辅助电源通常选用 DC/DC 转换模块、吸收电压尖峰的 TVS 二极管、滤低频/高频干扰的电容器、提供过载保护的熔断器。保护电路通常选用对采集的电压/电流信号进行处理的电阻器、电容器、比较器、二极管、电源保护芯片。控制及接口电路通常包含微处理器及配套电路、通信电路等部分，使用的元器件通常包含数字信号处理器、存储器、线性光电耦合器、电源芯片、总线收发器、总线驱动器、总线控制器、触发器、反相器、运算放大器、石英晶体振荡器、温度传感器、二极管、三极管、电阻器、电容器、电感器等。

AC/DC 电源典型元器件见表 10-3。

表 10-3　AC/DC 电源典型元器件

元器件名称	元器件规格	主要参数
X 电容器	CBB62 - X1 - 440 Vac - 6800 nF	440 Vac/3400 Vdc(2 s)/6800 nF
Y 电容器	CBB62 - Y1 - 300 Vac - 10 nF	300 Vac/4000 Vdc(2 s)/10 nF
铝电解电容器	CD110X - 400V - 220 μF	400 Vdc/220 μF
电阻器	RX24 - 50W - 100 Ω	100 Ω/50 W
整流器	GHRQ28160TS	1600 Vdc/28 A
瞬态抑制二极管	P6KE51	45.9～56.1 V/600 W
肖特基二极管	W50XTK180	180 Vdc/50 A
MOSFET 晶体管	GHRM24100TG	1000 Vdc/24 A/560 W
指示灯	KAN19J - H1 - GF40(M8)	40 Vdc/绿色
电流传感器	HNC - 100LA	0～±150 Adc/1:2000
电压传感器	HNV025 A	10～500 Vac/0～±14 mA
线性光电耦合器	GH300Z	传递系数 1/非线性度不大于 1%/1000 V
接触器	JQ - QY8 M	750 dc/100 A/5×10³次
开关	KN1 - 202	28 dc/220 Vac/10 A
熔断器	FWP - 700 V - 80 A	700 Vdc/80 A
断路器	KDC - III - 25 - L - 11 - B - F	380 ac/25 A/三极
电源模块	JZFK24D15/330B	±15 V/330 mA
数字信号处理器	JDSPF28335	150 MHz/256 k×16bit Flash/16×16bit ADC
EPROM 存储器	HWD27C010LMJJ	128 k×8bit
电源监测电路	GHR1543A	40 Vdcin/1 W/过电压、欠电压、过电流检测
CAN 控制器	SJA1000	5 V/1 Mbit/s/24 MHz
CAN 驱动器	SM1040	5 V/1 Mbit/s
运算放大器	7F124	±15 V/330 mA/输入失调电压≤±5 mV
电压调整器	HWD767D325	5.5 V/3.3 V/2.5 V/1.8 V
石英晶体振荡器	JA120	4～30 MHz

10.3.4　DC/DC 电源

DC/DC 电源通常由输入电路、功率变换电路、输出电路、控制电路、辅助电源、结构件及线缆等部分组成。目前，车载大功率 DC/DC 电源通常选择成熟的 DC/DC 模块变换器多个并联、冗余工作的技术方案，以 JF1200W540S28NSII 型 DC/DC 电源模块为例介绍技术设计，该电源模块图电气原理组成见第 2 章相关章节。

电源模块由控制板、功率板、外壳和围框组成，功率变换电路采用 BUCK 电路和 LLC 隔离变换电路两级级联的结构，输入高压直流电能依次通过输入 LC 滤波电路滤波、BUCK 电路降压及调压，再通过由全桥电路、谐振隔离电路、同步整流电路组成的 LLC 隔离变换电路，将 400～750 V 高压直流电能变换为 28 V 低压直流电能。

BUCK 电路通过接收来自控制板的 PWM 驱动信号，将输入的高压直流电能通过非隔离方式，变换为 240～400 V 的直流电能。LLC 隔离变换电路对 BUCK 电路输出电压进行固定变比的隔离变换，全桥电路先将输入直流电能变换为高频方波交流电能，再通过电容、电感和变压器组成的谐振隔离电路，隔离变换为高频低压正弦交流电能，同步整流电路将输入的高频低压正弦交流电能转换为低压 28 V 直流电能。

高压直流电能通过控制板的反激式隔离辅助电源电路，输出两路彼此隔离的电源分别为控制板的原边电路和副边电路供电。

原边 DSP 控制器接收来自模块外部的同步信号和启动信号，分别产生 BUCK PWM、LLC、同步整流 3 组驱动信号。BUCK PWM 驱动信号调整 BUCK 电路输出的驱动信号占空比，实现电源模块输出电压的闭环控制。LLC 驱动信号为带有一定死区时间的固定频率驱动信号，通过驱动变压器，驱动全桥电路的 MOSFET 管工作。同步整流信号为带有一定死区时间的固定频率驱动信号，通过驱动变压器，驱动同步整流电路的两个 MOSFET 工作。

副边单片机负责对输出电压、电流进行采样，设定输出电压值和输出恒流值，同时实现 PMBUS 总线接口功能。

电源模块配置了 PMBusTM 总线接口，可通过总线读取模块输出电压、输出电流、模块温度及故障状态，同时，可以设置模块输出电压、输出过电流值、输出恒流值。

PMBusTM 全称 Power Management Bus，即电源管理总线，是一种开放标准的数字电源管理协议，基于标准的 I^2C 串行总线，该总线接口可以满足上位机与数字电源之间的所有通信。

电源模块内部配置均流电路，采用最大电流自动均流法，均流信号与本机电流信号相减得到本电源模块与最大电流间的差值来调节本电源模块的电压给定，从而调节输出电流，所有电源模块各自调节的结果是使每个电源模块的电流趋于一致，从而均分负载电流。

该电源模块功率变换电路图如图 10 - 3 所示。

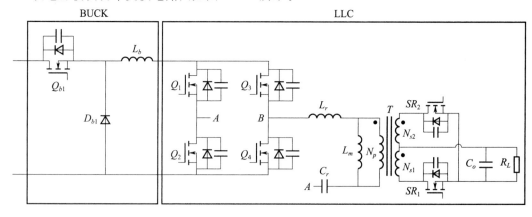

图 10 - 3　电源模块功率变换电路图

BUCK 电路占空比 d 按式（10 - 19）计算

$$d = \frac{V_o}{n \times V_i} \tag{10 - 19}$$

BUCK 电路电感器 L_b 按式（10 - 20）计算

$$L_b = \frac{V_{\text{outmax}} \times T_{\text{offmin}}}{I} = \frac{V_{\text{outmax}}}{\delta \times I_o} \times \frac{1 - D_{\text{max}}}{f_s} \tag{10 - 20}$$

LLC 隔离变换电路变压器匝比 n 按式（10 - 21）计算

$$n = \frac{V_{\text{in\_normal}}}{V_{\text{out\_normal}}} \tag{10 - 21}$$

式中　$V_{\text{in\_normal}}$——LLC 电路输入直流电压额定值；

　　　$V_{\text{out\_normal}}$——LLC 电路输出直流电压额定值。

额定负载下的等效负载阻抗按式（10 - 22）计算

$$R_{eq} = \frac{8 \times n^2}{\pi^2} \times \frac{V_{\text{out}}}{I_{\text{out}}} \tag{10 - 22}$$

式中　V_{out}——LLC 电路输出直流电压；

　　　I_{out}——LLC 电路输出直流电流。

最大增益 M_{max} 及最小增益 M_{min} 按式（10 - 23）和式（10 - 24）计算

$$M_{\text{max}} = \frac{n \times (V_{\text{outmax}} + V_F)}{V_{\text{inmin}}} \tag{10 - 23}$$

$$M_{\text{min}} = \frac{n \times (V_{\text{outmin}} + V_F)}{V_{\text{inmax}}} \tag{10 - 24}$$

式中　V_F——输出整流电路电压降。

最大品质因数 Q_{max} 按式（10 - 25）计算

$$Q_{\text{max}} = \frac{1}{L_n \times M_{\text{max}}} \times \sqrt{L_n + \frac{M_{\text{max}}^2}{M_{\text{max}}^2 - 1}} \tag{10 - 25}$$

式中　L_n——谐振电感 L_r 与励磁电感 L_m 的比值，先设定一个值，再依据电路损耗、直流增益计算结果进行修正。

谐振电感 L_r 按式（10 - 26）计算

$$L_r = \frac{R_{eq} \times Q_{\text{max}}}{\omega_0} \tag{10 - 26}$$

式中　ω_0——LLC 开关电路的角频率。

谐振电容 C_r 按式（10 - 27）计算

$$C_r = \frac{1}{\omega_0^2 \times L_r} \tag{10 - 27}$$

DC/DC 电源使用的元器件种类与 AC/DC 电源基本相同。

10.3.5　配电设备

典型低压智能配电设备由微处理器及配套电路、隔离电源、电压电流检测电路、过载保护电路、驱动电路和功率电路组成。

微处理器及配套总线控制、隔离、驱动、信号采集电路原理组成图如图 10-4 所示。

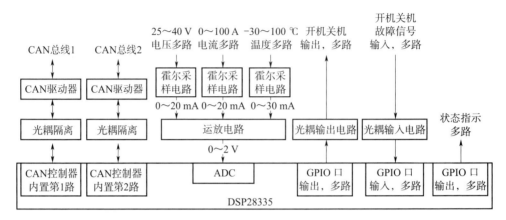

图 10-4　智能配电设备微处理器及配套电路原理组成图

设备以数字信号处理器 DSP28335 为核心，具有信号采集/处理、隔离输入/输出、总线控制与驱动、故障检测与处理等功能。

微处理器内置两路 CAN 总线控制器，通过外置两个 CAN 驱动器实现对外两路 CAN 通信。

微处理器通过 CAN 总线接收上位机发出的开机命令，通过 GPIO 接口发出开机命令，开机命令通过光耦隔离驱动电路控制多路功率开关接通。

多路功率开关接通后通过光耦隔离电路向微处理器反馈导通状态信号。

通过霍尔电压传感器将多通道各自输出电压变换为 $0 \sim 20$ mA 电流信号，再经过运放变换为 $0 \sim 2$ V 电压信号，经模拟/数字转换器后送入微处理器。

通过霍尔电流传感器将多通道各自输出电流变换为 $0 \sim 20$ mA 电流信号，再经过运放变换为 $0 \sim 2$ V 电压信号，经模拟/数字转换器后送入微处理器。

通过热敏电阻将多通道各自功率开关的温度变换为 $0 \sim 30$ mA 电流信号，再经过运放变换为 $0 \sim 2$ V 电压信号，经模拟/数字转换器后送入微处理器。

微处理器将采集到的设备各通道输出电压信号与预置过电压、欠电压极限值比较，若电压超限按预设程序处理，将采集到的设备各通道输出电流信号与内存预置的 $I^2 t$ 反时限延时保护曲线通过查表法进行实时比对，若达到保护值，微处理器通过 GPIO 接口发出关机命令，关机命令通过光耦隔离驱动电路控制多路功率开关关闭。

微处理器可通过 GPIO 接口直接驱动光电器件指示设备运行状态及可能出现的故障状态。

配电设备使用的元器件种类与 AC/DC 电源基本相同。

10.3.6　蓄电池组

蓄电池组通常由电池模组、充电电源、控制组合、配电及保护电路等部分组成。方案设计的核心是依据项目要求选择单体电池、设计电池模组，下面举例介绍方案设计内容。

项目要求蓄电池组总容量不低于 120 kW·h，第一路以 10 kW 功率输出 28 V、工作 4 h；第二路以 120 kW 功率输出 400～600 V、工作 5 min。工作最低温度为 −10 ℃。

选择某型号磷酸铁锂电池，单体额定电压为 3.2 V、标称容量为 67 A·h，质量为 1.35 kg，外形尺寸（长×宽×厚）为 268 mm×240 mm×12 mm。电池持续充电电流 0.5 C（33.5 A）、最大持续充电电流 2 C（134 A）、脉冲充电电流 3.75 C（251 A，10 s）、充电截止电压 3.65 V。电池持续放电电流 0.5C（33.5 A）、最大持续放电电流 3 C（201 A）、脉冲放电电流 5 C（335 A，10 s）、放电截止电压 2 V。电池充电工作温度范围：−10～+55 ℃，放电工作温度范围：−20～55 ℃。在 −10 ℃ 条件下，放电容量不低于初始容量的 85%。

单体电池正常充放电范围为 2.5～3.65 V，其单体额定容量为 214.4 W·h，所需单体电芯数量为

$$120000 \text{ W·h} \div 214.4 \text{ W·h} \approx 560 \text{ 支}$$

电池模组单体电池串联数量最大值为

$$600 \text{ V} \div 3.65 \text{ V} \approx 164 \text{ 支}$$

电池模组单体电池串联数量最小值为

$$400 \text{ V} \div 2.5 \text{ V} = 160 \text{ 支}$$

选用并联的电池模组数量最小值为

$$560 \text{ 支} \div 160 \text{ 支} = 3.5 \text{ 组}$$

实际设计为 160 支单体电池组成 1 个电池模组，4 个电池模组组成蓄电池组，即 160S4P 结构。

蓄电池组正常输出电压范围为 400～584 V，额定值为 512 V/268 A·h，额定容量为 137.216 kW·h。

10 kW 负载工作时蓄电池组额定输出电流为

$$10000 \text{ W} \div 512 \text{ V} \approx 20 \text{ A}$$

蓄电池组放电倍率为

$$20 \text{ A} \div 268 \text{ A} \approx 0.07 \text{ C}$$

120 kW 负载工作时蓄电池组额定输出电流为

$$120000 \text{ W} \div 512 \text{ V} \approx 234 \text{ A}$$

蓄电池组放电倍率为

$$234 \text{ A} \div 268 \text{ A} \approx 0.9 \text{ C}$$

两种负载放电电流均在电池正常放电电流范围内。

蓄电池组额定容量为

$$214.4 \text{ W·h} \times 160 \text{ 个} \times 4 \text{ 组} = 137.216 \text{ kW·h}$$

满足不低于 120 kW·h 的要求。

10 kW 功率负载输出 28 V、工作 4 h，假设高压到低压电源变换效率为 90%，负载消

耗蓄电池组容量为

$$10000 \text{ W} \div 0.9 \div 512 \text{ V} \times 4 \text{ h} = 86.8 \text{ A} \cdot \text{h}$$

120 kW 功率负载输出 512 V、工作 5 min，负载消耗蓄电池组容量为

$$120000 \text{ W} \div 512 \text{ V} \times 5 \text{ min} \div 60 \text{ min} = 19.5 \text{ A} \cdot \text{h}$$

蓄电池组消耗蓄总容量为

$$86.8 \text{ A} \cdot \text{h} + 19.5 \text{ A} \cdot \text{h} = 106.3 \text{ A} \cdot \text{h}$$

蓄电池组一个工作循环容量消耗率为

$$106.3 \text{ A} \cdot \text{h} \div 268 \text{ A} \cdot \text{h} = 40\%$$

在环境温度 −10 ℃ 条件下，蓄电池组实际可放电容量为

$$268 \text{ A} \cdot \text{h} \times 85\% = 227.8 \text{ A} \cdot \text{h}$$

在环境温度 −10 ℃ 条件下，蓄电池组一个工作循环容量消耗率为

$$106.3 \text{ A} \cdot \text{h} \div 227.8 \text{ A} \cdot \text{h} = 46.7\%$$

4 个电池模组并联工作，若一个电池模组发生故障退出工作后，剩余 3 个电池模组为 120 kW 负载供电，放电电流倍率为

$$234 \text{ A} \div 67 \text{ A} \div 3 = 1.16 \text{ C}$$

若两个电池模组发生故障退出工作后，剩余两个电池模组为 120 kW 负载供电，放电电流倍率为

$$234 \text{ A} \div 67 \text{ A} \div 2 = 1.75 \text{ C}$$

若 3 个电池模组发生故障退出工作后，剩余一个电池模组为 120 kW 负载供电。放电电流倍率为

$$234 \text{ A} \div 67 \text{ A} = 3.5 \text{ C}$$

蓄电池组仍能短时正常放电工作，蓄电池组 160S4P 结构满足用电设备使用要求，同时，具有高供电可靠性。

蓄电池组充电电源、控制组合、配电及保护电路等部分使用的元器件种类与 AC/DC 电源基本相同。

10.4　通用质量特性设计

（1）可靠性

供配电系统提升可靠性的途径包含简化、降额、冗余、容差、健壮、热、环境防护、电磁兼容设计以及潜在通路分析、最坏情况分析、选用高质量等级元器件。

系统方案应选择技术成熟、在役型号成功应用过的技术方案，在体积、重量指标满足的前提下优先选用多种一次电源并联、二次电源内部并联的技术方案，优先选用"三化"电子产品及结构零部组件，以简化系统及单机设备设计、提高任务可靠性及维护效率。

依据标准 GJB/Z 35—93《元器件降额准则》的相关规定，开展电子元器件及导线、电缆的降额设计。

设备通常配置两路总线通信电路，采用双冗余总线接口协议，其原理如下：

数据发送过程：首先向 A 总线发送数据基本帧，在发送过程中若出现异常，或者数据基本帧发送完毕后收到的通用报文错误，则记录 A 总线异常。再向 B 总线发送数据基本帧，在发送过程中若出现异常，或者数据基本帧发送完毕后收到的通用报文错误，则记录 B 总线异常，发送帧序号计数器加 1。如果 A 总线和 B 总线均异常，则认为该数据基本帧发送异常，需要进行重发。

总线 A、B 同时按以下过程进行数据接收：首先判断帧长度是否正常，如果异常则向发送方返回通用错报文，否则进行下一步处理，进行异或和计算，并与校验比对，比对正常继续下一步，异常则向发送方返回通用错报文。

AC/DC 电源主电路采用的交错并联双管正激拓扑，两套并联后各自承担一半负载电流，提高了工作有效占空比，降低了输出整流二极管的电压应力，提升了电源动态性能。DC/DC 电源主电路通常采用多个直流/直流变换器输入直接并联、输出主从模式并联工作，构成 $N+1$ 或 $N+2$ 冗余结构，可大幅提升设备任务可靠性。

蓄电池组合通常采用多个电池模组并联结构，任一模组出现故障退出工作后不影响其余模组正常工作。

电源产品内输入、输出及信号连接器通常设计为多点并联工作，可有效增加连接可靠性，同时，降低连接器每线芯的电流应力。

AC/DC 电源、DC/DC 电源中整流二极管、功率变换三极管通常选用高耐压/大电流产品并合理选取主变压器变比，可使二次电源产品适应宽输入电源电压。

蓄电池组合选用的磷酸铁锂单体电池工作电压范围设计为，其实际工作电压范围通常可扩展到 $2.0\sim4.2\ \mathrm{V}$。

二次电源最恶劣的工作情况发生在输入电压在上下极限值范围内变化，同时，输出负载在 $0\sim100\%$ 范围内变化，以及接通负载时 $150\%\sim200\%$ 额定电流的启动冲击。电源产品通过选用高耐压/大电流整流二极管、功率变换三极管产品并合理选取主变压器变比，以适应宽输入电源电压。通过主电路预留 $10\%\sim50\%$ 的功率裕量并配置输出储能电容，以适应负载的启动冲击。

二次电源为控制设备供电时通常需具备输出电压远端采样与远端遥控调压功能，在采样点切换以及负载通断过程中，可能存在导致输出电压波动的潜在异常通路，可通过全系统电路排查以及匹配试验识别潜通路，改进二次电源电路设计，以消除潜通路。

柴油发电机组通过对柴油机散热进风/燃烧进气、发电机散热进风、箱体冷却进风、柴油机散热排风/燃烧废气排放、发电机散热出风、箱体排热出风的热分析结果设计箱体内部结构，实现机组内部的热平衡。

二次电源通常设计风扇密闭风道强制散热。对 AC/DC 电源、DC/DC 电源中功率变换电路选用的功率晶体管，在其容许的最高结温、平均功耗确定后，根据热设计理论，计算出在设定冷却风速条件下所需散热器的热阻，根据此热阻值选择合适的散热器，以满足功率晶体管配套散热器的温升小于 $20\sim30\ ℃$ 的热设计要求。

环境防护设计包含防潮/防盐雾/防霉菌、抗振动、耐高温/低温。防潮/防盐雾/防霉菌措施包含印制电路板及整机产品进行三防保护、优选耐恶劣环境的氟-46绝缘导线、结构件使用不锈钢材质、紧固件选用不锈钢产品。

抗振动设计主要包含柴油发电机组采用两级减振设计、二次电源产品结构件优选经过实践考核的按标准设计的型谱产品，印制电路板上依靠自身引线支承的轴向引线每根承重大于7g/非轴向引线每根承重大于3.5g的元器件必须采用胶粘固定，继电器/接触器按产品说明书规定方向安装，使其触点动作方向/衔铁吸合方向避开振动和冲击响应最大的方向。

耐高温/低温设计主要包含柴油发电机组进行高温散热/低温启动设计、二次电源进行热设计、元器件按工作环境指标选用、导线选用宽温工作的氟-46绝缘导线。

电磁兼容设计主要包含技术方案选择、隔离、滤波、屏蔽。

二次电源方案的关键是功率变换电路拓扑的选择。零电压零电流开关PWM三电平半桥软开关电路实现了超前开关管的零电压开关及滞后开关管的零电流开关。移相全桥零电压开关PWM电路控制简单，功率开关管电压、电流应力小。前述两种功率变换电路拓扑结构比常规的硬开关功率变换电路显著减少了对外界的电磁辐射。

电源产品反馈控制环路标准的设计是采用光电隔离，将强电与弱电隔离，提高控制电路工作可靠性。二次电源产品在输入端和输出端均配备滤波器，以减小双向传导干扰。电源产品中易受干扰的关键信号的传输均使用双绞屏蔽导线。

（2）维修性

维修性设计主要包含简化产品和维修操作，良好的可达性，提高标准化和互换性程度，完善的防差错措施和识别标记，提高安全性，良好的测试性、经济性、人素工程设计。

柴油发电机组在正面维修，柴油机选用单侧维护的机型，发电机采用成熟的励磁控制方案、选用免维护轴承。二次电源优选模块化/组合化产品，减少紧固件规格型号。

通过优化柴油发电机组内部结构布局，使柴油机需经常操作及维护的部件（机油标尺处、三滤处）便于接近和维护。机组箱体各侧板与箱体的连接使用快速连接结构。二次电源的维护面设计在正面，状态指示装置布置在产品正面，便于工作状态的检查，操作器件布置在正面下部，便于操作。

同一产品尽量选用不同型号的输入、输出连接器。在电缆两端及与其连接的两端设备处设计清晰、明显、规范的标识。在印制板设计中加入产品位号及出厂编号标识。在产品高压连接器处设置防触电标识、在高温部位设置防烫伤标识。

所有电源设备设计保证内部不含有毒、有害、放射性物质。产品内部运动部件若安装在产品表面必须安装防护装置，以确保在其运转过程中不会伤害到操作者。

产品内部强电部分与弱电部分在位置上适当分离或隔离。产品机柜或机箱外表面四周必须设计有倒角并确保无金属毛刺。对较重的产品必须设计有起重吊耳。在产品使用维护文件中必须对产品的维修项目及操作方法详细说明。

二次电源及配电设备优选模块化/组合化产品，使产品质量不超过一个操作者在不同操作姿态条件（举起、推拉、提起、旋转等）下的体力限制，以保障维修质量和维修人员的持续工作能力。模块化/组合化产品设计有固定或可折叠的承重把手，以方便产品拆卸、转运。

（3）测试性

电源设备通常设计有机内测试设备（BITE），实现对其内部各组成部分运行状态检测、功能测试、重要故障的定位。产品通常配备工作及故障状态指示装置，实现对危险征候的自动显示、自动报警。

（4）保障性

保障性设计包含使用保障性和维修保障性。

电源设备操作相对简单，对保障人员的技术水平要求低，操作强度小。电源设备通常设计有手动和自动两种模式，交付后设置在自动模式。在自动模式下二次电源及配电设备不需人工操作，设备加电后自动输出，软件自动运行。

电源设备具备较强的自我保障能力，设备通常设计有输入/输出/控制电路/软件工作状态检测及指示电路，设计有完善的分级保护电路，进行了环境适应性设计，能够在恶劣环境下长期、稳定工作。

二次电源及配电设备除定期通电工作要求外无预防性维修要求，在产品不工作期间不需进行基层级的预防性维修。

（5）安全性

通过选用工作可靠、耐压指标高的元器件，使设备输入端/输出端的绝缘电阻、绝缘介电强度指标满足国军标/航天部标的相关要求。

所有的电源设备必须开展环境防护设计，以确保设备在恶劣环境下可靠工作，不降低设备的电气技术性能指标（主要包含独立电路回路对机壳的绝缘电阻值和介电强度性能）。

电源设备操作简单，对保障人员的技术水平要求低，可有效降低设备在使用和保障中因可能出现的人为差错导致的危害。

电源设备有完善的分级保护电路，具有较强的自我保障能力，设计有工作及故障状态指示装置，实现对设备运行状态及危险征候的自动显示及报警。

电源设备必须开展环境适应性设计及软件和硬件的冗余设计，使不能消除的部组件失效所导致的风险降到可接受的水平。

电源设备配置的软件产品在设计时必须遵循软件安全性设计基本要求，做到程序分支不出现死循环、计数变量的字节长度应满足最长过程的计数范围等要求。

电源设备必须开展安全性分析及风险评价，对存在的风险制定应对措施。

（6）电磁兼容性

电磁兼容性设计主要包含技术方案选择、隔离、滤波、屏蔽、接地、搭接、静电防护设计。

柴油发电机组中发电机的励磁机可采用谐波励磁方案，该方案的突出优点是发电机主绕组和谐波励磁绕组的正交设计，排除了励磁系统与发电机负载的相互电气干扰，使发电机电磁兼容性好。

二次电源设备及配电设备结构本体通常采用焊接结构，结构体与金属盖/板之间安装铍青铜指形簧片或导电橡胶，以实现导电连续性，设备进、出风口安装蜂窝式屏蔽通风板。

电源设备金属外壳必须设置接地点，印制电路板上数字电路地/模拟电路地必须分开布置并在一点汇合后接地。二次电源功率变换电路变换器使用隔离变压器、反馈控制环路标准设计采用光电隔离，以切断接地回路。二次电源有多路输出时，各路之间不共地、相互电气隔离。滤波电路的接地端可靠接地。

电源设备内部设计将强电与弱电器件分开布置、强电/弱电缆线分开捆扎、敷设尽量加大间距，调压控制、CAN 总线传输、外接软件复位电路开关、辅助电源供电设计使用双绞屏蔽导线。

二次电源产品在输入端和输出端均配备滤波器，以减小双向传导干扰，滤波器与壳体可靠紧密连接并选择安装在产品接地点附近，使传导干扰直接入地。设备内电路板辅助电源线安装去耦电容。设备内电磁继电器/接触器线圈两端反并联二极管，以抑制尖峰干扰。

电源设备印制电路板上数字电路和模拟电路分开布置，时钟电路远离其他敏感电路且时钟线尽可能短，器件按功能分区布置，以减小布线长度，输入电源线采用电容去耦，所有时钟及高频信号应尽可能布置在同一布线层，晶体不采用插座连接而是直接焊接到印制板，I/O 电路输入和输出采取光耦器件隔离。

电源设备优选对静电不敏感的器件，对静电敏感器件（微处理器、MOSFET 晶体管、IGBT 晶体管）在工艺文件中明确安装、调试过程中的静电防护要求。

参 考 文 献

［1］ 胡木. 2 kW/24 V 全桥 LLC 高频谐振软开关电源的研究 ［D］. 武汉：湖北工业大学，2015.

第 11 章   调温系统设计

11.1   设计技术要求

11.1.1   调温对象及温度、湿度要求

由调温系统设计技术要求明确需要调温的对象及其温度、湿度要求，主要包括：

1）导弹温度、湿度要求；

2）载人舱（或驾驶室）温度、湿度要求；

3）设备舱温度要求；

4）温度、湿度参数采集精度要求。

11.1.2   待机要求

明确调温系统需要满足的待机工作状态和待机工作时间。

11.1.3   结构性能及接口要求

明确调温系统结构性能及接口要求，主要包括重量要求、外形尺寸要求、安装固定接口、调温风道布局等。

11.1.4   电气性能及接口要求

明确调温系统电气性能及接口要求，主要包括供电形式、供电功率、通信形式及接口、连接器点号定义、接地要求以及元器件选用要求等。

11.1.5   调温控制组合设计要求

明确调温控制组合设计要求，主要包括：

1）控制器；

2）CAN 通信接口；

3）人机接口；

4）功耗：规定设备最大功耗；

5）电源类型：具体电压范围。

11.1.6   状态监测与记录要求

明确需要采集、存储的参数，主要包括：

1）工作状态参数：比如制冷、加热或停机，取力或电驱动，工作时间，综合气象参数等；

2）温度、湿度测点参数：比如发射筒入口温度、湿度，出口温度、湿度，载人舱（或驾驶室）温度、湿度，设备舱温度、湿度等；

3）系统运行参数：比如压缩机压力、冷凝器温度、蒸发器温度等；

4）机构状态参数：比如风道阀门、开闭机构等。

11.1.7　“七性”要求

列出可靠性、维修性、测试性等“七性”定量、定性要求，主要定量要求包括：

1）可靠性指标要求：比如系统级平均故障间隔时间不少于 2500 h，电子设备组合级不少于 4000 h；

2）维修性指标要求：比如基层级平均修复时间不超过 20 min；大修期不少于 10 年，大修间隔不少于 5 年；

3）测试性指标要求：比如基层级故障检测率不小于 95%，基层级故障隔离率不小于 90%；故障虚警率不小于 5%。

11.1.8　使用环境适应性要求

列出调温系统需要满足的自然环境条件和力学环境试验要求，主要包括温度、湿度、日照辐射强度、雨量、风速、海拔、沙尘、振动以及电磁环境等。

11.2　总体方案设计

11.2.1　冷热负荷计算

冷热负荷是调温系统设计及元件选型的主要依据。依据自然环境条件及调温对象的结构特征，方案设计采用工程近似法对调温系统冷热负荷进行计算，为调温系统的制冷、加热装置方案的设计提供理论依据。

对于调温系统而言，在任何自然环境条件下均要确保导弹等调温对象的温度满足要求，因此工程上采用稳态传热计算方法，计算极限高、低温环境下调温系统的冷热负荷。

调温系统的冷热负荷包括发射筒（或保温舱）的冷热负荷、通风管道的冷热负荷、调温舱的冷热负荷以及蒸发风机的散热负荷，计算公式为

$$Q_L = (Q_{L1} \cdot S_1 + Q_{L2} \cdot S_1 + Q_{L3} + Q_{L4}) \cdot S_2 \tag{11-1}$$

$$Q_R = (Q_{R1} \cdot S_1 + Q_{R2} \cdot S_1 + Q_{R3} - Q_{L4}) \cdot S_2 \tag{11-2}$$

式中　Q_L，Q_R——调温系统设计冷负荷、热负荷（W）；

Q_{L1}，Q_{R1}——发射筒（或保温舱）的冷负荷、热负荷（W）；

Q_{L2}，Q_{R2}——通风管道的冷负荷、热负荷（W）；

Q_{L3}，Q_{R3}——调温舱的冷负荷、热负荷（W）；

Q_{L4} ——蒸发风机的散热负荷（W）；

S_1 ——漏热系数，一般取 1.1；

S_2 ——设计裕度，一般取 1.1～1.2。

发射筒（或保温舱）涉及两种形状（圆筒形和平板形）的物体，计算方法各不相同。

针对圆筒形物体，计算公式为

$$Q_{L1} = K_L \cdot L_L \cdot (t_{Z\max} - t_{L0}) \tag{11-3}$$

$$Q_{R1} = K_L \cdot L_L \cdot (t_{R0} - t_{Z\min}) \tag{11-4}$$

$$K_L = \pi / \left[\frac{1}{\alpha_N \cdot d_N} + \sum_{i=1}^{n} \frac{1}{2\lambda_i} \ln\left(\frac{d_{i+1}}{d_i}\right) + \frac{1}{\alpha_W \cdot d_W} \right] \tag{11-5}$$

$$\alpha_N = 4.4 \cdot v_N^{0.75} / d_e^{0.25} \tag{11-6}$$

$$\alpha_W = 1.163 \cdot (4 + 12\sqrt{v_W}) \tag{11-7}$$

$$t_{Z\max} = t_{W\max} + \varepsilon \cdot J_{\max} / (\pi \cdot \alpha_W) \tag{11-8}$$

式中 K_L ——圆筒壁面单位长度传热系数 [W/（m·℃）]；

L_L ——圆筒壁长度（m）；

$t_{Z\max}$ ——外界环境综合温度（考虑太阳辐射后的）最大值（℃）；

$t_{Z\min}$ ——外界环境综合温度最小值（℃），取环境温度最小值；

t_{L0}，t_{R0} ——内部温度控制最高值、最低值（℃），一般在温度许可范围内取 1～2 ℃ 公差，比如，调温对象温度应保持在 5～30 ℃ 范围内，内部温度控制最高值取 28～29 ℃，内部温度控制最低值取 6～7 ℃；

α_N，α_W ——圆筒壁面内侧、外侧空气对流系数 [W/（m²·℃）]；

d_N，d_W ——圆筒壁面内径、外径（m）；

d_i ——第 i 层材料圆筒内径（m）；

λ_i ——第 i 层材料导热系数 [W/（m·℃）]；

d_e ——圆筒内当量直径（m），非圆形通道按照 4 倍截面面积与润湿周长的比值计算；

v_N ——圆筒内空气流动速度（m/s），圆筒内设计平均流速一般取 1.5～2 m/s；

v_W ——圆筒外空气相对速度（m/s），冷负荷计算时，无风（或微风）状态对于制冷效果是不利的，一般取 0.1～0.2 m/s；热负荷计算时，有风状态对于加热效果是不利的，一般取发射车公路行驶最高车速；

$J_{\max}$ ——太阳最大辐射强度（W/m²），计算时考虑太阳辐射强度上偏差；

ε ——圆筒外表面对太阳辐射的吸收系数，一般取 0.85。

针对平板形物体，计算公式为

$$Q_{L1} = K_S \cdot F_S \cdot (t_{Z\max} - t_{L0}) \tag{11-9}$$

$$Q_{R1} = K_S \cdot F_S \cdot (t_{R0} - t_{Z\min}) \tag{11-10}$$

$$K_S = \left(\frac{1}{\alpha_N} + \sum_{i=1}^{n} \frac{\delta_i}{\lambda_i} + \frac{1}{\alpha_W} \right)^{-1} \tag{11-11}$$

式中　K_S——平板壁面单位面积传热系数 [W/ (m² · ℃)];

　　　F_S——平板壁面传热面积 (m²);

　　　δ_i——第 i 层材料壁面厚度 (m)。

通风管道属于圆筒形物体，依照圆筒形物体冷热负荷计算方法计算。

调温舱属于平板形物体，依照平板形物体冷热负荷计算方法计算。

蒸发风机的散热量在夏季不利于制冷，需抵消一部分冷负荷；冬季有利于加热，可作为热负荷的一部分，计算公式为

$$Q_{L4} = n_z \cdot N / \eta \tag{11-12}$$

式中　n_z——综合系数，即安装系数、负荷系数和使用系数的乘积，一般取 0.35~0.45;

　　　N——电动机功率 (W);

　　　η——电动机效率，一般取 0.8~0.9。

11.2.2　制冷方案设计

(1) 制冷装置的选择

根据总体方案需求进行制冷装置的选择，可选择蒸汽压缩式制冷装置 (单冷型) 或蒸汽压缩式制冷/热泵一体装置 (冷暖型)。单冷型装置具有结构简单和可靠性高等特点；冷暖型装置结构相对复杂，但具有加热系数相对较高，可实现较高的控温精度等特点。如需要对多个不同工作舱室调温，需要配备两套制冷装置或者采用“一拖二”制冷装置。

(2) 制冷压缩机驱动方式的选择

根据总体方案和供电需求进行制冷压缩机驱动方式的选择，可选择纯电驱动方式或混合驱动方式 (电机和底盘发动机双动力源共同驱动)。两种方式各有特点，纯电驱动方式一般选用全封闭压缩机，装配简单、维修方便、可靠性高，可实现较高的控温精度；混合驱动方式一般选用开启式压缩机，并配套电动机、离合器和带轮等传动装置，体积较大、结构复杂，采用双动力源方式，任务可靠度高，可降低制冷装置的用电功耗，适合在发射车行驶过程中调温。

一般而言，给驾驶室调温用的压缩机，考虑就近布置的原则多采用混合驱动方式，便于在发射车行驶过程中对驾驶室进行调温；给导弹调温用的压缩机，多采用纯电驱动方式，便于实现更高的控温精度。

(3) 制冷剂的选择

目前，家用空调和车载空调一般选择 R134a 或 R410A 作为制冷剂，均作为 R22 的替代工质。为验证上述制冷剂的整体性能，文献 [1] 进行了试验对比要求。试验保持制冷量 6 kW 不变，以 R22 制冷装置为基础，R134a 和 R410A 制冷装置进行了对比试验。R410A 选用了排气量比原来小的压缩机，制冷管路可比 R22 减少 25% 左右；R134a 选用了排气量相对较大的压缩机，制冷管路增加 65% 左右。相对于 R22 制冷装置性能的总体对比见表 11-1。

表 11 - 1　制冷剂总体性能对比表

相对于 R22 的性能影响	R410A	R134a
热力性能	−7%	2%
压缩机性能	5%	3%
换热器性能	5%	−6%
管路	2%	−2%
总体性能	5%	−9%

综合两种制冷剂性能对比，R134a 热力性能更优，可以得到较高的制冷系数，能效比高，但制冷装置体积相对较大；R410A 单位容积的制冷量较大，同样制冷量可选择排气量较小的压缩机，制冷装置体积更小，但高压压力相对较高。上述两种制冷剂均可用于发射车调温系统，根据实际情况进行选择；如果对制冷装置体积有限制，发射车空调系统制冷剂优选 R410A，在制冷量不变的基础上，可减少制冷管路布置和减小换热器的体积，有利于制冷装置小型化设计。

11.2.3　加热方案设计

根据系统供电功率的要求，合理选择加热方案。可选择热泵供热装置、电加热装置、燃油加热装置或混合加热装置（电加热和燃油加热混合、电加热和热泵供热混合、热泵供热和燃油加热混合等）。

1）热泵供热装置与制冷装置一体设计，相比电加热装置，供热系数相对较高，但低温环境下（−25 ℃以下）无法使用，需要辅助其他供热方式。

2）电加热装置具有结构简单、体积小、质量小、可靠性高等特点，适用于各种空间的供热，但用电功率高。针对不同空间环境可选择不同的电加热装置，在具备强制通风条件的环境（比如导弹供热等），可选用电阻丝电热设备或 PTC 电热设备；在仅自然对流条件的环境（比如封闭底部空间供热等），可选用远红外电热设备。

3）燃油加热装置具有供热系数高、用电功率低等特点，但加热量不能连续调节，结构相对复杂。

一般而言，在用电功率满足要求的前提下，优选电加热装置；在用电功率不足的情况下增加燃油加热装置作为一种辅助加热措施；热泵供热装置视情况选用。

11.2.4　送风方式设计

对于导弹调温，多采用串联送风方式。对于有独立控温精度要求的两个空间调温，可采用并联送风方式，即将处理后的空气分别送入两个空间，当其中的某一空间温度达到设计要求后，关闭风道停止该空间通风调温，如图 11 - 1 所示。

制冷装置和加热装置多采用串联形式布置，即将加热装置串联在制冷装置的送风通道中。燃油加热装置由于体积较大，根据实际情况，可以选择串联布置（图 11 - 2）或并联布置（图 11 - 3）。并联布置时即将燃油加热装置送风通道与制冷装置的送风通道并联，同

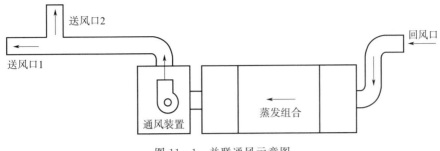

图 11-1　并联通风示意图

时为确保制冷工作时的效率，可在并联风道中设置风口开闭机构，在燃油加热装置不工作时，关闭燃油加热装置送风通道。

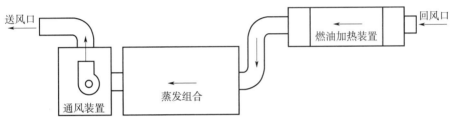

图 11-2　制冷装置和加热装置串联示意图

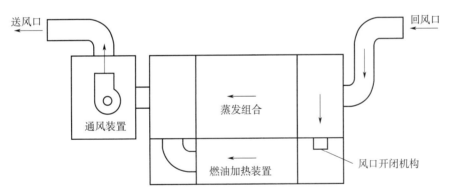

图 11-3　制冷装置和加热装置并联送风示意图

11.3　主要部件设计及选型

11.3.1　两器（冷凝器、蒸发器）选型设计

11.3.1.1　主要性能参数计算

（1）两器负荷计算

蒸发器的冷负荷和冷凝器的热负荷是两器设计及选型的主要依据。蒸发器的冷负荷即调温系统设计冷负荷，冷凝器的热负荷计算公式为

$$Q_e = Q_L \tag{11-13}$$

$$Q_c = Q_L + P_i \tag{11-14}$$

式中　Q_e——蒸发器的冷负荷（W）；

　　　Q_c——冷凝器的热负荷（W）；

　　　P_i——压缩机在计算工况下的指示功率（W）。

（2）两器传热计算

制冷剂在两器中的温度并不是定值，为了计算简便，一般可采用冷凝温度和蒸发温度表示制冷剂在两器中的温度，换热器选型和热设计的基本公式即传热方程式，具体如下：

冷凝器

$$Q_c = K_c \cdot A_c \cdot \Delta t_m \tag{11-15}$$

蒸发器

$$Q_e = K_e \cdot A_e \cdot \Delta t_m \tag{11-16}$$

冷凝器

$$\Delta t_m = (t_2 - t_1)/\ln\frac{t_k - t_1}{t_k - t_2} \tag{11-17}$$

蒸发器

$$\Delta t_m = (t'_1 - t'_2)/\ln\frac{t'_1 - t_e}{t'_2 - t_e} \tag{11-18}$$

式中　A_c，A_e——冷凝器传热面积、蒸发器传热面积（m^2）；

　　　K_c，K_e——冷凝器传热系数、蒸发器传热系数〔W/（m·℃）〕；

　　　Δt_m——传热对数平均温差（℃）；

　　　t_k，t_e——冷凝温度、蒸发温度（℃）；

　　　t_1，t_2——空气进、出冷凝器温度（℃）；

　　　t'_1，t'_2——空气进、出蒸发器温度（℃）。

两器传热系数计算是两器热力计算的一个重要问题，以冷凝器传热管外表面为基准的传热系数计算公式为

$$K_c = \left[\frac{1}{\alpha_{c1}} + r_{c0} + \frac{\delta_c}{\lambda_c} \cdot \frac{A_{co}}{A_{cm}} + \left(r_{ci} + \frac{1}{\alpha_{c2}}\right) \cdot \frac{A_{co}}{A_{ci}}\right]^{-1} \tag{11-19}$$

$$\alpha_{c1} = C \cdot B_m \cdot r_s^{0.25} \cdot (t_k - t_w)^{-0.25} \cdot H^{-0.25} \tag{11-20}$$

$$\alpha_{c2} = C_1 \cdot C_2 \cdot C_3 \left(\frac{\bar{\lambda}}{d_e}\right) \cdot \left(\frac{L}{d_e}\right)^n \cdot Re^m \tag{11-21}$$

$$C_1 = 1.36 - 0.24 \cdot \left(\frac{Re}{1000}\right) \tag{11-22}$$

$$C_2 = 0.518 - 2.315 \times 10^{-2} \times \left(\frac{L}{d_e}\right) + 4.25 \times 10^{-4} \times \left(\frac{L}{d_e}\right)^2 - 3 \times 10^{-6} \times \left(\frac{L}{d_e}\right)^3 \tag{11-23}$$

$$Re = v \cdot d_e / \bar{\nu} \tag{11-24}$$

$$n = -0.28 + 0.08 \times \left(\frac{Re}{1000} \right) \tag{11-25}$$

$$m = 0.45 + 0.0066 \times \left(\frac{L}{d_e} \right) \tag{11-26}$$

$$d_e = 2(s_1 - d_o)(s_f - \delta_f) / [(s_1 - d_o) + (s_f - \delta_f)] \tag{11-27}$$

式中　α_{c1}，α_{c2}——制冷剂侧和空气侧的对流表面换热系数 [W/ (m² · ℃)]；

r_{ci}，r_{c0}——传热管内侧和外侧污垢热阻 [m² · ℃) /W]，可查相关表格获得；

A_{ci}，A_{co}，A_{cm}——管内、管外和平均传热表面面积 (m²)；

δ_c——传热管的壁厚 (m)；

λ_c——传热管的导热系数 [W/ (m · ℃)]；

C——常数，对于氟利昂制冷剂，完全层流时可取 0.943；

B_m——制冷剂液膜的组合物性参数，可查相关表格获得；

r_s——潜热 (J/kg)，可查相关表格获得；

t_w——壁温 (℃)；

H——竖直壁的高度 (m)；

C_1，C_2——与气流运动状况和结构尺寸有关的系数；

C_3——换热器管路布置形式，一般顺排布置取 1，叉排布置取 1.1~1.15；

$\bar{\lambda}$——空气的平均导热系数 [W/ (m · ℃)]；

d_e——空气流通截面的当量直径 (m)；

Re——空气流动的雷诺数；

$\bar{\nu}$——空气的平均动力黏度系数 (m²/s)；

L——沿气流方向翅片的长度 (m)；

n，m——指数；

s_1——管间距 (m)；

d_o——管外径 (m)；

s_f——翅片间距 (m)；

δ_f——翅片厚度 (m)。

（3）风压及风量计算

风压及风量是蒸发风机和冷凝风机设计及选型的主要依据。风压用于抵消空气在风道中流动时的阻力，计算公式如下。其中，冷凝器侧的空气流动阻力主要为通过换热器的流动阻力，蒸发器侧的空气流动阻力包括通过换热器的流动阻力、送回风管沿程阻力、发射筒（或保温舱）沿程阻力以及风道中各个弯头、变径管、三通处的局部阻力之和。

冷凝器

$$\Delta P = \Delta P_h \cdot S_f \tag{11-28}$$

蒸发器

$$\Delta P = (\Delta P_h + \sum \Delta P_m + \sum \Delta P_j) \cdot S_f \tag{11-29}$$

$$\Delta P_h = A_1 \cdot A_2 \cdot A_3 \cdot \frac{L_h}{d_e} \cdot v_h^{1.7} \tag{11-30}$$

$$\Delta P_m = \lambda \cdot \frac{L_m}{d_e} \cdot \frac{\rho \cdot v_m^2}{2} \tag{11-31}$$

$$\Delta P_j = \zeta \cdot \rho \cdot v_m^2 / 2 \tag{11-32}$$

$$\lambda = 0.3164 / Re^{0.25} \tag{11-33}$$

$$Re = v \cdot d_e / \nu \tag{11-34}$$

式中　ΔP ——空气总流动阻力（Pa）；

　　　ΔP_h ——通过换热器（冷凝器或蒸发器）时的流动阻力（Pa）；

　　　ΔP_m ——风道沿程阻力（Pa）；

　　　ΔP_j ——风道局部阻力（Pa）；

　　　S_f ——设计裕度，一般取 $1.05 \sim 1.1$；

　　　A_1 ——换热器表面状况系数，一般不平整表面取 0.11，精工表面取 0.07；

　　　A_2 ——换热器管路布置形式，一般顺排布置取 1，叉排布置取 1.2；

　　　A_3 ——换热器工况，干工况取 1，湿工况取 1.5；

　　　L_h ——换热器沿空气流动方向的深度（m）；

　　　v_h ——换热器最窄流通截面上空气流速（m/s）；

　　　λ ——摩擦阻力系数；

　　　L_m ——风道长度（m）；

　　　ρ ——空气密度（kg/m³）；

　　　v_m ——风道内空气平均流速（m/s）；

　　　ζ ——局部阻力系数；

　　　Re ——风道内空气雷诺数；

　　　ν ——空气动力黏度系数（m²/s）。

风量计算公式如下：

冷凝器

$$V = Q_c / [\rho \cdot c_p \cdot (t_2 - t_1)] \cdot S_f \tag{11-35}$$

蒸发器

$$V = Q_e / [\rho \cdot c_p \cdot (t_1' - t_2')] \cdot S_f \tag{11-36}$$

式中　V ——空气体积流量（m³/s）；

　　　c_p ——空气比热容 [J/（kg·℃）]。

11.3.1.2　两器（冷凝器、蒸发器）设计

根据总体方案外形要求选定两器的结构形式，比如翅片管式换热器或平行流换热器等形式。翅片管式换热器因其结构简单、工艺成熟、成本较低，多选用此类型换热器。

初始假定换热器的基本结构参数（比如管径、管间距、翅片厚度等），然后根据所选换热器的设计计算方法，结合两器的冷负荷、热负荷、传热系数和传热面积等计算值，对

两器的结构形式进行迭代计算，最终确定换热器的结构形式，并计算两器各自的传热系数和传热面积，并确定两器的结构外形尺寸。

下面以强制对流空气冷却翅片管式冷凝器设计为例进行说明：

（1）主要参数选择

冷凝器设计的主要参数选择如下：

1）结构形式：为减少弯头数量及弯头与传热管之间的焊接工作量，传热管宜采用 U 形管，只在管组的一端将传热管有序连接，如图 11-4 所示；对于制冷装置，多采用 $\phi 9\sim 12\ mm$ 的紫铜管，管间距为 25 mm，管壁厚为 $0.5\sim 1.0\ mm$，翅片管的排列可采用顺排或叉排，翅片间距为 $2.0\sim 3.5\ mm$，翅片厚度为 $0.2\sim 0.5\ mm$；翅化系数一般大于 13。

2）空气进口温度及温升的选择：按照夏季高温工况，空气进口温度为环境温度最高值，温升一般取 $7\sim 10\ ℃$。

3）冷凝温度的选择：冷凝温度选取过高，冷凝面积可减少，但压缩机的排温和功耗都增加，根据经验，冷凝温度与进风温度之差一般控制在 $10\sim 15\ ℃$ 比较合理，如外界最高气温为 45 ℃，冷凝温度可取 $55\sim 60\ ℃$。

4）管排数的选择：管排数是指沿空气流动方向的管数，由于空气流经管束时其温度不断升高，越到后面温差越小，制冷剂与出口处空气的温差约 $3\sim 5\ ℃$，故管排数不宜过多，一般选用 $3\sim 6$ 排。

5）迎面风速的选择：迎面风速越高，传热效果越好，但其阻力增加，风机功率消耗也相应增加，一般可选 $2\sim 3\ m/s$。

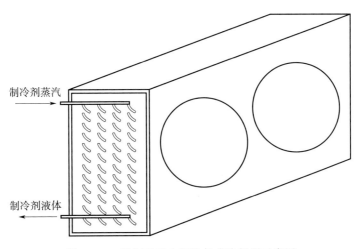

图 11-4　强制对流空气冷却式冷凝器示意图

（2）传热计算

根据公式（11-19）～公式（11-27），计算冷凝器的传热系数。直接计算出冷凝器的传热系数是不可能的，因为制冷剂侧的传热系数与管壁温度有关，而计算时管壁温度又是未知数，一般采用试凑法进行传热系数计算。

将传热分解成两个过程，一个是热量经过液膜层的传热过程，传热量为 q_1；另一个是热量经过管外污垢层、管壁、管内污垢层的传热过程，传热量为 q_2。在稳态传热情况下，两个过程的传热量相等。传热量计算公式为

$$q_1 = \alpha_{c1} \cdot (t_k - t_w) \tag{11-37}$$

$$q_2 = [\Delta t_m - (t_k - t_w)] / \left[r_{c0} + \frac{\delta_c}{\lambda_c} \cdot \frac{d_{co}}{d_{cm}} + \left(r_{ci} + \frac{1}{\alpha_{c2}} \right) \cdot \frac{d_{co}}{d_{ci}} \right] \tag{11-38}$$

式中　d_{ci}，d_{co}，d_{cm}——管内、管外和平均直径（m）。

试凑法的基本思路是，假定一个管壁温度，求解 q_1、q_2，当 q_1、q_2 的误差不大于 3% 时，可认为符合要求，由此假定成立，否则重新假定一个管壁温度进行计算，直至满足要求。然后将最终结果代入传热计算公式，计算出冷凝器的传热系数和传热面积。

（3）确定冷凝器的结构外形尺寸

通过上述计算，已知冷凝器管排数和传热面积，由此可计算出冷凝器的管列数（即垂直于空气流动方向的管数）。依据冷凝器初始布置的结构参数，可得出冷凝器的结构外形尺寸。

如冷凝器的结构外形尺寸不满足空间要求，可重复上述步骤，优化冷凝器初始布置的结构参数，最终计算出满足空间要求的冷凝器的结构外形尺寸。

11.3.2　压缩机选型设计

以调温系统设计冷热负荷中数值较大的一个设计值为基准，结合压缩机生产厂商提供的性能曲线选择合适的压缩机型号，主要原则如下：

1）依据发射车供电体制选择压缩机形式，如开启型活塞式压缩机、全封闭压缩机等；
2）依据设计冷热负荷和制冷剂的型号选择压缩机型号；
3）压缩机需满足使用环境、使用要求，最高冷凝温度需大于 65 ℃；
4）尽量选用适应场合广、抗振能力强和可靠性高的压缩机类型。

以某公司全封闭涡旋压缩机为例，常用的压缩机型号及参数见表 11-2。按照上文所述的制冷量计算方法，计算出压缩机所需要的制冷量，依据压缩机型号表，选择制冷量和制冷剂种类满足要求的压缩机。

表 11-2　常见的压缩机型号及参数

型号	制冷剂	制冷量/W	功率/W	输入电压/V	输入频率/Hz	电流/A	堵转电流/A
ZP31KSE TFM	R410A	7350	2580	380	50	4.6	38
ZP34K5E TFD	R410A	8200	2830	380	50/60	5.2	46
ZP42KSE TFM	R410A	10050	3310	380	50	5.6	43
ZR28KTE TFD	R134a	4745	1570	380	50/60	3.1	32
ZR49KCE TFD	R134a	8100	2490	380	50/60	4.7	49
ZR61KCE TFD	R134a	10050	2990	380	50/60	6.3	65.5

11.3.3　风机选型

依据送风方案、风压和风量计算值进行蒸发风机和冷凝风机的选型，同时，风机选型需要考虑风机的环境适应性和防护等级，确保所选风机满足使用场所要求。

以某公司离心式风机为例，常用的离心式风机型号及参数见表 11 - 3，风机性能曲线如图 11 - 5 所示。按照上文所述的风压与风量计算方法，计算出蒸发风机所需要的计算风压和计算风量，查询风机特性曲线，风机在计算风量下的压力大于所需要的计算风压，则该风机满足使用要求。

表 11 - 3　常用的离心式风机型号及参数

序号	型号	输入电压/V	输入频率/Hz	风量/(m³/h)	功率/W	转速/(r/min)
1	G3G200 - GN18 - 01	230	50/60	1000	700	5700
2	G3G250 - GN44 - 01	230	50/60	1500	860	4550
3	G3G250 - GN17 - 01	230	50/60	1650	1030	4850

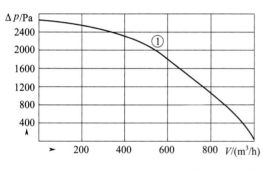 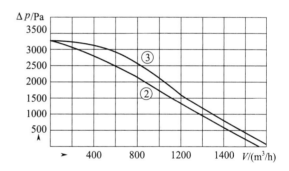

图 11 - 5　离心式风机特性曲线

11.3.4　膨胀阀选型

依据蒸发器管内制冷剂的流动阻力等因素来确定膨胀阀的型式。如果蒸发器的压力损失较小，可选用内平衡式热力膨胀阀；如果蒸发器的压力损失较大，则应该选用外平衡式热力膨胀阀。发射车制冷装置蒸发器由于压力损失较大，多选用外平衡式热力膨胀阀。

膨胀阀的选配主要根据制冷剂种类、制冷量、膨胀阀节流前后压力差。若选择膨胀阀容量过大，容易在低负荷工况下产生振荡，使膨胀阀的调节不稳定，蒸发器出口处温度产生较大波动；若选择膨胀阀容量过小，会导致蒸发器的传热面积得不到充分利用，以致制冷装置制冷量不足。因此，参照膨胀阀的容量性能表选择合适的型号和规格，膨胀阀的容量不能小于名义制冷量值，应考虑 20%～30% 的余量。

为适应制冷装置变频压缩机的节流控制，可选用电子膨胀阀替代传统的热力膨胀阀，电子膨胀阀的选用必须配备有专门的过热度控制器。

以某公司热力膨胀阀为例，常用的热力膨胀阀型号及参数见表 11 - 4。依据热力膨胀阀型号表，选择制冷量和制冷剂种类满足要求的膨胀阀。

表 11 - 4　膨胀阀型号表

型号	制冷剂	类型	制冷量/W	工作压力/MPa
RFGB 04E - 5	R134a	外平衡	4.6	2.1
RFGD04E - 1.8 - 01	R134a	外平衡	6.3	4.8
RFGD04E - 3.6 - 03	R134a	外平衡	12.7	4.8
RFGD05E - 3.5 - 22	R410A	外平衡	12.3	4.8

11.3.5　贮液器选型

　　贮液器安装在冷凝器出口管路上，用以贮存冷凝器出来的高压液体，并适应工况变动而调节和稳定制冷剂的循环量，此外，贮液器还起液封作用，以防止高压制冷剂气体窜入低压管路中；贮液器属于安全容器，应有压力安全许可。从安全性和经济性的角度，在满足要求的前提下，应尽量选择容量较小的贮液器。

　　贮液器的容量应按制冷剂小时流量的 $1/3 \sim 1/2$ 来选择，最大充灌程度不大于筒体容积的 80%，计算公式为

$$V_c = \eta_1 \cdot \frac{q_c}{\rho_c} \cdot \frac{1}{\eta_2} \qquad (11 - 39)$$

式中　V_c ——贮液器的容积（m^3）；

　　　η_1 ——系数 1，取 $1/3 \sim 1/2$；

　　　η_2 ——系数 2，取 $0.7 \sim 0.8$；

　　　q_c ——制冷剂小时流量（kg/h）；

　　　ρ_c ——冷凝温度下液体制冷剂密度（kg/m^3）。

11.3.6　制冷装置辅件选型

　　制冷装置的主要部件确定后，需要根据管路总压力损失的许可值确定制冷剂管路管径，吸气管路总允许压力损失应小于 20 kPa，排气管路总允许压力损失应小于 40 kPa，冷凝器至膨胀阀之间的液体连接管路总压力损失应小于 20 kPa。如压缩机生产厂家在其压缩机使用说明书中规定了其优选的配管直径，此时可直接选用其优选值。

　　制冷装置其他辅件参照各自的产品说明书，结合制冷装置流通管路尺寸来确定各自型号，基本原则如下：

　　1）压力控制器选型：压力控制器安装在压缩机的入口和出口管路上，用于对压缩机的高、低压力进行保护控制，根据制冷装置所允许的最高压力、最低压力、启动电流等参数选择合适的压力控制器，也可选用高、低压传感器替代传统的压力控制器。

　　2）干燥过滤器选型：干燥过滤器安装在贮液器和膨胀阀之间的管路上，以除去进入膨胀阀等阀前液体中的固体杂质及水分，避免引起膨胀阀的堵塞或冰塞，图 11 - 6 所示为一种干燥过滤器示意图。

　　3）视液镜选型：视液镜安装在干燥过滤器和膨胀阀之间的管路上，用于观察制冷剂

的工作状态以及指示制冷剂中的含水量，并通过颜色将水分含量直观地显示出来，图 11 - 7 所示为一种视液镜示意图。

4）管路接头的选择：管路连接方式主要有焊接、柱塞接头、扩口式连接，法兰连接、球阀连接等，制冷装置中不需或极小拆卸的接头可采用焊接连接，其他管路连接方式根据实际情况进行选择。

图 11 - 6 一种干燥过滤器示意图

图 11 - 7 一种视液镜示意图

11.3.7 加热器选型

调温系统加热方案确定后，根据调温系统设计热负荷选择合适的加热器。因低温环境下热泵装置无法使用，故加热器功率选用计算时不含热泵装置的供热量。加热器选用及安装原则如下：

1）电热设备不应产生漏电隐患和局部积热；

2）PTC 电热设备加热元件表面应配备过热保护；

3）安装加热器的箱体内部应进行防火设计，比如粘接阻燃、耐火材料等。

以 PTC 电热设备为例，说明加热设备的选择和使用。

PTC 电热设备的基本特性是电阻温度特性，其电阻与温度关系曲线如图 11 - 8 所示。从图中可以看出，PTC 电热设备的电阻值开始时是随着温度的升高而下降，呈现负温度系数特性，这时的电阻变化不大。但当达到某一温度范围时，即 T_S 附近，电阻会发生突变，电阻率急剧上升，具有很大的正温度系数。T_S 称作开关温度，R_S 为 T_S 的电阻。T_P 是电阻值急剧增加结束时的温度，此后电阻值随温度而增加的趋向渐缓，达到最大值后，开始下降。R_P 是 T_P 时的电阻值，T_P 是使用温度的上限。PTC 电热设备允许施加的最大工作电压 $V_{\max}$ 应以 PTC 电热设备温升不超过 T_P 为准。在实际使用时，为保证 PTC 电热设备能长期可靠地工作，其工作温度应低于 T_P，其工作电压应远低于理论上允许的 $V_{\max}$。

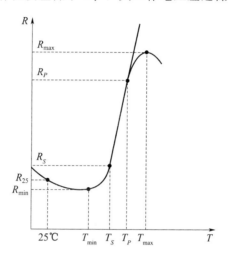

图 11-8　PTC 电热设备典型电阻-温度特性

PTC 电热设备的另一个特性是电流-电压特性。当 PTC 电热元件按通电源电压后，电流将随电压的增加而迅速增加。当达到居里点温度后，电流达到最大值，电热元件进入 PTC 区域。如果电压继续增大，电流反而减小，如图 11-9 所示，此时元件达到最高工作温度，PTC 电热元件所消耗的功率计算式为

$$P = U \cdot I = D \cdot (T_1 - T_2) \tag{11-40}$$

式中　U——工作电压（V）；

　　　I——工作电流（A）；

　　　D——放热系数（W/℃）；

　　　T_1——元件表面最高工作温度（℃）；

　　　T_2——被加热介质温度（℃）。

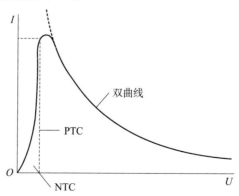

图 11-9　PTC 电热设备典型电流-电压特性

因此，需要结合 PTC 电热设备的特点，合理确定工作电压，并选择工作电压满足要求的元件。如果长期在过高的电压下工作，会导致 PTC 电热设备电击穿或热击穿，或加速元件材料性能老化。

在多数应用中，采取多个 PTC 电热设备电连接。多个 PTC 元件串联时，由于这种元件属于非精加工类产品，不同批量甚至同一批量的产品，各种特性也难以一致，元件的温升速度不同，电压降分布迅速变化，并产生恶性循环，压降越大，温升越高的元件越有可能发生击穿，击穿现象会连锁进行。因此，串联使用时，必须十分慎重。除非对元件经过严格挑选，否则希望通过串联获得更大耗散功率，是难以实现的。

多个 PTC 元件并联使用，在一定限度内能够增大系统的功率。但系统确定后，多个元件并联的发热功率，并非单个元件发热功率的总和，而实际上要小。多个元件并联的缺点是，通电后短时间内将出现较大的冲击电流。不过由于元件的离散性，各自的升温速度不同。因此，冲击电流不是单个元件冲击电流的叠加，一般要比叠加之和小些。因此，并联使用时应选择冲击电流小的 PTC 元件。

11.4　结构布局

11.4.1　主要设备布置

调温系统设备应采用模块化设计，根据系统自身特点和发射车的总体方案进行合理布置，主要原则如下：

1) 将制冷装置分为蒸发机组和压缩冷凝机组两大部分，蒸发机组集成蒸发器、蒸发风机以及膨胀阀等设备，采用紫铜管将管路连接在一起，管路出口段设置高压截止阀和低压截止阀，如图 11 - 10 所示；压缩冷凝机组集成压缩机、冷凝器、冷凝风机、贮液器、干燥过滤器、视液镜和压力控制器等设备，采用紫铜管将管路连接在一起，管路出口段设置高压截止阀和低压截止阀，如图 11 - 11 所示。

2) 电热设备一般采用串联布置的方式，串联在制冷装置的送风通道中，并集成在蒸发机组内，为保证加热均匀，电热设备的迎风面尽量居于送风风道中央，如图 11 - 10 所示。

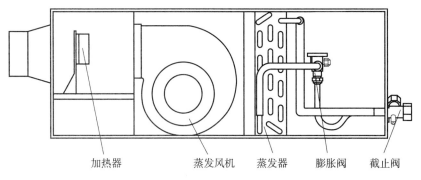

加热器　　　蒸发风机　　蒸发器　　膨胀阀　　截止阀

图 11 - 10　典型蒸发机组示意图

3）燃油加热设备由于体积较大，根据实际情况，选择将燃油加热装置送风通道与蒸发机组的送风通道串联或并联布置。

4）压缩机的固定应考虑减振措施，不能出现共振现象。

5）优化调温系统设备位置以及管路布局，尽量缩减送风通道的长度，从而减小空气流动阻力。

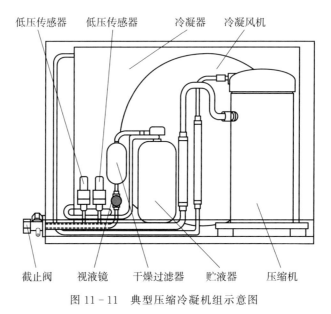

图 11-11　典型压缩冷凝机组示意图

11.4.2　传感器选型与布置

根据调温系统状态监测要求，需要合理布置传感器用于测量各种温度参数、湿度参数和压力参数等。传感器的选用原则如下：

1）传感器的测量范围要大于实际使用需求，测量精度要满足系统要求；

2）优选传感器和变送器一体式的温度变送器、温湿度变送器和压力变送器，此类产品抗干扰能力强，传送距离远；

3）传感器输出信号优选电流信号（4～20 mA，DC24 V 供电），便于统一调温控制设备的接口。

温度传感器按测量方式可分为接触式和非接触式两大类，按照传感器材料及电子元件特性分为热电阻和热电偶两类。调温系统一般选用非接触式热电阻类温度传感器，比如铂电阻温度传感器。铂电阻温度传感器精度高、稳定性好（在 400 ℃时持续 300 h，0 ℃时最大温度漂移为 0.02 ℃），应用范围广，是中低温（-200～650 ℃）最常用的一种温度检测器。通常使用的温度传感器为 Pt100 温度传感器，即传感器零度阻值为 100 Ω，其外形及温度-电阻特性如图 11-12 所示。

湿度传感器是通过湿敏元件感受湿度并转换成可用于输出信号的传感器。常用的湿敏元件主要有电阻式和电容式两大类。湿敏电阻的原理是在基片上覆盖一层用感湿材料制成

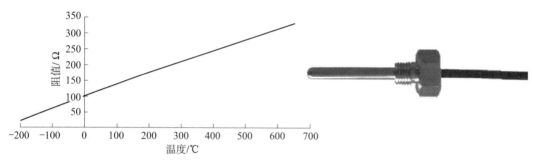

图 11-12　Pt100 温度传感器及其温度-电阻特性图

的膜，当空气中的水蒸气吸附在感湿膜上时，元件的电阻率和电阻值都发生变化。湿敏电容一般是用高分子薄膜电容制成的，常用的高分子材料有聚苯乙烯、聚酰亚胺、酪酸醋酸纤维等，当环境湿度发生改变时，湿敏电容的介电常数发生变化，使其电容量也发生变化，其电容变化量与相对湿度成正比。由于湿度与温度相关，温度严重地影响着指定空间内的相对湿度（温度每变化 0.1 ℃，将产生 0.5% 的湿度变化），因此，对于有湿度测量的空间，实际使用时多采用温湿度一体化传感器。同时，为了测量和采集方便，一般选用传感器和变送器于一体的温湿度变送器，温湿度变送器直接输出标准电流信号或电压信号，具有响应时间短、精度高、长期稳定性好等特点。图 11-13 所示为一种温湿度变送器示意图，主要性能参数如下：

　　1）温度测量范围、精度：$-50\sim80$ ℃$/0.5$ ℃；

　　2）湿度测量范围、精度：$0\sim100\%/5\%$；

　　3）输出信号：$4\sim20$ mA。

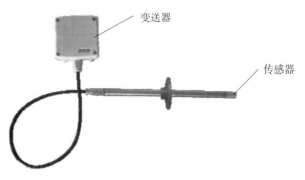

图 11-13　一种温湿度变送器示意图

　　压力测量一般选用测量元件与调理电路于一体的压力变送器。压力变送器是指压敏元件与调理电路共同组成的测量压力的整套电路单元，一般能直接输出与压力成线性关系的标准电流信号或电压信号，以供采集设备直接采集。以某公司压力变送器为例，常用的压力变送器型号及参数见表 11-5，图 11-14 所示为一种压力变送器示意图。

表 11 - 5　常用的压力变送器型号及参数

型号	环境温度/℃	环境湿度	压力范围/MPa	输出信号	综合精度	耐压压力/MPa
YCQB02H01	−30～80	0～95%	0～2	DC 0.5～3.5 V	±2%	5.25
YCQB05H01	−30～80	0～95%	0～5	DC 0.5～3.5 V	±2%	7.5
YCQC02L05	−40～80	0～95%	−0.1～2	4～20 mA	±0.8%	5.25
YCQC03L04	−40～80	0～95%	0～3	4～20 mA	±0.8%	7.5

图 11 - 14　一种压力变送器示意图

　　传感器位置布置要合理,确保测点数据真实、有效,不受周围环境影响。主要传感器布置位置如下:

　　1) 温度传感器:导弹入口温度、导弹出口温度、载人舱(或驾驶室)温度、定瞄舱温度、压缩机排气温度、蒸发器表面温度、冷凝器表面温度等;

　　2) 湿度传感器:导弹入口湿度传感器、载人舱(或驾驶室)湿度传感器、定瞄舱湿度传感器等;

　　3) 压力传感器:压缩机入口压力传感器、压缩机出口压力传感器等。

11.5　调温控制

11.5.1　调温系统控制需求分析

　　调温系统控制规律是以调温对象的温度、湿度为控制参数,通过判定调温系统的工作状态,使调温对象的温度、湿度保持在指标要求的范围之内。当调温对象温度低于指标温度下限时,进入加热工况;当调温对象温度高于指标温度上限时,进入制冷工况。调温系统除湿控制包括加热除湿和制冷除湿两种工况。当环境温度较低时,直接采用加热除湿;当环境温度较高时,采用制冷除湿,即先制冷再加热除湿。针对在封闭空间内的温度、湿度调节,除湿时间较短,空气状态稳定后,主要以温度控制为主。另外,温度控制规律的设计需考虑温度、湿度传递的滞后性和不均匀性,温度控制点设定值要优于指标要求。

　　对于导弹的温度控制,由于导弹周围空间狭长,进、出风口温差较大,不能仅以一处温度值作为温度控制参数,需要结合导弹入口和出口的温度值共同作为温度控制参数,以判定调温系统的工作状态。当任一温度值高于指标温度下限时,进入制冷工况,当制冷装置配备变频压缩机、电子膨胀阀时,可采用变频控制提高导弹的温度控制精度,即根据导弹入口、出口温度的偏差情况来确定压缩机的工作频率以及工作频率的变化率，进而调整电子膨胀阀的开度、蒸发风机的转速以及冷凝风机的转速等参数，使其和压缩机的频率达到最佳匹配，实现制冷的连续调节。当任一温度值低于指标温度下限时，进入加热工况，并根据加热器的结构形式，采用分档加热或连续加热调节的方式，提高导弹的温度控制精度。当入口和出口温差较大时，进入通风工况；在其他状态下，调温系统处于停机工况。

为保证调温系统正常运行，需要设备必要的报警和保护，主要报警和保护信息如下：

1）压力报警：当压缩机高压高于设定值或低压低于设定值时，发出"高压报警"或"低压报警"；

2）温度报警：当导弹温度高于温度设定值或低于温度设定值时，发出"高温报警"或"低温报警"；

3）高温保护：当压缩机排气温度高于设定值时，压缩机停止工作，当加热器表面温度高于设定值时，加热器停止工作；

4）延时保护：加热器停机时，加热器风机延时 1～3 min 停机；

5）停机保护：制冷停机后，压缩机延时 1～3 min 再次启动；

6）开机保护：调温系统与风道阀门应互锁设计，在调温系统启动前，风道阀门必须开启到位；

7）过载保护：压缩机、冷凝风机、蒸发风机、电加热器需设计过电流、过载保护。

11.5.2　调温控制方案设计

调温控制设备通常由温控组合、接口组合、传感器和电缆等组成。

温控组合接收到驾驶室内的显控终端发送的开机命令后，采集调温系统的各种温度、压力和开关量信号，根据调温系统的控制规律，控制接口组合内的继电器、接触器动作，驱动压缩机、冷凝风机、风机、电加热器、燃油加热器、风口开闭机构、风道阀门等负载动作，实现通风、加热、制冷、停机，驾驶室制冷、加热，设备舱加热等各种工况的运行。

11.5.2.1　温控组合方案

温控组合采集各种温度、湿度、压力和开关量信号，根据调温系统的控制规律，控制接口组合内的继电器、接触器动作，IGBT 等功率放大器件，驱动压缩机、冷凝风机、风机、加热器等负载动作，实现通风、加热、制冷、停机等各种工况的运行。

温控组合设计时优先选用国产化的微处理器，例如 2812 的国产化芯片，也可以使用PLC 工控机方案。

温控组合一般由温度控制板、电源板、显示屏、加固机箱以及软件组成。

（1）温度控制板设计

温度控制板设计需要根据技术要求分解具体技术指标，选择合理的技术途径，优先选用单片机芯片通过 FPGA 控制器分配不同的地址来进行访问控制，主要设计原则如下：

1）CAN 接口：利用单片机内部的 CAN 接口控制器，在外围电路加上 CAN 驱动器来实现 CAN 通信功能；如果 CAN 的通道数不够，可通过 FPAG 译码给每一路 CAN 分配不同的地址来实现访问控制。CAN 控制器和驱动器之间都加光耦进行信号隔离。

2）A/D 接口：外部输入 4～20 mA 电流的模拟量，通过高精密电阻转换为电压后，再通过模拟隔离电路把外部与内部模拟量输入实现完全电气隔离后，模拟量输入模拟选择开关，最后输入 A/D 转换芯片完成 A/D 转换。

3）D/A 接口：往 D/A 转换器里写入数据，由 D/A 转换器完成 D/A 转换功能，再通过功能板的运算放大器将信号放大到输出电压范围，然后通过模拟隔离电路内部、外部的模拟量输出做到完全电气隔离后输出。

4）开关量接口：开关量输入经过光耦进行隔离后，输入 FPGA 中，从 FPGA 中读取开关量输入信号。开关量输出则是往 FPGA 中写数，由 FPGA 输出到功能板的继电器中完成开关量的隔离输出。

（2）电源板设计

电源板由 DC/DC 模块构成，外部输入直流电源经过滤波器滤波后通过底板连接到电源，经过 DC/DC 模块转换输出 5 V、15 V 等隔离电源，为温度控制板提供工作所需电源。电源具有输入电压的过电压保护，对电源输入、输出端的噪声进行滤波。电源板主要设计原则如下：

1）电源的输入端放置一个 TVS 管，用于输入电压的过电压保护；

2）在模块外接一个容量较小的电容，用于滤去频率较高的共模噪声；

3）在模块的输出端子到模块的基板之间加装电容器，以滤去共模噪声。

（3）温控组合软件设计

调温系统软件包括底层软件和应用层软件，软件研制过程按照 GJB 500 A 进行。底层软件包括驱动软件、初始化软件，应用层软件是调温系统自动控制软件。

调温系统应用层软件设计需要根据调温系统的典型工况、控制规律、人机操作模式，确定软件总体结构和流程。软件进入主程序后，接收车显终端或面板开关的操作命令，进入自动调温工况或各种手动调温工况，并将调温系统的各种信息发送给车显终端显示。

调温系统典型软件结构图如图 11-15 所示。

11.5.2.2 接口组合方案

接口组合将温控组合输出的 I/O 信号经过继电器、接触器、IGBT 等控制调温系统各路负载动作，并为大功率负载提供过电流保护，是调温控制设备的负载控制设备。

接口组合一般由电源模块、功率继电器、接触器、断路器、熔断器和电连接器等组成。

接口组合的设计原则如下：

1）为温度传感器、继电器控制线圈、接近开关、温控组合等功率不大对电源品质要求高的用电设备，在接口组合内部设置二次电源模块提供电源，增强系统的抗干扰能力；

2）尽量避免交流（380 V 或 220 V）和高压直流 600 V 等大功率电源线进入组合内部，可采取将此类负载控制器件布置在供电或其他小型控制设备端，改善组合电磁环境；

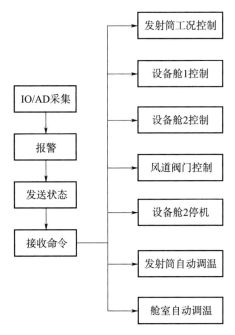

图 11 - 15　调温系统典型软件结构图

3）需要考虑功率器件的散热问题进行通风设计；

4）大电流器件接线时选用高温导线，不选用普通导线；

5）根据不同类型的负载功率，合理选择断路器型号，避免保护电流设置不合理，使用中跳闸或者起不到保护作用；

6）组合内部布线要合理，信号线和电源线要有合适的间隔距离，不建议有通信信号线；

7）与温控组合、调温负载连接的整个线缆要统筹设计，力求简化，减少数量。

11.6　接口设计

11.6.1　机械接口

调温系统机械接口，包括外部接口和内部接口，外部接口主要有：机组/组合安装接口、传感器安装接口以及送回风管接口等；内部接口主要有机组与机组之间的接口，接口设计原则主要如下：

1）机组/组合安装接口：蒸发机组和压缩冷凝机组采用独立箱式结构设计，调温控制设备采用标准机柜设计，各机组/组合与舱体底板通过螺栓连接。

2）传感器安装接口：传感器一般采用转接板安装在调温对象处；综合气象传感器建议安装在高处，避免周边设备辐射传热。

3）送回风管接口：送回风管与调温机组或者发射装置（保温舱）一般采用法兰连接，两者之间一般有不小于 3 mm 的橡胶密封垫。

4）机组与机组之间的接口：机组与机组之间通过制冷管路进行连接，制冷管路的连接方式有焊接、扩口式连接、法兰连接、球阀连接等，根据实际情况选择连接方式。

11.6.2　电气接口

调温系统电气接口包括外部接口和内部接口，外部接口组合是与供配电的接口、总线通信接口；内部接口组合包括温控组合、接口组合、传感器、风机、压缩机、加热器等间的电气接口，电气接口设计原则如下：

1）通信接口：采用 CAN 总线作为温控组合的总线通信接口，调温系统的信息统一在车显终端显示和操作。

2）交流供电接口：压缩机启动时冲击电流较大，要考虑柴油发电机组的容量，可考虑设置缓启动装置；强电尽量由配电设备通过电缆连接负载，加电控制可通过总线或接触器线圈控制。

3）直流供电接口：要进行设备加电的时序控制，避免负载冲击对供配电电源造成影响。

4）电连接器：信号电连接器以 J599 为主，功率电连接器以 YHM 或 Y27 为主，选用军用电连接器厂家标准产品。

5）传感器：统一选用 DC24 V 供电，4～20 mA 电流输出类型。

6）电磁阀：要设计放电回路，避免断电时的大冲击电流影响系统工作。

7）电缆：选用成型电缆，走线时避免发热设备，电缆的载流量要留有余量。

11.7　通用质量特性设计

11.7.1　可靠性设计

调温系统可靠性设计主要措施举例如下：

1）三化设计：主要措施有在制冷装置元件选型和结构设计中实现了通用化和系列化，比如蒸发机组、压缩冷凝机组和加热组合可采用模块化设计方法；

2）降额设计：主要措施有制冷量、加热量的降额设计，调温制冷装置元件的耐压降额设计，元器件的降额设计等；

3）冗余设计：主要措施有制冷压缩机、冷凝风机、蒸发风机、加热器等主要设备供电均采用双点、双线冗余设计，调温控制采取了自动和手动两种控制方式等；

4）热设计：主要措施有设备壳体开通风孔，便于空气对流散热，安装散热风扇强制通风散热，机箱箱体材料选用导热性优良的铝型材等；

5）环境防护设计：主要措施有调温舱的防水、防尘设计，调温机组的抗振设计等；

6）电磁兼容性设计：主要措施有调温控制组合的屏蔽、滤波设计等；

7）安全性设计：主要措施有压缩机设置压力保护，加热器设置过热保护，调温机组的延时保护、停机保护和开机保护等。

　　在方案设计阶段需要开展可靠性预计。调温系统可靠性模型为串联模型，调温系统、制冷装置、加热装置和调温控制可靠性框图分别如图 11 - 16～图 11 - 19 所示。从图中可知其中任何一个单元失效，都会导致整个系统出现故障，从而无法完成预定的工作任务。

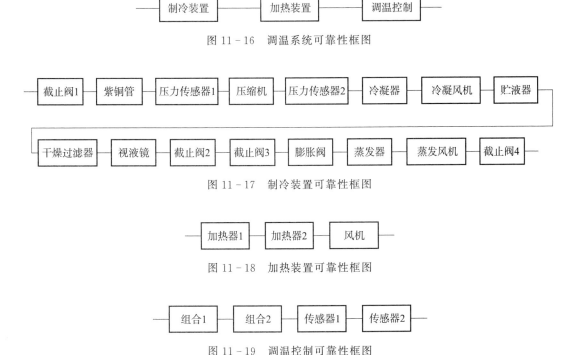

图 11 - 16　调温系统可靠性框图

图 11 - 17　制冷装置可靠性框图

图 11 - 18　加热装置可靠性框图

图 11 - 19　调温控制可靠性框图

　　调温系统平均故障间隔时间（MTBF）计算公式为

$$\mathrm{MTBF} = (\lambda_s)^{-1} = \left(\sum_{i=1}^{n} \lambda_{si}\right)^{-1}$$

式中　λ_s —— 系统失效率；

　　　λ_{si} —— 第 i 功能块失效率。

11.7.2　维修性设计

　　主要的维修性设计措施如下：

　　1）可达性设计：主要措施有调温系统所有组合需便于接近和维护，比如合理确定维修方向，设计维修盖板，可方便拆卸；增加必要的维修窗口；需方便进行制冷系统的压力检测和充注制冷剂等。

　　2）标准化和互换性设计：主要措施有调温系统元器件、零部件选择时，在确保其性能和质量等级满足相关要求前提下，尽量采用标准件和通用件；如有多套制冷机组，压缩冷凝机组或蒸发机组尽可能设计成一样，便于互换等。

　　3）防差错设计：主要措施有调温控制组合各个连接器需进行防插错设计；高低压管路管径不同，杜绝错误连接等。

4）维修安全设计：主要措施有所有设备的机柜或机箱外表面四周均倒角设计，合理配备接地柱等。

11.7.3　测试性设计

调温系统测试性主要包括在线监测和健康管理。通过在机组内安装多个传感器，以监控系统运行的状态，并根据传感器的反馈信号进行健康预测或故障定位及诊断，具备在线监测和健康管理能力，具体如下：

1）压缩机状态监测：压缩机作为环控制冷的核心部件，需要监测运行状态，因此，在压缩机的入口和出口设置压力传感器，在出口设置温度传感器等。

2）两器（蒸发器和冷凝器）状态监测：两器是制冷系统的热交换设备，实时监控两器表面温度对状态运行有参考意义，因此在两器表面设置温度传感器。

3）加热装置状态监测：为保护加热器安全，在加热器表面设置温度传感器。

4）调温对象状态监测：为实时监控调温对象空气的实时状态，在合适位置设置温度湿度传感器。

11.7.4　安全性设计

调温系统在安全性设计上主要从硬件及软件安全设计方面采用防止人为错误、设置自保护装置、安全环节设计、设置紧急安全措施，避免产品在使用过程中出现设备损坏等现象。主要的安全性设计措施如下：

1）硬件安全设计：主要措施有安装加热器的箱体内部应进行防火设计，比如粘接阻燃、耐火材料，蒸发风机、冷凝风机等高速旋转部位采用内部安装或者叶片外增加安全金属保护罩等安全防护装置，电连接器选用上采取防插错措施等。

2）软件安全设计：调温系统软件设计必要的报警和保护，包括压力报警、温度报警、高温保护、延时保护、停机保护以及开机保护等措施。

11.7.5　保障性设计

调温系统主要的保障性设计措施如下：

1）采用通用化、系列化、模块化设计，充分利用现有的通用保障资源，对易损件提出备附件及使用工具。

2）在设计中尽可能简化零备件的种类和数量，最大限度地统一零备件的品种，并根据用户使用和维修中的易损件估算零备件的需求量。

3）在设计中充分考虑了对使用人员数量和技术等级的要求，使系统的使用与维修尽可能简化，对使用、维修人员的技术水平要求尽可能低，人员数量尽可能少。

4）编写使用文件，详细明确调温系统操作使用方法、维护保养以及故障检修。

11.7.6　电磁兼容性设计

为使调温控制在预期的电磁环境中能正常工作、无性能降低或故障，并具有对电磁环境中的任何事物不构成电磁干扰，调温系统电气部分设计中考虑电磁兼容性，采取屏蔽、隔离、滤波、接地等多种方法将外系统对本系统干扰以及本系统对外部的干扰降到最低。主要的电磁兼容性设计措施如下：

1）隔离设计：对系统中的输入信号进行光耦隔离、滤波和硬件消除抖动，防止外界干扰对系统的误触发，对系统的输出控制信号进行光电隔离，每个集成电路的电源入口处增加由磁珠和电容组成的滤波器，提高抗干扰能力。

2）屏蔽设计，对电源中易受干扰的关键信号传输使用双绞屏蔽导线，金属机柜采用密封结构，对电源主变压器采用了磁屏蔽。

3）地线处理：将模拟信号和数字信号的地从物理空间上分开，防止数字信号对模拟信号的干扰。

4）印制电路板设计：印制电路板设计布线时综合考虑耐电压、抗干扰和低辐射等因素。

参 考 文 献

［1］ 谷波，李文华. R22 三种替代物 R134a、R410a 和 R407c 在空调系统中性能对比研究 . 制冷技术，
1999，27（10）：41－42.

第12章 隐身伪装方案设计

12.1 技术要求分析

隐身伪装要求是对导弹地面设备的一项基本要求，导弹发射车的隐身伪装指标要求概括起来按波段分为4大类：可见光与近红外伪装、中远红外伪装、雷达伪装、激光伪装，随着太赫兹探测技术的发展，可能有太赫兹波段的隐身指标。另外，还有重量、操作时间和质量特性要求。因此，开展隐身伪装方案设计前，需要结合发射车方案和性能指标，分析研究隐身伪装指标要求的可实现性、技术途径以及与发射车其他分系统的关系。

在开展隐身伪装方案设计前还需对导弹发射车面临的侦察环境进行调研分析，这有利于深刻理解技术指标的物理含义和所对抗的目标的性能，做到"知己知彼"和"心中有数"，使设计方案除满足设计任务的要求外更贴近实战化。导弹发射车面临的侦察威胁包括卫星、有人侦察机、无人侦察机和地面器材等各种平台的光学、红外和雷达波段的探测，具体参见第2.7节。

12.2 总体方案设计

在2000年以前的隐身伪装设计与导弹武器地面作战装备研制是不同步的或者是彼此独立的，由此造成伪装器材不好用、"两张皮"等问题。自飞机结构隐身、RCS缩减等新技术装备在伊拉克、阿富汗战场出现后，我国军地双方的科研人员开始导弹发射车多波段一体化和内在式隐身伪装技术研究，从武器系统方案设计阶段同步进行隐身伪装设计。

12.2.1 内在式结构隐身设计

内在式结构隐身设计的内容包括发射车外形优化缩减RCS、外形民车化变形、红外特征消减、结构隐身材料与功能性隐身材料的运用。

12.2.1.1 外形优化缩减RCS

雷达侦察的原理是雷达天线发射特定频率的电磁波照射目标区域，通过接收天线接收目标区域散射的电磁波，目标的电磁波散射特性与目标所在区域背景电磁波散射的差异性是目标识别的基础，目标散射的电磁波能量（功率）越强，越容易被雷达识别。因此，雷达隐身的基本原理是尽量降低对雷达天线方向的电磁能量散射，包括吸收入射雷达波能量或分散散射电磁波能量、避免形成强散射区域。最先通过重塑外形大幅降低RCS的武器平台是美国的F-117、F-22、F-35、B2等隐形飞机，该技术也适用于地面战车、水面舰艇的雷达隐身设计。图 12 - 1 所示为国外雷达隐身坦克，采用了缩减 RCS 外形设计措施：多面体结构、消除或减少角反射和表面金属凸起物等。

(a) 波兰PL-01隐身坦克　　　　　　　　　　(b) QinetiQ ACAVP塑料步兵战车

图 12 - 1　国外雷达隐身坦克

在技术手段方面，隐身飞机的出现极大地促进了有关目标 RCS 缩减、雷达目标散射算法与计算机仿真技术的研究。2000 年以后国外有关公司推出了电磁场仿真软件，2010 年以后国内有关公司也推出了相关仿真软件，利用这些软件可以比较方便地进行大目标的虚拟样机建模和电磁散射特性仿真，为开展导弹发射车雷达隐身设计提供了工具。

发射车 RCS 缩减设计具体步骤如下：

1）利用三维设计软件建立导弹发射车的雷达散射仿真用三维模型，该模型体现设计师的雷达散射缩减设计思想；

2）将三维模型导入电磁散射仿真软件，转化为电磁散射仿真模型；

3）设置仿真模型电磁参数和仿真步长等参数进行仿真；

4）分析仿真结果，修改仿真模型，再次进行仿真，直至达到预期要求。

图 12 - 2 所示为发射车目标雷达散射性能仿真流程图，图 12 - 3 所示为发射车外形建模及 RCS 仿真结果示意图。

12.2.1.2　结构隐身设计

第 2.7 节介绍了结构隐身设计的原理方法，主要包括吸波涂层、蜂窝或泡沫吸波结构材料、低发射率材料等，发射车结构隐身设计就是结合发射车功能设计，在满足功能和强度要求的前提下，综合运用上述技术进行雷达、红外隐身设计，并实现雷达、红外隐身性能兼容。一般设计措施如下：

1）降低底盘或上装机组发动机排烟装置的辐射温度、改变排烟口方向；

2）设计强排风窗口，降低设备舱内的温度；

3）高温部位表面局部涂覆低发射率涂层；

4）对车轮轮辋进行遮挡；

5）设计复合材料吸波结构的发射箱（筒）、设备舱和结构件。

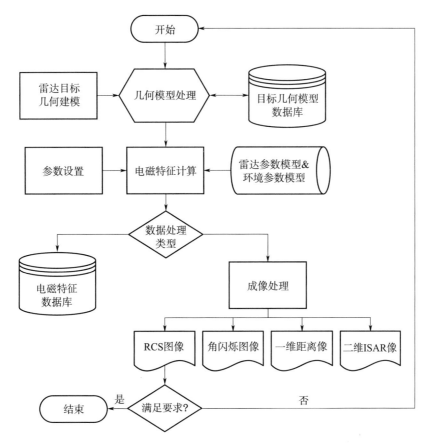

图 12 - 2　发射车目标雷达散射性能仿真流程图

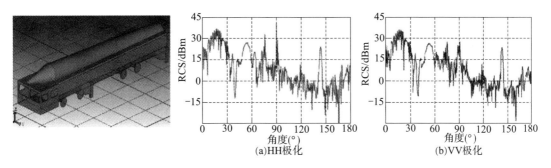

图 12 - 3　发射车外形建模及 RCS 仿真结果示意图

12.2.2　外在式伪装器材设计

由于导弹发射车外形尺寸较大，出厂状态外形基本固化，采取的内在式隐身伪装设计措施只是增大了敌方侦察发现的难度，因此还需要外在式伪装器材来弥补装备在各种作战环境中隐身伪装的需求。外在式伪装器材的基本组成为伪装网、变形器、连接绳、可伸缩支柱、包装袋和地桩等，具体结构参见第 2.7 节。其中，伪装网是核心，一般采用切花外网和内层衬层结构，在高温部位的伪装网增加隔热材料。要求兼容光学、红外和雷达等波段的隐身性能，除隐身性能外，还要求耐磨、阻燃、防紫外线、耐高低温和湿热、重量轻、包装体积小。

导弹发射车外在式伪装器材方案设计的内容包括：

1）根据伪装技术要求，分解外在式伪装器材的技术指标、试验与考核要求。

2）设计外在式伪装器材总体方案：组成、分块数量、布设与撤收方式、与上装的接口、包装与装车方式。

3）伪装器材收储空间设计，一般应设计独立舱体存放；或者设计车外存放位置并考虑紧固措施，不能超出整车行驶、运输界限。

4）外形轮廓尺寸测量与伪装网尺寸确定，伪装网面尺寸越大效果越好，但是不利于包装和携载状态机动，因此，一般要求能在驻车待机状态斜拉、变形、无阴影即可。

5）伪装网选型，按全波段性能、重量轻等原则选择国内成熟产品，并对小样产品性能测试。

6）变形器及安装接口设计：采用轻质高强度、刚度好的圆柱形复合材料，可伸缩变形，展开长度为 0.5～1.0 m，能快速插入安装接口。

7）地桩设计：不少于 6 个地桩（按每边 3 个），地桩材料为硬质铝合金。

8）牵拉绳设计：伪装网的边缘设置边绳、挂钩和牵拉绳，牵拉绳用于在待机阵地展开伪装。

9）包装袋方案：根据伪装网分块数量、重量确定包装袋数量，一般每个包装袋含伪装网的重量不超过 40 kg。

12.2.3 外形民车化变形伪装方案

外形民车化变形伪装的功能是实现发射车公路长途机动、铁路长途运输的伪装，消除导弹发射车典型特征。具体技术方案根据总体要求实施，基本要求为：重量轻、阻燃、防雨、防风、防紫外线、防钩挂、操作简便，安装接口为外在式伪装接口。

上面介绍了发射车隐身伪装设计措施，在发射车实际作战运用中，隐身伪装是作战准备工作中的一项重要内容，应尽量利用气象条件、地形地物条件辅助隐身，比如在山区充分利用山沟、茂密森林和植被辅助隐身；在荒漠、平原地区则可以采用壕沟、土坡和民房等遮挡条件。

第 13 章　验证试验方法与技术

在新产品研制过程中采用的验证试验方法主要包括实物样机试验、仿真试验和半实物仿真验证，本章对发射车设计中常用的仿真与实物验证试验方法进行简单介绍。

13.1　仿真试验

13.1.1　仿真项目与方法

导弹发射车设计中开展的仿真试验项目一般包括：

1) 导弹、机构运动/动力学仿真；

2) 车辆动力学仿真；

3) 弹射内弹道、发射流场仿真；

4) 调温性能仿真；

5) 液压系统性能仿真；

6) 伺服控制系统仿真；

7) 隐身伪装性能仿真；

8) 越野或特殊路面通过性仿真；

9) 车辆弯道通过性仿真；

10) 展开与撤收性能仿真；

11) 人机工程仿真。

上述仿真试验项目包含组件或机构级、分系统级和整车级。所采用的仿真方法按建模方法可分为数值仿真（理论分析）和图形化建模仿真两大类；数值仿真一般是通过建立仿真物理模型，推导力（固体、流体）、热、电等学科的方程组，通过解析或数值方法求解方程的解；图形化建模仿真是利用商用软件的框图化或三维模型化建模功能，以框图或实体模型代替实物元件，通过其逻辑（约束）关系连接元件搭建仿真模型进行仿真，可得到特征值的时间历程曲线或可视化运动过程。工程设计部门一般采用现成的商用软件建模仿真，工程算法研究一般常见于高校和研究生论文。下面结合具体项目介绍。

13.1.2　导弹发射过程有关运动（动力）学仿真

13.1.2.1　仿真试验目的

与导弹发射过程相关的导弹/机构运动仿真试验一般针对导弹出筒（箱）过程或发射车的某些结构空间运动规律的仿真，比如导弹出筒（箱）过程仿真、适配器的分离与落点仿真、开顶盖运动仿真、发射装置电连接器分离机构运动仿真等。这些仿真试验主要目的如下：

    1）分析发射过程瞬态响应和运动规律；

    2）机构运动区域包络分析；

    3）运动副载荷计算；

    4）运动时间计算；

    5）机构动作过程可视化展示。

13.1.2.2 仿真方法

传统方法是利用理论力学方法推导运动方程求解，文献［1］介绍了导弹发射动力学有关理论和算法、示例。2000 年以后的机构运动、动力学仿真逐步开始采用一种商用软件或几种软件联合，比如采用 MSC/ADAMS 软件、Pro/E 软件中的机构运动仿真模块，如果引入液压、电控部分，则同时采用 AMESim、EASY5 和 MATLAB/Simulink 建模。

13.1.2.3 仿真算例

示例一：导弹发射过程适配器落点的仿真

导弹出筒后适配器的落点是发射平台设计研究的一个技术问题，文献［2］采用理论力学方法对每个适配器建立导弹出筒后适配器的动力学和运动学方程组

$$\frac{\mathrm{d}v}{\mathrm{d}t} = \sum F_x/m \left.\begin{matrix} \\ \\ \\ \end{matrix}\right\} \qquad J_x\frac{\mathrm{d}\omega_x}{\mathrm{d}t} + (J_x - J_y)\omega_y\omega_z = M_x \left.\begin{matrix} \\ \\ \\ \end{matrix}\right\}$$

$$\frac{\mathrm{d}\vartheta_2}{\mathrm{d}t} = \sum F_y/(mv) \qquad J_y\frac{\mathrm{d}\omega_y}{\mathrm{d}t} + (J_z - J_z)\omega_x\omega_x = M_y$$

$$\frac{\mathrm{d}\varphi_2}{\mathrm{d}t} = \sum F_z/(-mv\cos\vartheta_2) \qquad J_z\frac{\mathrm{d}\omega_z}{\mathrm{d}t} + (J_y - J_x)\omega_y\omega_x = M_z$$

$$\frac{\mathrm{d}x}{\mathrm{d}t} = v\cos\vartheta_2\cos\varphi_2 \left.\begin{matrix} \\ \\ \\ \end{matrix}\right\} \qquad \frac{\mathrm{d}\varphi_1}{\mathrm{d}t} = (\omega_y\cos\gamma_1 - \omega_z\sin\gamma_1)/\cos\theta_1 \left.\begin{matrix} \\ \\ \\ \end{matrix}\right\}$$

$$\frac{\mathrm{d}y}{\mathrm{d}t} = v\sin\vartheta_2 \qquad \frac{\mathrm{d}\theta_1}{\mathrm{d}t} = \omega_y\sin\gamma_1 - \omega_z\cos\gamma_1$$

$$\frac{\mathrm{d}z}{\mathrm{d}t} = -v\cos\vartheta_2\sin\varphi_2 \qquad \frac{\mathrm{d}\gamma_1}{\mathrm{d}t} = \omega_z - \tan\theta_1(\omega_y\cos\gamma_1 - \omega_z\sin\gamma_1)$$

$$\sin\alpha = [\cos\vartheta_2\sin\vartheta_1\cos\gamma_1\cos(\varphi_1 - \varphi_2) - \cos\vartheta_2\sin\gamma_1\sin(\varphi_1 - \varphi_2) - \sin\theta_2\cos\vartheta_1\cos\gamma_1]/\cos\beta_2 \left.\begin{matrix} \\ \\ \\ \end{matrix}\right\}$$

$$\sin\beta = \cos\vartheta_2\cos\gamma_1\sin(\varphi_1 - \varphi_2) - \sin\vartheta_2\sin\gamma_1\cos\vartheta_1;$$

$$\sin\gamma_c = [\cos\alpha\sin\beta\sin\vartheta_1 - (\sin\alpha\sin\beta\cos\gamma_1 - \cos\beta\sin\gamma_1)\cos\vartheta_1]/\cos\vartheta_2;$$

通过设置不同的初始值解上述 15 个方程（参数含义见原文），可计算出每个适配器的落点分布规律。如果适配器数量多，该方法推导和计算工作量还是很大的。其一块适配器落点分布计算结果如图 13-1 所示。

上述相同的问题，采用 ADAMS 等商业软件可更方便地解决，不需要针对每个适配器单独仿真计算。一般仿真分析流程如图 13-2 所示，包括仿真模型数据准备、仿真环境设置、创建模型、模型检查、仿真计算、后处理、结果分析、细化仿真、复核复算等。

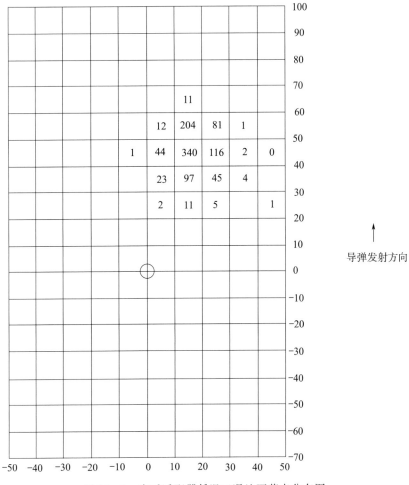

图 13 - 1 右后适配器低温工况地面落点分布图

因 ADAMS 软件的三维建模工具不是很方便,机构中的构件(零件)可以方便地利用其他三维建模软件(如 UG、Pro/E 等)建模后导入,这样可实现三维设计数字样机与仿真模型的对应关系。一个采用 ADAMS 仿真方法计算适配器出筒落点和规律的算例可见文献 [3],该论文详细介绍了导弹适配器建模、风载建模等建模方法及仿真计算的过程,其仿真三维模型如图 13 - 3 所示。在导弹发动机推力作用下出筒后适配器的分离及落点如图13 - 4 所示。

示例二:导弹出筒姿态仿真

导弹的出筒姿态预测是发射车研制中一个重要的仿真验证项目。仿真方法可以采用传统的动力学方法(拉格朗日方程组)解方程组求解,现在基本上都采用现成的商用仿真软件进行仿真。文献 [4] 利用 ADAMS 软件进行仿真,详细介绍了弹道导弹无依托发射出筒姿态动力学建模与仿真过程,对发射车模型进行了必要的简化,简化模型和建立的ADAMS 仿真模型如图 13 - 5 所示,模型中将起竖油缸、车腿油缸、适配器等效成带阻尼的弹簧,导弹和发射筒等效成刚体。

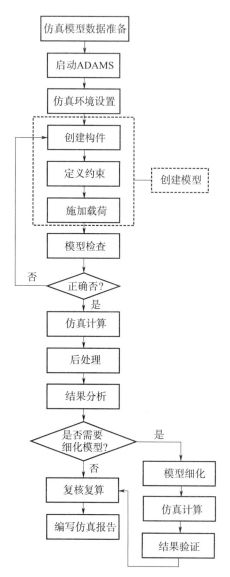

图 13-2　利用 ADAMS 软件进行机构动力学仿真一般流程

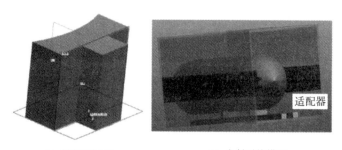

(a) 适配器模型　　　　　　　(b) 发射系统模型

图 13-3　ADAMS 仿真用适配器及发射系统模型

(a) 适配器分离过程和运动轨迹

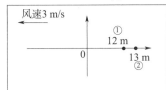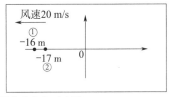

(b) 不同风速适配器落点分布示意图

图 13 - 4　适配器分离仿真结果示意图

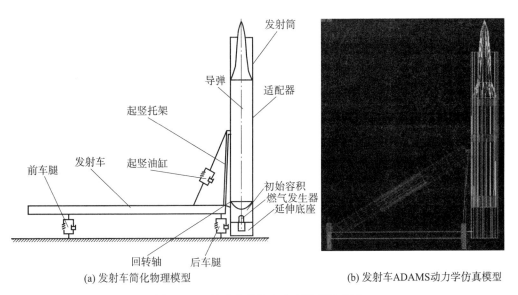

(a) 发射车简化物理模型　　　　　(b) 发射车ADAMS动力学仿真模型

图 13 - 5　导弹出筒姿态仿真模型示意图

仿真结果如图 13 - 6 所示，可得到导弹的姿态角速度、角度随时间的变化规律以及发射过程中油缸、回转支耳等构件的载荷。

示例三：发射车升车过程仿真

由于要求发射车能在各种不同的路面（纵坡、横坡，甚至有一定弹性的土地面）进行发射，因此对发射车在不平路面的升车起竖性能进行仿真验证是发射车方案或初样产品设计的一项工作。文献［7］介绍了采用 ADAMS 软件进行发射车在不同坡度路面升车的仿真案例，发射车升车模型如图 13 - 7 所示，各轮胎等效成等刚度弹簧，油气弹簧的力-位移关系为一个非线性函数，仿真分为 4 种不同的路面及载荷工况：满载（载弹）水平地面、满载上坡道、满载下坡道、空载（不载弹）水平地面。

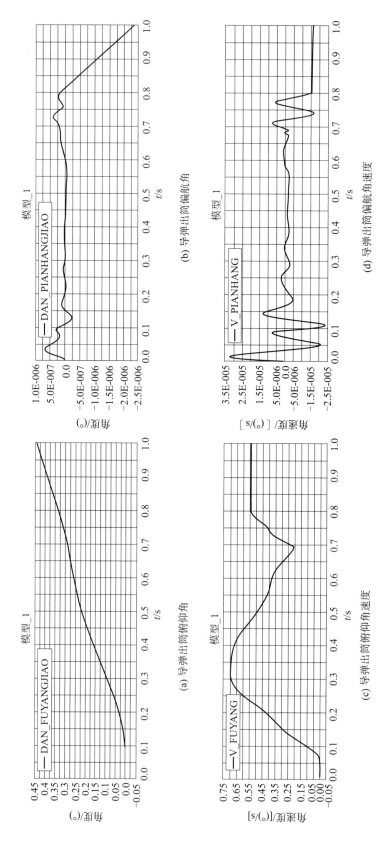

图 13 - 6　导弹出筒姿态仿真计算结果示意图

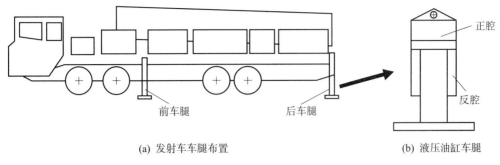

(a) 发射车车腿布置　　　　　　　　　　(b) 液压油缸车腿

图 13-7　发射车升车模型

发射车车腿油缸压力变化曲线示意图如图 13-8 所示，到位压力见表 13-1。仿真结果为车控系统控制参数的设定和液压系统设计、车腿盘设计提供了依据。

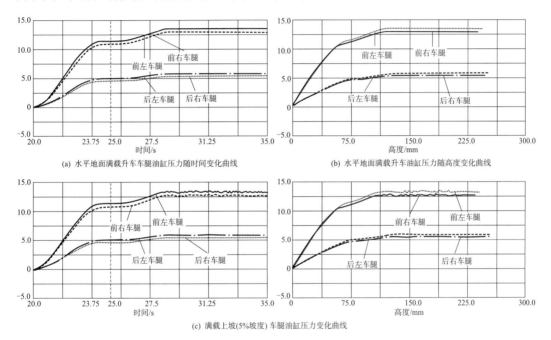

图 13-8　升车过程中车腿油缸压力变化曲线示意图

表 13-1　4 种工况下各个车腿在腿盘触地和升车到位时的压力值

工况 压力值/MPa		满载水平	满载上坡	满载下坡	空载水平
前左车腿	腿盘触地	0.053	0.0405	0.0452	0.0314
	升车到位	13.4581	13.1760	13.5433	8.8010
前右车腿	腿盘触地	0.034	0.0361	0.0374	0.0289
	升车到位	12.8299	12.5646	12.9079	8.1505
后左车腿	腿盘触地	0.00827	0.00643	0.0134	0.0188
	升车到位	5.6799	5.8357	5.4722	2.9284

续表

压力值/MPa 工况		满载水平	满载上坡	满载下坡	空载水平
后右车腿	腿盘触地	0.0262	0.0139	0.0323	0.0145
	升车到位	5.2900	5.4260	5.0916	2.5765

文献 [8] 提出了由于发射地面良好，考虑取消车腿油缸动作，直接锁定轮胎和悬架进行起竖发射的方案，利用 ADAMS 软件建模进行发射工况仿真，该仿真模型为多刚体拓扑结构，导弹发动机推力采用软件中的 ASKISPL 函数作用在导弹尾部，导弹对发射筒的推力 ASKISPL 函数（力和力矩）作用在发射筒质心，轮胎采用 UA 模型与地面为碰撞关系（采用 IMPACT 函数模拟），适配器与发射筒的约束关系为滑动＋弹簧。发射车仿真三维模型如图 13-9 所示，轮胎支承发射仿真结果如图 13-10 所示。

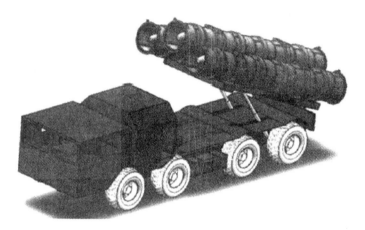

图 13-9　无车腿发射车仿真三维模型

13.1.3　发射车行驶动力学仿真

13.1.3.1　试验目的

底盘设计师对发射车的底盘通过特殊路面的悬架、转向机构等的运动进行仿真，了解底盘分系统设计的正确性。发射车总体设计师对发射车在各种路面行驶的行为特征进行仿真，可以了解振动模态、行驶平顺性、最大振动加速度、最大过载等，结构动力学仿真试验主要目的如下：

1) 主要振动模态分析；

2) 导弹与发射架（筒、箱）的瞬态运动规律分析；

3) 各种输入条件下（随机、正弦、阶跃、冲击等）的动响应计算；

4) 动载荷、运动时间计算；

5) 子结构运动规律和包络。

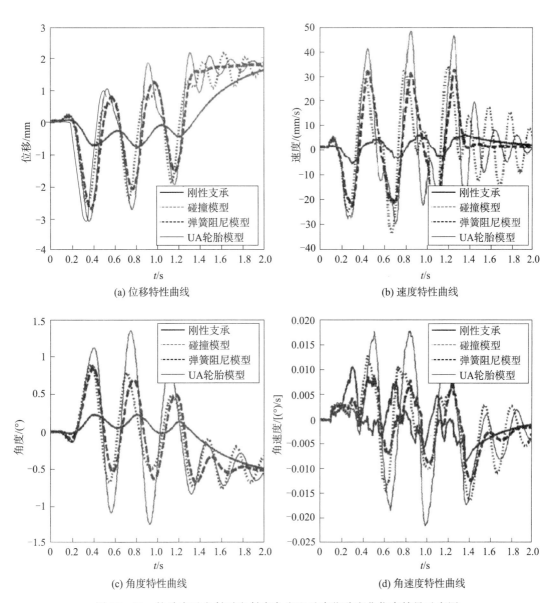

图 13-10　轮胎支承发射时发射车角度和垂直位移变化仿真结果示意图

13.1.3.2　仿真试验方法

仿真方法和 13.1.2.2 相同。

13.1.3.3　仿真算例

示例一：基于拉格朗日方程进行导弹发射车行驶动力学仿真

本算例来源于文献［9］。根据多体动力学理论，建立了某六轴轮式发射车的 11 自由度的 1/2 整车动力学模型，同时，建立了随机路面模型作为系统的输入，利用 MATLAB 对系统进行数值仿真求解，动力学模型如图 13-11 所示。

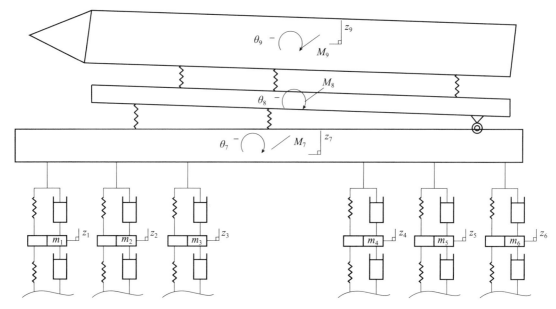

图 13-11 整车 11 自由度动力学模型

图中，z_1，z_2，z_3，z_4，z_5，z_6 为 6 组车轮的竖直方向自由度；z_7，θ_7 为车架及其上载质量的竖直方向自由度和绕其质心的俯仰转动自由度；θ_8 为发射装置绕支耳的转动自由度；z_9，θ_9 为导弹的竖直方向自由度和绕其质心的俯仰转动自由度。

依据上述物理模型可建立拉格朗日方程为

$$\frac{\mathrm{d}}{\mathrm{d}t}\left[\frac{\partial T}{\partial \dot{q}_i}\right] - \frac{\partial T}{\partial q_i} + \frac{\partial U}{\partial q_i} + \frac{\partial D}{\partial \dot{q}_i} = Q_i \,(i = 1,2,\cdots,n)$$

利用拉格朗日方程，列出系统的动能、势能及消耗能，分别将 11 个广义坐标代入拉格朗日方程，即可得一组非线性方程组（如果弹性元件采用线性模型可直接得到解析解），即为 11 自由度系统的动力学方程。

对油气弹簧刚度-位移试验曲线进行拟合，得多项式为

$$k(z) = \sum_{i=0}^{n} (a_i \cdot z^i)$$

式中　z——油气弹簧的压缩量；

　　a_i——常数。

将第 i 个油气弹簧的力 $f(i)$ 和势能 $u(i)$ 表示为

$$f(i) = k(z_i + z_{0i})$$

$$u(i) = \int_0^{\Delta l_{ti}} f(i)\,\mathrm{d}\Delta l_{ti}$$

式中　Δl_{ti}——第 i 个油气弹簧的变形量；

　　z_{0i}——油气弹簧的初始压缩量。

仿真模型的路面输入时域模型选用随机谐波叠加算法建立路面时域模型，在给定的车速 u 下，根据时间频率与空间频率的关系 $f = u \cdot n$，将空间频率 $n_1 < n < n_2$ 内的路面位

移谱密度 $G_q(n)$ 转换为时间频率 $f_1 < f < f_2$ 内的路面位移谱密度 $G_q(f)$

$$G_q(f) = G_q(n_0) * n_0^2 * \frac{u}{f^2}$$

当路面等级确定后，每个正弦波的振幅可由相应的功率谱密度获得，相位差由随机数发生器产生。其模型形式为

$$q(t) = \sum_{i=1}^{m} \sqrt{2 \times G_q(f_{mid-1}) \times f_i} \times \sin(2\pi \times f_{mid-1} \times t + \theta_i) \tag{13-1}$$

式中　　θ_i——$[0，2\pi]$ 内的一个均匀分布的随机数。

由于所研究对象为多轴车，则第 n 轴的路面输入可表示为 $q\left(t - \dfrac{l_n}{u}\right)$，其中，$l_n$ 为第 n 轴到第一轴的距离，u 为当前的车速，这样 $q\left(t - \dfrac{l_n}{u}\right)$ 即可代表当前车速 u 和路面条件下的二维路面随机输入。

采用 MATLAB 对该方程组求解，可得到相应位移、速度及加速度等参数。数学仿真结果如图 13-12 所示，可对导弹的响应值进行傅里叶变换得到各阶主要频率。

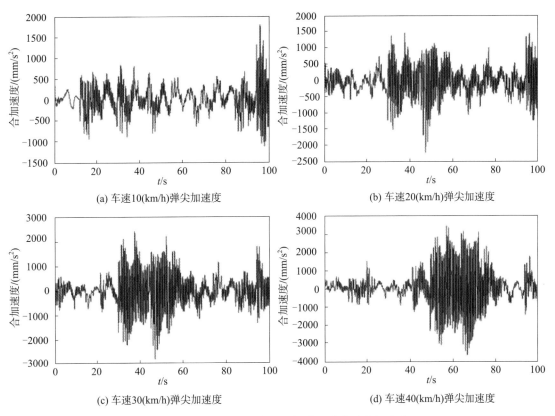

(a) 车速10(km/h)弹尖加速度　　　　　　　(b) 车速20(km/h)弹尖加速度

(c) 车速30(km/h)弹尖加速度　　　　　　　(d) 车速40(km/h)弹尖加速度

图 13-12　发射车行驶于 G 级路面弹尖垂向加速度

示例二：基于传递矩阵法的导弹发射车行驶动力学仿真

文献 [10] 采用传递矩阵法建立某导弹发射车的多刚体动力学方程进行了模态分析和

试验验证，该方法可避免建立拉格朗日方程过程中复杂的多体系统总体动力学方程推导，传递矩阵法涉及的系统矩阵阶数不取决于系统的自由度，多数情况下取决于系统元件的最高矩阵阶次，建模灵活、简洁，程式化程度高，易于编程计算。该文献研究的发射车传递矩阵法动力学仿真模型如图 13 - 13 所示，计算和试验结果见表 13 - 2，表明计算方法有效。

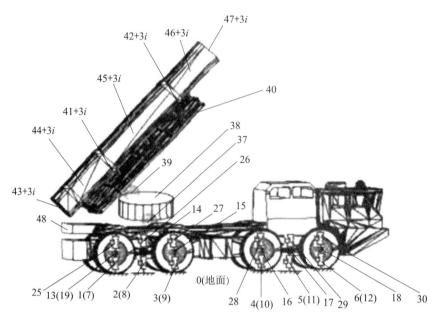

图 13 - 13　某导弹发射车传递矩阵法动力学模型

表 13 - 2　文献仿真计算与试验结果

模态阶数	计算值/Hz	试验值/Hz	相对误差（%）	阻尼比
一阶	3.94	3.91	0.77	2.36×10^{-2}
二阶	4.30	4.18	4.31	4.98×10^{-2}
三阶	5.17	5.56	-7.01	7.96×10^{-2}
四阶	6.03	6.17	-2.27	6.22×10^{-2}
五阶	7.02	6.89	1.89	7.57×10^{-2}
六阶	8.13	8.52	-4.58	9.78×10^{-2}
七阶	9.35	9.22	1.41	6.12×10^{-2}
八阶	11.68	10.85	7.65	5.88×10^{-2}
九阶	15.44	17.12	-9.81	8.13×10^{-2}
十阶	18.67	19.36	-3.56	7.23×10^{-2}

文献［11］同样采用多体系统传递矩阵法进行了导弹发射车行驶动力学仿真建立了某六轴轮式发射车的 14 自由度的 1/2 整车动力学模型，如图 13 - 14 所示。

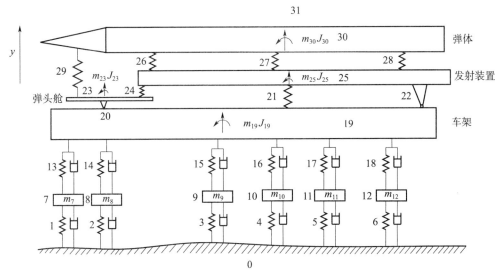

图 13 - 14 14 自由度发射车振动模型

图中，$K_1 \sim K_6$ 为各轮胎的刚度系数；$C_1 \sim C_6$ 为各轮胎的阻尼系数；$m_7 \sim m_{12}$ 为悬架（含轮胎）质量；$K_{13} \sim K_{18}$ 为油气弹簧悬架刚度系数；$C_{13} \sim C_{18}$ 为油气弹簧悬架阻尼系数；m_{19} 为车身质量（主要包含车架、驾驶室、车上设备舱等设备质量）；J_{19} 为车身转动惯量；K_{20y} 为弹头舱支承铰链支承刚度系数；K_{20Z} 为弹头舱支承铰链扭转刚度系数；K_{21} 为空气弹簧支承刚度系数；K_{22y} 为发射装置回转轴支承刚度系数；K_{22Z} 为发射装置回转轴扭转刚度系数；K_{24} 为发射装置在弹头舱上的后支承刚度系数；$K_{26} \sim K_{28}$ 为弹体适配器支承刚度系数；K_{29} 为发射装置在弹头舱前支承弹簧刚度系数；m_{23} 为弹头舱质量；J_{23} 为弹头舱转动惯量；m_{25} 为发射装置质量；J_{25} 为发射装置转动惯量；m_{30} 为导弹质量；J_{30} 为导弹转动惯量。

采用正弦波三角级数对随机路面输入函数进行模拟。

国际标准 ISO/TC108/SC2N67 和我国国家标准规定的路面不平度的功率谱密度表达式和分级方法相同。路面不平度功率谱密度拟合表达式为

$$G_q(n) = G_q(n_0) \left(\frac{n}{n_0}\right)^{-W}$$

式中　n_0——参考空间频率，一般取为 $n_0 = 0.1 \ \mathrm{m}^{-1}$；

　　　$G_q(n_0)$——空间频率为 n_0 时的路面功率谱密度，也叫作路面不平度系数，与路面等级相对应；

　　　W——频率指数，决定了路面功率谱密度频率结构，一般分级路面谱的频率指数取为 $W = 2$；

　　　n——空间频率有效频带中的某一空间频率，其带宽为 $[n_1, n_2]$。

n_1 和 n_2 规定了有效频带的上限和下限，带宽的确定应保证汽车在以平均速度行驶时，路面不平度引起的振动要包括汽车振动的主要固有频率。

利用平稳随机过程频谱展开性质，在空间频率 $[n_1, n_2]$ 内的路面谱密度为 $G_q(n)$，路面不平度的方差 σ_q^2 为

$$\sigma_q^2 = \int_{n_1}^{n_2} G_q(n)\mathrm{d}n$$

对于这个积分运算，可以采用离散近似法，将空间频率范围 $[n_1, n_2]$ 划分成 m 个小区间 Δn_i，当划分区间个数 m 较大时，对于每个小区间的积分值可用式 $G_q(n_{mid,i}) * \Delta n_i$ 表示，$G_q(n_{mid,i})$ 为每个小区间的中心频率 $n_{mid,i}(i=1, 2, \cdots, m)$ 处对应的功率谱密度值，由此可得

$$\sigma_q^2 \approx \sum_{i=1}^m G_q(n_{mid,i}) * \Delta n_i$$

路面不平度方差由各个具有不同频率的正弦波叠加而成，并且，这些不同频率正弦波的标准差为 $\sqrt{G_q(n_{mid,i}) * \Delta n_i}$。对于一个正弦函数 $Y = A\sin(wx)$，其方差为 $DY = \dfrac{A^2}{2}$，那么，对于频率为 $n_{mid,i}(i=1, 2, \cdots, m)$ 且标准差为 $\sqrt{G_q(n_{mid,i}) * \Delta n_i}$ 的正弦波函数，其幅值 $A = \sqrt{2G_q(n_{mid,i}) * \Delta n_i}$，所以该正弦波函数为

$$q_i(x) = \sqrt{2G_q(n_{mid,i}) * \Delta n_i}\sin(2\pi n_{mid,i}x + \theta_i)$$

将各个小区间对应的正弦波函数进行叠加，就得到垂直纵剖面时域路面随机位移

$$q(x) = \sum_{i=1}^m \sqrt{2G_q(n_{mid,i}) * \Delta n_i}\sin(2\pi n_{mid,i}x + \theta_i) \tag{13-2}$$

式中　x——时域路面纵向位置；

　　　θ_i——均匀分布在 $[0, 2\pi]$ 之间的随机数。

GB/T 7031—2005 根据路面功率谱密度将路面分为 8 级，规定了各级路面不平度系数 $G_q(n_0)$ 的几何平均值和各级路面均方根值 σ_q，见表 13-3。

表 13-3　GB/T 7031—2005 路面等级划分

路面等级	$G_q(n_0)/(10^{-6}\ \mathrm{m}^3)$ ($n_0=0.1\ \mathrm{m}^{-1}$) 路面不平度几何平均值	均方根值 $\sigma_q/(10^{-3}\ \mathrm{m})$ 路面不平度均方根值	路面等级	$G_q(n_0)/(10^{-6}\ \mathrm{m}^3)$ ($n_0=0.1\ \mathrm{m}^{-1}$) 路面不平度几何平均值	均方根值 $\sigma_q/(10^{-3}\ \mathrm{m})$ 路面不平度均方根值
A	16	3.81	E	4096	60.90
B	64	7.61	F	16384	121.80
C	256	15.23	G	65536	243.61
D	1024	30.45	H	262144	487.22

根据式（13-2）和表 13-3 即可计算出各种路面的高程值，图 13-15 所示为 B 级、长度为 400 m 的路面不平度及其功率谱密度曲线图。

采用传递矩阵法逐层建立各元件的传递矩阵和传递方程，具体推导从略，下面给出结果：

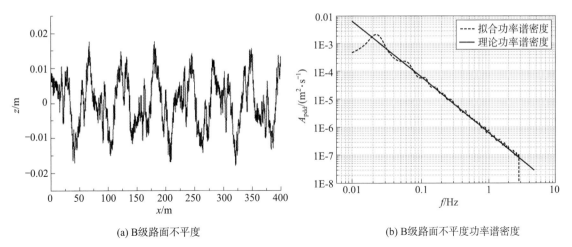

(a) B级路面不平度　　　　　　　　　　　(b) B级路面不平度功率谱密度

图 13-15　国标 B 级路面不平度和功率谱计算结果

地面到轮胎（轴）：$Z_{7\sim12,\,1\sim6} = U_{1\sim6} * Z_{0,\,1\sim6}$

轮胎（轴）：$Z_{7\sim12,\,13\sim18} = U_{7\sim12} * Z_{7\sim12,\,1\sim6}$

轮胎（轴）到车体：$Z_{19,\,13\sim18} = U_{13\sim18} * Z_{7\sim12,\,13\sim18}$

$$Z_{19,\,13\sim18} = U_{13\sim18} * Z_{7\sim12,\,13\sim18}$$

车体：$U_{19-O} * Z_{19,\,20\sim22} = U_{19-I} * Z_{19,\,13\sim18}$

车体到头舱：$Z_{23,\,20} = U_{20} * Z_{19,\,20}$

头舱：$U_{23-O} * Z_{23,\,O} = U_{23-I} * Z_{23,\,20}$

车架、头舱到发射装置：

$Z_{I,\,21-22-24} = [Y_{19,\,20},\,\theta_{Z19,\,20},\,Q_{y19,\,21},\,M_{Z19,\,22},\,Q_{y19,\,22},\,Y_{23,\,24},\,Q_{y23,\,24}]^{\mathrm{T}}$

$Z_{I,\,21-22-24} = E_{21-22-24-1} * Z_{19,\,21\sim22} + E_{21-22-24-2} * Z_{23,\,24}$

$Z_{O,\,21-22-24} = U_{21-22-24} * Z_{I,\,21-22-24}$

发射装置：$U_{25-O} * Z_{25,\,26\sim28} = U_{25-I} * Z_{O,\,21-22-24}$

发射装置到导弹：$Z_{O,\,26\sim29} = U_{26\sim29} * Z_{I,\,26\sim29}$

$U_{26\sim29-1} * Z_{O,\,26\sim29} = U_{26\sim29-2} * Z_{I,\,26\sim29}$

导弹：$U_{30-O} * Z_{30,\,31} = U_{30-I} * Z_{30,\,26\sim29}$

最后组装出总的传递方程：$U_{all} * Z_{all} = 0$

其中，Z_{all} 由系统边界点以及一些中间节点状态矢量组成，U_{all} 为整车系统的总传递矩阵，是 26×34 阶的矩阵。再通过 $\det \bar{U}_{all} = 0$ 计算出特征值（固有频率），由此可求得特征向量

$$V_k = \begin{bmatrix} Y_{7,1}^k, Y_{8,2}^k, Y_{9,3}^k, Y_{10,4}^k, Y_{11,5}^k, Y_{12,6}^k, Y_{19,13}^k, \theta_{z19,13}^k, Y_{23,20}^k, \\ \theta_{z23,20}^k, Y_{25,22}^k, \theta_{z25,22}^k, Y_{30,26}^k, \theta_{z30,26}^k \end{bmatrix}^{\mathrm{T}}$$

发射车系统的动力学方程为

$$M\ddot{v} + C\dot{v} + Kv = f$$

式中　M——质量参数矩阵；

　　　C，K——阻尼参数矩阵和刚度参数矩阵。

由模态综合法得

$$V(t) = \sum_{k=1}^{9} V^k * q^k(t)$$

经变换得

$$\ddot{q}^p(t) + \frac{\sum_{k=1}^{9} \langle CV^k, V^p \rangle}{M_p} * \dot{q}^p(t) + w_p^2 * q^p(t) = \frac{\langle f, V^p \rangle}{M_p} \tag{13-3}$$

式中　M_p——系统的第 p 阶模态质量。

对式（13-3）的阻尼进行线性化处理，通过 MATLAB 编写方程解微分方程，就可以得到 14 自由度整车系统的振动特性。该模型的一个计算结果如图 13-16 所示。

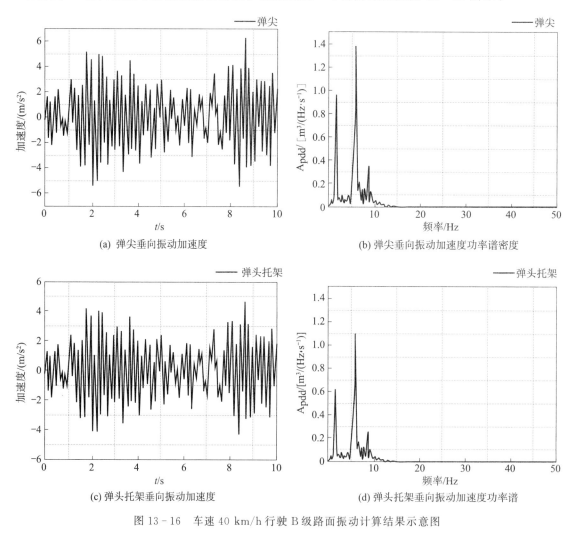

(a) 弹尖垂向振动加速度

(b) 弹尖垂向振动加速度功率谱密度

(c) 弹头托架垂向振动加速度

(d) 弹头托架垂向振动加速度功率谱

图 13-16　车速 40 km/h 行驶 B 级路面振动计算结果示意图

从本节示例一、二看出，采用推导动力学方程的办法进行发射车动力学仿真分析的工作量较大，容易出错，不适于复杂系统的仿真计算。因此设计中大多采用商用动力学仿真软件进行仿真，见下面介绍的示例三。

示例三：采用 ADAMS 软件进行发射车行驶动力学仿真

文献〔9，12〕介绍了采用 ADAMS 软件进行发射车行驶工况仿真方法，下面以文献〔12〕的内容为例介绍方法。车辆模型如图 13－17 所示，发射车模型与此类似，建模和仿真方法相同。

图 13－17　车辆三维虚拟样机模型

建模方法如下：

车架等结构件采用 Pro/E 软件中建立的模型导入 ADAMS 中，约束关系按实际产品连接关系确定。

油气弹簧为弹簧元件，实际油气弹簧刚度-位移曲线如图 13－18 所示。

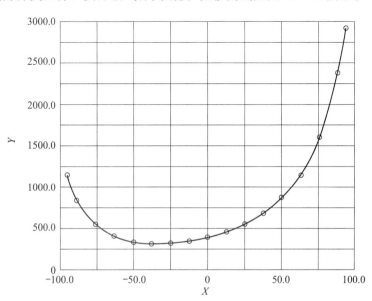

图 13－18　车辆油气弹簧特性曲线

采用 ADAMS 软件的样条曲线插值函数 AKISPL，根据图 13 - 18 数值关系拟合出仿真模型中油气弹簧的刚度函数。

轮胎模型采用 ADAMS 软件中 ADAMS/Tire 模块自带的轮胎模型并对有关尺寸和刚度参数进行更改。

路面模型利用 ADAMS 软件中路面建模功能，创建的 3 种路面模型如图 13 - 19 所示。

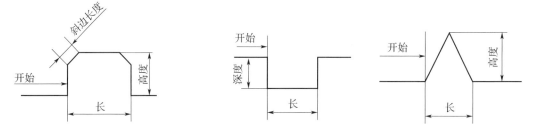

图 13 - 19　创建的 3 种路面模型示意图

仿真部分结果如图 13 - 20 所示。其他特殊路面仿真结果参见文献 [12]。

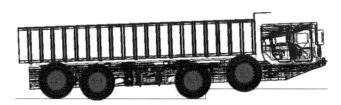

(a) 过垂直台阶虚拟试验第一轴跃上台阶

(b) 过垂直台阶虚拟试验第二轴跃上台阶

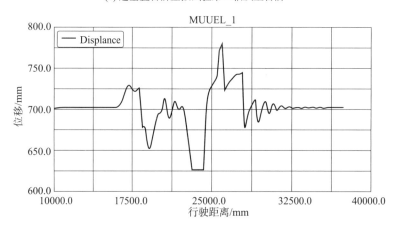

(c) 过垂直台阶虚拟试验第二轴油气弹簧位移

图 13 - 20　车辆过台阶仿真示意图

通过此仿真可以计算出不同车速下通过台阶时油气弹簧的最大载荷和位移以及上装产品的过载、是否有结构运动干涉等。

通过凸台的仿真可计算前、后车轮悬空最大轴荷、最大过载等，如图 13 - 21 所示。

(a) 过三角凸块路面虚拟试验第一轴跃上凸岭

(b) 过三角凸块路面虚拟试验第二轴跃上凸岭

(c) 过三角凸块路面虚拟试验第二、三轴中点跃上凸岭

(d) 过三角凸块路面虚拟试验第三轴跃上凸岭

(e) 过三角凸块路面虚拟试验第四轴跃过凸岭

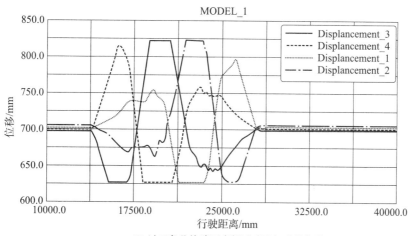

(f) 过三角凸块路面虚拟试验油气弹簧位移

图 13 - 21 车辆通过凸台的仿真结果

在对发射车进行仿真时，为了提高仿真精度，经常将车架和发射装置进行"柔性化"处理，即将其"刚体"模型变成"弹性体"模型。一般仿真软件都提供了柔性化方法，ADAMS 模型柔性化的方法是先对模型进行有限元分析，计算其模态，将经过模态分析的模

态中性文件输出成 MNF 格式导入 ADAMS 中。各种等级路面和特殊路面的仿真方法同上，在等级路面行驶部分仿真结果如图 13-22 和图 13-23 所示，均方根值结果见汇总表 13-4。

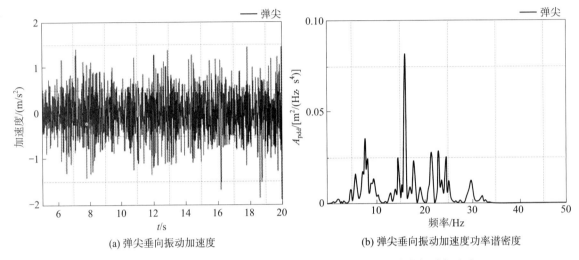

(a) 弹尖垂向振动加速度 (b) 弹尖垂向振动加速度功率谱密度

图 13-22 发射车以车速 60 km/h 行驶在 A 级公路上弹尖的振动加速度

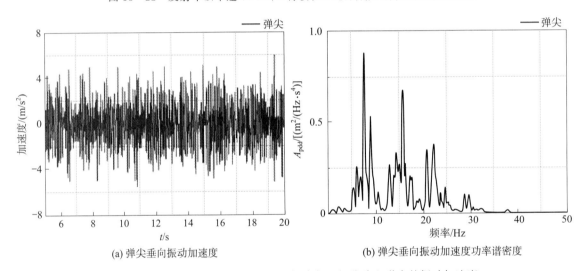

(a) 弹尖垂向振动加速度 (b) 弹尖垂向振动加速度功率谱密度

图 13-23 发射车以车速 60 km/h 行驶在 C 级公路上弹尖的振动加速度

表 13-4 不同路面以 60 km/h 行驶各测点加速度均方根值 (RMS)

（单位：g）

测点	A 级、60 km/h	B 级、60 km/h	C 级、60 km/h
弹尖	0.0482	0.0977	0.1871
弹头托架	0.0426	0.0928	0.1791
前托架	0.0269	0.0564	0.1076
后支耳	0.0382	0.0778	0.1510

13.1.4　液压系统仿真

对于部分原理较为复杂、耦合较多的液压系统，仅通过公式计算，难以对其系统特性、动态响应和性能参数进行准确预判，此时可利用液压仿真软件搭建系统回路进行仿真分析。

除传统的传递函数仿真计算方法，较为常用的液压系统仿真软件包括 AMESim、MATLAB Simhydraulic 模块、EASY5、Hopsan、SIMUL - ZD 等。下面以 AMESim 仿真软件为例对液压系统仿真应用进行简要介绍。

AMESim 作为一款多领域多学科的系统建模仿真工具，提供了丰富的液压元件库，并且可方便地与 MATLAB、ADAMS 等软件进行数据交互，已成为最常用的液压系统仿真分析软件。

针对液压系统仿真，AMESim 主要包含标准液压库（HYD）、液阻库（HR）和液压元件设计库（HCD）3 个液压库，同时，还包括与之相关的信号库、机械库、仿真库、气动库和液压库等。一般来说，对于一个采用标准元件的液压系统，使用标准液压库、信号库、机械库即可满足仿真需求，如存在多级缸、自建阀等结构较为特殊或新设计的液压元件，则可能需要用到液压元件设计库和液阻库进行元件搭建。

利用 AMESim 进行液压系统模型的建立、设置、仿真、分析的过程已有诸多教材进行详细讲解，本书仅通过一个实际案例进行简要介绍。

一个使用三级缸作为执行元件的起竖系统模型如图 13 - 24 所示。

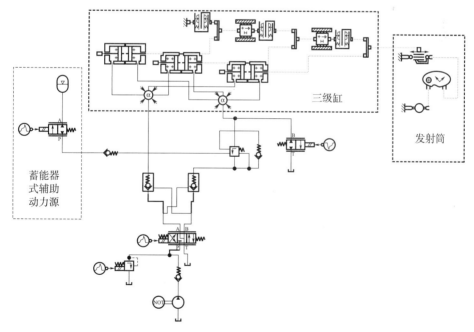

图 13 - 24　三级缸起竖系统仿真模型

本例中，利用标准液压库搭建了液压泵、原动机、比例溢流阀、比例方向阀、平衡阀、液压锁、单向阀、开关阀、油箱、蓄能器、管路等模型；利用液压元件设计库搭建了三级缸模型，利用信号库搭建了各阀的信号输入，利用机械库搭建了发射筒及回转点等模型。

模型搭建完成后，根据前期液压系统设计和元件选型的结果，对模型中各元件进行参数设置，使其尽可能与系统元件具有相同的物理特性。

根据以上模型，进行系统仿真，并对仿真结果进行评估，分析其与技术要求的匹配性。

在本样例中，根据模型仿真，得出了起竖角度-时间曲线，如图 13 - 25 所示。

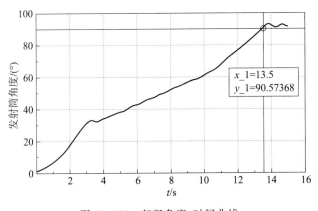

图 13 - 25 起竖角度-时间曲线

根据此结果，系统在 13.5 s 内完成了起竖动作，符合任务书要求。之后再对起竖过载、最大输出力等进行逐一校核分析。

类似仿真算例可参见文献 [13 - 14]。

13.1.5 起竖系统多学科仿真

13.1.5.1 试验目的

导弹发射车是机电一体化的复杂产品，需要多种部件或组合协同动作才能完成一项功能，每个子系统的动作或功能的仿真涉及不同专业或学科领域，单一学科仿真软件不能解决涉及不同学科的系统仿真，而多学科综合协同仿真软件的出现为解决此类问题提供了很好的技术手段。发射车起竖系统仿真是一个典型的机、电、液多学科综合仿真问题。该仿真试验的目的是优化发射装置起竖控制规律、降低液压油缸换级引起的冲击载荷、缩短起竖时间，预测导弹尖点的最大过载及其变化规律，并可计算筒内适配器、发射装置的载荷。

13.1.5.2 仿真方法

2010 年以后在国内逐渐开始应用的协同仿真技术是随着计算机和仿真技术的进步发展起来的一种先进的系统仿真方法，可以将位于不同地点、基于不同计算机平台、采用不同建模方法建立的混合异构仿真模型，在分布式（或单机）环境中进行仿真运行。比较著名的商用软件 iSIGHT、PERA. Simulation、Nastran 等都有多学科仿真与优化的功能模块或具有与其他仿真软件集成的接口，具体方法参见有关软件培训资料。国内也有很多科研单位和高校推出了多学科系统仿真的软件。COSIM 协同仿真平台是由航天科工集团二院仿真中心开发的一个面向多学科领域、符合 OMG/MDA 规范、基于组件技术、支持高层体系结构 HLA，具有通用性、开放性和可扩展性的复杂产品虚拟样机协同建模/测试/仿真运行/可视化及评估一体化平台软件。该协同仿真平台主要由项目管理软件 COSIM - PM、建模/仿真平台软件 COSIM - PLATFORM、可视化软件 COSIM - VE、模型库管理软件 COSIM - VPLM 等组成，软件的多学科工具适配器可提供各领域 CAx/DFx 软件的软件接口，将多学科的设计仿真工具集成到协同仿真平台上，支持软件不同模式的应用集成，实现多学科虚拟样机的协同设计仿真，目前可集成我们工程上常见的 Pro/E、Patran、NASTRAN、ADAMS、MATLAB、ANSYS、EASY5、iSIGHT 等。

13.1.5.3　仿真算例

（1）仿真对象

起竖系统由发射车车架、发射筒（内含导弹、适配器）、起竖机构、液压子系统、电控子系统组成，如图 13 - 26 所示。起竖过程的仿真涉及电控、液压和机构动力学等多个学科。

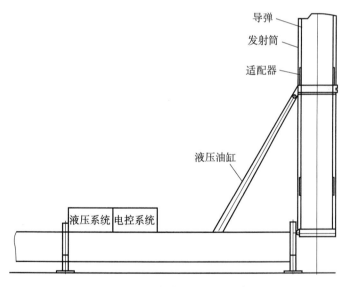

图 13 - 26　发射车起竖系统示意图

（2）仿真方案

起竖系统仿真子模型由发射筒起竖系统多体动力学模型、液压系统模型、电控模型和三维场景显示模型 4 部分构成，如图 13 - 27 所示。

建模方法：利用 MATLAB 软件建立与实际产品电原理图一致的电控系统仿真模型，利用 EASY5 软件建立与液压起竖原理图一致的液压子系统仿真模型，利用 ADAMS 软件建立由发射装置（含导弹、适配器）、车架、起竖油缸等机构组成的多体动力学仿真模型，利用 COSIM 平台建立发射车起竖系统三维视景模型。其中，电控系统 MATLAB 模型的

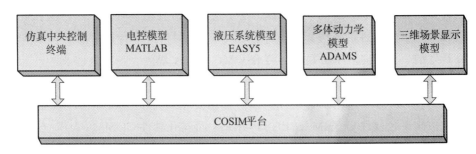

图 13 - 27　起竖系统仿真模型组成框图

输出电流值控制液压系统的比例阀流量，电控系统模型输出的开关量控制液压泵、调压阀及相关电磁阀的动作。液压系统 EASY5 模型在收到电控系统的控制命令后，EASY5 模型输出 ADAMS 多体动力学模型。ADAMS 多体动力学模型在油缸推力的作用下起竖发射装置，并计算力、位移、速度、加速度、发射装置起竖角度等参数。各模型主要参数传递关系如图 13 - 28 所示。利用建模/仿真平台软件 COSIM－PLATFORM 的工具适配器代码生成器（对应 MATLAB、ADAMS、EASY5 三类），分别自动生成"电控'子'模型"元素（对应 MATLAB "电控模型"）、"起竖多体动力学模型元素"（对应 ADAMS "起竖多体动力学模型"）、"液压系统模型"元素（对应 EASY5 "液压系统模型"），然后利用建模/仿真平台软件 COSIM－PLATFORM 的元素测试工具对它们进行测试，同时利用建模/仿真平台软件 COSIM－PLATFORM 的 HLAPort 自动生成器生成上述 3 个元素对应的 HLAPort 元素。

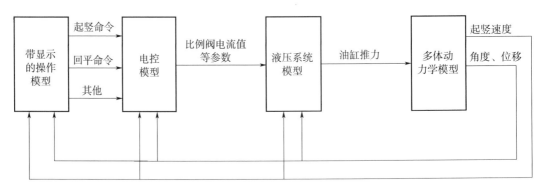

图 13 - 28　仿真模型参数传递关系示意图

①电控系统 MATLAB 模型

电控模型采用控制仿真软件 MATLAB/SIMULINK 环境进行起竖/回平控制的仿真开发，它负责接收起竖、回平命令及发射车动力学模型传来的加速度、角度等信息，然后根据控制算法向液压系统输出相应的控制信号。该模型分为控制系统逻辑模块和比例阀控制电流曲线计算模块两大部分。车控系统实时仿真模型可以对发射车真实车控系统计算机上实时运行的模型来仿真，实现对车控系统控制策略和控制算法的仿真调试和考核。电控系统起竖控制 MATLAB/SIMULINK 模型示意图如图 13 - 29 所示。

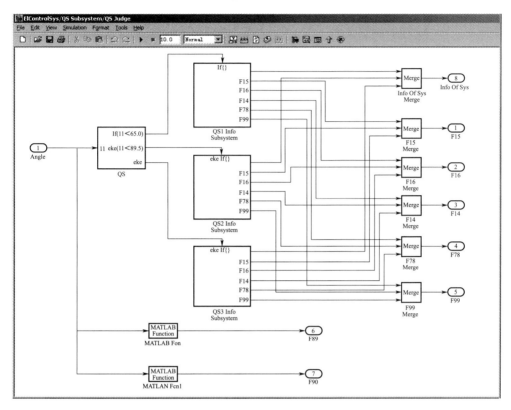

图 13-29　电控系统起竖控制 MATLAB/SIMULINK 模型示意图

②液压系统 EASY5 模型

液压系统模型则用 EASY5 开发，在电控系统控制下，根据油源回路、起竖回路模型，对所使用的阀件进行参数设置，完成油缸的伸出、停止和收缩动作。在 EASY5 2005 r1.2 环境下的液压系统 EASY5 仿真模型如图 13-30 所示。模型主要由油源回路、调压回路和起竖回路组成。

③起竖动力学模型

起竖系统动力学模型是本课题的仿真控制对象，用 ADAMS 软件创建，如图 13-31 所示。为简化模型，去掉了发射车中与本课题关系不大的结构。该模型主要包括车架、油缸、中托座、发射筒、适配器和导弹以及相应连接副。其中，发射筒为柔性体，其余为刚性体，导弹与发射筒之间的适配器简化为弹簧。该模型为刚柔混合模型。

与建模相关的工作完成之后，利用建模/仿真平台软件 COSIM-PLATFORM 运行支撑平台软件、运行管理器，构建发射车起竖控制、液压及多体动力学协同仿真系统，然后通过仿真运行获取仿真结果及评估结果，并通过三维动画进行直观观察。通过修改设计输入参数，对起竖系统进行优化设计。

（3）仿真结果

仿真平台、仿真模型调试成功后，进行了多轮仿真，同时根据仿真结果优化电控系统控制规律。其中，一组仿真结果如图 13-32 所示。

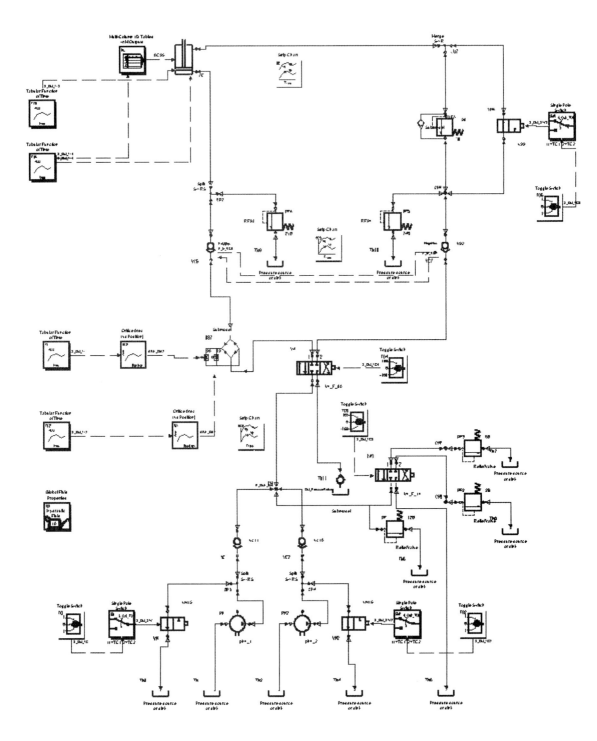

图 13 - 30 液压系统 EASY5 模型示意图

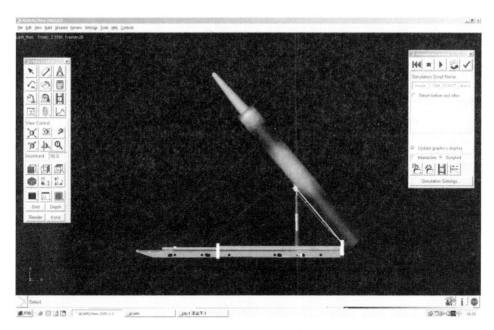

图 13 - 31　起竖系统 ADAMS 模型示意图

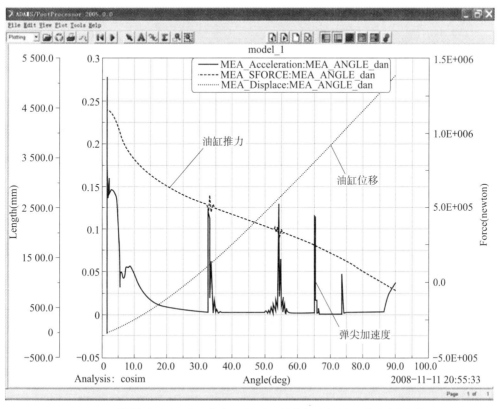

(a) 导弹横向加速度、起竖角度、油缸起竖推力与对应的起竖角度变化规律

图 13 - 32　仿真结果曲线

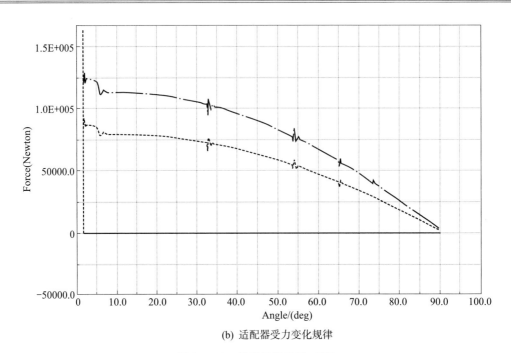

(b) 适配器受力变化规律

图 13 - 32　仿真结果曲线（续）

13.1.6　弹射内弹道、发射流场仿真

13.1.6.1　试验目的

发射流场仿真是对冷、热发射过程中导弹与发射车（发射箱、筒）相互作用过程的仿真，能帮助设计师了解发射过程中导弹的运动姿态、筒（箱）内外燃气流运动规律及其作用、发射车及环境的温度场与速度场等相关特性，为有关设计工作提供技术依据。

13.1.6.2　仿真方法

采用商用 CFD 软件进行发射流场仿真是目前常用的方法，比如 ANSYS FLUENT 软件是进入国内最早、应用最普遍的软件之一。CFD 软件通过流体力学控制方程（质量守恒方程、动量守恒方程、能量守恒方程、组分质量守恒方程、牛顿运动方程等）联合求解得到温度、压力和速度等参数，具体理论方法可参见文献［15］，这里将有关导弹发射气体动力学知识要点介绍如下。

（1）拉伐尔喷管原理

导弹发动机喷管核心结构为拉伐尔喷管，拉伐尔喷管的工作原理如下：

假设喷管截面面积为 $A = A(x)$，其中，x 为喷管轴线方向长度自变量，喷管内部任意横截面质量流量 $\dot{m} = \rho v A$ 为一恒定值，由质量守恒方程 $\rho v A = \text{const}$ 有

$$\frac{\mathrm{d}\rho}{\rho} + \frac{\mathrm{d}v}{v} + \frac{\mathrm{d}A}{A} = 0$$

推导得

$$v^2 \mathrm{d}\rho + \rho v \mathrm{d}v = -\rho v^2 \frac{\mathrm{d}A}{A}$$

$$\rho v \mathrm{d}v = -v^2 \left(\rho \frac{\mathrm{d}A}{A} + \mathrm{d}\rho \right)$$

忽略气体摩擦力，则动量方程可表示为

$$\rho v \mathrm{d}v = -\mathrm{d}p$$

式中　ρ——流体密度；

　　　v——流速；

　　　p——压强。

将声速公式 $\mathrm{d}p/\mathrm{d}\rho = a^2$ 代入上式

$$\frac{\mathrm{d}\rho}{\rho} = -\frac{1}{a^2} v \mathrm{d}v$$

$$\frac{\mathrm{d}v}{v} + \frac{\mathrm{d}A}{A} = \frac{1}{a^2} v \mathrm{d}v$$

$$\frac{(v^2 - a^2)}{a^2} \mathrm{d}v = \frac{v \mathrm{d}A}{A}$$

可得出表示面积变化与速度变化关系的公式为

$$(Ma^2 - 1) \frac{\mathrm{d}v}{v} = \frac{\mathrm{d}A}{A}$$

式中　Ma——马赫数；

　　　a——当地声速。

由上式可知，对于任意喷管而言，面积变化与速度变化间的关系并不具有单调性，在亚声速阶段，随着喷管截面面积的减小，气体流速增加；而在超声速阶段，气体流速随喷管截面面积的增加而变大。为获得超声速气流，则应使用气体通过截面先缩小后扩大的喷管，且在截面面积最小位置处，气流恰好以声速流动，这种喷管即拉伐尔喷管，截面最小位置称为喉截面，此处截面面积记作 A^*。且产生超声速气流时，最小截面两侧必有两个等大截面，其速度一一对应。

在无摩擦损失的条件下，火箭发动机推力公式为

$$F_T = (\mathrm{d}m/\mathrm{d}t) \cdot V_e + A_e(p_1 - p_a)$$

式中　$\mathrm{d}m/\mathrm{d}t$——推进器质量流量（kg/s）；

　　　V_e——喷管口处工质流速（m/s）；

　　　p_1——喷管口处静压（Pa）；

　　　p_a——环境反压（Pa）；

　　　A_e——喷管口截面面积（m²），$A_e(p_1 - p_a)$ 为压力推力。

（2）湍流现象

湍流是流体微团的一种不规则运动，其表现为流场中某点瞬时速度随时间迅速变化，宏观表现为流线不清晰，流体微团沿流动方向法向存在质量交换，相邻流层间流体相互混合。湍流是否形成取决于雷诺数 Re，有

$$Re = \frac{d\rho v}{\mu}$$

式中　d ——特征长度；

　　　v ——流速。

随着流体流速的增加，雷诺数增大。当雷诺数达到一定值后，层流即转化为湍流。燃气流仿真中所涉及流体为高速有黏流，故应增加湍流模型。如果将定常流平均流速设为恒定量 v_0，则湍流场中任意一点速度可视作恒定量 $\bar{v}$ 与起伏量 v' 之矢量和，即

$$v = \bar{v} + v'$$

将各矢量按坐标系分解，假定流动方向沿 x 轴正向，时间 T 足够长，则短时间内无规则分布的平均流速 $\bar{v}$ 也服从一定分布规律，以 t_0 时刻 x 方向为例，有

$$\bar{v}_x(x,y,z,t_0) = \frac{1}{T} \int_{t_0}^{t_0+T} v_x(x,y,z,t) \mathrm{d}t$$

总湍流强度

$$\sigma = \frac{1}{v} \sqrt{\frac{1}{T} \int_0^T \frac{1}{3} (v_x'^2 + v_y'^2 + v_z'^2) \mathrm{d}t}$$

在喷管流场中，湍流情况趋于呈现各向同性，即 $\bar{v}_x' \approx \bar{v}_y' \approx \bar{v}_z'$，则有

$$\sigma = \frac{1}{\bar{v}} \sqrt{\frac{1}{T} \int_0^T (v_x'^2) \mathrm{d}t}$$

湍流强度在流体力学领域用于表现湍流的平均消耗动能，有

$$平均消耗动能 = \frac{\rho}{2} (\bar{v}_x'^2 + \bar{v}_y'^2 + \bar{v}_z'^2) = \frac{3}{2} \rho v^2 \sigma^2$$

（3）数学模型

燃气射流的数学描述通常采用基于纳维-斯托克斯控制方程组，其通用形式为

$$\frac{\partial \rho \Phi}{\partial t} + \mathrm{div}(\rho \Phi u) = \mathrm{div}(\Gamma \, \mathrm{grad}\Phi) + S$$

式中　Φ ——流场通项，即待求项；

　　　Γ ——广义扩散系数；

　　　S ——源项，此方程组尚无解析解，故采用数值方法求解近似值。

若令节点三维直角坐标系为（x_1，x_2，x_3），该节点处速度分量为 $u = (u_1, u_2, u_3)$，则该方程组由以下 3 个基于连续性假设的方程组成

①连续方程（质量守恒方程）

$$\frac{\partial \rho}{\partial t} + \mathrm{div}(\rho u) = 0$$

式中　ρ ——密度（$\mathrm{kg/m^3}$）；

　　　u ——速度矢量（$\mathrm{m/s}$）。

②动量守恒方程

$$\frac{\partial \rho u_i}{\partial t} + \text{div}(\rho u_i \boldsymbol{u}) = \text{div}(\mu \, \text{grad} u_i) + \left(-\frac{\partial p}{\partial x_i} + S_i\right)$$

式中　u_i——各方向速度分量（m/s）；

　　　μ——动力学黏度（Pa·s）；

　　　S_i——动量方程广义源项。

③能量守恒方程

$$\frac{\partial \rho T}{\partial t} + \text{div}(\rho T \boldsymbol{u}) = \text{div}(k/c_p \cdot \text{grad} \, T) + \left(-\frac{\partial p}{\partial x_i} + S_T\right)$$

式中　k——流体传热系数 [（W/（m^2·K）]；

　　　c_p——比定压热容 [J/（kg·K）]；

　　　S_T——黏性耗散项。

对于湍流现象的模拟，大多采用雷诺平均 N-S 方程法。采用 RNG k-ε 两方程模型进行模拟，即对控制方程组添加补充输运方程为

$$\frac{\partial \rho k}{\partial t} + \frac{\partial(\rho k u_i)}{\partial x_i} = \frac{\partial}{\partial x_j}\left(\alpha_k \mu_{eff} \frac{\partial k}{\partial x_j}\right) + G_K + \rho \varepsilon$$

$$\frac{\partial(\rho \varepsilon)}{\partial t} + \frac{\partial(\rho \varepsilon u_i)}{\partial x_i} = \frac{\partial}{\partial x_j}\left(\alpha_\varepsilon \mu_{eff} \frac{\partial \varepsilon}{\partial x_j}\right) + C_{1\varepsilon} \frac{\varepsilon}{k} G_k - C_{2\varepsilon} \frac{\varepsilon^2}{k}$$

式中　ε——湍流耗散率；

　　　k——湍动能。

$$\mu_{eff} = \mu + \mu_i$$

$$\mu_i = \rho C_\mu k^2 / \varepsilon$$

$$C_\mu = 0.0845, \alpha_k = \alpha_\varepsilon = 1.39$$

$$C_{1\varepsilon}^* = C_{1\varepsilon} - \eta(1 - \eta/\eta_0)/(1 + \beta \eta^3)$$

$$C_{1\varepsilon} = 1.42, C_{2\varepsilon} = 1.68$$

$$\eta = (2E_{ij}E_{ij})^{0.5} k / \varepsilon$$

$$E_{ij} = 0.5\left(\frac{\partial u_i}{\partial x_j} + \frac{\partial u_j}{\partial x_i}\right)$$

$$\eta_0 = 4.377, \beta = 0.012$$

该方法可以比较准确地模拟旋流流动的影响，且模型产生项不仅是时间的函数，也是空间坐标的函数，这使该方式可以更好地处理高应变率及流线弯曲程度较大的流动。

（4）离散化处理方法

采用数值方法求解控制方程时，应对控制方程在空间域上离散化处理，即在划分网格之后，将各网格计算节点处场通量值当作未知量，将偏微分控制方程组转化为代数离散方程组，对于通常情况下燃气流仿真问题而言，流场各物理量采用一阶/二阶迎风格式离散即可满足要求，若选用阶数更高的离散格式，可能会导致计算量过大且不易收敛的问题。一阶/二阶迎风格式离散方程组为

一阶迎风格式为

$$a_P \Phi_P = a_W \Phi_W + a_E \Phi_E$$

$$a_P = a_E + a_W + (F_e - F_w)$$

$$a_W = D_W + \max(F_w, 0)$$

$$a_E = D_E + \max(0, -F_e)$$

二阶迎风格式为

$$a_P \Phi_P = a_{WW} \Phi_{WW} + a_W \Phi_W + a_E \Phi_E + a_{EE} \Phi_{EE}$$

$$a_P = a_E + a_{EE} + a_W + a_{WW} + (F_e - F_w)$$

$$a_W = D_W + 1.5\alpha F_w + 0.5\alpha F_e$$

$$a_E = D_E - 1.5(1-\alpha)F_e - 0.5(1-\alpha)F_w$$

$$a_{WW} = -0.5\alpha F_w$$

$$a_{EE} = 0.5(1-\alpha)F_e$$

其中，$F = \rho u A$ 为对流质量流量，$D = \Gamma A / \delta x$ 为界面的扩散传导性，下标 P 为所求节点，下标 W 及 E 代表节点 P 的上、下游节点，下标 w，e 分别代表穿过 P 节点上、下游区域界面的变量。

（5）求解计算方法

流体力学求解方法包括耦合求解法和分离求解法两大类。其中，耦合求解法采用联立求解动量方程和连续方程的方法，运算速度慢，内存占用量大，一般仅在高速可压流及有限速率反应模型中予以采用；分离求解法多用压力修正法，即假定初始压力场，根据压力场解动量方程得到速度场，再利用速度场求解连续方程，对压力场予以修正，并如此循环迭代，直至当前时间步计算收敛。对于发射过程中燃气流场仿真而言，可应用耦合求解法或基于分离求解法的 PISO 算法予以求解。PISO 算法是用于求解非稳态压力速度耦合可压流动问题的非迭代算法，其包含一个预测步骤和两个修正步骤。具体求解方式如下：

首先，假设一个压力场 p^*，并由此求解初始速度分布 u^* 和 v^*，即

$$a_{i,j} u_{i,j}^* = \sum a_{nb} u_{nb}^* + [(p_{i-1,j}^* - p_{i,j}^*)]A_{i,j} + b_{i,j}$$

$$a_{i,j} v_{i,j}^* = \sum a_{nb} v_{nb}^* + [(p_{i,j-1}^* - p_{i,j}^*)]A_{i,j} + b_{i,j}$$

此时所求得的速度分布一般不满足连续方程，故需对其进行修正，假定修正量为 p'，u' 和 v'，且有

$$p = p^* + p'$$

$$u = u^* + u'$$

$$v = v^* + v'$$

即有速度修正量

$$u_{i,j}' = \frac{\sum a_{nb} u_{nb}^*}{a_{i,j}} + \frac{[(p_{i-1,j}^* - p_{i,j}^*)A_{i,j}]}{a_{i,j}}$$

$$u_{i,j}' = \frac{\sum a_{nb} v_{nb}^*}{a_{i,j}} + \frac{[(p_{i,j-1}^* - p_{i,j}^*)A_{i,j}]}{a_{i,j}}$$

上式中等号右侧第一项为临近节点速度引发的修正量，可予以省略，仅保留第二项同方向相邻节点间压力差引发的修正量，求解速度及压力第一次改进值

$$p^{**} = p^* + p'$$
$$u^{**} = u^* + u'$$
$$v^{**} = v^* + v'$$

代入离散后的连续方程，可导出第一压力修正方程

$$a_{i,j}\, p'_{1,j} = \sum a_{i+1,j}\, p'_{i+1,j} + a_{i-1,j}\, p'_{i-1,j} + a_{i,j+1}\, p'_{i,j+1} + a_{i,j-1}\, p'_{i,j-1} + b'_{i,j}$$

式中

$$a_{i+1,j} = (\rho\,\mathrm{d}A)_{i+1,j}, a_{i-1,j} = (\rho\,\mathrm{d}A)_{i,j}, a_{i,j+1} = (\rho\,\mathrm{d}A)_{i,j+1}, a_{i,j-1} = (\rho\,\mathrm{d}A)_{i,j}$$
$$b'_{i,j} = (\rho u^* A)_{i,j} - (\rho u^* A)_{i+1,j} + (\rho v^* A)_{i,j} - (\rho v^* A)_{i,j+1}$$

随后将 p^{**}，u^{**} 及 v^{**} 再次进行迭代上述过程，若假定 p'' 为压力第二次修正量，则有

$$u^{***}_{i,j} = u^{**}_{i,j} + u'_{i,j} = \frac{\sum a_{nb}(u^{**}_{nb} - u^*_{nb})}{a_{i,j}} + \frac{[(p''_{i-1,j} - p''_{i,j})A_{i,j}]}{a_{i,j}}$$

$$v^{***}_{i,j} = v^{**}_{i,j} + v'_{i,j} = \frac{\sum a_{nb}(v^{**}_{nb} - v^*_{nb})}{a_{i,j}} + \frac{[(p''_{i,j-1} - p''_{i,j})A_{i,j}]}{a_{i,j}}$$

将速度第二次改进值 $u^{***}_{i,j}$ 及 $v^{***}_{i,j}$ 代入连续方程，即可得到第二压力修正方程

$$a_{i,j} p''_{i,j} = a_{i+1,j} p''_{i+1,j} + a_{i-1,j} p''_{i-1,j} + a_{i,j+1} p''_{i,j+1} + a_{i,j-1} p''_{i,j-1} + b^n_{i,j}$$

则压力第二次改进值为

$$p^{***} = p^{**} + p'' = p^* + p' + p''$$

由上述求解过程可见，PISO 算法需对压力修正方程求解两次，计算量偏大，但该算法计算效率相对较高且收敛性好。

ANSYS CFD 求解器基于有限体积法，通过计算域离散化为一系列控制体积，在这些控制体上求解质量、动量、能量和组分等的通用守恒方程。仿真步骤包括前处理和后处理，具体如下：

①前处理和求解过程如下：

1）创建代表计算域的几何实体；

2）设计并划分网格；

3）设置物理问题（物理模型、材料属性、域属性、边界条件 …）；

4）定义求解器（数值格式、收敛控制 …）；

5）求解并监控。

为获取尽可能精确的计算结果，排除因网格尺度对计算结果造成的影响，在进行正式计算之前，需要对计算模型进行网格敏感度分析，具体操作方式为对同一计算模型，按网格数量由少至多的顺序划分出若干个计算模型，即将网格尺度作为唯一变量进行控制，依次分别导入计算工具软件进行计算，并观察各计算模型所得结果的差异。当结果差异小于10％时，出于提高计算效率，节约计算时间的考虑，可选取两者之间网格数量较少的计算

模型进行计算。

②后处理过程如下：

1）查看计算结果；

2）修订模型。

通过分析流场区域内流体速度、温度和压力等关键参数云图，对流场结构进行分析，评估仿真分析的真实性及准确性，对重点关注位置受载情况进行分析，评估各位置设计的正确性及有效性。

13.1.6.3　仿真算例

示例一：导弹垂直冷发射过程出筒点火仿真

导弹垂直冷弹射出筒后，发动机在某一特定时刻或特定高度点火，可通过 CFD 仿真了解导弹发动机燃气外流场对发射车及地面设备、环境等的影响。

用于仿真计算的三维模型利用其他三维建模软件如 UG、Pro/E 等快速建立，并转换为通用格式后导入仿真工具软件，这样可实现三维设计数字样机与仿真模型的对应关系。在三维建模软件中生成模型后导入仿真工具软件的计算模型和生成的网格如图 13 - 33 所示，由于喷管附近区域结构较为复杂，难以完全采用结构化网格，故采用大部结构化网格划分与复杂外形部分非结构化网格划分相结合的网格划分策略。

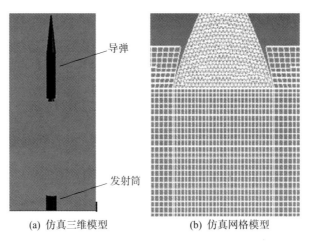

(a) 仿真三维模型　　　　　(b) 仿真网格模型

图 13 - 33　仿真模型

边界条件为发动机喷管入口为压力入口，流场远界为压力出口，各固体壁面均设为无滑移边界。出于提高计算效率，简化计算流程的考虑，在导弹垂直发射过程中，做出以下假设：

1）发动机排出燃气为纯气相工质，且为完全理想气体；

2）忽略气体重力；

3）均为绝热壁面；

4）忽略化学反应及燃气出筒的复燃现象。

计算方案基于一阶/二阶迎风格式离散方法，采用 PISO 算法对流场各节点平衡方程及 RNG k - ε 补充方程进行求解计算。导弹发动机燃气射流外流场温度分布如图 13 - 34 所示，压力分布情况如图 13 - 35 所示。

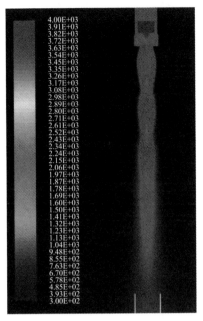 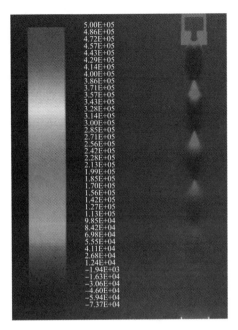

图 13 - 34　导弹出筒后外流场温度分布（见彩插）　　图 13 - 35　导弹出筒后外流场压力分布（见彩插）

由仿真结果可见，导弹出筒后发动机燃气流场结构分布符合一般认知的喷管外流场结构，激波/膨胀波较为明显，且外流场温度、压力分布与通过理论公式计算结果符合情况较好，可以认为本仿真分析具有一定的真实性及准确性，对筒口位置温度及压力载荷分布情况进行分析，经评估可确认筒口对温度及压力承载能力设计的正确性及有效性。

示例二：导弹垂直筒式热发射过程仿真

对于垂直热发射方案，通过仿真手段了解导弹发动机燃气射流对燃气排导装置、发射场坪及其他设备的影响是一项非常重要的工作内容。本示例利用 FLUENT 软件进行仿真，对发射车模型进行了必要的简化，只保留必要的发射装置、燃气排导装置及发射场坪，利用动网格方法实现导弹自点火瞬间至上升 1 倍弹长的发射过程全过程仿真。仿真计算模型如图 13 - 36 所示。

采用大部结构化网格划分与复杂外形部分非结构化网格划分相结合的网格划分策略，利用结构化动网格技术模拟导弹上升过程中位置变化情况，实现导弹上升过程非定常仿真。边界条件为发动机喷管入口为压力入口，流场远界为压力出口，各固体壁面均设为无滑移边界。

计算方法同示例一，经过仿真可得到导弹发动各时刻的燃气流场结构及作用于燃气排导装置的载荷分布，温度流场如图 13 - 37 所示，流场压力分布如图 13 - 38 所示。

流场温度分布及燃气排导装置表面压力载荷分布均与实际情况相符，仿真结果可信度较高。

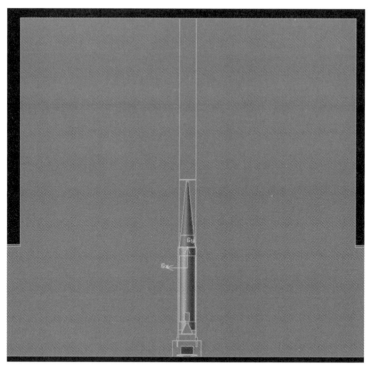

图 13 - 36　导弹垂直热发射仿真模型示意图（见彩插）

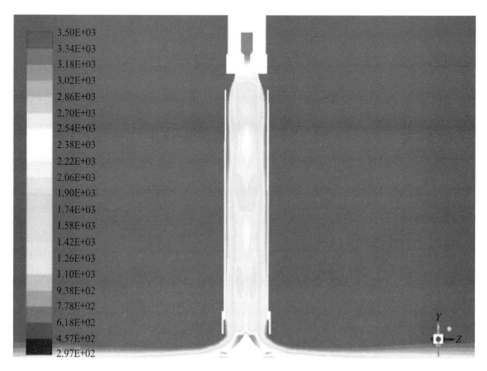

图 13 - 37　燃气流场温度分布（见彩插）

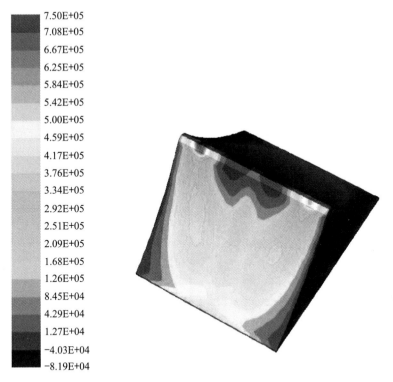

7.50E+05	
7.08E+05	
6.67E+05	
6.25E+05	
5.84E+05	
5.42E+05	
5.00E+05	
4.59E+05	
4.17E+05	
3.76E+05	
3.34E+05	
2.92E+05	
2.51E+05	
2.09E+05	
1.68E+05	
1.26E+05	
8.45E+04	
4.29E+04	
1.27E+04	
-4.03E+04	
-8.19E+04	

图 13-38　燃气排导装置表面压力载荷分布

示例三：裸弹热发射导弹发动机燃气射流对地面作用仿真

导弹发动机在特定高度点火，燃气射流直接冲击发射场坪是考核发射场坪承载能力指标的重要试验项目之一，同时，也是验证热发射燃气排导装置有效性、流场温度分布的重要参照。

仿真方法同示例一。导弹发动机燃气射流对地面的作用如图 13-39 所示，有无燃气排导装置情况下发射场坪所受压强载荷的对比如图 13-40 所示。

由仿真结果对比分析可知，设置导流装置后，地面所受压强载荷远小于燃气流直接冲击地面工况。

示例四：燃气弹射及内弹道仿真

本示例内容来源于文献 [16]，仿真研究弹射动力装置产生的燃气成分如 CO、H_2 等在初容室二次燃烧对内弹道的影响。其弹射装置结构及网格模型如图 13-41 所示。

模型网格经过仿真验算误差较小，仿真结果如图 13-42 所示，表明燃气的二次燃烧使导弹出筒速度增加 5%。

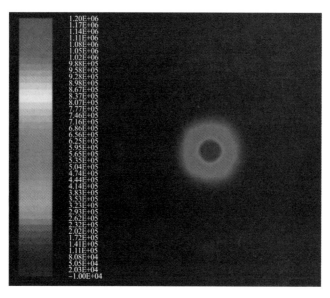

图 13 - 39　导弹发动机燃气射流作用于地面的压强载荷分布

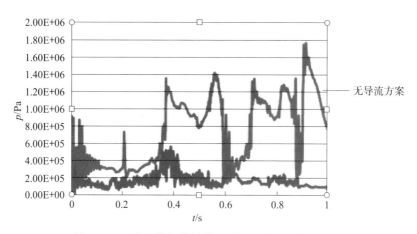

图 13 - 40　有无燃气排导装置时地面受压强情况对比

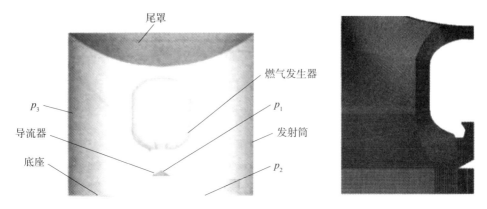

图 13 - 41　弹射装置结构及网格模型示意图

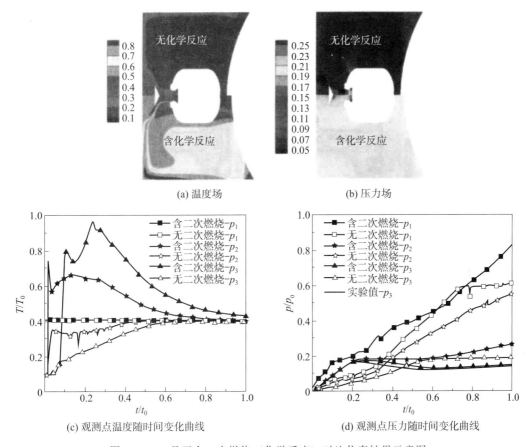

(a) 温度场

(b) 压力场

(c) 观测点温度随时间变化曲线

(d) 观测点压力随时间变化曲线

图 13 - 42 是否含二次燃烧（化学反应）对比仿真结果示意图

13.1.7 极限环境保调温性能仿真

调温系统设计过程中需要计算极限环境条件下发射筒（或保温舱）、载人舱（或驾驶室）等调温空间内的温度、风速和压力等参数分布情况，为调温系统的设计、优化提供设计手段和理论依据。调温系统温度场仿真也常用 ANSYS FLUENT 等软件进行流场仿真计算。

13.1.7.1 理论基础

（1）控制方程

由经典运动学和传热学理论可知，任何流动与传热过程都受质量守恒定律、动量守恒定律和能量守恒定律 3 个基本物理规律的支配。此处方程和燃气流仿真方程形式基本相同。

①质量守恒方程（又称为连续性方程）

$$\frac{\partial \rho}{\partial t} + \frac{\partial (\rho u)}{\partial x} + \frac{\partial (\rho v)}{\partial y} + \frac{\partial (\rho w)}{\partial z} = 0$$

式中 u，v，w ——流体的速度矢量 U 在 3 坐标上的分量（m/s）；

　　ρ ——流体密度（kg/m^3）。

　　对于不可压缩流体，其流体密度为常数，质量守恒方程简化为

$$\mathrm{div}(\boldsymbol{U})=0$$

式中　$\boldsymbol{U}$ ——流体的速度矢量（m/s）。

　　②动量守恒方程

$$\frac{\partial(\rho u)}{\partial t}+\mathrm{div}(\rho \boldsymbol{U}u)=\mathrm{div}(\nu\cdot\mathrm{grad}u)-\frac{\partial(p)}{\partial x}$$

$$\frac{\partial(\rho v)}{\partial t}+\mathrm{div}(\rho \boldsymbol{U}v)=\mathrm{div}(\nu\cdot\mathrm{grad}v)-\frac{\partial(p)}{\partial x}$$

$$\frac{\partial(\rho w)}{\partial t}+\mathrm{div}(\rho \boldsymbol{U}w)=\mathrm{div}(\nu\cdot\mathrm{grad}w)-\frac{\partial(p)}{\partial x}$$

式中　ν ——流体的运动黏度（m^2/s）；

　　　　p ——流体的压力（Pa）；

　　　　t ——时间（s）。

　　上面三式对于黏性为常数的不可压缩流体成立，又称为 N - S（Navier - Stokes）方程。

　　③能量守恒方程

$$\frac{\partial(\rho T)}{\partial t}+\mathrm{div}(\rho \boldsymbol{U}T)=\mathrm{div}\left(\frac{\lambda}{\rho\cdot c_p}\cdot\mathrm{grad}T\right)+S_T$$

式中　T ——流体的温度（K）；

　　　　λ ——流体的导热系数［W/（m·℃）］；

　　　　S_T ——源项（W）。

　　④控制方程的通用形式

　　在流动与传热问题求解中所需求解主要变量（速度及温度等）的控制方程都可以表示成以下通用形式

$$\frac{\partial(\rho\phi)}{\partial t}+\mathrm{div}(\rho \boldsymbol{U}\phi)=\mathrm{div}(\Gamma_\phi\cdot\mathrm{grad}\phi)+S_\phi$$

式中　ϕ ——通用变量，可以代表流体的 u，v，w，T 等求解变量；

　　　　Γ_ϕ ——广义扩散系数；

　　　　S_ϕ ——广义源项。

　　这里引入"广义"二字，表示处在 Γ_ϕ 与 S_ϕ 位置上的项不必是原来物理意义上的量，而是数值计算模拟方程中的一种定义，不同求解变量之间的区别除了边界条件与初始条件外，就在于 Γ_ϕ 与 S_ϕ 的表达式的不同。上式也包括了质量守恒方程，只要令 $\phi=1$，$S_\phi=0$ 即可。

　　（2）湍流模型

　　调温系统中的冷热气流在箱（筒）内的流动是湍流流动，它是一种高度复杂的三维非稳态、带旋度的不规则流动。在湍流中流体的各种物理参数，如速度、压力、温度等随时

间与空间发生随机的变化。前面所叙述的质量守恒方程、动量守恒方程和能量守恒方程，无论对层流还是湍流都是适用的。但是对于湍流，若用上述的 N-S 方程直接模拟湍流运动，其计算量是十分巨大的，且初始条件和边界条件难以给出。

工程中感兴趣的是平均量，是湍流的"平均运动"，因此，可以把物理问题平均值作为数值研究的对象。对 N-S 方程的平均常采用雷诺平均法，即对于不可压缩流体的湍流运动，用雷诺平均法来推导不可压平均 N-S 方程。雷诺平均法其基本思想是将湍流运动看成是由时均运动和脉动运动组成的，湍流运动的任何参数 ϕ 都可分解为时均值 $\bar{\phi}$ 和脉动值 ϕ'。将各参数的时均值和脉动值代入上面各式，并对方程做时均运算，即可得雷诺时均方程。

采用雷诺时均方程计算湍流运动工作量仍然很大。目前，工程上常用的模拟方法，仍然是由雷诺时均方程出发的模拟方法，这就是常说的"湍流模型"。所谓湍流模型，就是将湍流应力类比于黏性应力，把雷诺应力表示成湍流黏性和应变率之间的关系式，再寻求模拟湍流黏性的方法，湍流黏性的模型有零方程模型、一方程模型和双方程模型等。

在湍流的工程计算中，$k-\varepsilon$ 双方程模型是用得较普遍的一种，具体如下：

k 方程

$$\rho\,\frac{\partial k}{\partial t} + \rho\,u_j\,\frac{\partial k}{\partial x_j} = \frac{\partial}{\partial x_j}\left[\left(\mu + \frac{\mu_t}{\sigma_k}\right)\frac{\partial k}{\partial x_j}\right] + \mu_t\,\frac{\partial u_j}{\partial x_i}\left(\frac{\partial u_j}{\partial x_i} + \frac{\partial u_i}{\partial x_j}\right) - \rho\varepsilon$$

ε 方程

$$\rho\,\frac{\partial \varepsilon}{\partial t} + \rho\,u_j\,\frac{\partial \varepsilon}{\partial x_j} = \frac{\partial}{\partial x_j}\left[\left(\mu + \frac{\mu_t}{\sigma_\varepsilon}\right)\frac{\partial \varepsilon}{\partial x_j}\right] + \frac{c_1\varepsilon}{k}\,\mu_t\,\frac{\partial u_j}{\partial x_i}\left(\frac{\partial u_j}{\partial x_i} + \frac{\partial u_i}{\partial x_j}\right) - c_2\rho\,\frac{\varepsilon^2}{k}$$

$$k = (u^2 + v^2 + w^2)/2$$

$$\varepsilon = c_D \cdot k^{3/2}/l$$

$$\mu_t = c_\mu \cdot \rho\,k^2/\varepsilon$$

式中　　k——湍流动能（$\mathrm{m^2/s^2}$）；

　　　　ε——湍流动能耗散率（$\mathrm{m^2/s^3}$）；

　　　　μ_t——湍流黏性系数，它是空间坐标的函数，取决于流动状态而不是物理特性参数（$\mathrm{Pa \cdot s}$）；

　　　　μ——流体黏性系数（$\mathrm{Pa \cdot s}$）。

$k-\varepsilon$ 双方程模型中的系数，取值见表 13-5。

表 13-5　$k-\varepsilon$ 双方程模型中的系数

c_D	c_μ	c_1	c_2	σ_k	σ_ε
0.416	0.09	1.44	1.92	1.0	1.3

13.1.7.2　仿真求解过程

采用 ANSYS FLUENT 软件进行温度场仿真计算的求解过程，大致可分为以下几个步骤：

　　（1）物理模型简化

　　针对极限环境条件下发射筒（或保温舱）、载人舱（或驾驶室）等调温空间内温度场仿真问题，一般采用稳态分析法进行调温空间内的温度场仿真计算，为了简化仿真计算问题，需要做以下假设和简化：

　　1）对于有强制通风环境的调温空间，假设流域中空气的流动为稳态湍流；

　　2）假设流域中的空气为低速不可压缩理想流体，并忽略由流体黏性力做功引起的耗散热；

　　3）假设进风口为均匀供气管道，进风口截面的温度和速度均匀一致；

　　4）假设调温空间密封完好，不考虑漏热、漏风影响；

　　5）忽略固体与气体的热辐射；

　　6）不考虑太阳辐射换热，将太阳辐射影响与外界环境温度叠加在一起，换算成外界环境综合温度；

　　7）在结构上保留了对流动和换热影响较大的部分，忽略一些对结果影响很小的局部，比如需保留各种加强框的结构，可忽略弹体表面的凹槽等。

　　（2）划分计算网格

　　采用数值方法求解控制方程时，必须将控制方程在空间区域上进行离散，然后求解得到离散方程组，其本质就是把连续的空间变量用离散的网格点上的变量来近似，连续的控制方程在离散之后就成为所有网格点上变量的非线性方程组。要想在空间区域上离散控制方程组，必须使用网格。ANSYS 软件提供各种网格，包括二维三角形、四边形网格以及三维的四面体、六面体、棱锥、棱柱等多种网格，或者它们的混合网格。

　　（3）建立基本守恒方程组，选择合适模型

　　数值模拟的关键是建立质量、动量、能量、组分、湍流特性的守恒方程组，如上述的质量守恒方程、动量守恒方程以及能量守恒方程等，由不同的模拟理论出发，基本守恒方程组也不相同。发射筒（或保温舱）中空气的流动属于稳态湍流流动过程，因此仿真计算时一般选择 k-ε 双方程模型。

　　（4）确定边界条件与初始条件

　　按给定的几何形状和尺寸，由问题的物理特征出发，确定计算域并给定计算域的进出口，轴线（或对称面）及各壁面或自由面处条件。正确给定边界条件是十分重要的，是数值计算成功的关键问题之一。边界条件设定包括进口边界条件设定、出口边界条件设定以及壁面边界条件等。

　　初始条件是所研究对象在过程开始时刻各个求解变量的空间分布情况。对于瞬态的非定常问题必须给定初始条件。对于定常问题，不需要初始条件。

　　（5）选择空间差分格式和制定求解方法

　　用数值方法求解偏微分方程组，必须将该方程组离散化，即把计算域内有限数量位置（网格节点或网格控制体中心点）上的因变量作为基本未知量来处理，从而建立一系列关于这组未知量的代数方程组，然后通过求解代数方程组来得到这些节点上的值。

FLUENT 使用的是有限容积法。在同一种离散化方法中,对方程中对流项所采用的空间差分格式不同,也将导致不同形式的离散方程。FLUENT 提供了多种差分格式供选择,如中心差分、一阶迎风格式以及二阶迎风格式等。

对离散完成的差分方程组已经有各种不同的求解方法。例如涡量流函数算法,基于压力的压力速度修正算法(SIMPLE 系列算法),针对代数方程组的求解有三角矩阵法、逐线迭代、松弛高斯赛德尔迭代方法等。FLUENT 已经在求解器内设计了目前多数已经成熟的求解方法供选择。

(6)运行计算

在对各种工况进行大量的模拟计算后,如果判断解收敛,就可以得到一批可用的变量场预报结果。这里判断解的收敛性是一个经验性很强的问题。常用的判断方法就是判定残差小于我们设定的某个小量,在实际应用当中,经常需要配合以总的质量流量、某点的物理量变化或某个截面通量物理量的变化、物体所受的力或力矩的变化等来综合判断,而且有时是所监控的物理量不再变化,有时是所监控的物理量呈周期性变化时,就认为解收敛了。如果解不收敛甚至发散,就需要调增松弛因子,降低差分格式,选择更简单的模型,甚至重新划分网格,以提高网格质量,再重新开始计算。总之,必须获得收敛的数值模拟结果。

(7)结果分析

FLUENT 中提供了多种手段将预测的物理量场(温度、速度、压力等)的结果显示出来,包括线值图、矢量图、等值线图和流线图等多种方式,对计算结果可进行以下分析:

1)温度场分析:分析低温和高温工况下调温空间内温度场是否满足指标要求,校核调温系统设计是否满足要求;

2)压力场分析:汇总输出低温和高温工况下调温空间内的压力损失,与理论设计值进行对比,校核通风量是否满足要求;

3)冷、热负荷分析:汇总输出低温和高温工况下的冷、热负荷,为制冷装置和供热装置参数设计及选型提供依据。

13.1.7.3　仿真计算实例

(1)问题描述

导弹在保温舱内采用"前送后回"的强制通风方式进行温度调节,在极限高、低温环境工况下,仿真计算保温舱内温度场。保温舱尺寸(长×宽×高)为 12400 mm × 2800 mm × 2200 mm,导弹尺寸(直径×长)为 ϕ 1400 mm × 11400 mm,导弹采用两个托座支承在保温舱内,针对上述问题,对保温舱、导弹、托座,送回风口以及空间内部流域分别建立实体模型,如图 13-43 所示。

(2)网格划分

采用 ANSYS MESH 对仿真模型进行网格划分,其中,导弹和托座采用四面体网格为主,其他实体采用六面体网格为主,如图 13-44 所示。

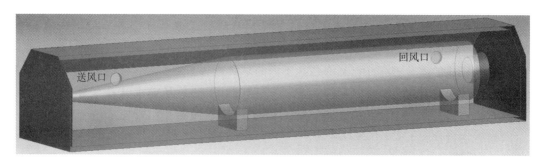

图 13-43 仿真模型示意图

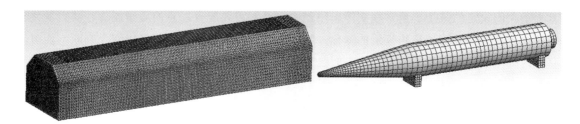

图 13-44 网格划分示意图

（3）计算结果分析

采用温度分布等值线图可以较好地反映高低温工况下保温舱内温度场情况，本算例极限工况下导弹温度分布云图如图 13-45 和图 13-46 所示。

图 13-45 高温工况导弹温度分布云图

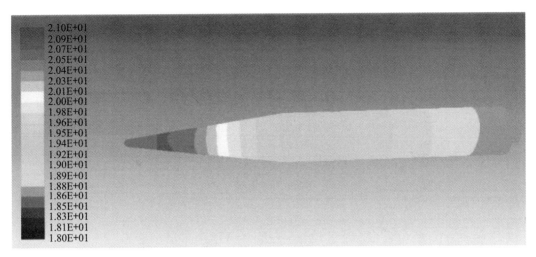

图 13-46　低温工况导弹温度分布云图

13.2　实物样机试验

　　发射车研制阶段的实物样机需要完成的试验项目见表 13-6，加载应力及位移测试、电子组合的可靠性、电磁兼容等试验的方法参见有关标准和规范，不做详细介绍。本书利用公开文献研究成果介绍几个弹道导弹发射车独有的试验项目。

表 13-6　发射车试验项目汇总表

序号	试验项目	研制阶段	备注
1	加载	初样、试样	零部件级
2	上装设备单机功能与性能试验	初样、试样	组件级
3	功能及性能	初样、试样	结合调试进行
4	对接（与筒弹、装填车等）	初样	结合调试进行
5	模拟弹弹射（发射）	初样、试样	发射车级
6	伪装隐身性能	初样、试样	发射车级
7	淋雨	初样、试样	发射车级
8	行驶（跑车）	初样、试样	发射车级
9	模态试验	初样、试样	发射车级
10	高低温	试样	组件级
11	电磁兼容	初样、试样	组件级/发射车级
12	其他环境试验	初样、试样	组件级/发射车级
13	可靠性	初样、试样	组件级
14	维修性	初样、试样	组件级/发射车级
15	测试性	初样、试样	组件级/发射车级

续表

序号	试验项目	研制阶段	备注
16	对接联调	初样、试样	武器系统级
17	飞行试验	试样、鉴定	武器系统级
18	长距离行驶试验	试样、鉴定	武器系统级
19	维修性鉴定试验	鉴定	发射车级
20	部队使用试验	鉴定	武器系统级
21	高海拔试验	鉴定	武器系统级
22	高、低温试验	鉴定	武器系统级
23	大风试验	鉴定	武器系统级

13.2.1　燃气发生器点火（空放）试验

燃气发生器点火（空放）试验是验证弹射动力装置方案正确性的关键试验之一，相当于固体火箭的地面点火试验，文献［19］介绍的固体发动机点火试验装置示意图如图 13 - 47 所示。

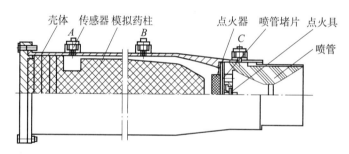

图 13 - 47　固体发动机点火试验装置示意图

（1）试验目的

燃气发生器点火（空放）试验的主要目的如下：

1）验证燃气发生器设计正确性；

2）验证点火装置设计正确性；

3）验证考核燃气发生器的强度。

（2）试验方法

试验产品按设计状态进行装配并安装压力、温度和应变等传感器，然后将试验品固定在试验台架上，按程序进行测试后连接点火电路，按设计的点火方法进行点火（空放）试验。

试验产品与图 13 - 47 类似，试验时一般将燃气发生器的喷管口朝向上方。

13.2.2　缩比弹射试验

缩比弹射试验方法参见文献［20］。

（1）试验目的

由于弹射动力装置的设计计算中存在很多假设性条件，因此其设计过程是一个需要多轮迭代的设计→仿真→实物试验→设计修改→仿真→实物试验的过程，而 1∶1 导弹弹射试验费用高、周期长，因此经常采用缩比弹射动力试验的方法，其目的就是以经济、高效的试验方法达到验证设计方案正确性的目的，因此主要试验目的如下：

1）验证弹射动力装置设计方案正确性；

2）验证弹射内弹道设计计算正确性；

3）减少研制成本、缩短研制周期、降低研制风险。

（2）试验方法

本试验是根据相似准则，采用全尺寸缩比的方法设计的试验。一般采用"全弹道缩比试验"方法，即长度尺寸按真实尺寸，发射筒直径、弹重按相同比例缩小，装药按平方关系缩比，要求缩比试验的结果能反映 1∶1 试验结果。按此缩比关系设计缩比弹射动力装置、直径缩比发射筒、缩比弹射弹，按接近 90°倾斜弹射方法进行缩比弹射试验，试验方案如图 13 - 48 所示，计算落点到发射点的距离应大于缩比弹射弹的长度。

文献［21］介绍了导弹固体火箭发动机发射燃气喷流缩比试验相似参数计算方法，提出了导弹热发射缩比试验的线性尺寸等比例缩小、火箭发动机缩比模型与原型燃烧室压强变化规律一致、燃气比热比与火药力与原型条件一致的关系，该文献可供冷发射缩比弹射试验设计参考。

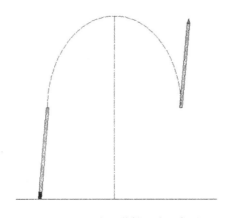

图 13 - 48　缩比弹射试验示意图

13.2.3　1∶1 发射车模型弹弹射试验

发射车模型弹弹射试验方法参见文献［20］第 6.4.1 节。

（1）试验目的

发射车模型弹弹射试验目的如下：

1）进一步验证弹射动力装置设计正确性；

2）进一步验证弹射内弹道设计计算正确性；

3）验证发射车发射综合性能、装车设备的功能及对发射振动环境适应性；

4）验证发射流程正确性；

5）验证弹车及各设备之间接口的协调性；

6）测量有关压力、应力、位移、温度、噪声等参数，并积累可靠性参数。

（2）试验方法

本试验是武器系统飞行试验前的一次全面考核试验，采用真实发射车产品、与真实导弹外形与质量特性相同的模型弹，按接近 90°倾斜弹射方法进行弹射试验，试验方案如图 13 - 49 所示，要求计算落点到发射点的距离应大于弹射弹的长度。

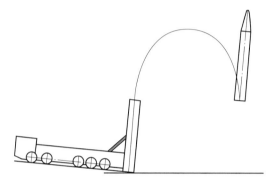

图 13 - 49　发射车模型弹射试验示意图

参 考 文 献

［1］ 姜毅，魏昕林，等．发射动力学［M］．北京：北京理工大学出版社，2015．

［2］ 孙维刚．适配器落点的计算机蒙特卡洛仿真．2005．宇航学会地面设备专业年会．

［3］ 黄聪．适配器的结构外形和外接风载荷对适配器分离落点分布的影响［D］．北京：北京理工大学，2016．

［4］ 王成罡．弹道导弹无依托冷发射出筒姿态动力学建模与仿真分析［D］．哈尔滨：哈尔滨工业大学，2017．

［5］ 华楠，阎君．新型尾罩分离及分离过程的仿真［J］．导弹与航天运载技术，2005．

［6］ 郑旺辉，李雪初．导弹非固联的尾罩方案及分离规律仿真．固体导弹技术．2012年度学术交流会．

［7］ 李雪初，郑旺辉．基于ADAMS的某型号导弹发射车升车过程仿真［J］．现代防御技术，2013．

［8］ 陈大雄，翟军．某车载导弹轮胎支撑发射仿真研究［J］．计算机仿真，2015．

［9］ 李金平．中远程固体弹道导弹发射车动力学仿真计算［D］．北京：中国航天科工第二研究院，2009．

［10］ 高星斗，毕世华．某车载导弹发射系统振动特性［J］．固体火箭技术，2011．

［11］ 黄志强．弹道导弹发射车机动过程动力学分析及筒弹支承方案优化［D］．北京：中国航天科工第二研究院，2014．

［12］ 李金平．轮式车辆越野通过性能虚拟试验仿真研究［J］．二炮研究院X学术交流会，2010．

［13］ 邓飙，张磊，等．基于变频液压技术的多级缸起竖系统仿真研究［J］．机床与液压，2013．

［14］ 张巧云．快速起竖机构系统优化与仿真验证技术研究［D］．哈尔滨：哈尔滨工业大学，2012．

［15］ 姜毅，史少岩，等．发射气体动力学［M］．北京：北京理工大学出版社，2015．

［16］ 胡晓磊，王辉，等．二次燃烧对燃气弹射载荷和内弹道影响数值研究［J］．固体火箭技术，2015．

［17］ 王铮，胡永强．固体火箭发动机［M］．北京：宇航出版社，1993．

［18］ 郑旺辉，李金平，等．基于COSIM仿真平台的导弹发射装置起竖过程多学科协同仿真研究［J］．航天发射技术，2010．

［19］ 张秋芳，等．单项点火试验在小型固体发动机点火设计中的应用［J］．火工品，2006．

［20］ 吴明昌，等．地面设备设计与试验（上）［M］．北京：宇航出版社，1994．

［21］ 陈劲松，等．火箭发射燃气喷流缩比试验相似参数［J］．空气动力学学报，2005．

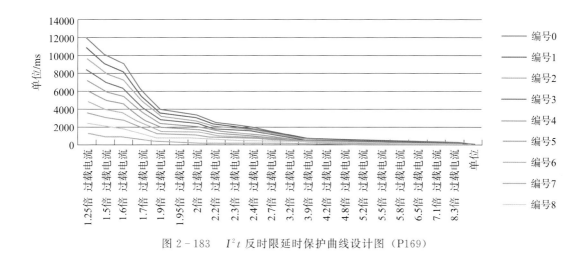

图 2-183 I^2t 反时限延时保护曲线设计图（P169）

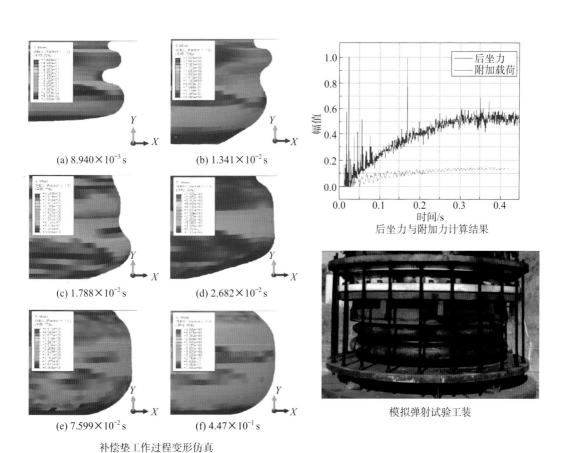

补偿垫工作过程变形仿真

图 2-300 补偿垫仿真与试验情况（P254）

(a)普通彩色相机可见光成像图片   (b)R(1442nm)G(2163nm)   (c) R(2493nm)G(991nm)
B(1294nm)短波红外成像图片   B(1436nm)短波红外成像结果

图 2-316　高光谱探测成像结果对比图 （P269）

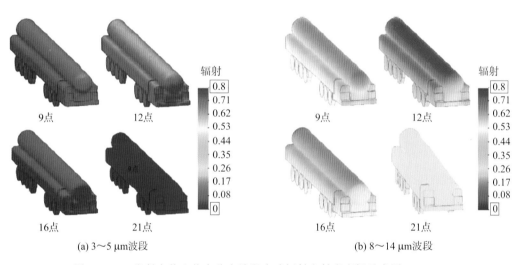

(a) 3～5 μm波段   (b) 8～14 μm波段

图 2-326　发射车静止状态稳态波段半球辐射出射度场示意图 （P276）

图 2-328　导弹发射车红外仿真示意图

注：图中标记亮区区域为高温区 （P278）

图 2-329　装备车辆红外伪装后效果图（P278）

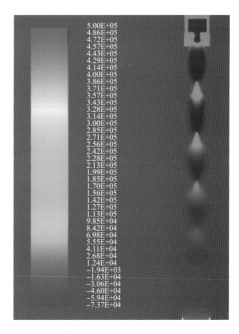

图 13-34　导弹出筒后外流场温度分布（P579）　　　　图 13-35　导弹出筒后外流场压力分布（P579）

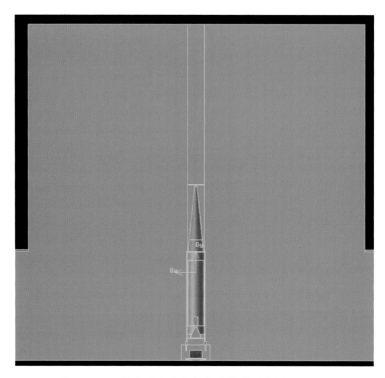

图 13 - 36　导弹垂直热发射仿真模型示意图（P580）

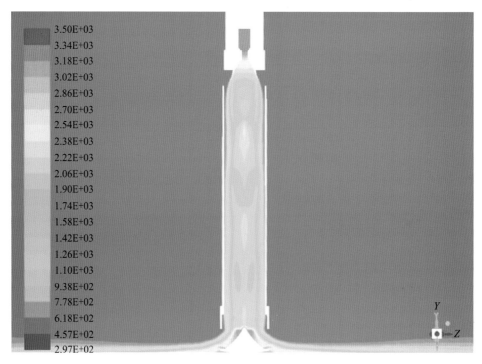

图 13 - 37　燃气流场温度分布（P580）